江苏省司法警官高等职业学校监狱发展研究院研究成果
政法院校刑事执行、监所管理等专业选修教材

监狱建筑学

王晓山　著

中国建筑工业出版社

图书在版编目（CIP）数据

监狱建筑学 / 王晓山著；— 北京：中国建筑工业出版社，2017.4
ISBN 978-7-112-20617-9

Ⅰ.①监… Ⅱ.①王… Ⅲ.①监狱－建筑设计
Ⅳ.①TU243.4

中国版本图书馆CIP数据核字（2017）第064020号

本书系统论述了监狱建筑设计与建造的各个方面知识，也包括监狱建筑历史沿革等。主要内容有：监狱建筑与监狱建筑学的基本概念、监狱建筑概论、监狱建筑各组成部分的特殊要求及构造、监狱市政设施、监狱建筑防火与安全疏散、监狱建筑设计，并对女子监狱等特殊类型监狱的设计要求作了介绍。

本书既可作为高等院校土建类专业的辅助教材、政法院校选修教材和参考书，也可作为从事监狱建筑工程管理人员的培训教材和工具书。

责任编辑：许顺法　陆新之
责任校对：李美娜　张　颖

监狱建筑学
王晓山　著

*

中国建筑工业出版社出版、发行（北京海淀三里河路9号）
各地新华书店、建筑书店经销
北京京点图文设计有限公司制版
北京中科印刷有限公司印刷

*

开本：880×1230毫米　1/16　印张：27½　字数：785千字
2017年7月第一版　2017年7月第一次印刷
定价：180.00元
ISBN 978-7-112-20617-9
（29968）

序　一

2016年11月，王晓山同志将这本《监狱建筑学》的清样交给我，邀我为之作序。当我看到书名时，顿时眼前一亮，目前国内对监狱行刑题材研究的专著很多，但对监狱建筑研究的专著不多见。我欣然应允，随即抽空认真拜读了这本近70万字的专著，感慨良多。

监狱建筑学作为一门独立学科，是我国监狱科学体系中的一个重要组成部分，也是一门蕴含多学科并具有独特特点的综合性学科。它与狱政管理学、矫正教育学、狱内侦查学、罪犯改造心理学、罪犯劳动管理学、监狱经济管理学、比较监狱学等，共同构成了监狱学基础理论下的二级学科。我认为，《监狱建筑学》一书具有以下特点：

一、结构严谨，层次分明。本书参照并借鉴了国内优秀房屋建筑学的写作思路和方法，全书共分十二章。第一章阐述监狱建筑与监狱建筑学基本概念；第二章阐述监狱建筑概论；第三章阐述监狱建筑基础与地下室；第四章阐述监狱建筑墙体；第五章阐述监狱建筑楼地层；第六章阐述监狱建筑楼梯；第七章阐述监狱建筑门窗；第八章阐述监狱建筑屋顶；第九章阐述监狱市政；第十章阐述监狱建筑防火与安全疏散；第十一章阐述监狱建筑设计；第十二章阐述特殊类型监狱建筑。同时结合监狱建筑学的特点，增加了监狱市政、建筑防火与安全疏散、监狱建筑设计、特殊类型监狱建筑等内容，结构严谨，层次分明。

二、内容丰富，图文并茂。本书内容涵盖面广泛、知识量丰富，既有传统监狱建筑理论，又充分反映学科新理论、新技术、新材料和新工艺，体现最新监狱布局调整后的成果。本书还在第十一、第十二章将监狱安全警戒设施、各单体建筑规划设计与建设以及特殊类型监狱建筑介绍给广大读者，既有广度又有深度，增强了全书内容的延展性，有效拓展了广大读者的知识面。本书图文并茂，附有近600幅绘图及清晰的实景照片，便于读者直观理解。本书无论在内容编排上还是在版面的创新上，都有独到之处。

三、较强的借鉴性、实践性。“读书并不难，读了能够应用才难。”同样，“编书不难，编本适合需要的书才难。”本书采用了近几年来经修订后的规范或标准，以通俗的语言和直观的插图介绍了我国监狱建筑现状，反映了自我国监狱布局调整以来监狱建设的一些新成就，并在书中适当穿插介绍了一些西方发达国家监狱建筑实例。全书内容简洁，紧贴应用实际，具有较强的借鉴性、实用性和实践性。

《监狱建筑学》的研究成果，为监狱建设标准化、规范化、科学化的确立提供了理论指导、参考，将对推进我国监狱现代化建设起到十分重要的作用。本书既可作为高等院校土建类专业的辅助教材、政法院校选修教材和参考用书，亦可作为从事监狱建筑工程管理人员的培训教材和工具书，还可作为广大读者了解监狱建筑基本概况的重要渠道。当然这本专著也略存缺陷，著者虽经努力，由于查阅的参考文献或资料的缺失，少数论述还不够透彻，一些数据还不够全面，有待于进一步完善。

本书作者被誉为“当代中国监狱建筑学研究第一人”，他在监狱建筑学研究方面有很深的造诣，开辟了监狱建筑学研究的新领域。多年来，他孜孜以求、笔耕不辍，勤奋刻苦好学，在繁重的工作之余，对于中国监狱建筑如何走向科学规范进行了深入的思考。他以建筑专业的背景致力于监狱建筑学理论研究，对监狱建筑学和中国监狱史进行了深入探索和研究，参与了全国20余所监狱规划方案设计与论证，具有良好的专业背景和丰富的实践经验。他作为全国监狱理论研究后起之秀，在短短几年之内，结合自己的研究成果，先后出版了《图说中国监狱建筑》、《逝去的影像——清末民国监狱老照片》、《当代监狱规划设计与建设》三本专著，并参与多部专著的编写，在省级以上刊物发表学术论文 100 余篇。特别是在司法部监狱管理局主管刊物《监狱投资与建设》已连续 30 期刊登了他的理论研究成果，他在监狱建筑学研究方面走在全国的前列[①]。正因为这些成绩，他被中国政法大学监狱史学研究中心聘任为研究员，先后荣获中国监狱工作协会组织的“监狱理论研究十百千人才”中第一层次的监狱理论研究带头人、江苏省监狱系统首席专家等荣誉称号。我相信并期盼着他在今后的工作中，能够紧紧围绕监狱建设过程中迫切需要解决的难点和重点问题，以及在新形势下出现的新情况、新问题作为开展研究的主要攻关课题，力求理论上有所新突破，操作上可以借鉴，不断推出有深刻思想、有科学诊断、有广泛影响、无愧于时代的精品力作，为推动江苏乃至全国监狱事业的科学发展做出新的贡献。

本书出版在即，受王晓山同志委托，特此略缀数语，以之为序。

吴旭[②]

2016 年 12 月 18 日于南京

① 中国政法大学法学院教授、博士生导师王平教授在王晓山《当代监狱规划设计与建设》一书所作的序。

② 中国监狱工作协会监狱建设与保障专业委员会委员，博士后，正高级经济师，研究员。

序　二

苏州监狱的晓山君将待出版的新著《监狱建筑学》样稿传给我，并嘱请为之序。我与晓山君虽只有一面之缘，但他近年来致力于监狱建筑研究的进展情况一直在我的关注之中。晓山君有建筑专业背景和参与监狱建筑建设的实际经验，凭借对于监狱建筑问题的勤奋钻研和持续积累，已陆续出版了《图说中国监狱建筑》、《逝去的影像——清末民国监狱老照片》、《当代监狱规划与设计》等一系列论著，这无疑为《监狱建筑学》的写作奠定了比较扎实的基础。

如业内人士所知，中国的现代监狱学滥觞于清末狱制改良，与西学东渐的大背景密切相关。在中西监狱文化及学术的交融、继受与转化过程中，经过百多年来的曲折发展，目前国内监狱学虽远未臻于定型和完善，但是基本形成了主要由10余门基础和分支学科组成的学科体系。只是，迄今为止可被视为监狱学分支学科的“监狱建筑学”尚付缺如（其实，在建筑学中情形也一样）。不仅如此，对照国外监狱建筑研究的历史、现状和成就，不难看到国内监狱建筑的理论研究、实践应用以及比较研究明显既薄弱又滞后。据我所知，自近代以来国外有关监狱建筑题材的各种研究成果，包括专著、论文、研究报告、设计方案、建筑案例等专业文献资料和著名建筑实例已经卓然可观（参见【台湾】吴宪璋、贾孝远:《监狱建筑概论》第三章“监狱建筑的演进”等，台湾群品股份有限公司，1994年；吴家东:《当代美国监狱建筑研究》第一章“研究综述”及所附“参考文献”等，同方知网硕博论文库，2012年；【美】拉宾:《美国监狱建筑发展的特征与趋势》，司法部第四届国际刑事发展论坛专题报告，2007年），而这主要得益于西方建筑学和监狱学在近现代，尤其是20世纪下半叶的发展与兴盛。仅就本人有限的西方刑罚史和监狱发展史见识而言，可知凡是论及所谓“著名监狱”，多半包含了独具特色的监狱建筑文化要件。例如，当论述刑事古典报应思想的近代英国监狱改良情况，无不举证由杰雷米•边沁设计的“圆形监狱”（敞视制）案例；在介绍美国近代监狱制度改良的缘起及先驱性事件时，均会援引宾州监狱的“轮辐式杆形”（独居制）设计；而谈及著名的奥本监狱“沉默制”，辄以其昼杂居、夜独居的“大屋制”设计为例等。在我国亦能看到，自清末推行监狱改良以来，监狱制度的历史变迁完全可以由监狱建筑的历史变化来印证，其不同时期的监狱建筑皆留下了西方监狱建筑文化植入的深刻烙印。例如，使用至今被称之为“远东第一监狱”的上海提篮桥监狱，从其保存下来的原始建筑图纸印章可知，其设计是1901年由英国设立在新加坡的远东建筑研究所下辖监狱建筑部承担。而于1910年建造并于1913年竣工使用的清末改良新监“京师第一监狱”，其主体建筑所采用的轮辐式（翼形）独居制建筑图式，则是由著名的日本监狱学家、清朝政府聘请的狱务改良顾问小河滋次郎设计的草图。民国以降，各省依照司法部要求规划和营建模范新式监狱，从其时司法部监狱司选编的《京外改良各监狱报告录要》所附建筑图例来看，大多不同程度仿效和参照了日本及欧美等国西式监狱制度及其建筑范式。1949年以后，由于众所周知的原因，大陆中国监狱建筑为适应“劳动改造”的需要，主要借鉴原苏联“劳改营”模式，其建筑形态因粗陋不堪，在建筑的技术或艺术上乏善可陈。其时例外的情况不是没有，比如我国台湾地区自20世纪70年代之后，由于革新监狱建筑的需要而产生了若干专门研究成果，例如周殿修著《监所建筑之研究》（台湾，司法部矫正司内部印行，1974年），吴宪璋、贾孝远著《监狱建筑概论》（台湾，群品出版社，1994年）等。不过，总体说来，当代中国监狱建筑真正具有监狱建筑学意义的历史变化发生在过去30多年，尤其是自2001年之后，由于中国司法部组织进行大规模的监狱布局调整，由此掀开了监狱建筑的重新规划、设计和建造的历史序幕，进而为监狱建筑研究及实践提供了现实机遇。

顾名思义，监狱建筑学由监狱学和建筑学交叉而成，可以视为两者各自的应用分支学科。从建筑学的本位看，监狱建筑只是建筑学的一个专门应用领域和科目，和寺院建筑、医院建筑、戏院建筑等一样，虽其应用的社会分工领域不同而显现各异的建筑禀赋及文化面貌，但就知识储备和能力表达的基本要求来看，毕竟主要借助建筑学的理论、方法和工具，综合应用规划、设计、工艺、器械、材料等技术和物质手段，用以解决委托人提供的有关目的和效用、对象和旨趣、结构和功能、类型和模式等关涉应用建筑题材的一系列特定问题。就此而言，不妨说监狱建筑学首先是建筑学的，然后是监狱学的。这是说，就监狱建筑学所固有的知识建构逻辑看，建筑学是必要条件，而监狱学是充分条件。事实上，中外从事设计和研究监狱建筑的专业人士首先必须拥有建筑学背景，然后基于术业专攻的需要，以其专长因缘选择以研究监狱建筑为业。但从监狱学的立场看，监狱建筑学的出现显然与现代监狱制度的演进发展有关，也缘于适应监狱学科自身建设和完善的需要。可以说，立足监狱学所希冀的监狱建筑学，除了将监狱建筑视为监狱“人居”要素，更加关注其是否有助于满足不同类型和模式的监狱建筑特殊要求，是否有助于实现监狱行刑目的和展示行刑文化特点等。由此可见，基于监狱建筑学的学科交叉性，其学科建设必定需要妥善协调两者的知识取舍与兼容关系，而这必将对从事监狱建筑学研究及应用的人士提出如何完善知识复合结构、提升专业整合修养的挑战。

通览晓山君的《监狱建筑学》书稿，读者不难感受作者孜孜以求的努力，该书除了具备一般建筑学图文并茂、条理清楚、数据翔实等特点，还具有如下显著的研究特点：

一是该书对“监狱建筑学”知识内容体系的自觉建构。该书除附录外，总计12章。主要可以分为三个部分，第一、二章为绪论或概述性内容，介绍监狱建筑学的若干核心概念和基础性问题。第三至十章主要围绕监狱建筑的主要构成部件，分章介绍其具体建筑技术问题。第十一、十二章主要介绍监狱建筑的设计及分类应用问题，从而形成了比较完整的知识内容体系。

二是该书对当下我国监狱建筑发展最新成果与经验的广泛汲取。作者把自己近年来对监狱建筑的研究积累和考察搜集的各地监狱建筑建设实际情况以及存在问题等，融汇到该书具体相关内容的论述之中，力求反映当代大陆中国监狱建筑变革的时代性内涵，从而使该书信息和资料更加丰富可靠。

诚然，一门知识学科的建构和完善绝非易事。就此书而言，在充分肯定其上述成绩的同时，也必定存在有待改进或完善之处。其中，该书知识内容体系的基本架构和编排顺序之是否合理便是可商榷的问题之一。比如，该书除需增添绪言或引论外，若按概述、规划、设计、建造、其他和附录等编排其知识内容是否更有利于体现理论秩序和知识重点。其中，新增绪论或引论，可介绍监狱建筑学的学科属性、历史由来、建设思想、知识构架、研究方法等问题。而原正文第一部分的一、二两章或许可以合并成“概述”一章，主要介绍基本概念和核心原理、原则等。第二部分或许可以就规划与设计分设几章，分别阐述监狱建筑规划与设计的基本理论及其一般类型和特殊类型的应用设计问题，辅以相应的典型案例分析。第三部分可依建造内容，概要介绍有关整体建筑和主要建筑单体及各组合或配套部件建造的工程关键问题、技术环节或特殊要求等。

总之，作为填补中国建筑学或监狱学同名分支学科建设空白的探索之作，晓山君的《监狱建筑学》一书具有显而易见的学术建设价值。我相信该书的出版对于推进我国监狱建筑的学科研究和提高我国监狱建筑建设的应用水平均有重要的参考价值。借此，我亦期许晓山君在不断总结个人现有成果的基础上，继续拓展和深化古今中外监狱建筑典型案例研究，并逐一进行建筑学和监狱学的分析与批评，以期形成以不同类型和模式的监狱建筑规划与设计为核心内容、兼具学理性和应用性的监狱建筑经典案例配套教程或资料精编等，为监狱建筑学的建设与发展作出更大的贡献。

最后说明，我本人虽治监狱学多年，因以中国监狱学术史、监狱学基础理论、犯罪与刑罚史等为研究题域而对监狱建筑的研究文献稍有涉猎，但并未对之做过专题研究。故而，此序所言所议若有不当之处，亦请作者和读者予以谅解。

郭明[①]

2017年1月6日

① 浙江警官职业学院刑事司法系主任、刑事司法研究中心主任，中国监狱工作协会理事，浙江省监狱工作协会学术委员会副主任，法学博士。

目 录

第一章

监狱建筑与监狱建筑学基本概念

监狱建筑是监狱存在最基本、最直观的物质形态，是监狱最为主要的基本设施。监狱建筑学是一门具有独特特点的多学科交叉的综合性学科。本章主要介绍了监狱概念与分类、监狱建筑的概念、监狱建筑特征、我国监狱建筑历史沿革、影响监狱建筑发展因素以及我国监狱建筑发展趋势等内容。监狱建筑学概念则侧重介绍了监狱建筑学的发展历程、概念、核心内容以及监狱建筑学的重要性、社会性、艺术性等内容。

第一节　监狱建筑的概念

一、监狱概念与类型

监狱是对被判处死刑缓期2年执行、无期徒刑、有期徒刑的罪犯执行刑罚，实施惩罚与改造相结合的国家刑罚执行机关。监狱类型是指一个国家为了有效地惩罚、监管、改造罪犯，按照一定的标准、要求而设置的不同形态的监狱。

由于国情、社会制度、文化传统的差异，行刑方式、目的、教育手段的不同，各国监狱的标准类型各具特色。我国监狱主要依据罪犯性别、年龄、服刑流程、原判刑罚轻重，监狱关押规模、警戒度、隶属性质、地理位置、主体产业以及特殊功用和目的等将监狱划分为不同类型。具体如下：

（1）按罪犯的性别不同，分为男子监狱和女子监狱。

男子监狱，是指关押18周岁以上成年男犯的监狱。我国监狱中的绝大多数属于此类监狱，如江苏省苏州监狱、上海市宝山监狱、山西省太原第一监狱、西藏自治区拉萨监狱等。

女子监狱，是指关押女性罪犯的监狱，不仅关押成年女犯，还关押未成年女犯。我国在押女犯的人数远远低于男犯，占在押犯总数的2%～4%。大多省份（包括自治区、直辖市、新疆生产建设兵团）设置1所，如安徽省、广东省、宁夏回族自治区等。部分省份设置2所或2所以上，如内蒙古自治区、河南省、浙江省、贵州省等设置2所，四川省、云南省、江苏省设置3所，其中，江苏省3所中不含常州监狱女子分监狱，镇江女子监狱于2016年3月挂牌成立。也有省份在男子监狱设置独立的女子分监狱或监区，如江苏省常州监狱女子分监狱、浙江省金华监狱女子分监狱（2013年在此分监狱基础上筹建浙江省第二女子监狱，总建筑面积113852.3m^2，预计2017年建成投入使用）、云南省小龙潭监狱女子监区（2008年6月挂牌成立）、内蒙古自治区通辽监狱女子监区、西藏自治区扎基监狱女子监区等。我国目前宁夏回族自治区女子监狱、青海省女子监狱这2所监狱设有未成年男犯监区，其中青海省女子监狱还设有成年男犯监区。

（2）按罪犯是否成年，分为未成年犯管教所和成年犯监狱。

未成年犯管教所，是指关押18周岁以下未成年罪犯和未成年罪犯在服刑过程中，年满18周岁余刑不足2年的罪犯的监狱。绝大多数省份（包括自治区、直辖市、新疆生产建设兵团）设置1所，如上海市、安徽省、江苏省等，个别省份设置2所或2所以上，如河南省和四川省设置2所，新疆维吾尔自治区设置3所。

成年犯监狱，是指关押18周岁以上成年罪犯的监狱。我国监狱中的绝大多数属于此类监狱，如江苏省浦口监狱、陕西省延安监狱、安徽省蜀山监狱等。老年犯监狱，是成年犯监狱中一个特殊类型，指关押大多数60周岁以上成年男犯的监狱。我国部分省份在21世纪初开始设置老年犯监狱，如北京市延庆监狱、云南省官渡监狱、海南省三亚监狱等。

（3）按罪犯的服刑流程不同，分为中转监狱、入监监狱和出监监狱。

中转监狱，指受关押规模限制，罪犯服刑3个月左右，然后转到其他监狱服刑的监狱。我国部分省市由于受关押容量所限等因素开始设置中转监狱，如北京市天河监狱（又称“北京市外地罪犯遣送处”）、重庆市新犯转运站、贵州省白云监狱（又称“贵州省监狱管理局白云新犯收押分流中心”）等。

入监监狱，是指对离开看守所、转入监狱服刑的新入监罪犯进行集中关押和教育的功能性监狱。自21世纪初以来我国部分省份相继设置入监监狱，如上海市新收犯监狱、安徽省潜川监狱（系该省第一所以新收犯教育管理为主的功能性监狱）、天津市津西监狱、辽宁省沈阳新入监犯监狱、辽西新入监犯监狱、辽南新入监犯监狱、新疆维吾尔自治区新收犯监狱等。

出监监狱，是指罪犯在服刑末期，为了能出狱后更快地融入社会，也为了减少服刑末期思想的波动，提前一定的时间把要出监的罪犯集中后进行一定的文化教育与技能培训的监狱。在2010年后部分省份开始设置出监监狱，如福建省翔安监狱、湖南省星城监狱、四川省锦江监狱、河北省石家庄出监监狱、新疆维吾尔自治区乌鲁木齐出监监狱、甘肃省出监监狱（2015年7月开工建设中，预计2017年5月建成）以及浙江省乔司监狱出监分监狱等。

（4）按罪犯的原判刑罚轻重不同，分为重刑犯监狱和轻刑犯监狱。

重刑犯监狱，是指以关押被判处较重刑罚罪犯为主的监狱。较重刑罚一般是指被判处10年以上有期徒刑、无期徒刑和死刑缓期2年执行。这类监狱多为警戒程度较高的城市监狱，如上海市提篮桥监狱、江苏省苏州监狱、江苏省南京监狱、浙江省第一监狱等。

轻刑犯监狱，是指以关押被判处较轻刑罚罪犯为主的监狱。较轻刑罚一般是指被判处10年以下有期徒刑。这类监狱警戒程度相对较低，大多由原劳教所改建而成，如广东省花都监狱、山东省昌潍监狱、山东省日照监狱、浙江省杭州市北郊监狱等。

（5）按监狱的关押规模不同，分为大型监狱、中型监狱和小型监狱。

大型监狱，是指关押罪犯人数在3001 ~ 5000的监狱。设置大型监狱大体有两种情况：一是监狱布局调整时，监狱进行合并、迁建或改扩建，如甘肃省武威监狱（由原武威监狱与天祝监狱合并组建新的武威监狱，设计关押规模5000人）、江苏省苏州监狱（2009年5月搬迁至新址，设计关押规模4000人）、广东省花都监狱（2011年年底，由广州市第一劳教所改建，设计关押规模5000人）等；二是新中国成立后设立的大型劳改农场，虽然现在对关押点进行了收缩，但关押规模还是属大型监狱，如江苏省常州监狱、安徽省监狱管理局白湖分局、浙江省乔司监狱等。关押罪犯人数超过5000人的监狱，称“超大监狱”。我国目前大型监狱约占全国监狱总数的1/2，超大监狱一般原为大型农场，约占全国监狱的4%。对于超大监狱，宜由若干个关押点或分监狱组成。

中型监狱，是指关押罪犯人数在2001 ~ 3000人的监狱。我国目前中型监狱约占监狱总数的1/3，如江苏省通州监狱、湖南省赤山监狱、北京市延庆监狱、上海市四岔河监狱（2014年6月15日，根据上海市委常委会审议通过的《关于上海劳教体制改革的方案》要求，位于江苏省大丰市境内的原上海市第一劳教所改为上海市四岔河监狱，隶属上海市监狱管理局,属中度戒备监狱,关押规模2500人）等。

小型监狱，是指关押罪犯人数在1000 ~ 2000人的监狱。设置小型监狱大体有五种情况：一是由于地广人稀、经济发展相对滞后等原因，小型监狱一般分布在我国西部经济不发达地区较多，如贵州省六盘水监狱、山西省原平监狱、新疆维吾尔自治区第三监狱、新疆维吾尔自治区乌鲁木齐市六道湾监狱、西藏自治区波密监狱等。二是关押对象相对特定，关押规模相对较小的监狱，如司法部燕城监狱、辽宁省未成年犯管教所、安徽省女子监狱、北京市女子监狱、江苏省南通女子监狱、宁夏回族自治区女子监狱、甘肃省合作监狱（关押规模只有500人，主要收押藏族犯人）、重庆市新犯转运站以及各省病犯监狱（如天津市康宁监狱、江西省新康监狱、甘肃省康泰监狱）等。三是从原大型劳改农场剥离出来，升格为独立建制单位的，如安徽省青山监狱，从原安徽省白湖监狱划出，现关押规模只有1500人；北京市金钟监狱（具有治疗和改造双重功能的特殊监狱），从原北京市清河监狱划出，现关押规模只有500人。四是1983年为适应“严打”斗争需要，解决“关不下”问题而成立的，如安徽省义城监狱、湖南省张家界监狱，分别隶属合肥市司法局、张家界市司法局，均成立于1983年，主要关押5年以下有期徒刑的罪犯，关押规模都为1000人。五是全国劳教所废止后，部分劳教所改造成小型监狱，如山东省率先将部分原劳教所变为小型监狱，根据山东省人民政府《关于同意将山东省第一女子劳教所等6所劳教所改建为轻刑犯监狱的批复》（鲁政字［2014］89号）精神，将原潍坊市劳教所、山东省日照劳教所等分别改为山东省昌潍监狱、山东省日照监狱，关押规模都为1000人，分别由山东省潍坊市司法局、日照市司法局管理。2014年6月15日，根据上海市委常委会审议通过的《关于上海劳教体制改革的方案》要求，位于江苏省大丰市与东台市交界处的原上海市第二劳教所改为上海市吴家洼监狱，隶属上海市监狱管理局，属中度戒备监狱，关押规模1500人。

（6）按监狱的戒备等级不同，分为高度戒备监狱、中度戒备监狱和低度戒备监狱。

高度戒备监狱，是指经过科学评估后，将有危险倾向、难以控制的罪犯进行相对集中关押的监狱。目前，我国大多省份（包括自治区、直辖市、新疆生产建设兵团）都在筹建或已建成，如北京市垦华监狱、河南省许昌监狱、四川省大英监狱、天津市河西监狱、湖南省茶陵监狱、新疆维吾尔自治区库尔勒高度戒备监狱、江苏省龙潭监狱高度戒备监区（实质是一所高度戒备监狱）等。这些关押的罪犯大多数是被判处15年以上有期徒刑、无期徒刑或者死刑缓期2年执行，系累惯犯或者其他有明显危险情节的罪犯。

中度戒备监狱，是指安全警戒程度介于高度戒备监狱与低度戒备监狱之间的监狱。我国监狱中的绝大多数为此类监狱，如黑龙江省笔架山监狱、吉林省长春净月监狱、上海市宝山监狱、海南省美兰监狱等。

低度戒备监狱，在国外称为开放式监狱或半开放式监狱，是指最低安全警戒程度的监狱设施，其建筑结构与安全防范措施与高度戒备监狱、中度戒备监狱显著不同，以低层建筑为主，关押刑期较短、经评估为低度危险的罪犯，允许罪犯在监区乃至监狱内有较大的活动自由。2016年12月6日，江苏省江宁监狱小岛低度戒备分监狱正式挂牌，它是我国第一所低度戒备监狱。随着社会的进步和监狱工作的改革发展，也是体现监狱行刑社会化的一个标志，这种类型监狱将逐步完善和增多。可以将女犯、未成年犯、老弱病残犯、短刑犯等关押在低度戒备监狱，这样既节约关押成本，又符合关押对象的特点，有利于罪犯的教育改造。

（7）按监狱的隶属性质不同，分为部属监狱、省属监狱和市属监狱。

部属监狱，是指直属于公安部或司法部管理的监狱。这类监狱比较少，目前全国只有2所，分别为公安部直属的秦城监狱、司法部直属的燕城监狱。

省属监狱，是指行政上隶属省（包括自治区、直辖市、新疆生产建设兵团）一级司法行政机关的监狱。省属监狱是我国监狱的主要组成部分，如江苏省江宁监狱、浙江省长湖监狱、福建省莆田监狱、四川省甘孜监狱、新疆生产建设兵团农八师石河子监狱等，约占全国监狱总数的80%。

市属监狱，亦称地方监狱，是指行政上隶属地级（市、区）或副省级市司法行政管辖的监狱。设置市属监狱大体有五种情况：一是1983年为适应“严打”斗争需要，解决“关不下”问题而成立的，如黑龙江省大庆监狱（始建于1984年3月，隶属大庆市司法局，时称“大庆市劳动改造管教支队”，1995年更名为“黑龙江省大庆监狱”）、辽宁省大连市监狱、湖南省张家界监狱、河南省南阳监狱、河南省濮阳市监狱、安徽省义城监狱、山东省枣庄监狱、浙江省宁波市黄湖监狱（始建于1984年，目前正在迁建中，新监狱预计2018年投入使用）、浙江省杭州市东郊监狱（前身为1984年组建的杭州市第四劳教大队，1994年12月更名为“杭州市东郊监狱”）等。二是因城市升格为副省级而设置，如广东省深圳监狱（位于深圳市龙岗区坪山街道，1996年始建，2000年投入使用）、广东省花都监狱（位于广州市花都区赤坭镇，1952年始建，1986年更名为“广州市第一劳教所”，担负起劳动教养及余刑1年以下罪犯收押工作，2013年更名为“广东省花都监狱”，弥补了广州市作为副省级特大城市没有市属监狱的空白）、广东省新华监狱（位于广州市花都区赤坭镇，由原广州市赤坭强制隔离戒毒所改建而成，预计2017年12月投入使用），黑龙江省黎明监狱（位于哈尔滨市香坊区黎明乡红星村，始建于1991年，弥补了哈尔滨市作为副省级特大城市没有市属监狱的空白）等。三是新中国成立以来，地方政府一直行使着行政管辖权，如山东省青岛监狱、杭州市南郊监狱（隶属杭州市司法局，前身为杭州市第二劳动改造管教支队，1994年12月更名为“杭州市南郊监狱”）。四是由省属划归市属，如始建于1958年5月的广东省佛山监狱，1992年10月起隶属佛山市司法局；始建于1951年的广东省江门监狱，1993年起隶属江门市司法局。五是劳教所撤销后改为监狱，如2014年9月设立的杭州市北郊监狱，隶属杭州市司法局，其前身为成立于1986年的杭州市第一劳教所；2014年设立的宁波市高桥监狱，隶属宁波市司法局，其前身为成立于1957年的宁波市劳教所；2014年5月设立的山东省济南第二监狱，隶属济南市司法局，其前身为成立于1958年的济南市劳教所。

（8）按监狱的地理位置不同，分为城市监狱和农村监狱。

由于受监狱布局调整和关押点收缩等因素，农村监狱与城市监狱的区分界限已不明显。

城市监狱，是指位于城市中心地带或城郊区域的监狱，如广东省梅州监狱、上海市提篮桥监狱、江苏省徐州监狱、江苏省南通监狱、浙江省长湖监狱、山东省青岛监狱、甘肃省天水监狱等。

农村监狱，是指位于农村区域的监狱，如安徽省监狱管理局白湖分局、江苏省洪泽湖监狱、上海市白茅岭监狱、北京市监狱管理局清河分局、新疆维吾尔自治区喀什监狱、云南省小龙潭监狱等。

（9）按监狱的主体产业不同，分为工业监狱和农业监狱。

在工业监狱里，大部分罪犯的劳动生产活动是在厂房或车间里进行的；在农业监狱里，大部分罪犯是在室外从事农业、林业、畜牧业劳动生产活动。随着监狱布局调整的实施，罪犯劳动已从室外转向室内，生产型转向劳务加工型，或者部分劳务加工活动，工业监狱与农业监狱区分界限也逐渐越来越模糊。

另外还有预备监狱（是指应对监狱发生重大自然灾害时安置罪犯和过渡性关押罪犯的监狱，如四川省预备监狱设在雅安市芦山县苗溪）、医院监狱（也称“病犯监狱”或“医疗监狱”，收押病犯的特殊监狱，如江西省新康监狱、吉林省新康监狱、海南省新康监狱、天津市康宁监狱、上海市周浦监狱、江苏省新康监狱等）、外籍犯监狱（兼顾关押少量外籍犯的监狱，如司法部燕城监狱、北京市女子监狱、上海市青浦监狱、广东省东莞监狱、广东省女子监狱、广西壮族自治区南宁监狱、四川省锦江监狱等，其中广东省东莞监狱关押了53个国家约500名外国籍罪犯，是全国外国籍罪犯服刑人数最多的监狱）和军事监狱（关押违反部队保密及各种法规而必须羁押的现役军人和退役军人的监狱，如中国人民解放军海军政治部军事监狱、中国人民解放军南部战区政治部军事监狱、中国人民解放军空军政治部军事监狱、中国人民武装警察部队政治部军事监狱等）等特殊类型监狱（图1-1-1）。

图1-1-1　武警政治部军事监狱鸟瞰图

二、监狱建筑的概念

监狱建筑（Prisonbuilding）是人类进步和社会发展所产生的特殊建筑，与同一时期的政治、经济、法律、行刑、技术、文化、宗教、生活习惯等各种因素息息相关。通俗地讲，监狱建筑的发展与特定的行刑制度和社会环境是分不开的。监狱建筑与其他类型的建筑不同，是一种较为特殊的建筑，具有自己鲜明的特点和风格，侧重于坚固、安全与庄重等。监狱建筑是统治阶级用来关押、监禁和改造罪犯的特殊物质载体。它是基于以执行自由刑为职能的国家物质附属物，是令罪犯受到惩罚的特殊国家机器的实体体现以及“构成国家实质”的特殊设施。监狱建筑，作为监狱存在最基本、最直观的物质形态，是监狱最为主要的基本设施，监狱所有的行刑活动都必须依托一定的监狱建筑才能实施和完成。

监狱建筑研究内容是多方面的，如建筑规划设计、地理位置、建筑规模、建筑工程（含安装工程）、市政工程等。具体研究对象包括管理人员的办公用房、监狱大门、监舍、运动区、会见室、教室、图书馆、伙房、浴室、大礼堂、罪犯技能培训用房、罪犯劳动改造用房、安全警戒设施、物理环境（光、色彩、声环境、空气质量等）、智能化等等，而不仅仅是某单体建筑或建筑群，监狱建筑本身是复杂综合体。

监狱建筑是人工创造的空间环境，通常认为是单体建筑和构筑物、警戒设施、场地的总称。一所设计科学合理的监狱要建有足够的单体建筑，使其能够成为承担惩罚与改造罪犯的场所。这些单体建筑主要是指监舍楼、罪犯伙房、洗浴楼、教学楼、礼堂、会见楼、医院、禁闭室、罪犯技能培训楼、罪犯劳动改造车间以及行政办公楼、警体训练中心、警察备勤楼等。构筑物是指监狱房屋以外的建造物，一般不在其中进行生产生活活动，如水塔、蓄水池、钟楼、道路、桥梁等。警戒设施又称隔离设施，是指在监狱重点区域或部位设置的起警戒和隔离作用的安全设施，目的是防范罪犯脱逃及外界入侵，这些设施包括监管区大门、围墙、岗楼、电网、金属隔离网、防攀爬的蛇腹网、报警系统等。同时一些监狱建筑专家学者又将围墙、岗楼等列入构筑物的范畴。场地是提供监狱罪犯、警察室外活动的区域，如运动场、足球场、篮球场、排球场、羽毛球场、网球场（浙江省乔司监狱警体中心设有网球场，水平投影面积 1710m^2，四周网格安装高度 9m）以及专属罪犯使用的放风场等。

我国监狱建设必须遵守国家有关的法律、法规和规章，必须符合监狱监管安全、惩罚与改造罪犯和应对突发事件的需要，应从实际情况出发，与当地的经济、社会发展相适应，与当地文化相融合，同时达到“安全、坚固、适用、经济、庄重”的要求，这既是监狱建设指导方针，又是评价监狱建筑优劣的基本准则。

三、监狱建筑的特征

监狱建筑是一种特殊类型的建筑，它具有以下特征：

（1）坚固性。监狱建筑所具有的坚固性是刑罚对罪犯监禁性要求所决定的，这是监狱履行刑罚职能的基本需要。体现在监狱建筑上，与其他类型建筑相比，更具有坚固性的要求，不仅要具有社会上一般建筑的使用价值和预防自然灾害的能力，而且要具有承受在押罪犯以及外来社会不法分子蓄意破坏的能力。如监狱围墙要求、所有监管区内的金属隔离栅栏的壁厚要求、禁闭室的墙体要求等等，都体现出比工矿企业、居民住宅小区、普通机关院校等建筑墙体更注重坚固性。

（2）安全性。根据监狱监管安全、生产安全的要求，监狱建筑应具有防逃、防暴、防火、防地震，以及防御其他自然灾害能力，便于应急管理、危机管理。如监管区大门人行通道和车行通道、会见楼家属人行通道等实行 AB 门通行，监管区区域设金属隔离网，监舍楼分罪犯区域与警察值班区域设有各自的上下楼梯，警察值班区域防袭警设施以及配置报警装备，罪犯劳动改造车间设应急疏散门等，都体现出监狱建筑强调的安全性。浙江省第四监狱在监管区旗杆、路灯杆下方 2 ~ 5m 处涂抹防攀爬石蜡或其他材料；江苏省苏州监狱在监舍楼空调室外机下安装防攀爬钉网，也是防止罪犯借助这些物体进行自伤、自残、自杀或逃跑等违法犯罪活动；福建省榕城监狱监管区内所有能攀爬的建筑物顶上或四周墙壁安装了蛇腹形刀刺网。随着社会高速发展，利用航空器协助罪犯越狱成为可能，在设计地面、屋面时要设置一定的障碍。监狱在建设时，必须规范科学严谨，不应存在丝毫的监管安全隐患，否则就会有可能发生恶劣的监管安全事故。

（3）庄重性。监狱建筑在观感上要给人一种威慑庄重的感觉。监狱总体布局分区应清晰，相互联系而不相互干扰；建筑外观造型不能过于张扬，不应盲目追求个性——即奇形怪状，建筑外立面细部不宜过多变化，外观造型应讲究规整严谨；外观色彩运用不能过于鲜艳，但也不能过于单一，不同的单体建筑，可根据不同功能需求而采用不同的色彩。监狱建筑的庄重性，不仅对在押罪犯产生威慑感，还能对社会民众起到一种警醒预防的作用。

（4）经济适用性。为促进罪犯的改造，将监狱建设得好一点，人性化一些，没人反对，但监狱毕竟是监狱，是国家刑罚执行机关，关押的罪犯是接受惩罚与改造的，不是来享受的，所有的建设都由国家或地方财政或监狱自筹来承担，所以监狱不能建成高档小区，更不能像度假村。《监狱建设标准》（建标 139—2010）第四条明确规定：在监狱建设中应坚持艰苦奋斗、厉行节约的方针，监狱建设水平要符合我国国情，与当地的经济社会发展相适应，达到安全、坚固、适用、经济、庄重的要求。各类用房应遵循简朴、经济适用的原则，切忌铺张浪费，严禁奢华装修。豪华的超标准的建设，会带来一定负面影响。

（5）滞后性。虽然监狱建筑有时在某一短期内通过新建、改建、扩建等方式能迅速达到与社会发展水平同步，但由于监狱建筑要求具有质地牢实、坚固耐久的特性，一般使用年代久远，不会轻易改建。在同一社会发展水平线上，监狱建筑通常要落后于其他行业的发展，所以它又具有一定的滞后性。一些西方发达国家的监狱，大多使用年限较长，使用了几十年甚至百年以上的监狱都很正常，监狱建筑的滞后性表现更为突出。

四、我国监狱建筑的历史沿革

监狱建筑作为监狱存在最基本、最直观的物质形态，是监狱最为主要的基本设施，是监狱的形象化符号，监狱所有行刑活动均离不开监狱建筑。我国各时期的监狱建筑发展，一脉相承，在继承中发展，代表着人类历史发展的不断演进。各时期的监狱建筑，都与当时的社会环境、科学技术、人们所追求的监狱功能等基本相适应。根据我国历代五种社会形态，即原始社会、奴隶社会、封建社会、半殖民地半封建社会以及社会主义社会，各时期的监狱建筑情况大致如下：

（一）原始社会末期的监狱建筑

我国最早的监狱出现在原始社会末期的舜帝时期，即起源于原始社会向奴隶社会的过渡时期，距今有 5000 多年的历史。由于当时的生产力不发达和劳动生产率低下，此时的监狱还不能算是真正意义上的监狱，只能算是监狱的雏形，其建筑形式，如岩洞、槛圈、井穴、树洞，极为简陋，十分原始。

（二）奴隶社会的监狱建筑

随着夏朝奴隶制产生，作为国家机器的监狱也就应运而生。以监狱监禁战俘无疑比大肆屠杀战俘进步，它使人类从野蛮的杀戮习俗中摆脱出来，使人类社会逐步走向文明，并为利用人力发展生产的进步认识变为现实创造了条件。丛棘结构的监狱以及“画地为牢”也开始出现（图 1-1-2）。而用土夯筑而成的一种圆形围墙或者挖地而成的一种圆形土坑——圜土（图 1-1-3），是奴隶社会普遍使用的监狱的基本形式。

到了商朝，随着监狱不断扩增，分布地域广泛，监狱建筑形式也随之发生变化。商朝因袭夏制，那时期的监狱建筑，以地穴式的建筑为主要形式。

西周是我国奴隶制发展到顶峰的时代，其监狱建筑主要形式为圜土，除了圆形监狱土夯围墙外，应该还有成形的地上单体建筑，屋面上开始使用瓦，房屋中使用了木柱，出现了斗栱的雏形。除此以外，西周期间曾把灵台作为监狱，还设有没有围墙的露天监狱——嘉石（嘉石，是指西周在外朝门左侧专设的纹理之石。对于那些罪行情节轻微，不必关押圜土的人，就罚其坐嘉石并强制劳役）。

图 1-1-2 夏商周时期监狱雏形“丛棘”示意图

图 1-1-3 夏商周时期监狱“圜土”示意图

（三）封建社会的监狱建筑

春秋时期是我国历史上一个大动荡的时期，也是历史前进到一个由奴隶制向封建制急剧转型的时期。大大小小的诸侯国不下百数之多。由于诸侯割据，各自为政，使春秋时期的监狱建筑不尽统一，各具特色，如“深室”、“石室”等。到了战国时期，由于诸侯争霸和法治思想的深入，各诸侯国的监狱建筑，可谓纷繁复杂，如“徒人城”，建筑别具一格，因刑徒所居，故不成方形，而成三角形状，三面砌墙，这与当时诸侯各国的诸城布局特点并不一致。

秦始皇统一中国后，实行繁法严刑，囚犯渐多，监狱设置随意性较大，从中央到地方，从腹地到边区，自京城、郡守、相国、州县都设有监狱，所以狱网密布。这与秦代兴建大规模土建工程有关，而担负这些劳作的多为刑徒。对刑徒的看管，自然需要在劳作的场所设狱。推测这种临时建筑设施：一是尽可能利用附近现有的民房、庙宇或废弃的建筑物等，略加改造，便成为可以用来关押刑徒的临时监狱；二是临时搭建的简陋建筑物或设施，如帐篷，外围设有木栅栏之类的东西作为临时围墙，围墙内侧或外侧有士兵把守。

从汉朝开始普遍称狱。汉朝的监狱名目、种类繁多，数量庞大。到目前为止，史书中仅零星记载着那时的监狱建筑，还没有发掘到汉朝监狱遗址或保存到现在的汉朝监狱建筑。有关押女性罪犯的掖庭狱和暴室狱。掖庭即宫中旁舍，指妃嫔居住的地方。掖庭原名“永巷”，汉武帝太初元年更名为“掖庭”。掖庭狱是专门幽禁妃嫔和宫女的处所，专门用于关押犯法的妃嫔及其他皇亲。暴，即曝，为染品晒干之意，暴室是组织宫女纺织、染炼的场所，为皇家制作衣被提供布料。凡皇后、妃子、贵人及宫女有罪者都囚禁于此室，因此亦称“暴室狱”。汉代最出名的监狱要算“虎穴”和“阴狱”了。“虎穴”就是在地上挖长、宽、深各数丈的地窖，四面砌墙，用大石板盖在出口处；“阴狱”其实是1座土城，其高度约与当时长安的城墙同高，均为7丈，监狱位于背阳的一面，较为冷僻的地方。

到了魏晋时期，为了防止罪犯逃跑，各国都在监狱建筑方面下功夫，强调要安全牢固，体现统治者对监狱建筑安全的关注。首先在狱屋建造上强调要坚固。西晋《狱官令》：“狱屋皆当完固，厚其草蓐，切勿令漏湿。”黄沙狱的狱舍造得也相当坚固，屋顶铺着厚厚的草蓐，以免漏雨。在两晋时代少数国家还存在地牢、水牢。地牢这种形式的监狱其实就是在地下挖个大的深坑，深、广各数丈，地面上留有1个入口，将逮捕的囚犯关押在里面，派人在入口看守。地牢看似简陋，但囚犯并不易脱逃。由于坑里没有光线，十分黑暗，且无通风设施，囚犯拥挤在一起，空气当然浑浊，异味难闻。水牢，顾名思义就是构筑于水中的牢房，中间是蓄水池，四周是坚厚高高的石墙或砖墙。

到了南北朝时，南朝监狱建置基本上是沿用东汉、魏晋以来京师二狱的旧制，但也各具特色。北朝的监狱建筑，由于受到北方少数民族传统习惯的影响，十分简陋和呈现出区域特色，而不像南朝监狱建筑那样崇尚浮华。

中国封建社会经过三国两晋南北朝三百多年的分裂对峙后，进入封建社会发展的全盛时期隋唐五代时期。从隋朝开始，我国行政与司法合二为一，监狱作为衙门的附属机构，从此监狱建筑有了一定的规制，也标志着监狱建筑的发展进入了一个新的时期。唐朝的监狱建筑更趋完善更为成熟。唐朝用来囚禁皇室成员的地方叫“别殿”、“别所”、“别院”，房屋结构简陋、低矮狭小，且在偏僻、人迹罕至之处。到了五代十国，分裂割据的局面达半个世纪之久。多年的战争，使社会经济停滞不前，给百姓带来了深重的灾难。监狱建筑变化主要体现在两个方面：一是监狱建筑带有某种意义上的兵营性质；二是在分裂割据的五代时期，朝廷无权，掌狱官吏任情用法，使监狱制度愈加黑暗腐败。由于战争消耗了大量财力，各统治者对监狱建筑无力改善，只能因陋就简或维持现状。

在宋辽金时期，宋朝监狱建筑日趋完备。牢城是宋代的独创，之所以称城，因四周设有围墙，类似城堡，故而得名，并派驻军看守，以防罪犯逃跑。而后建立的辽金少数民族政权，不可避免保留了北方少数民族的习俗，其监狱建筑主要表现为落后性、野蛮性以及民族狭隘性的特点。辽朝监狱多为地牢；金朝部落过着逐水草而居的游牧生活，虽在某些地方建有城堡，但多不正式建造监狱，关押囚犯仍然是“其狱掘地深广数丈为之”。全国的地牢建筑结构较为特殊，在地下挖个方形大坑，深3丈，分隔成3层，底层关押死刑犯，中层关押徒、流刑犯，上层则关押笞、杖刑犯。在地牢的四周砌以围墙，深挖壕沟，作为警戒，防止罪犯脱逃。金朝后期不但建造了正式的监狱，而且狱吏也有了专门的办公官署，对狱吏办公房舍的选址都有了具体的要求，狱吏廨舍要建在牢狱附近。

元朝统一全国后，统治者抛弃了本族落后的带有奴隶制痕迹的监禁模式，而是继承了唐宋以来先进的监禁方式。各州、各府、各司、各县的监狱规定：一是牢房要分别轻重异处，不得掺杂；二是妇人仍与男人别所；三是“牢房窄隘”的要“别行添盖”；四是“全无设置牢房”的要“创行起盖”。元世祖立国后，仍在元大都设置土室，亦称“土牢”、“地牢”，是原北方少数民族使用的原始监狱，用土室来摧残反抗元朝统治的重要囚犯，就是例证。土牢的建筑形式，即在地下挖个大坑，深约4尺，宽约8尺，屋面略高出地面，上用乱木遮搭，泥土覆盖其上，形似土堡。入口处有1扇小门，室内光线幽暗，不见阳光。犯人囚禁于内，外有士兵看守。

明朝监狱设置分为中央监狱、地方监狱、军事监狱和高墙四种。在各省、府、县（州）都设有监狱，省、府的监狱由司狱司管理，县（州）的监狱，一般以本地行政长官兼管。明代州县监狱一般设置在州县衙署正堂的西南侧，故在民间一般俗称“南监”。明朝地方监狱建筑布局，除了有独立的周围高墙和门户外，一般还建有内监、外监、狱卒住房、内外更铺（打更巡逻人的休息场所）以及狱神庙等功能用房，建筑都比较低矮简陋。监狱院深墙高，防止囚犯逃跑，颇费心思，看守特显严密。离县衙大堂较近，便于审问和监管。监房一般分为重监和轻监两种，原则上要轻重监分开。有些州县监狱犴狴门划分为软监、外监、里监、暗监四个层次。高墙，明朝专门用来囚禁皇家子弟的特殊监狱，防范严密，建筑不但确有名副其实的高墙，而且墙外挖有很深的水沟，四角设有门楼敌台（敌台，即城墙上用于防御敌人的楼台），比一般县城的规制还高。

清朝是中国封建社会晚期的一个重要王朝，监狱建筑的变化、发展在中国封建监狱建筑史上占据着重要的地位。鸦片战争前的清朝地方监狱，附设在地方衙门内，位于大堂西南仪门之外。地方监狱大多是在原明朝旧监基础上修建或扩建的，其建筑形式也大体同明朝监式。同样除高墙外，内设狱神庙、禁卒房、厨房、内监、外监及女监等用房，内监、外监及女监分别关押各类囚犯。

（四）半殖民地半封建社会的监狱建筑

从 1840 年鸦片战争开始，中国由一个独立的封建社会沦为半殖民地半封建社会。随着殖民主义和帝国主义的入侵，西方现代建筑技术和材料也开始传入我国，我国监狱建筑也转入近代时期，开始了现代化的进程。由于受当时的社会经济条件限制，我国监狱建筑发展相对缓慢。

20 世纪初，清政府为国内外政治形势所迫，不得不实施一些“新政”措施，其中就涉及监狱改良，而监狱改良首要就是监狱建筑的改良，将监狱从衙门中分离开来，造新式监狱，开创了中国监狱近代历史的新篇章，对以后的监狱建筑形式产生了巨大的影响。新式监狱，首先就是在监舍形式方面的新变化，出现了“十字形”、“放射形”、“菊花形”、“扇面形”等形状监舍。除了事务楼、监舍外，其他功能单体建筑也相继出现，如工场、教诲室、浴室、炊场、接见室、病监、中心岗楼等。

图 1-1-4　民国时期的河南省开封八卦监狱模型

图 1-1-5　民国时期的京师第一模范监狱中心塔及放射形监舍

清末西方国家纷纷在华设立租界监狱，他们通过一系列不平等条约取得在华司法特权后，纷纷在各自租界内设立监狱，由他们直接管辖或操纵，并制定有关章程。这些西方国家在我国建造的监狱，不仅带有浓郁的西方建筑风格，同时也带来了西方新的建筑材料和先进的建筑技术，如青岛的“欧人监狱”，该建筑群为典型的德国古堡式建筑风格，钢木砖石结构；上海的“远东第一监狱”（现为上海市提篮桥监狱），该建筑群为典型的英伦式建筑风格，钢筋水泥建筑结构，即相当于现在的砖混结构。

北洋政府接管了清末统治者改良监狱的旗号，在制定和颁布各类监狱规则的同时，采取了一系列改良监狱建筑的措施：一是筹建各类“新式监狱”。二是拟定新的监狱建筑图式，使改良监狱的基础得以稳固。图式上新监的构造、设备和组织远比旧监先进，在一定程度上考虑了改善囚犯的居住、活动、卫生及作业等方面的条件，体现了资产阶级人道主义精神。但这种监狱改良从图式到变成现实还有很大的距离。事实上，除了京师第一监狱、奉天第一监狱等外，有的新监并没有完全按照拟定的“监狱图式”建造或设置。三是整顿改良旧式监狱。然而遍布全国各地的主要是大量的旧式监狱。北洋政府的监狱改良，实际上是清末监狱改良的延续和实施，其中有一部分新式监狱清末就已经开始筹建，只是到了北洋政府时期才最终建成并投入使用。从这个意义上讲，新旧监并存的局面实际形成于这一时期。因而这种改良与清末监狱改良在本质上必然是相一致的，都是为了进一步强化监狱的镇压职能，维护半殖民地半封建的统治秩序。无论是新监或旧监，只是采用一些资本主义国家的建筑形式借以装饰罢了，以便更有效地维护大地主买办阶级的反动统治。

1927 年，国民党政府接管了北洋政府的全部监狱，并在此基础上不断加以扩大和补充。国民党监狱不论在数量上还是在种类上都大大超过北洋政府。除了司法行政部直辖的普通监狱（含少年犯监、外役监）、法院看守所外，军队、警察、特务系统都设有监狱。但监狱大部分都是沿用清末、北洋政府遗留下来的旧式监狱。这些监狱监舍狭小，设备简陋，管理制度极其腐败和黑暗。虽有某些改良，但是基本上仍然沿用旧的监狱建筑。100多所新式监狱在许多方面也仍然保留着封建社会的野蛮性、残酷性和落后性的显著特征（图1-1-4、图1-1-5）。

（五）社会主义社会的监狱建筑

新中国成立后，经过国民经济恢复时期，从1953年起便大规模有计划地进行经济建设，我国监狱建筑史也翻开了新的一页。

新中国成立初期，党和政府力争把旧社会遗留下来的刑事犯、战犯以及包括末代皇帝在内的反动派改造成自食其力、对新中国有用的人才。鉴于当时国民经济几近崩溃，国家百废待兴，因而监狱建筑十分简陋。这既囿于当时国家财政困难，也与当时的指导思想有关。主要吸取革命根据地监所建设经验和借鉴当时苏联监狱布局模式，在改造国民党遗留的旧监狱基础上，又重新创建了一大批劳改农场，大多数建造在山区、滩涂、湖边、沙漠等偏僻、环境恶劣、自然条件差的地区。建筑因陋就简，罪犯居住的大多数是芦席棚、茅草房、帐篷、地窖、窑洞等（图1-1-6）。虽然当时监狱和劳改农场的设施比较简陋，但是随着国家投入的增加，以及监狱和劳改农场生产的发展，监狱更多地呈现出了文明、先进的特质。监狱各项设施逐步完善，监狱建设已步入崭新的发展阶段。

"文革"期间，监狱建筑和设施遭受很大的破坏，大批劳改农场被撤销，许多劳改干警被下放，设施损毁严重，监狱建设几乎处于停滞状态。粉碎"四人帮"，结束了十年动乱后，我国监狱基本建设也迎来了春天。改革开放之前，监狱建筑结构基本以砖木结构、砖混结构为主。到了20世纪80年代初，监狱改造工作提出了"关得下，管得住，跑不了，改造好"的基本要求，同时随着我国经济和现代建筑技术的发展，对监狱建筑的使用功能和质量有了越来越高的要求。由于监狱缺乏资金、专业技术人员及相关建设标准，监狱建筑总体呈现出造型简朴、内部布局对称均衡、装饰简陋的特点。90年代后，随着《中华人民共和国监狱法》、《监狱建设标准》（建标[2002]258号）为代表的一大批监狱法律、法规的相继颁布与实施，以及司法部提出创建现代化文明监狱的要求和国务院2001年做出全国监狱布局调整的重大决策，给监狱建设工作提出了更高、更具体的要求，也标志着我国监狱建设已纳入法制化、规范化、科学化的正轨。各省、自治区、直辖市、新疆生产建设兵团监狱纷纷通过新建、迁建、改扩建等形式，掀起了建设高潮，监狱建筑发生了翻天覆地的变化（图1-1-7~图1-1-10）。监狱布局趋于科学合理，监狱建设起点高，设计科学合理，还汲取国外先进监狱建筑做法，监狱建筑体现理性和人文关怀，融合了我国传统建筑风格和地域文化，不仅外观设计新颖，富有现代美感，同时也不失监狱特色，体现监狱特点，实现监狱功能化建设。

图1-1-6　位于黑龙江省密山市的兴凯湖劳改农场一角（1955年）

图1-1-7　江苏省苏州监狱旧址上的警察行政办公区大门（建于20世纪70年代末）

图 1-1-8 江苏省苏州监狱旧址上的警察行政办公区大门（建于 1998 年）

图 1-1-9 江苏省苏州监狱警察行政办公区大门

图 1-1-10 江苏省苏州监狱航拍图

五、影响监狱建筑发展因素

总体来说，影响监狱建筑发展因素包括监狱所处的地理环境、所在的城市、科学技术以及所处的地域文化等。监狱在规划设计与建设时应合理巧妙地利用这些因素，促进监狱建筑的健康发展，同时将制约着监狱建筑发展的不利因素转化为有利因素。

（一）监狱建筑与地理环境

监狱所处的环境，有广义与狭义之分。广义上的，包括与监狱有关的法律、制度、历史、习俗、理念、地理、建筑、景观等各种自然和社会因素；狭义上的，是指监狱所处的地理位置（如山谷、滨河、沿海）、地貌（如山丘、河流、平原）、植被（如树林、草地）以及气候（气温、日照）等。

监狱建筑与地理环境是一个互相依存、互相映衬的有机整体。它包括监狱建筑与自然环境的关系，如山川、河流、树木等，也包括监狱建筑与人工环境的关系，如监管区文化广场、绿化景观、人工湖泊等。这些都是可以感受到的，是身心能够进行体验的外部空间。江西省赣州监狱在新监狱规划之初，一度欲将“两丘三壑”的地形平整，建成一个地平方正的监狱，但经过多次、多方考察论证，为充分利用地势地貌，保留了沟壑地势，建设了监狱的“沁园水系”特色景观。

在整体环境中，建筑往往占据着最重要的角色，不同功能单体建筑、构筑物、景观等构成了监狱整体环境。个别重要的单体建筑可对一定范围的环境起主导作用，形成地标建筑或标志性建筑。全国大多数监狱将教学楼列为地标建筑，当然也有将其他单体建筑列为地标建筑，如监狱指挥中心、行政办公大楼或监舍楼等。地标建筑的形象和尺度感要鲜明。而对于大多数单体建筑而言，一般是环境中的一个组成要素或配角，建筑群体和其整体环境的形象和作用远大于单个的建筑，即建筑与环境的整体协调产生和谐美，表现出监狱整体形象。

各单体建筑同时又是塑造监狱外部空间的要素，因此建筑的设计和建造不能脱离它本身所处的监狱空间环境和历史文化环境。

建筑所处的环境不仅仅是人工的建筑环境，同时还包括自然的绿化、水体和地形地貌环境。将单体建筑与周围的绿化和水体环境以及自然地形地貌充分地结合，不论是纯自然的还是人工建造的，都会产生强化建筑特征和扩展建筑空间的作用。

监狱建筑与监狱环境的融合是监狱建筑设计的重要原则之一，因此监狱建筑应该充分体现对已有环境的尊重和利用。现代监狱建筑的设计要与监狱环境紧密结合起来——充分利用环境，创造环境，使监狱建筑恰如其分的成为环境的一部分。贵州省瓮安监狱，新迁建场地位于缓丘陵坡边沿地带，地形起伏较大，该监狱各单体建筑依山就势，高低错落地布置在整个场地上，既充分利用了土地，又使整个建筑群与周边环境和谐统一。

监狱作为国家专政的工具，要求必须具有一定的封闭性和保密性，这样就对周边的环境要求很高。在监狱周围，要求没有丘陵、沟壑、树木，便于警戒部队执行任务。在监狱周围不能有高大的单体建筑，并要求与其他单体建筑隔离开。同时为保证监狱的正常使用，又需要外界保证供水、排水、供电、供气、供热、通信、网络、有线电视接收、交通等基本生活设施。有特殊生产项目的监狱，在选址时要充分考虑到它的生产需要，来选择其地理位置。未成年犯管教所和女子监狱应选择在经济相对发达、交通便利的大、中城市。

（二）监狱建筑与地域

地域通常是指一定的地域空间，是自然要素与人文因素作用形成的综合体。不同的地域会形成不同的地域文化，形成别具一格的地域景观。伴随着人类社会的发展，现代监狱建筑不仅强调安全牢固，还必须营造出庄严威慑的教化气氛和矫正人性、净化心灵的优美环境。作为监狱建筑的一个重要特性——地域性，一直备受人们关注。在监狱建筑的规划与设计中，除了要蕴含自身功能特色且能够彰显监狱特殊文化氛围外，还要结合地域特色，彰显人文主义，具备时代意义，改变传统监狱建筑的生硬冰冷灰暗的刻板形象。

在现代空间塑造的过程中，质感是材料特有的表情，材料不同，质感和其纹理就会有所差异，带给人们的感觉也会有细腻、粗糙之分。而这些不同的感觉又会使单体建筑本身的形象更加丰富，更具感染力。因此，不同的建筑材料有其不同的特性，进而产生不同的质感，又可运用在不同的空间里。

在现代监狱建筑中，最能反映地域性的是建筑材料，只要能够合理地运用材料的肌理与质感，以恰当的建造方式，与所在的地形地貌及建筑形体良好结合，并且能够适应当地的气候条件，体现相应的特质，就完成了赋予它的使命。地域建筑材料的现代化探索，是将传统的地域建筑材料和传统技术与现代技术相融合，运用到现代建筑中，唤醒人们对于传统的认知，触发其归属感。社会条件、自然条件对建筑的空间、形式等都会产生影响。例如云南省大理监狱，所在地有丰富的大理石，该监狱在建设时就充分考虑建筑材料的地域性特点，尽量就地取材，就近采集和生产，使用了一些大理石作为建筑材料进行装饰。监狱建筑外部装饰与当地白族的建筑风格相一致，主要采用青砖墙和白色两个主色调，融入了当地深厚的人文底蕴和思想。

现代建筑材料的地域化表现，是运用现代化材料表现具有地域性场所的特征。探索现代地域建筑的设计方法，必然要先研究如何运用现代建筑材料来表现建筑中的地域性特征。现代建筑材料无法直接通过材料本身来表现建筑的地域特性。为此，现代建筑材料需要通过地域建筑材料的替代和模仿来体现建筑的质感地域特征。

由于一些地域建筑材料是不可再生资源，相应传统技术也因为成本过高等因素正逐渐退出历史舞台，仅强调地域材料的运用，或现代建筑材料的运用，在表现方法和材料质感的塑造等方面都将受到相应的限制。因此，若把两者良好结合起来，从总体出发，把握细节，将为地域特征的表现提供更多更好的方法。地域建筑材料与现代建筑材料的结合，是有效地将地域材料与现代建筑材料进行对比、替代与整合，着眼于新旧材料在现代建筑中展现地域特征的综合运用，以及新型地域材料及表现手法上的创新。如吉林省某监狱的会见楼，采用粗糙石砖贴面与玻璃搭配，将地域材料与现代材料通过替代、对比与整合，起到现代与地域传统相融的效果，创造出具有地域化特征的场所性空间。①

（三）监狱建筑与气候

一般来说，气候包括温度、湿度、光照、风、降水等因素，是影响监狱建筑的重要因素。能否适应当地气候环境，趋利避害，是衡量监狱建筑合理性的一把标尺。监狱建筑所使用的建筑材料必须与

① 杨龙，孙守东. 浅谈现代监狱建筑的地域性特征. 科学与财富，2014年第4期。

当地气候相适应，而且要确保在具体气候条件下选用的五金器具能够经受当地主要的天气状况。指定在温和气候条件下使用的材料和设备安装在极端气温、经常性沙尘暴或热带雨林等环境中时可能不能如期发挥作用，尤其是监狱信息化电子设备。而位于沿海、热带和亚热带地区监狱的室外金属防护隔离设施，一直被金属腐蚀现象所困扰。

供暖和制冷设计必须考虑当地气候条件并反映特殊地区的特点。在热带地区建造监狱时，必须考虑该地区的高温和潮湿以及应对干旱的需要，而在温和气候条件下建造监狱时则无需考虑这些因素。在沙漠条件下建造的监狱需要考虑温度极限，供暖和制冷都要提供。若在监狱建设中列入了供暖计划，那么一定要确保供暖系统与环境相适应。供暖需要使用能够以可接受的价格定期购买的燃料。使用油或电的供暖系统设计如果长期使用负担过重，那么这种系统就不实用。

户外活动区应与环境条件相适应。在炎热气候地区，户外活动区宜设在阴凉处，以保护罪犯免受阳光暴晒。在炎热、潮湿的地区，要在户外活动区安装排水良好的顶棚，以在雨季使用。在寒冷气候地区，活动区应免受风雨影响。尽管一个地区的监狱建筑可能会受其他地区建筑的影响，但应确保当地气候条件被充分考虑。

（四）监狱建筑与城市

监狱是国家刑罚执行机关，在改造罪犯、维护社会安全与稳定、服务大局等方面发挥着重要作用。监狱是城市整体构成的重要组成之一。它对震慑当地犯罪分子、维护社会稳定、保持经济社会的健康发展、方便罪犯亲属探视、体现以人为本的监管政策等方面具有重要意义。

我国清末监狱改良，改变了旧狱制的发遣、充军、流徙等牢役形式，改在罪犯习艺所、新式监狱里接受惩罚与习艺。这时的习艺所或新式监狱，有在原清末大狱或旧监基础上改扩建的，而那时监狱都是附属于衙门内，那么这些监狱大多位于原城市中心地带。有的新建了新式监狱，当时已考虑到其特殊性质，选址也考虑多重因素，不宜设在人口稠密的城区，必须选择较为开阔的地方，并且与周围的居民生活区要有一定的间隔地带。例如，始建于1910年的京师模范监狱，选址右安门内的旧镶蓝旗操场，“地势宽平，面积约一公顷余，沟渠四达，民房离此尚有距离”[①]，适合作为模范监狱的建筑用地。监狱在人口相对稀少的北京城外的西南部，这里较为开阔，地势低洼，有利于监狱的建造。同年新建的苏州模范监狱设在苏州府所辖的长洲县积谷仓旧址——仓街小柳贞巷，该地块当时远离城区，相当于现在的郊区。到了民国，国民党政府明确规定，监狱位置不能建于市街繁盛之地，以沿铁路旁边的小城镇附近，且离车站不远的地方较为适合。除此外，国民党监狱还设有远离城市的外役监、集中营等。

新中国成立后，人民政府除了改造国民党遗留下的城市旧监狱外，为了备战需要和“不与民争利”的原则，那时监狱基本都建在远离城市的偏远地区。进入21世纪以来，由于监狱地理位置导致的“后遗症”逐渐显现。一方面，社区服务滞后，给监狱警察及其家属的生活造成诸多不便。另一方面，也给罪犯的劳动改造和家属探视带来困难。我国目前有700余所监狱，原多数地处交通不便的偏远地区。从2002年开始进行监狱布局调整，首批试点省份包括青海、四川和湖南等6个省份，偏远地区的监狱将迁移到中心城市附近和交通干线附近，到2015年基本完成了全国监狱布局调整，建成科学、合理的新格局（图1-1-11、图1-1-12）。

然而随着城市发展，部分监狱原本位于城市边缘地区，现变成了城市中心地带。由于城市的总体规划以及监狱自身发展的需要，纷纷搬迁至郊区。监狱规划设计与建设应服从于城市总体规划、服从于城市建筑风格，应与城市规划、周边环境相结合、融合。探索适应新的社会组织方式的监狱建筑形态，将是21世纪的重要课题。

图1-1-11 正在建设中的贵州省福泉监狱（2014年6月）

① 姜中光. 中国第一座新式监狱建筑——京师模范监狱评析. 北京建筑工程学院学报，1998年第1期。

图 1-1-12　重庆市九龙坡监狱鸟瞰图

（五）监狱建筑与科学技术

建筑的技术和材料的发展与革新是社会文明进步的产物。科学技术进步是推动经济发展和社会进步的积极因素，也是建筑发展的内在动力。而监狱建筑是建筑中的特殊类型，它具有自身的特点与要求，以达到安全、坚固、经济、适用、庄重为目标。

当今社会高速发展，一些新技术、新材料、新工艺、新设备在监狱建设中得到了广泛应用，如现浇空心无梁楼盖技术、新型节能环保材料、彩色路面、玻璃幕墙、水源热泵中央空调系统、液压式垃圾处理、智能化以及技术先进的安全警戒设施等。河南省信阳监狱监管办公楼，总建筑面积 3382m^2，其中底层建筑面积 816m^2，建筑总高度 14.4m（不含女儿墙），砖混结构，地上 4 层，局部 5 层，钢筋混凝土条形基础。因该栋楼与监狱新的总体规划布局存在着矛盾，拆除新建还是平移，经过多次的方案讨论、审批后，最终决定将大楼实施平移，平移费用只占新建办公楼的 1/3，这是我国监狱系统迄今为止首次采用老建筑平移工程技术。山东省潍北监狱在改扩建项目建设过程中，针对地处沿海、地势低洼、土质盐碱含量高的特点，通过抬高地基、采用新材料以及全新的处理工艺和建筑技术进行建筑防盐碱侵蚀处理，较好地解决了这一建设难题。正因为监狱建筑技术上的提高，才使从画地为牢，到圜土，到土木结构简陋形式，到砖木结构，再到当今以钢筋混凝土为主要建筑材料的框架结构，监狱基础建设更加规范，硬件设施更加先进，监管安全防范更加严密，不仅为罪犯提供一个良好的改造环境，也为监狱警察提供一个良好的执法环境。

特别是以计算机技术和网络技术应用为代表的新兴技术，在安全警戒和监控等方面的应用，直接或间接地对监狱建筑发展产生了较大的影响，如监控应用可以弥补建筑的不足，可以缓解警力不足的矛盾，减轻基层监狱警察工作负荷。全国监狱进行了布局调整，全力打造现代化智能化监狱。安徽省马鞍山监狱在教学楼安装 LED 室外全彩屏信息发布系统，该系统是监狱信息化二期工程项目的一个重要子系统，采用 LEDP8 技术，可以播放视频、语音和文字。该系统的建成启用，标志着该监内罪犯的宣传教育工作又添一重要阵地。人类正在向信息社会等诸多新领域发展，这些科学技术上的变革，都将深刻地影响到人类的生活方式、社会组织结构和思想价值观念，同时也必将带来监狱建筑技术和艺术形式上的深刻变革。现在无论是旧监狱改造还是新监狱的建设，都应充分运用现代科学技术手段和科技含量高的先进装备，以达到信息资源数字化、信息传输网络化、信息技术普及化、信息管理智能化的目标。

（六）监狱建筑与文化

一个国家的社会文明程度，在一定时期内所形成的一种固有的文化，同样也会对监狱建筑产生影响。不同时期的监狱建筑，通过建筑样式、生活环境、居住空间等物质因素的逐步建设与调整，不断满足矫正、交流与自我实现的需要，同时也在向后人展示自身历史所体现的文明与魅力，这其实就是监狱建筑与文化的内在关系体现。

（1）监狱建筑为统治阶级服务。监狱是国家机器的重要组成部分，而监狱建筑则是国家专政机器的特殊营造物，必然严格区别于其他一般建筑的特性。就其本身来讲，监狱建筑自身没有阶级性，但在具体使用中，总是为统治阶级服务的特性却是肯定的。问题在于国家政权的性质、掌握国家政权的代表人物代表什么阶级的利益。监狱建筑作为国家专政机器的工具总是被统治阶级掌握和利用。剥削阶级社会的监狱建筑总是反映统治阶级的残酷性。新中国成立后，共产党领导下的中国社会，人民当家作主。与人民政权相关联的监狱建筑成为对危害国家安全的国内外敌对分子和破坏社会治安、人民生命财产的刑事犯罪分子实施惩罚和改造的物质载体。

（2）监狱建筑具有时代文化特征。从古代、近代、现代各所监狱的建筑形式演变过程中，不难发现监狱建筑具有时代特征。一个时代的监狱建筑，不同程度地反映出这个时代固有的特性。由于在各个时代统治阶级在监狱思想制度上各不相同，必然反映在监狱建筑上也不相同。中国监狱建造最早的形态起源于奴隶社会，监狱雏形是丛棘，周代是圜土，春秋战国是石室、深室、徒人城，到了唐朝监狱的男女囚犯异室、轻重囚犯异处，宋朝的牢城，元朝的地牢，以及明清的四合院格局，清末监狱建筑的改良，到现在监狱高墙、电网以及信息化广泛使用。监狱主要建筑材料从开始时的荆棘到土、石、草、木料、砖瓦、石灰，到现在以砌块、金属材料、钢筋混凝土为主，无不体现历史的发展和社会的进步。可见，各个时代的监狱建筑必然留有各自时代特有的建筑文化烙印，呈现出不同的时代特色，展现不同的时代精神，具有各自时代的价值蕴涵。

（3）文化对监狱建筑的影响。文化是经济和技术进步的真正量度，文化影响科学和技术发展的方向，文化是历史的积淀，当然也存留于监狱建筑中。文化对监狱建造风格、形式、理念等起着无形的作用。文化对监狱建筑的影响主要表现在两方面：一是地域文化对监狱建筑的影响。监狱建筑总是扎根于特定的地域，完全适应特定的地质、地形，特定的气候、生态，特定的民族习俗和人文环境，应充分利用地方性的建筑材料和乡土技艺，建造出牢固、实用的监狱建筑来。北方与南方、平原与山区、经济发达地区与落后地区，监狱建筑显然不同。监狱建筑虽然呈现出全国大一统的模式化趋势，但它也富有地域特色、民族特色，形成本地域的构筑体系、构筑模式，并善于结合所处的地域进行灵活适宜的调节，创造出与地域、生态环境、人文环境、经济条件高度合拍的监狱建筑。例如江苏省苏州监狱建筑体现吴文化，江苏省徐州监狱建筑体现汉文化，山东省微湖监狱建筑体现儒家文化，江西省赣州监狱建筑体现客家文化，陕西省红石岩监狱建筑体现黄陵轩辕文化，湖北省沙洋监狱建筑体现农场文化，山西省太原第一监狱建筑体现三晋文化（图 1-1-13），广东省佛山监狱建筑体现岭南文化（图 1-1-14、图 1-1-15），云南省西双版纳监狱建筑体现傣族风情文化等。二是当时的文化艺术对监狱建筑的影响。监狱建筑

图 1-1-13　山西省太原第一监狱法德宫灯

图 1-1-14　广东省佛山监狱监管区内的景观灯

图 1-1-15　广东省佛山监狱“文化监狱赋”

实质是一种表现性的艺术，特定的刑罚文化符号与和谐的整体，隐含着丰富的社会历史积淀和文化审美意义。监狱在建造完成时应与其设计的初衷是一致的,应体现出人们在设计时想要表达的意图。例如，明朝“苏三监狱”,由过厅、普监、死牢三个部分组成，门窗小而坚实，围墙高而厚，呈现出一种阴森可怖的景象，体现了朱元璋明王朝的“刑乱国用重典思想”。随着历史的变迁，经济的发展，监狱建筑作为独立存在的审美对象，作为惩戒警示功能与美的统一体，其艺术性越来越受到人们的重视。

六、我国监狱建筑发展趋势

进入 21 世纪，现代科学技术得到了广泛应用，世界文明正以前所未有的广阔领域和越来越快的速度互相交流与融合。我国监狱建筑除了要符合国家政治法律、行刑理念以及监狱文化外，还要受时间、社会、自然地理环境等因素影响，适应着日新月异的社会变化。要放眼世界，在保持原有优势的基础上，借鉴国外先进监狱建筑理念，从更广阔的领域和视野去规划设计和建设好我国的监狱。我国监狱建筑发展方向可以概括为以下几个方面：

1. 监狱分布集群化

监狱分布集群化，就是将几所监狱相对集中在某一区域内。其优点：一是有利于资源的优化配置，可以使道路、电力、通信、供水、排水、供暖等并联使用，大大提高集约化水平。二是实现功能集成，各个不同功能的监狱与配套单位的有机聚集使集群能实现功能的高度集成，并使个体职能作用和集群整体的综合实力得到了最大限度的发挥。

天津市西青区梨园头区域的 9 所监狱（天津市监狱、梨园监狱、李港监狱、长泰监狱、河西监狱、津西监狱、女子监狱、未成年犯管教所、康宁监狱），使罪犯不出区域大墙就能完成入监分流、区域流动、区域调犯、看病就医、出监教育等活动，大大降低了罪犯外出概率。区域内的物流集散中心是 9 所监狱进出货物的中转站，实施统一调配、集中调度，能够有效杜绝来往车辆进出监狱造成的安全隐患。罪犯家属会见服务中心负责 9 所监狱罪犯的会见，由应急特勤队管理。三是实现警力集中。监狱建设布局集群化，能有效发挥警力集中管理的优势效应。天津市梨园头区域的监狱，有警察 3000 余人，驻监武警 1000 余人，两警高度集中，在区域安全防范、狱政管理、教育劳动等空间上形成了互利、共享的格局，也聚集了强大的气势，对内部监管的罪犯和外部不法分子都具有震慑力。

目前，除了天津市梨园头区域监狱集群外，还有辽宁省沈阳市于洪区马三家镇监狱集群（辽宁省第一监狱、第二监狱、新入监犯监狱、女子监狱、监狱总医院）、安徽省合肥市长丰县双墩镇监狱集群（安徽省女子监狱、淝河监狱、合肥监狱、义城监狱、合肥戒毒所及皖中集团公司）、天津市宁河县辖区内的北京市监狱管理局清河分局监狱集群（北京市前进监狱、柳林监狱、金钟监狱、清园监狱、潮白监狱和垦华监狱）、湖北省沙洋县境内监狱集群（湖北省沙洋陈家山监狱、汉津监狱、长林监狱、广华监狱、小江湖监狱、熊望台监狱、马良监狱、漳湖垸监狱、苗子湖监狱、平湖监狱、范家台监狱、荷花垸监狱）、陕西省西安市长安区引镇监狱城集群（陕西省西安监狱、雁塔监狱、曲江监狱、女子监狱）等。

2. 监狱布局更加科学合理

由于历史原因，我国近 700 多所监狱，从其地区分布格局、建设规模等来看，差异性巨大。分布存在着明显不合理现象，绝大多数监狱建在远离大中城市和交通沿线的边缘地区。为了“三个有利于”，从 2000 年开始，全国各地监狱通过布局调整，积极采取新建、迁建、改扩建等方式，监狱面貌发生了翻天覆地的变化，呈现出分布格局趋于合理、建筑外形美观、构造安全牢固、环境优美、设施完善的局面。特别是部颁《监狱建设标准》的出台，对监狱总平面布局有了具体要求，但与西方矫正机构内部布局保持较长年代稳定性，且基本趋于统一相比，我国各地监狱内部布局差异较大，不同类型的监狱内部布局还有待于进一步规范。

3. 监狱建筑更加人性化

监狱本着“惩罚与改造相结合，以改造人为宗旨”的工作方针，在不削弱安全防范的前提下，监狱建筑应体现出“以人为本”的精神，保护各类人员的身心健康。监狱主体是罪犯，因此监狱各种建筑设施的改进和建设应全面考虑罪犯安全、生活、管理、卫生和人格各方面因素，注意在各种细节上保护罪犯的身心健康。监狱建筑人性化设计能够抑制罪犯再次犯罪的欲望，这将有利于协助罪犯重返社会正常生活。缺乏人性的空间自然会导致缺乏人性的行为。充满严格限制的环境仅仅能在初期见效，如果持续下去必加剧矛盾，增强罪犯抵触情绪，降低对罪犯矫正效果。恶劣的环境易引发更加恶劣的行为，将不得不投入更多的人力物力对局面进行控制，反而达不到预期的改造目的。

监狱整体布局，无论是建筑，还是色调，都应讲究与自然融为一体，顺其地势，布局灵活多变而绝不牵强，规范统一而错落有致，努力和生态环境相协调，追求与大自然的和谐共处[①]。各监区庭院布置，成为一种新的追求。应巧妙地利用地形地貌景观，融合大自然的韵律，调整罪犯心境，发挥潜移默化的效果，同时给警察提供宽松舒适的工作环境。江西省赣州监狱利用大面积的中央景观、缓坡山地和独特的地形地貌，使规划设计融建筑、水系、栈桥、绿地、园林景观为一体，形成有利于罪犯改造的自然生态，用建筑环境凝固的语言搭建改造人的平台，体现了当代监狱建设理念。监狱设计与建设始终以改造人为中心，通过注重自然生态和人文环境的设计营造，实现教育改造的监狱建筑效用。辽宁省抚顺第二监狱还在监管区内设有100亩生态种植园，罪犯自己种菜，不仅吃上绿色食品，还学到一技之长。

监舍楼、罪犯劳动改造车间、会见楼、公共浴室等单体建筑，考虑最小限的监禁压力，营造出保护罪犯的自尊心，提供自我改造的氛围与生活的充分空间，让罪犯更多地接触自然光线和自然风景。例如监舍楼内走廊宽度和室内净高适当提高，寝室每天有阳光尽情投射，日照时间充足，晒衣间有太阳光照射等。罪犯劳动改造车间增加净高，扩大空间，消防通道通畅，增加炊水间、更衣间、谈话间等辅助功能用房。公共浴室除了拥有足够的洗浴位、衣物柜、电开水炉等外，还应在离警察监控位置最近的区域设置老病残犯洗浴区，安装残疾人扶手和专用换衣凳。同时配备带抽风机的通风系统，以保证浴室内的空气清新，使患有高血压、心脏病的病犯也能没有顾虑地洗浴。罪犯有宗教信仰的自由，监狱有义务安排适当场所让他们进行正常活动，并应当尽可能给予罪犯参与休闲娱乐活动的机会。因此，在未来监狱，除了现在监狱设有的活动室、医院、图书馆外，还应设立宗教信仰场所、健身房等文化娱乐活动场所。为了减轻罪犯被监禁时的心理压力，监狱应在色彩、绘画、摄影、灯光设施方面下功夫。

会见楼是监管区内的主要对外联系的单体建筑，是监狱的对外窗口，是联系百姓、展示监狱执法形象的重要平台，因此特别注意人性化的设计，如家属休息等候区（提前到的家属休息场所）、入口设残疾人坡道，地下人行通道安装无障碍电梯，接待大厅设有监狱和驻监检察官接待室、公共卫生间、等候会见座椅、母婴室、小型儿童游乐园、公共电话间、监狱信息屏等功能用房或设施等。广东省英德监狱还在监管区内设置了回廊式生态木谈心亭，室外谈心亭能消除罪犯紧张情绪，提高警察与罪犯谈心效果。

监狱建筑是对警察人性化最重要的体现，应科学合理设计，用现代化设施替代部分监狱警察的管理工作，将警力解放出来，使警察更有精力有时间投入到对罪犯教育改造当中。例如监舍楼、罪犯劳动改造车间警察值班区的设计，应使警察的视线能观察到罪犯活动范围；现代化的监控设施广泛应用，改变了以前监狱主要靠人的严防死守方式。另外，

① 黎赵雄著. 文化与监狱 佛山样本. 法律出版社，2012年3月。

警察备勤室的面积适当提高、警察浴室卫生标准提高、警察食堂宽敞舒适、体训中心增强实效等也是监狱建筑对警察人性化的重要体现。

4. 监狱建筑向空中发展

监狱建筑按层数划分，1 ~ 3 层为低层；4 ~ 6 层为多层；7 ~ 9 层为中高层；10 层以上为高层。由于涉及监狱安全以及建设成本等因素（监管区内的建筑高度不超过 24m），我国目前监狱建筑基本上以低层和多层为主。

受土地因素影响，也有一些监狱开始建造中高层或高层建筑，特别是在监狱医院、监狱行政办公楼较为常见，现在更是呈上升的势头。例如，江西省新康监狱罪犯诊治大楼为地上 7 层；浙江省十里丰监狱监管指挥中心为地上 7 层（不包括架空层）；河北省太行监狱警察备勤综合业务楼、河北省鹿泉监狱行政办公楼均为地上 8 层；广东省英德监狱行政办公楼为地上 9 层；四川省成都病犯监狱（对外称“四川省司法警官总医院”）住院楼为地上 10 层（不包括地下 1 层）；广东省四会监狱、安徽省巢湖监狱、合肥监狱行政办公楼均为地上 11 层（不含地下 1 层）；广西壮族自治区新康监狱门诊综合楼为地上 12 层，地下 1 层，康复楼为地上 8 层，包括犯罪嫌疑人病房、精神病犯康复活动室、特殊病犯活动室、会见室、监内医技科室用房、罪犯病房洗衣用房等；安徽省女子监狱行政办公楼为地上 12 层（不含地下 1 层）；江苏省南通监狱与南通女子监狱共用 1 栋行政办公楼，为地上 14 层（不含地下 2 层，地下第 1 层为自行车库，地下第 2 层为汽车库）；山东省微湖监狱监管与生产调度指挥中心大楼更是达到地上 16 层（不含地下 2 层），建筑面积约 20000m^2；山东省未成年犯管教所备勤楼综合楼，地上 30 层，地下 1 层，为我国目前监狱最高单体建筑，建筑面积 20256.77m^2，其中地上面积 19558.82m^2，地下面积 697.95m^2。

美国几乎所有的新建监狱都是 4 层或更高层的高层建筑，如纽约城市矫正中心为 12 层，圣迭戈城市矫正中心为 23 层，芝加哥城市矫正中心高达 26 层，以上三所城市矫正中心都是 1995 年建成使用。监狱的所有设施均设在楼内。高层监狱建筑主要用于关押短刑犯和未决犯。英国的情况比较特殊，监狱建筑一般不超过 2 层。

5. 监狱建筑低碳生态化

低碳建筑，目前尚无准确定义，但从低碳经济是低能耗、轻污染的经济发展模式来看，低碳建筑是指建筑材料生产商在生产建材、设备时，建筑施工企业在新建、修建或拆除建筑时，业主在使用建筑的过程中，尽量提高能效、降低能耗、减小 CO_2 排放的建筑。目前低碳建筑已逐渐成为国际建筑界的主流趋势。一个经常被忽略的事实是建筑在 CO_2 排放总量中，几乎占到了 50%，这一比例远远高于运输和工业领域。生态型建筑是指在建筑的全寿命周期内，最大限度地节约资源（节能、节地、节水、节材），保护环境和减少污染，为人们提供安全、健康、舒适和高效的使用空间，与自然和谐共生的建筑。安徽省合肥监狱作为全国首座按照绿色建筑二星级要求进行设计建造的监狱，体现了节能、环保、生态和以人为本的建设新理念。监狱建筑低碳生态化应从以下五个方面考虑：

（1）从建筑规划、布局及朝向上考虑“低碳”“生态”。因地制宜，结合各地的气候条件、自然条件、资源条件、经济条件和文化条件来规划监狱，不可盲目复制和理想化，让节能方案更为切合实际。在布局过程中，尽量能依地就势，避免破坏原有地形地貌，提高监狱防灾减灾能力。四川省锦江监狱在总体规划布局中，在建筑空间上融入现代建筑元素，处处讲究和谐与自然，实现资源节约和环境友好、矫正文化与自然风光的巧妙融合。建筑朝向也是监狱实现节能的重要渠道，在规划、布局时，要注重选择自然通风和天然采光的节能方式，创造良好舒适的建筑内环境，从而提高监狱建筑里的警察职工以及罪犯的工作劳动效率。江西省赣州监狱在新建时，保留了“两沟一壑”的原始地形地貌，融入客家文化元素，通过合理布局、色彩和科技成果运用，使建筑、水系、坡地、绿地、园林和人文景观融为一体，形成新的文化生态体系，营造一个改造人的良好环境和重要载体。江南地区的监狱，可在南偏东 30° 和南偏西 15° 范围内设置建筑朝向，在这样的气候条件和风向条件下是比较合适的。而且单体建筑与单体建筑之间也应该考虑到良好的日照和通风效果，这样就从基础上为低碳建筑的设计创造了条件。

（2）从当地自然资源中考虑“低碳”“生态”。“低碳建筑”和“低碳”的建筑材料必须有机结合、两者相辅相成才能成就真正意义上的低碳。低碳建材是构建“低碳建筑”的基础，监狱建设必须充分考虑建设材料地域性特点。充分利用本土建筑的形式与功能优势，宜采用当地生产的可持续的建筑材料，从而降低对环境的影响。就地取材、就近采集和生产节省了运输过程中所产生的碳排放。同时在使用建筑材料时，尽可能使用具有很高再循环性的建筑材料。实现建筑可持续发展，在一定意义上减少了碳排放。

（3）从最大限度采取保温隔热措施中考虑“低碳”“生态”。在整个监狱建筑的能量损失中，约80% 以上是在外墙和门窗上的损失。所以，对监狱建筑外墙和门窗采取保温隔热措施，显得尤为重要。目前，监狱建筑外墙体的保温隔热措施，除了采用新型空心砌块砖外，还另有以下三种：内附保温层、外附保温层和夹心保温层。由于外附保温层——发泡聚苯板施工要求高，目前国内监狱大多采用内附保温层做法。门窗的保温隔热措施通常有以下三种：中空玻璃（包括双玻、三玻）、镀膜玻璃（包括反射玻璃、吸热玻璃）、高强度防火玻璃（高强度低辐射镀膜防火玻璃）、采用磁控真空溅射方法镀制含银层的玻璃以及最特别的智能玻璃。对于监狱而言，最常见的在警察办公区域门窗采用普通双玻或三玻，在罪犯活动的区域门窗采用钢化双玻或三玻。采用中空玻璃，能显著地提高建筑的气密性，减少室内热量的散失，降低建筑主动采暖需求，能让房间实现冬暖夏凉。采用传统技术也可以建成适应各地气候的建筑，如在监舍楼外墙的窗檐口上安装固定的遮阳设施，也能降低夏季监室内温度。

（4）从采取技术革新低能耗中考虑“低碳”“生态”。建设低碳监狱，当然离不开低碳建筑。低碳建筑的内涵和节能建筑、绿色环保建筑是一致的，相辅相成的。只有靠科技助力，采用雨水收集、中水回用等绿色技术，才能在不影响罪犯的舒适和健康的情况下实现低碳节能，降低能耗。在监狱里安装简易的雨水收集设备，监管区建有较大的储水池，雨水在进入储水池之前，还要经过自动净化过滤器的过滤，监狱可以用这种简单过滤的雨水，直接清洗卫浴、灌溉树木。香港罗湖惩教所、澳门新监狱、北京市良乡监狱、北京市延庆监狱、福建省厦门监狱、山西省太原第一监狱等还建有中水回用系统，引入污水处理技术，冲厕所、洗衣的水都可循环再利用，在有效治理水污染的同时，实现了水资源的可持续利用，不论经济效益、环境效益，还是社会效益，都取得了良好效果。

近年来，浙江省大多数监狱针对夏季频频出现高温天气的态势，普遍在罪犯劳动改造车间安装了环保水空调，为倡行监狱绿色建筑做出了务实有效的探索[①]。江苏省龙潭监狱在南监区的1栋罪犯劳动改造车间也安装了环保水空调。行政办公楼可采用新风换气系统，不打开窗可实现空气流通，在保证空气新鲜的同时，降低了室内能耗，以很低的成本创造健康舒适的工作环境。而日本一些监狱，在建筑屋顶和外墙上设计了一些如人类皮肤的汗腺一样的透水孔，通过透水孔渗水来降低室内的温度。

（5）从利用可再生能源中考虑“低碳”“生态”。“低碳”就是尽可能少地耗能，应尽可能多地利用大自然本身的能源，通过能源的转化来满足各种生活需要，从而降低监狱的运行成本。如今，越来越广泛的可再生能源应用成为实现监狱建筑节能的有效途径，如充分开发利用太阳能、风能、地热资源和沼气。

1）利用太阳能。太阳能作为热辐射能源，是取之不尽用之不竭的新型环保新能源。随着太阳能技术日渐完善成熟，在近一轮监狱布局调整过程中，太阳能已得到了大力的推广和广泛的使用。在监狱最常见的是太阳能路灯和太阳能热水器。太阳能路灯依靠吸收日照光线转换成电能并储存，供夜晚照明使用。新疆生产建设兵团农八师新安监狱、北京市延庆监狱、青海省门源监狱、河南省新乡监狱、湖北省沙洋监狱管理局广华监狱、云南省楚雄监狱、贵州省金西监狱等在警察行政办公区、警察生活区、监管区道路两侧或围墙上等不同区域安装太阳能灯，这些监狱亮化程度大大提高，环境更加优美，不但美观而且节能环保。云南省文山监狱除了太阳

① 方昌顺，周荣瑾.从责任关怀视角对现代监狱建筑谱系之探究.中国监狱学刊，2009年第1期。

能路灯外，还在球场、庭院等场地使用太阳能灯。北京市延庆监狱、北京市女子监狱、江苏省南通女子监狱、安徽省蚌埠监狱、山东省鲁南监狱、浙江省临海监狱、四川省崇州监狱、广西壮族自治区黎塘监狱、青海省柴达木监狱、福建省福州监狱等还充分利用太阳能，在单体建筑屋顶上安装太阳能集热板，利用太阳能加热采暖用水和生活热水，保证罪犯天天有热水供应。其中，福建省福州监狱，在6栋监舍楼天台安装了1000多平方米的太阳能集热板，地面分别安装储热罐和空气加热设备，每天产生热水7吨，供应热水温度60℃以上，能满足全监罪犯使用需求。

太阳能发电项目投资较大，在监狱里还不太常见。目前，香港罗湖惩教所、内蒙古自治区扎兰屯监狱和新疆生产建设兵团农二师且末监狱等已引入太阳能发电技术。且末监狱位于塔克拉玛干大沙漠的南缘，日常用电由巴音郭楞蒙古自治州（简称“巴州”）且末县电力公司供给。由于该地区利用的是水力资源发电，日常用电常年供应不足。为缓解监狱用电矛盾，该监狱在自治区能源总公司的大力支持下，积极引进现代科学技术，于2008年投资340万元，安装了270套太阳能电池板和5套组合辅助设备，在监狱驻地建成了功率为34kW·h的太阳能发电站。2010年该监狱又投资140万元新增140套太阳能电池板和3套辅助设备，太阳能发电站总功率达到了68kW·h。这座太阳能发电站建成之后，彻底解决了该监狱经常停电的问题，可常年保持每天24小时监狱日常照明和生活用电，为监狱的安全稳定提供了有利条件。[①]江西省赣江监狱400W_p(太阳能光伏电池的峰值总功率）屋顶光伏发电项目，2015年4月正式投入使用，8月并入国家电网。该监狱在监管区内的6栋厂房的平屋屋顶上安装了太阳能光伏发电系统。光伏系统在发电的同时，太阳能电池板吸收原本照射在屋顶的阳光，对车间本身起到隔热的作用，从而间接降低了夏天空调的使用强度，提升了电力使用效率，节省了电费。海南省琼山监狱430W_P屋顶光伏发电项目也已正式启动。

2）利用风能。风能作为一种清洁的可再生能源，也是取之不尽用之不竭的，越来越受到世界各国的重视。我国风能资源丰富，特别是西部地区，风电开发利用潜力巨大。西部地区风能资源主要分布在甘肃、宁夏、新疆等省区。对于缺水、缺燃料和交通不便的沿海岛屿、草原牧区、山区和高原地带的监狱，如土地不受限制，可因地制宜地利用风力发电。

西方一些国家，随着化石燃料成本的不断提高，在监狱投资风电是屡见不鲜，同时绿色能源还能提升监狱的形象。美国第1所拥有自己风电系统的监狱是加利福尼亚州维克多维尔联邦管教所，该机构于2005年3月架设了风轮机。风力发电提供了该监狱总用电量的大约10%。马萨诸塞州有3所监狱架设风力涡轮机，其中加德纳市（Gardner）中型安全监狱中北管教所设有2架风力涡轮机。风力发电满足监狱的总体电力需求，而多余的风电将还可以出售给电网，供普通居民使用。在印第安纳州，2009年普特南韦尔管教所架起了该州监狱系统的第1座风力涡轮机，管教所所在地被测为该州最适宜利用风电的地点之一。

2009年4月，加拿大新布朗斯维克省多切斯特监狱出现了加拿大第1座风力涡轮机。多切斯特监狱的风电系统，使该监狱的CO_2排放量减少了940吨，相当于公路上行驶的小型汽车减少了260511辆，或种植了4700棵树。目前，加拿大艾伯塔省德兰赫勒监狱正在建加第2座风力涡轮机。加拿大政府也在评估其他10座监狱架设风力涡轮机的可行性。

2010年年初，英国司法部新闻官劳伦·斯达（Lauren Star）透露，英国监狱系统的风力涡轮机架设工作也开展得热火朝天。英国司法部正在对50所监狱进行评估，此举有望减少这些监狱一半的碳排放量。

风电最佳选址为何热衷于监狱？风电系统选址在监狱地区并非偶然。监狱往往电力消耗量巨大，且占地属公共用地，土地使用无须得到政府方面的特殊许可；另外，监狱通常坐落在岛屿、海边或海拔高的地方，因而风力也比其他地方要大。

3）利用地热采暖。地热是来自地球内部的一种能量资源，地热采暖系统是一种可利用浅层地热

① 且末监狱建成监狱系统最大功能的太阳能发电站. 兵团新闻网，http://www.bt.chinanews.com/News/shehui/201003/5558.html。

能源（也称“地能”，包括地下水、土壤或地表水等的能量）的高效节能系统，具有十分显著的节能效果和减排优势。它通过已经架设好的地板水循环管道实现热水的循环加热地板，再通过地板将热量辐射到空间中。这样形成的热能空间让人更加舒适，没有传统方式的热风吹的人头疼，而且也更加节能环保。由于地热能是一种清洁能源，是可再生能源，加之我国北方地区所处的地域特有的条件和特点，近几年来，在我国北方地区监狱已开始使用地热采暖，如北京市延庆监狱、北京市垦华监狱、内蒙古自治区通辽监狱、河北省冀东监狱特殊病犯监区、山东省枣庄监狱等。其中，北京市垦华监狱通过深约 2000 多米的两眼地热井，在冬天提供 60℃以上的地下热水，换热后引入到各单体建筑进行供热。热能被充分利用后，尾水回灌到地下，做到了零污染排放。

4）利用沼气。沼气是各种有机物质在隔绝空气（还原条件）条件下，并在适宜的温度、pH 值下，经过微生物的发酵作用产生的一种可燃烧气体。沼气是一种优质、清洁、廉价、高效的可再生能源。

湖南省岳阳监狱，设有年出栏 8 万头生猪集约化养殖基地，年产牲畜粪便 2 万吨。2005 年，该监狱建成了沼气工程。该工程现满足近千人生活所需能源，每年节约用煤资金 10 万余元，不但解决了养殖基地牲畜粪污排放问题，还做到了提高资源利用率，优化能源结构，保护生态环境，降低罪犯生活燃料支出。目前北京市延庆监狱、北京市清园监狱、安徽省九成监狱管理分局、安徽省蚌埠监狱、四川省崇州监狱等也建有沼气工程。

在非洲卢旺达，政府非常重视环境保护和可再生能源的开发利用，利用得天独厚的自然资源，除了大量家庭修建沼气工程，一些监狱也使用沼气作为能源，不仅解决了燃料问题，而且还解决了罪犯产生的生活垃圾和粪便问题。

6. 监狱建筑智能化

智能化俗称“信息化”、“数字化”，它是当今世界发展的大趋势，是人类文明进步的先进成果。随着信息技术在我国国民经济和社会发展各领域的广泛应用，信息化已成为政务活动、执法工作和社会管理的重要手段。监狱作为国家的刑罚执行机关，若没有现代的信息化系统，就难以紧跟时代发展的步伐，监狱工作必须顺应这一时代发展潮流。信息化越来越成为监狱监管安全、行政办公、后勤保障、生活服务等众多方面不可缺少的辅助手段，在保障监狱监管安全、缓解警力紧张、提高办事效率等方面发挥着重大作用。现在监狱安全标准越来越高，监狱建筑智能化建设显得越来越重要。

监狱建筑智能化主要包括视频监控系统、红外报警系统、有线广播对讲系统、紧急报警系统、无线巡防定位系统、门禁系统、巡更系统、雷达报警系统、埋地感应电缆（也称“泄露电缆”）报警系统、会见管理系统、对讲呼叫报警系统、围墙高压电网系统等，最终实现监狱工作中各种智能系统的高度集成。现在好多监狱通过安防系统对重点防范罪犯建立“虚拟警戒线”，特别是晚上罪犯在监室睡觉时设定的“看不见”警戒范围，一旦监控目标异动导致图像裂变，就会自动发生警告。各种硬件设施和软件资源被优化组合成一个能满足监狱日常工作需要的完整体系。

在国家司法部大力提倡监狱信息化建设的背景下，为切实提高监狱监管工作的现代化水平，最近几年，国内各所监狱启动了新一轮的监狱信息化建设工作，其中上海市南汇监狱、广东省深圳监狱、湖北省襄阳监狱等在新型安防信息化系统方面走在全国监狱前列，实现了监狱安防管理系统高效化、智能化。

7. 分管关押模式更加科学合理化

分管分押是监狱狱政管理中一项重要的基础工作，直接影响监狱的执法水平和行刑目标的实现。根据《联合国罪犯待遇最低标准规则》第八条规定：“不同种类的罪犯应按照性别、年龄、犯罪记录、被拘留的法定原因和必需施以的待遇，分别送入不同的监所或监所的不同部分。”我国《监狱法》也有此类相关规定。分押制度已成为当前国际社会监狱行刑的共识。我国大多数监狱现行的是集中型、混押型模式，这已难适应行刑专业化、社会化的需要。

根据关押罪犯的犯罪类型、刑罚种类、刑期长短以及对社会的危害程度，设置不同戒备等级监狱，让不同的罪犯在不同戒备等级监狱接受差异较大甚至是完全不同的狱政管理和教育改造，这是现代行刑社会化和人文化的充分体现，也是先进行刑模式的发展趋势。推行监狱分类关押模式，充分体现了法律惩罚和改造罪犯的刑事政策，实现了与国际先进的行刑模式对接，适应了国际人权斗争的要求。①

我国监狱分类关押模式将更加细化，更趋于科学合理。除了中度戒备监狱、高度戒备监狱、女子监狱、未成年犯管教所、医院监狱（精神病监狱）、入监监狱、中转监狱、出监监狱、老弱病残犯监狱等外，还应设有低度戒备监狱、酒驾过失犯监狱、职务犯监狱等。由于关押的对象不同，警察执法、管理、教育等环节中存在着差异，所以监狱建筑布局、建筑形象、细部结构等也应存在差异。

第二节　监狱建筑学的概念

一、监狱建筑学的发展历程

监狱建筑学是一门具有独特特点的多学科交叉的综合性学科，它涉及监狱建筑与政治、法律、行刑、经济、社会、文化、宗教、地域等因素的相互关系。监狱建筑实践应遵循当时统治阶级的狱政指导思想以及建筑技术、建筑艺术以及特殊要求的基本规律。

现代监狱建筑学体系中，人们侧重于利用心理学和建筑学的科学成果，改革以前监狱中的不利于罪犯回归社会的消极因素，从监狱的建筑布局、关押容量、设计规模等要素对传统监狱进行了改革，同时还注重监狱的安全防范、施工工艺、建筑材料等方面，意图通过最终的组合式设计，实现直接管理和单元管理，减少监狱和外界社区的“异质性”，使得现代先进行刑理念能够在器物层面得以实现，最终不言自明地完成对罪犯的矫正。实际上这种设计理念在欧洲监狱中同样得到认同和实现。建筑学的理论界认为，物理性环境无论是有意的目标追求还是无意的表达，总是在传达设计者的理念。西方监狱建筑学者认为，先进的建筑技术和方法应当在这方面有所作为。

古希腊建筑以端庄、典雅、匀称、秀美见长，既反映了城邦制小国寡民的思想，也反映了当时兴旺的经济以及灿烂的文化艺术和哲学思想。古希腊许多监狱与其他的公共建筑如城市警卫室、城堡、官邸甚至废弃的教堂混合在一起，几乎与其周围的其他建筑无法分辨，显示不出监狱功能的标志②。罗马监狱建筑牢固厚实，反映了国力雄厚、财富充足以及统治集团巨大的组织能力。西欧中世纪监狱建筑的发展和哥特式监狱建筑的形成是同封建生产关系有关的。封建社会的劳动力比奴隶社会贵，再加上在封建割据下，关卡林立、捐税繁多，石料价格自然提高，也促使监狱建筑向节俭用料的方向发展。同样以石为料，同样使用拱券技术，哥特式监狱建筑用小块石料砌成的扶壁和飞扶壁，同罗马监狱建筑用大块石料建成的厚墙粗柱在形式上大相径庭。

关于监狱建筑学方面的研究，西方国家要远早于我国。我国清末监狱建筑的改良，是西学东渐在狱制领域的重要表现之一，在此过程中，日本起到了媒介作用。清政府通过派遣留学生、聘请日本教习、派员考察等形式向日本学习了先进的监狱建筑式样，并接受日本专家指导，实施了清末新式监狱建筑式样。而日本明治维新时期学习了欧美国家先进监狱建筑理念。纵观西方监狱发展史，其行刑思想普遍经历了对罪犯敌视、报复和惩罚威慑的发展阶段，与行刑思想相适应。建筑是固化了的思想，作为反映那个时代管理者的思想、价值观和精神追求的监狱建筑当然也不例外。

据《外国监狱史》一书中的介绍，1595年荷兰阿姆斯特丹矫正院的建立，是西方近代自由刑和监狱的开端。③

18世纪末，英国哲学家杰里米·边沁的圆形监狱设计的思想影响西方监狱设计上百年。圆形监狱的设计包括中心的瞭望塔及周边的环形囚室，它具有向心可见性以及横向不可见性。在圆形监狱里，罪犯有意识地持续可见以及被隔离的状态造成了其

① 李建平. 监狱分类关押模式的思考. 南粤监狱，2007年第1期。

② 吴新民. 古希腊监狱制度. 中国监狱学刊，2007年第5期。

③ 潘华仿 主编. 外国监狱史. 社会科学文献出版社，1994年5月。

"被监视"、"被孤立"的心理而自我管理与规训；监视者可见而又不可确定的权力局势也带来了监视效果的持续性。圆形监狱作为著名的心理学建筑被认为是一种完美的权力技术。这种设计理念并没有得到推广，反而是在19世纪初被引入美国，建设了一批以此为设计理念基础的监狱，如匹兹堡西部监狱、斯泰特维尔监狱等。20世纪70年代，法国的米歇尔·福柯发展了"圆形监狱"理论，他认为社会性的监视是规训社会的基础与前提。

1790年，美国宾夕法尼亚州的胡桃监狱投入使用，标志着世界上第一所现代监狱的诞生。胡桃监狱建筑特点是采用了中间走廊，两侧细胞式监房的结构，这种监房布置形制在问世后很长一段时间内被欧美各国借鉴和吸收，被称为"宾州制"监狱。

1817年，美国纽约州奥本监狱建成使用。其建筑特点是没有采用造价昂贵的辐射状单独囚室设计，而采用间隔式建筑设计，监房布置方式是中间两排背靠背的细胞式监房，外面两侧是走廊。它并且是美国第一个以工厂为主进行集体劳动的监狱。由于监房互相隔开，背对并且与外界没有接触，这种监房布置方式是非常安全的，被称为"奥本制"监狱。

当代的监狱行刑理念已经从复仇、剥夺等传统观念向罪犯的处遇和有利于回归社会的方向发展。美国新一代监狱的建筑风格就融入了这种现代行刑理念。19世纪中后期到20世纪中期，长达近一个世纪的时间内，"风车式监狱"和"电线杆监狱"这两种监狱建筑的布局形式占据了美国监狱建筑的主流。这两种监狱均采用罪犯监房分区的翼状布局，可将其合称为"翼状监狱"。

20世纪60年代，美国联邦及各地方政府推出各种有关罪犯权利的法律法规，而美国惩教协会也逐渐开始推广监狱建筑建设标准。美国监狱建筑的形制开始变得更为多元，三角形、L形等新型监舍单元布置形式开始出现，内置监房式的布局方式被摒弃。20世纪80年代后，美国罪犯人口数量剧增，开始了新一轮监狱建筑的建设。这一时期的监狱建筑在兼顾科学的同时，也注重监狱的经济性。位于城市或郊区的监狱日渐增多，各种新型的监狱不断涌现，如北支流监狱、河边监狱、卡伦监狱等。

二、监狱建筑学的概念

监狱建筑学作为一门独立学科，是我国监狱科学体系中的一个重要组成部分，也是一门蕴含多学科并具有独特特点的综合性学科。监狱建筑学与狱政管理学、矫正教育学、狱内侦查学、罪犯改造心理学、罪犯劳动管理学、监狱经济管理学、比较监狱学等，共同构成了监狱学基础理论下的二级学科。

通过与其他类型的建筑学对比研究发现，监狱建筑学既与其他类型的建筑学有一定共性，又具有自己鲜明的独特性。从广义上来说，监狱建筑学是研究监狱建筑及其周围环境的学科，旨在总结监狱建筑活动的经验，以指导监狱建筑规划设计与施工，营造某种体系环境等。在通常情况下，按其作为外来语所对应的词语（由欧洲至日本再至中国）的本义，它更多地是指与监狱建筑设计建造相关的技术与艺术的综合。监狱是国家的刑罚执行机关，是关押、惩罚、教育和改造罪犯的场所，监狱建筑多侧重于安全与牢固。因此，监狱建筑学是与监狱管理的基本原则、要求与相关建筑标准、要求相结合而形成的一门学科，也是一门与政策、工程技术和人文艺术有关的新的边缘学科。监狱建筑学涉及建筑艺术和建筑技术，建筑包括美学的一面和实用的一面，它们虽有明确的差异但又密切联系，并且其分量随着具体情况和单体建筑的不同而不同。

我国传统上的监狱建筑，过多地考虑如何让罪犯跑不了，全国没有统一建筑模式，一直到清末民初，才真正建立起现代意义上的监狱建筑图式。新中国成立后，特别是改革开放以来，随着我国国民经济的发展、综合国力的增强、法制化程度的提高，以及国家加大对监狱基础设施的投入，监狱建筑学的研究也进入一个崭新的阶段，各种新理论、新观点、新思维不断涌现，已突破传统意义上的监狱建筑概念。目前，我国监狱建筑学的研究对象包括单体建筑、构筑物、室内设施与建设以及环境绿化美化亮化等，具体内容包括监狱建筑基本概论、基础与地下室、墙体、楼地层、楼梯、屋顶、门和窗以及监狱建筑规划设计等。监狱建筑服务的主体对象为罪犯及警察，不仅要满足他们物质上的要求，而且要满足他们精神上的需求。因此，随着社会生产力和生产关系的变化，政治、法律、行刑、文化、宗教、生活习惯等的变化，都会影响监狱建筑技术和艺术。

三、监狱建筑学的核心内容

规范指导监狱建筑规划设计与建设是监狱建筑学的最终目的。自古以来，我国还没有一门专门研究监狱建筑的学科。虽然当今从事监狱实务工作者和社会科研机构的人员对监狱建筑不断有新的观点、理念出现，但还未形成完整系统的监狱建筑学理论。监狱建筑规划设计与建设是一种技艺，古代基本上靠沿袭历代约定俗成的官衙监狱建筑模式或师徒承袭口传心授而来。到了清末民初，开办法律类监狱学科的学校，采取课堂教学方式，但没有专门的监狱建筑学科。后来出现了《监狱建筑图式》，在一定程度上起到了促进作用。新中国成立初期，监狱规划设计与建设基本上参照苏联模式。中苏关系恶化后，监狱经过几代人的努力与实践，逐步建立起完善的科学体系。特别是进入21世纪后，随着《监狱建设标准》、《监狱建筑设计规范》等系列规范标准出台，标志着我国监狱建筑规划与设计已走上了科学化、规范化、标准化、法治化道路。

监狱建筑规划设计与建设内容：一是阐述监狱单体建筑设计问题，在设计时，应注意的监狱特殊要求以及解决这些问题的方式方法；另一个是总结各类监狱建筑的设计经验，按照各类建筑的内容、特性、使用功能等，探讨监狱建筑设计的一般规律，包括总平面布局、单体平面布局、空间组合交通安排、有关建筑艺术效果的美学规律，以及特殊类型监狱等内容。

四、监狱建筑学的重要性

监狱建筑学之所以至今还未建立起来，这是与我国生产力发展水平和社会主义初级阶段的现状紧密相连的。新中国成立初期，为满足关押战争罪犯及土豪劣绅的需要，除接管的国民党监狱外，因地制宜建立了劳改农场或组织罪犯参加国家大型工程的建设，在硬件设施上往往因陋就简。20世纪60年代以后，虽然劳改农场基本定型，又新建了一大批工厂，但由于国家财政拨款有限，监狱系统基本上靠自己养活自己，自有的剩余资金很少，在硬件设施建设上也只能类似于“小鸟筑巢”，有多少钱办多少事，满足于有，无法力求于强。进入80年代，随着第四次犯罪浪潮的到来，押犯结构发生了巨大变化，监管改造的难度明显增大，过去少有的监管改造重大恶性事故屡有发生，必然对监狱设施建设提出更高的要求。全国所有监狱在力所能及的情况下，想方设法加高围墙、改造电网、建造新的监舍、增添监区生活和文体活动设施，硬件设施有了大幅度改善。司法部和各省相继提出创建部级、省级现代化文明监狱号召后，全国监狱积极响应，硬件设施建设呈现出你追我赶的局面。

我国的监狱布局是新中国建立后逐步发展形成的，随着我国社会主义市场经济体制的逐步建立和法制建设的不断完善，这种监狱布局已经越来越不适应形势发展的要求和监狱工作发展的需要。为解决监狱布局不合理、制约监狱工作发展的问题，国务院2001年作出了进行监狱布局调整的决定。按照“布局合理、规模适度、分类科学、功能完善、投资结构合理、管理信息化”的总体要求，以改扩建监狱为主，结合新建、迁建和撤销部分监狱，全国监狱建筑面貌发生了翻天覆地的变化。虽然2002年颁布了《监狱建设标准》(建标[2002]258号)，但如何使监狱建筑设计与建设更具规范化、合理化、科学化，就需要对监狱的规划、设计、建造和管理进行深入的研究，提出一套具体的可操作的规范要求，以使新建的建筑实体符合和满足监监狱管安全和改造罪犯的实际需要。从这个角度讲，建立监狱建筑学，是形势发展的必然结果，也是时代对监狱工作理论研究的必然要求。

监狱是国家机器的重要组成部分，监狱的发展史是国家发展史的一个缩影，监狱的现状也反映一个国家的生产力发展水平和民主法制建设的实际情况。因此，加强监狱建筑理论的研究，加快监狱硬件设施的建设步伐，努力提高监狱警戒设施科学化水平，也是监狱自身发展的必然要求。

“古为今用，洋为中用”一直是我国监狱系统学术理论界的优良传统，特别是对中国古代监狱的理论研究和西方发达国家监狱管理经验的借鉴吸收上，取得了一些成绩。明朝"苏三监狱"的狴犴牢门，门框木质坚硬，宽而厚，门为铁皮，乳钉密铆，坚固非凡，且两道相反方向开的单扇大门，每扇门宽度接近1米，1道朝左开，另1道朝右开，故意把方向错开。不知就里的囚犯若越狱，因为囚犯在脱逃时存在不同程度心理紧张，往往出了第1道门却怎么也打不开第2道门，能起到延误罪犯越狱时间的作用。民国时期新式监狱的十字形式、菊花式、放射式等总体布局，仍然对我国现在监狱建筑规划设计有着借鉴和参考作用。西方发达国家监狱尤其是关押重刑犯的监狱，警戒等级都很高，硬件设施在保障监狱安全方面起到了决定性作用。我国与西方发达国家不仅在监狱硬件建设上存在着差距，在管理罪犯的思维方式上也同样存在着差距。因此，建立监狱建筑学，加强监狱建筑理论的研究，也是缩短与西方国家的差距，努力与国际接轨的有效措施（图1-2-1~图1-2-3）。

当前监狱押犯日趋复杂，改造与反改造的斗争依然十分尖锐、复杂，各种重大恶性案件屡有发生。要确保监狱监管安全，提倡监狱警察的奉献精神，强调警察的直接管理，狠抓各种管理措施的落实，显然是十分必要的，但硬件防范设施的薄弱和各种监管改造配套设施的不完善，必然使警察始终在超负荷状态下工作，显然也不是长久之计。可喜的是，随着国家对监狱高度重视和加大投入，监狱的硬件警戒设施以及各种监管改造配套设施逐步得到了改善，当然与更高要求还有差距。因此，建立监狱建筑学，加快监狱建筑理论的研究，不仅是必要的，也是十分迫切的。[①]

图1-2-1　挪威哈尔登监狱一角

图1-2-2　挪威哈尔登监狱室外罪犯使用的电话亭

图1-2-3　挪威哈尔登监狱教堂

五、监狱建筑学的艺术性

监狱建筑学作为一门学科，自然受到社会思想潮流的影响。这一切说明监狱建筑学发展的原因、过程和规律的研究绝不能离开社会条件，不可能不涉及社会科学的许多问题。监狱建筑学是集政策性、艺术性、技术性为一体的综合性较强的学科。政策是方向，建筑的技术与艺术密切相关，相互促进。技术在监狱建筑学发展史上通常是主导的一方面，在一定条件下，艺术又促进技术的研究。

建筑师总是在可行的建筑技术条件下进行艺术创作的，因为监狱建筑艺术创作不能超越技术上的可能性和技术经济的合理性。如果没有几何知识、测量知识和运输巨石的技术手段埃及金字塔是无法建成的。人们总是使用当时可资利用的科学技术来

① 嵇为俊.关于建立监狱工程学的思考.中国监狱学刊，1998年第2期。

创造建筑文化。现代科学的发展，建筑材料、施工机械、结构技术以及空气调节、人工照明、防火、防水、信息化技术的进步，使监狱建筑不仅可以向空中、地下发展，而且为建筑艺术创作开辟了广阔的天地。

建筑是反映一定时代人们的审美观念和社会艺术思潮的艺术品。监狱除了惩罚、监禁外，还应承担教育改造的功能，所以在达到坚固安全的前提下，要注意监狱建筑本身的艺术感，尽量减轻罪犯的内心压力，所以监狱建筑学具有一定的艺术性。然而监狱建筑有其特殊性，它强调安全与牢固，以防止在押罪犯自伤、自残、自杀、脱逃、行凶等恶性监管事故的发生。

监狱建筑也可以像音乐那样唤起人们的某种情感，例如创造出庄重、威严、稳重、规矩、明朗的气氛，使人产生崇敬、压抑、欢快等情绪。监狱建筑主要通过视觉给社会公民反思警醒，给监狱警察敬业公平，给罪犯服从遵守的感受，这是与其他视觉艺术的不同之处。汉初萧何建造未央宫时说，“天子以四海为家，非壮丽无以重威”，就是说，天子以四海为家，假如宫殿不建设得壮丽华贵就无法显示天子地位的尊显和威严，可以说明这样的问题。德国文学家歌德把建筑比喻为“凝固的音乐”，也是这个意思。但是监狱建筑又不同于其他艺术门类，它不仅仅需要一定的经济和技术条件作为支撑以及一定的劳动力和集体智慧才能实现，而且它的安全性和牢固性为任何其他艺术门类所难以比拟。监狱选址相对偏僻、建筑坚固、使用年限较长等因素，导致监狱建筑美学相对变革迟缓。

第二章

监狱建筑概论

监狱建筑概论是监狱建筑规划设计与建设的基础性知识。本章主要介绍了监狱建筑的基本构成要素、监狱建筑的分类、监狱单体建筑的等级划分、监狱建筑模数、监狱单体建筑的构造及影响构造的因素等内容。

第一节 监狱建筑的基本构成要素

构成监狱建筑的基本要素，是指在不同历史条件下形成的建筑功能、建筑形象和建筑技术。

一、建筑功能

人们在建造房屋时有其具体的目的和使用要求，建筑不仅要满足人体活动所需的空间尺度的要求，要满足人的生理要求，还要具有良好的朝向、保温、隔声、防潮、防水、采光及通风等性能。不同类型的建筑具有不同的建筑功能。由于监狱的特殊性，监狱的建筑功能是为了满足惩罚与改造罪犯的需要，开展一系列活动，如居住、会见、治疗、教育、劳动生产、办公、会议等。这就决定了监狱建筑的基本因素，各房间的空间大小、布局以及与其他空间的相互联系方式，都应满足建筑功能的要求。具体来说，有以下五大特殊建筑功能：

（1）使用功能。不同的监狱单体建筑有着不同的使用功能要求，在规划设计时应根据其具体使用功能，而进行相关设计。例如监舍楼要求安静、通风采光、保温等性能好；会见楼要求听得清、看得见，家属与罪犯要求物理隔离；罪犯伙房要求整洁、用房布置要便于操作；罪犯劳动改造车间要求符合劳动项目的生产工艺特征，且通风性能好；禁闭室要求坚固、无死角等。

（2）隔离功能。监狱依法对罪犯关押收监，与社会进行物理隔离。罪犯多具有危险性，若任其混杂于一般社会中，对被害者不公或易侵害他人利益或把恶习传染他人，因而将他们强行置于监狱，使他们暂时与社会进行物理隔离，如同医院对于患传染疾病者，令其住特殊的隔离病房，以防止传染他人。监狱是社会防卫的最后一道防波堤，其首要功能在于强化守备、严格警戒。监狱建筑所有设计、内部构造，例如门、窗、围墙、电网等，都要使罪犯无法脱逃、自杀和对他人加以攻击。同时监狱的各种建筑设施都要有利于监控，能满足应对自然灾害、疫病传播、罪犯脱逃、暴狱等公共危机，为罪犯的矫正和监狱的安全稳定提供必要的物质保障。

（3）惩戒警醒功能。监狱最初始功能就是惩罚罪犯。罪犯被收监，使罪犯感到犯罪受到应有的惩罚，因而遵守法律；就被害者而言，见到罪犯受到应得的惩罚，心中得以平衡，而不致对国家法律丧失信心。监狱建筑要与其他办公、工业与民用的建筑区别开来。以监房、铁栅栏、门锁和高墙电网等系列饰物、符号、实物为特征的特殊营造物，明确告诉人们这是监狱，同时向广大社会公民昭示刑罚的震慑力和法制的威严：罪犯是来接受惩罚和矫治的，也警醒社会公民要时刻遵守法律，旨在强化其保障社会秩序的政治功能。英国哲学家边沁大师提出监狱是“活生生的提醒物”，他主张监狱应建造在靠近城市附近，以便对社会公民起到警醒作用。

（4）矫正功能。监狱建筑是监狱实施对罪犯进行惩罚和矫治的物质载体。它不仅仅表现为一定的物质形态，如监房、铁栅栏、门锁和高墙电网等，也反映行刑的方式、手段、管理的宽严以及监狱结构形式所体现出来的物理环境，这些环境对罪犯的生理和心理以及行为矫正会产生直接影响。不同风格的监狱建筑，对控制、调节、改善罪犯的心情、思维和行动具有不同的作用。

监狱建筑必须有利于罪犯的矫正，能够满足各种矫正手段的运用，能够促进罪犯身心的健康与发展，矫正罪犯的恶性，使其回复良善，以教育培养其道德、知识，以根除其反社会的不良恶性。监狱建筑应充分考虑到不同戒备等级的要求，在安全的前提下，从矫正罪犯的本质需要出发，尽量提供给罪犯一个宽适的矫治环境。因而，设计科学、布局合理的监狱建筑能够直接对罪犯产生矫治力，作用于罪犯心灵，影响和改变罪犯言行。

（5）人道功能。监狱建筑必须符合人道的要求，在生活、卫生、体育、娱乐设施等方面应充分体现出人性化的一面，能充分调适罪犯心理，方便罪犯生活，保障罪犯的合法权利，不应使罪犯产生恐惧、茫然、恶意等反常情绪和感觉。随着社会文明进程的不断推进，我国监狱越来越重视人性化设计，在人性化的环境与空间中，会避免矛盾的激化，缓和警囚关系，促进罪犯安心改造，早日回归社会。

二、建筑形象

构成建筑形象的因素，包括建筑的体形、立面形式、内部和外部的空间组合、立面构图、细部与重点的处理、材料的色彩和质感以及光影和装饰的处理等等，建筑形象是功能和技术的综合反映。监狱建筑形象处理得当，使人感受到庄严宁静、朴素大方、简洁明朗等等，让罪犯感到安全感，促进罪犯安心接受惩罚与改造，同时也对社会民众产生警醒作用，这就是监狱建筑艺术形象的魅力。另外，不同时期、不同地域、不同民族、不同文化的监狱建筑具有不同的建筑形象，从而形成了不同的监狱建筑风格和特色，反映出具有时代印记的狱政理念、生产水平、文化传统、民族风格等特点。在一定功能和技术条件下，充分发挥设计者的主观作用，使监狱建筑形象在安全坚固基础上，更加美观大方。

三、建筑技术

建筑技术涉及建筑材料、建筑结构、建筑设备和建筑施工等内容，它是建筑功能得以满足的主要手段和措施。建筑材料和建筑结构是构成建筑空间环境的骨架，建筑设备保证建筑达到某种技术要求，建筑施工是建筑生产的过程和方法。随着社会生产和科学技术不断发展，各种新材料、新结构、新设备的不断出现，施工工艺不断更新，建筑功能和建筑形式发生了许多新的变化，如产生了现代化的中高层的监狱行政办公楼或医院监狱（或病犯监狱）、信息化程度高的监狱指挥中心等。监狱建筑是应用多门技术学科在遵循国家行刑政策基础上的综合产物，建筑技术是影响监狱建筑发展的重要因素之一。

建筑功能、建筑形象、建筑技术三者是辩证统一的，既不可分割又相互制约。建筑功能起主导作用，满足功能要求是监狱建筑的主要目的。建筑形象是建筑功能与建筑技术的综合表现，优秀的监狱建筑作品能形象地反映出建筑的性质。建筑技术是实现建筑目的的手段，同时又对建筑有制约或促进作用。

第二节　监狱建筑的分类

从我国监狱的建筑现状，大致可按以下方式分类：

一、按使用对象分类

监狱建筑按照它的使用对象，通常可分为以下三类：

1. 警察用房

指供监狱警察用于办公、生活及居住的建筑或构筑物。

（1）办公建筑，如行政办公楼、监管指挥中心（有的称“监狱指挥中心”，具有监控、报警、电子巡检、预案管理和调度指挥等功能的用房，宜设置在监狱警察行政办公区内，也有的监狱与行政办公楼合并设置为1栋单体建筑。也有少数监狱，因受场地所限或管教职能科室管理前置等原因，将监管指挥中心或警务楼设置在监管区内，如江苏省无锡监狱指挥中心设置在监管区教学楼内，江苏省龙潭监狱高度戒备监区警务楼也设置在监管区内）以及含在罪犯用房中的警察值班（监控）室等。

（2）辅助建筑，如警察行政办公区大门、监管区大门、小礼堂、警察食堂、警察浴室、洗衣房、培训楼、警体活动中心、靶场、医务室、老干部活动中心（山东省滕州监狱、广西壮族自治区黎塘监狱均建有1栋3层的老干部活动中心）、陈列馆（室）、车库、变电所、围墙、岗楼等。

（3）居住建筑，如警察备勤楼以及含在监舍楼、医院、禁闭室等警察值班室中的休息室等。

2. 罪犯用房

指供罪犯用于接受教育改造、生活及劳动的建筑或构筑物。

（1）教育改造建筑，如教学楼、图书馆、大礼堂、禁闭室、会见楼等。

（2）生活建筑，如监舍楼、罪犯伙房（或称“炊场”或“配餐中心”）、菜窖（北方地区）、洗浴楼（场）、洗衣房（罪犯被套、床单、枕巾等衣物由监狱统一洗涤、晾晒的用房，应配备大型被服的洗涤、烘干设备。在我国监狱里，洗衣房的工作通常由罪犯在警察的监督管理下进行。洗衣房的大小至少应该满足基本的功能，并且能够放置一些设备，比如用来对脏衣物进行收集、分类、烘干、折叠和分发等工作的设备）、医院（或医务室）、体育馆、锅炉房、垃圾转运站等。

（3）劳动习艺建筑，如罪犯技能培训用房和劳动改造车间以及为生产服务的辅助车间、动力用房、仓储物流中心（或称“物流配送中心”、“总仓”）、危化品仓库等。

3. 武警用房

指保卫监狱安全的武装力量用于办公、居住的建筑或训练的场地。

（1）办公建筑，如综合楼以及含在战士宿舍楼中的会议室、值班室等。

（2）生活建筑，如综合楼中的接待室、战士宿舍楼、食堂、浴室等。

（3）训练场，如警体活动中心、训练大棚等。

（4）其他用房，如武器库、警械设施库、机房等。

二、按总平面布局分类

监狱建筑按照它的总平面布局，通常分为以下五类：

1. 警察行政办公区建筑

指警察行政办公用房，如行政办公楼、监管指挥中心、培训楼、小礼堂、陈列馆（室）等（图2-2-1）。有的监狱还在警察行政办公区建有警示教育基地，如黑龙江大庆监狱教育基地设在大庆监狱内；贵州省警示教育基地设在王武监狱内（占地面积1.53亩，建筑面积1879.04m^2）；重庆市廉政教育基地设在重庆市渝州监狱内（占地面积15亩，地上3层，建筑面积2800m^2，底层为多功能厅，第2、3层为展厅）；四川省凉山市警示教育基地设在攀西监狱内（该警示教育基地涵盖展厅和多功能厅，展厅建筑面积达640m^2，涉及功能为图片、失误、典型案例的陈列展览。多功能厅建筑面积达1000m^2，涉及功能为罪犯现身说法、多媒体播放等。基地分为正反教育展厅和多功能厅，正面教育分设大众榜样、艰难的历程、辉煌的成就、先进典型等展区；反面教育分设贪欲之灾、忏悔录、典型案例等展区。展区布置主要采取展板的形式，辅以模拟监房、主题雕塑、主题画幅等）。

2. 警察生活区建筑

指与监狱警察日常生活相关的用房，如警察备勤楼、警体活动中心、靶场、物业管理用房、警察食堂、警察浴室、干洗室、医务室、老干部活动中心、车库、变电所等。山东省泰安监狱、广西壮族自治区中渡监狱、云南省第一女子监狱等还设有室内游泳池。

3. 罪犯生活区建筑

指与罪犯生活相关的用房，如监舍楼、罪犯伙房（或称“炊场”或“配餐中心”）、菜窖（北方地区）、洗浴楼、锅炉房、洗衣房、医院（或医务室）、教学楼、会见楼、禁闭室、体育馆、大礼堂、垃圾转运站等。

4. 罪犯劳动改造区建筑

指与罪犯劳动习艺相关的用房，如罪犯技能培训用房、罪犯劳动改造车间、动力用房、仓储物流中心（或称“物流配送中心”、“总仓”）、危化品仓

图 2-2-1　新疆新收犯监狱历史展览室

库等。

5、武警营房区建筑

指保卫监狱安全武装力量的用房，如综合楼、战士宿舍楼、食堂、训练场等。

三、按建筑层数分类

监狱建筑按照它的层数，通常 1 ~ 3 层为低层，4 ~ 6 层为多层，7 ~ 9 层为中高层，10 层以上为高层。由于涉及监狱监管安全以及建设成本等因素，目前我国监狱建筑基本以多层和低层为主。如陕西省宝鸡监狱警察行政办公区内的 1 栋多层的综合楼，建筑结构为钢筋混凝土框架结构，地上 4 层，局部 5 层，其中底层为对外办公，第 2 层为警察餐厅，第 3 层为警察活动中心，第 4 层为备勤中心，长 60.84m，宽 15.24m，建筑总高度 16.8m，局部高度 21m，建筑面积 3501m^2，抗震等级三级，抗震设防烈度为七度。由于受土地因素影响，监狱开始建造小高层或中高层建筑，特别在医院监狱、监狱行政办公楼较为常见，如山东省鲁北监狱警务指挥中心，位于滨州市经济开发区长江五路以北、西外环以西，地下 1 层，地上 9 层。

四、按承重结构材料分类

监狱建筑按照它的承重结构材料，通常分为以下六类：

1. 木结构

指以木材作房屋承重骨架的建筑。这类建筑抗震性能好，但防火性能差。我国清末民初监狱改良前的监狱建筑中常使用，特别是从奴隶社会的商周时期开始，木构架成为我国古代监狱建筑的结构方式。由于此类结构受防火、安全等限制，在监狱建筑中尽量慎用。

2. 砖（或石）木结构

指以砖或石材、木材为承重墙柱和楼板的建筑。这种建筑便于就地取材，能节约钢材、水泥和降低造价，但抗震性能差，自重大。始建于宋代的河南省开封的府司西狱采用了砖石构建。而被专家学者称为“中国监狱之最”，在中国监狱史上堪称一大奇迹的河南省新密古县衙监狱，始建于隋代，距今已有 1400 年的历史，该监狱所有男女牢房的建筑结构均为砖木结构，门窗均由粗木厚板构制，墙壁、房顶由砖瓦构筑，以防罪犯脱逃（图 2-2-2）。明朝“苏三监狱”也是采用砖木结构，它结构合理，设计精巧。建于清咸丰四年（1854 年）的福建省福州梅园监狱（1992 年列为市级文物保护单位），西洋式建筑，地上地下各 1 层，也是采取了砖木结构（图 2-2-3）。新中国成立初期，我国偏远地区的许多劳改农场监舍都是土木结构，如建场初期的吉林省镇赉新生农场（现为镇赉分局）绝大多数关押罪犯的场所主要租用或借用当地老百姓的废旧土房、土院。湖北省武汉女子监狱至今还保存着 6 栋砖木结构的百年老房。民国时期的西藏朗孜厦监狱为典型的藏式平顶石木结构（图 2-2-4）。民国时期的北京功德林监狱所有的监房采用砖木结构。国民党统治下的白公馆监狱，10 多间房屋，分上下 2 层，均为砖木仿古建筑（图 2-2-5、图 2-2-6）。砖（或石）木结构在民国时期至 20 世纪 60 年代在监狱较为常见（图 2-2-7）。

3. 混合结构

指采用两种或两种以上材料作承重结构的建筑，如砖混结构建筑、钢混结构建筑。位于青岛的欧人监狱，该建筑为 2 层，为钢木石砖的混合结构。砖混结构是单体建筑中竖向承重结构的墙、柱等采用砖或砌块砌筑，横向承重的梁、楼板、屋面板等采用钢筋混凝土结构。也就是说砖混结构是以小部分钢筋混凝土及大部分砖墙承重的结构。它适合开间进深较小，房间面积小，多层或低层的建筑，对于承重墙体不能改动。著名的上海市提篮桥监狱警察行政办公区大门，就是采用砖混结构（图 2-2-8）。新中国成立初期，劳改农场监舍多为土坯房、木头门窗，20 世纪 70 年代至 90 年代，监舍楼普遍采用砖混结构。进入 21 世纪后，由于监狱建筑安全等级要求越来越高，混合结构在监狱建筑中使用比例越

图 2-2-2　砖木结构的河南省新密县衙旧监狱男牢

图 2-2-3　砖木结构的福建省福州梅园旧监狱

图 2-2-4　砖石结构的旧西藏朗孜厦监狱

图 2-2-5　砖木结构的白公馆旧监狱

图 2-2-6　砖木结构的渣滓洞旧监狱

图 2-2-7　砖木结构的江苏省洪泽湖监狱警察行政办公区大礼堂

图 2-2-8　砖混结构的上海市提篮桥监狱警察行政办公区大门

来越少。2007 年河南省内黄监狱改扩建工程中的教学楼（主体 3 层，局部 4 层）、会见楼（3 层）、禁闭室（主体 1 层，局部 2 层）项目，都采用了砖混结构；河南省焦作监狱警察餐厅、江苏省徐州监狱监舍楼（图 2-2-9）采用了砖混结构；北京市延庆监狱精神病犯康复监区综合楼，主体采用了部分砖混结构与部分框架结构形式；内蒙古自治区通辽监狱女犯监区教学医务综合楼、会见综合楼也采用了砖混结构。

4. 钢筋混凝土结构

指以钢筋混凝土作承重结构的建筑，如框架结构、剪力墙结构、框剪结构、筒体结构等。这类建筑具有坚固耐久、防火和可塑性强等优点，故应用较为广泛。进入 21 世纪以来，新建的监狱单体建筑，绝大多数采用钢筋混凝土框架结构，如吉林省梅口监狱行政办公楼、内蒙古自治区通辽监狱女犯监区餐厅、辽宁省大连市监狱教学楼（图 2-2-10）、浙江省乔司监狱体育馆（图 2-2-11）、江苏省苏州监狱所有的单体建筑都采用钢筋混凝土框架结构。高度戒备监狱大多单体建筑或构筑物按照功能要求，宜采用剪力墙结构，如监舍楼、禁闭室、围墙、岗楼等。山东省鲁北监狱警务指挥中心、广西壮族自治区未成年犯管教所监管指挥中心（地上 8 层半，地下 1 层，总建筑面积 16172.2m^2）、河北省定州监狱警察备勤楼等也采用了框架剪力墙结构。钢筋混凝土框架结构墙体仅起隔断作用，因此大多可以改动。对于高层建筑，也应采用框架剪力墙结构，如山东省未成年犯管教所地上 30 层（不含地下室）的备勤综合楼就是采用了框架剪力墙结构。

图 2-2-9　砖混结构的江苏省徐州监狱监舍楼

图 2-2-10　框架结构的辽宁省大连市监狱教学楼

图 2-2-11　框架结构的浙江省乔司监狱体育馆（位于警察行政办公区内）

5. 钢结构

指以型钢等钢材作为房屋承重骨架的建筑。钢结构力学性能好，便于制作和安装，建造工期短，美观大方，结构自重轻，抗震性能强，造价低，适宜监狱超高层或大跨度单体建筑中采用。四川省绵阳监狱警察行政办公区大门（图 2-2-12）、河南省平原监狱职工文体活动中心、广西壮族自治区柳城监狱武警室内训练场、云南省小龙潭监狱第二分监狱文体中心、云南省小龙潭第二分监狱风雨会场、云南省小龙潭监狱第三分监狱文体中心、云南省小龙潭第三分监狱风雨会场、云南省小龙潭监狱第五分监狱文体中心等均采用钢结构。随着我国高层和大跨度建筑的发展，罪犯劳动改造用房、技能培训用房采用钢结构逐渐增多，如安徽省九龙监狱罪犯劳动改造厂房、四川省嘉陵监狱罪犯劳动改造用房、黑龙江省呼兰监狱罪犯劳动技能培训用房、甘肃省金昌监狱库房、甘肃省定西监狱劳动改造区葫芦电机装配车间等均采用了钢结构。江苏省边城监狱罪犯劳动改造用房、内蒙古自治区锡林浩特监狱 2 栋单层大空间厂房、天津市监狱管理局应急特勤队候见服务大厅等采用了门式钢架结构（门式钢架结构为一种传统的结构体系，该类结构的上部主构架包括钢架斜梁、钢架柱、支撑、檩条、系杆、山墙骨架等。门式钢架具有受力简单、传力路径明确、构件制作快捷、便于工厂化加工、施工周期短等特点，因此广泛应用于工业、商业及文化娱乐公共设施等工业与民用建筑中）。

6. 膜结构

又叫张拉膜结构（Tensioned Membrane Structure），是由多种高强薄膜材料（PVC 或 Teflon）及加强构件（钢架、钢柱或钢索）通过一定方式使其内部产生一定的预张应力以形成某种空间形状，作为覆盖结构，并能承受一定的外荷载作用的一种空间结构形式。膜结构可分为充气膜结构和张拉膜结构两大类。充气膜结构是靠室内不断充气，使室内外产生一定压力差（一般在 10 ～ 30mm 水柱之间），室内外的压力差使屋盖膜布受到一定的向上的浮力，从而实现较大的跨度。张拉膜结构则通过柱及钢架支承或钢索张拉成型。膜结构建筑是 21 世纪最具代表性与充满前途的建筑形式，它打破了纯直线建筑风格的模式，以其独有的优美曲面造型，简洁、明快，刚与柔、力与美的完美组合，呈现给人以耳目一新的感觉，同时给建筑设计师提供了更大的想象和创造空间。膜结构在监狱主要应用在车棚、雨棚或球场中，如辽宁省凌源第四监狱、辽宁省大连市监狱、安徽省巢湖监狱、安徽省铜陵监狱、河南省豫北监狱、四川省达州监狱（图 2-2-13）等在警察行政办公区内建造有张拉膜结构车棚；福建省漳州监狱建有张拉膜结构雨棚；江苏省龙潭监狱高度戒备监区室外运动场主席台建有膜结构顶棚；四川省眉州监狱、崇州监狱罪犯体训场主席台建有膜结构顶棚（图 2-2-14）；浙江省乔司监狱建有张拉膜结构网球场等。江苏省苏州监狱在仓储物流中心的 2 栋仓储用房中间建有张拉膜结构的中间过道（图 2-2-15）。

图 2-2-12 钢结构的四川省绵阳监狱警察行政办公区大门

图 2-2-13 膜结构的四川省达州监狱警察行政办公区车棚

图 2-2-14 膜结构的四川省崇州监狱罪犯体训场主席台顶棚

图 2-2-15　膜结构的江苏省苏州监狱仓储物流中心过道

五、按使用性质分类

监狱建筑按照使用性质可分为非生产性建筑和生产性建筑。非生产性建筑，即民用建筑。生产性建筑，即工业建筑。在监狱建筑中，除罪犯技能培训用房和劳动改造车间以及为生产服务的辅助车间、动力用房、仓储物流中心（或称“物流配送中心”、“总仓”）、危化品仓库等外，均可划入民用建筑。在民用建筑中，警察备勤楼、监舍楼又属于居住建筑；罪犯伙房、菜窖（北方地区）、浴室、洗衣房、教学楼、医院、会见楼、体育馆以及行政办公楼、警察食堂、警体中心、大礼堂、陈列馆（室）、警示教育基地（或廉政教育基地）等属于公共建筑。

第三节　监狱建筑的等级划分

监狱建筑的等级一般按耐久性和耐火性进行划分。

一、按耐久性能分等级

监狱建筑的耐久等级主要根据单体建筑的重要性和规模大小划分，作为监狱基建投资和建筑设计的重要依据。耐久等级的指标是使用年限，使用年限的长短是依据单体建筑的性质决定的。影响建筑寿命长短的主要因素是结构构件的选材和结构体系。主体结构确定的建筑耐久年限分为四类，见表 2-3-1。

单体建筑耐久等级表　　表 2-3-1

耐久等级	耐久年限	适用范围
一类	100 年以上	适用于纪念性的建筑、重要的建筑和高层建筑，如重要的雕塑、监狱大门、监狱地标单体建筑等
二类	50 ~ 100 年	适用于一般性建筑或构筑物，如行政办公楼、监管区大门、岗楼、围墙、监舍楼、会见楼、罪犯伙房、教学楼、禁闭室、医院、体育馆、罪犯技能培训用房、罪犯劳动改造车间、变电所等
三类	25 ~ 50 年	适用于次要的建筑，如锅炉房、仓库、洗衣房等
四类	15 年以下	适用于简易建筑和临时性建筑，如生产用的临时库房、垃圾处理棚等

依据上表，我国监狱单体建筑绝大多数耐火等级均为二类建筑，如湖南省网岭监狱监舍楼、吉林省公主岭监狱新建监狱指挥中心大楼、天津市监狱管理局应急特勤队候见服务大厅、贵州省黔东南监狱（即东坡监狱）扩建工程——武警营房、广东省江门监狱武警营房等。

二、按耐火性能分等级

（一）单体建筑的耐火等级

单体建筑的耐火等级是衡量单体建筑耐火程度的标准，它是由组成单体建筑的构件的燃烧性能和耐火极限的最低值所决定的。目的在于根据单体建筑的用途不同提出不同的耐火等级要求，做到既有利于安全，又有利于节约基本建设投资。耐火等级是根据有关规范或标准的规定，单体建筑或建筑构件、配件、材料所应达到的耐火性分级。按照我国现行的国家标准《建筑设计防火规范》（GB5001—2014），将普通建筑的耐火等级划分为四级。

一般说来，一级耐火等级建筑是钢筋混凝土结构或砖墙与钢混凝土结构组成的混合结构；二级耐火等级建筑是钢结构屋架、钢筋混凝土柱或砖墙组成的混合结构；三级耐火等级建筑是木屋顶和砖墙组成的砖木结构；四级耐火等级是木屋顶、难燃烧体墙壁组成的可燃结构。

《监狱建设标准》（建标 139—2010）第四章第三十三条明文规定：监狱单体建筑的耐火等级不应

低于二级。罪犯技能培训用房、劳动改造用房、仓库等耐火等级应按国家标准《建筑设计防火规范》（GB 50016—2014）的有关规定确定。江苏省江宁监狱中心监区、河南省焦作监狱警察餐厅、吉林省公主岭监狱新建监狱指挥中心楼、天津市监狱管理局应急特勤队候见服务大厅、吉林省长春北郊监狱防暴指挥备勤楼以及安徽省蚌埠监狱警察附属用房、教学楼、武警营房等单体建筑耐火等级均为二级。

（二）按建筑构件的燃烧性能分类

建筑构件的燃烧性能可分为以下三类：

（1）非燃烧体，是指用非燃烧材料做成的建筑构件，如天然石材、人工石材、金属材料等。

（2）燃烧体，是指用容易燃烧的材料做成的建筑构件，如木材、胶合板等。

（3）难燃烧体，是指用不易燃烧的材料做成的建筑构件，或者用燃烧材料做成，但用非燃烧材料作为保护层的构件，如沥青混凝土构件、木板条抹灰的构件均属于难燃烧体。

（三）建筑构件的耐火极限

所谓耐火极限，是指任一建筑构件在规定的耐火试验条件下，从受到火的作用时起，到失去支持能力或完整性被破坏或失去隔火作用时为止的这段时间，一般以小时（h）表示。只要以下三个条件中任一个条件成立，就可以确定是否达到其耐火极限。

（1）失去支持能力，是指构件在受到火焰或高温作用下，由于构件材质性能的变化，使承载能力和刚度降低，承受不了原设计的荷载而破坏。

（2）完整性被破坏，是指薄壁分隔构件在火中高温作用下，发生爆裂或局部塌落，形成穿透裂缝或孔洞，火焰穿过构件，使其背面可燃物燃烧起火。

（3）失去隔火作用，是指具有分隔作用的构件，背火面任一点的温度达到220℃时，构件失去隔火作用。

第四节 监狱建筑模数

建筑模数是指选定的尺寸单位，作为尺度协调中的增值单位。监狱建筑制品、建筑构配件、建筑材料与制品、建筑设备、建筑组合件等只有符合建筑模数，才能加快设计速度，提高施工质量和效率，提高建筑的安全性坚固性，降低建设成本。

一、基本模数

基本模数是指数值规定为100mm，表示符号为M，即1M=100mm，整个单体建筑或其中一部分以及建筑组合件的模数化尺寸均应是基本模数的倍数。

二、扩大模数

扩大模数是指基本模数的整倍数。它主要用于单体建筑的开间、进深、柱距、跨度，单体建筑高度、层高、构件标志尺寸和门窗洞口尺寸。扩大模数的基数应符合下列规定：

（1）水平扩大模数为3M、6M、12M、15M、30M、60M，共6个，即相应的尺寸分别为300mm、600mm、1200mm、1500mm、3000mm、6000mm。

（2）竖向扩大模数为3M、6M，共2个，即相应的尺寸分别为300mm、600mm。

三、分模数

分模数是指整数除基本模数的数值。它的基数为M/10、M/5、M/2，共3个，即相应的尺寸分别为10mm、20mm、50mm。

四、模数数列

模数数列是指以基本模数、扩大模数、分模数为基础扩展成的一系列尺寸，模数数列的幅度及适用范围如下：

（1）水平基本模数的数列幅度为（1 ~ 20）M，主要适用于门窗洞口和构配件断面尺寸。

（2）竖向基本模数的数列幅度为（1 ~ 36）M，主要适用于单体建筑的层高、门窗洞口、构配件等尺寸。

（3）水平扩大模数的数列幅度为3M为（3 ~ 75）

M，6M为（6～96）M，12M为（12～120）M，15M为（15～120）M，30M为（30～360）M，60M为（60～600）M，必要时幅度不限，主要适用于单体建筑的开间或柱距、进深或跨度、构配件尺寸和门窗洞口尺寸。

（4）竖向扩大模数数列的幅度不受限制，主要适用于单体建筑的高度、层高、门窗洞口尺寸。

（5）分模数数列的幅度为M/10为（1/10～2）M，M/5为（1/5～4）M，M/2为（1/2～10）M，主要适用于缝隙、构造节点、构配件断面尺寸。

第五节　监狱单体建筑的构造及影响构造的因素

一、监狱单体建筑的构造

一栋标准监狱单体建筑，一般来说，由以下六大部分构成：

（1）基础，是单体建筑最下部的承重构件，承受单体建筑的全部荷载，并将这些荷载传给地基。所以基础应具有足够的强度，并能抵御地下各种有害因素的侵蚀。

（2）墙（或柱），是单体建筑的主要承重构件和围护构件。作为承重构件的外墙，要能抵御自然界各种因素对室内的侵袭，内墙主要起分隔空间及保证环境舒适的作用，监管区内单体建筑的墙体，还要具有防止罪犯或监外人员蓄意破坏的能力。框架或排架结构的单体建筑中，柱起承重作用，墙仅起围护作用。墙（或柱）应具有足够的强度、稳定性，具有保温、隔热、防水、防火、耐久及经济等性能。

（3）楼板层和地坪，楼板是水平方向的承重构件，按房间层高将整栋单体建筑沿水平方向分为若干层。楼板层作用：一是承受家具、设备和人体荷载以及本身的自重，并将这些荷载传给墙或柱；二是对墙体起着水平支撑的作用；三是能分隔上下楼层。楼板层应具有足够的抗弯强度、刚度和隔声、防潮、防水的性能。地坪是底层房间与地基土层相接的构件，其作用是承受底层房间荷载，要求其具有耐磨、防潮、防水、防尘和保温的性能。监管区内的监舍楼、禁闭室、罪犯伙房、医院等底层室内地坪，还应具有防逃的性能，防止通过挖掘地下通道方式逃跑。

（4）楼梯，是楼房建筑的垂直交通设施，主要供罪犯、警察以及外来人员上下楼层和紧急疏散之用。楼梯应具有足够的通行能力，并且防滑、防火，能保证安全使用。监管区所有罪犯使用的楼梯的临空部位，均应安装金属防护栅栏进行全封闭。

（5）门窗，属非承重构件，也称“配件”。监管区内单体建筑的门窗，与社会上普通单体建筑上的门窗相比，有着特殊的要求。门主要供罪犯或警察出入内外交通和分隔房间使用，凡有罪犯进出的门，必须坚固安全，具有防破坏性能，一般采用金属门。窗主要起通风、采光、分隔、眺望等作用。处于外墙上的门窗又是围护构件的一部分，既要满足监狱监管安全，安装牢固的金属防护栅栏，又要满足热工及防水的要求。所有监管区内的门窗应具有防火性能，禁闭室、提审室、亲情电话室、心理咨询室、宣泄室等门窗应具有隔声性能，罪犯伙房冷藏室或地下菜窖的门应具有保温性能。

（6）屋顶，是单体建筑顶部的外围护构件和承重构件。屋顶作用：一是抵抗风、雨、雪霜、冰雹等的侵袭和太阳辐射热的影响；二是能承风雪荷载及施工、检修等屋顶荷载，并将这些荷载传给墙或柱。屋顶应具有足够的强度、刚度及防水、保温、隔热等性能。监管区内的单体建筑，不宜设置为平屋顶，若设上人孔的平屋顶，在上人孔洞口处必须安装牢固的金属隔断设施。单体建筑除了上述基本构件外，不同使用功能的单体建筑，还有各种不同的构配件，如阳台、雨篷、台阶等。

二、影响单体建筑构造的因素

监狱单体建筑建成并投入使用后，要经受自然界以及各种人为因素的检验。为了提高监狱单体建筑对外界各种影响因素的抵御能力，延长单体建筑的寿命，以便更好地满足使用功能的要求，在进行监狱建筑构造设计时，必须要充分考虑到各种因素的影响，以便根据影响程度提供合理的构造方案。影响监狱建筑构造的因素很多，归纳起来大致主要有以下几个方面：

1、外界环境的影响

（1）外力作用的影响。作用于建筑上的外力称“荷载”，它可分为恒荷载（如建筑的自重）和活荷载（如人群、家具、风雪及地震荷载）两类；或者主要荷载（使用荷载和自重）、附加荷载（风、雨、雪、霜等）、特殊荷载（地震、水灾）。

荷载的大小是监狱单体建筑结构设计的主要依据，也是监狱建筑结构选型及构造设计的重要基础，起着决定构件尺度、用料多少的重要作用，所以在确定监狱建筑构造方案时，必须考虑外力作用的影响。

特别强调的是，应从建筑结构来提高监狱建筑整体抗震能力。1992 年青海省塘河监狱发生大地震，造成重大人员伤亡，原因是监狱警察行政办公用房和家属住房全部属于“干打垒”（一种用黏土垒起来的简易房），经不起强烈的地震，全部倒闭坍塌；而罪犯住房即监房均为砖混结构，尽管强震后出现裂缝但未坍塌，没有造成 1 名罪犯伤亡。砖混结构建筑要比“干打垒”坚固得多，抗震能力也强。

（2）气候条件的影响。我国幅员辽阔，各地区地理环境不同，大自然的条件也差异较大。由于南北纬度相差很大，从炎热的南方到寒冷的北方，气候差别悬殊。因此，气温变化、太阳的热辐射，自然界的风、雨、雪、霜等气象因素均对监狱建筑使用功能和建筑构件使用效果产生影响。

为防止自然条件的变化而造成监狱建筑构件的损坏，保证监狱建筑的正常使用，在进行监狱单体建筑构造设计时，应该针对所受影响的性质与程度，对各有关构、配件及部位采取必要的防范措施，如防潮、防水、保温、隔热、设伸缩缝、设隔蒸汽层等，以防患于未然。

（3）各种人为因素的影响。人为因素主要指由人员操作不当所引起的火灾、爆炸、机械振动、化学腐蚀、噪声等或外界力量蓄意对监狱建筑进行破坏。在进行监狱单体建筑构造设计时，必须针对这些影响因素，采取相应的防火、防爆、防振、防腐、防撞、隔声、加固等构造措施，以防止建筑遭受不应有的损失。

2、建筑技术条件的影响

随着我国社会经济的快速发展，各项科学技术也在日新月异、飞速发展，如新的建筑材料不仅性能优越，如保温节能，而且造价也不高；新的建筑结构技术不仅突破传统无法解决的难题，实现了建筑、结构高度完美统一，而且更安全可靠；新的建筑施工技术和新工艺不仅降低了工程的成本，减少了工程的作业时间，更增强了工程施工的安全性。

建筑构造没有一成不变的固定模式，因而在构造设计中要以构造原理为基础，在利用原有的、标准的、典型的建筑构造的同时，不断发展或创造新的构造方案。

3、经济条件的影响

随着科技的不断进步和社会的不断向前发展，各种新的建筑体系和新的结构及功能材料应运而生，现代监狱建筑出现钢结构、框架结构、框架轻板结构以及大量采用现浇、剪力墙和复合墙体，现今更是提倡节能环保智能型监狱建筑。同时《监狱建设标准》（建标 139—2010）、《监狱建筑设计规范》等相继出台，带来了监狱建设标准提高以及建筑造价等也出现较大差别。总之，对建筑构造的要求也将随着经济条件的改变而发生变化。广东省佛山监狱监管区大门、湖南省星城监狱教学楼、湖南省女子监狱教育中心、四川省西岭监狱会见中心、浙江省乔司监狱体育馆、浙江省金华监狱挥指中心、安徽省马鞍山监狱监管区内的综合楼等属于集现代科技、安全、适用、美观于一身的新世纪单体建筑，值得我们认真学习和借鉴这些监狱好的经验和做法，不断提高监狱建设水平。

第三章

监狱建筑基础与地下室

基础是监狱单体建筑的组成部分，承受着监狱单体建筑的全部荷载，并将其传给地基。地下室是单体建筑中处于室外地面以下的使用空间。本章主要介绍了监狱建筑基础与地基的基本概念、地下室构造以及监狱特殊地下室等内容。

第一节　建筑基础与地基的基本概念

建筑基础是指单体建筑最下面与土层直接接触的部分。地基是指支承单体建筑重量的土层，地基不是监狱单体建筑的组成部分，它只是承受单体建筑荷载的土壤层。其中，具有一定的地耐力，直接支承基础，具有一定承载能力的土层称“持力层”。持力层以下的土层称“下卧层”。地基土层在荷载作用下产生的变形，随着土层深度的增加而减少，到了一定深度则可忽略不计。

基础是单体建筑的组成部分，它承受着单体建筑的全部荷载，并将其传给地基。基础处在单体建筑地面以下，属于隐蔽工程。基础质量的好坏，关系着单体建筑的安全问题。因此，在监狱建筑设计时，科学合理地选择基础相当重要。

一、地基土的分类

按土层性质不同，分为天然地基和人工地基两大类。天然地基是指天然土层具有足够的承载能力，不须经人工改良或加固，可直接在上面建造房屋的地基。人工地基是指当单体建筑上部的荷载较大或地基土层的承载能力较弱，缺乏足够的稳定性，须预先对土壤进行人工加固后才能在上面建造房屋的地基。人工加固地基通常采用压实法、换土法、化学加固法和打桩法。

二、基础的埋置深度

基础的埋置深度，一般是指从室外设计地坪至基础底面的垂直距离，简称“基础的埋深”。基础埋深≥ 5m 称“深基础”，基础埋深 < 5m 称“浅基础”，基础直接做在地表面上称“不埋基础”。由于浅基础的开挖、排水采用普通方法，施工技术简单，造价较低，对于中小型监狱单体建筑，在保证安全使用的前提下，一般都采用浅基础。但当基础埋深过小时，有可能在地基受到压力后，会把基础四周的土挤出，使基础产生滑移而失去稳定，同时易受到基础的稳定性、基础大放脚的要求、动植物的活动、风雨侵蚀等自然因素的侵蚀和影响，使基础破坏，故基础的埋深一般不宜小于 0.5m。

基础的埋深受到多种因素的制约，在确定基础埋深时应考虑五种影响因素：一是受单体建筑特点和使用要求的影响。基础的埋深要根据单体建筑的特点确定，如高层建筑的基础埋置深度为地面以上单体建筑总高度的 1/10 左右，多层建筑一般根据地下水位及冻土深度来确定埋深尺寸。基础的埋深还要满足单体建筑的使用要求，当单体建筑设置地下室、地下设施或有特殊设备基础时，应根据不同的要求确定基础埋深。二是受地基土的性质的影响。基础底面应尽量选在常年未经扰动而且坚实平坦的土层或岩石上，俗称“老土层”。老土层土质好、承载力高，基础可以浅埋。三是受地下水（位）的影响。确定地下水的常年水位和最高水位，以便选择基础的埋深。一般宜将基础落在地下常年水位和最高水位之上，这样可不需进行特殊防水处理，节省造价，还可防止或减轻地基土层的冻胀。四是受地基土的冻结深度的影响。地面以下冻结土与非冻结土分界线称“冰冻线”。土层的冻结深度取决于各地的气候情况，所以应根据当地的气候条件了解土层的冻结深度，一般将基础的垫层部分做在土层冻结深度以下。否则，冬天土层的冻胀力会把房屋拱起，产生变形、开裂；天气转暖，冻土解冻时又会产生陷落，造成房屋下沉或倾斜，甚至发生安全事故。五是受相邻建筑基础的影响。当新建建筑与原有建筑相邻时，如基础埋深小于原有建筑基础埋深时，可不考虑相互影响，所以新建建筑的基础埋深不宜深于相邻的原有建筑的基础；但当新建建筑基础深于相邻原有建筑基础时，必须考虑相互影响，要采取一定的措施加以处理，以保证原有建筑的安全和正常使用。特别是监狱改扩建工程，必须考虑与相邻建筑之间的影响。

三、基础的类型

基础的类型很多，按基础所用的材料及其受力特点可分为刚性基础和非刚性基础，按照构造形式分为条形基础、单独基础、片筏基础和箱式基础等。

1. 刚性基础

指由刚性材料制作的基础。一般指抗压强度高，而抗拉、抗剪强度较低的材料为“刚性材料”。常用的有砖、毛石、灰土、三合土、素混凝土等。基础在传力时只能在材料的允许范围内控制，这个控制范围的夹角称“刚性角”。不同材料基础的刚性角是不同的，通常砖、石基础的刚性角控制在26° ~ 33° 之间，素混凝土基础的刚性角控制在45° 以内。为满足地基容许承载力的要求，基底宽一般大于上部墙宽。为了保证基础不被拉力、剪力破坏，基础必须具有相应的高度。在监狱建筑中，刚性基础常用于地基承载力较好、压缩性较小的中小型建筑，如临时性小型仓库、垃圾房等。一般砌体结构房屋的基础常采用刚性基础。

（1）灰土基础，是由石灰与黏土加适量水拌和经分层夯实而成。石灰与黏土的体积比为3∶7或2∶8（在地下水位比较低的地区，可以在砖基础下做灰土垫层。由于灰土垫层按基础计算，所以称“灰土基础”）。灰土基础适合于5层和5层以下、地下水位较低的砌体结构房屋和墙体承重的工业厂房。灰土基础的厚度与建筑层数有关。灰土基础具体做法：每层夯实前均虚铺220mm，夯实后厚度150mm左右，可称“一步”灰土。3层及3层以下的单体建筑，一般采用300mm，可称“两步”灰土。4层及4层以上的单体建筑，一般采用450mm，可称“三步”灰土。灰土基础的优点：施工简便，造价较低，就地取材，可以节省水泥、砖石等材料。缺点是它的抗冻、耐水性能差，在地下水位线以下或很潮湿的地基上不宜采用。这种基础形式现在已很难被监狱单体建筑采用。

（2）砂垫层基础，是指垫层一般采用质地坚硬的粗砂、中砂或人工级配砾石，经机械振动加水分层夯实而成的基础。当地基软弱土层较厚且基础的埋深及尺寸受限制时，可以采用砂垫层基础。砂垫层基础具体做法：砂垫层的截面一般做成梯形。垫层的高度及垫层上所砌基础宽度均应按计算来确定。垫层底面宽度应大于所砌基础宽度。砂垫层基础不适用于湿陷性黄土、流动性地下水位较高的地段，在基础附近也不能开挖沟槽。

（3）三合土基础，是指由石灰、砂、骨料（碎砖、石子或矿渣）三种材料按1∶3∶6或1∶2∶4的体积比进行拌和，然后在基槽内分层夯实而成的基础。三合土基础具体做法：每层夯实前均虚铺220mm，夯实后厚度150mm左右。通常三合土基础的总厚度不应小于300mm，宽度不应小于600mm，适用于4层及4层以下的建筑，同时注意三合土基础应埋在地下水位以上，顶面应在冻结深度以下。三合土铺筑至设计标高后，在最后一遍夯打时，宜浇注石灰浆，待表面灰浆稍风干后，再铺上1层砂子，最后整平夯实。

三合土基础20世纪六七十年代在我国南方地区监狱应用较广。该基础造价低廉，施工简单，但强度较低，一般只能作为4层以下房屋的基础。

（4）毛石基础，是指由中部厚度≥150mm的未经加工的块石和砂浆砌筑而成的基础。通常采用强度等级≥MU30的毛石、≥M5的水泥砂浆砌筑。适用于地下水位较高、冻结深度较深的地区。由于石材强度高、抗冻、耐水性能好，水泥砂浆同样是耐水材料，在寒冷潮湿地区可用于6层以下单体建筑基础。但整体性欠佳，故有振动的建筑很少采用。毛石基础按其剖面形式有矩形、阶梯形和梯形三种，多为阶梯形。为保证砌筑质量，毛石基础顶面要比墙或柱每边宽出100mm；基础的宽度、每台阶的高度≥400mm；每台阶挑出的宽度≤200mm，以确保符合宽高比≤1∶1.5或1∶1.25的限制。当基础底面宽度≥700mm时，毛石基础应做成矩形截面。石块应错缝搭砌，缝内砂浆应饱满，且每步台阶不应少于2毛石，石块上下皮竖缝必须错开（≥100mm，角石≥150mm），做到丁顺交错排列。山东省潍北监狱部分围墙采用了毛石条基，江苏省苏州监狱旧址、安徽省铜陵监狱等部分围墙均采用了毛石基础（现已拆除）。

（5）砖基础，是指由烧结普通砖和毛石砌筑而成的基础。砖是一种取材容易价格低廉的材料，砖基础特点是抗压性能好，材料易得，施工操作简便，造价较低。适用于地基土质好、地下水位低、上部荷载较小、5层以下的砖木结构或砖混结构建筑。由于砖的强度、耐久性、整体性、抗拉、抗弯、抗剪性能均较差，在监狱建筑中砖基础已被淘汰。

（6）混凝土基础，是指用混凝土浇筑而成的基础。它具有坚固、耐久、耐水、刚性角大的特点，常用于地下水位较高和有冰冻作用的地方。由于混凝土是可塑的，基础断面不仅可以做成矩形和梯形，当底面宽度≥200mm时，还可以做成锥形，锥形断面能节约混凝土，从而减轻基础自重。混凝土的刚性角为45°，阶梯形断面台阶的宽高比应小于1∶1或1∶1.5，而锥形断面的斜面与水平面夹角应大于45°。

为了节约混凝土从而节约水泥，可以在混凝土中加入粒径不超过300mm的毛石，这种混凝土称“毛石混凝土”。毛石混凝土基础所用毛石的尺寸，不得小于基础宽度的1/3，毛石的体积一般为总体积的20%～30%，毛石在混凝土中应均匀分布。山东省鲁南监狱、泰安监狱监舍楼的基础局部采用了毛石混凝土条形基础；河北省石家庄出监监狱警官活动中心则采用了毛石混凝土回填；江苏省龙潭监狱高度戒备监区，监管区大门基础为混凝土独立基础，对超深范围均采用了C15毛石混凝土，整体铺垫至独立基础、条形基础垫层标高。

2. 非刚性基础（柔性基础）

指用钢筋混凝土浇筑而成的基础。当建筑的荷载较大而地基承载力较小时，必须加大基础底面宽度来承受建筑上部荷载。如果仍采用刚性基础，势必加大基础深度，既增加了挖土工程量，同时材料用量增加，对工期和造价都带来不利影响。如果在素混凝土基础的底部配以钢筋，利用钢筋来承受拉力，使基础底部能承受较大的弯矩，这样基础宽度不受刚性角的限制，故钢筋混凝土制作的基础称“非刚性基础”。钢筋混凝土基础相当于1个受均布荷载的悬臂梁，所以它的截面高度向外逐渐变小，但最薄处的厚度不应小于200mm。

截面如做成梯形，每步高度为300～500mm。基础中受力钢筋的数量应通过计算确定，但钢筋直径不宜小于80mm，间距不宜大于200mm。基础混凝土的强度等级不宜小于C15。为了使基础底面均匀传递压力，常在基础下用强度等级为C7.5或C10的混凝土做1个垫层，其厚度宜为50～100mm。有垫层时，钢筋距基础底面的保护层厚度≥35mm；不设垫层，钢筋距基础底面的保护层厚度≥70mm，以保护钢筋免遭生锈腐蚀。

由于钢筋混凝土基础与刚性基础相比，具有良好的抗弯性能和抗剪性能，基础尺寸不受限制。钢筋混凝土基础属于浅基础，与桩、墩和沉井等深基础相比，可以用通常的施工方法建造，施工条件和工艺都比较简单。当上部结构荷载较大、地基土承载力较低时，多采用钢筋混凝土基础，钢筋混凝土基础目前是监狱单体建筑中应用最主要的基础形式。钢筋混凝土基础又细分为下列七种类型：

（1）条形基础，也称“带形基础”，是指当单体建筑上部结构采用墙承重时，基础沿墙身设置，多做成长条形的基础。条形基础是墙体承重结构的基本形式。条形基础通常在砖混结构中采用。在监狱建筑中，对于多层的监舍楼、行政办公楼、武警营房等单体建筑或构筑物可以采用条形基础，如广东省乐昌监狱围墙岗楼采用了墙下条形基础，而山东省监狱监舍楼、教学楼和广西壮族自治区桂林监狱监管区大门、会见楼（地上3层）均采用了钢筋混凝土柱下条形基础（图3-1-1）。

（2）独立基础，也称“柱式基础”，是指当单体建筑上部结构采用框架结构或单层排架结构承重时，基础常采用方形或矩形的基础。独立式基础是柱下基础的基本形式，当柱采用预制构件时，基础则做成杯口形，然后将柱子插入并嵌固在杯口内，故称“杯形基础”。在监狱建筑中，跨度较大的罪犯技能培训用房和劳动改造用房通常使用杯形基础。江苏省江宁监狱中心监区单体建筑大多采用人工挖孔灌注桩与柱下独立基础相结合，其中桩基直径为800mm、900mm和1000mm，持力层为中风化灰岩。主楼柱下部分采用大直径桩与小直径桩组合桩基，部分结合地质情况采用独立基础形式，不仅能够充分利用桩基和独基的承载力保障工程质量，而且在满足设计要求的前提下获得了良好的工程经济效益。北京市延庆监狱精神病犯康复监区综合楼，采取了独立基础与条形基础混合基础，框架部分采取了独立基础，而砖混部分则采取了条形基础（图3-1-2）。天津市监狱管理局应急特勤队候见服务大厅，采用了独立基础和条形基础。安徽省蚌埠监狱武警营房、警察附属用房、教学楼和湖南省网岭监狱中心押犯区教学楼、河南省焦南监狱监舍楼（图3-1-3）等采用了独立基础。

（3）井格基础，也称“十字带形基础”或“十字交叉基础”，是指当地基条件较差时，为了提高单体建筑的整体性，防止柱子之间产生不均匀沉降，而柱下条形基础不能满足要求时，常将柱下基础沿纵横两个方向连接起来，做成十字交叉的基础。吉林省长春北郊监狱防暴指挥备勤楼主楼采用了钢筋混凝土柱下双向条基，也就是井格基础，裙楼采用了柱下独立基础。

（4）筏形基础，是指当单体建筑上部荷载大，而地基又较弱，这时采用简单的条形基础或井格基础已不能应对地基变形，通常将墙或柱下基础连成一片，使单体建筑的荷载由一块整板基础来承受，或称“满堂的板式的基础”。筏形基础分为平板式和梁板式两种，一般根据地基土质、上部结构体系、柱距、荷载大小及施工条件等确定，当柱网间距大时，一般采用梁板式筏形基础。山西省太原第一监狱教学楼，地下1层，地上5层，采用部分筏板、部分独立基础；广西壮族自治区桂林监狱监管指挥中心，建筑面积6500m²，地上8层，钢筋混凝土框架结构，采用独立基础及筏形基础；黑龙江省泰来监狱警察办公业务管理综合楼，建筑面积14517m²，地下1层，地上12层，钢筋混凝土框架结构，采

图3-1-1　施工中的河南省焦南监狱条形基础

图3-1-2　采用混合基础的北京市延庆监狱综合监舍楼

图3-1-3　施工中的河南省焦南监狱监舍楼独立基础

用了桩筏基础（桩基和筏板基础的合称）。

（5）箱形基础，当单体建筑上部荷载大，对地基不均匀沉降要求高，板式基础做得很深时，常将基础改做成箱形基础。箱形基础是由钢筋混凝土底板、顶板和若干纵横墙组成的整体结构。箱形基础整体空间刚度大，整体性强，能抵抗地基的不均匀沉降，一般较适用于高层建筑或在软弱地基上建造的荷载较大单体建筑。基础的中空部分尺寸较大时，可用作地下室（单层或多层）或地下停车库。在进行箱形基础基坑开挖时，如地下水位较高，应采取措施降低地下水位至基坑底以下500mm。由于监狱单体建筑多为多层或小高层，截至2016年12月，我国监狱单体建筑中还没有采用过箱形基础。

（6）桩基础，当单体建筑的荷载较大，而地基的弱土层较厚，浅层地基土不能满足单体建筑对地基承载力和变形的要求，采取其他地基处理措施又不经济时，可采用打桩的基础。桩基础由设置于土中的桩和承接上部结构的承台组成。由若干桩来支撑1个平台，即桩承台。桩承台托住整个单体建筑并将荷载传递给桩基础，由桩基础再把荷载传递给土层。在监狱建筑中，桩基础多用于高层建筑或土质不好的情况。迁建扩容后的江苏省苏州监狱，位于苏州相城区黄埭镇的蒋杏浜，此地块多为暗河，地基弱土层较厚，经过地质勘探测算后，几乎所有的单体建筑都采用了桩基础（图3-1-4）。黑龙江省泰来监狱行政办公楼，地下1层，地上12层，采用了桩基础。而山东省潍北监狱十几栋单体建筑基础采用了水泥粉喷桩基础。

（7）桩筏基础，是指单桩承载力不很高，而不得不满堂布桩或局部满堂布桩才足以支承建筑荷载时，常通过整块钢筋混凝土板把柱、墙（筒）集中荷载分配给桩的基础。习惯上将这块板称“筏”，故称这类基础为“桩筏基础”。桩基不是结构，是人工地基，而筏板是结构的组成部分，是基础。对于有地下室的建筑经常用筏板基础。如果荷载较大，地基土的承载力不能满足承载力要求或者沉降要求，常采用此种地基处理方式。桩筏基础主要适用于软土地基上的筒体结构、框剪结构和剪力墙结构，以便借助于高层建筑的巨大刚度来弥补基础刚度的不足。不过，若为端承桩基，则可用于框架结构。黑龙江省泰来监狱警察办公业务管理综合楼、警察学习备勤服务综合楼，钢筋混凝土框架结构，地下1层，地上12层，建筑总高度46.8m，采用了桩筏基础。

图3-1-4 采用桩基础的江苏省苏州监狱行政办公楼

第二节 地下室的构造

地下室是单体建筑下部的地下使用空间。在房屋底层以下建造地下室，可以提高建筑用地利用率。监狱设地下室不太常见，20世纪60年代末70年代初，全国重点战备城市相继开展了声势浩大的防空工事建设工程。监狱（含劳改农场）作为重点防范单位，也纷纷建设地下防空洞。随着时间的推移，这些当年所建的地下防空洞，多数废弃或损坏。进入21世纪后，由于土地紧张，促使一些监狱既向空中发展，也向地下发展。不少监狱在警察行政办公区内建造了小高层，甚至高层，基础埋深很大，充分利用这一深度来建造地下室，作为停车场，如广西壮族自治区女子监狱1栋10层高的监管指挥中心，将地下室作为停车场，设有260个停车位，其经济效果和使用效果俱佳。

目前，我国监狱建造的地下室多为行政办公楼单层地下车库、警察生活区内的住宅楼单层地下车库（战时可以作为应急避险场所）、地下蓄水池、地下靶场、会见楼地下通道、高度戒备监狱地下应急处置通道、禁闭室地下高危犯禁闭单间等，而山东省监狱在监舍楼、教学楼建造了地下1层，地下室层高为3.6m，平时为储藏室，战时为二等人员掩蔽所。

一、地下室的构造组成

地下室一般由顶板、底板、侧墙、楼梯、门窗、采光井等部分组成。地下室的顶板采用现浇或预制混凝土楼板，板的厚度按首层使用荷载计算，防空地下室则应按相应的防护等级的荷载计算。在地下水位高于地下室地面时，地下室的底板不仅承受作用在它上面的垂直荷载，还承受地下水的浮力，因此必须具有足够的强度、刚度、抗渗透能力和抗浮力的能力。地下室的外墙不仅承受上部的垂直荷载，还要承受土、地下水及土壤冻结产生的侧压力，因此地下室墙的厚度应按计算确定。地下室的门窗与地上部分相同。当地下室的窗台低于室外地面时，为了保证采光和通风，应设采光井。采光井由侧墙、底板、遮雨设施或铁箅子组成，一般每只窗户设1个采光井；当窗户相互间距离很近时，也可将采光井连在一起。

二、地下室的分类

1. 按埋入地下深度分类

可分为全地下室和半地下室。全地下室是指地下室地面标高低于室外地面标高，并超过该房间净高的1/2。半地下室即地下室地面低于室外地坪的高度，超过该房间净高1/3，但不超过1/2。这类地下室一部分在地面以上，可利用侧墙外的采光井解决采光和通风问题。

2. 按使用功能分类

（1）普通地下室。监狱行政办公楼中高层建筑地下室一般用作地下停车库、设备用房等，如福建省漳州监狱狱政指挥大楼、浙江省长湖监狱行政办公楼、江苏省南通监狱行政办公楼、广西壮族自治区平南监狱迁建贵港市项目监管指挥中心等。目前我国监狱根据用途及结构实际，多为1层地下室。山西省太原第一监狱教学楼地下室作为储藏室。

（2）人防地下室。结合人防要求设置的地下空间，用以应付战时情况下人员的隐蔽和疏散，并有具备保障人身安全的各项技术措施。《监狱建设标准》（建标139—2010）没有强制规定监狱必须要建有人防地下室，所以一直以来，我国绝大多数监狱的监管区没有建地下人防性质避险场所。目前，广西壮族自治区新康监狱医院门诊综合楼地下室，就是作为人防工程；福建省翔安监狱人防地下室建筑面积为4511m^2；江苏省南京女子监狱警察附属及备勤综合楼，人防地下室建筑面积达2000m^2。

（3）综合地下室。平时作为储藏用房或设备用房，战时为人防工程。如江西省洪都监狱警察接待站综合楼地下室平时为高低压配电机房、弱电机房、水泵房等设备用房以及停车间，战时为人防工程；山东省鲁南监狱行政办公楼地下1层用作库房和水处理间，战时为人防工程；辽宁省辽西新康监狱罪犯门诊病房综合楼，框架结构与框架剪力墙结构，建筑面积28311.37m^2，跨度9.3m，地下1层，地上13层，地下室平时作为车库，战时作为人防工程。

（4）特殊地下室。由于监狱属于特殊的场所，对监狱监管安全有着特殊要求，地下室一般多指两个相邻关押点的地下人行通道、会见楼地下人行通道、警察使用的地下靶场、高度戒备监狱地下应急处置通道、高危犯监区下沉式禁闭室、罪犯伙房地下室等。

3. 按结构材料分类

按结构材料分，有砖墙结构和混凝土结构地下室。砖墙结构的地下室多采用外包式柔性防水处理，柔性防水有油毡防水和冷胶料加衬玻璃布防水，砖墙结构的地下室多为北方地下水位低的地区采用。混凝土结构地下室多采用集料级配混凝土和外加剂混凝土，墙板和底板的厚度应不小于200mm，混凝土结构地下室多为南方地下水位高的地区采用。目前，监狱地下室，不论南方还是北方地区，一般均采用混凝土结构地下室。

三、地下室防潮防水构造

地下室的外墙和底板都深埋在地下，受到地潮和地下水的侵蚀，因此，防潮防水问题是地下室设计中所要解决的一个重要问题。一般可根据地下室的标准和结构形式、水文地质条件等来确定防潮、防水方案。当地下室底板高于地下水位时可做防潮处理。当地下室底板有可能泡在地下水中时应做防潮防水处理。

1. 地下室防潮构造

当地下水的常年水位和最高水位均在地下室地坪标高以下时，须在地下室外墙外面设垂直防潮层。其做法是在墙体外表面先抹1层20mm厚的1:2.5水泥砂浆找平，再涂一道冷底子油和两道热沥青；然后在外侧回填低渗透性土壤，如黏土、灰土等，并逐层夯实，土层宽度500mm左右，以防地面雨水或其他地表水的影响。另外，地下室的所有墙体都应设两道水平防潮层，一道设在地下室地坪附近，另一道设在室外地坪以上150 ~ 200mm处，使整个地下室防潮层连成一整体，以防地潮沿地下墙身或勒脚处进入室内。

2. 地下室防水构造

当设计最高水位高于地下室地坪时，地下室的外墙和底板都浸泡在水中，必须考虑进行防水处理。常采用以下三种防水措施：

（1）沥青卷材防水

沥青卷材防水，有下列两种形式：

1）外防水，是指将防水层贴在地下室外墙的外表面的防水形式。这类形式对防水有利，但维修困难。外防水构造要点：先在墙外侧抹20mm厚的1:3水泥砂浆找平层，并刷冷底子油1道，然后选定油毡层数，分层粘贴防水卷材，防水层须高出最高地下水位500 ~ 1000mm为宜。油毡防水层以上的地下室侧墙应抹水泥砂浆涂2道热沥青，直至室外散水处。垂直防水层外侧砌半砖厚的保护墙1道。

2）内防水，是指将防水层贴在地下室外墙的内表面的防水形式。这类形式施工方便，容易维修，但对防水不利，故常用于修缮工程。地下室地坪的防水构造是先浇混凝土垫层，厚约100mm；再以选定的油毡层数在地坪垫层上做防水层，并在防水层上抹20 ~ 30mm厚的水泥砂浆保护层，以便于上面浇筑钢筋混凝土。为了保证水平防水层包向垂直墙面，地坪防水层必须留出足够的长度以便与垂直防水层搭接，同时要做好转折处油毡的保护工作，以免因转折交接处的油毡断裂而影响地下室的防水。

（2）防水混凝土防水

当地下室地坪和墙体均为钢筋混凝土结构时，应采用抗渗性能好的防水混凝土材料，常采用的防水混凝土有普通混凝土和外加剂混凝土。普通混凝土主要是采用不同粒径的骨料进行级配，并提高混凝土中水泥砂浆的含量，使砂浆充满于骨料之间，从而堵塞因骨料间不密实而出现的渗水通路，以达到防水目的。外加剂混凝土是在混凝土中掺入加气剂或密实剂，以提高混凝土的抗渗性能。

（3）弹性材料防水

随着新型高分子合成防水材料的广泛使用，地下室的防水构造也在更新，如我国目前使用的三元乙丙橡胶卷材，能充分适应防水基层的伸缩及开裂变形，拉伸强度高，拉断延伸率大，能承受一定的冲击荷载，是耐久性极好的弹性卷材；又如聚氨酯涂膜防水材料，有利于形成完整的防水涂层，对在监狱单体建筑内有管道、转折和高差等特殊部位的防水处理极为有利。

第三节 监狱特殊地下室

监狱地下室，除了作为一般性质用途，如作为停车场、储藏室等外，还有用作特殊功能的地下室。

一、监狱地下通道

目前，我国监狱使用地下通道主要有以下三种情况：

1. 家属专用地下人行通道

是指供罪犯家属进入会见大厅的地下通道。目前我国监狱家属专用会见通道有两种形式：一是建于地上，采用全封闭式的伸缩不锈钢格栅通道。会见时拉开，与围墙形成一个封闭的人行通道。会见结束后闭合，与监狱围墙完全隔离分开。我国目前许多监狱都采用这种模式，如江苏省无锡监狱、山东省青岛监狱、海南省美兰监狱、广西壮族自治区贵港监狱等。其缺点：一是在围墙上设有门洞，必然存在安全隐患；二是内围墙巡逻道被家属会见通道阻隔，内围墙巡逻道视线被遮挡。另一种形式是建于地下，采用地下通道的形式，这是目前新建监狱普遍采用的一种形式。地下人行通道宽度通常控制在3.0 ~ 3.5m，净高不宜低于3.0m，上下楼梯的宽度不低于 3.0m。江苏省苏州监狱、辽宁省大连市监狱（图 3-3-1）、四川省五马坪监狱、四川省乐山监狱、福建省宁德监狱、河南省豫东监狱、贵州省福泉监狱、内蒙古自治区通辽监狱等均采用了这种形式，其中内蒙古自治区通辽监狱会见楼地下人行通道全长约 49m，宽 3m（图 3-3-2）；湖北省沙洋监狱管理局广华监狱会见楼地下人行通道，长 48m，宽 3.5m，外墙为剪力墙结构，混凝土标号 C30，抗渗等级为 P6，内墙用 1:2 水泥防水砂浆粉刷，外墙做防水，防水等级为二级。目前，我国监狱会见楼地下人行通道的家属通道入口一般设在监管区大门内。

图 3-3-1　辽宁省大连市监狱会见楼地下人行通道

会见楼地下人行通道最大的优点是不在监狱围墙另开门洞，降低了监管风险，消除了安全隐患。在通道出入口处，应各设置 AB 门，分别为智能刷卡门和人工机械控制门，分别由候见大厅、接见大厅值班警察负责监控开启。

2. 地下应急通道

在监狱警察行政办公区或生活区与监管区之间建一地下应急通道，发生突发事件时，警察通过此地下应急通道可快速进入监管区。四川省大英监狱警察备勤楼设有地下应急通道，发生紧急情况时，警察可以通过地下通道迅速到达监管区。香港罗湖惩教所为了方便惩教人员管理不同监区，或在突发事件发生时进行紧急调动，在院所地下建有一条宽约 6m、高 3m 多、可以行车的全天候地下应急通道，贯通各个监区，各栋大厦也有电梯直达地下通道（图 3-3-3）。

图 3-3-2　内蒙古自治区通辽监狱会见楼地下人行通道

3. 连接监狱两区的地下通道

监狱被分隔成两区，通过地下通道形式将监狱连成一个整体。福建省仓山监狱位于福建省福州市，占地面积超过 40000m^2，建筑群分为北区、南区和警察行政办公区三个大区。北区：北门楼、北区周界、监舍楼、医院、禁闭室、罪犯伙房、罪犯劳动改造厂房；南区：南门楼、南区周界、监舍楼、罪犯劳动改造厂房、会见楼、教学楼；警察行政办公区：指挥中心大楼及其附属楼。该监狱利用地下人行通道，将监狱南、北两区连为一体，在遇到突发事件时，南北两区警力可以相互支援。该地下人行通道主体采用 4m×3m（长 × 高）钢筋混凝土箱涵，长 40m，分 4 段，每段长 9.985m，相邻两段间为变形缝，

图 3-3-3　香港罗湖惩教所地下通道

缝宽为20mm，中心处板顶距路面2m，两端踏步净宽3m，踏步两侧侧墙采用悬臂式挡土墙。

陕西省关中监狱总体布局分为南北两区，南区主要布置警察备勤楼、训练场地等，北区主要布置罪犯生活及劳动改造用房、警察行政办公用房和武警营房等，南北两区之间通过地下人行通道相连。江苏省龙潭监狱总体布局也分为南北两区，通过地下人行通道，将两区连为一体，南区的部分罪犯通过地下人行通道去北区的罪犯劳动改造用房参加劳动。该地下人行通道，长约600多米，是我国监狱最长的地下人行通道（图3-3-4、图3-3-5）。

二、高度戒备监狱地下禁闭室

高度戒备监狱针对严重违规或犯罪而设置的地下禁闭室。设置地下禁闭室本身对关押的罪犯来说也是一种震慑，这种禁闭室适用于特别危险的涉黑涉暴涉毒的罪犯。此地下禁闭室，全为钢筋混凝土现浇而成，既可设半地下式，也可设完全地下式。开间、进深和净高与普通禁闭室相同，要设有放风间。对于完全地下式的禁闭室，一定要设有通风和采光口，同时要安装金属防护栅栏。

三、监狱地下靶场

是指监狱为提高警察持枪射击能力而设于地下室内的靶场。它作为现代监狱的重要硬件之一，必须要按国家规定的标准进行设计和施工，要特别注意监狱警察射击安全。监狱现代化地下实弹射击靶场一般位于警察行政办公区或生活区内，如司法部燕城监狱、江苏省苏州监狱（图3-3-6）、云南省小龙潭监狱、云南省第一女子监狱、山东省泰安监狱等。地下靶场严禁设置在监管区内。25m标准手枪地下靶场，一般设在地下1层，进深36m（射击区为30m）、开间12m、高度3.5m。通常设5个靶位，每个靶位标准间距为2m。也有的监狱将靶场设在地上的警体馆内，如青海省门源监狱、江西省赣州监狱，这2所监狱室内射击场设4个靶位，以手枪射击为主，每个靶位最远射击距离25m，最近射击距离7m。

地下实弹射击靶场一般分为三个基本功能区，一是接待区，二是观摩区，三是射击区，也可将接待区与观摩区合并。三个区域应独立设计，隔离可靠，不得分散设于地下靶场用地外。接待区必须具备集中接纳等候射击人员、登记、行包寄存等基本功能，该区域内的任何设施不得妨碍管理人员对接

图3-3-4 江苏省龙潭监狱南北关押点地下人行通道

图3-3-5 江苏省龙潭监狱南北关押点地下人行通道入口

图 3-3-6 江苏省苏州监狱地下靶场

待区内人员活动的观察。观摩区内设有总控台，观摩区与射击区之间设有防弹玻璃安全隔断，射击区内设有射击过道、射击棚以及对面的大屏幕、收弹器等。

所有墙体均采用现浇钢筋混凝土结构，底板厚度200mm，墙厚度300mm，填充墙采用200厚MU10实心黏土砖。地下室底板、侧墙的混凝土抗渗等级为S6。装修防护要求符合92式手枪钢芯弹和79式轻型冲锋枪铅芯弹的使用要求，场馆通风、照明、安全防护、防潮应符合实弹射击馆的要求。其他具体要求如下：

（1）地面。射击区地面应采用500mm×500mm×25mm橡胶砖，深绿色或灰色，而观摩区应采用素色防滑地面砖。

（2）天棚（消声顶面）。拉毛面铲平后，靠顶安装50mm主龙骨，烤漆龙骨，面层宜采用防水、防潮矿棉板。

（3）墙面（消声降噪）。安装木龙骨，竖、横向间距均为600mm，木丝板面采用1200mm（长）×600mm（宽）×25mm（厚），颜色以浅黄色为佳。

（4）防弹玻璃安全隔断。下部采用600mm高实心黏土砖墙，中间为1500mm高12mm厚玻璃，贴铁甲防弹膜。上部方管骨架与左右两侧墙、顶连接固定。隔断中的门，也必须采用12mm厚玻璃门，贴铁甲防弹膜。

（5）屏幕。两侧为钢骨架，中间底为木工板，面为土黄色橡胶砖。

（6）通风。采用4号轴流风机排风（风机直径400mm），进风采用百叶窗自然进风口。

四、罪犯伙房地下室

我国北方冬季很冷，监狱为保证对罪犯正常冬季蔬菜的供应，确保罪犯冬季生活水平不降低，为防止蔬菜冻坏，在地下建地下室储存蔬菜（即菜窖，通常地下建筑高度3.3m，地上建筑高度1m，建筑总高度4.3m）。例如，辽宁省辽阳第二监狱、辽宁省凌源第三监狱、吉林省松原监狱、内蒙古自治区鄂尔多斯监狱、河北省鹿泉监狱、天津市女子监狱、陕西省延安监狱（图3-3-7）、新疆维吾尔自治区和田监狱等都在罪犯伙房内或附近建有地下菜窖，其中，天津市女子监狱地下菜窖建筑面积达120m^2。

图 3-3-7 陕西省延安监狱姚家坡分监狱地下菜窖

第四章

监狱建筑墙体

墙体是监狱单体建筑的重要组成部分，起着承重、围护、分隔、装饰等作用。本章主要介绍了监狱建筑墙体的作用类型及设计要求、砖墙构造以及砌块建筑等内容。

第一节　墙体的作用类型及设计要求

墙体是单体建筑的重要组成部分，占单体建筑总重量的30% ~ 45%，占造价比重较大，因而在监狱单体建筑的各个组成构件中往往占据着重要的位置。

一、监狱建筑墙体的作用

墙体在监狱单体建筑中的作用，主要体现在以下四个方面：

（1）承重作用。承受着该单体建筑各楼层、人、设备及墙体自重等垂直方向的荷载，同时也承受风荷载或地震作用引起的水平荷载。例如，采用砖混结构的标准层的监舍楼墙体，除了要承受该本层及以上楼层、罪犯、警察、生活设施以及墙体自重垂直方向的荷载，同时也承受风荷载或地震作用引起的水平荷载。

（2）围护作用。抵御自然界风、雨、雪的侵袭，防止太阳辐射、噪声干扰、室内热量的散失，以及防止罪犯脱逃，起着保温、隔热、隔声、防水、防撞、防逃等功能。特别是外墙设计时，需要考虑风吹、日晒、雨淋的因素，覆盖涂层材料包括花岗岩、大理石、面砖等（图 4-1-1）。

（3）分隔作用。墙体把房屋内部分隔成若干个小空间，以满足功能分区的要求。如罪犯技能培训车间里，用高 2m 左右轻质隔墙可以把整个车间分隔成机械钳工区、汽车维修区、家电维修区、美容

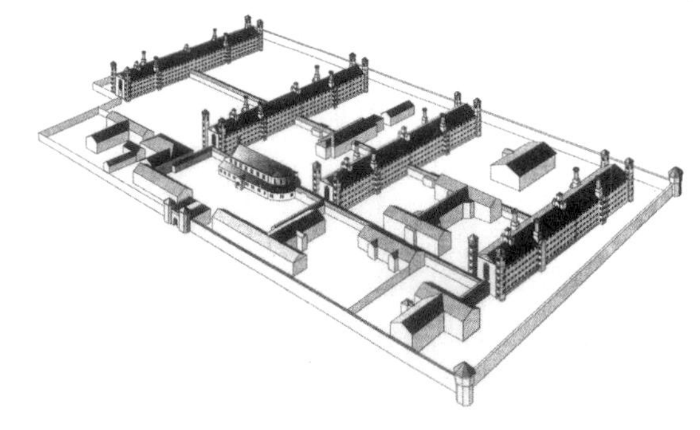

图 4-1-1　英国某监狱监房外观及平面模型

美发区、电脑培训区以及烹饪区等；罪犯劳动改造车间里，用高 2m 左右通透型轻质隔墙可以把整个车间分隔成流水线操作区、仓储区等；罪犯伙房轻质铝合金隔墙可以把整个空间分隔成面食、点心、清洗等区域。

（4）装饰作用。装饰后的墙面，能满足室内外装饰和使用功能要求，对改善整个单体建筑的内外环境起着非常大的作用。如罪犯心理咨询室、宣泄室通过墙面材料的色彩、质感、纹理、线型等的处理，不仅丰富了建筑的造型，而且对室内亮度有调节作用。罪犯心理咨询室、宣泄室采用浅蓝、淡绿色内墙面居多。在公共入口处以及其他有特色的地方，适当使用幕墙或全玻璃的墙面，可起到装饰的作用。

二、监狱建筑墙体的类型

1. 按墙体所在位置分类一般分为外墙及内墙

外墙位于房屋的四周，又称“外围护墙”。内墙位于房屋内部，主要起着分隔内部空间、隔声、防火等作用。内外墙又各有纵、横两个方向，又称“纵墙”和“横墙”。沿单体建筑长轴方向布置的墙为“纵墙”，沿单体建筑短轴方向布置的墙为“横墙”，这样共形成 4 种墙体，即“纵向外墙”、“横向外墙”、“纵向内墙”以及“横向内墙”。对于 1 堵墙来说，窗与窗之间和窗与门之间的墙称“窗间墙”，窗台下面的墙称“窗下墙”，外墙突出屋顶的墙称“女儿墙”。

2. 按墙体受力状况分类，分为承重墙和非承重墙

承重墙，指直接承受上部屋顶、楼板所传来荷载的墙。凡不承受上部荷载的墙称“非承重墙”，非承重墙包括隔墙、填充墙和幕墙。隔墙，起分隔房间的作用，不承受外来荷载；填充墙一般填充在框架结构的柱梁之间；幕墙则是悬挂于单体建筑外部的轻质外墙。

3. 按墙体所用材料分类

随着科学技术的日益发展，我国建筑墙体材料也发生了翻天覆地的变化，各种新型材质、结构、工艺的墙体材料如雨后春笋般涌现，而采用这些新型墙体材料所建造出的建筑也在日新月异地变化发展。目前，在我国监狱单体建筑中，按墙体所用材料主要有以下六类：

（1）砖墙，是指用砖砌筑而成的墙。用作墙体的砖有普通黏土砖、黏土多孔砖、黏土空心砖、焦渣砖等。黏土砖用黏土烧制而成，有红砖、青砖之分。焦渣砖用高炉硬矿渣和石灰蒸养而成。目前，监狱单体建筑由于多采用框架结构，所以墙体多为非承重墙，加之节约用土的原则，现墙体多采用黏土空心砖或砌块，如广西壮族自治区桂林监狱特殊病犯监区外墙采用页岩烧结多孔砖。但对于监狱围墙，除了使用现浇钢筋混凝土剪力墙外，不得采用空心砖，必须使用实心的黏土砖。

（2）石材墙，是指用石材砌筑而成的墙。石材是一种天然材料，主要用于山区和产石地区，便于就地取材，节约造价。它分为乱石墙、整石墙和包石墙等做法。黑龙江省满洲里市日伪监狱，又称“石头楼监狱”，占地面积 4461.6m^2，建筑面积 1235.6m^2，是沙俄和日伪时期的监狱，因其院墙和院内楼房均为石头建筑而得名。日据时期的台北监狱围墙采用安山岩和哄哩岸石的石材墙。民国时期的四川省第二监狱围墙，也是整石墙。目前我国监狱使用石材，多作装饰用途，如河北省石家庄监狱会见楼、河北省深州监狱警察行政办公区大门、广东省佛山监狱监管区大门、山东省郓州监狱监舍楼、浙江省临海监狱行政办公楼等外墙均采用装饰用途的干挂式大理石。

（3）加气混凝土砌块墙，是指用加气混凝土砌块砌筑而成的墙。加气混凝土是一种轻质材料，其成分是水泥、砂子、磨细矿渣、粉煤灰等，用铝粉作发泡剂，经蒸养而成。加气混凝土具有质量轻、隔声、保温性能好等特点。这种材料多用于非承重的隔墙及框架结构的填充墙。吉林省长春北郊监狱防暴指挥备勤楼、河南省豫北监狱监舍楼均为钢筋混凝土框架结构，外墙采用 250 厚加气混凝土砌块填充，内墙采用 200 厚加气混凝土砌块填充。贵州省瓮安监狱医院建筑采用钢筋混凝土框架结构，外墙采用粉煤灰页岩空心砖，内墙采用加气混凝土砌块。

（4）现浇墙，是指由钢筋混凝土浇筑的墙体结构，即剪力墙。近几年来，监狱行政办公楼、警察

备勤楼、监管指挥中心、禁闭室甚至监舍楼等采用新的结构——框剪结构，就是用钢筋混凝土墙代替了传统的砖砌墙结构。河北省太行监狱警察备勤综合业务楼，总建筑面积 6902.29m^2，地上 8 层，标准层高 3.9m，墙体采用钢筋混凝土现浇。河北省鹿泉监狱警察备勤楼，计 4 栋，总建筑面积约 57000m^2，其中，1 号楼：地下建筑面积 1065.75m^2，地上建筑面积 13827.07m^2；2 号楼：地下建筑面积 999.12m^2，地上建筑面积 12923.58m^2；3 号楼：地下建筑面积 999.12m^2，地上建筑面积 12923.58m^2；4 号楼：地下建筑面积 989.94m^2，地上建筑面积 13043.66m^2，都为地下 1 层，地上 12 层，墙体采用钢筋混凝土现浇。

（5）板材墙，是预先制成墙板，施工时安装而成的墙。板材墙多指板材隔墙，它是指轻质的条板用粘结剂拼合在一起形成的隔墙。不需要设置隔墙龙骨，由隔墙板材自承重，将预制或现制的隔墙板材直接固定于建筑主体结构上。板材隔墙中的单块轻质板材的高度相当于房间净高，不依赖骨架，可直接装配而成。由于板材隔墙是用轻质材料制成的大型板材，施工中直接拼装而不依赖骨架，因此它具有自重轻、墙身薄、拆除及安装方便、节能环保、施工速度快、工业化程度高等优点。在监狱罪犯劳动技能培训用房和劳动改造用房外墙中常使用彩钢保温复合板，隔墙常使用铝塑复合板、发泡水泥复合板、氧化镁板、钢丝网架夹芯复合板、水泥刨花板等。如山西省汾阳监狱劳务车间采用了钢结构形式，外墙采用了彩钢岩棉保温墙板。山西省新康监狱在部分普通病犯病房的隔墙，采用了轻型 JRC 板（即轻质复合水泥板），从而减轻了整体荷载。

（6）整体墙，是指整体用保温外墙板的墙体。隔热保暖效果好，因整体墙无边肋，消除了桥热，所以优于一切外保温、内保温和条板类保温板。江苏省苏州监狱 5 栋监舍楼全部采用了整体水泥复合保温外墙（图 4-1-2），面层是由水泥、粘接砂浆和保温层构成，不但粘结牢固，还通过下面的网格水泥框下宽上窄的特殊形体与保温层永不脱离，提高了抗折荷载和增强了抗冲击性。安装时墙体的加强筋与框架筋连结，再加上端面凹槽，在框架浇注水泥后，两者连成一个整体，即便大楼倾倒，墙体也不会倒塌伤人。彻底解决了砌块类、条板类墙体空鼓、裂缝、渗漏等缺陷。施工后该墙体可直接粉刷涂料、饰面，也可在砌筑墙体时一次性把饰面层做好。

图 4-1-2　采用整体水泥复合保温外墙的江苏省苏州监狱监舍楼

4. 按墙体构造分类

按墙体构造分类，可以分为实体墙、空体墙和组合墙三类。实体墙是由单一材料（砖、石块、混凝土和钢筋混凝土等）和复合材料（钢筋混凝土与加气混凝土分层复合、黏土砖与焦渣分层复合等）砌筑的不留空隙的墙体；空体墙由单一材料组成，可由单一材料砌成内部空腔，也可用具有孔洞的材料建造墙，如空斗砖墙、空心砌块墙等；组合墙由两种以上材料组合而成，一般这种墙体的主体结构为砖或钢筋混凝土，其一侧或墙体中间为轻质保温材料。按保温材料所处的位置，分为外保温墙、内保温墙和夹心墙。目前，在我国北方采暖地区的监狱使用这种组合墙居多，而南方地区的监狱多采用外保温墙。采用保温墙能够改变监狱单体建筑采暖能耗大、热环境差的状况，有利于节能。

5. 按监狱特殊要求分类

按监狱特殊要求分类，可分为普通墙和特殊墙两类。普通墙，没有作特殊要求，与社会上普通做法相同。特殊墙，由于监狱的特殊性，部分墙面做法不同于社会上普通做法，主要集中表现在以下三个方面：一是监狱围墙，除了厚度作特殊要求外，不得使用空心砖，应使用实心黏土砖，不得先浇构造柱后砌墙，应先砌墙，后浇构造柱，柱与墙体联为一体；二是禁闭室、监舍楼的外墙，不得使用空心砖，应使用实心黏土砖或用钢筋混凝土现浇剪力墙；三是围墙地基必须坚固，围墙下部必须设挡板，且深度不应小于 2m，当围墙基础埋深超过 2m 时，可用围墙基础代替挡板。

三、监狱建筑墙体的设计要求

墙体在不同的位置具有不同的功能要求，因此，在进行墙体设计时，应依照其所处的位置和功能的不同，使其分别满足抗震、保温、隔热、隔声、防火、防潮以及防自杀、防逃等要求。

1. 结构与抗震要求

在以墙体承重为主结构中，常要求各层的承重墙上、下必须对齐；各层的门、窗洞孔也以上、下对齐为宜。此外，还需考虑以下两方面的要求：

（1）合理选择墙体结构布置方式

监狱建筑墙体必须同时考虑建筑和结构两方面的要求，既要满足建筑设计的房间布置、空间大小划分等使用要求，又应选择合理的墙体承重方案，使之安全承担作用在房屋上的各种荷载，坚固耐久、经济合理。目前，我国监狱建筑墙体的承重结构布置方式有以下四种：

1）横墙承重，也称“横向结构系统”。凡以横墙承重的，楼板、屋顶上的荷载均由横墙承受，纵向墙只起纵向稳定和拉结的作用。优点是横墙间距密，加上纵向墙的拉结作用，使单体建筑的整体性好、横向刚度大，对抵抗地震力等水平荷载有利；缺点是开间尺寸不够灵活。适用于房间开间尺寸不大的罪犯单人寝室、医院病房、警察备勤房等。

2）纵墙承重，也称“纵向结构系统”。凡以纵墙承重的，楼板、屋顶上的荷载均由纵墙承受，横墙只起分隔房间的作用，有的起横向稳定作用。由于纵墙承重，故横墙间距可以增大，能分隔出较大的空间，以适应不同的需要。但由于横墙不承重，这种方案抵抗水平荷载的能力比横墙承重差，其纵向刚度强而横向刚度弱，而且承重纵墙上开设门窗洞口有时也受到限制。适用于需要较大空间的监狱单体建筑，如设有大型会议室的行政办公楼或指挥中心、设有大空间阅览室的教学楼、设有大空间活动大厅的监舍楼等。

3）纵横墙（混合）承重，由纵向墙和横向墙共同承受楼板、屋顶荷载的结构布置称“纵横墙（混合）承重”。其特点是房间布置较灵活，单体建筑的刚度较好。适用于开间、进深尺寸较大且房间类型较多的建筑和平面复杂的单体建筑中，如医院、教学楼等。

4）部分框架结构或内部框架承重。在结构设计中，有时采用墙体和钢筋混凝土梁、柱组成的框架共同承受楼板和屋顶的荷载，这时，梁的一端支承在柱上，而另一端则搁置在墙上，这种结构布置称“部分框架结构或内部框架承重”。它适用于室内需要较大使用空间的单体建筑，如罪犯伙房、会见楼、小型劳务外加工车间等。

（2）具有足够的强度、刚度和稳定性

作为承重墙的墙体必须具有足够的强度以保证结构的安全。墙体的强度是指墙体承受荷载的能力，它与墙体所选用的材料、材料强度等级、墙体的截面积、构造以及施工方式有关。

承重墙还应满足一定的刚度与稳定性要求。墙体的刚度、稳定性与墙体的高度、长度和厚度以及纵横向墙体间的距离有关。高而薄的墙稳定性差，矮而厚的墙稳定性好；长而薄的墙稳定性差，短而厚的墙稳定性好。

在抗震设防地区的监狱，为了增加单体建筑的整体性和稳定性，常在多层砖混结构房屋的墙体中设置贯通的圈梁和钢筋混凝土构造柱，使之相互连接，形成空间骨架，加强墙体抗弯、抗剪性能，使墙体在破坏过程中具有一定的延伸性，避免墙体酥碎现象的出现。

在墙体设计时，必须根据监狱单体建筑的层数、层高、房间大小、荷载大小等，经过一系列计算来确定墙体的材料、厚度以及合理的结构布置方案、构造措施等以满足墙体的结构及抗震要求。

2. 墙体的保温要求

对有保温要求的墙体，须提高其构件的热阻，通常采取以下措施：

一是增加墙体的厚度。墙体的热阻与其厚度成正比，要提高墙身的热阻，可增加其厚度。二是选择导热系数小的墙体材料。要增加墙体的热阻，常选用导热系数小的保温材料，如泡沫混凝土、加气混凝土、陶粒混凝土、膨胀珍珠岩、膨胀蛭石、浮石及浮石混凝土、泡沫塑料、矿棉及玻璃棉等。其保温构造有单一材料的保温结构和复合保温结构之分。天津市监狱管理局应急特勤队会见服务中心外墙及屋面都采用挤塑聚苯板保温板。江苏省江宁监狱所有的监舍楼外墙都采用了50mm挤塑聚苯保温板，屋面采用了130mm挤塑聚苯保温板。三是采取隔蒸汽措施。为防止墙体产生内部凝结水，常在墙体的保温层靠高温一侧，即蒸汽渗入的一侧，设置1道隔蒸汽层。隔蒸汽材料一般采用沥青、卷材、涂料以及铝箔等防潮、防水材料。

3. 墙体的隔热要求

在监狱单体建筑中的墙体，隔热措施通常采取以下四种方式：一是外墙采用浅色而平滑的外饰面，如白色外墙涂料、玻璃马赛克、浅色墙地砖等，以反射太阳光，减少墙体对太阳辐射的吸收；二是在外墙内部设通风间层，利用空气的流动带走热量，降低外墙内表面温度；三是在窗口外侧设置遮阳设施，以遮挡太阳光直射入室内；四是在外墙外表面种植攀缘植物使之遮盖整个外墙，吸收太阳辐射热，从而起到隔热效果。上海市提篮桥监狱监管区内的部分单体建筑外墙面布满了绿葱葱的爬山虎，既起到美化作用，还起到隔热之效果。

4. 隔声要求

墙体主要隔离由空气直接传播的噪声。隔声是减少噪声的重要措施，在监狱建筑中对隔声的设计应格外重视，不应使噪声影响建筑的使用功能。目前，在监狱单体建筑中一般采取以下措施：一是加强墙体缝隙的填密处理；二是增加墙厚和墙体的密实性；三是采用有空气间层或多孔性材料的夹层墙；四是充分利用垂直绿化降噪声。在大礼堂、禁闭监室、提审室、宣泄室等墙体上要作吸声处理，以增强墙体吸声隔声效果。

5. 防火要求

监狱单体建筑特别是监管区的墙体选用的耐火材料，必须满足《建筑设计防火规范》（GB 50016—2014）、《监狱建设标准》（建标139—2010）中的燃烧性能和耐火极限要求。在监舍楼、教学楼、体育馆、罪犯技能培训用房和劳动改造用房等建筑面积较大或长度较大时，应分成若干区段，设置防火墙，以防止火灾蔓延。一二级耐火等级监狱建筑，防火墙最大间距为150m，三级为100m，四级为60m。

6. 防水防潮要求

对于单体建筑设有卫生间、盥洗间、浴室等用水房间及会见楼地下人行通道、地下车库、地下靶场等墙体必须满足《住宅室内防水工程技术规程》（JGJ 298—2013）、《地下工程防水技术规范》（GB 50108—2008）等技术要求，应采取防水、防潮措施，选用良好的防水材料及恰当的构造做法，以提高墙体的坚固性、耐久性，保证室内有良好的卫生环境。

7. 墙厚要求

砖墙的厚度一般取决于对墙体的强度和稳定性的要求。有采暖要求的建筑的外墙厚度又需考虑保温要求。但在砌筑时还须结合砖的规格来确定。

砖墙的厚度以我国标准黏土砖的长度为单位，我国现行黏土砖的规格有两种：240mm×115mm×53mm（长×宽×厚），俗称“九五砖”；216mm×105mm×43mm（长×宽×厚），俗称“八五砖”。“八五砖”比“九五砖”要薄、略小，“八五砖”一般南方地区使用较多。“九五砖”连同灰缝厚度10mm在内，砖的规格形成长：宽：厚=4:2:1的关系。同时在1m长的砌体中有4个砖长、8个砖宽、16个砖厚，这样在1m^{3}的砌体中的用砖量为4×8×16=512块，用砂浆量为0.26m^3。现行墙体厚度用砖长作为确定依据，常用的有以下几种：

半砖墙（12墙），图纸标注为120mm，实际厚度115mm。在监狱单体建筑中，多用于临时性或非承重隔墙。

3/4砖墙（18墙），图纸标注为180mm，实际厚度180mm。180墙是顺立交叠，强度与稳定性在半砖墙（12墙）与1砖墙（24墙）之间，可用于罪犯技能培训用房、罪犯劳动改造车间、罪犯伙房或仓库等隔墙，由于施工较麻烦，费工费时，一般较少采用。

1砖墙（24墙），图纸标注为240mm，实际厚度240mm。监管区内一般单体建筑的墙体都采用1砖墙。

1砖半墙（37墙），图纸标注为370mm，实际厚度365mm。监管区大门车行通道两侧的墙体，若使用钢管混凝土剪力墙费用大，故多采用1砖半墙，以增加抗车辆撞击力。

2 砖墙（49 墙），图纸标注为 490mm，实际厚度 490mm。中度戒备监狱的围墙一般采用这种实心的 2 砖墙。

其他墙体，如钢筋混凝土板墙也应符合模数的规定。高度戒备监狱的围墙，一般采用 300mm 厚的钢筋混凝土，禁闭室的内外墙面采用混凝土板墙用作承重墙时，其厚度 160mm 或 180mm。

第二节　砖墙构造

砖墙至今仍在监狱建筑中大量使用，主要具有诸多的优点：生产方面取材容易、制造简便；功能方面有一定的保温、隔热、隔声、防火、防冻、牢固效果；承重方面有一定的承载能力；施工方面操作简单、不需要大型设备。当然也存在着不少缺点：施工速度慢、劳动强度大，自重大，尤其是大量使用的黏土实心砖与农田争地。为了保护农田，各地逐步限制使用黏土实心砖，取而代之的是各种新型的墙砖。

一、砖墙材料

砖墙是用砂浆将一块块砖按一定技术要求砌筑而成的砌体，主要材料是砖和砂浆。

1. 砖

我国在春秋战国时期就陆续创制了方形和长形砖，秦汉时期制砖的技术和生产规模、质量和花式品种都有显著发展，世称“秦砖汉瓦”。砖按材料不同有黏土砖、页岩砖、粉煤灰砖、灰砂砖、炉渣砖等；砖按形状分有实心砖、多孔砖和空心砖等。其中常用的是页岩砖、普通黏土砖。

普通黏土砖以黏土为主要原料，经泥料处理、成型、干燥和焙烧而成，有红砖和青砖之分。青砖比红砖强度高，耐久性好。砖的强度是根据标准试验方法测试的抗压强度，以强度等级表示，单位为 N/mm^2。标准砖的强度等级分别为 MU30、MU25、MU20、MU15、MU10、MU7.5 六个级别。如 MU30 表示砖的极限抗压强度平均值为 30MPa，即每平方毫米可承受 30 牛顿的压力。

在监狱建筑中，主要使用实心黏土砖，多孔砖、空心砖使用要谨慎，特别是监狱围墙、禁闭室，不宜使用多孔砖、空心砖。北京市延庆监狱精神病犯康复监区综合楼，砖混部分的墙体，地下采用了 MU10 页岩实心砖，地上采用 MU10 页岩多孔砖。广西壮族自治区桂林监狱监舍综合楼，外墙采用 240mm 页岩烧结多孔砖，内墙采用混凝土小型空心砌块。

2. 砂浆

是砌体墙的主要胶结材料，由胶凝材料（水泥、石灰）、填充料（砂、矿渣、石屑等）混合并加水搅拌而成。由于砂浆本身密实性小于砖块，为满足抗震的要求，砂浆标号一般应大于砖块标号。砂浆除了起着嵌缝、传力作用外，还能提高墙体的防寒、隔热和隔声的能力。砌筑用的砂浆除了要求有一定的强度以保证墙体的承载能力外，还要求有良好的和易性，以方便施工。在监狱建设中常用的砂浆有以下三种：

（1）水泥砂浆，由水泥、砂加水拌和而成，特点是属水硬性材料，强度高、防潮性能好，但可塑性和保水性较差，适用于砌筑潮湿环境下的砌体，如地下室、砖基础等。山东省郓州监狱监舍楼基础砌体采用 M10 水泥砂浆砌筑 MU10 烧结煤矸石砖。

（2）石灰砂浆，由石灰膏、砂加水拌和而成。特点是由于石灰膏为塑性掺合料，所以石灰砂浆的可塑性很好，但它的强度较低，且属于气硬性材料，遇水强度即降低，适用于砌筑次要建筑的地上砌体，如垃圾处理站、仓储用房等。

（3）混合砂浆，也叫“水泥石灰砂浆”，由水泥、石灰膏、砂加水拌和而成。特点是既有较高的强度，也有良好的可塑性和保水性，故监狱建筑地上砌体中广泛采用。山东省郓州监狱监舍楼主体第 1、2 层砌体采用 M10 混合砂浆砌筑 MU10 烧结煤矸石砖，以上砌体采用 M7.5 混合砂浆砌筑 MU10 烧结煤矸石砖，框架结构填充墙采用 M5.0 混合砂浆砌筑加气混凝土砌块。

新中国成立初期，受条件限制，特别是地处偏僻的劳改农场，那时还使用一种黏土砂浆，它是由黏土加砂加水拌和而成，强度较低，仅适用于土坯墙的砌筑。

二、墙体按构造做法分类

在砖墙的组砌中，把砖的长边垂直于墙面砌筑的砖称“丁砖”，把砖的长边平行墙面砌筑的砖称“顺砖”。每排列 1 层砖称“一皮”。上下皮之间的水平灰缝称“横缝”，左右 2 块之间的垂直缝称“竖缝”。标准缝宽为 10mm，可以在 8 ~ 10mm 之间进行调节。为了保证监狱建筑墙体的强度和稳定性，砌筑应遵循“横平竖直、砂浆饱满、错缝搭接、厚薄均匀、避免通缝”的原则。

1. 实体墙

是用单一材料（如多孔砖、实心黏土砖、石块、混凝土和钢筋混凝土等）或复合材料（钢筋混凝土与加气混凝土分层复合、黏土砖与焦渣分层复合等）组成的不留空隙的墙体。其中用普通实心黏土砖砌筑的实体墙，上下皮错缝搭接长度≥ 60mm，常采用顺砖和丁砖交替砌筑。

2. 空体墙

由单一材料组成，墙体里面形成空腔，也可用具有孔洞的材料建造，如空斗砖墙、空心砌块墙等。空体墙与实心墙相比，具有节省材料、自重轻、保温隔热、隔声好、强度低等特点，一般在罪犯技能培训用房和劳动改造用房中的非承重隔墙或简易的仓储墙体中使用，但不宜在抗震设防地区监狱建筑中使用。空斗墙侧砌的砖为斗砖，平砌的砖为眠砖。

三、墙体的砌法

砖墙的砌法是指砖块在砌体中的排列组合方法。通常有以下几种方法：

（1）一顺一丁式，这种砌法 1 层砌顺砖、1 层砌丁砖，相间排列，重复组合。在转角部位要加设 3/4 砖（俗称“七分头”）进行过渡。这种砌法的墙，搭接好、无通缝、整体性强，因而应用较广。

（2）全顺式，这种砌法每皮均为顺砖组砌。上下皮左右搭接为半砖，它仅适用于半砖墙。

（3）顺丁相间式，这种砌法由顺砖和丁砖相间铺砌而成。这种砌法的墙厚至少为 1 砖墙，整体性好，且墙面美观。

（4）多顺一丁式，这种砌法通常有“三顺一丁”和“五顺一丁”两种，其做法分别是每隔 3 皮顺砖或 5 皮顺砖加砌 1 皮丁砖相间叠砌而成。“多顺一丁”砌法最大的问题是易存在通缝。

四、墙体细部构造

砌体墙作为承重构件，又是围护构件，不仅与其他构件密切相关，而且还受到自然界各种因素的影响。为保护墙体的耐久性，满足各构件的使用功能要求及墙体与其他构件的连接，应在相应的位置进行细部构造处理。墙体的细部构造包括门窗过梁、窗台、勒脚、散水、明沟、变形缝、圈梁、构造柱和防火墙等。

1. 门窗过梁

当墙体上开设门窗洞口时，为了支撑洞口上部砌体所传来的各种荷载，并将这些荷载传给两侧墙体，常在门窗洞口上设置横梁，即门窗过梁。门窗过梁有以下三种形式：

（1）砖拱过梁，分为平拱和弧拱。由竖砌的砖作拱圈，一般将砂浆灰缝做成上宽下窄，上宽≤ 20mm，下宽≥ 5mm。要求砖≥ MU7.5；砂浆≥ M2.5；砖砌平拱过梁净跨宜≤ 1.2m，不应超过 1.8m，中部起拱高约为 1/50L。这种过梁在民国时期的监狱单体建筑中常使用，现已很少使用，多用于门窗洞口上方的装饰。

（2）钢筋砖过梁，用砖不低于 MU7.5，砌筑砂浆不低于 M2.5，常用 M5 号水泥砂浆。一般在洞口上方先支木模，砖平砌，下设 3 ~ 4 根 ϕ6 钢筋要求伸入两端墙内不少于 240mm，梁高砌 5 ~ 7 皮砖或≥ L/4，钢筋砖过梁净跨宜为 1.5 ~ 2m。

（3）钢筋混凝土过梁，有现浇和预制两种，梁高及配筋由计算确定。梁高应与砖的皮数相适应，即 60mm 的整倍数，以方便墙体连续砌筑，故常见梁高为 60mm、120mm、180mm、240mm。梁宽一般同墙厚，梁两端支承在墙上的长度≥ 240mm，以保证足够的承压面积。断面形式有矩形和 L 形。为简化构造，节约材料，可将过梁与圈梁、悬挑雨篷、窗楣板或遮阳板等结合起来设计。如在南方炎热多雨地区监狱，常从过梁上挑出 300 ~ 500mm 宽的窗楣板，既保护窗户不淋雨，又可遮挡部分直射太阳光。

2. 窗台

窗洞口的下部应设置窗台。窗台分悬挑窗台和不悬挑窗台，根据窗的安装位置可形成内窗台和外窗台。外窗台是为了防止在窗洞底部积水，并流向室内。内窗台则是为了排除窗上的凝结水，以保护室内墙面，及存放东西、摆放花盆等。窗台的底面檐口处，应做成锐角形或半圆凹槽（称“滴水”)，便于排水，以免污染墙面。在监管区单体建筑中，在罪犯活动范围内的所有窗，由于窗内侧均必须安装金属防护栅栏，故所有的窗宜采用外窗台。

3. 勒脚

是外墙墙身接近室外地坪的部分。勒脚的作用是防止地面水、屋檐滴下的雨水对墙面的侵蚀，从而保护墙面，保证室内干燥，提高单体建筑的耐久性；同时，还有美化建筑外观的作用。要求墙脚坚固耐久和防潮（为防止雨水上溅墙身和机械力等的影响）。勒脚的高度一般为室内地坪与室外地坪之高差，也可以根据立面的需要而提高勒脚的高度尺寸。在监狱建筑中，勒脚通常有以下三种做法：

（1）抹灰，可采用 20 厚 1：3 水泥砂浆抹面，1：2 水泥白石子浆水刷石或斩假石抹面。此做法多用于外立面要求不太高的单体建筑，如监舍楼、禁闭室、罪犯劳动改造用房、仓储物流中心等。

（2）贴面，可采用天然石材或人工石材，如花岗石、水磨石板、墙面砖等。其耐久性及装饰效果好，用于高标准监狱单体建筑，如行政办公楼、监管区大门、教学楼、医院、会见楼、罪犯伙房等。江苏省苏州监狱监管区大门的勒脚采用了干挂式的花岗石贴面。

（3）勒脚采用石材砌筑，一般用致密均匀的砂岩、石灰岩、花岗岩料石等，多用于外墙面装饰要求高的单体建筑，如监狱大门、行政办公楼、大礼堂、会见楼、教学楼等。

4. 墙身防潮层

在墙身中设置防潮层的目的，是防止土壤中的潮气沿基础墙上升和位于勒脚部位地面水渗入墙内，使墙身受潮。它的作用是提高单体建筑的耐久性，保持室内干燥卫生。防潮层的高度应在室内地坪与室外地坪之间，标高相当于 −0.060m，以地面垫层中部为最理想。在构造形式上有水平防潮和垂直防潮两种。墙身水平防潮层的构造做法通常有以下三种：

（1）防水砂浆防潮层。采用 1:2 水泥砂浆加水泥用量 3% ~ 5% 防水剂，厚度 20 ~ 30mm 或用防水砂浆砌 2 至 3 皮砖作防潮层。此种做法构造简单，但砂浆开裂或不饱满时影响防潮效果。处于抗震设防地区的监狱一般选用防水砂浆防潮层。

（2）细石混凝土防潮层。采用 60mm 厚 C15 或 C20 的细石混凝土带，内配 3 根 φ6 或 φ8 钢筋，其抗裂性能和防潮性能好，且能与砌体结合紧密，故适用于整体刚度要求较高的监狱单体建筑中，如禁闭室、罪犯伙房、监舍楼、变电所等。

（3）油毡防潮层。先抹 20mm 厚水泥砂浆找平层，上铺一毡二油，此种做法防水效果好，但有油毡隔离，削弱了砖墙的整体性，不应在刚度要求高或地震区采用。

如果墙脚采用不透水的材料（如条石或混凝土等)，或设有钢筋混凝土地圈梁时，可以不设防潮层。

5. 散水与明沟

房屋四周可采取散水或明沟排除雨水，从而保护墙基。当屋面为有组织排水时一般设明沟或暗沟，也可设散水。它们的作用都是为了迅速排除从屋檐下滴的雨水，防止因积水渗入地基而造成单体建筑的下沉。屋面为无组织排水时一般设散水，但应加滴水砖（石）带，散水的宽度应稍大于屋檐的挑出尺寸，宽度 600 ~ 1000mm。散水的做法通常是在素土夯实基础上铺三合土、混凝土等材料，厚度 60 ~ 70mm。散水坡度一般设 5% 左右。散水与外墙交接处应设分格缝，分格缝用弹性材料嵌缝，防止外墙下沉时将散水拉裂。散水整体面层纵向距离每隔 6 ~ 12m 做 1 道伸缩缝。明沟的构造做法可用砖砌、石砌、混凝土现浇，沟底应做纵坡，坡度 0.5% ~ 1%，宽度 220 ~ 350mm。

6. 变形缝，有以下三种类型：

（1）伸缩缝，也叫温度缝，是在长度或宽度较大的单体建筑中，如长度较大的监舍楼、教学楼，为避免由于温度变化引起材料的热胀冷缩导致构件开裂，而沿单体建筑的竖向将基础以上部分全部断开的垂直缝隙，将单体建筑分成若干段。伸缩缝最大间距 50 ~ 75m，宽度 20 ~ 30mm。缝内应填保温材料，间距在结构规范中有明确规定。由于基础埋在地下，受气温影响较小，故不考虑其伸缩变形。山东省潍北监狱改扩建工程围墙中设有膨胀伸缩缝，采用了石棉绳或玻璃棉进行填塞。

（2）沉降缝，当房屋相邻部分的高度、荷载和结构形式差别很大而地基又较弱时，房屋有可能产生不均匀沉降，致使某些薄弱部位开裂。沉降缝的作用是防止单体建筑的不均匀下沉，一般从基础底部断开（这也是伸缩缝与沉降缝的主要不同之处），并贯穿单体建筑全高。沉降缝的两侧应各有基础和砖墙。缝宽一般为 30 ~ 70mm（缝宽与地基情况和单体建筑高度有关），在软弱地基上其缝宽应适当增加。沉降缝的设置部位：一是单体建筑复杂的平面和体形转折部位；二是建筑的高度和荷载差异较大处；三是过长单体建筑的适当部位；四是地基土的压缩性有显著差异处；五是地基处理的方法明显不同处；六是单体建筑的基础类型不同以及分期建造房屋的交界处，这一类沉降缝，在监狱改扩建工程过程中常使用，由于单体建筑的基础不同以及毗连两个单体建筑分期建造的缘故，都应设置沉降缝。浙江省十里丰监狱塔山监区将伸缩缝和沉降缝合并设置，且为垂直通缝，缝宽 20mm，缝中塞丁腈软木橡胶板，缝两端 20mm 范围内填塞沥青膏封口。北京市延庆监狱精神病犯康复监区综合楼，建筑面积 3029.88m^2，建筑总高度 10m，采用了部分砖混结构与部分框架结构相结合，分别采用了条形基础和独立基础，用沉降缝分隔开。

（3）防震缝，是为了防止单体建筑的各部分在地震时相互撞击造成变形和破坏而设置的垂直缝。防震缝应将单体建筑分成若干体形简单、结构刚度均匀的独立部分。对于建筑平面复杂，有较长的突出部分，如会见楼、教学楼、体育馆等单体建筑，应用防震缝将其分成简单规整的独立单元；单体建筑（砌体结构）立面高差超过 6m，在高差变化处须设防震缝；单体建筑毗连部分结构的刚度、重量相差悬殊处，单体建筑有错层且楼板高差较大时，须在高度变化处设防震缝。如吉林省长春北郊监狱防暴指挥备勤楼，主体为地上 8 层，裙楼地上 2 层，主楼与裙楼之间就设了防震缝。防震缝应与伸缩缝、沉降缝协调布置。防震缝的宽度与结构形式、设防烈度、单体建筑高度有关，最小缝隙尺寸为 50 ~ 70mm。在地震设防地区，当单体建筑需设置伸缩缝或沉降缝时，应统一按防震缝来处理。

7. 墙体的加固

如果墙体受到集中荷载、开洞过大以及地震等因素影响，致使墙体承载能力和稳定性有所降低，这时，必须考虑对墙体采取加固措施。

（1）增设壁柱和门垛。壁柱是墙身局部适当位置增设凸出墙面的构造。当墙体的窗间墙上出现集中荷载，而墙厚又不足以承担其荷载，或当墙体的长度和高度超过一定限度并影响到墙体稳定性时，常设壁柱以提高墙体刚度。壁柱突出墙面的尺寸为 120mm × 370mm、240mm × 370mm、240mm × 490mm 或根据结构计算确定。

门垛是在较薄的墙体上开设门洞时，为便于门框的安置和保证墙体的稳定，而在门靠墙转角处或丁字接头墙体的一边设置的突出构造。门垛凸出墙面不少于 120mm，宽度同墙厚。

（2）增设圈梁。圈梁是沿外墙四周及部分内横墙设置在楼板处的连续闭合的梁。圈梁配合楼板的作用可增强楼层平面的空间刚度和整体性，减少由于地基不均匀沉降而引起的墙体开裂，并与构造柱一起形成骨架，提高抗震能力。对于抗震设防地区，利用圈梁加固墙身更加必要。

圈梁有钢筋砖圈梁和钢筋混凝土圈梁两种形式。钢筋砖圈梁就是将前述的钢筋砖过梁沿外墙和部分内墙一周连通砌筑而成。钢筋混凝土圈梁的高度 ≥ 120mm，宽度与墙厚相同。当圈梁被门窗洞口截断时，应在洞口上部增设相同截面的附加圈梁，其配筋和混凝土强度等级均不变。

（3）增设构造柱。钢筋混凝土构造柱是从构造角度考虑设置的，是防止房屋倒塌的一种有效措施。构造柱必须与圈梁及墙体紧密相连，从而加强单体建筑的整体刚度，提高墙体抗变形的能力。

由于单体建筑的层数和地震烈度不同，构

造柱的设置要求也不相同。构造柱最小截面为180mm×240mm，纵向钢筋宜用4ф12，箍筋间距≤250mm，且在柱上下端宜适当加密；地震烈度7度时超过6层、8度时超过5层和9度时，纵向钢筋宜用4ф14，箍筋间距≤200mm；房屋角的构造柱可适当加大截面及配筋。构造柱与墙连接处宜砌成马牙槎，并应沿墙高每500mm设2ф6拉结筋，每边伸入墙内不少于1m。构造柱也可不单独设基础，但应伸入室外地坪下500mm，或锚固于500mm的基础梁内。构造柱与圈梁连接处，构造柱的纵筋应穿过圈梁，保证构造柱纵筋上下贯通，与圈梁紧密连接，在单体建筑中形成整体骨架。

8. 防火墙

是为减小或避免建筑、结构、设备遭受热辐射危害、截断火灾区域和防止火灾蔓延，设置的竖向分隔体或直接设置在单体建筑基础上或钢筋混凝土框架上具有耐火性的墙。

防火墙是防火分区的主要建筑构件。根据防火墙在建筑中所处的位置和构造形式，分为横向防火墙（与建筑平面纵轴垂直）、纵向防火墙（与平面纵轴平行）、室内防火墙、室外防火墙和独立防火墙。对防火墙的耐火极限、燃烧性能、设置部位和构造具体要求：

（1）防火墙应为不燃烧体，耐火极限不应低于3.0小时。

（2）防火墙应直接设置在基础上或耐火性能符合有关防火设计规范要求的梁上。设计防火墙时，应考虑防火墙一侧的屋架、梁、楼板等受到火灾的影响破坏时，不致使防火墙倒塌。

（3）防火墙应截断燃烧体或难燃烧体的屋顶结构，且应至少高出燃烧体或难燃烧体的屋面500mm。

（4）单体建筑的外墙为难燃烧体时，防火墙应突出难燃烧体墙的外表面400mm。防火带的宽度，从防火墙中心线起每侧不应小于2m。

（5）防火墙中心线距天窗端面的水平距离小于4m，且天窗端面为燃烧体时，应将防火墙加高，使之超过天窗结构，以防止火势蔓延。

（6）防火墙内不应设置排气道。

（7）防火墙上不应设门、窗、洞口。如必须设有时，应采用甲级防火门、窗（耐火极限1.2小时），并应能自动关闭。

（8）输送可燃气体和甲、乙、丙类液体的管道不应穿过防火墙。其他管道不宜穿过防火墙。如必须穿过时，应采取不燃烧体将缝隙填塞密实的措施，穿过防火墙处的管道保温材料应采用不燃烧材料。

（9）单体建筑内的防火墙不宜设在转角处。如设在转角附近，内转角两侧上门、窗、洞口之间最近边缘的水平距离应不小于4m。当相邻一侧装有固定乙级防火窗时，距离可不限。

（10）紧靠防火墙两侧的门、窗、洞口之间最近边缘的水平距离应不小于2m。如装有耐火极限不低于0.9小时的非燃烧体固定窗扇的采光窗（包括转角墙上的窗洞），可不受距离的限制。

第三节　砌块建筑

在现代监狱建筑中，为了节省土地、合理利用工业废料以及提高砌墙速度，应提倡大量使用砌块。砌块建筑是指用尺寸大于普通黏土砖的预制块材作为墙体材料。

一、砌块的材料与类型

砌块是利用混凝土、工业废料（炉渣、粉煤灰等）或地方材料制成的人造块材，具体有普通混凝土、轻骨料混凝土、加气混凝土以及利用工业废料制成的砌块。其外形尺寸比砖大，具有制造设备简单、砌筑速度快的优点，符合建筑工业化发展中墙体改革的要求。

砌块按尺寸和质量的大小不同分为小型砌块、中型砌块和大型砌块。砌块系列中主规格的高度115～380mm、重量小于20kg的称“小型砌块”，高度380～980mm、重量20～350kg的称“中型砌块”，高度大于980mm、重量大于350kg的称“大型砌块”。在监狱建筑中使用以中小型砌块居多。

砌块按外观形状可分为实心砌块和空心砌块。

空心砌块有单排方孔、单排圆孔和多排扁孔三种形式，其中多排扁孔对保温较有利。按砌块在组砌中的位置与作用可分为主砌块和各种辅助砌块。

根据材料不同，常用的砌块有普通混凝土与装饰混凝土小型空心砌块、轻集料混凝土小型空心砌块、粉煤灰小型空心砌块、蒸汽加气混凝土砌块、免蒸加气混凝土砌块（又称“环保轻质混凝土砌块”）和石膏砌块。吸水率较大的砌块不能用于长期浸水、经常受干湿交替或冻融循环的建筑部位。

由于砌块具有保温隔热的功能，在监狱单体建筑中使用较为常见，如江苏省未成年犯管教所，大多单体建筑外墙采用200mm厚加气混凝土砌块，外部粘贴15mm厚挤塑保温板。天津市监狱管理局应急特勤队候见服务大厅，外墙采用240mm厚页岩砖砌筑，内墙采用240mm厚页岩砖和200mm厚加气混凝土砌块砌筑。山西省女子监狱监舍综合楼+4.5m以上均采用300厚加气混凝土砌块，内墙均采用200厚加气混凝土砌块，用M5混合砂浆砌筑。

二、骨架墙

骨架墙是指填充或悬挂于框架或排架柱间，并由框架或排架承受其荷载的墙体。在我国，建筑中的骨架墙一般是采用金属材质比较多，也有根据不同需要选择其他材质，如木质材质，木骨架隔热、隔音等建筑节能效果明显，但考虑到我国人口密度大、土地紧缺等因素，木骨架墙体及外墙面的推广尚有一定难度。在监狱建筑中，骨架墙可在监狱行政办公楼、教学楼、罪犯技能培训用房、罪犯劳动改造用房等单体建筑中应用，由于涉及监狱监管安全，监管区单体建筑一般慎用。

1. 类型（材料）

有单一材料墙板、复合材料墙板、玻璃幕墙三种类型。单一材料墙板用轻质保温材料制作，如加气混凝土、陶粒混凝土等。复合材料墙板通常由三层组成，即内外壁和夹层。外壁选用耐久性和防水性均较好的材料，如石棉水泥板、钢丝网水泥、轻骨料混凝土等。内壁应选用防火性能好，又便于装修的材料，如石膏板、塑料板等。夹层宜选用容积密度小、保温隔热性能好、价廉的材料，如矿棉、玻璃棉、膨胀珍珠岩、膨胀蛭石、加气混凝土、泡沫混凝土、泡沫塑料等。

2. 布置方式

有框架外侧、框架之间、附加墙架三种布置方式。轻型墙板通常需安装在附加墙架上，以使外墙具有足够的刚度，保证在风力和地震力的作用下不会变形。

3. 外墙板与框架的连接

有上挂或下承支承于框架柱、梁或楼板上两种方式。根据不同的板材类型和板材的布置方式，可采取焊接法、螺栓连接法、插筋锚固法等将外墙板固定在框架上。无论采用何种方式，外墙板与框架连接应安全可靠，力求构造要简单，施工方便，不要出现“冷桥”现象，以防止产生结露。

三、隔墙

隔墙是分隔单体建筑内部空间的非承重构件，本身重量由楼板或梁来承担。一般要求轻，以便减少对地板和楼板层的荷载；厚度薄，以增加建筑的使用面积。对于不同功能房间的隔墙有不同的要求，并根据具体环境要求隔声、防火、防潮性能等。如警察备勤楼标准间的隔墙应具有良好的隔音性能；罪犯伙房的隔墙应具有防火性能；罪犯劳动改造用房卫生间隔墙应具有防潮能力。由于罪犯劳动改造用房的隔墙，随着使用要求的变化而变化，因此隔墙应尽量便于拆装。隔墙有以下三种类型：

1. 块材隔墙

是用普通黏土砖、空心砖、加气混凝土等块材砌筑而成的隔墙，常见的是普通砖隔墙和砌块隔墙两种。

（1）普通砖隔墙，一般采用1/2砖（120mm）隔墙。1/2砖墙用普通黏土砖采用全顺式砌筑而成，要求砌筑砂浆强度等级不低于M5；砌筑较大面积墙体时，长度超过6m应设砖壁柱，高度超过5m时应在门过梁处设通长钢筋混凝土带；在砖墙砌到楼板底或梁底时，将立砖斜砌1皮，或将空隙塞木楔子打紧，然后用砂浆填缝（为了保证砖隔墙不承重）；地震烈度8度和9度时，长度大于5.1m的后砌非承重砌体隔墙的墙顶，应与楼板或梁拉接。

（2）砌块隔墙，为减轻隔墙自重，可采用轻质砌块，墙厚一般为 90 ~ 120mm。加固措施同 1/2 砖隔墙之做法。另外当砌块不够整块时宜用普通黏土砖填补；因砌块孔隙率大、吸水量大，故在砌筑时先在墙下部实砌 3 ~ 5 皮实心黏土砖再砌砌块。

2. 轻骨架隔墙

又称“立筋式隔墙”，是由骨架和面板层两部分组成的隔墙，有木骨架和金属骨架之分。面板有板条抹灰、钢丝网板条抹灰、胶合板、纤维板、石膏板等，先立墙筋（骨架），再做面层。板条抹灰隔墙，是由上槛、下槛、墙筋斜撑或横档组成木骨架，其上钉以板条再抹灰而成。立筋面板隔墙，是指面板用人造胶合板、纤维板或其他轻质薄板，骨架为木质或金属组合而成。骨架的墙筋间距视面板规格而定。金属骨架一般采用薄型钢板、铝合金薄板或小眼钢板网加工而成，并保证板与板的接缝在墙筋和横档上。采用金属骨架时，可先钻孔，用螺栓固定，或采用膨胀铆钉将板材固定在墙筋上。其特点是干作业，自重轻，可直接支撑在楼板上，施工方便，灵活多变，故得到广泛应用，但隔声效果较差。饰面层常用类型有胶合板、硬质纤维板、石膏板等。甘肃省兰州监狱远程法庭的办案区、暂押室、合议室采用了轻钢龙骨石膏板隔墙。

3. 板材隔墙

是指各种轻质材料制成的预制薄型板材直接安装而成的隔墙。板材隔墙的单板高度相当于房间净高，其面积较大不依赖骨架，可直接装配而成。目前在监狱单体建筑中多采用条板，如碳化石灰板、加气混凝土条板、石膏条板、纸蜂窝板、水泥刨花板、彩钢板等各种复合板。这类隔墙的特点是自重轻、安装方便、工厂化程度较高、施工速度快、可以减少现场湿作业。在监狱建筑中采用板材隔墙，必须满足防火、隔声、隔热的功能要求，特别要采用难燃性质的条板。

单层条板墙体用作分户墙体时，其厚度不宜小于 120mm；用作户内分隔墙时，其厚度不宜小于 90mm。由条板组成的双层条板墙体用于分户墙或隔声要求高的隔墙时，单块条板的厚度不宜小于 60mm。

四、墙面装修

1. 墙面装修的作用

墙面装修是监狱建筑装饰工程中的一项重要组成部分，它具有以下作用：

（1）保护墙体。如外墙的装修可以防止墙体结构遭受风、霜、雨、雪的直接袭击，提高墙体的防潮、抗风化的能力，增强墙体的坚固性、耐久性，延长墙体的使用年限。如澳门新监狱外墙采用了无须维护及耐用的金属铝塑板。

（2）改善墙体的使用功能。对墙面进行装修处理，增加墙厚；用装修材料堵塞孔隙，可改善墙体的热工性能，提高墙体的保温、隔热和隔声能力；平整、光滑、色浅的内墙装修，可增加光线的反射，提高室内照度和采光均匀度，改善室内卫生条件。利用不同材料的室内装修，会产生对声音的吸收或反射作用，改善室内音质效果。

（3）提高建筑的艺术效果。墙面适当装修可以提高单体建筑立面的艺术效果，往往是通过材料的质感、色彩和线型等表现，丰富单体建筑的艺术形象。特别是监管区内的单体建筑墙面装饰，通过美化环境，营造和谐宽松、健康向上的物质环境，能陶冶罪犯情操、潜移默化地影响罪犯言行举止。

2. 墙面装修的分类

墙体表面的饰面因其所处部位不同，分为外墙面装修和内墙面装修两类。因饰面材料和构造不同，分为清水勾缝、抹灰类、贴面类、涂刷类、裱糊类、条板类、玻璃（或金属）幕墙等。

（1）清水砖墙，是不作抹灰和饰面的墙面。为防止雨水浸入墙身和整齐美观，可用 1 : 1 或 1 : 2 水泥细砂浆勾缝，勾缝的形式有平缝、平凹缝、斜缝、弧形缝等。位于山东省青岛的欧人监狱主楼采用了清水墙面（图 4-3-1）。20 世纪 80 年代前，监狱建设中常采取这种方式，由于保温性、防潮性差，现在已很少使用。若出现在监狱单体建筑中，大多出于装饰性目的，采用的是仿清水墙面，其实外墙为小青砖贴面，如位于仓街的江苏省苏州监狱旧址上的行政办公小楼外墙面，实为仿清水墙面（图 4-3-2）。

（2）灰类墙面，抹灰按照面层材料及做法，通常使用以下两种方式：

图 4-3-1 山东省青岛欧人监狱主体建筑的红砖清水墙面

图 4-3-2 采用仿清水墙面的江苏省苏州监狱旧址行政办公小楼

1）一般抹灰，常用的有石灰砂浆抹灰、混合砂浆抹灰、水泥砂浆抹灰等。外墙抹灰一般为 20 ~ 25mm，内墙抹灰为 15 ~ 20mm，顶棚为 12 ~ 15mm。在构造上和施工时须分层操作，一般分为底层、中层和面层，各层的作用和要求不同。底层抹灰主要起到与基层墙体粘结和初步找平的作用。中层抹灰在于进一步找平以减少打底砂浆层干缩后可能出现的裂纹。面层抹灰主要起装饰作用，因此要求面层表面平整、无裂痕、颜色均匀。

抹灰按质量及工序要求分为三种标准，见表 4-3-1。

抹灰类三种标准　　表 4-3-1

层次标准	底层	中层	面层厚度（mm）	适用范围
普通抹灰	1	1	≤ 18	简易堆棚、仓库等
中级抹灰	1	1	≤ 20	警察备勤楼、行政办公楼、监舍楼、教学楼等
高级抹灰	若干	1	≤ 25	公共建筑、纪念性建筑，如会见楼、体育馆、展览馆等

2）装饰抹灰，常用的有水刷石面、干粘石面、斩假石面、水泥拉毛面等。装饰抹灰一般是指采用水泥、石灰砂浆等抹灰的基本材料，除对墙面作一般抹灰之外，利用不同的施工操作方法将其直接做成饰面层。现在有一种新型的装饰抹灰——硅藻泥，它是一种以硅藻土为主要原材料的内墙环保装饰壁材，具有消除甲醛、净化空气、调节湿度、释放负氧离子、防火阻燃、墙面自洁、杀菌除臭等功能。由于硅藻泥健康环保，不仅有很好装饰性，还具有功能性，是替代壁纸和乳胶漆的新一代室内装饰材料。澳门新监狱就是采用能对室内空气起到自动调节效果的硅藻泥作饰面，并涂上不含挥发性有机化合物的环保漆。

（3）贴面类墙面，是指在内外墙面上装贴各种天然石板、人造石板、陶瓷面砖等，通过绑、挂或直接粘贴于基层表面的饰面。这类装修具有耐久性好、施工方便、装饰性强、质量高、易于清洗等优点。通常使用以下三种方式：

1）面砖饰面。面砖应先放入水中浸泡，安装前取出晾干或擦干净，安装时先抹 10 ~ 15mm 厚 1：3 水泥砂浆找平并划毛，再用 1：0.3：3 水泥石灰混合砂浆或用掺有 107 胶（水泥用量 5% ~ 7%）的 1：2.5 水泥砂浆满刮 l0mm 厚于面砖背面紧粘于墙上。对贴于外墙的面砖常在面砖之间留出 13mm 缝隙，以增加材料的透气性，并用 1：1 水泥细砂浆勾缝。河北省鹿泉监狱警官活动中心外墙面装修做法为瓷砖饰面，粘贴采用了“自上而下”的施工顺序进行施工。粘结层厚度 5mm 左右，采用 1：1 水泥砂浆进行面砖勾缝，缝勾完后应立即用棉丝、海绵蘸水或清洗剂擦洗干净。吉林省公主岭监狱新建监狱指挥中心大楼、河北省鹿泉监狱警官活动中心、黑龙江省哈尔滨监狱职务犯监舍楼、辽宁省大连市监狱罪犯监舍外墙、海南省美兰监狱罪犯伙房（图 4-3-3）等单体外墙采用了面砖饰面；广西壮族自治区柳城监狱关押点布局调整项目二期工程——1 号罪犯习艺楼外墙采用了浅褐色外墙陶瓷面砖饰面。

2）陶瓷锦砖饰面。陶瓷锦砖也称“马赛克”，有陶瓷锦砖和玻璃锦砖之分。它的尺寸较小、重量轻，根据其花色品种，可拼成各种花纹图案。铺贴时先按设计的图案，将小块材正面向下贴在大小为500mm×500mm的牛皮纸上，然后牛皮纸面向外将马赛克贴于饰面基层上，待半凝后将纸洗掉，同时修整饰面。广东省女子监狱监舍楼、海南省美兰监狱监舍楼（图4-3-4）、广东省深圳监狱教学楼以及福建省仓山监狱禁闭室等单体建筑外墙局部采用了陶瓷锦砖饰面。

图4-3-3　外墙贴面砖的海南省美兰监狱罪犯伙房

图4-3-4　外墙贴陶瓷锦砖的海南省美兰监狱监舍楼

3）天然石材和人造石材饰面。石材按其厚度分有两种，通常厚度30～40mm为板材，厚度40～130mm为块材。常见天然板材饰面有花岗石、大理石和青石板等，强度高、耐久性好，多作高级装饰用。常见人造石板有预制水磨石板、人造大理石板等。通常有下列两种施工方法：一种是石材拴挂法（湿法挂贴）。天然石材和人造石材的安装方法相同，先在墙内或柱内预埋ф6铁箍，间距依石材规格而定，而铁箍内立ф6～ф10竖筋，在竖筋上绑扎横筋，形成钢筋网。在石板上下边钻小孔，用双股16号钢丝绑扎固定在钢筋网上。上下两块石板用不锈钢卡销固定。板与墙面之间预留20～30mm缝隙，上部用定位活动木楔做临时固定。校正无误后，在板与墙之间浇筑1∶3水泥砂浆。待砂浆初凝后，取掉定位活动木楔，继续上层石板的安装。另一种是干挂石材法(连接件挂接法)。其施工方法是用一组高强耐腐蚀的金属连接件，将饰面石材与结构可靠地连接，其间形成空气间层不作灌浆处理。浙江省十里丰监狱监管指挥中心大楼，地上7层（不包括架空层），建筑总高度33.1m，外立面部分采用干挂式的石材饰面。四川省嘉陵监狱（图4-3-5）、云南省杨林监狱、江苏省苏州监狱等警察行政办公区大门外墙、广东省佛山监狱监管区大门外墙（图4-3-6）也采用了干挂式的天然大理石饰面。

（4）涂料类墙面，是指喷涂、刷于基层表面后，能与基层形成完整而牢固的保护膜的涂层饰面。涂料按其主要成膜物的不同，可以分为有机涂料和无机涂料两大类。常用的无机涂料有石灰浆、大白浆、可赛银浆、无机高分子涂料等。有机合成涂料依其主要成膜物质和稀释剂的不同，可分为溶剂型涂料、水溶性涂料和乳液型涂料三种。河南省豫北监狱监舍楼采用米黄色、银灰色外墙涂料；河南省焦作未成年犯管教所医院、会见楼、禁闭室、监舍楼等外墙采用了乳胶漆；山东省泰安监狱、河南省焦南监狱、山东省潍北监狱、河北省石家庄出监监狱、安徽省潜川监狱（图4-3-7）、安徽省马鞍山监狱、江西省赣西监狱等在部分单体建筑外墙装饰上，采用了真石漆色彩的涂料（真石漆是一种装饰效果酷似大理石、花岗岩的涂料。主要采用各种颜色的天然石粉配制而成，应用于建筑外墙具有仿石材效果，因此又称液态石。真石漆装修后的建筑物，具有天然真实的自然色泽，给人以高雅、和谐、庄重之美感，适合于各类建筑物的室内外装修），不但美观大气，而且与当地地域文化相协调；江苏省苏州监狱所有的单体建筑外墙面采用了以白色涂料为主，在门、窗以及檐口等节点辅以灰色，不仅安静素雅，而且彰显了苏州古典园林建筑风格。

图 4-3-5 花岗石贴面的四川省嘉陵监狱警察行政办公区大门

图 4-3-6 外墙采用干挂大理石的广东省佛山监狱监管区大门

图 4-3-7 外墙采用真石漆的安徽省潜川监狱行政办公楼

（5）裱糊类墙面，是指各种装饰性的墙纸、墙布、织锦等材料裱糊在内墙面上的一种装修饰面。墙纸品种很多，国内使用最多的是塑料墙纸和玻璃纤维墙布等。目前我国监狱越来越重视文化建设，特别是监区文化建设，在监舍楼、教学楼、会见楼等单体建筑中常采用墙纸或墙布作为背景墙。

裱糊类墙面的饰面做法：一是基层处理。在基层刮腻子，以使裱糊墙纸的基层表面达到平整光滑。同时为了避免基层吸水过快，裱糊前应用 1∶0.5 ～ 1∶1 稀释的 107 胶水对基层进行封闭处理，待胶水干后再开始裱糊。二是裱糊。粘贴墙纸一般采用 107 胶水，并在 107 胶水中掺入羧甲基纤维素配制的胶黏剂。加纤维素的作用，一是使胶有保水性，二是便于涂刷。

（6）板材类墙面，是指采用天然木板或各种人造薄板借助于镶钉胶等固定方式对墙面进行装饰处理。板材类墙面由骨架和面板组成，骨架有木骨架和金属骨架，面板有硬木板、胶合板、纤维板、石膏板等各种装饰面板和近年来应用日益广泛的金属面板。常见的构造方法如下：

1）木质板墙面，用各种硬木板、胶合板、纤维板以及各种装饰面板等做的装修。具有美观大方、装饰效果好，且安装方便等优点，但防火、防潮性能欠佳，一般在监管区慎用。多用于单体建筑的门厅内墙面装饰或会议室的吸声板墙面。木质板墙面装修构造是先立墙筋，然后外钉面板。湖北省沙洋监狱管理局广华监狱新建的演播室，内墙面使用槽木吸声板和布衣吸声板（软包）一共 3 层，前 2 层均用轻钢龙骨里面加隔声棉再用石膏板进行封装，第 3 层则用九厘板（是胶合板的一种型号，指木板的厚度，也就是 9mm）安装，使整个厚度增加。

2）金属薄板墙面，是指利用薄钢板、不锈钢板、铝板或铝合金板作为墙面装修材料。以其精密、轻盈、美观，体现着新时代的审美情趣。浙江省第五监狱出监实训基地、广西壮族自治区贵港监狱监控中心机房等墙面均采用了铝塑板贴面。

金属薄板墙面装修构造，也是先立墙筋，然后外钉面板。墙筋用膨胀铆钉固定在墙上，间距为 60 ～ 90mm。金属板采用自攻螺丝或膨胀铆钉固定，也可先用电钻打孔后用木螺丝固定。

3）石膏板墙面，一般构造做法，首先在墙体上涂刷防潮涂料，然后在墙体上铺设龙骨，将石膏板钉在龙骨上，最后进行板面修饰。石膏板墙面一般用于内墙面，四川省雷马屏监狱电教中心内隔墙采用了木龙骨 + 吸声棉 + 拉法基纸面石膏板做法。

（7）建筑幕墙，是指单体建筑不承重的外墙护围，通常由面板（玻璃、铝板、石板、陶瓷板等）和后面的支承结构（铝横梁立柱、钢结构、玻璃肋等）组成。幕墙像幕布一样挂上去，故又称“悬挂墙”，是监狱现代建筑或中高层建筑常用的带有装饰效果的轻质墙体，由结构框架与镶嵌板材组成，不承担主体结构荷载和作用的建筑外围护结构。幕墙装饰效果好，安装速度快，施工质量也易得到保证。

1）建筑幕墙的种类。按幕面材料不同，分为玻璃幕墙、金属幕墙（主要是铝板幕墙）、轻质混凝土挂板幕墙、天然花岗石板幕墙等。其中玻璃幕墙是当代的一种新型墙体，不仅装饰效果好，而且质量轻，安装速度快，是外墙轻型化、装配化较理想的形式。目前，我国监狱建筑主要应用玻璃幕墙。由于具有光污染、能耗大和被喻为“空中炸弹”，现代玻璃幕墙使用也受到了一定限制。

从 21 世纪初，监狱开始在行政办公楼、监狱大门、体育馆、教学楼、会见楼等单体建筑中使用玻璃幕墙。如河南省安阳监狱行政办公楼、湖南省星城监狱行政办公楼、贵州省未成年犯管教所行政办公楼、内蒙古自治区乌塔其监狱行政办公楼、天津市河西监狱行政办公楼、重庆市长康监狱办公楼、河北省沧州监狱指挥中心、新疆维吾尔自治区阿克苏监狱三监区监管区大门、江苏省龙潭监狱高度戒备监区大门、浙江省乔司监狱体育馆、安徽省合肥监狱教学楼、山西省太原第二监狱教学楼、广东省惠州监狱会见楼等局部采用了玻璃幕墙（图 4-3-8、图 4-3-9）。其中，天津市河西监狱行政办公楼幕墙面积达 6312.27m^2，幕墙高度 23.9m，监狱大门幕墙面积 2963.74m^2，幕墙高度 11.2m；重庆市长康监狱办公楼幕墙面积 800m^2；江苏省龙潭监狱高度戒备监区大门幕墙面积 2422m^2，幕墙高度 18.3m^2。

按构造方式不同，分为明框式、半隐框式、隐框式及悬挂式玻璃幕墙等。按承重方式不同，分为框支承玻璃幕墙、全玻璃幕墙和点支承玻璃幕墙，其中框支承玻璃幕墙由于造价低，是使用最为广泛的玻璃幕墙。全玻幕墙通透、轻盈，常用于大型公共建筑。点支承玻璃幕墙不仅通透，而且能展现精美的结构，发展十分迅速。

图 4-3-8　局部采用玻璃幕墙的福建省漳州监狱行政办公楼

图 4-3-9　局部采用玻璃幕墙的河北省鹿泉监狱备勤指挥中心

按施工方式不同，分为分件式幕墙（现场组装）和板块式幕墙（预制装配）两种。

2）玻璃幕墙的构造组成。玻璃幕墙由玻璃和金属框组成幕墙单元，借助于螺栓和连接铁件安装到框架上。金属边框有竖框、横框之分，起骨架和传递荷载作用。可用铝合金、铜合金、不锈钢等型材做成。玻璃有单层、双层、双层中空和多层中空玻璃，起采光、通风、隔热、保温等围护作用。通常选择热工性能好，抗冲击能力强的钢化玻璃、吸热玻璃、镜面反射玻璃、中空玻璃等。接缝构造多采用密封层、密封衬垫层、空腔三层构造层。

连接固定件有预埋件、转接件、连接件、支承用材等，在幕墙及主体结构之间以及幕墙元件与元件之间起连接固定作用。装修件包括后衬板（墙）、扣盖件及窗台、楼地面、踢脚、顶棚等构部件，起密闭、装修、防护等作用。密缝材有密封膏、密封带、压缩密封件等，起密闭、防水、保温、绝热等作用。此外，还有窗台板、压顶板、泛水、防止凝结水和变形缝等专用件。

3）玻璃幕墙细部构造。骨架与主体的连接方式有三种：一是竖向骨架与梁的连接；二是竖向骨架与柱的连接；三是竖向骨架与横向骨架的连接。

（8）监狱特色的墙面。监狱建筑作为特殊类型的建筑，在墙体上具有自己的特色墙面。在监狱单体建筑中常见的有以下三种：

1）文化墙，是指室外监狱围墙或其他的监狱单体建筑的外墙面进行文化艺术装饰的墙。这类墙面作用是突出人性化理念，促进改造工作，加强法制宣传，利于恶习矫正。如山西省太原第一监狱，监狱围墙做成了长达 92m 的大型水泥浮雕壁画三晋文化墙，以图案的形式描摹了远古时期的尧天舜日、战国时的劝学修身、盛唐时的大唐群雄、近代的汇通天下、民主革命等山西五千年波澜壮阔的文明史，将太原第一监狱打造成具有浓郁地方特色的所在（图 4-3-10）。山东省东营监狱则采用彩绘来装饰墙面。湖北省咸宁监狱孝文化墙镶嵌了以弘扬中华民族传统孝德为内涵的“二十四孝故事”彩拼瓷砖图案，该彩拼瓷砖图案图文并茂，典雅美观，增强了罪犯的孝道意识，强化感恩行为，帮助他们真诚悔罪，积极改造。福建省榕城监狱也建成了总面积超过 180m^2 的大型文化墙，墙中镶嵌了分别以弘扬中华民族传统孝德为内涵的“二十四孝故事”和传承中华文化的“弟子规”彩绘图案。山东省微湖监狱在围墙墙面上镶嵌了“古运河回望图”彩拼瓷砖图案，寓意着家人期待罪犯安心改造，早日回归社会。辽宁省大连市监狱、江苏省苏州监狱等在会见楼地下人行通道两侧安装了大型宣传橱窗。辽宁省截至 2014 年 4 月，全省监狱系统建设文化墙 22 面。

2）防撞墙，俗称“橡皮墙”，主要用于关押违反监规监纪、破坏监管秩序罪犯的禁闭室，防止有自伤自杀念头或有毒瘾发作自残。软包的作用是防止罪犯用头撞墙，墙体会形成反作用力，使伤害降到最低程度。监狱防撞吸声软包具防撞、隔声、静音、降噪、阻燃、隔热、保温等作用，所用的材质应均匀坚实，空腔里采用特殊材料制作，墙面不但富有弹性和韧性、耐磨、抗冲击、不易划破等。防撞墙隔声软包从地面起高度≥ 3.0m，但厚度不宜超过 60mm（图 4-3-11）。常见的防撞墙隔声软包材料规格：1220mm × 2420mm × 9mm、600mm × 600mm × 25mm、600mm × 600mm × 50mm、600mm × 1200mm × 25mm、600mm × 1200mm × 50mm。

墙面防撞软包安装主要有下列三种方法：一是平放安装法。采用“^”形铝合金龙骨架支承，先将龙骨固定，吊牢固、吊平。用龙骨组成骨架，再将板平放在龙骨的肢上，用龙骨的四条肢支承住板。采用此种方法构造简单，安装简便，特别是铝合金“^”形龙骨，既是支承构件，又是板缝的封口条。二是暗龙骨吊顶安装法。此种办法是在吊顶的表面，看不见龙骨，龙骨的断面有“^”形，也有特别的形状。主要安装程序：先将龙骨吊平，吸声板周边开槽，然后将龙骨的肢插到暗槽内，靠肢将板托住。三是粘贴法，分为两种形式：一是复合平贴法。其构造为龙骨 + 石膏板 + 防撞软包。龙骨可以采用上人龙骨或不上人轻钢龙骨，将石膏板固定在龙骨上，然后将防撞软包背面用胶布贴几处，再用专用涂料

图 4-3-10　山西省太原第一监狱大型水泥浮雕壁画

图 4-3-11　用于禁闭室的防撞软包吸声板

钉固定。二是复合插贴法。其构造为龙骨 + 石膏板 + 防撞软包。龙骨与石膏板固定，防撞软包背面胶布贴几个点，将板平贴在石膏板上，用打钉器将钉固定在防撞软包开榫处，防撞软包之间用插件连接，对齐图案。粘贴法要求石膏板基层非常平整，否则表面将出现错台、不平等质量问题。粘结时，可用 874 型建筑胶粘剂，此剂专门用于粘贴防撞软包。

3）外墙遮挡板。监管区内的单体建筑临围墙较近或建筑总高度超出围墙的高度，为防止从围墙外向里面扔违禁物品，或外面通过无人机向监狱内部偷运包括手机和毒品在内的违禁品，同时也为防止不属于监狱控制区域观察到围墙内单体建筑室内，往往在朝向监狱外侧的窗安装遮挡板。要求窗采光和通风基本不受影响，绝大多数监狱采用外窗固定式的百叶挡板或隔栏，此措施缺点是外墙立面美观受到一定影响。上海市南汇监狱为解决这一难题，在外墙整体采用了轻质铝薄板墙面（图 4-3-12）。安装的遮挡板，应采用高强度材料制成以保证牢固，不会被拆卸掉，且具有防腐蚀性，同时应符合室内最低光线需求，要保证室内空气流通。通常做法是安装机械通风孔，如外部顶置排风扇或内部顶置排风扇等。也应注意外墙面不可攀爬性，以防止罪犯利用外墙格架或水平栅格攀爬，进行自伤、自残、自杀或逃跑等违法犯罪活动。

图 4-3-12　上海市南汇监狱监舍楼外墙的遮挡板

第五章

监狱建筑楼地层

楼地层是监狱单体建筑的重要组成部分，它的结构布置对单体建筑影响较大。本章主要介绍了监狱建筑楼地层、钢筋混凝土楼板、地坪层与地面、顶棚以及阳台和雨篷构造等内容。

第一节 楼地层构造

楼地层是水平方向分隔房屋空间的承重构件，包括楼板层和地坪层。楼板层是分隔上下楼层空间的水平结构构件，地坪层是分隔大地与底层空间的结构构件。

一、楼板层的构造组成

楼板层通常由面层、楼板、顶棚三部分组成，也可以根据实际需要设置附加层。

（1）面层，位于楼板层的最上层，通常又称“楼面”。由于该层直接与人和家具设备相接触经受摩擦，起到保护楼板层作用，同时起着分布荷载和绝缘的作用，另外它还对室内空间起清洁及美化装饰作用。

（2）楼板，是楼板层的结构层，位于楼板层的中部。主要功能在于承受楼板层上的荷载并将这些荷载传给墙或柱；同时还对墙身起水平支撑作用，以增强单体建筑的整体刚度。

（3）顶棚，位于楼板结构层以下。主要作用是保护楼板、安装灯具、遮挡各种水平管线、改善使用功能、装饰美化室内空间。

有的监狱单体建筑楼板层还设有附加层，又称功能层，根据楼板层特定需要而设置，主要作用是隔声、隔热、保温、防水、防潮、防腐蚀、防静电等。可以设置在面层和结构层之间，也可以设在结构层和顶棚层之间，设置的位置视具体情况而定。

二、地坪层的构造组成

地坪层相对简单些，通常由面层、垫层、素土夯实层三部分组成，也可以根据实际需要设置附加层，如防潮层。

（1）面层，作用与楼面基本相同，是室内空间下部的装修层，又称“地面”。地面应具有一定的装饰作用。

（2）垫层，是面层下部的填充层，作用是承受和传递荷载，并起到初步找平的作用。通常采用C10混凝土垫层，厚度80 ~ 100mm，有时也可以用砂、碎石、炉渣等松散材料作为垫层。

（3）素土夯实层，是位于垫层之下的基层。通常做法是将原土或者填土分层夯实。如单体建筑的荷载较大、标准较高或者使用中有特殊要求，在夯实的土层上再铺设灰土层、道砟三合土层、碎砖层，以对基层进行加强。

有的监狱单体建筑楼板层还设有附加层，它是满足某些特殊使用要求而设置的构造层，如防水层、防潮层、保温隔热层以及埋置管线层等。

三、楼板的类型

根据所用材料不同，目前我国监狱单体建筑室内楼板主要分为木楼板、钢筋混凝土现浇楼板和钢衬板组合楼板等多种类型。

（1）木楼板，具有自重轻，保温隔热性能好、舒适、有弹性等特点，在木材产地采用较多，但耐火性和耐久性均较差，且造价偏高。为节约木材和满足防火要求，目前监狱单体建筑中采用较少。民国时期，由于受当时建筑技术所限，监狱单体建筑中多采用木楼板，如江苏省苏州监狱旧址上的行政办公小楼，始建于1927年，所有室内楼板都为木楼板。1951年7月，广东省韶关监狱建成了2栋苏式的2层砖瓦木楼板结构的十字形监舍（现已拆除）。

（2）钢筋混凝土楼板，强度高，刚度好，既耐久，又防火，且便于工业化生产和机械化施工，是目前我国监狱建筑中楼板的基本形式。按其施工方法不同，分为现浇式、装配式和装配整体式三种。装配式的钢筋混凝土楼板由于抗震性差，已在监狱单体建筑中禁止使用，一般都采用现浇式。

（3）压型钢板组合楼板，又称“钢衬板楼板”，是利用压型钢板作为模板，在其上现浇混凝土形成的。压型钢板作为模板，省掉了支模拆模的复杂工序，作为楼板的一部分，永久地留在楼板中，既提高了楼板的抗弯刚度和强度，又提高了楼板施工进度。虽然其存在着耗钢材、防火性差、造价高等缺点，但在监狱产业结构调整时，原机加工车间改造成劳务加工车间时常用。

四、楼板层的设计要求

楼板层是多层建筑中沿水平方向分隔上下空间的结构构件。除了承受并传递垂直和水平荷载外，还应具备防火、防水、隔声等能力。同时，为了美观，很多水平设备管线需要安装在楼板内。因此，设计楼板时必须满足以下要求：

（1）具有足够的强度和刚度。强度要求指楼板层应保证在自重和活荷载作用下安全可靠，不发生任何破坏，以确保安全。这主要是通过结构设计来满足要求。刚度则要求楼板层在一定荷载作用下不产生超过规定范围内的变形，以保证正常使用状况。结构规范规定楼板的允许挠度≤跨度的1/250，可用板的最小厚度（1/40L ~ 1/35L）来保证其刚度。

（2）具有一定的隔声能力。不同使用性质的房间对隔声的要求不同。在监狱单体建筑中，有一些功能特殊的房间，如提审室、心理咨询室、宣泄室、广播室、录音室、演播室、科技法庭等房间隔声要求相对要高。楼板主要是隔绝固体传声，如人的脚步声、移动家具声、敲击楼板声等都属于固体传声，在监狱单体建筑中，防止固体传声可采取以下措施：

1）在楼板表面铺设地毯、橡胶、塑料毡等柔性材料。监狱团体心理咨询室、宣泄室、中小型会议室等一般采用地面铺设地毯，如山东省滕州监狱团体咨询室，江苏省苏州监狱行政接待中心大厅、陈列室、部分小中型会议室以及宣泄室等。西方一些发达国家监狱的监舍楼内走廊地面铺设防滑、防水、防火、隔声功能的特殊地毡。

2）在楼板与面层之间加弹性垫层以降低楼板的振动，即“浮筑式楼板”。这一做法，目前在监狱建筑中还没有使用过。

3）在楼板下加设吊顶，使固体噪声不直接传入下层空间。这一做法是目前监狱单体建筑的普遍做法，不仅起到美化的作用，将上面各类管线隐蔽起来，还可以降低上层建筑空间声音的传入。

（3）具有一定的防火能力。在监狱单体建筑中，要保证在火灾发生时，在一定时间内不至于因楼板塌陷而给生命和财产带来损失。现浇钢筋混凝土楼板的防火能力要强些。楼板层应根据建筑耐火等级，进行防火设计，以满足防火安全的功能。最近，有一种制作防火涂料的新工艺，发生火灾时，这种涂料会转变成一种黑色物质，覆盖在楼板表面，隔绝了楼板与氧气的接触，楼板因不能接触到氧气而无法燃烧。

（4）具有防潮、防水能力。在监狱单体建筑中，所有楼板应具有防潮、防水功能。装修时常使用水的局部区域要做防水处理，特别是卫生间、盥洗间等。如监舍楼中的寝室，目前绝大多数监狱在室内设置了卫生间和洗漱池，罪犯都是在相对集中时间内使用，所以卫生间和洗漱池的防潮防渗措施更要做好。安装暖气水管时，如果怕产生冷凝水及水管破裂而导致渗水至楼下，可以选择把需要安装水管的区域做防水处理。防水处理除了要杜绝往下渗，还要防止水横向走。因此，在阴阳角和墙角接近地面的部位要做附加增强处理。

（5）满足各种设备管线布置的要求。在监狱单体建筑中，各种功能设施日趋完善，必然有更多管线借助楼板层敷设。为使室内平面布置灵活，空间完整，在楼板层设计中应充分考虑各种管线布置的要求，如给水、蒸汽、燃气、空调新风、排风、排烟、高低压配电、动力及照明配电、应急照明、事故广播、消防报警、背景音乐、电信与有线电视、计算机网络宽带、监控报警、建筑智能等各种管线。

（6）满足建筑经济的要求。在监狱单体建筑中，楼板层的造价占建筑总造价的20% ~ 30%。因此，在楼板设计时，在保证质量标准和使用要求的前提下，应讲究建筑经济性，提倡就地取材，尽量减少楼板的厚度和自重。还要注意使楼板层与房屋的等级标准和房间的使用要求相适应，并应尽量降低造价。

第二节 钢筋混凝土楼板构造

在监狱建筑中，钢筋混凝土楼板按其施工方法不同，可分为现浇整体式、预制装配式和装配整体式三种。目前，在监狱工程建设中多采用现浇整体式。

一、现浇整体式钢筋混凝土楼板

现浇整体式钢筋混凝土楼板是指在现场依照设计位置，进行支模板、绑扎钢筋、浇筑混凝土，经养护、拆模板而制作的楼板。其优点是整体性好、刚度大、抗震性好、结构布置灵活、能适应各种不同的平面形状；缺点是施工周期长、需要模板多、现场湿作业多、劳动强度大。在监狱建筑中适用范围：一是有抗震设防要求的多层建筑和对整体性要求较高的其他建筑；二是有管道穿过的房间；三是平面形状不规整的房间；四是尺度不符合模数要求的房间和防水要求较高的房间。现浇整体式钢筋混凝土楼板按受力和传力不同，可分为平板式楼板、梁板式楼板、压型钢板组合楼板和无梁楼板。

1. 平板式楼板

将钢筋混凝土板直接搁在墙体上，楼板不再设置梁，它主要用于尺寸较小的房间，如卫生间、走廊和小房间等。平板式楼板根据受力特点和支承情况分为单向板和双向板。

（1）单向板（板的长边与短边之比 > 2）。在荷载作用下，板基本上只在长边方向挠曲，在短边方向挠曲很小，称“单向板”。屋面板板厚通常60 ~ 80mm，民用建筑楼板厚通常70 ~ 100mm，工业建筑楼板厚通常80 ~ 180mm。

（2）双向板（板的长边与短边之比≤ 2）。在荷载作用下，两个方向均有挠曲，表明板在两个方向都传递荷载，称“双向板”。双向板的受力和传力更加合理，构件的材料更能充分发挥作用。板厚通常80 ~ 160mm。此外，板的支承长度规定：当板支承在砖石墙体上，其支承长度≥ 120mm或板厚；当板支承在钢筋混凝土梁上时，其支承长度≥ 60mm；当板支承在钢梁或钢屋架上时，其支承长度≥ 50mm。

2. 梁板式楼板

由主梁、次梁、现浇板（包括单、双向受力）组成，其荷载传递路线为板→次梁→主梁→柱（或墙）。依据楼板的受力和支承情况，分为单向板和双向板。

（1）单向板，由板、次梁和主梁组成。荷载传递路线为板→次梁→主梁→柱（或墙）。主梁经济跨度为5 ~ 8m，高为主梁跨度的1/14 ~ 1/8，宽为高的1/3 ~ 1/2。次梁经济跨度为4 ~ 6m，次梁跨度即为主梁间距，高为次梁跨度的1/18 ~ 1/12，宽度为梁高的1/3 ~ 1/2。板的厚度同板式楼板。板的混凝土用量约占整个肋梁楼板混凝土用量的50% ~ 70%，因此板宜取薄些，通常板跨度≤ 3m，其经济跨度为1.7 ~ 2.5m。

（2）双向板（井式楼板），由板和梁组成，常无主次梁之分。荷载传递路线为板→梁→柱（或墙）。当双向板肋梁楼板的板跨相同，且两个方向的梁截面也相同时时为井式楼板。井式楼板适用：长与宽之比≤ 1.5的矩形平面，井式楼板中板的跨度在3.5 ~ 6m之间，梁的跨度可达20 ~ 30m，截面高度≥梁跨的1/15，宽度为梁高的1/4 ~ 1/2，且≥ 120mm。正交放置或斜交放置。其特点是整齐划一，很有韵律，稍加处理就可形成艺术效果很好的顶棚。

3. 压型钢板组合楼板

一种钢与混凝土组合的楼板，系利用截面为凹凸相间的压型钢板做衬板，与现浇混凝土一起支承在钢梁上，整体性很强的一种楼板，主要应用于钢结构体系中，由楼面层、组合板、钢梁三部分构成，组合板由现浇混凝土和钢承板两部分构成。

4. 无梁楼板

直接支承在柱上且不设梁的等厚的楼板，也是双向受力的板柱结构。它分为有柱帽和无柱帽两种，当楼面荷载比较小时，可采用无柱帽楼板；当楼面荷载较大时，必须在柱顶加设柱帽。柱截面可设计成方形、矩形、多边形和圆形。柱帽可根据室内空间要求和柱截面形式进行设计。板最小厚度≥150mm，且≥板跨的1/35～1/32。柱网一般布置为正方形或矩形，间跨小于6m。

无梁楼板在监狱也应用较为广泛，如会见楼、罪犯技能培训用房和劳动改造用房等。特别是罪犯劳动改造用房，现在生产项目大多为劳务外加工，采用无梁楼板，其优点：一是可以提高车间净高；二是顶面平整，易于布置；三是不用再另行吊顶，可以降低工程造价。

二、预制装配式钢筋混凝土楼板

预制装配式钢筋混凝土楼板是在构件预制加工厂或施工现场外预先制作，然后运到工地现场进行安装的钢筋混凝土楼板。预制板的长度一般与房屋的开间或进深一致，为3M的倍数；宽度一般为1M的倍数；截面尺寸必须通过结构计算来确定。由于用装配式钢筋混凝土楼板建造的单体建筑整体性、刚度、抗震性比整体现浇钢筋混凝土要差，目前监管区内的单体建筑不宜采用。

1. 预制楼板的类型

预制钢筋混凝土楼板有预应力和非预应力两种，常用类型有实心平板、槽形板、空心板三种。

（1）实心平板，规格较小，跨度一般在2.4m以内，板厚一般为50～80mm，板宽约为600～900mm，适用于过道和小开间房间，在监狱建筑中多用作管道盖板。

（2）槽形板，是一种肋板结合的预制构件，即在实心板的两侧设有边肋，特点是作用在板上的荷载都由边肋来承担，减轻了板的自重，具有节省材料，便于在板上开洞等优点，但保温隔声效果差。板宽为600～1200mm，非预应力槽形板跨长通常为3～7.2m，板肋高为120～300mm，板厚为25～30mm。搁置时分为正置和倒置两种，正置板的缺点为板底不平，多做吊顶；而倒置板虽板底平整，但需另做面板，有时为了满足楼板的隔声、保温要求，需在槽内填充轻质多孔材料。

（3）空心板，是将实心平板沿纵向抽孔而成。孔的断面形式有圆形、方形、长方形和椭圆形，由于圆形孔制作时抽芯脱模方便且刚度好，故应用最为普遍。与槽形板相比，其结构计算理论相似，材料消耗也相近，但是隔声效果优于槽形板。在20世纪80年代至90年代末，空心板在监舍楼、教学楼、医院、伙房等单体建筑中被广泛使用。

2. 预制楼板的结构布置方式

当预制板直接搁置在墙上时称“板式结构布置”，当预制板搁置在梁上时称“梁板式结构布置”。预制楼板的结构布置方式应根据房间的平面尺寸及房间的使用要求选择，大多以房间短边为跨，狭长空间最好沿横向铺板。应避免出现三面支承的情况，即板的纵长边不得伸入墙内，否则，在荷载作用下，板会发生纵向裂缝，还会因受局部承压影响而削弱墙体的承载能力。在实际监狱建设中，宜优先布置宽度较大的板型，板的规格、类型越少越好。

3. 预制楼板的搁置要求

预制楼板支承于梁上时其搁置长度≥80mm；支承于内墙上时其搁置长度≥100mm；支承于外墙上时其搁置长度≥120mm。铺板前，先在墙或梁上用10～20mm厚M5水泥砂浆找平（即坐浆），然后再铺板，使板与墙或梁有较好的连接，同时也使墙体受力均匀。预制楼板在梁上的搁置方式有两种：一种是板直接搁置在梁顶上；另一种是板搁置在花篮梁或矩形梁上。

4. 预制楼板的板缝处理

板缝处理起着连接相邻两块板协同工作的作用，使楼板成为一个整体。在具体布置楼板时，往往出现缝隙。当缝隙小于60mm时，可调节板缝（≤30mm，灌C20细石混凝土）；当缝隙在60～120mm时，可在灌缝的混凝土中加配2ϕ6通长钢筋；当缝隙在120～200mm时，可设现浇钢筋混凝土板带，且将板带设在墙边或有穿管的部位；当缝隙>200mm时，应重新调整板的规格。

三、装配整体式钢筋混凝土楼板

装配整体式楼板是指楼板中预制部分构件，然后在现场安装，再以整体浇筑的办法连接而成的楼板，兼有现浇和预制的双重优越性。

1. 密肋填充块楼板

现浇（或预制）密肋小梁间安放预制空心砌块并现浇面板而制成的楼板结构。它具有整体性强和模板利用率高，材料多样、节约混凝土等特点。

2. 预制薄板叠合楼板

叠合楼板是预制和现浇混凝土相结合的一种较好结构形式。预制预应力薄板（厚 50 ~ 80mm）与上部现浇混凝土层结合成为一个整体，共同工作。薄板的预应力主筋即是叠合楼板的主筋，上部混凝土现浇层仅配置负弯矩钢筋和构造钢筋。预应力薄板用作现浇混凝土层的底模，不必为现浇层支撑模板。薄板底面光滑平整，板缝经处理后，顶棚可以不再抹灰。这种叠合楼板具有现浇楼板的整体性好、刚度大、抗裂性好、不增加钢筋消耗、节约模板等优点。由于现浇楼板不需支模，还有大块预制混凝土隔墙板可在结构施工阶段同时吊装，从而可提前插入装修工程，缩短整个工程的工期。预制薄板底面平整，作为顶棚可直接喷浆或粘贴装饰顶棚壁纸。楼板跨度在 8m 以内，可应用于监狱单体建筑中的行政办公楼、医院、仓库、罪犯技能培训用房以及劳动改造用房等。

第三节 地坪层与地面构造

地坪层指单体建筑底层房间与土层交接处的结构构件，所起作用是承受地坪上的荷载，并均匀地传给地坪以下土层。

一、地坪层分类

按地坪层与土层间的关系不同，可分为实铺地层和空铺地层两类。

1. 实铺地层

地坪的基本组成部分有面层、垫层和基层，对有特殊要求的地坪，常在面层和垫层之间增设一些附加层。

（1）面层，又称“地面”，起着保护结构层和美化室内的作用。地面的做法和楼面相同。

（2）垫层，是基层和面层之间的填充层，其作用是承重传力，一般采用 60 ~ 100mm 厚的 C10 混凝土垫层。垫层材料分为刚性和柔性两大类：刚性垫层如混凝土、碎砖三合土等，有足够的整体刚度，受力后不产生塑性变形，多用于整体地面和小块块料地面。柔性垫层如砂、碎石、炉渣等松散材料，无整体刚度，受力后产生塑性变形，多用于块料地面。

（3）基层，即地基，一般为原土层或填土分层夯实。当上部荷载较大时，增设 2 : 8 灰土 100 ~ 150mm 厚，或碎砖、道渣三合土 100 ~ 150mm 厚。

（4）附加层，主要为满足某些特殊使用要求而设置的一些构造层次，如防水层、防潮层、保温层、隔热层、隔声层和管道敷设层等。

2. 空铺地层

为防止房屋底层房间受潮或满足某些特殊使用要求，如警察健身房、室内篮球场、礼堂舞台等地层需要有较好的弹性，将地层架空形成空铺地层。

二、地面的设计要求

监狱建筑室内的地面是监狱警察办公、执勤以及罪犯日常生活、接受改造时必须接触的部分，也是建筑中直接承受荷载、经常受到摩擦、清扫和冲洗的部分。因此，对它应有一定的功能要求。

（1）具有一定的坚固性。地面要有足够的强度，以便承受上面人、家具、设备等荷载而不被磨损和破坏，且表面平整、光洁、易清洁。人走动和家具、设备移动对地面产生摩擦，所以地面应当耐磨。不耐磨的地面在使用时不可避免产生粉尘，污染环境卫生以及影响人的健康。特别是公共区域以及办公区域，应该使用经久耐用的木制或橡胶制的地板。

（2）具有一定的保温性。监狱警察和罪犯经常接触的地面，在行走时应给人以温暖舒适的感觉，保证寒冷季节脚部舒适。所以应尽量采用导热系数小的地面建筑材料，使地面具有较低的吸热指数。木地板导热系数小，保温性好，而地砖由于热传导快，保温性差一些。

（3）具有一定的弹性。有弹性的地面当人们行走时不会产生过硬不舒服的感觉，同时，对缓和减弱撞击声有一定的作用。在监狱建筑中，一些重要场所应使用弹性地板，如警察健身房的橡胶地板、室内篮球场的木地板、会议室的木地板、车间的环氧树脂地坪、医院的塑胶地板等。浙江省十里坪监狱警官俱乐部报告厅舞台地面、江苏省江宁监狱体育馆比赛大厅地面采用了木地板，广东省女子监狱三监区监舍、河南省焦南监狱警官之家、山东省烟台监狱室内篮球、网球场等地面铺设了 PVC 塑胶地板(图 5-3-1、图 5-3-2)。这些地面不仅要求弹性好，还要求耐磨损、抗老化、硬度适宜、经久耐用，具有优良的回弹及压缩复原性。

图 5-3-1　河南省焦南监狱警官之家 PVC 塑胶地面

图 5-3-2　山东省烟台监狱室内篮球、网球场 PVC 塑胶地面

（4）具有一定的防滑性。地面防滑是监狱安全一个不可忽视的内容，特别是老弱病残监区。据不完全统计，监室、走廊、餐厅、卫生间、盥洗间、浴室等地面光滑引起摔倒事故是导致罪犯伤害和死亡的重要原因。事实上，所有这些意外都能被预测及预防且能避免。对于地面防滑处理问题，近年来，有的监狱尝试应用环氧涂层或胶带附着到地板表面来减少光滑和降低意外事故，但这样做会对瓷砖造成腐蚀，在一定程度上，瓷砖表面的光泽荡然无存。有的监狱采用防滑垫或塑料垫等物料覆盖的方法，但在覆盖物下容易滋生有害物。这些方法不仅破坏瓷砖的自然美，也不卫生，而且很难持久。

目前，地面防滑处理最先进方式是采用一种新型的防滑剂对地面处理，制造出大量的用肉眼看不见的微观吸盘而使瓷砖的表面具有极强的防滑性能，在高倍显微镜下看起来就像数百万座山峰和山谷放在瓷砖的表面，且吸盘远远小于瓷砖原有小孔几百倍，以此达到防滑效果。处理工艺是一个连续的三步处理程序：一是清洁处理，利用专用清洁剂彻底清洁表面，去除所有地板表面小孔中的油脂和污垢颗粒，它也对表面做同样的处理，以致 NS 防滑处理剂将会均匀有效地分布于表面；二是防滑处理，使用防滑剂，使地面砖、石材料表面的分子结构形成上百万个细微的吸水孔；三是中和处理，在对其进行冲洗之前，NS 中和剂使 NS 防滑处理剂 pH 值返回 7（与水一致），以确保整个处理过程的安全性。

（5）具有一定的特殊性。在一些指定区域内，应铺设特殊材料的地面。如洗手间、盥洗间等潮湿房间地面应采用防水、防潮材料；证物处理处、机房等房间地面采用不燃材料和耐火极限高的材料；演播室、录音室、审讯室、谈话室、科技法庭等房间地面采用隔声效果好的材料。除了防水、防潮、防火、耐腐蚀外，监舍楼、禁闭室、罪犯伙房、地下菜窖等单体建筑底层地面还要具有防蓄意破坏的性能，以防通过挖掘地下通道脱逃。这类地面通常要求采用 C20 素混凝土现浇而成，在条件允许前提下，可采用钢筋混凝土现浇，厚度≥150mm。

三、地面的类型

按面层所用材料和施工方式不同，常见地面做法可分为以下五类：

1. 整体地面

整体地面是指用现场浇筑的方法做成整片的地面。按地面材料不同分为水泥砂浆地面、细石混凝土地面、水泥石屑地面、现浇水磨石地面等。

（1）水泥砂浆地面，通常有单层和双层两种做法。单层做法只抹1层20 ~ 25mm厚1：2或1：2.5水泥砂浆；双层做法是增加1层10 ~ 20mm厚1：3水泥砂浆找平，表面再抹5 ~ 10mm厚1：2水泥砂浆抹平压光。水泥砂浆地面构造简单、造价低，但吸水性差，这类地面通常在监狱单体建筑中要求不高的仓库、临时性用房中使用。

（2）细石混凝土地面，为了增强楼板层的整体性和防止楼面产生裂缝等，现在有些罪犯劳动改造用房，当劳动产品对地面要求相对较低时，楼板面层可采用30 ~ 40mm厚细石混凝土层，表面撒1：1水泥砂子压实抹光。

（3）水泥石屑地面，是将水泥砂浆里的中粗砂换成3 ~ 6mm的石屑，也称“豆石或瓜米石地面”。在垫层或结构层上直接做25厚1：2水泥石屑，水灰比≤0.4，刮平拍实，碾压多遍，出浆后抹光。这种地面表面光洁，不起尘，易清洁，造价是水磨石地面的50%，但强度高，性能近似水磨石。这类地面通常应用在要求相对低的监狱生产性用房中。

（4）现浇水磨石地面，为分层构造，底层为1：3水泥砂浆18mm厚找平，面层为1：1.5 ~ 1：2水泥石渣12mm厚，石渣粒径为8 ~ 10mm，分格条（多用铜条，也可用玻璃）一般高10mm，用1：1水泥砂浆固定。水磨石地面最大优点是防潮、耐磨、易清洁。在2000年以前，监狱单体建筑选用水磨石地面较为常见，但也存在着易风化老化，表面粗糙，空隙大，耐污能力极差，且污染后无法清洗干净，即使采用原始的打蜡保养办法来提高表面光洁度，也由于操作的复杂性，导致后期费用增多，效果却不尽人意。由于以上缘故，目前在监狱采用水磨石地面越来越少，但广西壮族自治区桂林监狱特殊病犯监区、浙江省十里坪监狱二十九监区罪犯文体学习用房、重庆市女子监狱监舍楼、安徽省青山监狱劳务加工厂房、福建省仓山监狱监舍楼（图5-3-3）、江苏省溧阳监狱中心关押点A2罪犯习艺楼、江苏省苏州监狱第14栋及第19栋劳务加工厂房（分别为原机床大件、小件车间）、江苏省南通女子监狱监舍楼习艺楼、贵州省金西监狱监舍楼（图5-3-4）、贵州省瓮安监狱几乎所有单体建筑等均采用了水磨石地面，其中江苏省溧阳监狱中心关押点A2罪犯习艺楼，采用了15厚1：2水泥彩色石子磨光打蜡。

图5-3-3 福建省仓山监狱监舍楼外走廊水磨石地面

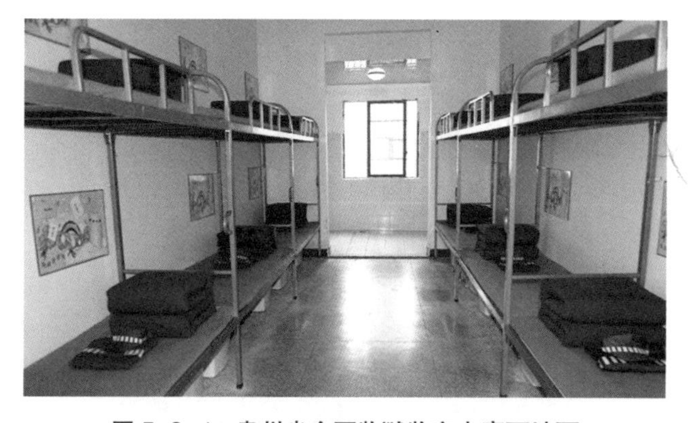

图5-3-4 贵州省金西监狱监室水磨石地面

2. 块材地面

是指利用各种人造的和天然的预制块材、板材镶铺在基层上面形成的地面。块材地面按地面材料不同分为砖铺地面、面砖、缸砖及陶瓷锦砖地面、天然石板地面、地毯地面、木地板地面、塑料地面以及防静电地面等。

（1）砖铺地面，砖铺地面有黏土砖地面、水泥砖地面、预制混凝土块地面等。铺设分为干铺和湿铺两种方式。干铺是在基层上铺1层20～40mm厚砂子，将砖块等直接铺设在砂上，板块间用砂或砂浆填缝。湿铺是在基层上铺1∶3水泥砂浆12～20mm厚，用1∶1水泥砂浆灌缝。这些地面通常用在一些不太重要的单体建筑中，如陕西省延安监狱地下菜窖采用的就是黏土砖地面。

（2）缸砖、地面砖及陶瓷锦砖地面，缸砖是陶土加矿物颜料烧制而成的一种无釉砖块，主要有红棕色和深米黄色两种。缸砖质地细密坚硬，强度较高，耐磨、耐水、耐油、耐酸碱，易于清洁不起灰，施工简单，因此广泛应用于卫生间、盥洗室、浴室、罪犯伙房及有腐蚀性液体的房间地面。

地面砖的各项性能都优于缸砖，且色彩图案丰富，装饰效果好，造价也较高，多用于装修标准较高的单体建筑地面。缸砖、地面砖构造做法为20mm厚1:3水泥砂浆找平，3～4mm厚水泥胶（水泥:107胶：水=1∶0.1∶0.2）粘贴缸砖，最后用素水泥浆填缝。

陶瓷锦砖质地坚硬，经久耐用，色泽多样，耐磨、防水、耐腐蚀、易清洁，适用于有水、有腐蚀的地面。做法类同缸砖，后用滚筒压平，使水泥胶挤入缝隙，用水洗去牛皮纸，用白水泥浆擦缝。目前，监管区绝大多数单体建筑室内地面采用普通地砖。

（3）天然石板地面，常用的天然石板指大理石和花岗石板，由于它们质地坚硬，色泽丰富艳丽，属高档地面装饰材料，一般多用于行政办公楼、指挥中心大楼、教学楼、医院、会见楼等单体建筑的大厅或门厅等处。如河南省豫北监狱监舍楼门厅地面铺设了花岗岩，卫生间地面贴陶瓷地板砖，其他房间满铺陶瓷地砖；辽宁省第二监狱监舍楼3m宽内走廊地面铺设了天然大理石；山东省郓州监狱监舍楼公共部位地面铺设了大理石、花岗岩；吉林省公主岭监狱新建监狱指挥中心楼地面铺设了大理石；江苏省苏州监狱教学楼大厅地面铺设了大理石。

天然石板地面做法是在基层上刷素水泥浆1道后30mm厚1∶3干硬性水泥砂浆找平，面上撒2mm厚素水泥（洒适量清水），粘贴石板。

（4）地毯地面，是以棉、麻、毛、丝、草纱线等天然纤维或化学合成纤维类原料，经手工或机械工艺进行编结、栽绒或纺织而成的地面铺敷物。它是世界范围内具有悠久历史传统的工艺美术品类之一。在监狱建筑中用于会议室、展览馆、陈列室、宣泄室、心理咨询室等功能性用房，有减少噪声、隔热和装饰效果，且地毯的脚感舒适。木地板、大理石、瓷砖等地面材料在天冷潮湿的环境下脚感会不舒服，地毯可以很好地解决这样的问题。特别是心理咨询室的地面应尽量减少使用地砖，而应采用地毯或木地板，这是因为地砖给人寒冷的感觉，且灯光打在地砖上产生令人不舒服的镜面反射，从而会降低对罪犯心理咨询的效果。

（5）木地面，是指表面用木板铺钉或胶合而成的地面，木地面具有弹性、导热系数小、不起尘、易清洁、纹理美观等优点，常用于较高级的建筑室内装修，如行政办公楼、会议室、接待室等。

木地面按构造方式有架空、实铺和粘贴三种。架空式木地板常用于底层地面，主要用于礼堂舞台、室内运动场等有弹性要求的地面。实铺木地面是将木地板直接钉在钢筋混凝土基层上的木搁栅上。木搁栅采用50mm×60mm方木，中距400mm，横撑采用40mm×50mm方木，中距1000mm与木搁栅钉牢。为了防腐，可在基层上刷冷底子油和热沥青，搁栅及地板背面满涂防腐油或煤焦油。粘贴木地面的做法是先在钢筋混凝土基层上采用沥青砂浆找平，然后刷冷底子油1道，热沥青1道，用2mm厚沥青胶、环氧树脂乳胶等随涂随铺贴20mm厚硬木长条地板。浙江省十里坪监狱警官俱乐部报告厅舞台，江苏省苏州监狱警察行政办公区500人报告厅舞台，云南省小龙潭监狱第三分监狱风雨会场、文体中心、第五分监狱文体中心等地面均采用了木地板。湖北省沙洋监狱管理局广华监狱演播室、甘肃省兰州监狱远程法庭办案区、新疆维吾尔自治区喀什监狱数字化法庭等地面采用了 150mm 厚的复合木地板（图 5-3-5）。

图 5-3-5 新疆维吾尔自治区喀什监狱数字化法庭（也称“科技法庭”）复合木地板

（6）塑料地面，包括一切以有机物质为主制成的地面覆盖材料。它分为聚氯乙烯塑料地面、涂料地面，常用的塑料地毡为聚氯乙烯石棉地板和聚氯乙烯塑料地毡。聚氯乙烯石棉地板是在聚氯乙烯树脂中掺入 60% ~ 80% 的石棉绒和碳酸钙填料。聚氯乙烯塑料地毡（又称“PVC 地板”），是软质卷材，可直接干铺在地面上。由于 PVC 地板是当今世界上非常流行的一种新型轻体地面装饰材料，也称“轻体地材”。从 20 世纪 80 年代初开始进入我国市场，得到监狱普遍的认可，使用非常广泛，比如行政办公楼、医院、劳务车间、体育馆等各种场所。北京市良乡监狱罪犯综合楼地面采用了 PVC 地板，面积达 11598m^2，江苏省苏州监狱医院、产品展示厅，河北省冀东监狱综合楼，广东省女子监狱三监区监舍、广东省花都监狱数字化法庭、黑龙江省黎明监狱警示教育基地、安徽省女子监狱行政办公楼、广西壮族自治区南宁监狱医院等室内地面也采用了 PVC 塑胶地板。

（7）防静电地面，又叫做耗散静电地板，它的主要作用：一是为了防止机房内静电的积累导致对电子设备的损坏，通过接地将机房内产生的静电导入大地，起到预防静电危害的效果；二是机房线路可在防静电地板下方铺设，隐蔽，美观大方，同时也能很好地保护这些线路及设备不受破坏；三是机房线路及设备在防静电地板下方，方便日后维修，只需打开防静电地板，即可对线路及设备进行检查维修；四是防静电地板有多种花纹，机房采用防静电地板安装，可以使整个机房显得地面平整光亮，高端大气，美观大方；五是铺设机房防静电地板也方便机房的卫生清理，及时清理机房的粉尘，防止粉尘进入设备造成静电危害。

监狱使用防静电地板的主要是监狱机房、总监控室、2 级分监控室以及武警监控室等。一般采用活动式的全钢防静电地板，面层为高耐磨的三聚氰胺 HPL 防火板或 PVC 板（北方地区由于气候干燥，不宜使用 HPL 防火板贴面），房间面积较大的一般采用规格 600mm × 600mm，较小的一般采用规格 300mm × 300mm，厚度 32mm。

3. 涂料类地面

这类地面耐磨性好，耐腐蚀、耐水防潮，整体性好，易清洁，不起灰，弥补了水泥砂浆和混凝土地面的缺陷，同时价格低廉，易于推广。

20 世纪 90 年代以前，罪犯劳动改造车间地坪一般采用水泥地面，稍高档一点也就是水磨石地面。随着监狱产业结构调整，主要是劳务外加工为主，工业厂房对地坪要求也随着提高，不仅要具备很好的耐久性，还要求美观、无尘。这种地坪就是环氧树脂地坪，它是环氧树脂与固化剂固化后在地面形成表面明亮的表面，一般厚度有 0.5mm 的薄涂型、2 ~ 5mm 的自流平型、有溶剂型和无溶剂型、环氧树脂地坪砂浆型、环氧树脂地坪防静电型。

环氧树脂地坪漆具有耐强酸碱、耐磨、耐压、耐冲击、防霉、防水、防尘、防滑以及防静电、电磁波等特性，颜色亮丽多样，容易清洁。它采用一次性涂覆工艺，不管有多大的面积，都不存在连接缝，而且还是一种无灰尘材料，具有附着力强，耐摩擦，硬度强等特点。现已广泛应用于监狱罪犯劳动改造用房——电器、电子、机械、食品、医药、纺织、服装、玩具、塑料、文体用品等行业车间的室内地坪。云南省昆明监狱、山东省菏泽监狱、广东省东莞监狱、福建省泉州监狱、江苏省苏州监狱、四川省眉州监狱等罪犯劳动改造车间均采用了环氧树脂地坪（图 5-3-6）。

图 5-3-6　四川省眉州监狱罪犯劳动改造车间环氧树脂地坪

第四节　顶棚构造

顶棚是位于楼盖和屋盖下的装饰构造，又称“天棚”和“天花板”。顶棚表面要光洁、美观，且能起到反射光照的作用，以改善室内亮度和卫生状况。对于有特殊要求的房间，还要有防水、保温、隔声、隔热、防拆卸等功能。按构造不同，顶棚分直接式和吊顶式两种类型。

一、直接式顶棚

直接式顶棚是指直接在钢筋混凝土屋面板或楼板下表面直接喷浆、抹灰或粘贴装修材料的一种构造形式。当板底平整时，可直接喷、刷室内涂料；当楼板结构层为钢筋混凝土预制板时，可用 1:3 水泥砂浆填缝刮平，再喷刷涂料。这类顶棚构造简单，施工方便，具体做法和构造与内墙面的抹灰类、涂刷类、裱糊类基本相同，常用于装饰要求不高的监狱单体建筑中，如罪犯劳动改造车间、仓储用房、变电所、锅炉房等。

二、悬吊式顶棚

悬吊式顶棚又称“吊顶”，离开屋顶或楼板的下表面有一定的距离，通过悬挂物与主体结构联结在一起。监管区内的绝大多数单体建筑应安装悬吊式顶棚，其优点：一是将单体建筑中种类繁多的水平设备管线（如照明管线可以预埋在现浇混凝土楼板内，但是通风管、消防喷淋管等只能布置在楼板下面）隐蔽在吊顶内；二是具有较好的吸声效果，保证良好的声学性能。

但是，监管区内的悬吊式顶棚，要防止罪犯通过破坏进入顶棚以上的区域，从而藏匿违禁物品，甚至实施逃跑。

1. 吊顶的类型

（1）根据结构构造形式的不同，吊顶可分为整体式吊顶、活动式装配吊顶、隐蔽式装配吊顶和开敞式吊顶等。

（2）根据材料的不同，吊顶可分为木龙骨吊顶、轻钢龙骨吊顶、金属吊顶等。

2. 吊顶的构造组成

（1）吊顶龙骨，分为主龙骨与次龙骨，主龙骨为吊顶的承重结构，次龙骨则是吊顶的基层。主龙骨通过吊筋或吊件固定在楼板结构上，次龙骨用同样的方法固定在主龙骨上。龙骨可用木材、轻钢、铝合金等材料制作，其断面大小视其材料品种、是否上人和面层构造做法等因素而定。主龙骨断面比次龙骨大，间距约 2m。悬吊主龙骨的吊杆为 ϕ8 ~ ϕ10 钢筋，间距不超过 2m。次龙骨间距视面层材料而定，间距一般不超过 600mm。山东省邹城监狱罪犯心理健康指导中心天棚吊顶材料选用如下：吊杆采用 ϕ8 钢筋，吊顶主龙骨采用 C50 型轻钢龙骨，不上人吊顶主龙骨采用 C38 型轻钢龙骨。山东省女子监狱教学楼天棚吊顶，吊杆采用 ϕ8 钢筋，间距小于 1200m，轻钢龙骨，主龙骨间距为 800mm，主龙骨采用与之配套的龙骨吊件与吊筋相连；次龙骨间距 300mm，次龙骨采用次挂件与主龙骨连接。

20 世纪八九十年代，监狱单体建筑中多采用木龙骨吊顶材，分格大小与板材规格相一致。为了防止植物板材因吸湿而产生凹凸变形，面板宜锯成小块板铺钉在次龙骨上，板块接头必须留 3 ~ 6mm 的间隙作为预防板面翘曲的措施。板缝缝形根据设计要求可做成密缝、斜槽缝、立缝等形式。

目前，由于监狱建筑防火要求高，现多采用不燃材料或难燃材料——轻钢龙骨吊顶和金属吊顶，木龙骨已很少使用。

（2）吊顶面层，分为抹灰面层和板材面层两大类。抹灰面层为湿作业施工，费工费时；板材面层，既可加快施工速度，又容易保证施工质量。在监狱建筑中的吊顶面层，最常见的有以下五种：

1）普通石膏板，是由双面帖纸内压石膏而形成，目前市场普通石膏板的常用规格有1200mm×3000mm和1200mm×2440mm两种，厚度一般为9mm或10mm。其特点：价格便宜，但遇水遇潮容易软化或分解。普通石膏板一般用于大面积吊顶，如监舍楼内的活动大厅、餐厅、过道等，也可用在对于防水要求不高的地方，如教学楼、会见楼等单体建筑。山东省邹城监狱罪犯心理健康指导中心吊顶面层采用1200mm×3000mm的石膏板，厚度10mm。山东省女子监狱教学楼教室、广东省佛山监狱教学楼内的罪犯心理健康指导中心12间功能室、湖南省武陵监狱警示教育基地多功能会议室、甘肃省兰州监狱远程法庭办案区等天棚均采用了轻钢龙骨纸面石膏板造型吊顶。纸面石膏板与轻钢骨架固定的方式通常采用自攻螺钉固定法，固定间距为200～250mm，自攻螺丝固定后点刷防锈漆。

2）矿棉板，矿棉板是一种合成材料，以粒状棉为主要原料加入其他添加物高压蒸挤切割制成，不含石棉，防火吸声隔热性能好，且外表非常漂亮，样式有滚花和浮雕多种效果，图案有也非常多，包括天星、毛毛虫、十字花、中心花、核桃纹、条状纹等多种独特的图案，是监狱单体建筑中常用的吊顶面层。如安徽省潜川监狱行政办公楼，河南省鹤壁市监狱监控室，甘肃省兰州监狱远程法庭暂押室、合议室等室内吊顶采用了矿棉板，其中，甘肃省兰州监狱远程法庭暂押室、合议室吊顶天棚采用了规格为600mm×600mm矿棉板。

3）硅钙板，又称“石膏复合板”，属于防水型的面板，它是一种多孔材料，具有良好的隔声、隔热性能，在室内空气潮湿的情况下能吸收空气中水分子，空气干燥时，又能释放水分子，可以适当调节室内干、湿度，增加舒适感。石膏制品又是特级防火材料，在火焰中能产生吸热反应，同时，释放出水分子阻止火势蔓延，而且不会分解产生任何有毒的、侵蚀性的、令人窒息的气体，也不会产生任何助燃物或烟气。

硅钙板与石膏板比较，在外观上保留了石膏板的美观，重量方面大大低于石膏板，强度方面远高于石膏板，彻底改变了石膏板因受潮而变形的致命弱点，数倍地延长了材料的使用寿命；在保温隔热隔声等功能方面，也比石膏板有所提高。硅钙板一般规格为600mm×600mm，主要用于监狱罪犯伙房天棚吊顶，例如辽宁省大连市监狱罪犯伙房、浙江省湖州监狱罪犯劳动改造车间、浙江省金华监狱东监区监管室等室内吊顶采用了硅钙板面层。

4）PVC板，吊顶型材以PVC为原料，经加工成为企口式型材，具有重量轻、安装简便、防水、防潮的特点，它表面的花色图案变化也非常多，并且耐污染、好清洗，有隔声隔热的良好性能，它成本低、装饰效果好，因此，成为监狱单体建筑中的卫生间、盥洗间等吊顶的常用材料。但它最大的缺点易老化变色。

5）铝塑板，作为一种新型装饰材料，以其经济性、可选色彩的多样性、便捷的施工方法、优良的加工性能、绝佳的防火性及高贵的品质，迅速受到人们的青睐。铝塑板常见规格为1220mm×2440mm，颜色丰富，是室内吊顶、包管的上好材料，如甘肃省平凉监狱罪犯伙房室内采用了铝塑板吊顶。很多监狱警察行政办公区大门、监管区大门通道都采用铝塑板作为吊顶面层，江苏省苏州监狱警察行政办公区大门过厅采用了铝塑板吊顶。此外，好多单体建筑的外墙和门脸亦常采用此材料，如澳门新监狱外墙采用无须维护及耐用的金属铝塑板。铝塑板分为单面和双面，由铝层与塑层组成，单面较柔软，双面较硬挺，监狱常使用单面铝塑板。

6）铝扣板，20世纪90年代常使用的一种新型吊顶材料，由于铝扣板的整个工程使用全金属打造，在使用寿命和环保性能上，更优越于PVC材料和塑钢材料，同时其具有颜色多、装饰性强、耐候性好、施工方便、工期短等优点，目前在监狱单体建筑中的监狱大门、行政办公楼或地标建筑教学楼内的会议室或卫生间、大厅等吊顶使用铝扣板。江苏省南通监狱南大门车库、备勤室卫生间，江苏省溧阳监狱中心关押点A2罪犯习艺楼等室内吊顶采用了铝扣板。

铝扣板的规格有长条形和方块形、长方形等多种，颜色也较多。目前常用的长条形规格有50mm、100mm、150mm和200mm等几种；常用的方块形规格有300mm×300mm、600mm×600mm等几种，小面积多采用300mm×300mm，大面积多采用600mm×600mm。为使吊顶看起来更美观，可以将宽窄搭配，两种颜色组合搭配。铝扣板的厚度有0.4mm、0.6mm、0.8mm等多种，越厚的铝扣板越平整，使用年限也就越长。

另外，有的监狱采用埃特板吊顶，如广西壮族自治区贵港监狱监管指挥中心天棚。埃特板是一种纤维增强硅酸盐平板（纤维水泥板），其主要原材料是水泥、植物纤维和矿物质，经流浆法高温蒸压而成，防水性能好，可以用在卫生间做隔墙，或是室外屋面屋顶，或是外墙用板，可以在长期受潮的环境里保持稳定性能不变。也可用于长期处于潮湿的房间顶面。还有的监狱采用软膜天花吊顶，如山东省泰安监狱警察备勤楼底层的室内游泳馆天棚（图5-4-1）。软膜天花是一种软膜材料，根据龙骨的弯曲形状来确定天花的整体形状，所以造型随意多样，让设计师具有更广阔的创意空间。北京市监狱管理局清河分局大礼堂、陕西省曲江监狱大礼堂（图5-4-2）、江苏省苏州监狱企业产品展示厅等还采用铝质格栅对顶面进行处理。

图5-4-1 山东省泰安监狱警察备勤楼底层的室内游泳馆软膜吊顶

图5-4-2 陕西省曲江监狱警察行政办公区大礼堂铝质格栅顶面

第五节 阳台与雨篷构造

阳台是建筑中特殊的组成部分，是连接室内的室外平台，同时对建筑外部造型也有一定的作用。在监狱单体建筑中，常见设有阳台的有监狱行政办公楼、警察备勤楼、教学楼、监舍楼、医院病房楼等，能够给房间里人员提供一个相对舒适的室外活动空间。监管区内的单体建筑的阳台可以使罪犯休息、瞭望，对于缓解罪犯精神压力起到一定的效果。

雨篷位于单体建筑出入口的上方，用来遮挡雨雪，保护外门免遭雨水侵蚀，给人提供一个从室外到室内的过渡空间，并起到保护门和丰富建筑立面的作用。

一、阳台的类型与组成

阳台按其与外墙面的关系分为挑阳台、凹阳台、半挑半凹阳台。监舍楼寝室、医院病房里常见的多为凹阳台，而警察备勤楼多为挑阳台，而江苏省苏州监狱警察备勤楼标准间为半挑半凹阳台。

阳台按其在建筑中所处的位置分中间阳台和转角阳台，在监狱单体建筑中，多为中间阳台。在监舍楼中，晾衣房多设在监舍楼的两端，因此可设转角阳台。由于转角阳台存在视线阻碍，在监管区中不提倡使用转角阳台。按阳台栏板上部的形式又分为封闭式阳台和开敞式阳台，在监管区所有的阳台必须采用封闭式的阳台（图 5-5-1、图 5-5-2）。当阳台宽度占有两个或两个开间时，被称“外廊”。在监狱单体建筑中，禁闭室通常采用封闭式的外走廊。

阳台由承重结构（梁、板）和围护结构（栏杆或栏板）组成。

图 5-5-1　海南省美兰监狱七监区监舍楼全封闭阳台

图 5-5-2　海南省美兰监狱警察行政办公区内的警察备勤楼全封闭阳台

二、阳台的设计要求

（1）安全适用。悬挑阳台的挑出长度不宜过大，应保证在荷载作用下不发生倾覆现象，以 1.2 ~ 1.8m 为宜。监舍楼、警察备勤楼一般多为多层，多层阳台栏杆净高≥ 1.05m。阳台栏杆形式应防坠落（垂直栏杆间净距不应大于 110mm），防攀爬（不设水平栏杆），以免造成恶果。放置花盆处，也应采取防坠落措施。

（2）坚固耐久。阳台所用材料和构造措施应经久耐用，承重结构宜采用钢筋混凝土，金属构件应做防锈处理，表面装修应注意色彩的耐久性和抗污染性。

（3）排水顺畅。为防止阳台上的雨水流入室内，设计时要求阳台地面标高低于室内地面标高 60mm 左右，并将地面抹出 5‰的排水坡将水导入排水孔，使雨水能顺利排出。

（4）特殊要求。要考虑地区气候特点，南方地区宜采用有助于空气流通的通透式栏杆，而北方寒冷地区采用实体栏杆，并满足立面美观的要求，为单体建筑的形象增添风采。监管区内所有的阳台，均要安装全封闭的牢固金属防护栅栏。有的阳台还应根据实际需求，作特殊处理。如广东省女子监狱监舍楼在设计时，就充分考虑到了女犯生理特点，在每楼层设计了 1 个大阳台，每个楼层的阳台成阶梯式伸展，这样女犯统一晾晒的衣服都可以有阳光的“沐浴”，减少病菌感染。

三、阳台结构布置方式

阳台作为水平承重构件，其结构形式及布置方式与楼板结构统一考虑。阳台板是阳台的承重构件，阳台板的承重方式有以下三种形式：

（1）挑梁式。从横墙内外伸出挑梁，其上搁置预制楼板，这种结构布置简单，传力直接明确，阳台长度与房间开间一致。挑梁根部截面高度 H 为（1/5 ~ 1/6）L，L 为悬挑净长，截面宽度为（1/2 ~ 1/3）H。为了建筑外观美观，可在挑梁端头设置一面梁，既可以遮挡挑梁端头，又可以承受阳台栏杆重量，还可以加强阳台的整体性。这种布置方式在 20 世纪七八十年代监狱单体建筑中使用过，现在已很少采用。

（2）挑板式。当楼板为现浇楼板时，可选择挑板式，悬挑长度一般为 1.2m 左右。即从楼板外檐挑出平板，板底平整美观而且阳台平面形式可做成半圆形、弧形、梯形、斜三角等各种形状。挑板厚度≥挑出长度的 1/12。

（3）压梁式。阳台板与墙梁现浇在一起，墙梁的截面应比圈梁大，以保证阳台的稳定性，而且阳台悬挑不宜过长，一般为 1.2m 左右，并在墙梁两端设拖梁压入墙内。

四、阳台细部构造

1. 阳台栏杆

栏杆是阳台外围设置的竖向维护构件，其作用：一是承担人们推倚的侧推力以保证人的安全；二是对单体建筑起装饰作用。因而栏杆的构造要求坚固、安全和美观。为倚扶舒适和安全，栏杆净高≥1.05m，阳台栏杆形式应防坠落（垂直栏杆间距≤110mm），防攀爬（不设水平栏杆）。挑出长度不宜过大，以1.2～1.8m为宜。

阳台按形式分有实心栏杆、空心栏杆和由两者组合而成的混合栏杆三种类型。按材料分有砖砌栏杆、钢筋混凝土栏杆、钢化玻璃和金属栏杆等。目前监管区内的单体建筑多为钢筋混凝土栏杆，江苏省苏州监狱警察备勤楼阳台采用了钢化玻璃栏杆。

2. 栏杆扶手

栏杆扶手有金属扶手、钢筋混凝土扶手和木扶手等。监管区内单体建筑的阳台，由于涉及监狱监管安全，阳台均须用金属栅栏进行封闭，所以阳台栏杆的扶手可以不用安装。对于监管区外的设有阳台的单体建筑，如警察备勤楼、警体训练中心等，栏杆的扶手多为金属扶手。金属扶手一般为50钢管与金属栏杆焊接。钢筋混凝土扶手用途广泛，形式多样，有不带花台、带花台、带花池等，一般直接用作栏杆压顶，宽度有80mm、120mm、160mm三种。

3. 细部构造

阳台细部构造主要包括栏杆与扶手的连接、栏杆与面梁（或称止水带）的连接、栏杆与墙体的连接等。栏杆与扶手的连接方式有焊接、现浇等方式。栏杆与面梁或阳台板的连接方式有焊接、榫接坐浆、现浇等。扶手与墙的连接，应将扶手或扶手中的钢筋伸入外墙的预留洞中，用细石混凝土或水泥砂浆填实固牢；现浇钢筋混凝土栏杆与墙连接时，应在墙体内预埋240mm×240mm×120mmC20细石混凝土块，从中伸出2ϕ6，长300mm钢筋，与扶手中的钢筋绑扎后再进行浇筑。

4. 阳台隔板

阳台隔板用于连接双阳台，有砖砌和钢筋混凝土隔板两种。砖砌隔板一般采用60mm和120mm厚两种，由于自重较大且整体性较差，故大多采用预制钢筋混凝土隔板。预制钢筋混凝土隔板一般采用60mm厚C20细石混凝土板，下部预埋铁件与阳台预埋铁件焊接，其余各边伸出ϕ6钢筋与墙体、挑梁和阳台栏杆、扶手相连。在监狱监管区单体建筑中，相邻的2处阳台一般不得相连。

5. 阳台排水

阳台排水有外排水和内排水两种。外排水适用于低层和多层建筑，即在阳台外侧设置泄水管将水排出，外挑长度≥80mm，以防雨水溅到下层阳台。内排水适用于高层建筑和高标准建筑，即在阳台内侧设置排水立管和地漏，将雨水直接排入地下管网，保证建筑立面整洁与美观。由于监狱多为多层建筑，所以阳台采用外排水的方式居多。

五、雨篷

设置在单体建筑进出口上部的遮雨、遮阳篷。单体建筑入口处和顶层阳台上部用以遮挡雨水和保护外门免受雨水浸蚀的水平构件。雨篷有以下三种：

（1）小型雨篷，分为悬挑式雨篷和悬挂式雨篷。这类雨篷可以采用钢筋混凝土现浇，也可以采用钢结构与钢化玻璃组合型。陕西省关中监狱医院大门的雨篷采用了钢筋混凝土悬挑式雨篷，江苏省通州监狱警察备勤楼入口处的大门雨篷采用了悬挂式雨篷（图5-5-3），钢结构与钢化玻璃组合型，此雨篷优点是轻盈美观，缺点是遇到坠落物易碎，

图5-5-3　江苏省通州监狱警察备勤楼入口雨篷

维修麻烦。

（2）大型雨篷，用墙或柱支承式雨篷（图 5-5-4）。一般多用于重要的监狱单体建筑中，如广西壮族自治区桐林监狱教学楼、行政办公楼入口门厅，江苏省苏州监狱教学楼、行政办公楼，陕西省关中监狱指挥中心等都采用由柱支撑的钢筋混凝土雨篷。广西壮族自治区南宁监狱教学楼采用了两个钢筋混凝土柱支撑，支架采用不锈钢网架，面板采用了钢化玻璃。江西省赣州监狱会见楼入口大型雨篷采用了用墙与斜拉式钢管共同支撑的方式，面板采用了钢化玻璃。

（3）新型组装式雨篷，一般用于辅助性用房，此雨篷采取悬挑式，通常由支架和板组装而成，支架采用不锈钢材料居多，面板一般多采用阳光板或钢化玻璃（图 5-5-5）。顶固支架要经久耐用，抗腐蚀，抗老化；面板要坚固、抗风化。在监狱单体建筑中，一般多用于外墙临时性开门洞，门上方多采用新型组装式的雨篷。福建省厦门监狱教育矫正中心门厅入口的雨篷，采用了悬挑钢架结构。

图 5-5-4 河南省焦南监狱行政办公楼入口雨篷

图 5-5-5 安徽省马鞍山监狱某建筑物雨篷

第六章

监狱建筑楼梯

本章主要介绍了楼梯的概述及设计要求、钢筋混凝土楼梯、钢楼梯、楼梯细部构造及电梯等内容。

第一节　楼梯的概述及设计要求

楼梯是监狱单体建筑中垂直交通的一种主要解决方式，用于楼层之间和高差较大时的交通联系，它是监狱单体建筑的重要组成部分。在楼梯的设置、构造和形式上应满足防火安全、结构坚固、经济合理、造型美观的需要。有的监狱单体建筑中尽管采用电梯作为主要垂直交通工具，但仍然要保留楼梯供紧急情况下使用。台阶和坡道是楼梯的特殊形式。在建筑入口处，因室内外地面有高差而设置的踏步段称“台阶”。为方便车辆、轮椅通行也可以增设坡道。

一、楼梯的组成

楼梯由楼梯梯段、楼梯平台及栏杆（或栏板）扶手三部分组成。

（1）楼梯梯段，是楼梯的主要使用和承重部分。它由若干个踏步组成，踏步又分为踏面（供行走时踏脚的水平部分）和踢面（形成踏步高差的垂直部分）。为减少人们上下楼梯时的疲劳和适应人行的习惯，1个楼梯段的踏步数最多不超过18级，最少不少于3级。

（2）楼梯平台，是指两楼梯段之间的水平板，分为楼层平台和中间平台。其主要作用在于缓解疲劳，让人们在连续上楼时可在平台上稍加休息，故又称“休息平台”。同时，楼梯平台还是楼梯梯段之间转换方向的连接处。

（3）栏杆与扶手，是设在梯段及平台边缘的安全保护构件。栏杆是设置在楼梯梯段的边缘和楼梯平台临空一边的安全设施，要求它必须坚固可靠，并保证有足够的安全高度。扶手附设于栏杆顶部，供人们倚扶使用。扶手也可以附设于墙上，称“靠墙扶手”。

二、楼梯的类型

按位置不同，可分为室内楼梯和室外楼梯两种，而在监管区内，由于涉及监狱监管安全因素，除了消防楼梯外，一般不设室外楼梯。江苏省苏州监狱体育馆设了室外楼梯（图6-1-1），其原因：一是室外楼梯总高度不算高；二是设有不锈钢护栏作为保障措施；三是方便罪犯直接进入观众席。按使用性质，室内可分为主要楼梯、辅助楼梯，室外可分为安全楼梯、防火楼梯。按材料，可分为木质、钢筋混凝土、钢质、混合式及金属楼梯等。按楼梯的平面形式，可分为单跑直楼梯、双跑直楼梯、曲尺楼梯、双跑平行楼梯、双分转角楼梯、双分平行楼梯、三跑楼梯、三角形三跑楼梯、圆形楼梯（图6-1-2）、中柱螺旋楼梯、无中柱螺旋楼梯、单跑弧形楼梯、双跑弧形楼梯、交叉楼梯、剪刀楼梯等。在监狱单体建筑中最常见的则是双跑楼梯，监狱岗楼由于空间狭窄，通常使用的是单跑直楼梯或中柱螺旋楼梯，如山东省潍北监狱1号岗楼内采用了钢结构的旋转楼梯，而江苏省溧阳监狱中心关押点岗楼采用了中间现浇混凝土柱，柱四周是悬挑钢筋混凝土平台，形成中柱螺旋楼梯。

图 6-1-1　江苏省苏州监狱体育馆室外楼梯

图 6-1-2　山东省青岛欧人监狱圆形楼梯

三、楼梯的设计要求

楼梯的设计必须遵守一系列的有关规定，如单体建筑的性质、等级、防火以及涉及监狱监管安全等有关的规范或标准等。

1. 设计注意事项

（1）主要楼梯应与主要出入口邻近，且位置明显；同时还应避免垂直交通与水平交通在交接处拥挤、堵塞。

（2）必须满足防火要求，楼梯间除允许直接对外开窗采光外，不得向室内任何房间开窗；楼梯间四周墙壁必须为防火墙；对防火要求高的单体建筑特别是高层建筑，应设计成封闭式楼梯或防烟楼梯。

（3）楼梯间必须有良好的自然采光，并且在楼梯平台处设置应急照明设施。

（4）从监狱监管安全角度考虑，罪犯用房楼梯的临空部位应采用不锈钢或其他金属栅栏封闭（图 6-1-3、图 6-1-4）。

（5）从监狱监管安全角度考虑，室外疏散楼梯周围应设金属防护栅栏；通向屋顶的消防爬梯离地面高度不应小于 3m，且 3m 水平距离内不应开设门窗洞口。

（6）从监狱监管安全角度考虑，为能够观察到楼梯背面的空间，楼梯宜设计成镂空的踢面。

2. 楼梯的主要尺寸

楼梯设计主要是楼梯梯段和平台的设计，而梯段和平台的尺寸与楼梯间的开间、进深和层高有关。

（1）梯段宽度与平台宽的计算

梯段宽 $B=(A-C)/2$

A——开间净宽

C——两梯段之间的缝隙宽，考虑消防、安全和施工的要求，C 一般为 60 ~ 200mm。

平台宽 D：$D \geqslant B$。

楼梯的宽度必须满足上下人流及搬运物品的需要。会见楼、医院、罪犯劳动改造车间、教学楼等监管区单体建筑楼梯开间宽度至少 3.3m。从确保安全角度出发，楼梯段宽度是由通过该梯段的人流数确定的。平台有中间平台和楼层平台，通常中间平台的宽度不应小于楼梯梯段宽，楼层平台宽度一般比中间平台宽一些，以利于人流分配。

（2）踏步的尺寸与数量的确定

$N=H/h$

N——踏步数

H——层高

h——踏步高

楼梯的坡度实质上与楼梯踏步密切相关，踏步高与宽之比即可构成楼梯坡度。楼梯梯段的最大坡度不宜超过 38°；当坡度小于 20° 时，采用坡道；

图 6-1-3　某监狱监舍楼钢筋混凝土楼梯及不锈钢楼梯护栏

图 6-1-4　某监狱楼梯不锈钢护栏封闭至顶

当坡度大于 45° 时，则采用爬梯。

在监狱单体建筑中，楼梯踏步的最小宽度与最大高度的限制值，见表 6-1-1。

楼梯踏步最小宽度和最大宽度（mm）　表 6-1-1

楼梯类别	最小宽度 b	最大高度 h
监舍楼、警察备勤楼等公用楼梯	250（260 ~ 300）	180（150 ~ 175）
罪犯技能培训用房、劳动改造用房等楼梯	260（260 ~ 280）	150（120 ~ 150）
医院、老弱病残监区等楼梯	280（300 ~ 350）	150（120 ~ 150）
行政办公楼、监管指挥中心等楼梯	260（280 ~ 340）	170（140 ~ 160）
教学楼、体育馆、大礼堂等楼梯	300（300 ~ 350）	150（120 ~ 150）

（3）梯段长度计算

梯段长度取决于踏步数量。当 N 已知后，两段等跑的楼梯梯段长 $L=（N/2-1）b$

N——踏步数

b——踏步宽

（4）楼梯栏杆扶手的高度

楼梯栏杆扶手的高度，指踏面前缘至扶手顶面的垂直距离。楼梯栏杆扶手的高度与楼梯的坡度、楼梯的使用要求有关，很陡的楼梯，扶手的高度矮些，坡度平缓时高度可稍大。在 30° 左右的坡度下，楼梯栏杆扶手的高度常采用 900mm；会见楼如果设有地下人行通道，应考虑儿童使用，要增加附扶手，其高度一般为 500 ~ 600mm。一般室内楼梯栏杆扶手的高度≥ 900mm，靠梯井一侧水平栏杆扶手的长度 > 500mm 时，其高度≥ 1000mm，室外楼梯栏杆扶手的高度≥ 1050mm。

（5）楼梯的净空高度

为保证在楼梯通行或搬运物件时不受影响，楼梯平台上部及下部过道处的净高不应小于 2m，梯段净高不宜小于 2.2m。

当楼梯底层中间平台下做通道时，为求得下面空间净高≥ 2m，常采用以下五种处理方法：一是将楼梯底层设计成“长短跑”，让第一跑的踏步数量多些，第二跑踏步数量少些，利用踏步的多少来调节下部净空的高度；二是增加室内外高差；三是将上述两种方法结合，即降低底层中间平台下的地面标高，同时增加楼梯底层第一个梯段的踏步数量；四是当底层层高较低时（≤ 3m）可采用单跑楼梯；五是取消平台梁，即平台板和梯段组合成一块折形板。

第二节　钢筋混凝土楼梯

钢筋混凝土楼梯由于具有坚固耐久、节约木材、防火性能好、可塑性强等优点，并且在施工、造型和造价等方面也有较多优势，因此在监狱建筑中得以广泛应用。按其施工方式可分为现浇整体式和预制装配式两类。

一、现浇整体式钢筋混凝土楼梯

现浇整体式钢筋混凝土楼梯是在配筋、支模后将楼梯段和平台等现浇在一起，因此，具有可塑性强、结构整体性好、刚度大的优点，缺点是模板耗费大、施工周期长、受季节温度影响大，目前在监狱单体建筑中绝大多数采用现浇整体式钢筋混凝土楼梯。按现浇楼梯梯段的传力特点，又有板式楼梯和梁板式楼梯之分。

1. 板式楼梯

板式楼梯的梯段是由梯段板、平台梁和平台板整体组成。梯段板承受着梯段的全部荷载，并将荷载传至两端的平台梁上，通过平台梁传递到墙或柱子上。平台梁之间的距离便是这块板的跨度。有时，为了保证楼梯平台的净空高度，也可取消板式楼梯的平台梁，梯段板与平台板直接连成一跨，荷载经梯段板直接传递到墙或柱子上。

近年来，为了使楼梯造型丰富多彩、新颖，增强空间感染力，出现了悬臂板式楼梯，即取消平台梁和中间平台的墙体或柱子支撑，使楼梯完全靠上下梯段板和平台组成的空间板式结构与上下层板结构共同受力，海南省美兰监狱行政办公楼大厅中的楼梯就是采用这种形式。

2. 梁板式楼梯

当梯段较宽或楼梯负载较大时，采用板式楼梯往往不经济，须增加梯段斜梁（简称“梯梁”）以承受板的荷载，并将荷载传给平台梁，这种楼梯称梁板式楼梯。梁板式楼梯的梯段由踏步板和梯段斜梁组成。梁板式梯段在结构布置上有双梁布置和单梁布置之分。梯梁在板下部的称正梁式梯段，将梯梁反向上面称“反梁式梯段”。

梁板式楼梯具有跨度大，承受荷载重，刚度大的优点，但是其施工速度慢，在梁板式楼梯中，单梁式楼梯是近年来监狱公共单体建筑中采用较多的一种结构形式。这种楼梯的每个梯段由 1 根梯梁支承踏步。梯梁布置有两种方式：一种是单梁悬臂式楼梯，另一种是单梁挑板式楼梯，由于单梁挑板式楼梯通透，非常适合监狱值班警察监视，所以美国监狱监舍楼公共大厅一般都设此类楼梯。单梁楼梯受力复杂，梯梁不仅受弯，而且受扭，但这种楼梯外形轻巧、美观，常因建筑空间造型而采用。

二、预制装配式钢筋混凝土楼梯

预制装配式钢筋混凝土楼梯按其构造方式可分为梁承式、墙承式和墙悬臂式等类型，由于监狱建筑安全的特殊要求，在监狱单体建筑中，一般不提倡采用此类楼梯，多采用现浇钢筋混凝土楼梯。

1. 预制装配梁承式钢筋混凝土楼梯

梯段由平台梁支承构造方式的楼梯。楼梯预制构件由以下三部分组成：

（1）梯段，分为板式梯段和梁板式梯段两种。板式梯段为整块或数块带踏步条板，没有梯斜梁，梯段底面平整，结构厚度小，其上下端直接支承在平台梁上。梁板式梯段由踏步板和梯斜梁组成，一般在踏步板两端各设一根梯斜梁，踏步板支承在梯斜梁上。踏步板断面形式有一字形、L 形、三角形等。梯斜梁用于搁置一字形、L 形断面，踏步板的梯斜梁为锯齿形变断面构件。用于搁置三角形断面踏步板的梯斜梁为等断面构件。

（2）平台梁，为了便于支承梯斜梁或梯段板，平衡梯段水平分力并减少平台梁所占结构空间，一般将平台梁做成 L 形断面。

（3）平台板，可根据需要采用钢筋混凝土空心板、槽板或平板。平台板一般平行于平台梁布置，当垂直于平台板布置时，常用小平板。

预制装配梁承式钢筋混凝土楼梯设计时，应注意以下两点：

（1）平台梁与梯段节点构造。根据两梯段之间的关系，一般分为梯段齐步和错步两种方式。根据平台梁与梯段之间的关系，有埋步和不埋步两种节点构造方式。梯段埋步，平台梁与一步踏步的踏面在同一高度，梯段的跨度较大，但平台梁标高可以加大，有利于增加平台梁下净空高度；埋段不埋步，用平台梁代替了一步踏步梯面，可以减少梯段跨度，但是平台梁底标高较低，减少了平台梁下净空高度。

（2）构件连接。由于楼梯是主要交通设施，对其坚固耐久要求较高，因此需要加强各构件之间的连接，提高其整体性。主要有以下三种连接方式：

1）踏步板与梯斜梁连接

一般在梯斜梁支承踏步板处用水泥砂浆坐浆连接。如需加强，可在梯斜梁上预埋插筋，与踏步板支承端预留孔插接，用高标号水泥砂浆填实。

2）梯斜梁或梯段板与平台梁连接

在支座处除了用水泥砂浆坐浆外，应在连接端采用插接或预埋钢板进行焊接。

3）梯斜梁或梯段板与梯基连接

在楼梯底层起步处，梯斜梁或梯段板下应做梯基，梯基常用砖或混凝土，也可用平台梁代替梯基。但需注意该平台梁无梯段处与地坪的关系。

2. 预制装配墙承式钢筋混凝土楼梯

预制装配墙承式钢筋混凝土楼梯系指预制钢筋混凝土踏步板直接搁置在墙上的一种楼梯形式，其踏步板一般采用一字形、L 形断面。

这种楼梯由于在梯段之间有墙，搬运家具不方便，也阻挡视线，上下人流易相撞。通常在中间墙上开设观察洞口，以使上下人流视线通畅。也可将中间墙两端靠平台部分局部收进，以使空间通透，有利于改善视线和搬运家具物品。但这种方式对抗震不利，施工也较麻烦。

3. 预制装配墙悬臂式钢筋混凝土楼梯

预制装配墙悬臂式钢筋混凝土楼梯是指预制钢筋混凝土踏步板一端嵌固于楼梯间侧墙上，另一端凌空悬挑的楼梯形式。

预制装配墙悬臂式钢筋混凝土楼梯用于嵌固踏步板的墙体厚度不应小于 240mm，踏步板悬挑长度≤ 1800mm。踏步板一般采用 L 形带肋断面形式，其入墙嵌固端一般做成矩形断面，嵌入深度≥ 240mm。这种楼梯形式已很少被监狱采用。

第三节 楼梯细部构造

楼梯的细部可分为踏面、栏杆、栏板、扶手、坡道等，这些细部处理得当，才能使楼梯正常使用。

一、踏步的踏面

楼梯踏步的踏面应光洁、耐磨，易于清扫。目前监狱单体建筑的踏面的面层多铺防滑缸砖、水磨石或大理石板。

为防止行人在上下楼梯时滑跌，特别是水磨石面层以及其他表面光滑的面层，常在踏步近踏口处，用不同于面层的材料做出略高于踏面的防滑条；或用带有槽口的陶土块或金属板包住踏口。如果面层采用水泥砂浆抹面，由于表面粗糙，可不做防滑条。

二、栏杆与栏板

栏杆和栏板是梯段和平台临空一边必设的安全设施，在监狱建筑中也是装饰性较强，同时要有一定的强度和稳定性，能承受必要的外冲力的构件。

空花栏杆多采用方钢、圆钢、钢管或扁钢等材料，并可焊接或铆接成各种图案，既起防护作用，又起装饰作用。栏杆与踏步的连接方式有锚接、焊接和栓接三种。锚接是在踏步上预留孔洞，然后将钢条插入孔内，预留孔一般为 50mm × 50mm，插入洞内至少 80mm，洞内浇注水泥砂浆或细石混凝土嵌固。焊接则是在浇注楼梯踏步时，在需要设置栏杆的部位，沿踏面预埋钢板或在踏步内埋套管，然后将钢条焊接在预埋钢板或套管上。栓接系指利用螺栓将栏杆固定在踏步上，方式可有多种。

实花栏板多用钢筋混凝土或加筋砖砌体制作，也有用钢丝网水泥板的。钢筋混凝土栏板有预制和现浇两种。

混合式是指空花式和栏板式两种栏杆形式的组合，栏杆竖杆作为主要抗侧力构件，栏板则作为防护和美观装饰构件，其栏杆竖杆常采用钢材或不锈钢等材料，其栏板部分常采用轻质美观材料制作，如木板、塑料贴面板、铝板、有机玻璃板和钢化玻璃板等。监狱行政办公楼的楼梯可以采用混合式的栏杆，而监管区单体建筑由于涉及监管安全，栏杆一般都采用空花式，栏杆材料多采用不锈钢或其他金属材料。

三、扶手

楼梯扶手按材料分有木扶手、金属扶手、塑料扶手等，以构造分有镂空栏杆扶手、栏板扶手和靠墙扶手等。

木扶手、塑料扶手借助于木螺丝通过扁铁与镂空栏杆连接；金属扶手则通过焊接或螺钉连接；靠墙扶手则由预埋铁脚的扁钢借木螺丝来固定。栏板上的扶手多采用抹水泥砂浆或水磨石粉面的处理方式。

四、楼梯的基础

楼梯的基础简称梯基。梯基的做法有两种：一种是楼梯直接设砖、石或混凝土基础；另一种是楼梯支承在钢筋混凝土地基梁上。在监管区内的单体建筑多采用第二种方式。

五、台阶与坡道

1. 台阶

分室外台阶和室内台阶。室外台阶是监狱单体建筑出入口处连接室内外高差的交通联系部件。室内台阶用于联系室内（地面）之间的高差，同时还起到室内空间变化的作用。台阶由踏步和平台组成，其形式有单面踏步式、三面踏步式等。台阶坡度较楼梯平缓，以便于行走舒适。每级踏步高为100 ~ 150mm，踏面宽为300 ~ 400mm，步数根据高差来确定。当台阶高度超过1m时，必须设有护栏设施。

台阶构造与地坪构造相似，由面层和结构层构成。结构层材料应采用抗冻、抗水性能好且质地坚实的材料，常见的台阶基础有就地砌造、勒脚挑出、桥式三种。台阶踏步有砖砌踏步、混凝土踏步、钢筋混凝土踏步、石踏步四种。在监狱单体建筑中，后三种较为常见（图 6-3-1 ~图 6-3-3）。

2. 坡道

主要解决两个空间有高差时，车辆行驶、行人活动和无障碍设计要求的问题。因此，在设计时，坡道坡度应以有利推车通行为佳，一般为1/6 ~ 1/12，以1/10为适宜。坡度大于1/8时，必须要做防滑处理，一般把表面做成锯齿形或设防滑条。

根据坡道的构造不同，分为实铺或架空两种，实铺即在地面上铺设坡道，其构造方法与地面构造相似；架空坡道即用钢筋混凝土做成架空式坡道，以避免过多填土和不均匀沉降。

坡道多为单面坡形式，极少采用三面坡形式。对于监狱行政办公楼、监管指挥中心或监狱医院，为考虑汽车能在大门入口处通行，常采用台阶与坡道相结合的形式。坡道材料常见的有混凝土或石块等，面层亦以水泥砂浆居多，对经常处于潮湿、坡度较陡或采用水磨石作面层的，在其表面必须作防滑处理（图 6-3-4 ~图 6-3-5）。

图 6-3-1　江苏省江宁监狱家属会见室入口的台阶及无障碍坡道（家属入口）

图 6-3-2　上海市南汇监狱家属会见室入口的台阶与无障碍坡道（罪犯入口）

图 6-3-4　江苏省苏州监狱教学楼入口的无障碍坡道

图 6-3-3　上海市南汇监狱监区入口的台阶及无障碍坡道

图 6-3-5　上海市南汇监狱行政办公楼入口的无障碍坡道

第四节　钢梯

钢梯是工业时代的产物，在我国监狱单体建筑中并不多见。由于钢梯布置较为灵活，透视性好，在西方国家监狱建筑中应用较为广泛。

一、钢梯的种类

1. 按材料的不同，钢梯可分为以下三种类型：

（1）钢梯。楼梯的主要承重构件、踏步板、栏杆、扶手全为钢构件（图 6-4-1 ~图 6-4-3）。

（2）钢木楼梯。以木材作为踏步板或扶手、栏杆，其他构件为钢构件（图 6-4-4 ~图 6-4-5）。

（3）钢化玻璃梯。以钢化玻璃作为踏步板或扶手、栏杆，其他构件为钢构件。

2. 从外形上，钢梯可分为以下三种类型：

（1）踏步式，具有一般楼梯的扶手栏杆踏步，故称“钢楼梯”。

（2）爬式，踏步多为角钢或独根圆钢做成，两边有简易扶手。

（3）螺旋式，结构支承方式是由中心的钢柱为支撑点，楼梯踏板作为悬臂梁从钢柱挑出，沿螺旋上升排列（图 6-4-6）。在我国监狱建筑中，一般多用于岗楼。

按构造形式，钢梯可分为轴摇单梁式、主柱支撑式、链条式、单梁式、双梁式钢梯等。

在空间上，钢梯又可分为室内钢梯、室外钢梯。

二、钢梯的特点

钢梯适合于人流量小、空间有限的地方。其特点是质量轻、工业化生产、施工方便、安装快捷、工期短、造型多样、美观耐用、占用空间小。我国监管区内的单体建筑，无论是监舍楼、教学楼、医院、会见楼等，由于人流量相对较大，钢梯在我国监狱建筑中，还没有被广泛使用。

钢梯易腐蚀，需要定期保养，维护费用高。在罪犯劳动改造用房中使用较多，但不适合于相对湿度较大而又通风不良的罪犯劳动改造用房。罪犯劳动改造用房中的钢梯的倾斜度很大，有45°、59°、73°和90°等四种。90°的钢梯常用作检修梯和消防梯。

图6-4-1 波兰华沙市内莫科托夫监狱监舍楼内的钢梯

图6-4-2 英国维多利亚监狱监舍大厅内的钢梯

图6-4-3 美国堪萨斯州道格拉斯县监狱娱乐室内的钢梯

图6-4-4 荷兰某监狱监舍大厅内的钢木楼梯

图6-4-5 美国波特兰市青少年羁押场所内的钢木楼梯

图 6-4-6　英国某监狱螺旋楼梯

三、钢梯的组成

（1）梁、龙骨，可采用工字钢、厚钢板、钢管等型材，可制成直线、螺旋、弧线等形式，钢管与钢板焊接可制成定型轴摇或链条等形式。

（2）立柱，多用钢管制成。

（3）踏步板，可采用钢格板（多用于工业厂房楼梯或检修梯）、钢板、木板、钢化玻璃制作。

（4）扶手，可用钢管、扁钢或木制圆杆、方杆制作。

（5）栏杆、栏板，可选用钢管、扁钢、木杆、钢化玻璃等制作。

四、钢梯的适用范围

钢梯是以钢构件作为主要构件制作而成的楼梯。随着我国钢结构的迅速发展，钢梯在监狱建筑中的使用虽然较少，但也必不可缺，主要用于以下几种情况：

（1）工业厂房，如罪犯劳动技能培训车间、罪犯劳动改造车间，以及监狱自备的水厂、污水处理厂等，为满足生产、消防和检修的要求，常需要设置各种钢梯，通常用全钢梯，如作业平台钢梯、吊车钢梯、屋面检修钢梯和消防钢梯等。

（2）公共建筑，如行政办公楼、教学楼、会见楼、大礼堂等，多用作检修梯、消防梯，且多为全钢梯。

（3）居住建筑，多用于监舍楼（图 6-4-7、图 6-4-8）、警察备勤楼等，也多作室外消防疏散楼梯。

（4）构筑物，围墙岗楼中使用钢梯，主要因为岗楼内部空间较为狭小。

图 6-4-7　江苏省龙潭监狱南区关押点监舍楼室外消防疏散楼梯

图 6-4-8　新西兰 Mt Eden 监狱监舍大厅内的楼梯

第五节　电梯

在监狱建筑中，除了钢筋混凝土楼梯和钢楼梯外，还有一种特殊的楼梯——电梯。电梯是指动力驱动，利用沿刚性导轨运行的箱状吊舱或者沿固定线路运行的梯级，进行升降或者平行运送人、货物的机电设备。在监狱建筑中，以垂直型电梯为主，用于多层建筑乘人或载运货物。我国监狱第一个使用电梯的是上海市提篮桥监狱，该监狱 20 世纪 30 年代就在 2 栋单体建筑内安装了电梯。

一、电梯的类型

根据目前我国监狱电梯使用情况，按以下两种情况进行分类：

1. 按用途，大致可分为以下四种：

（1）乘客电梯，主要用在监狱行政办公楼、指挥中心、警察备勤楼、教学楼、会见楼等单体建筑中为运送乘客而设，要求有完善的安全设施以及一定的轿内装饰，如广东省东莞监狱、浙江省长湖监狱、江西省赣州监狱、山东省鲁南监狱、江苏省南京监狱等行政办公楼安装了乘客电梯，陕西省杨凌监狱警察备勤楼、福建省宁德监狱备勤训练综合楼、山东省威海监狱指挥中心备勤综合楼、山西省阳泉第一监狱信息指挥中心大楼、河南省焦作监狱（高度戒备监狱）警察备勤楼和狱政综合楼等安装了乘客电梯。其中，福建省宁德监狱备勤训练综合楼乘客电梯采用规格：井道尺寸 2150mm（宽）× 2200mm（深），底坑深 900mm，顶层高度 5.15m，提升高度 20.5m。黑龙江省东风监狱会见楼，为了便于老弱病残家属上下，在地下人行通道安装了无障碍乘客电梯。

（2）载货电梯，主要用在监舍楼、罪犯伙房、罪犯技能培训用房或罪犯劳动改造车间中为运送货物及设备而设计的电梯。

河南省周口监狱、山西省原平监狱、江苏省苏州监狱等监舍楼中的电梯都用作送餐。送餐电梯配有直达各监区的电话和各楼层电梯间的监控显示。送餐时，先用电梯配置电话提前通知监区，然后将各监区的饭菜餐车放置在电梯内，分层送达，到达相应监区时，由各监区接应分发。送餐电梯人、餐分离，只送餐，不载人，并有专人控制，全程监控。

河南省许昌监狱（高度戒备监狱）、河南省焦作监狱（高度戒备监狱）、河北省涿鹿监狱、江苏省苏州监狱、河北省鹿泉监狱等罪犯伙房，安装了载货电梯。其中，河南省许昌监狱罪犯伙房，安装了井道尺寸 2500mm（宽）× 2800mm（深）、载重 1t、速度 0.5m/s 的电梯 2 部，罪犯餐厅安装了井道尺寸 2200mm（宽）× 1800mm（深）、载重 1t、速度 1.0m/s 的电梯 1 部；河南省焦作监狱（高度戒备监狱）罪犯伙房，安装了井道尺寸 2700mm（宽）× 3100mm（深）、载重 2t、速度 0.5m/s、提升高度 4.8m 的电梯 1 部；河北省涿鹿监狱罪犯伙房安装了杂物电梯（300kg）1 部。江苏省苏州监狱警察食堂，还安装了传菜电梯，该食堂底层为操作间，第 2 层为餐厅和售菜窗口。

江苏省苏州监狱、浙江省湖州监狱、福建省榕城监狱、河南省焦作监狱（高度戒备监狱）、宁夏回族自治区女子监狱等罪犯劳动改造用房或技能培训用房，安装了载货电梯。河北省石家庄出监监狱在实训楼和综合楼安装了载货电梯。江苏省苏州监狱 4 栋劳务加工车间载货电梯采用规格：轿厢尺寸 1500mm（宽）× 3000mm（深）× 2200mm（高）、载重 2t；福建省榕城监狱罪犯劳动改造车间载货货梯采用两种规格：开门尺寸 1100mm（宽）× 2100（深）mm、轿厢尺寸 1350mm（宽）× 1300mm（深）、载重 2t 和开门尺寸 1200mm（宽）× 2100mm（深）、轿厢尺寸 1400mm（宽）× 1500mm（深）、载重 2t；河南省焦作监狱（高度戒备监狱）罪犯劳动改造用房载货电梯采用规格：井道尺寸 3100mm（宽）× 3400mm（深）、载重 2t、速度 0.5m/s、提升高度 15.7m。

（3）病床电梯，又称医用电梯，主要用于监狱医院为运送病床（包括病犯）、担架、医疗设备、医用车而设计的电梯，轿厢具有长而窄的特点，有较为简洁的内装饰，轿厢尺寸能容纳担架床，比较重视轿厢的平层精确度及运行稳定性。我国监狱医院从 2000 年左右开始使用病床电梯，如广东省韶关监狱、湖南省永州监狱、河南省许昌监狱、河南省焦作监狱（高度戒备监狱）、江苏省苏州监狱、四川省成都女子监狱以及山东省警官总医院（新康监狱）、海南省新康监狱等门诊综合楼都安装了病床电梯。其中河南省许昌监狱医院，安装了井道尺寸 2300mm（宽）×3600mm（深）（无机房）、载重 1.6t、速度 1.0m/s 的病床电梯 1 部；河南省焦作监狱（高度戒备监狱）医院，安装了井道尺寸 2400mm（宽）×3000mm（深）、载重 1.6t、速度 1.0m/s、提升高度 13.9m 的病床电梯 1 部。

（4）消防电梯，主要用于单体建筑发生火灾时供消防人员进行灭火与救援使用的电梯。海南省新康监狱门诊大楼除了安装 2 部病床电梯外，还安装了 1 部消防电梯；辽宁省辽西新康监狱罪犯门诊病房综合楼、福建省闽江监狱狱政指挥中心等也安装了 1 部消防电梯。其中，福建省闽江监狱狱政指挥中心消防电梯采用规格：额定载重 1t、额定速度 1.75m/s、提升高度 33.05m。

2. 按行驶速度，可分为三种：一种是高速电梯，速度大于 2m/s，梯速随层数增加而提高，主要使用在行政办公楼、监管指挥中心或教学楼中，如福建省宁德监狱备勤训练综合楼乘客电梯速度大于 1.75m/s。另一种是中速电梯，速度在 1 ~ 2m/s，一般货梯按中速考虑，主要在罪犯劳动改造用房或技能培训用房中使用，但福建省榕城监狱罪犯劳动改造车间中的货梯采用的是低速电梯，速度为 0.5m/s。广东省女子监狱罪犯劳动改造用房中的货梯采用的也是低速电梯，载重为 2t，速度≥ 0.5m/s，主要是考虑监狱监管安全因素。还有一种是低速电梯，监舍楼中运送食物电梯和监狱医院运送病人的电梯常用低速，速度在 1m/s 以内。

二、电梯的组成

电梯主要由曳引机（绞车）、导轨、对重装置、安全装置（如限速器、安全钳和缓冲器等）、信号操纵系统、轿厢与厅门等组成。这些部分分别安装在单体建筑的井道和机房中。通常采用钢丝绳摩擦传动，钢丝绳绕过曳引轮，两端分别连接轿厢和平衡重，电动机驱动曳引轮使轿厢升降。电梯要求安全可靠、输送效率高、平层准确和乘坐舒适等。电梯的基本参数主要有额定载重量、可乘人数、额定速度、轿厢外廓尺寸和井道形式等。电梯由下列系统组成：

曳引系统，主要功能是输出与传递动力，使电梯运行。曳引系统主要由曳引机、曳引钢丝绳、导向轮、反绳轮组成。

导向系统，主要功能是限制轿厢和对重的活动自由度，使轿厢和对重只能沿着导轨作升降运动。导向系统主要由导轨、导靴和导轨架组成。

轿厢，是运送乘客和货物的电梯组件，是电梯的工作部分。轿厢由轿厢架和轿厢体组成。电梯轿厢应造型美观，经久耐用，当今轿厢采用金属框架结构，内部用光洁有色钢板壁面或有色有孔钢板壁面，花格钢板地面，荧光灯局部照明以及不锈钢操纵板等。入口处则采用钢材或坚硬铝材制成的电梯门槛。

电梯门系统，主要功能是封住层站入口和轿厢入口。门系统由轿厢门、层门、开门机、门锁装置组成。轿厢门一般为双扇推拉门，宽度一般为 800 ~ 1500mm，开启方式有中分推拉式和旁开双折推拉式两种，大多采用中分推拉式。

重量平衡系统，主要功能是相对平衡轿厢重量，在电梯工作中能使轿厢与对重间的重量差保持在限额之内，保证电梯的曳引传动正常。系统主要由对重和重量补偿装置组成。目前，我国监狱罪犯劳动改造用房或技能培训用房货梯的载重量为 2 ~ 3t。国家标准规定额定载重量 3t 的电梯轿厢面积最大不能超过 5.8m^2。

电力拖动系统，主要功能是提供动力，实行电梯速度控制。电力拖动系统由曳引电动机、供电系统、速度反馈装置、电动机调速装置等组成。

电气控制系统，主要功能是对电梯的运行实行操纵和控制。电气控制系统主要由操纵装置、位置显示装置、控制屏（柜）、平层装置和选层器等组成。

安全保护系统，主要功能是保证电梯安全使用，防止一切危及人身安全的事故发生。安全保护系统主要由电梯限速器、安全钳、夹绳器、缓冲器、安全触板、层门门锁、电梯安全窗、电梯超载限制装置、限位开关装置等组成。

三、电梯与单体建筑相关部位的构造

1. 井道、机房建筑要求。通向机房的通道和楼梯宽度≥ 1.2m，楼梯坡度≤ 45°。机房楼板应平坦整洁，能承受 6kPa 的均布荷载。井道壁多为钢筋混凝土井壁或框架填充墙井壁。井道壁为钢筋混凝土时，应预留 150mm 见方，150mm 深孔洞，垂直中距 2m，以便安装支架。框架（圈梁）上应预埋铁板，铁板后面的焊件与梁中钢筋焊牢。每层中间加圈梁一道，并需设置预埋铁板。电梯为两台并列时，中间可不用隔墙而按一定的间隔放置钢筋混凝土梁或型钢过梁，以便安装支架。电梯导轨支架的安装分预留孔插入式和预埋铁件焊接式。

2. 电梯机房要求。电梯机房一般设在井道的顶部。机房和井道的平面相对位置允许机房任意向 1 个或 2 个相邻方向伸出，并满足机房有关设备安装的要求。机房楼板应按机器设备要求的部位预留孔洞。

3. 井道地坑要求。井道地坑在最底层平面标高下（≥ 1.4m），考虑电梯停靠时的冲力，作为轿厢下降时所需的缓冲器的安装空间。

四、电梯井道的构造与设计

1. 电梯井道的细部构造

电梯井道的细部构造包括厅门的门套装修及厅门的牛腿处理，导轨撑架与井壁的固结处理等。电梯井道可用砖砌加钢筋混凝土圈梁，但大多为钢筋混凝土结构。井道各层的出入口即为电梯间的厅门，在出入口处的地面应向井道内挑出 1 个牛腿。由于厅门系人流或货流频繁经过的部位，故不仅要求做到坚固适用，而且还要满足一定的美观要求。具体的措施是在厅门洞口上部和两侧安装门套。门套装修可采用多种做法，如水泥砂浆抹面、贴水磨石板、大理石板以及硬木板或金属板贴面，在监狱单体建筑中多采用大理石板贴面。除金属板为电梯厂定型产品外，其余材料均系现场制作或预制。

2. 电梯井道的设计

（1）井道的防火。井道是建筑中的垂直通道，极易引起火灾的蔓延，因此井道四周应为防火结构。井道壁一般采用现浇钢筋混凝土或框架填充墙井壁。同时当井道内超过两部电梯时，需用防火围护结构予以隔开。

（2）井道的隔振与隔声。电梯运行时产生振动和噪声。一般在机房机座下设弹性垫层隔振，在机房与井道间设高 1.5m 左右的隔声层。

（3）井道的通风。为使井道内空气流通，火灾时能迅速排除烟和热气，应在井道肩部和中部适当位置（高层时）及地坑等处设置不小于 300mm × 600mm 的通风口，上部可以和排烟口结合，排烟口面积≥井道面积的 3.5%。通风口总面积的 1/3 应经常开启。通风管道可在井道顶板上或井道壁上直接通往室外。

（4）其他。地坑应进行防水、防潮处理，坑壁应设爬梯和检修灯槽。

五、其他注意事项

确定电梯间的位置及布置方式时，还应注意以下事项：

（1）电梯间应布置在人流集中的地方，如门厅、出入口等，位置要明显，在监狱警察值班室视线范围内。电梯前面应有足够的等候面积，以免造成拥挤和堵塞。监管区内的电梯位置宜靠近楼梯口、警察值班区域，且电梯内应设有监控设备。

（2）按防火规范的要求，设计电梯时应配置辅助楼梯，供电梯发生故障或维护时使用。布置时可将两者靠近，以便灵活使用，并有利于安全疏散。

（3）电梯井道无天然采光要求，布置较为灵活，通常主要考虑人流交通方便、通畅。电梯等候厅由于人流集中，最好有天然采光及自然通风。

第七章

监狱建筑门窗

门和窗是监狱单体建筑的重要组成部分。作为监狱单体建筑的主要围护构件之一，门和窗应分别满足其对单体建筑的分隔、保温、隔声、采光、通风等功能要求，同时必须做好安全防范措施。本章主要介绍了门窗的作用与要求、门窗的分类与尺度以及门窗的安全防护等内容。

第一节　门窗的作用及要求

门和窗是监狱单体建筑中的重要的围护构件，特别是监管区内的门和窗，相对其他建筑类型的门窗来说，有着特殊的要求。罪犯用房中的门和窗要预防罪犯自伤、自残、自杀、脱逃；警察用房中的门和窗要预防罪犯非法暴力进入。门主要是交通出入、分隔联系建筑空间，并兼采光和通风，监舍楼、会见楼、罪犯伙房、禁闭室、医院等单体建筑与罪犯直接接触的门，均要具有安全、牢固、防破坏功能。除此外，罪犯技能培训用房、劳动改造用房、教学楼、仓库等监管区内的单体建筑大门，一般都为具有防逃防破坏功能的铁门。窗主要是采光、通风及眺望，所有监管区内单体建筑的外墙面中的窗，必须安装金属防护栅栏，内窗视不同情况安装金属防护栅栏。

在不同情况下，门和窗还具有分隔、保温、隔声、防火、防辐射、防风沙等功能。门窗在建筑立面构图中的影响也较大，它的尺度、比例、形状、组合、透光材料的类型等，都影响着监狱单体建筑的艺术效果。

在设计外墙体中的窗和门时，应该合理运用遮蔽系统应对附近单体建筑造成的太阳光的反射和阴影等问题，做到尽量多采景、少吸热。由于每天人员频繁进出，正门应该做到造型大气、坚固耐用。为了能使残疾人可以自由方便的进出单体建筑，还应该为他们安装带有平衡器的入口门和自动感应门。

第二节　门的分类与尺度

在监狱建筑中，门的分类较广，由于涉及监狱监管安全等因素，监管区内的门大多要求牢固，具有抗破坏性。监管区内的门由于具有特殊要求，洞口的净高、净宽必须严格按照相关要求执行。

一、门的分类

门按开启方式可分平开门、弹簧门、推拉门、折叠门、转门、卷帘门等。按所用的材料分木门、铝合金门、玻璃门、钢门等。按门板的材料，还可以进一步细分为镶板门、拼板门、纤维板门、胶合板门、百叶门、玻璃门、纱门等。监管区内钢门运用较多，钢门还可分为镂空、整板式等。

1. 常见的门

（1）平开门，从材料上分为木质类、金属类两种，木质类因构造简单、开启灵活、制作方便、易于维修等因素，目前大多使用在监狱警察行政办公区的办公楼内。这类门主要由五部分组成：一是门框，它是门扇、亮子与墙的联系构件；二是门扇，有镶板门、夹板门、拼板门、玻璃门和纱门等类型；三是亮子，又称腰头窗，在门上方，为辅助采光和通风之用，有平开、固定及上、中、下悬几种；四是金属零件，有铰链、插销、门锁、拉手、门碰头等；五是附件，有贴脸板、筒子板等。平开门的门框由两根竖直的边框和上框组成。当门带有亮子时，还有中横框，多扇门则还有中竖框。门框的断面形式与门的类型、层数有关，同时应利于门的安装，并应具有一定的密闭性。门框的安装根据施工方式分后塞口和先立口两种（同窗的安装）。门框在墙中的位置，可在墙的中间或与墙的一边平齐，一般多与开启方向一侧平齐，尽可能使门扇开启时贴近墙面。

（2）推拉门，特点是不占空间、受力合理、不易变形，但在关闭时难于严密、构造复杂。在监狱单体建筑中，推拉门应用很少，在罪犯劳动改造车间中，车间大门或车间内的辅房，可设金属推拉门。金属推拉门由门扇、门轨、地槽、滑轮及门框组成。门扇可采用钢板门、空腹薄壁钢门等，每个门扇宽度≤ 1.8m。推拉门的支承方式分为上挂式和下滑式两种，当门扇高度 < 4m 时，用上挂式，即门扇通过滑轮挂在门洞上方的导轨上。当门扇高度大于 4m 时，多用下滑式，在门洞上下均设导轨，门扇沿上下导轨推拉，下面的导轨承受门扇的重量。推拉门位于墙外时，门上方需设雨篷。监管区大门车辆通道，净高度通常为 5m，一般采用下滑式。由于监管区大门主要材料为铁或铜，面积大，重量比较重，若采用上挂式易损坏（图 7-2-1）。

（3）卷帘门，主要由帘板、导轨及传动装置组成。在监狱单体建筑中也很常见，如教学楼、车间大门、车库门（图 7-2-2）、垃圾转运站门等，这类门通常洞口尺寸大。监狱单体建筑中的帘板常使用页板，页板可用镀锌钢板或合金铝板轧制而成，页板之间用铆钉连接。页板下部采用钢板和角钢，以增强卷帘门的刚度，并便于安设门钮。页板上部与卷筒连接，开启时，页板沿着门洞两侧的导轨上升，卷在卷筒上。门洞的上部安设传动装置，传动装置分手动和电动两种，江苏省通州监狱所有的车间大门采用的是电动卷帘门。

（4）弹簧门，是一种可双向开启的门；装有弹簧合页的门，开启后会自动关闭。为了避免人流相撞，在门扇或门扇上部一般都镶嵌玻璃（玻璃应为钢化玻璃或有机玻璃）。弹簧门多用于公共场所通道、紧急出口通道。在监管区内，除了医院手术室通道门、体育馆大门、大礼堂大门外，其他单体建筑一般不使用此类门。

图 7-2-1　某监狱监管区大门

图 7-2-2　江苏省苏州监狱警察行政办公区车库电动卷帘门

（5）伸缩门，又叫电动伸缩门，就是门体可以伸缩自由移动，来控制门洞大小对行人或车辆进行拦截或放行的一种门。在监狱建筑中，主要用于监狱警察行政办公区大门（图 7-2-3）、监管区仓储物流中心入口或进入监管区车辆装卸区入口等。伸缩门主要由门体、驱动电机、控制系统构成。门体一般采用优质不锈钢及铝合金专用型材制作，采用平行四边形原理铰接，伸缩灵活行程大。驱动器一般采用特种电机驱动，蜗杆蜗轮减速，并设有自动离合或手动离合器，自动离合停电时可自动启闭，手动离合停电时可手动启闭。控制系统有控制板、按钮开关，另可根据需求配备无线遥控装置。还可配备滚动显示屏，显示 300 ~ 500 字。还可配备智能红外线探头防碰撞装置，遇人或异物 200 ~ 300mm 可自动返回运行，从而保障车辆及行人的安全。

图 7-2-3 四川省达州监狱警察行政办公区的电动伸缩门

图 7-2-4 江苏省苏州监狱出监监区入口电动门

2. 特殊功能的门

（1）防火门，又称“防烟门”，是用来维持走火通道的耐火完整性及提供逃生途径的门。其目的是要确保在一段合理时间内（通常是逃生时间），保护走火通道内正在逃生的人免受火灾的威胁，包括阻隔浓烟及热力。在监狱建筑中，通常用于罪犯劳动改造易燃品的车间或仓库。根据车间对防火门耐火等级的要求，门扇可以采用钢板、木板外贴石棉板再包以镀锌铁皮或木板外直接包镀锌铁皮等构造措施。考虑到木材受高温会炭化而放出大量气体，应在门扇上设泄气孔。防火门常采用自重下滑关闭门，它是将门上导轨做成 5% ~ 8% 的坡度，火灾发生时，易熔合金片熔断后，重锤落地，门扇依靠自重下滑关闭。当洞口尺寸较大时，可做成两个门扇相对下滑。

（2）自动感应门，当有移动物体靠近门时，门可以自动开启及关闭，这类门多应用于室内设有中央空调，为保持室内温度，在入口处设自动感应门，如监狱行政办公楼、警体训练中心、警察食堂、警察图书馆或阅览室等场所大门。江苏省苏州监狱除了在行政办公楼外，还在监狱医院、出监监区（图 7-2-4）、会见楼、教学楼等使用了自动感应门；江苏省南京女子监狱在医院也使用了自动感应门。

（3）保温门，具有良好的保温防寒作用，在监狱单体建筑中，罪犯伙房中要使用到，主要是冷库门。要求门扇具有一定热阻值和门缝密闭处理，目前保温门常用的保温材料有聚氨酯和聚苯乙烯泡沫塑料等。为了获得理想的保温效果需注意以下四点：一是保温板闭合的密闭性；二是导轨处的密闭性；三是导轨与墙体结合的紧密性；四是保温板与门框接触部分的密闭性。罪犯伙房的冷库门，通常为钢制保温门，采用轻钢龙骨骨架或型钢骨架，面板可采用彩色钢板、1.5mm 冷轧钢板、不锈钢钢板、铝合金板等。

3. 监狱特殊的门

（1）监舍门，一般为铁质的平开门或推拉门，用作人员进出、通风、采光，还兼有防逃跑防破坏的功能。监舍门应使用方便、安全可靠、经久耐用。我国监舍门有以下几种类型：手动平移监舍门、外栅栏内封闭平开门（内门上部设观察窗）（图 7-2-5）、单层平开监舍门、双外开手动监舍门（内外门盒锁）、封闭外平开栅栏内平开（安装 B 级防盗锁）、外封闭平开内栅栏平移监舍门、电动监舍门（图 7-2-6、图 7-2-7）、外栅栏平开内封闭平移监舍门等。目前，应用最广泛的还是电动推拉门，上为半栅栏或设有观察窗下为全封闭。观察窗下沿口距地坪应 ≥ 1050mm。

英国高警戒级别监狱的监舍门，上方装有观察孔，下方还安装抽屉式装置，用于送饭，以防止罪犯从监舍门内袭警。

（2）通道格栅门，这类门被监狱广泛使用，如监舍楼、禁闭室两个单体建筑分为两大区域，一是罪犯生活区，二是警察值班区，两区之间不允许相连，必须用金属栅栏进行物理隔离（图 7-2-8 ~ 图 7-2-10）。另外，会见楼、罪犯伙房、监狱医院、教学楼等单体建筑也常使用。格栅门中材料除了壁厚要求外，间距通常 50 ~ 60mm，不得大于 80mm。在监管区内，使用封闭式的铁门，除了存放危险品、药品、油库的仓库外，提倡使用通透型的格栅门或上为通透下为全封闭，一是通透性好，减少监狱监管安全故事的发生，二是便于采光、通风（图7-2-11）。

（3）AB联动门，俗称AB门，这类门由于安全系数高，被监狱广泛采用，如监管区大门的人行通道、车行通道（图7-2-12），会见楼家属进出通道。所谓AB门，就是A门开时，B门必须是关闭的；B门开时，A门必须是关闭的，绝对不允许AB门同时开启。AB门的控制，有两种形式，一是人工控制，二是智能刷卡。为了出入人员有序进出监管区，又防止非法人员进出，在监管区大门的人行通道内，一般设有全高双通道转闸，当读有效卡后，持卡人进入后只需轻轻推动闸门即可。

（4）禁闭室放风门，这类门有着特殊要求，禁闭室中的罪犯是无法开启的，必须由警察持专用设备或智能卡或遥控板进行开启。通常有以下几种类型：电控放风门（巡视道刷卡控制，手动开门）、电动平移放风门Ⅰ（管状电机控制，齿条传动）、电动平移放风门Ⅱ（巡视道按钮控制，链条传动）、电动平移放风门Ⅲ（直流电机控制，丝杆传动）、手动长轴放风门Ⅰ（单手平开）、手动长轴放风门Ⅱ（双手平开）等。

图7-2-6　辽宁省大连市监狱监室门

图7-2-7　电动平移半封闭监室门

图7-2-5　同框内外双扇监室门

图7-2-8　常见的监狱通道门（一）

图 7-2-9 常见的监狱通道门（二）

图 7-2-10 海南省美兰监狱不锈钢隔离门

图 7-2-11 山东省未成年犯管教所某建筑物中的不锈钢门和钢化无框窗

图 7-2-12 上海市南汇监狱监管区大门车行通道 AB 门

二、门的尺度

门的尺度是指门洞口的净高、净宽尺寸，具体如下：

（1）门的高度，不宜小于 2100mm，如门设有亮子时，亮子高度一般为 300 ~ 600mm，则门洞的高度为 2400 ~ 3000mm。公共建筑大门高度可视需要适当提高。普通监室的门高度通常为 2100mm，监管区车辆通道大门高度通常为 5000mm。

罪犯劳动改造用房大门的高度，应根据运输工具的类型、运输货物的外形尺寸及通行高度等因素确定，一般服装劳务加工车间，通常设为 2100mm，如果有叉车进出设为 2400mm，有货车进出设为 3000mm、3300mm 或 3600mm。

（2）门的宽度，单扇门为 700 ~ 1000mm，双扇门为 1200 ~ 1800mm。当宽度在 2100mm 以上时，则做成 3 扇、4 扇门或双扇带固定扇的门，因为门扇过宽易产生翘曲变形，同时也不利于开启。在监狱单体建筑中，如罪犯技能培训车间、罪犯劳动改造车间、体育馆、教学楼、会见楼等单体建筑的大门，通常做成四扇门。罪犯活动相对集中在 1 个时间段内，因此，对于监管区的辅助房间（如浴厕、盥洗室、贮藏室等）门的宽度比正常的要宽些。而多人的普通监舍门的宽度通常为 1200mm，监管区车辆通道大门的宽度通常为 6000mm。

罪犯劳动改造用房大门的宽度，应根据运输工具的类型、运输货物的外形尺寸及通行高度等因素确定，一般服装劳务加工车间，通常设为 1500mm、1800mm 或 2100mm，如果有叉车进出设为 2400mm，有货车进出设为 2700mm、3000mm 或 3900mm。

第三节 窗的分类与尺度

在监狱建筑中，窗的分类也较广，由于涉及监狱监管安全等因素，监管区内的窗洞口的净高、净宽必须严格按照相关要求执行。

一、窗的分类

1. 按窗开启方式分

窗的开启方式主要取决于窗扇铰链安装的位置

和转动方式。按窗开启方式，有以下几种类型：

（1）固定窗，是用密封胶把玻璃直接嵌固在窗框上，只用于采光、眺望而不开启通风的窗，有良好的水密性和气密性。

（2）平开窗，铰链安装在窗扇一侧与窗框相连，向外或向内水平开启。有单扇、双扇、多扇，有向内开与向外开之分。其构造简单，开启灵活，制作维修均方便。

（3）推拉窗，分垂直推拉窗和水平推拉窗两种。它们不多占使用空间，窗扇受力状态较好，适宜安装较大玻璃，但通风面积受到限制。监管区内的窗，一般内侧面安装防护铁栅栏或不锈钢栅栏，窗一般多采用推拉式。如江苏省苏州监狱、江苏省南京女子监狱、江西省赣州监狱、山东省枣庄监狱等都采用了推拉窗。

（4）悬窗，因铰链和转轴的位置不同，可分为上悬窗、中悬窗和下悬窗。监狱单体建筑中的玻璃幕墙中常使用。

（5）立转窗，引导风进入室内效果较好，防雨及密封性较差，在监狱建筑中，多用于单层厂房的低侧窗。因密闭性较差，不宜用于寒冷和多风沙的地区监狱。

（6）百叶窗，主要用于遮阳、防雨及通风，但采光差。百叶窗可用金属、木材、钢筋混凝土等制作，有固定式和活动式两种形式。这种窗，在监管区内使用较多，特别是监室内临街面的窗，可通风、透光，但看不见外面的风景。如广东省高明监狱东座监舍窗外加装百叶窗；四川省大英监狱监室内的窗户外都安装百叶窗；安徽省合肥监狱百叶窗安装数量567个，面积达305.62m^2；江苏省南京女子监狱监室内的窗安装了铝合金百叶窗；江西省赣州监狱3层的劳务加工厂房，第2层、第3层的临围墙的窗都安装了百叶窗。

2. 按窗材料分

按窗使用的主要材料，有以下几种类型：

（1）木窗，具有自重轻、制作简单、维修方便、密闭性好等优点，但是木材会因气候的变化而胀缩，有时开关不便，并耗用木材；同时，木材易被虫蛀、易腐朽，不如钢窗经久耐用。这种窗在监狱建筑中已基本不用。

（2）钢窗，分空腹和实腹两类。钢窗的特点与钢门相同，与木窗相比，钢窗坚固耐用、防火耐潮、断面小。钢窗的透光率较大，约为木窗的160%，但是造价也比木窗高。目前，在监狱建筑中，钢窗多应用在劳动改造车间，如福建省仓山监狱南北监区厂房、江苏省苏州监狱原机加工车间等。此外，监舍楼也可采用，例如上海市青浦监狱监舍楼中的窗都为钢制的小推拉窗，上海市提篮桥监狱监舍楼通道、监室内的窗都是一次成型的金属铸件，呈方格网状，每1方格只有100mm×150mm，罪犯想通过破坏窗户脱逃比较困难。

（3）铝合金窗，除具有钢窗的优点外，还有密闭性好、不易生锈、耐腐蚀、不需刷油漆、美观漂亮、装饰性好等优点，但造价较高，一般用于标准较高的建筑中。安徽省蚌埠监狱教学楼、海南省美兰监狱监舍楼（图7-3-1）、广东省韶关监狱监舍楼、湖南省永州监狱罪犯伙房、山东省泰安监狱所有单体建筑等都采用了铝合金双扇推拉窗。

（4）塑钢窗，是从木窗、钢窗、铝合金窗之后发展起来的，它具有节约能源和钢材、防腐蚀、隔声、密封性好、开启灵活、清洁方便、装饰性强等优点，为第四代新型门窗。它是以改性硬质聚氯乙烯（简称“UPVC”）为主要原料，加上一定比例的稳定剂、着色剂、填充剂、紫外线吸收剂等辅助剂，经挤出机挤出成型为各种断面的中空异型材。然后经过切割后，在其内腔衬以型钢加强筋，用热熔焊接机焊接成型为门窗框扇，配装上橡胶密封条、压条、五金件等附件。同时为增强型材的刚性，超过一定长

图7-3-1 海南省美兰监狱监区办公室铝合金窗

度的型材空腔内需要添加钢衬（加强筋），所以称“塑钢窗”。由于其具有耐冲击、保温隔热、节约能源、隔声好、气密性、水密性好、耐腐蚀性强、防火、耐老化、使用寿命长、外观精美、清洗容易、维护简便等优点，在监狱建筑中应用较为广泛。黑龙江省双鸭山监狱、黑龙江省东风监狱，天津市西青监狱、河南省新乡监狱、河南省豫北监狱、广西壮族自治区桂林监狱、吉林省梅河监狱等部分单体建筑采用了塑钢窗。吉林省公主岭监狱新建监狱指挥中心楼采用保温性能良好的单框双玻塑钢窗。

（5）彩铝窗，是用隔热条将两种型材连在一起，玻璃一般采用中空的，其特点是密封性能好且节能，适合做房屋外窗，窗的里外可以采用不同颜色的铝型材，是目前建筑外窗普遍采用的窗型。江苏省苏州监狱所有单体建筑都采用了彩铝推拉窗，安徽省庐江监狱危化物品仓库（单层框架结构）采用了彩铝钢化玻璃窗。

3. 根据镶嵌材料不同分

窗可分为玻璃窗、纱窗、百叶窗、保温窗及防风沙窗等几种。玻璃窗能满足采光功能要求；纱窗在保证通风的同时，可以阻止蚊蝇进入室内；百叶窗一般用于只需通风不需采光的房间，百叶窗分固定百叶窗和活动百叶窗两种，活动百叶窗可以加在玻璃窗外，起遮阳通风的作用。

监舍楼、禁闭室等单体建筑的罪犯活动区域的窗镶嵌材料，目前有的监狱采用的是普通玻璃，应改用钢化玻璃或有机玻璃。高度戒备监狱监舍楼、禁闭室、罪犯劳动改造车间等建筑单位必须采用防撞击玻璃，即抗爆窗。它既具有抗爆性能，又能兼顾建筑采光要求。抗爆窗具有以下特性：窗框采用特殊结构工艺，选用优质抗爆玻璃，能有效承受100kPa等级的爆炸冲击；窗框和抗爆墙连接预埋件结构经过严密的结构力学计算，以保证连接部分的抗爆性能。瑞士日内瓦州的桑德龙监狱罪犯活动区域的窗都安装防撞击玻璃，监舍门由钢板焊接而成。另外，在这些单体建筑楼道或过道里的消防栓和灭火器箱的门，不得使用玻璃制品，应采用塑料制品。

4. 根据窗在单体建筑上开设的位置不同分

窗可分为侧窗和天窗两大类。设置在内外墙上的窗，称“侧窗”；设置在屋顶上的窗，称“天窗”。当侧窗不能满足采光、通风要求时，可设天窗以增加采光和加强通风。天窗适用于进深或跨度大，室内光线差，空气不通畅的单体建筑，通常在监狱宽大的单层罪犯劳动改造厂房、罪犯伙房、监舍楼阁楼等使用。山东省女子监狱罪犯伙房，为矩形大空间，屋顶采取了天棚采光。但要特别注意处理好天窗四周，防止漏雨渗水。

天窗扇有钢制和木制两种。钢天窗扇具有耐用、耐高温、重量轻、挡光少、不易变形、关闭严密等优点，因此在监狱罪犯劳动改造车间多采用钢天窗扇。天窗侧板是天窗窗口下部的围护构件，其主要作用是防止屋面上的雨水流入或溅入室内。天窗侧板应超出屋面高度≥ 300mm。形式有两种：一种是当屋面为无檩体系时，采用钢筋混凝土侧板，侧板长度与屋面板长度一致；另一种是当屋面为有檩体系时，侧板可采用石棉水泥瓦等轻质材料。侧板安装时向外稍倾斜，以利排水。侧板与屋面交接处应做好泛水处理。一般情况下，天窗屋面的构造与厂房屋面相同。天窗檐口常采用无组织排水，由带挑檐的屋面板构成，挑出长度一般为 300 ~ 500mm。

天窗可分为中庭天窗、矩形天窗、平天窗、锯齿形天窗、井式天窗。

（1）中庭天窗。中庭是指建筑内部的庭院空间，其最大的特点是形成位于建筑内部的“室外空间”，是建筑中一种与外部空间既隔离又融合的特有形式，或者说是建筑内部环境分享外部自然环境的一种方式。中庭是一个多功能空间，既是交通枢纽，又是人们交往活动的中心，所以有人称它为“共享大厅”。厅内布置庭园、水景、绿色植物、假山等，要求有充足的自然光，所以人们又称它为“四季大厅”。适当使用中庭，能赋予空间明亮的感觉。现在，在监狱单体建筑中，中庭天窗应用也屡见不鲜，如行政办公大楼、监狱展览馆（或陈列室）以及监管区的教学楼、会见楼、医院，甚至北京市延庆监狱综合监舍楼也使用了中庭天窗。

中庭天窗的设计要求

1）中庭内应有良好的光环境和热环境。一要选择好天窗形式：从顶部进光的天窗和从侧面进光的天窗，前者主要用于气候温暖或阴天较多的地区，后者多用于炎热地区；二要控制好中庭长宽高之间的比例关系；三要妥善处理中庭各个墙面的反光问题。

2）选择安全可靠热功性能好的天窗玻璃。天窗由于位于中庭顶上，当重物撞击或冰雹袭击天窗时，应防止玻璃破碎后落下砸伤人，所以天窗玻璃要有足够的抗冲击性能。应选用有夹层安全玻璃、丙烯酸酯有机玻璃、聚碳酸酯有机玻璃以及其他玻璃。

3）具有良好的防水性能。中庭天窗常常是成片布置，玻璃顶要有足够的排水坡度，排水路线要短捷畅通，以防积水。细部构造应注意接缝严密，防止渗水。玻璃表面遇冷会产生凝结水，要妥善设置排除凝结水的沟槽，防止冷凝水滴落到中庭地面，造成不良影响。

中庭天窗主要有五种基本形式：棱锥形天窗、斜坡式天窗、拱形天窗、圆穹形天窗、锯齿形天窗以及其他形式的天窗。在监狱工程设计中，还可以结合具体的实际空间和不同结构形式，在基本形式的基础上演变和创造出其他天窗形式。

侧向进光的天窗构造与普通窗的构造有很多类似的地方。顶部进光的玻璃顶构造，它由屋顶承重结构和玻璃面两部分构成。玻璃顶的承重结构都是暴露在大厅上空的，结构断面尽可能设计得小些，以免遮挡天窗光线。一般选用金属结构，用铝合金型材或钢型材制成，常用的结构形式有梁结构、拱结构、桁架结构、网架结构等。用采光罩作玻璃光面时，采光罩本身具有足够的强度和刚度，不需要用骨架加强，只要直接将采光罩安装在玻璃屋顶的承重结构上即可。而其他形式的玻璃顶则是由若干玻璃拼装而成的，所以必须设置骨架。

（2）矩形天窗，是一种常见的天窗形式。它由装在屋架上的天窗架上的窗扇组成。窗扇一般可以开启，也有通风的作用。实质上，矩形天窗相当于提高位置（安装在屋顶上）的高侧窗，它的采光特性也与高侧窗相似。它由天窗架、天窗扇、天窗侧板、天窗屋面板、天窗端壁等构件组成。其特点是可以采光和通风，而且防雨水和太阳辐射效果好。在罪犯劳动改造机加工车间应用较多。

天窗架是天窗的承重结构，它直接支承在屋架上，天窗架的材料与屋架相同，常用钢筋混凝土天窗架和钢天窗架。天窗架的宽度根据采光和通风要求一般为厂房跨度的 1/2 ~ 1/3，且应尽可能将天窗架支承在屋架的节点上。目前常采用的钢筋混凝土天窗架宽度有 6m 和 9m 两种。高度应根据采光和通风的要求，并结合所选用的天窗扇尺寸确定，一般高度为宽度的 0.3 ~ 0.5 倍。

（3）平天窗，是在屋面直接开洞，铺上透光材料（如钢化玻璃、夹丝平板玻璃、玻璃钢塑料等）。由于不需安装天窗架，降低了建筑高度，简化结构，施工方便。它的造价仅为矩形天窗的 21% ~ 31%。平天窗不但采光效率高，而且布置时没有天窗架的限制，可以根据需要，灵活地布置，因而更易获得均匀照度。

平天窗有以下四种类型：一是采光罩，它是在屋面板上留孔装弧形透光材料，如弧形玻璃钢罩、弧形玻璃罩等。采光罩有固定和可开启两种。二是采光板，它是在屋面板上留孔，装设平板透光材料。板上可开设几个小孔，也可开设 1 个通长的大孔。固定的采光板只作采光用，可开启的采光板以采光为主，兼作少量通风。三是采光带，它是指采光口长度在 6m 以上的采光口。采光带根据屋面结构的不同形式，可布置成横向采光带和纵向采光带。四是三角形天窗，它是在屋脊处的纵向孔上设置三角形状的平板透光材料。

（4）锯齿形天窗，属单面顶部采光。这种天窗由于倾斜顶棚的反光，采光效率比纵向矩形天窗高。当采光系数相同时，锯齿形天窗的玻璃面积比纵向矩形天窗少 15% ~ 20%。它的玻璃也可做成倾斜面，以提高采光效率，但实际很少用。锯齿形天窗的窗口朝向北面的天空时，可避免直射阳光射入车间，因而不致影响车间的温湿度调节，在监狱建筑中常用于一些需要调节温度与湿度的车间，如女子监狱的纺纱、织布、印染等车间。

（5）井式天窗，是利用屋架上下弦之间的空间，将一些屋面板放在下弦杆件上形成井口。井式天窗主要用于热车间。为了通风顺畅，开口处常不安装玻璃窗扇。为了防止飘雨，除屋面做挑檐外，开口高度大时还在开口中间加几排挡雨板。

5. 特殊窗

（1）固定式通风高侧窗，在我国南方地区，结合气候特点，创造出多种形式的通风高侧窗。它们的特点是能采光，能防雨，能常年进行通风，不需设开关器，构造较简单，管理和维修方便，在监狱单体建筑中，多用于罪犯劳动改造的机加工类车间。

（2）防火窗，是指用钢窗框、钢窗扇、防火玻璃组成的，能起隔离和阻止火势蔓延的窗。防火窗必须采用钢窗或塑钢窗，镶嵌铅丝玻璃以免破裂后掉下，防止火焰蹿入室内或窗外。

（3）保温窗、隔声窗，保温窗常采用双层窗及双层玻璃的单层窗两种。双层窗可内外开或内开、外开。双层玻璃单层窗又分为两种：一种是双层中空玻璃窗，双层玻璃之间的距离为 5 ~ 15mm，窗扇的上下冒头应设透气孔；另一种是双层密闭玻璃窗，两层玻璃之间为封闭式空气间层，其厚度一般为 4 ~ 12mm，充以干燥空气或惰性气体，玻璃四周密封。这样可增大热阻，减少空气渗透，避免空气间层内产生凝结水。甘肃省武威监狱位于该省气候区划的寒冷地区与严寒地区之间，行政办公楼体形相对复杂，并有大面积的玻璃幕墙，具有现代办公建筑特征。为了节约能源和改善环境，该办公楼外窗采用了断热铝合金普通中空玻璃（5+9A+5），即 5mm 的钢化玻璃 + 9mm 的中空层 + 5mm 的玻璃窗，保温隔热效果非常好；湖南省网岭监狱中心押犯区禁闭室窗，采用了铝合金普通中空玻璃（5+6A+5）窗；江苏省未成年犯管教所，大多单体建筑外窗采用断桥型中空玻璃（6Low-E+12A+6），即 6mm 的钢化玻璃 + 12mm 的中空层 + 6mm 的钢化玻璃窗；天津市监狱管理局应急特勤队会见服务中心外檐门窗采用气密性和刚度良好的断热桥铝合金框料，单 Low-E 中空玻璃（又称低辐射玻璃，是在玻璃表面镀上多层金属或其他化合物组成的膜系产品），窗的开启形式均为平开窗，气密性达到规范规定的 6 级。

若采用双层窗隔声，应采用不同厚度的玻璃，以减少吻合效应的影响。厚玻璃应位于声源一侧，玻璃间的距离一般为 80 ~ 100mm。

二、窗的尺度

窗的尺度主要取决于房间的采光、通风、构造做法和建筑造型等要求，并要符合现行《建筑模数协调标准》（GB/T 50002—2013）的规定。为使窗坚固耐久，一般平开窗的窗扇高度为 800 ~ 1200mm，宽度不宜大于 500mm；上下悬窗的窗扇高度为 300 ~ 600mm；中悬窗窗扇高不宜大于 1200mm，宽度不宜大于 1000mm；推拉窗高宽均不宜大于 1500mm。

监舍楼寝室、会见楼窗地比不应小于 1/7。

第四节 门窗的安全防护

监狱作为惩罚与改造罪犯的主要场所，其建筑与社会一般建筑存在着诸多差异，如在监管区内门窗的安全防护上。为了防止在押罪犯逃脱、行凶或自杀，监管区内门窗的安全防护必须有相关严格要求，否则极易酿成监狱监管安全事故。

一、门窗的安全防护规定

从民国到现在，监狱门窗的安全防护一直倍受重视，出台了许多明文规定，如民国时期的江苏高等法院对所属监所的门窗作了如下规定：窗外铁条，圆径五分，每根相距至多不过四寸，上下颠倒，出头四寸，扁铁条厚四分，宽一寸二分，门窗铰链插锁全齐，监房、工场窗插门锁，尤须坚固；1990 年司法部颁布的《监管改造环境规范》第三章第十六条作了规定：门、窗、灯要安装防护装置。至于如何安装，没有作进一步详细说明；2002 年司法部颁布的《监狱建设标准》（建标 [2002]258 号）以及 2010 年修订后的《监狱建设标准》（建标 139—2010）对门窗的防护也作了具体规定：罪犯技能培训用房、劳动改造用房的警察值班室的门窗应有牢固的隔离防护设施；岗楼应设金属防护门；监狱大门（实际上是指监管区大门）的外门应为金属门；围墙内所有单体建筑外窗应设金属防护栅栏，内窗宜设置防护设施。围墙内所有的单体建筑的门应安全、坚固；监狱围墙内所有的水、电、暖气检查口、检查窨井及穿越围墙的各种管道口、检查井口等处应设牢固的防护装置。

二、门的金属防护装置具体要求

监管区内单体建筑中的门防护，一般都采用防盗门或金属防护栅栏。广东省规定监管区内的所有建筑入口、楼梯和罪犯可能接触到的门应为铁门。并对监狱铁门和铁防护网制作作了具体要求：一是对铁门、铁窗防护网钢筋或钢管规格作了明确规定，监管区大门为 ф25 圆钢，禁闭室为 ф20 圆钢，监室、医院、会见楼、罪犯伙房为 ф16 圆钢，教学用房、厂房为 ф14 圆钢，钢筋间距一般 120mm；二是普通铁门规格一般用 50mm × 25mm 方管或 50mm × 5mm 角铁，骨架间距约 500 ~ 600mm，监管区大门按实际需求设置；三是门扇宽度 < 1100mm 的铁门用平开铁门，门扇宽度大于 1200mm 的铁门用推拉铁门或铁拉闸门，有条件的可安装电动铁门，监区原则上不用不锈钢门；四是铁门和铁网安装应与建筑结构有可靠连接，并在建筑装饰前完成（图 7-4-1、图 7-4-2）。

图 7-4-1　上海市提篮桥监狱双道铁门

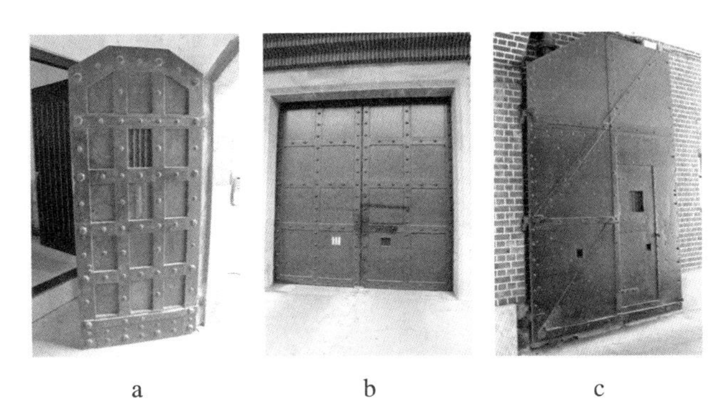

a　　　　b　　　　c

图 7-4-2　上海市提篮桥监狱铁门

江苏省对罪犯监舍门、防护格栅窗配置标准作了具体规定：一是监室门的配置为防盗门，门洞尺寸 1000mm（宽）× 2200mm（高），防盗门尺寸 950mm（宽）× 2050mm（高），门的上部距门底边 1400mm 处要留有观察口（400mm × 450mm），同时防盗门的安全通用技术条件必须符合《防盗安全门通用技术条件》（GB 17565—1998）；二是监室防护格栅 ≥ ϕ18mm 热扎圆钢或 18mm × 18mm 方钢，为防止罪犯自杀，不设横档。

三、窗的金属防护装置具体要求

监管区内单体建筑外墙上的窗，全国绝大多数监狱在窗内侧安装金属防护栅栏，这种方式的优点：一是从外观上看与社会上差别不大，在视觉上弱化罪犯的抵触情绪；二是窗既可设计成推拉式窗，也可设计成平开式窗；三是金属防护栅栏不易被腐蚀。当然也有少数监狱在窗的外侧安装金属防护栅栏，如山东省微湖监狱、滕州监狱等。

窗的金属防护栅栏采用直径 ≥ 18mm 热扎圆钢，或 20mm × 20mm 方管，或不锈钢方管，壁厚 ≥ 15mm。辽宁省大连市监狱医院所有外墙中的窗，中间为横向金属管改为窗装饰线，使之成为建筑立面的有机构成，既尊重了罪犯，又很好地解决了防逃问题。该监狱还在罪犯劳动改造车间采用钢化玻璃替代铁栏杆，尽量降低压抑感。接点须双面点焊，金属栅栏四周与墙面边缘固定好，不可拆卸，罪犯寝室窗地比 ≥ 1/7。广西壮族自治区南宁监狱监管区内的建筑门窗采用铝合金、螺纹钢及不锈钢防护网等材料组合而成，具有防潮、防锈、防蚀、通风、透明等功能。而北京市垦华监狱，作为一所高度戒备监狱，在一级戒备监区监舍窗户护栏采用了 7 根钢筋混凝土柱与剪力墙一体浇筑而成，间距仅 10cm 左右，罪犯想通过破窗脱逃根本不可能，增强了警戒级别。

四、门锁

监管区内的门锁，是监狱重要物防的基础设施之一，必须安全牢固，具有防撬防盗防暴力破坏性能。锁主要应用在监舍楼内的监室、楼层通道、文化室、储物室、晾衣房、活动室、医务室以及警察值班室等门上；还应用在教学楼、会见楼、医院、禁闭室、罪犯伙房、监狱AB通道门、罪犯生活区与罪犯劳动改造区间的金属隔离网通道、罪犯劳动改造区通道、工具房、库房等门上。截至目前，我国还没有对监管区门锁作统一规范标准要求，不同监狱的门锁各具特色。

监狱门上的锁，特别是监室门上的锁，是首当其冲防止罪犯脱逃的坚固防线。门除了要牢固，还要安装具有防盗防撬功能的特殊的门锁。目前我国监狱监室门上的锁，大多采用电子锁（门禁系统），晚上收封时同时使用机械锁（双保险）。在我国最为出名的监狱门锁，为上海市提篮桥监狱内的门锁（图7-4-3、图7-4-4）。该门锁和钥匙由英国伦敦霍勃·哈脱公司用精钢材质制造供应，这些锁和钥匙至今仍在正常使用，完好如初。锁被牢牢地固定在铁门上，它设有3道锁舌，钥匙约15cm长，为拉拴式门锁。上海市南汇监狱监室门也配置了一种特制的机械锁（图7-4-5）。

图7-4-3 上海市提篮桥监狱“龟背锁”

图7-4-4 上海市提篮桥监狱监室门配置的特制锁

江苏省对监狱门锁配置标准作了具体规定：一是门锁采用机械防盗锁（静音锁），外壳全部采用合金压铸，美观大方，牢固耐用。开锁能量低，不会出现分机开不了锁的现象，可以和任何厂家的门禁主机匹配，可靠性高。最低应符合《机械防盗锁》（GA/T 73—1994）中A级别机械防盗锁的技术要求。工作电压为DC12V（指直流12伏），工作电流≤200mA，待机电流≤60mA，开锁功率≤2W，环境温度-40℃～80℃。二是监室门锁的开控可采用手动钥匙控制（同1楼层的门锁采用同1锁芯，用同1把钥匙人工开启）或计算机控制（在同1楼层监控计算机上操控本楼层监舍门锁开启，既可分别开启任1间监室门，也可同时开启本楼层所有监室门）。

图7-4-5 上海市南汇监狱监室门配置的特制锁

五、西方国家对监狱门窗的安全防护做法

西方发达国家，对监狱门窗的安全防护也十分重视。

建于16世纪的意大利威尼斯监狱，监狱大门和窗户结构都是铸钢件，大门由数把铸钢件排列起来，每根铸钢件直径足有10cm，横排的铸件插入竖排铸件的预留孔内，门窗都防撬防锯，十分牢固。[①]

① 于爱荣主编. 意大利瑞士监狱一瞥. 监狱理论与实践增刊。

图 7-4-6　英国某监狱监舍侧窗

图 7-4-7　美国洛杉矶监狱与墙体现浇在一起的外窗

英国监狱的监舍窗户一般是用截面 5mm × 4mm 的矩形空心钢材作栅栏，栅栏与栅栏之间的距离不足 15mm，厚钢化玻璃嵌入其间，窗户一侧即最边上 1 块玻璃嵌在狭长小窗门上，可关闭或开启通风。想锯断栅栏是做不到的（图 7-4-6）。

美国监狱的监舍、活动区健身房等罪犯居住和活动场所的窗户不能打开，其玻璃中有网状金属内芯，只能透光，不能通风，室内温度和通风换气都由中央空调系统来完成（图 7-4-7）。

西班牙监狱的监舍通道及监区的窗户都是一次成型的金属铸件，呈方格网状，每方格只有 100mm × 150mm，罪犯想通过破坏窗户脱逃比较困难。①

瑞士日内瓦州桑德龙监狱的监舍窗户都安装有特制的防撞击玻璃，十分牢固，监舍门由钢板焊接而成。

德国北威州伍珀塔尔监狱，极少使用门禁系统，除大门通道（AB 门）使用门禁系统以外，其他有门的地方极少使用门禁系统，一般仍是传统的统一锁芯的防盗锁，监狱管理人员使用的钥匙足有 20cm 长，钥匙很难被复制。门禁系统容易被破坏，且受电源的限制，传统的防盗锁只受人控制，而人是最值得信任的防控工具。在监狱警察进入监区的地下通道大门及地下通道的电梯口等处，除单独配备防盗锁及钥匙外，每个地方都有警察专人值守。②

① 贾晓文. 论国外监狱设计和建设对我国的启示. 广西政法管理干部学院学报，2012年第3期。

② 汪家杰. 中、德监狱管理工作的直观比较. 老警的博客http://biog.sina.com.cn/xzjywj.

第八章

监狱建筑屋顶

屋顶是建筑最上层的覆盖构件，是监狱单体建筑的重要组成部分，主要起着承重、围护作用。本章主要介绍了监狱建筑屋顶的类型及设计要求、屋顶排水、平屋顶及坡屋顶构造等内容。

第一节　屋顶的类型及设计要求

屋顶是建筑最上层的覆盖构件，在监狱单体建筑中，主要有两个作用：一是承重作用，承受作用于屋顶上的风荷载、雪荷载和屋顶自重等，同时对房屋上部还起支撑作用；二是围护作用，防御自然界的风、雨、雪、太阳能辐射热和冬季低温等的影响，因此屋顶具有不同的类型和相应的设计要求。

一、屋顶的类型

屋顶主要由屋面、承重结构、各种形式的顶棚及保温、隔热、隔声和防火等功能所需的各种构造层次及相关设施所组成。从屋顶外部形式看，屋顶的形式与建筑的使用功能、屋面材料、结构类型及建筑造型要求等有关。在监狱单体建筑中，主要有以下三种类型屋顶：

1. 平屋顶

屋顶形式在古代与地理气候有关，即与降水量和日照有关，在我国东部以坡屋顶为主，在陕西、甘肃、青海等西部省份由于降水量小，所以其建筑多为平屋顶（因为用不着坡屋顶排泄大量雨水，屋顶也不至于漏），排水坡度 < 10%，常用坡度 2% ~ 3%。由于受当时的经济、技术等多种因素影响，20 世纪 80 年代末至 21 世纪初，不但北方干旱地区的监狱单体建筑的屋顶都采用平屋顶，就连南方多雨地区也采用了平屋顶（图 8-1-1）。平屋顶坡度小，它的屋面可作为晒衣场，江苏省徐州监狱监舍楼充分利用平屋顶的特点，另用作罪犯的晒衣场，四周安装了防护网。安徽省潜川监狱将监舍楼屋顶设计成平顶式屋面，上面放太阳能集热器设备。由于涉及监狱监管安全，监管区内的平屋顶，一般不宜作为晒台、球场等，要设有阻止无关人员上屋顶的设施。江苏省洪泽湖监狱、安徽省安庆监狱、安徽省庐江监狱等罪犯生活区内的室外阳光晒衣房屋顶均采用 FRP 采光板—玻璃钢 850 型阻燃采光瓦做成的平屋顶。

为了防止通过直升机，甚至发展迅速的无人机等航空器劫持罪犯，高度戒备监狱除罪犯室外活动区域设置必要的防空网、防空索等防航空器劫持的设施外，单体建筑的屋顶不宜采用平屋顶。江西省赣州监狱的高度戒备监区，借鉴客家围屋的建筑造型，采用回廊式结构，顶部安装有钢索“天网”，以防以飞行器劫狱。国外曾发生多起利用航空器劫持罪犯的事件。如 2007 年 7 月 14 日晚，法国格拉

图 8-1-1　江苏省南京监狱平屋顶的监舍楼

塞监狱发生1名叫帕斯卡尔·帕耶特的罪犯，利用同伙从卡纳－芒德利厄机场劫持了1架直升机，降落在该监狱平屋顶上，将其成功救走。2014年6月7日，加拿大魁北克市一所监狱3名囚徒晚上借助1架直升机越狱。

2. 坡屋顶

南方地区多雨，多采用坡屋顶，出檐较小，且轻巧。在北方由于太阳角度关系，出檐较深远，夏季可以防日照，冬季又不妨碍日光进入室内。近代，随着沥青等防水材料的出现，平屋顶由于造价低而广泛被使用，但是随着社会经济发展，坡屋顶美观，加之监狱单体建筑多为单层或多层，监狱也开始大量采用坡屋顶（图8-1-2），如陕西省汉中监狱监舍楼、教学楼都采用了红瓦坡屋顶。天津市出入监监狱，监舍综合楼的建筑坡屋面及拱形柱廊的仿欧式造型的外墙面设计，更体现了其宽松、活泼的特点。纯净的白色立面与浅蓝色的坡屋面，营造出这一建筑的特有风格。江苏省无锡监狱还进行了轻工厂房平改坡工程，将原平屋顶改为轻钢彩板坡屋面。由于坡屋顶维修时比平屋顶有难度，且有一定的危险，所以高层建筑一般使用平屋顶，同时在高层使用平屋顶也有利于利用屋顶的楼梯间，进行防火疏散。

坡屋顶是一种沿用较久的屋面形式，种类繁多，多采用块状防水材料覆盖屋面，屋面坡度较大，根据材料的不同，屋面坡度可取10% ~ 50%。由于坡屋顶在排防水、保温隔热等方面存在着诸多的优点，在监狱建筑中应用较广，常见的有单坡顶、双坡顶、四坡顶和折腰顶等，其中以双坡式和四坡式最为常见。

（1）单坡顶，是指屋面只有1个斜平面，由外墙的一边斜向对面的外墙。通常运用在监狱一些临时性活动板房中（图8-1-3）。

（2）双坡顶，是指屋面有2个斜面，屋顶尽端屋面出挑在山墙外的称“悬山”，屋面称“悬山两坡顶”；山墙与屋面砌平的称“硬山”，屋面称“硬山两坡顶”。在监狱单体建筑中，绝大多数为双坡顶，如江苏省苏州监狱的监舍楼、教学楼、行政办公楼等都为双坡屋顶。

（3）四坡顶，是指屋面有4个斜面（图8-1-4），中国传统的四坡顶四角起翘的称“庑殿”，屋面称“庑殿顶”，位于仓街旧址的江苏省苏州监狱大门就是采用这种形式屋面。坡屋顶双坡或多坡屋顶的倾斜面相互交接，顶部的水平交线称“正脊”。斜面相交成为凸角的斜交线称“斜脊”。斜面相交成为凹角的斜交线称“斜天沟”。正脊延长，两侧形成两个山花面的称“歇山”，屋面称“歇山顶”。江西省赣州监狱所有的监舍楼屋顶都采用了四坡顶形式，陕西省杨凌监狱、湖北省孝感监狱等大多单体建筑也采用了四坡顶形式。

图8-1-2　天津市河西监狱坡屋面的行政办公楼

图8-1-3　英国爱丁堡监狱单坡屋面的访客接待中心

图8-1-4　黑龙江省六三监狱坡屋面的监舍楼

3. 其他形式的屋顶

随着科学技术的发展，出现了许多新型的屋顶结构形式，如拱结构、薄壳结构、悬索结构、网架结构屋顶等。这类屋顶多用于较大跨度的单体建筑。在监狱建筑中，监狱罪犯伙房、大礼堂、体育馆、劳动改造车间等运用较多，如吉林省公主岭监狱新建监狱指挥中心楼内设有 1 个可供 455 人开会使用的报告厅（建筑面积 618.30m^2），由于顶层该报告厅要求大空间，屋面采用了轻钢结构彩钢板屋面，其余部分为钢筋混凝土屋面；安徽省安庆监狱罪犯伙房（地上 2 层，建筑面积 3396m^2）、安徽省巢湖监狱罪犯伙房（地上 2 层，建筑面积 4901.5m^2）、江苏省苏州监狱体育馆（图 8-1-5）、广东省惠州监狱增容（蕉岭监狱迁建二期改造）综合楼等屋顶采用的是球形网架屋顶；浙江省乔司监狱体育馆（图 8-1-6）采用的是曲面屋顶；广西壮族自治区桂林监狱警察多功能培训中心采用的是钢屋架；山东省微湖监狱罪犯技能培训用房采用的是钢结构曲面屋顶。而安徽省马鞍山监狱在罪犯综合楼（底层为罪犯伙房，第 2 层为罪犯大礼堂）（图 8-1-7）的屋顶设计上选择流线型的“S”形屋顶，实际上是在平屋顶的基础上，进行了升级改版，使之富于动感，与周边环境相协调。

图 8-1-5 建设中的江苏省苏州监狱体育馆屋面网架工程（结构形式：螺旋球节点，正放四角锥网架）

图 8-1-6 浙江省乔司监狱体育馆钢结构屋顶

图 8-1-7 安徽省马鞍山监狱 S 型屋顶的综合楼

二、屋顶的设计要求

屋顶是监狱单体建筑的重要组成部分，设计时应考虑以下三方面的要求：

1. 建筑功能要求

屋顶是监狱单体建筑的围护结构，应能抵御自然界各种环境因素对单体建筑的不利影响。

（1）屋顶应具有良好的排水防水性能。屋顶采用一定的坡度将屋顶的雨水排走。屋面防水是采用防水材料形成 1 个封闭的防水覆盖层。防止雨水渗漏是屋顶的基本功能要求，也是屋顶设计的核心，我国现行的《屋面工程技术规程》（GB 50207—94）根据单体建筑的性质、重要程度、使用功能及防水耐久年限等，将屋面划为四个等级，各等级均有不同的防水要求。

（2）屋顶应具有良好的保温隔热性能。屋顶应能抵御气温的影响。我国地域辽阔，南北气候相差悬殊，通过采取适当的保温隔热措施，使屋顶具有良好的热工性能，以便提供舒适的室内环境，也是屋顶设计的一项重要内容。

（3）屋顶应与太阳能利用相结合。由于太阳能有诸多的优点，在监狱中应用越来越广泛，在屋顶设计时，要充分考虑以后太阳能设备的施工与安装。北京市延庆监狱、北京市女子监狱、安徽省蚌埠监狱、江苏省南通女子监狱、江苏省洪泽湖监狱等在单体建筑屋顶上安装太阳能集热板，利用太阳能加热采暖用水和生活热水。西方发达国家监狱充分利用屋顶进行光伏发电，如美国旧金山湾中部的Alcatraz监狱装307kW屋顶光伏阵列进行发电，德国莱茵兰—法尔茨州（Rheinland—Pfalz，简称莱法州）的青少年监狱装280kW屋顶光伏阵列进行发电。我国除了香港罗湖惩教所、内蒙古自治区扎兰屯监狱和新疆生产建设兵团农二师且末监狱等引入太阳能发电技术外，江西省赣江监狱400kWp、海南省琼山监狱430kWp屋顶光伏发电项目分别已投入使用或正式启动。

（4）屋顶要具有防逃、防自杀的性能。监狱的基本职能和任务是惩罚和改造罪犯，也就决定了监狱建筑具备安全、牢固等要求，要防止罪犯自伤、自残、自杀、脱逃等恶性监管事故发生。因此，监狱建筑屋顶作为监狱单体建筑重要组成部分之一，相比社会上的普通建筑屋顶存在着差异，平时屋顶不允许上人，尽量设计成坡屋顶。对于平屋顶，屋顶的四周应安装互相连接的铁丝网（高度0.6～1m），上人孔要设置安全牢固的盖板，且能上锁。如果利用太阳能板作为坡屋面，该表面光滑，不易行走，对预防罪犯利用屋面进行违规违法活动，将会起到一定限制作用。

2. 建筑结构要求

屋顶要承受风、雨、雪、水等荷载及其自身的重量，上人屋顶还要承受人和设备等荷载，地震区还应考虑地震荷载对它的影响，满足抗震的要求，所以屋顶也是房屋的承重结构，应有足够的强度和刚度，以保证房屋的结构安全，并防止因过大的结构变形引起防水层开裂、漏水。2014年7月19日上午，美国德克萨斯州东部城市迪博尔市的迪波尔监狱中心的1个悬索屋顶公共区坍塌，导致其中19名囚犯受伤。事后，监狱方面对此屋顶倒塌事故展开调查，原因之一是建筑结构强度不足。[①]

3. 建筑艺术要求

屋顶是监狱单体建筑外部形体的重要组成部分，屋顶的形式对建筑的造型极具影响，监管区内的单体建筑外形力求稳重、大方。江苏省苏州监狱建筑特色之一就是屋顶外形和屋顶细部的艺术性，所有的屋顶都是苏州古典园林建筑风格，而且屋顶细部处理十分巧妙，屋面采用内天沟排水，使层面表面平整美观，线条顺直，且排水畅通，无积水现象。天津市津西监狱（入监监狱）、长泰监狱（出监监狱），监舍楼屋顶采取了不同样式，出监监狱为坡屋顶，而入监监狱区别于其他建筑，更体现了其严肃性，还通过纯净的白色立面与浅蓝色的坡屋面，营造出这一建筑的特有风格。

第二节　屋顶排水

屋顶排水重点是解决好屋顶排水坡度，并选择良好的排水方式和排水组织。

一、屋顶排水坡度的选择

1. 屋顶排水坡度的表示法

常见的屋顶排水坡度表示方法有百分比法、角度法和斜率法三种。百分比法以屋顶倾斜面的垂直投影长度与水平投影长度之比的百分比值来表示，角度法以倾斜面与水平面所成夹角的大小来表示，斜率法以屋顶倾斜面的垂直投影长度与水平投影长度之比来表示。平屋顶多采用百分比法，角度法虽比较直观，但在实际工程中应用较少，坡屋顶多采用斜率法。

2. 影响屋顶排水坡度的因素

屋顶坡度太小，易漏水和渗水；坡度太大，室内空间虽增大，但增加建筑材料和增加施工难度。要使屋面坡度恰当，应综合考虑所采用的屋面防水材料和当地降雨量两方面的因素。

① 美国一私人经营监狱屋顶坍塌19名囚犯受伤送医. 2014年7月21日，中国新闻网，http://www.chinanews.com/gi/2014/07-21/6408063.shtml。

（1）屋面防水材料与排水坡度的关系。屋面防水材料尺寸较小，接缝必然就较多，容易产生缝隙渗漏，因而屋面应有较大的排水坡度，以便将屋面积水迅速排除。例如江苏省苏州监狱所有的单体建筑屋面都采用了琉璃平瓦，其覆盖面积小，故屋面坡度都较大。如果屋面的防水材料覆盖面积大，接缝少而且严密，屋面的排水坡度就可以小一些。平屋顶的防水材料多为各种接材、涂膜或现浇混凝土等。

（2）降雨量大小与坡度的关系。降雨量大的地区，屋面渗漏的可能性较大，屋顶的排水坡度应适当加大；反之，屋顶排水坡度则宜小一些。南北地区的监狱建筑屋顶坡度之间有所区别就是这个缘故。

3. 屋顶坡度的形成做法

屋顶坡度的形成有以下两种做法：

（1）材料找坡，是指屋顶坡度由垫坡材料形成，一般用于坡向长度较小的屋面。为了减轻屋面荷载，应选用轻质材料找坡，如水泥炉渣、石灰炉渣等。找坡层的厚度最薄处不小于 20mm。平屋顶材料找坡的坡度宜 2% ~ 3%。材料找坡的屋面板可以水平放置，天棚面平整，但材料找坡增加屋面荷载，材料和人工消耗较多。

（2）结构找坡，是屋顶结构自身带有排水坡度，平屋顶结构找坡的坡度宜为 3%。结构找坡无须在屋面上另加找坡材料，构造简单，不增加荷载，但天棚顶倾斜，室内空间不够规整。

二、屋顶排水方式

屋顶排水方式分为以下两大类：

1. 无组织排水

屋面雨水直接从檐口滴落至地面的一种排水方式，因为不用天沟、雨水管等导流雨水，故又称“自由落水”。无组织排水具有构造简单，造价低廉的优点，但也存在一些不足之处，如雨水直接从檐口滴落至地面，外墙脚常被飞溅的雨水浸蚀，降低了外墙的坚固耐久性，影响外墙美观，从檐口滴落的雨水可能影响人行道的交通等。当单体建筑较高，降雨量又较大时，这些缺点就更加突出。主要适用于少雨地区或一般低层建筑，相邻屋面高差小于 4m，不宜用于较高的建筑。

2. 有组织排水

雨水经由天沟、雨水管等排水装置被引导至地面或地下管沟的一种排水方式。其优缺点与无组织排水正好相反。在监狱建设过程中，由于具体条件的千变万化，可能出现各式各样的有组织排水方式。按雨水管的位置不同，分为以下三种排水方式：

（1）外排水。雨水管装在单体建筑外墙外侧的一种排水方式。其优点是雨水管不妨碍室内空间使用和美观，构造简单，因而被广泛采用。外排水方案可归纳成以下五种：挑檐沟外排水、女儿墙外排水、女儿墙挑檐沟外排水、长天沟外排水、暗管外排水。明装的雨水管有损建筑外立面美观，故在一些重要的监狱单体建筑中，如监管区大门、教学楼、行政办公楼雨水管常采取暗装的方式，把雨水管隐藏在假柱或空心墙中。当然假柱可以处理成建筑外立面的竖线条。江苏省苏州监狱、湖北省孝感监狱等监狱屋面排水方式，从外表看似无组织排水，其实为有组织排水，在距屋面边缘 600mm 处设置了内天沟。江西省赣州监狱监舍楼屋面排水采用的是长天沟外排水。

（2）内排水。雨水管装设在室内的一种排水方式，适用于北方严寒地区和装修要求较高的单体建筑等。因为在严寒地区，若采用外排水，低温会使室外雨水管中的雨水冻结。较高单体建筑，若采用外排水，维修室外雨水管既不方便也不安全。

（3）在结构中间排水。在结构中间排水分为两种：一种是中间天沟内排水。当房屋宽度较大时，可在房屋中间设一纵向天沟形成内排水，这种方式特别适用于监狱多跨式机加工类的车间。雨水管可布置在柱壁，不影响车间里布置。另一种是高低跨内排水。高低跨双坡屋顶在两跨交界处也常常需要设置内天沟来汇集低跨屋面的雨水，高低跨可共用一根雨水管。这种情况在罪犯劳动改造用房较为常见，车间建好投入使用后，由于生产扩大导致面积不足，往往在车间外又另搭建。

三、排水方式选择

选择监狱单体建筑屋顶排水方式，应根据当地气候条件、单体建筑的高度、质量等级、使用性质、屋顶面积大小等因素加以综合考虑。一般可按以下原则进行选择：

（1）高度较低的单体建筑宜采用无组织排水方式。由于高度较低，落地的雨水冲击力弱，同时为了控制造价，这类屋面宜优先选用无组织排水方式。

（2）积灰多的屋面应采用无组织排水方式。如铸工车间、炼钢车间这类罪犯劳动改造用房在生产过程中散发大量粉尘积于屋面，下雨时被冲进天沟易造成管道堵塞，故这类屋面不宜采用有组织排水方式。

（3）有腐蚀性介质的工业建筑宜采用无组织排水方式。在生产过程中散发的大量腐蚀性介质，易使铸铁或 PVC 雨水装置等遭受侵蚀，故这类罪犯劳动改造用房也不宜采用有组织排水方式。

（4）在降雨量大的地区或高度较高的单体建筑应采用有组织排水方式。在降雨量大的地区，落地的雨水多，若采用无组织排水，容易使进出房屋的人被淋湿。高度较高的单体建筑，若采用无组织排水，落地的雨水冲击力强，会破坏地面。

（5）临主干道单体建筑的雨水排向人行道时宜采用有组织排水方式。这也是为方便在主干道上行走的路人。

四、屋顶排水组织设计

屋顶排水组织设计就是把单体建筑屋面划分成若干个排水区，将各区的雨水分别引向各雨水管，使排水线路短捷，雨水管负荷均匀，排水顺畅，避免屋顶因积水而引起渗漏。为此，屋面须有适当的排水坡度，设置必要的天沟、雨水口和雨水管，并合理地确定这些排水装置的规格、数量和位置，最后将它们标绘在屋顶平面图上，这一系列的工作就是屋顶排水组织设计。

1. 确定排水坡面的数目（分坡）

当屋面宽度小于 12m 时，可采用单坡排水；当屋面宽度大于 12m 时，宜采用双坡排水。当然坡屋顶应结合建筑造型要求选择单坡、双坡或四坡排水。

2. 划分排水区

划分排水分区的目的是便于均匀地布置雨水管。每根水落管的屋面最大汇水面积不宜大于 200m^2（屋面面积按水平投影面积计算），雨水口的间距在 18 ～ 24m。

3. 确定天沟所用材料和断面形式及尺寸

天沟是屋面上的排水沟，位于檐口部位时又称“檐沟”。设置天沟的目的是汇集屋面雨水，并将屋面雨水有组织地迅速排除。其做法：坡屋顶中可用钢筋混凝土、镀锌铁皮、石棉水泥等材料做成槽形或三角形天沟。由于金属天沟、石棉天沟的耐久性较差，因而大多采用钢筋混凝土天沟。平屋顶的天沟一般用钢筋混凝土制作，当采用女儿墙外排水方案时，可利用倾斜的屋面与垂直的墙面构成三角形天沟；当采用檐沟外排水方案时，通常用专用的槽形板做成矩形天沟。天沟的净断面尺寸应根据降雨量和汇水面积的大小来确定。一般监狱单体建筑的天沟净宽不应小于 200mm，天沟上口至分水线的距离不应小于 120mm。

4. 确定雨水管的规格及间距

雨水管材料分为铸铁（图 8-2-1）、镀锌铁皮、PVC 塑料、石棉水泥等多种。目前多采用 PVC 塑料水落管，管径有 50mm、75mm、100mm、125mm、150mm、200mm 几种规格，一般监狱单体建筑中最常用的水落管直径为 100mm，面积较小的露台或阳台可采用 50mm 或 75mm 的雨水管。除此以外，还有方形雨水管、彩铝无缝雨水管、金属圆管、彩铝方管、矩形波纹管等。无缝彩铝雨水管因质量好，性价比优，外形美观，经久耐用，逐渐被广泛采用。间距一般在 18m 以内，最大间距不宜超过 24m。雨水管的位置应安装在实墙面处。

图 8-2-1　上海市提篮桥监狱铸铁雨水管

为了防止罪犯利用室外雨水管攀爬进行自伤、自残、自杀或逃跑等违法犯罪活动，浙江省十里坪监狱、江苏省苏州监狱等在监管区内的室外雨水管安装上了防攀爬金属倒刺网（图 8-2-2）。针对监狱的特殊性，河南省洛阳监狱还自主研制出了一种叫半圆形防攀爬屋顶外墙雨水管（图 8-2-3），这种雨水管特点：一是以独特的造型使其成半圆形，平面贴墙无间隙，使罪犯无攀爬的条件；二是雨水管的连接处，把外承插改为内承插形式，使外观无任何凸凹的台阶，管体平整光滑如同整体，使罪犯没有依附的机会。这种雨水管值得全国监狱大力推广使用。

图 8-2-2 江苏省苏州监狱监管区内的雨水管安装防攀爬倒刺网

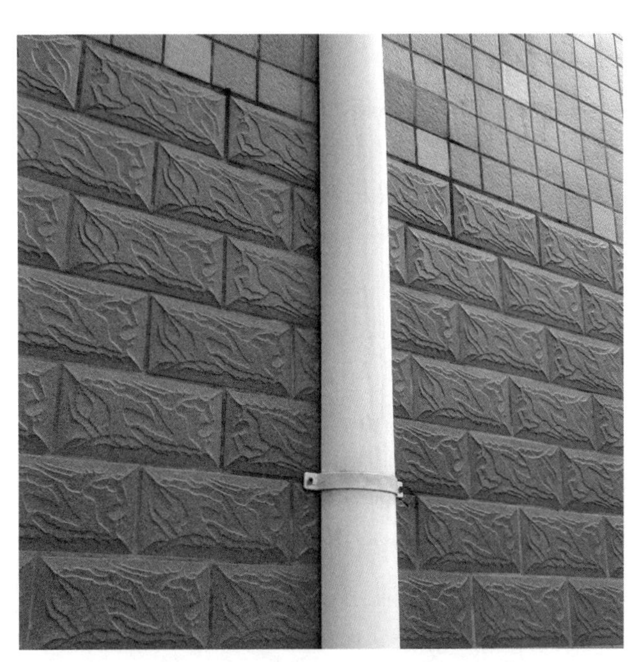

图 8-2-3 半圆形防攀爬外墙雨水管

第三节 平屋顶构造

平屋顶坡度平缓，一般在 2% ~ 5%。利用防水材料覆盖整个屋面，缝隙间的搭接严密，以堵住雨水渗漏的可能性。平屋顶按屋面防水材料的不同，分为卷材防水、刚性防水、涂料防水及粉剂防水屋面等。目前，我国北方地区的监狱单体建筑屋面多采用平屋顶（图 8-3-1、图 8-3-2）。

一、卷材防水屋面

卷材防水，也称“柔性防水”，指以防水卷材和粘结剂分层粘贴而构成防水层。这种防水层具有一定的延伸性和可变性，整体性好，能适应振动和微小变形等因素的影响，不易渗漏，适用于Ⅰ～Ⅳ级的屋面防水。卷材防水按其使用材料不同，可分

图 8-3-1 黑龙江省佳木斯监狱平屋顶的行政办公楼

图 8-3-2 黑龙江省佳木斯监狱平屋顶的监舍楼

为沥青类卷材、高分子类卷材、高聚物改性沥青类卷材防水等。山东省潍北监狱警察住宅楼平屋面、檐沟都采用PVC卷材作为防水层，四川省川北监狱监舍楼平屋面采用SBS防水卷材作为防水层。

1. 卷材防水屋面的构造层次与做法

卷材防水屋面由多层材料叠合而成，其基本构造层次按构造要求由结构层、找坡层、找平层、结合层、防水层和保护层组成。

（1）结构层。在监狱单体建筑中通常为现浇钢筋混凝土屋面板，要求具有足够的强度和刚度。预制钢筋混凝土屋面板，由于整体性差，在监狱单体建筑屋面中不宜采用。

（2）找坡层（结构找坡和材料找坡）。材料找坡应选用轻质材料形成所需要的排水坡度，通常是在结构层上铺1∶（6 ~ 8）的水泥焦渣或水泥膨胀蛭石等。

（3）找平层。柔性防水层要求铺贴在坚固而平整的基层上，因此必须在结构层或找坡层上设置找平层，通常为20 ~ 30mm1:3水泥砂浆，也可以采用1:8沥青砂浆。

（4）结合层。为了使卷材防水层与基层粘结牢固，必须在找平层上满涂1层冷底子油结合层。冷底子油用沥青加入汽油或煤油等溶剂稀释而成，喷涂时不用加热，在常温下进行。

（5）防水层。防水层由胶结材料与卷材粘合而成，卷材连续搭接，形成屋面防水的主要部分。当屋面坡度较小时，卷材一般平行于屋脊铺设，从檐口到屋脊层层向上粘贴，上下搭接宽度≥70mm，左右搭接宽度≥100mm。

油毡屋面在我国已有几十年的使用历史，具有较好的防水性能，对屋面基层变形有一定的适应能力，但这种屋面施工麻烦、劳动强度大，且容易出现油毡鼓泡、沥青流淌、油毡老化等方面的问题，使油毡屋面的寿命大大缩短，平均10年左右就要进行大修。

目前所用的新型防水卷材，主要有三元乙丙橡胶防水卷材、自粘型彩色三元乙丙复合防水卷材、聚氯乙烯防水卷材、氯化聚乙烯防水卷材、氯丁橡胶防水卷材及改性沥青油毡防水卷材等，这些材料一般为单层卷材防水构造，防水要求较高时可采用双层卷材防水构造。这些防水材料的共同优点是自重轻，适用温度范围广、耐气候性好、使用寿命长、抗拉强度高、延伸率大、冷作业施工、操作简便，大大改善劳动条件，减少环境污染。

（6）保护层。保护层的作用是保护卷材防水层，使沥青类卷材在阳光和大气作用下不至于迅速老化，也可以防止沥青流淌。

上人屋面的保护层做法：通常可采用水泥砂浆或沥青砂浆铺贴缸砖、大阶砖、混凝土板等，也可现浇30 ~ 40mm厚C20细石混凝土。四川省川北监狱屋面保护层采用了40mm厚C20商品细石混凝土现浇而成。

不上人屋面的保护层做法：当采用油毡防水层时铺粒径3 ~ 6mm的小石子，称“绿豆砂保护层”。绿豆砂要求耐风化、颗粒均匀、色浅；当采用三元乙丙橡胶卷材防水层时刷银色着色剂，直接涂刷在防水层上表面；当采用彩色三元乙丙复合卷材防水层时直接用CX—404胶粘结，不需另加保护层。

2. 卷材防水屋面的细部构造

屋顶细部是指屋面上的泛水、天沟、雨水口、檐口、变形缝等部位。

（1）泛水。泛水是指屋顶上与垂直墙面相交处的防水处理，例如女儿墙、山墙、变形缝、检修孔、立管等的壁面与屋顶的交接处，是最容易漏水的地方，均需做泛水处理，以免出现接缝处漏水。

（2）檐口构造。柔性防水屋面的檐口构造分为无组织排水挑檐、有组织排水挑檐沟及女儿墙檐口等，挑檐和挑檐沟构造都应注意处理好卷材的收头固定、檐口饰面并做好滴水。女儿墙檐口构造的关键是泛水的构造处理，其顶部通常做混凝土压顶，并设有坡度坡向屋面。

（3）雨水口构造。雨水口有两种类型，一种是直管式雨水口，主要用于檐沟排水；另一种是弯管式雨水口，主要用于女儿墙外排水。雨水口构造上要求排水通畅，防止渗漏水堵塞。采用直管式雨水口时，周边加铺1层卷材并贴入连接管内100mm，雨水口上用定型铸铁罩或铅丝球盖住，用油膏嵌缝；采用弯管式雨水口时，穿过女儿墙预留孔洞内，屋面防水层应铺入雨水口内壁四周长度≥100mm，并安装铸铁箅子以防杂物流入造成堵塞。

（4）屋面变形缝构造。屋面变形缝的构造处理原则是既不能影响屋面的变形，又要防止雨水从变形缝渗入室内。屋面变形缝按建筑设计可设于同层等高屋面上，也可设在高低屋面的交接处。

二、刚性防水屋面

刚性防水屋面是指以刚性材料作为防水层的屋面，如防水砂浆、细石混凝土、配筋细石混凝土防水屋面等。这种屋面具有构造简单、施工方便、造价经济、维修方便等优点，但对温度变化和结构变形较敏感，容易产生裂缝而渗水，故必须采取防止裂缝的构造措施。这种屋面多用于我国南方地区的监狱单体建筑中，如广东省乐昌监狱监管区大门、岗楼均采用了刚性防水屋面。

1. 刚性防水屋面的构造层次及做法

刚性防水屋面一般由结构层、找平层、隔离层和防水层组成。

（1）结构层。要求具有足够的强度和刚度，以免结构变形过大而引起防水层开裂。在监狱单体建筑屋面中一般应采用现浇钢筋混凝土屋面板，并在结构层现浇或铺板时形成屋面的排水坡度。

（2）找平层。为保证防水层厚薄均匀，通常应在结构层上用 20mm 厚 1:3 水泥砂浆找平。由于监狱单体建筑都采用现浇钢筋混凝土屋面板，也可不设找平层。

（3）隔离层。为减少结构层变形及温度变化对防水层的不利影响，宜在防水层下设置隔离层。隔离层可用纸筋灰、低强度等级砂浆或薄砂层上干铺一层油毡等。当防水层中加有膨胀剂类材料时，其抗裂性有所改善，也可不做隔离层。

（4）防水层。常用配筋细石混凝土防水屋面，混凝土强度等级应不低于 C20，其厚度≥ 40mm，双向配置 ф4 ～ ф6.5 钢筋，间距为 100 ～ 200mm 的双向钢筋网片。为提高防水层的抗渗性能，可在细石混凝土内掺入适量外加剂（如膨胀剂、减水剂、防水剂等）以提高其密实性能。

2. 刚性防水屋面的细部构造

刚性防水屋面细部构造包括屋面防水层的分格缝、泛水、檐口、雨水口等。

（1）屋面分格缝。它实质上是在屋面防水层上设置的变形缝。其作用：一是防止温度变形引起防水层开裂；二是防止结构变形将防水层拉坏。因此屋面分格缝的位置应设置在温度变形允许的范围以内和结构变形敏感的部位（结构变形敏感的部位主要是指装配式屋面板的支承端、屋面转折处、现浇屋面板与预制屋面板的交接处、泛水与立墙交接处等部位），间距≤ 6m。其构造要求：一是防水层内的钢筋在分格缝处应断开；二是屋面板缝用浸过沥青的木丝板等密封材料嵌填，缝口用油膏等嵌填；三是缝口表面用防水卷材铺贴盖缝，卷材的宽度 200 ～ 300mm。

（2）泛水构造。刚性防水屋面的泛水构造要求与卷材屋面基本相同。不同的地方是刚性防水层与屋面突出物（如女儿墙）间须留分格缝，另铺贴附加卷材盖缝形成泛水。

（3）檐口构造。刚性防水屋面檐口的形式一般有自由落水挑檐口、挑檐沟外排水檐口和女儿墙外排水檐口、坡檐口等。

1）自由落水挑檐口。根据挑檐挑出的长度，有直接利用混凝土防水层悬挑和在增设的现浇或预制钢筋混凝土挑檐板上做防水层等做法。无论采用哪种做法，都应注意做好滴水。

2）挑檐沟外排水檐口。檐沟构件一般采用现浇钢筋混凝土槽形天沟板，在沟底用低强度等级的混凝土或水泥炉渣等材料垫置成纵向排水坡度，铺好隔离层后再浇筑防水层，防水层应挑出屋面并做好滴水。

3）坡檐口。监狱建筑设计中出于造型方面的考虑，常采用一种平顶坡檐即“平改坡”的处理方式，使较为呆板的平顶建筑具有某种传统的韵味，以丰富监狱建筑外观。

（4）雨水口构造。刚性防水屋面雨水口也有直管式和弯管式两种做法，直管式一般用于挑檐沟外排水的雨水口，弯管式用于女儿墙外排水的雨水口。

1）直管式雨水口。为防止雨水从雨水口套管与沟底接缝处渗漏，应在雨水口周边加铺柔性防水层并铺至套管内壁，檐口处浇筑的混凝土防水层应覆盖于附加的柔性防水层之上，并于防水层与雨水口之间用油膏嵌实。

2）弯管式雨水口。一般用铸铁做成弯头。雨水口安装时，在雨水口处的屋面应加铺附加卷材与弯头搭接，其搭接长度≥100mm，然后浇筑混凝土防水层，防水层与弯头交接处需用油膏嵌缝。

三、涂膜防水屋面

涂膜防水屋面，又称涂料防水屋面，是指用可塑性和粘结力较强的高分子防水涂料，直接涂刷在屋面基层上形成一层不透水的薄膜层，以达到防水目的的一种屋面做法。防水涂料有塑料、橡胶和改性沥青三大类，常用的有塑料油膏、氯丁胶乳沥青涂料和焦油聚氨酯防水涂膜等。这些材料具有防水性好、粘结力强、延伸性大、耐腐蚀、不易老化、施工方便、容易维修等优点。这种屋面通常适用于不设保温层的预制屋面板结构，如单层机加工厂房的屋面。在有较大震动的单体建筑或寒冷地区监狱则不宜采用。

1. 涂膜防水屋面的构造层次和做法

涂膜防水屋面的构造层次与柔性防水屋面相同，由结构层、找坡层、找平层、结合层、防水层和保护层组成。

涂膜防水屋面的常见做法，结构层和找坡层材料做法与柔性防水屋面相同。找平层通常为25mm厚1:2.5水泥砂浆。为保证防水层与基层粘结牢固，结合层应选用与防水涂料相同的材料经稀释后满刷在找平层上。当屋面不上人时保护层的做法根据防水层材料的不同，可用蛭石或细砂撒面、银粉涂料涂刷等做法；当屋面为上人屋面时，保护层做法与柔性防水上人屋面做法相同。

2. 涂膜防水屋面细部构造

（1）分格缝构造。涂膜防水只能提高表面的防水能力，由于温度变形和结构变形会导致基层开裂而使得屋面渗漏，因此对屋面面积较大和结构变形敏感的部位，需设置分格缝。

（2）泛水构造。涂膜防水屋面泛水构造要点与柔性防水屋面基本相同，即泛水高度≥250mm；屋面与立墙交接处应做成弧形；泛水上端应有挡雨措施，以防渗漏。

四、平屋顶的保温与隔热

北方寒冷地区的监狱，由于雨水少，建筑多采用平屋顶，因此要采取保温与隔热措施。

1. 平屋顶的保温

冬季室内采暖时，气温较室外高，热量通过围护结构向外散失。为了防止室内热量散失过多、过快，须在围护结构中设置保温层，以提高屋顶的热阻，使室内有一个舒适的环境。

（1）屋顶保温材料类型。保温材料应具有吸水率低、导热系数小并具有一定强度的性能。屋顶保温材料多为轻质多孔材料，一般可分为以下三种类型：

1）散料类，常用炉渣、矿渣、膨胀蛭石、膨胀珍珠岩等。

2）整体类，以散料作骨料，掺入一定量的胶结材料，现场浇筑而成，如水泥炉渣、水泥膨胀蛭石、水泥膨胀珍珠岩及沥青膨胀蛭石和沥青膨胀珍珠岩等。

3）板块类，是利用骨料和胶结材料由工厂制作而成的板块状材料，如加气混凝土、泡沫混凝土、膨胀蛭石、膨胀珍珠岩、泡沫塑料等块材或板材等。江苏省苏州监狱会见楼的局部屋面、罪犯劳动改造车间屋面采用了复合轻质防水型保温隔热砖，包括结构饰面层、保温隔热层和界面粘结层，界面粘结层设在结构饰面层和保温隔热层之间。该砖将表面光洁具有装饰效果的结构层和保温隔热层在车间一次性加工复合而成，复合前须将XPS挤塑板经高效防水型界面剂进行处理、晾干，然后在专业模具中与结构层一次性复合成型，经自然养护至结构层达到规定的强度后，进行脱模，制成品。将装饰、承重、保温隔热复合为一体，形成一个独立的产品，应用在建筑屋面上，完全符合国家相关建筑节能设计标准的要求，具有良好的保温隔热效果，铺贴后美观大方、环保，并具有一定的防水效果，尤其是施工简便易行，工序简单，施工质量较容易得到保障。

（2）屋顶保温层的设置。平屋顶因屋面坡度平缓，适合将保温层放在屋面结构层上（刚性防水屋面不适宜设保温层）。保温层通常设在结构层、防水层之间。保温卷材防水屋面与非保温卷材防水屋面的区别是增设了保温层，构造需要相应增加找平层、结合层和隔气层。设置隔气层的目的是防止室内水蒸气渗入保温层，使保温层受潮而降低保温效果。隔气层的一般做法是在 20mm 厚 1∶3 水泥砂浆找平层上刷冷底子油 2 道作为结合层，结合层上做一布二油或两道热沥青隔气层。

2. 平屋顶的隔热

地处夏季南方炎热地区的监狱，在太阳辐射和室外气温的综合作用下，从屋顶传入室内大量热量，影响室内的温度环境。为创造舒适的室内生活和工作条件，应采取适当的构造措施解决屋顶的降温和隔热问题。

（1）反射隔热降温屋顶。利用表面材料的颜色和光洁度对热辐射的反射作用，对平屋顶的隔热降温有一定的效果。如屋顶采用石灰水刷白、在通风屋顶中的基层加一层铝箔等等，屋顶的隔热效果有一定的改善。

（2）间层通风隔热降温屋顶。通风隔热屋面是指在屋顶中设置通风间层，使上层表面起着遮挡阳光的作用，利用风压和热压作用把间层中的热空气不断带走，以减少传到室内的热量，从而达到隔热降温的目的。通风隔热屋面一般有架空通风隔热屋面和顶棚通风隔热屋面两种形式。

架空通风隔热屋面是将通风层设在防水层之上。架空层应有适当的净高，一般以 180 ~ 240mm 为宜，距女儿墙 500mm 范围内不铺架空板。隔热板的支点可做成砖垄墙（垄，一般位于两个界面交界处，譬如坡屋顶最上段的那段墙。砖垄墙，顾名思义，就是砖砌的垄墙，通常布置在底层板下的承重矮墙，用来减少底板跨度和增加支点）或砖墩，间距视隔热板的尺寸而定。

顶棚通风隔热屋面是利用顶棚与屋顶之间的空间作隔热层。顶棚通风层应有足够的净空高度，一般为 500mm 左右，需设置一定数量的通风孔，以利空气对流。通风孔应考虑防飘雨措施。

（3）蓄水隔热降温屋面。蓄水屋面是指在屋顶蓄积一层水，利用水蒸发时需要大量的汽化热，从而大量消耗晒到屋面的太阳辐射热，以减少屋顶吸收的热能，从而达到降温隔热的目的。

蓄水隔热屋面与刚性防水屋面构造基本相同，主要区别是增加了一壁三孔，即蓄水分仓壁、溢水孔、泄水孔和过水孔。其构造要注意五个方面要求：一要有合适的蓄水深度，一般为 150 ~ 200mm；二要根据屋面面积划分成若干蓄水区，每区的边长 ≤ 10m；三要有足够的泛水高度，至少高出水面 100mm；四要合理设置溢水孔和泄水孔，并应与排水檐沟或水落管连通，以保证多雨季节不超过蓄水深度和检修屋面时能将蓄水排除；五要注意做好管道的防水处理。

（4）种植隔热降温屋面。种植屋面是在屋顶上种植植物，利用植被的蒸腾和光合作用，吸收太阳辐射热，从而达到降温隔热的目的。这种屋面形式不仅美化了环境，还可以起到隔热的作用。香港罗湖惩教所在屋顶上种植铺地植物或草坪，一是增加绿化面积，二是降低夏季楼内的室内温度（图 8-3-3）。在确保监狱监管安全前提下，种植隔热降温屋面的做法应大力提倡。

图 8-3-3 香港罗湖惩教所在椭圆形平屋顶上进行绿化

第四节 坡屋顶构造

坡屋顶常采用瓦材防水，因瓦材块小、接缝多、易渗漏，故坡屋顶的坡度一般大于 10%，通常取 30% 左右。坡屋面具有排水快、防水功能好等优点，但是其屋顶构造高度大、消耗材料多，所以受风荷载、地震作用影响也相应增加，尤其当建筑体形复杂时，其交叉错落处屋顶结构较难处理。若采用坡屋顶的单体建筑总高度超出一定范围，一旦屋面瓦片出现滑动、脱落、破损，维修不太方便。

一、坡屋面的组成

坡屋面一般由承重结构和屋面面层两部分组成，必要时还设保温层、隔热层及顶棚等。

目前在监狱建筑中，一般都是砖混结构或框架结构，承重结构主要承受屋面荷载并把它传到墙上或柱子。屋面是屋顶上的覆盖层，直接承受风、雪和太阳辐射等大自然气候的作用。顶棚可使室内顶部平整，具有反射光线和装饰作用。保温层或隔热层可设在屋面层或顶棚处，视具体情况而定。

二、坡屋顶的承重结构体系

坡屋顶中常用的承重结构，有以下三种类型：

（1）山墙承重，是指利用山墙砌成尖顶形状直接搁置檩条以承载屋顶重量。这种结构形式做法简单、经济、适合多数相同开间并列的房屋，如20世纪七八十年代的监舍楼、行政办公楼等单体建筑坡屋顶采用过这种承重结构。

（2）梁架承重，是我国传统的结构形式，是以柱和梁形成的梁架来支承檩条，每隔2 ~ 3根檩条设立1根柱子。梁、柱、檩条使整个房屋形成1个整体骨架，墙只起到围护和分隔作用，不承重。江苏省苏州监狱、江西省赣州监狱所有的坡面顶均采用梁架承重。

（3）屋架承重，一般常采用三角形屋架，用来架设檩条以支承屋面荷载，屋架一般搁置在房屋的纵向外墙或柱子上，使建筑有较大的使用空间。在监狱中多用于有较大空间要求的单体建筑，如罪犯劳动改造用房、仓库、罪犯伙房等。内蒙古自治区乌兰监狱新建的罪犯劳动改造用房屋面采用了钢屋架承重方式。

三、承重结构构件

（1）屋架，屋架形式常为三角形，由上弦、下弦及腹杆组成，所用材料有木材、钢材及钢筋混凝土等。这种承重结构在20世纪七八十年代监狱单体建筑中经常用到，跨度< 12m的小型罪犯劳动改造车间，采用木屋架；跨度在12 ~ 18m的中型加工车间或仓库，采用钢木屋架，将木屋架中受拉力的下弦及直腹杆件用钢筋或型钢代替；而跨度超过18m，多采用预应力钢筋混凝土屋架或钢屋架，多为大型罪犯劳动改造车间。

（2）檩条，所用材料可为木材、钢材及钢筋混凝土，檩条材料的选用一般与屋架所用材料相同，使两者的耐久性大体接近。

四、承重结构布置

坡屋顶承重结构布置主要是指屋架和檩条的布置，其布置方式视屋顶形式而定。基本上有两种做法：一是把插入屋顶的檩条搁在原来房屋的檩条上，适合于插入房屋的跨度不大的情况；另一种做法是用斜梁或半屋架，一端搁在转角的墙上，另一端，当中间有墙或柱作支点时可搁置在墙或柱上，无墙或柱可搁时，则支承在中间的屋架上。

五、平瓦屋面做法

坡屋顶屋面一般是利用各种瓦材，如平瓦（南方地区称为大阳瓦，实质上就是水泥瓦）、波形瓦（有陶瓷、PVC）、小青瓦等作为屋面防水材料，主要利用它们相互搭接来防止雨水的渗漏。

1. 平瓦屋面分类

平瓦屋面根据基层的不同，有以下三种类型屋面：

（1）冷摊瓦屋面。冷摊瓦屋面是在檩条上钉椽条，然后在椽条上钉挂瓦条并直接挂瓦。这种做法构造简单，但雨雪易从瓦缝中飘入室内。新中国刚成立时，国家百废待兴，除了改造国民党遗留下的旧监狱外，还在偏僻的地区建造简易的建筑，相对于地窝、草棚、窑洞，那时单体建筑能使用冷摊瓦屋面已属不易了。

（2）木望板瓦屋面。木望板瓦屋面是在檩条上铺钉15 ~ 20mm厚的木望板（亦称屋面板），望板可采取密铺法（不留缝）或稀铺法（望板间留 20mm 左右宽的缝），在望板上平行于屋脊方向干铺一层油毡，在油毡上顺着屋面水流方向钉 10mm × 30mm，中距 500mm 的顺水条，然后在顺水条上面平行于屋脊方向钉挂瓦条并挂瓦，挂瓦条的断面和间距与冷摊瓦屋面相同。这种做法比冷摊瓦屋面的防水、保温隔热效果要好，但耗用木材多、造价高，在 20 世纪七八十年代的监舍楼、罪犯伙房、仓库等单体建筑中常使用。

（3）钢筋混凝土板瓦屋面。瓦屋面由于保温、防火或造型等的需要，可将钢筋混凝土板作为瓦屋面的基层盖瓦。盖瓦的方式有两种：一种是在找平层上铺油毡 1 层，用压毡条钉在嵌在板缝内的木楔上，再钉挂瓦条挂瓦；另一种是在屋面板上直接粉刷防水水泥砂浆并贴瓦或陶瓷面砖或平瓦，江苏省苏州监狱所有的单体建筑屋面就是采用了后一种做法。河北省石家庄出监监狱屋面瓦采用八样琉璃瓦，共分为三部分：一是 3 个角亭小四角尖顶屋面，标高 18.4m，面积约为 540m^2；二是舞台大四角尖顶屋面，标高 34.8m，面积约为 760m^2；三是观众厅、多功能厅 2 个斜挑檐屋面，标高 21.8m，面积约为 730m^2，其琉璃瓦总面积约为 2030m^2，采用挂贴安装法。在仿古建筑中也常常采用钢筋混凝土板瓦屋面。陕西省杨凌监狱屋顶采用钢筋混凝土青灰色瓦屋面，同时在屋顶还增加了由古代鸱吻演变而来的造型。

近年来，有的监狱的单体建筑屋面开始使用新型金属瓦、彩色压型钢板瓦等。

（1）金属瓦屋面，是用镀锌铁皮或铝合金瓦做防水层的一种屋面，金属瓦屋面自重轻、耐湿性、不燃性、装饰性好、使用年限长，主要用于大跨度建筑的屋面。由于金属瓦的表面面积大、重量轻、可弯曲、可切割等特点，通过采用独特的扣接设计构造和水平钉固方式，相互连接固定牢靠。这种干式化施工，简便快捷，节省材料。

金属瓦的厚度很薄（厚度在 1mm 以内），铺设这样薄的瓦材必须用钉子固定在木望板上，木望板则支撑在檩条上，为防止雨水渗漏，瓦材下面应至少干铺 1 层油毡。所有的金属瓦必须相互连通导电，并与避雷针或避雷带连接。

（2）彩色压型钢瓦屋面，简称“彩钢屋面”，实质上也是金属瓦屋面的一种，是近年来在大跨度建筑中广泛采用的高效能屋面，它不仅自重轻强度高且施工安装方便快捷。彩钢瓦的连接主要采用螺栓连接，不受季节气候影响。彩钢瓦色彩绚丽，质感好，大大增强了建筑的艺术效果。彩钢瓦除用于平直坡面的屋顶外，还可根据造型与结构的形式需要，在曲面屋顶上使用。例如，北京市延庆监狱精神病犯康复监区综合楼采用了彩色压型钢板波形瓦坡屋面；吉林省公主岭监狱指挥中心，顶层为报告厅，要求大空间，屋面采用了轻型屋面——轻钢结构彩钢屋面；内蒙古自治区乌兰监狱新建罪犯劳动改造用房采用了钢屋架彩钢屋面；山东省微湖监狱罪犯技能培训车间采用了钢屋架彩钢屋面；河南省第二监狱一监区生产车间也采用了钢屋架彩钢屋面。

屋面彩钢瓦锚固螺栓周围及彩钢瓦搭接处易渗漏，如四川省绵阳监狱轻型钢结构厂房出现了 2 处渗漏现象。在彩钢瓦屋面施工时，要注意屋面彩钢瓦锚固螺栓周围防水密封、彩钢瓦搭接处防水处理以及屋面关键部位防水处理等。

（3）岩棉板屋面，岩棉板是以玄武岩及其他天然矿石等为主要原料，经高温熔融成纤，加入适量粘结剂、防水剂等，固化加工而制成的，多用于简易的单体建筑中，如安徽省庐江监狱危化物仓库屋面板及雨棚，就是分别采用 150mm 厚和 100mm 厚的岩棉板。

（4）玻璃屋面。玻璃屋面又称玻璃采光顶，随着我国建设事业的发展，监狱也开始使用，用在行政办公楼、会见楼、教学楼、医院等。大面积天井上加盖各种形式和颜色的玻璃采光顶，构成一个不受气候影响的室内玻璃顶空间。玻璃顶中庭在建筑中是室内一个天然采光的中心空间，这个空间起着组织、协调周围建筑的作用。带玻璃顶的建筑一般在布局上比较紧凑，可更有效组织流畅的室内空间交流，并具有良好的导向性，还可以创造特有的空间序列。沉浸在阳光明亮的室内环境不受室外季节气温的影响，给人带来舒适愉快的气氛，同时它具有明显的节能潜力。各种玻璃采光顶的设计应对防火、防水、安全、保温等方面作出周密的构造细部处理，并要注意材料的选用得当。北京市延庆监狱监舍综合楼、北京市女子监狱警察备勤楼等单体建筑采用了玻璃屋面；除此之外，有的监狱在罪犯生活区内建设了室外晒衣房，大多屋顶采用耐压加厚的钢化玻璃屋面，如江苏省苏州监狱老弱病残监区室外晾衣棚等。

2. 平瓦屋面细部构造

平瓦屋面应着重做好檐口、天沟、屋脊等部位的细部处理工作，以防屋面渗漏。

（1）檐口构造。檐口分为纵墙檐口和山墙檐口。纵墙檐口，可以根据造型要求做成挑檐或封檐。山墙檐口，按屋顶形式分为硬山与悬山两种。硬山檐口构造，将山墙升起包住檐口，女儿墙与屋面交接处应做泛水处理。女儿墙顶应做压顶板，以保护泛水。悬山屋顶的山墙檐口构造，先将檩条外挑形成悬山，檩条端部钉木封檐板，沿山墙挑檐的一行瓦，应用 1 : 2.5 的水泥砂浆做出披水线，将瓦封固。

（2）天沟和斜沟构造。在等高跨或高低跨相交处，常常出现天沟，而两个相互垂直的屋面相交处则形成斜沟。沟应有足够的断面积，上口宽度不宜小于 300 ~ 500mm，一般用镀锌铁皮铺于木基层上，镀锌铁皮伸入瓦片下面至少 150mm。高低跨和包檐天沟若采用镀锌铁皮防水层时，应从天沟内延伸至立墙（女儿墙）上形成泛水。

六、坡屋顶的保温与隔热

坡屋顶虽没有平屋顶保温与隔热的要求严格，但从发挥屋顶的节能作用来看，做好坡屋顶的保温与隔热还是很重要的。

1. 坡屋顶保温构造

坡屋顶的保温层一般布置在瓦材与檩条之间或吊顶棚上面。保温材料可根据工程具体要求选用松散材料、块体材料或板状材料。若使用松散材料，较为经济但不方便。近年来多采用松质纤维或纤维毯成品铺设在顶棚上面。为了使用上部空间，也有把保温层设置在斜屋顶的底层，通风口还是设在檐口及屋脊。

2. 坡屋顶隔热构造

地处在炎热地区的监狱，在坡屋顶中设进气口和排气口，利用屋顶内外的热压差和迎风面的压力差，组织空气对流，形成屋顶内的自然通风，以减少由屋顶传入室内的辐射热，从而达到隔热降温的目的。进气口一般设在檐墙上、屋檐部位或室内顶棚上，而出气口最好设在屋脊处，以增大高差，有利于加速屋顶内空气流通。

第九章

监狱市政

监狱市政是指监狱建设中的道路（有的还涉及桥梁）、广场、给排水、燃气、园林绿化、景观、环境卫生及照明等基础设施，是监狱生存与发展必不可少的物质基础。监狱市政建设好与坏、优与劣，影响着监狱惩罚与改造罪犯的行刑效果。随着我国经济快速发展，监狱市政基础建设力度正逐渐加大。本章主要介绍了监狱道路、监狱广场、监狱给排水、监狱绿化以及监狱景观雕塑等内容。

第一节　监狱道路

在监狱公共基础设施中，道路是主要疏导交通的通道，是监狱室外环境构成的骨架与网络，起着组织空间、交通联系的作用，是罪犯、警察和外来人员以及车辆在监狱中行进的载体，它像脉络一样，把监狱各个单体建筑或构件连成一整体。

一、道路规划设计的原则

（1）节约的原则。监狱土地要统一规划，所有道路建设要依照监狱总体规划布局，在满足使用前提下，达到土地利用率最大化。同时为了降低道路建设成本，应遵循低碳经济的原则，提倡因地制宜，就地取材。

（2）安全性的原则。监狱是国家刑罚执行机关，承担着惩罚改造罪犯、预防重新犯罪、维护社会稳定的重要职责，确保监狱监管安全是监狱重要职责。道路规划设计，讲究纵横平直，宜平不宜凹凸，宜直不宜曲，视野要开阔，不应有视线上的障碍。道路平面布置，宜与建筑轴线相平行，并应遵守人防、防振动等相关规定。警察行政办公区、警察生活区、罪犯生活区、罪犯劳动改造区按照人车分离模式，保证行人的人身安全、车辆行驶安全，特别是消防车辆安全通畅。监管区内道路应形成环道，消防车可到达任意1栋楼，满足防火需求(图9-1-1、图9-1-2)。

（3）舒适性的原则。随着人们对道路使用功能要求的不断提高，道路的舒适性也受到了更多的关注。路面平整度、弹性度、宽度、线形度、能见度

图 9-1-1　江苏省南京监狱监管区内的道路

图 9-1-2　重庆市渝都监狱罪犯生活区内的道路

等直接影响着行人或驾驶者感受道路的舒适性。同时道路要与景观、绿化相协调，创造出舒适、安静的环境。机动车道沿外环行驶，有序就近停靠各出入口，而人流为主的道路则与广场、林荫步道相结合（图 9-1-3）。

（4）以人为本的原则。道路的设计必须遵循人行走为先的原则。也就是说，设计道路时必须满足交通的需要，要考虑到人总喜欢走捷径的习惯，所以道路设计必须首先考虑为人服务、满足人的需求。否则就会导致修筑的道路少人走，而道路附近的绿地反而被踩出了土路，特别是警察行政办公区、警察生活区（图 9-1-4）。

（5）同步性的原则。道路要与燃气、电力、电信、有线网络、监控、报警、给排水、热力等市政管线同步设计、同步施工，不能滞后，做到协调统一。建成投入使用后，应避免出现为了某一管线检修而反复开挖路面。

图 9-1-4　河南省焦南监狱行政办公区内的休闲小道

二、道路规划设计的要点

（1）要结合地形地貌实际情况。要符合监狱总体规划设计的要求，并应根据道路功能和使用要求，科学合理利用地形地貌特征及地质条件。应综合考虑平、纵、横三方面情况，做到平面顺适、纵坡均衡、横面合理，还要与水体、植物、建筑物及其他设施结合，形成完整的道路体系（图 9-1-5）。

（2）要与实际最大承载力相匹配。针对不同生产项目（如机加工、服装外加工、电子外加工等），

图 9-1-3　海南省美兰监狱监管区内的道路

图 9-1-5　江苏省浦口监狱监管区内的休闲小道

由于物流车辆载重不同，罪犯劳动改造区道路负荷也各不相同，故道路结构设计的负载能力要求也各不相同。在设计时，要测算出该道路平常最大承载量，设计出与最大承载力相匹配的道路，降低工程造价。

（3）要考虑人、车出行方便。监管区内道路设计，应方便罪犯的改造生活，方便警察的出行，方便车辆的出行。车行系统在监狱市政规划设计中被作为一个整体系统来设计，分为车行主要环道和次要环道，高效快捷地联系各区。同时，车辆在各区的外围亦可进入该区的各单体建筑，避免机动车对各区的步行系统的干扰，保证各区内舒适的步行环境，创造安静的改造和生活环境。步道应远离外部的环路，是一个幽静安全的步行区域，也与警察行政办公区、罪犯生活区、罪犯劳动改造区的步行系统组成完整的步行网络。

（4）要处理好人、车、路、环境之间的关系。长期以来，监狱道路设计主要考虑的因素是交通特性，偏重于解决人与机动车的交通问题，而在如何处理好人、车、路、环境之间的关系方面考虑较少。宏观上控制较多，微观、细部问题考虑较少，尽管基本满足了监狱道路的交通功能，但却忽略了罪犯及警察职工的精神感受。随着社会不断向前发展，人们对监狱道路的要求越来越高，不仅在使用功能上，而且在观赏功能、舒适功能、便捷功能等有了更高要求。监狱道路设计不仅要考虑实用、安全，还要满足舒适、美观、方便的要求，还应考虑车辆行驶的安全舒适性以及驾驶人员的视觉和心理反应，引导驾驶人员的视线，保持线形的连续性，避免采用长直线，并注意与当地环境和景观相协调。

（5）要重视道路的空间感受。监狱道路建设不应只注重自身的功能性，而漠视了空间感受。例如，近年来，很多监狱都在道路两侧矗起宣传牌（图9-1-6），高大的宣传牌使道路尺度和空间形态发生了巨大变化，但在设计上往往无视这一因素，只满足功能要求的形式，而忽视空间、比例、尺度以及和周围建筑的关系，使监狱本来就不算太宽阔的道路给人一种沉闷、拥挤、无序的感受。另外道路上的一些辅助设施，如隔离设施、道路指示牌、垃圾箱、防护栏杆等，也应与道路相协调，有美感（图9-1-7、图9-1-8）。

图 9-1-6　江苏省浦口监狱监管区内的主干道“扬子江路”

图 9-1-7　云南省宜良监狱路标指示牌

图 9-1-8　重庆市未成年犯管教所路标指示牌

（6）要考虑以后维修、养护和绿化的方便。道路设计，应为道路建成后的经常性维修、养护和绿化工作创造有利条件，同时还应符合现行的卫生、防火、抗震等有关标准规范的要求，并符合现行相关道路工程的设计规范。

（7）要考虑雨水的收集与利用。市政设施的建设，特别是道路建设，要考虑雨水的收集利用，硬化地面要采用透水技术，增加雨水对地下水的补给。监狱景观用水、绿地用水要以雨水、地表水循环利用为主。对于地处偏僻农村的监狱，由于监狱供水管网较长，市政建设更要考虑雨水收集。

（8）要考虑道路的坡度。监狱的主次干道、支路的排水，应根据道路坡度自然坡向进行设计，通常道路坡度在 0.3% ~ 8% 之间，道路最小纵坡度 ≥ 0.5%，困难时纵坡度 ≥ 0.3%，遇特殊困难纵坡度 < 0.3% 时，应设置成锯齿形偏沟或采取其他排水措施。

三、道路的宽度

按照道路所在位置和用途的不同，分为主干道、次干道、支道、步道四种，它们的宽度各不一样。监狱具有自身的特殊性，监管区内的罪犯生活区与罪犯劳动改造区之间的道路宽度，必须满足罪犯收出工时队伍正常行走的需要。以 1 个监区 250 人测算，如 4 列纵队行走，势必造成队伍太长，带队指挥的监区值班警察有可能存在视线上的障碍。正常为 6 列纵队行走，加上带队指挥的监区值班警察所占位置，实际上就是 8 列纵队，按一般每条行人带宽度 0.75 ~ 1.0m，故道路宽度至少 6 ~ 8m。当然现在好多监狱，没有单独另设人行道，而是与车行道合并成混合车道，主要是考虑进出监管区的车辆相对较少，且限速在 5km/h 以内，同时也从节约用地因素考虑。

（1）主干道。罪犯劳动改造区的主干道，应设货物双向车行道，车行道路宽一般为 9 ~ 12m，两侧人行道路宽 1.5m，故总宽为 12 ~ 16m，最小转弯半径 11m，可满足 10m 以上大型货车及 16.5m 铰接货车双向通行。罪犯生活区的主干道，车行道路宽一般为 6 ~ 8m，两侧人行道路宽 1.5m，故总宽为 9 ~ 11m。

（2）次干道。监舍楼、禁闭室、罪犯伙房设 1 条车行次干道，路宽 6 ~ 8m，两侧各有 1.5m 宽人行道，故总宽为 9 ~ 11m，最小转弯半径 6m，可满足 9m 中型货车双向通行。

（3）支道。一般支路与次干道相连，如禁闭室通过支路与次干道相连接，保证禁闭室自成 1 区，尽可能不受外界干扰。支道宽一般为 3 ~ 4m。

（4）步道。警察行政办公区、警察生活区内的休闲步道主要供警察休息时散步运动，双人行走宽度 1.2 ~ 1.5m，单人宽度 0.6 ~ 1.0m，如水边、树林中，多曲折自由布置（图 9-1-9）。

四、道路的做法

路面是道路的重要组成部分，是在路基的顶部用各种材料或混合料分层铺筑的供人行走或车辆行驶的一种层状结构物。罪犯生活区及罪犯劳动改造

图 9-1-9　河南省焦南监狱警察行政办公区内的鹅卵石小道

区的路面做法如下：

1. 主次干道通常做法

（1）水泥混凝土路面，是指以水泥混凝土为主要材料做面层的路面，简称混凝土路面，亦称刚性路面，俗称白色路面，它是一种高级路面。水泥混凝土路面有素混凝土、钢筋混凝土、连续配筋混凝土、预应力混凝土、钢纤维混凝土和装配式混凝土等各种路面。监狱比较常见的为素混凝土路面、钢筋混凝土路面，由于钢筋混凝土路面抗压性、抗裂性强，2000 年前大多监狱都采用这类路面。

监狱钢筋混凝土路面通常做法：第一步，素土夯实，密实度≥ 95%；第二步，300 厚 3:7 灰土，密实度≥ 95%；第三步，250 厚二灰结石，密实度≥ 97%；第四步，250 厚 C30 混凝土地面内配 ϕ8 @ 200 钢筋（单层双向），每相隔 5m 横向切割，作为伸缩缝，深 60mm，宽 5mm，后用聚氯乙烯胶泥灌缝（沿两侧路缘石边设置 300 宽 50 厚花岗石或青石边带）。

（2）沥青混凝土路面，是指用沥青混凝土作面层的路面。经人工选配具有一定级配组成的矿料（碎石或轧碎砾石、石屑或砂、矿粉等）与一定比例的路用沥青材料，在严格控制条件下拌制而成混合料。沥青混凝土路面现在越来越广泛被监狱使用，而其中热拌热铺的密级配碎石混合料经久耐用，强度高，整体性好，应用得最广。

沥青混凝土道路通常做法：第一步，素土夯实，密实度≥ 95%；第二步，100 厚级配碎石层，密实度≥ 95%；第三步，150 厚 C20 素混凝土基层（回填高度大于 100）；第四步，50 厚沥青混凝土面层（沿两侧路缘石边设置 300 宽 50 厚花岗石或青石边带）。

近些年来，彩色沥青路面被广泛使用。它是添加颜料的沥青混凝土路面、使用彩色石料的沥青路面和使用石油树脂（脱色沥青）添加颜料的沥青路面等，可以在女子监狱、未成年犯管教所、监狱医院、老弱病残监狱或监区适当使用，可以缓解罪犯心理压力，调节其心态，配合治疗起到一定的效果。如北京市未成年犯管教所监管区内大胆采用了红色沥青路面，并设置圆形花坛。

当然道路结构如何，还得看该道路承载力。沥青混凝土路面，一般警察行政办公区的主干道路面厚为 160mm，次干道为 120mm，支道为 80mm。监管区的主干道路面厚为 250mm，次干道为 160mm，支道为 120mm。而对于厂区的有载重货车出入的次干道，此路面厚度也应为 250mm。

以上两种路面各有优缺点，监狱究竟采用哪种路面，应结合自身实际。从路面质量比较：沥青混凝土路面平整，由于沥青混凝土具有弹性，无论行走或驾驶舒适性高，且不需要设置施工缝和伸缩缝。水泥混凝土路面的平整性相对差，需要设置施工缝和伸缩缝，但强度高，耐久性与承载力好，具有较强的抗压、抗弯拉和抗磨损的力学强度。从路面安全比较：沥青混凝土路面平整且有一定粗糙度，即使雨天也有较好的抗滑性；黑色路面无强烈反光，行车比较安全，行车噪声低。而水泥混凝土路面光滑，且易反光，行车噪声大。从路面寿命比较：沥青混凝土路面存在老化、耐水性差的缺点，使用寿命一般 15 年。水泥混凝土路面设计寿命 30 年。从道路维修比较：沥青混凝土路面维修方便，维修完成后，马上可以使用，但后期养护成本高。水泥混凝土路面维修比较麻烦，后期养护成本低，施工时间长。从造价比较：石油价格较高，导致沥青价格较高，沥青混凝土路面造价高于水泥混凝土路面。监狱位于水泥资源丰富、水泥价格低的区域，可以考虑水泥混凝土路面。

2. 人行道通常做法

（1）普通面砖道路做法。有两种做法，第一种，标准要求低，行人少。第一步，素土夯实；第二步，100 厚碎石垫层压实；第三步，50 厚 5:2 干硬性水泥砂浆卧底；第四步，贴面砖。第二种做法，标准要求高，行人多。第一步，素土夯实；第二步，150 厚石灰粉煤灰砂砾混合料或 100 厚碎石；第三步，100 厚 C15 混凝土；第四步，20 ~ 30 厚 1:4 干硬性水泥砂浆卧底；第五步，贴面砖。随着我国建材工业快速发展，现在人行道饰面材料很多，如建菱砖、平板文化石、艺术印花、沥青、洗石砂（金砂、黑砂等）、广场砖、瓷砖、雨花石或鹅卵石等。有的监狱因考虑造价原因，道路不做面层，直接将混凝土层作为面层，表面稍作拉纹处理即可（防滑处理，同时也起美观作用）（图 9-1-10、图 9-1-11）。

图 9-1-10　海南省美兰监狱警察行政办公区内的路面

图 9-1-11　江苏省无锡监狱监管区一角

江苏省苏州监狱警察行政办公区广场和监管区文化广场，都是花岗岩地面，可以行驶轻型车辆。具体做法：第一步，路基碾压密实；第二步，300 厚碎石垫层；第三步，100 厚 C15 号混凝土；第四步，30 厚 1∶3 的干硬性水泥砂浆结合层；第五步，60 厚花岗岩板。

（2）水泥透水砖道路做法。我国大多数路面硬化不透水，地下水得不到补充，导致生态急剧恶化。近年来我国监狱试行应用生态环保型透水地面，不仅人行道上使用，有的在监狱停车场、监管区广场上也使用，不仅环保、防滑、清洁、成本低，而且可以减少排水管网。如云南省文山监狱围墙外围采用了彩色生态水泥透水砖路面。具体做法：第一步，素土夯实，密实度达到 95%；第二步，100 厚级配碎石垫层；第三步，150 厚 C20 素混凝土基层（回填高度大于 1000 时加设 ϕ6@200 单层双向钢筋，切割分割线，间距 8m）；第四步，20 厚 1∶2.5 水泥砂浆找平结合层；第五步，60 厚或 80 厚水泥透水砖。

随着改性沥青的广泛应用，在使用改性沥青的透水性路面表面喷涂彩色树脂涂料的工艺发展很快，形成了一种新的彩色路面结构。

（3）运动场地面做法。大多监狱设有一个运动场，有的还设有塑胶跑道和室外塑胶篮球场。塑胶地面具体做法：第一步，素土夯实，密实度达到 95%；第二步，100 厚级配碎石层；第三步，100 厚 C20 素混凝土基层（回填高度大于 1000 时加设 ϕ6@200 单层双向钢筋）；第四步，20 厚塑胶铺装面层。

五、道路建设应注意的几个问题

1. 停车场

随着汽车保有量的迅猛增长，监狱停车难的问题也日益突出，特别是监狱警察行政办公区、警察生活区，更为突出。如果没有停车场，势必造成车辆任意停放，影响交通、美观，又给监狱带来监管安全隐患，因此必须建有专用停车场。《监狱建设标准》（建标 139—2010）第六章第四十三条规定：监狱停车场应根据监狱业务工作的实际需要设置。较为偏僻的农村监狱，一般设有班车，停车位建议按警察职工人数的 60% 来设置；城市监狱或位于城郊的监狱，停车位建议按警察职工人数的 80% 来设置（图 9-1-12）；土地宽松的农村监狱，可以采用地上停车场。建地上的停车场，宜建成生态型的停车场，即一种具备环保、低碳功能的停车场。它具有高绿化、高承载、透水性能好、使用寿命长等特

图 9-1-12　辽宁省大连市监狱警察行政办公区室外停车场

点，如江苏省苏州监狱、湖北省沙洋监狱管理局范家台监狱等采用了生态型停车场，即采用了渗水地砖，不仅环保绿色、防滑、清洁、成本低，而且可以减少排水管网。土地较为紧张的城市监狱，可采取多层停车楼、地面停车场与地下停车库相结合等形式。由于建造地下式的停车场造价高，且通风、排水、照明和机械设备复杂，适用于用地受到限制又需存放大量汽车的城市监狱。

根据《党政机关办公用房建设标准》的要求，监狱总停车位数应满足监狱基本要求，汽车库建筑面积指标为 40m²/ 辆，超出 200 个车位以上部分为 38m²/ 辆，可设置新能源汽车充电桩；自行车库建筑面积指标为 1.8m²/ 辆；电动车、摩托车库建筑面积指标为 2.5m²/ 辆。

2. 道路的贯通

对于需要进入监管区装卸的车辆，如往罪犯伙房、罪犯技能培训用房、罪犯劳动改造用房、物流配送中心等装卸货物的货车、应急（如救护或消防）车、垃圾清运车等，除了监狱应制定车辆管理规定外，车辆活动区应设 1 个入口和 1 个出口，或在道路上留有可调头的空间。在车辆完成装卸后，离开监狱前，必须在监管区大门车辆道通 AB 门接受搜查。在西方发达国家，有的监狱车辆是不可以进入监管区内的。在这种情况下，物品的运送和废物的收集需要人工进行，例如用箱子、购物车或手推车等工具进行运送，这时的道路不需要考虑贯通。

3. 道路的绿化

绿化是道路空间的景观元素之一，道路绿化植物是一种软材料，可以人为地进行修整。道路绿化具有改善道路景观、吸尘防噪、净化空气、视线诱导、降低路面温度等功能。监狱道路上的绿化布置，可分为带状绿带和人行道上的行道树，带状绿化带可设在中央分隔带上。根据分隔带不同的宽度，可设计成不同几何形状与高低层次，选用不同的植物品种，达到四季常青的效果。行道树要求能夏季遮阳、冬季透光，又能净尘、吸声。一般道路上绿化平均宽度应占断面宽度的 20% ~ 24%（图 9-1-13）。

4. 道路的照明

道路照明的首要任务是保证来往车辆、行人在夜间通行安全及监狱监管安全的需要，使驾驶员、行人或监控值班室警察及时、准确地发现各种障碍物或异常情况，以减少、防止发生交通或监狱监管安全事故；其次道路照明也起到美化监狱的作用，满足夜间景观要求（图 9-1-14）。

道路照明的设计原则是确保路面具有符合标准

图 9-1-13　广东省佛山监狱监管区内道路两侧绿化

图 9-1-14　广东省佛山监狱警察行政办公区内的路灯

要求的照明数量和质量，投资少、耗电少，运行安全、可靠，便于维护管理。监狱主干道灯具不得产生眩光，亮度、照度不得低于监狱道路照明标准。监狱道路照明方式一般为常规照明，为1只或几只灯具安装在高度8m以下的灯杆上，按一定间距有规律地连续设置在道路一侧、两侧或中间带进行照明的布灯方式。路灯的安装方式、位置应根据道路实际情况及照明相关规范灵活布置。路灯线缆埋设较浅，一般置于道路侧边距0.3m的位置。现在提倡低碳节能环保，北京市延庆监狱、广东省揭阳监狱、青海省西宁监狱等所有道路都采用太阳能路灯，其在亮度、照度方面达到了监狱所需的各项指标。

5. 道路上的窨井盖

在道路上或两侧，都有各种功能的窨井盖，分属于给水、雨水、污水、弱电系统等。为方便管理与维护，每只窨井盖都要准确无误地在醒目位置标明类别。为了防止罪犯通过窨井逃跑，在设施上应作特殊处理。所有窨井盖要加特制的锁，下面还要设有防止逃跑的铁栅栏。如果某个走向管线比较多可考虑电缆井的方式，电缆井的盖板要注意选用不易翻盖的类型，防止罪犯藏身于电缆井内。上海市提篮桥监狱内所有的市政窨井盖，都是20世纪初英国人建造监狱时留下来的，一直使用到今天，盖表面上有英文字母，有的则是繁体字（图9-1-15）。山东省青岛欧人监狱，窨井盖波浪形的独特设计，上面印着德国文字，上面只有1个约30mm长、20mm宽的小孔，井盖厚达50mm左右。它很重，一般工具很难打开，配有专门的开启设备。安徽省合肥监狱还根据监狱自身特点要求，与安徽合柴动力股份有限公司联合研发了特制的窨井盖，它的外观样式、标识可以根据监狱需求铸造，内部增加防逃脱网，井盖厚重，必须要两人同时才能开启，锁芯特制，一井一锁。这种窨井盖已在安徽省监狱系统大力推广，现新建或扩建的监狱基本上都采用这种窨井盖。

6. 道路上的警戒线

除了围墙电网铁门铁窗等实体防范设施外，在监管区大门、围墙等附近道路危险区域设置警戒线，并不断给罪犯灌输警戒线不得超越，警戒线就是高压线等观念，进行心理暗示和心理强化，也有助于预防罪犯脱逃和加强身份意识。[①]

(a)

(b)

图9-1-15　上海市提篮桥监狱窨井盖

中华人民共和国司法部第88号令《监狱罪犯行为规范》第六条明文规定，罪犯在服刑期间不得超越警戒线和规定区域、脱离监管擅自行动。监管区大门内外侧前方应当划定警戒线，留有不少于10m的警戒区域。监狱围墙内侧5m范围内应当划定警戒区域。监舍楼、会见楼、禁闭室、罪犯伙房、医院、罪犯技能培训用房以及罪犯劳动改造用房等单体建筑出入口道路上应设置红色警戒线。

第二节　监狱广场

广场是监狱的重要组成部分，它对于优化监狱

① 宋立军主编. 科学认知监狱. 江苏人民出版社，2014年8月。

环境十分重要，不仅如此，它还是一所监狱文化展示的重要方式，有的监狱广场因独特的建筑艺术而成为一所监狱的地标性建筑。

一、监狱广场的概念

监狱广场，含有较多文化内涵的中小型场地，在监狱区域开辟为警察或罪犯提供休闲娱乐的公共空间与文化活动的场所。目前，监狱广场主要集中在警察行政办公区、警察生活区和罪犯生活区三大区域中，如四川省汉王山监狱警察行政办公区内的廉政文化广场、安徽省监狱管理局白湖分局警察生活区内的休闲广场、广东省佛山监狱监管区内的皋陶文化广场（图 9-2-1、图 9-2-2）、辽宁省沈阳第一监狱监管区内的国旗广场等。监管区内的广场，不仅能给罪犯打造良好的活动场所，丰富他们的业余生活，陶冶情操，孕育和谐的文化氛围，也使得罪犯安心在监狱接受改造。本节监狱广场指的是监管区内的广场。

图 9-2-1 广东省佛山监狱皋陶广场上的皋陶石像

图 9-2-2 广东省佛山监狱皋陶广场上的石雕

二、监狱广场设计的原则

（1）主题思想健康向上。监狱广场作为监狱主要的公共活动场所，在保证监狱监管安全的前提下，要体现出监狱教育人、改造人、挽救人、感化人的神圣职能，又要切合时代特点，融思想性、教育性、艺术性、观赏性于一体，成为监狱一道充满人文和自然色彩的独特风景线。河南省女子监狱的规矩广场，设计围绕“规矩”两字进行构思，规是圆规，用以画圆，矩相当于直尺，可画直线和直角，量长度。利用“规矩”寓意的一直一曲为基本构图，创造既具有教育意义，同时简洁适用、功能多样的空间，很好地诠释了广场设计的真谛。

（2）功能定位要准确。要建一个什么样的广场，功能定位先要确定：建成后是罪犯室外文化活动的中心，为日后举办大型集体活动提供一个良好的公共场地，如举办演讲大赛、歌曲大赛、大型晚会（纳凉晚会、中秋晚会、新春音乐会、文艺汇演等）、队列整训会操、升旗仪式、罪犯奖惩大会等，还是以室外景观欣赏为主，或以休闲健身为主。我国目前监狱广场大多属第一类，或者以第一类为主，第二、三类为辅。

（3）要凸显文化内涵。周围的单体建筑、道路、周围环境等限定了广场的空间。广场首先要尊重周围环境，注重其文化内涵，如教学楼、图书馆、体育馆、监舍楼甚至会见楼等，各自有其特殊的文化内涵，应当深刻挖掘。注重文化内涵的监狱广场在我国有很多成功的例子。例如，江苏省苏州监狱监管区中心广场两侧是法国梧桐和香樟树林，广场的东面是罪犯劳动改造用房，广场的南面正对着监管区大门，广场的西面是监舍区和篮球活动区，广场的北面则是教学楼和体育馆。广场中央和四周地面铺设花岗石板，广场正南面有 1 尊“日晷”雕塑。整个广场精辟地反映出监狱“改造人、教育人”的文化氛围，成为罪犯集会、学习及外来人员参观的理想场所。山西省太原第一监狱法德广场（图

9-2-3），彰显了该监狱既重视发挥法治的支撑作用，又重视发挥法律与道德相辅相成，法治与德治相得益彰关系。监狱广场是一种技术和艺术结合的作品，其最高境界是内在文化精神对罪犯的渗透，激励他们用踏实、奋进、务实的态度去接受改造（图9-2-4 ~图 9-2-6）。

（4）要体现以人为本思想。建筑为人所造，供人所用。监狱广场既是文化空间亦是使用空间，其实用性主要表现为最大限度地满足罪犯室外集体活动、景观欣赏。罪犯虽然人身自由受到一定限制，但作为一个社会人，需要被关爱，也需要领地，需要适当尺度的空间。监狱的广场设计要从实际出发，因地制宜，合理布局，体现“以人为本”的思想，以生态造景和植物造景为基本原则，采用现代风格的景观空间形态，结合传统造园艺术手法和山水植被等自然景观特征，由此达到品位高雅、生态和谐、具有深厚文化底蕴和鲜明特色（图 9-2-7）。另外，灯光夜景也是监狱广场设计的重要内容，山西省太原第一监狱法德广场的雕塑、道旗、宫灯、石刻、铁书以及郁郁葱葱的草坪、色彩缤纷的花卉和四季长青的松柏，对消除罪犯焦躁情绪起到了潜移默化的作用。

（5）广场分区明确。相应的配套设施及文化元素体现（材料细节上、历史典故运用上可反映出地域文化元素）要明确。监狱广场主要由地面、景观绿化、雕塑景石、灯光等构成，一般要求简洁大气，最终可以建成集绿化、教育、活动、展示于一体的开敞式广场。成功的监狱广场，往往能通过合理的规划布局、建造景观、配置植物等营造出良好的监狱文化氛围，使广场既是罪犯日常活动的最佳场所，

图 9-2-3　山西省太原第一监狱法德文化广场

图 9-2-4　广西壮族自治区南宁监狱金不换广场

图 9-2-5　广东省佛山监狱情理法广场

图 9-2-6　山东省泰安监狱启德广场

图 9-2-7　江苏省江宁监狱监管区中心文化广场

甚至还成为监狱文化的一个新地标。河南省女子监狱规矩广场，圆与直线形，是整个广场所用的主要元素。整个广场以“度之道”分为两个区，度之道西，靠近监管区大门的以一硬质铺装小广场为主，为“度内区”；度之道东，靠近警察办公区，以绿化为主，为“度外区”。寓意着做任何事都要有个度，超过了度，就要受限（花草布置少，硬质铺装多），但仍有生机；度之内，为自由世界（花草布置多，硬质铺装少），仍要遵守规则。①

三、监狱广场设计的要点

1. 选址

监狱广场是监狱总体平面布局的核心空间，没有广场的监狱布局显得很拥挤，也使得监狱整体会失去向心焦点。监狱广场一般要求位于监管区的中心位置，处于显赫地位。绝大多数监狱把广场设在监狱中心轴线上，这样既可以组织广场及周围环境，又可以与主要建筑相关联，使监狱广场空间有序，成为一个有机整体的维系。江苏省苏州监狱成功地运用中轴线建立了广场的空间秩序，并成功地将监狱大门、监管区大门、雕塑、广场、教学楼、体育馆、运动场等置于中心轴线上，其他单体建筑围绕中心轴线科学地进行布局，使监狱广场有了卓越的空间，给人强烈的空间感染力，恰如其分地成为监狱的心脏。目前，监管区广场位置的选择大致有以下三种情况：一是以教学楼为背景，大型广场设置在教学楼前，如江苏省苏州监狱、江苏省南京监狱、河南省周口监狱、河南省洛阳监狱、山西省太原第二监狱、重庆市渝都监狱等；二是以监舍楼为背景，设置在监舍楼前，如上海市青浦监狱、四川省巴中监狱、四川省邛崃监狱、河南省焦南监狱等；三是以综合楼为背景，设置在综合楼前，如山东省青岛监狱、辽宁省大连市监狱、江苏省江宁监狱等。

2. 处理好与周边单体建筑、道路及环境关系

广场设计要结合场地条件、所处环境及本身特点，做出符合当地文化及场地文化的个性设计。

（1）与周边单体建筑协调统一。监狱广场一般都为开敞式，组成广场环境的重要因素为周围的单体建筑。结合广场规划性质，运用适当的处理手法，将周围建筑环境融入广场环境中，是十分重要的。江苏省苏州监狱广场的北面是教学楼和体育馆，是规划建设的成功典范，体育馆在位置和高度选择上，尊重教学楼的中心地位，甘居偏位和次高，形成了教学楼前广场和北面运动场区两个环境空间；在建筑形式上，和教学楼在呼应中有变化，采用苏州古典园林建筑风格与教学楼前广场风格统一的同时，不沿袭欧美建筑“一览无遗”而吸收中国传统的几进几出、院中有院；选择传统建材“粗粮细作”的同时，应用了现代科技成果铝合金大玻璃门窗采光、共享大厅高窗采光等，均取得了很好的效果。陕西省杨凌监狱文化广场位于监区大门与教学楼之间，以下沉式广场（必要的时候可以改为水面）为中心，周边布置了 8 根花岗石柱子，体现监狱作为惩罚与改造罪犯场所的特色。

（2）与周围道路协调统一。监管区不同于社会上的居民社区，也不同于政府机关大院，它对人流和车流有着更为严格的限制要求，数量相对较少。监狱广场的人流集散及其交通组织是保证其环境质量不受外界干扰的重要因素，其主要内容有两点：区域与广场的交通组织、广场内交通组织。区域与广场在交通组织上要保证由罪犯生活区去广场的方便性。各区交通与广场设计时应采取：一是在广场周围的适当区域建设人行道，在人行道结束点位充分考虑人流集散；二是监狱交通做到去广场及其周围环境有最大的可达性，设置完善的交通设施、人行道等，并在线路安排上予以充分考虑；三是充分考虑到极少量的停车需求（如演出车辆、运输货物车辆等），应设计汽车停车点等。

（3）与周围整体环境，在空间、比例上的协调统一。一般监狱广场的比例设计是根据广场的功能、规模来确定的，广场给人的印象应为开敞性的，否则难以吸引人们眼球，所以一般监狱文化广场大小满足这样的条件比较合适：视距与楼高的比值为 1.5 ~ 2.5。在广场内部尺度设计时，注意其中的踏步、石阶、栏杆、人行道宽度等内容，要符合人与交通

① 郑树景，刘砚璞，张文杰. 河南省女子监狱规矩广场景观设计分析. 中国园艺文摘，2010年12期。

工具的尺度。当然，广场的比例、尺度等也受材料、文化结构的影响。和谐的比例与尺度设计不仅可以给人带来美感，也可以增添人们在其中活动的舒适度（图 9-2-8）。

3. 自然环境的引入

在不影响视线通畅的前提下，可以适当引入树木、花卉、草坪、山水等，是广场环境设计的重要手法，以激起罪犯热爱大自然的情怀（图 9-2-9）。江苏省苏州监狱广场空间正是用大量的绿化来点缀广场的环境，花草树木衬托着古典园林建筑是该监狱的一大特色，形成了优美整洁的教育人改造人的环境。山东省枣庄监狱广场，中央是一组由电脑控制的激光音乐喷泉，柏树、荷花如同由水中生出来，人走在路面上也如同漂泊在水中；广场小面积小河衬托着“开拓、创新、求实、稳定”的监狱精神，勾画出一幅沂蒙山革命老区微山湖的文化氛围，给

图 9-2-8　辽宁省凌源第三监狱音乐喷泉广场

图 9-2-9　四川省汉王山监狱音乐广场

人以激情和享受。浙江省南湖监狱一监区，为引入优美的河水自然景观，中心广场朝南向河面打开，以跌落式的人工水体与河面相连，并将监狱最重要的单体建筑——监舍楼布置于此，使人工环境和自然环境有机地融为一体。

4. 绿化种植类型的选用

绿化是监狱广场必要的一部分，监狱广场绿化种植面积至少要达到 30%，绿化宜采用适合当地种植的花草树木为主体以产生集中的生态效应。绿化种植分为规则和自然种植两种类型。

规则式绿化种植使广场空间呈方格化，可以将乔木排列成树阵，花灌木拼合成色块图案，单体建筑或构筑物坐落其中，布局上形成南北主轴的前后延伸和东西次轴的左右对称均衡，有严谨逻辑序列的空间形态。

自然式种植是采用人工模拟自然的植物配置方法，这是寄托人们对大自然日渐消退的怀念，是人们追求返璞归真，渴望重返自然的实践，也是在人造空间中维持生态平衡的最有效途径。

四、硬质场地的做法

监狱广场从满足罪犯进行观赏、文体活动及聚会需要，应该规划一定面积的硬质场地，具体面积应该依据监狱押犯规模以及广场驻留量多少进行测算，每罪犯占地 0.6m^2（包括人行通道、舞台等），以全监 90% 的罪犯参加（另 10% 为新入监犯、老弱病残犯、严管犯、医务犯、伙房操作犯等特殊类型的罪犯）进行测算，关押规模 3000 人的监狱广场硬地面积可控制在 2000m^2 以内，以此类推。材料可采用花岗石、彩色沥青混凝土、防滑室外地砖等。因为花岗石耐腐蚀，耐风化，在监狱广场地面采用此类材料较为常见。花岗石分国产和进口的，种类较多，要看投入的资金和广场的大小，以及广场的重要性和地处位置。现在有一种新的广场地面材料——压模地坪，它改变原有广场地面的单调、呆板，图案丰富，色彩斑斓，可多重组合，效果逼真，彰显个性，给广场注入灵魂，活跃了气氛。压模地坪保留了天然石材纹理又避开了天然石材因厚薄不均的铺装难题，施工也便捷，易保持清洁，不起灰尘，

益于环境。压模地坪纹理与基层浑然一体，解决了常规铺装难以克服的表层松动和中空造成的易破裂现象，保持了表体平整。

监狱广场应排水通畅，平原地区的纵坡度0.3% ~ 1%；丘陵和山区的纵坡度≤ 3%。有困难时，可建成阶梯式广场。与广场相连接的道路纵坡度以0.5% ~ 2% 为宜，有困难时最大纵坡度≤ 7%，积雪及寒冷地区的纵坡度≤ 6%，但在出入口处应设置纵坡度≤ 2% 的缓坡段。

图 9-2-10 江苏省洪泽湖监狱监管区内的“力挽顽石”雕塑

五、雕塑及艺术设施的应用

图 9-2-11 江苏省洪泽湖监狱监管区内的“授人以渔”雕塑

监狱广场除了绿化、地面外，还要有反映监狱文化元素——雕塑及艺术设施（包括柱廊、雕柱、浮雕、壁画、建筑小品、旗台等）。雕塑有具象的和抽象的，是人们用形体与材料来表达设计意图与思想的一种方法。雕塑应与周边环境具有融合性，不能太显孤立，要结合广场的功能和文化定位。成功的广场雕塑作品不仅在人为环境中有强大的感染力，而且是组成广场环境的重要组成部分，用它本身的形与色装饰着环境。上海市青浦监狱监管区广场，草坪几尊栩栩如生的动物雕塑，以写实主义雕塑给环境注入生活气息。随着抽象雕塑的出现以及在监狱应用，抽象雕塑成为罪犯在环境中感觉与联想的对象，他们开始用自己的理解去诠释雕塑的含义。江苏省洪泽湖监狱监管区广场上的“力挽顽石”、“授人以渔”两尊雕塑，罪犯可以凭自己的想象不难去理解它（图 9-2-10、图 9-2-11）。

在广场的雕塑及艺术设施设计过程中，应考虑四个方面：一要结合广场文化氛围、时代背景以及人们活动的内容趋向，设计公共雕塑、艺术设施形式，做到公共雕塑、艺术设施设计与广场活动内容相统一；二要重视公共雕塑、艺术设施与广场建筑及环境的相互作用及内在联系，做到相得益彰；三要注意公共雕塑、艺术设施的比例与尺度，要与广场及周围建筑协调；四要注重公共雕塑、艺术设施设计与其他自然因素相结合，如公共雕塑、艺术设施与山水相结合或配以音乐效果，来活跃周围环境，公共雕塑、艺术设施与树木结合，来烘托绿色环境。

六、灯光的应用

监狱广场夜晚景观主要靠灯光来展示。用灯光塑造出文静、高雅、艺术的夜景景象，重点突出，色彩分明，错落有序，协调统一，构成一幅完美和谐并富有韵律和节奏的夜景景观画面。针对监狱广场特殊的地理位置特点，广场夜景灯光照明宜采用从中心向四周扩展的光强分布格局。设计时要注意以下事项：要确保照明技术的先进性和照明效果的艺术性，体现两者完美结合；要严格按有关照明规范标准设计，不随意提高照度，防止眩光和光污染，甚至影响到监狱监管安全；要节电节资，选用发光率高的灯具和光源，并配以相应的电器附件；安装安全可靠，便于维护管理；正确处理主景、配景、底景的相互关系，相互衬托，统一协调，构成和谐的艺术画面；要突出监狱文化主题与内涵，一般通过公共雕塑、艺术设施等形式展示出来，因此，以高亮度投光照明，展示广场主题；在广场入口处及林荫路上设置经济耐用的庭院灯照明，使广场获得中等亮度的照明；在草坪绿地内选择形态突出、对景观有影响的常绿树木作为环境点，构成几组光团，在高照度方向上形成照明差异的适当对比；广场整体照明光色柔和协调，灯光基调为白色、绿色，辅以其他颜色，不滥用彩色光源，注意彩色光的感情色彩，以构成宁静、高雅的监狱夜晚景色。

第三节 监狱给排水

在监狱公共基础设施中，给水是为监狱供应生活、生产用水以及消防用水、道路绿化用水等；排水则是排除监狱生活污水、医院和厂区工业废水以及多余的地面雨水。随着社会的进步，监狱对给排水系统的要求不断提高，要求在保障安全正常的供水基础上，排水系统应合理利用、更加高效等。

给排水系统设计应遵守国家标准《建筑给水排水设计规范》（GBJ15—88），同时本着“满足监狱正常运转，设计留有余地”的原则，合理布置管网。

一、给排水系统具体要求

1. 给水

本着集约化发展的原则，对农村监狱现状以关押点为单位的小规模、分散式供水格局应进行整合，逐步形成区域性的集中供水，实行给水系统的互联互通，统一调度。海南省三江监狱，由于周边无市政给水系统，采取了在监狱警察生活区内开挖深井，由井底深井泵将水抽到水塔，再由水塔向各单体建筑进行供水。对于城市监狱单位应纳入当地城市给水管网系统中。监狱应根据周边给水管线现状，宜从两处引入水源。目前我国在押罪犯综合用水量取300L/人·天，警察综合用水量取50L/人·天（不含警察生活区）。消防用水量按同一时间发生火灾1次，灭火水量15L/s，持续时间以2小时计，可以测算出消防用水量。警察行政办公区、监管区内的绿化浇灌及其他用水量按生活用水量的15%计，则可测算出总用水量。一般小型监狱的主干管径为DN100～DN150，中型监狱的主干管径为DN150～DN200，大型监狱的主干管径为DN200～DN300，户外最小管径≥DN100，管网正常供水压力大于0.28MPa，材质宜选用钢塑复合管（图9-3-1）。

为了防止突然停水，监狱必须建有备用生活蓄水池或消防水池。为了防止2次污染，生活蓄水池应采用清洁的不锈钢模压式水箱，消防水池可采用钢筋混凝土水池。生活蓄水池应至少保证3天监狱用水供应。每隔100m或每栋单体建筑均需设置消火栓，消火栓井内径一般按120mm考虑。消火栓可置于路口附近平面布置不太紧张的地方，距道路边缘小于2m，距监狱单体建筑外墙小于5m。单体建筑内已设置消防管道及消火栓，该消防系统既可相对独立，又可与其他单体建筑消防系统相结合。

有的监狱还采用了直饮水系统，该系统是市政管网的水或地下水经过过滤、膜处理、消毒，再经过变频供水设备，通过净水管路输入用房的用水终端，打开水龙头即可直饮用的供水系统。贵州省金西监狱在监舍楼、罪犯习艺楼安装了直饮水系统（图9-3-2），该套系统采用目前我国行业内先进工艺，具备缸体过滤系统和RO反渗透膜，拥有臭氧和紫外线消杀功能。监舍楼设备每小时可供应饮用水2000L，罪犯习艺楼设备每小时可供应饮用水1500L，取水点终端可同时提供冷热水。此举解决了为罪犯供应安全、卫生的饮用水问题，同时避免了给罪犯提供加热水的安全隐患，也为监狱文明化、规范化发展奠定了良好基础。福建省宁德监狱、河南省洛阳监狱、贵州省福泉监狱等也采用了直饮水系统，彻底解决了传统使用热水瓶，瓶胆破碎后自伤或伤人的监狱监管安全隐患难题，同时也方便了罪犯生活（图9-3-3）。

2. 排水

排水分为雨水和污水两部分，按照“雨污分流，分区排放”的排水原则，要建立雨污分流的排水体系。

（1）雨水排除。雨水排除应根据当地河流分布、地形地势特点采取适当措施，要求迅速地能将地面雨水排除，保证车辆和行人的正常交通，改善监狱的卫生条件，以及避免路面的过早损坏。为了能及时排水，要求路面剖面要有1.5%坡度，雨水窨井

图 9-3-1 辽宁省铁岭监狱自来水厂生产车间一角

图 9-3-2 贵州省金西监狱直供水设备机房

图 9-3-3 司法部燕城监狱太阳能热水系统

口四周要低于路面。一般雨水不经过处理，直接排入天然水体或收集后，用于浇灌花草树木。监狱路面雨水排除常见有三种类型：一是明沟系统，优点是宜于疏通清理，如山东省青岛监狱在监狱围墙西侧为避免山中雨水对监狱围墙的冲击，设置 1m 宽泄洪沟，并在警察行政办公区内接入市政排水管道；二是暗管系统，优点是整洁；三是混合系统，就是明沟与暗管相结合的一种形式。暗管一般靠路边设置，且埋设较浅，主干管一般为 DN500 ~ DN600，管材宜采用 UPVC、HDPE 等塑料管或胶圈承插口混凝土水泥管，采用砂基础。天津市长泰监狱室外雨水管，最大管径为 DN500，材质选用了混凝土承插管。

（2）污水排除。监狱内污水主要为生活污水、医院和厂区工业废水。对于生活污水，可以直接入总污水管网，纳入城市污水系统。对于监狱医院和工业生产过程中产生的废水，监狱应建立污水处理系统，监狱医院医疗废水经处理后达到《医疗机构水污染排放标准》（BG18466—2005）中表 2 综合医疗机构和其他医疗机构水污染物排放限值后进入城市污水管网；工业废水经处理后达到当地排放标准要求后，才能进入当地城市排污管网，或用于工业、市政和监舍区清洁冲刷、绿化浇灌。广西壮族自治区桂林监狱、江苏省苏州监狱等医院都设有污水处理站。罪犯伙房和警察食堂废水经过隔油池处理后，排入当地城市排污管网。对于农村监狱没有接入当地市政管网，监狱应建立废水管网。广西壮族自治区中渡监狱曾因未能较好处理罪犯生活污水问题，直接排入附近河流，影响到下游群众的生活。为彻底解决这一长期困扰监狱发展的难题，监狱筹措了 100 多万元，修建了一套目前广西壮族自治区监狱系统仅有的罪犯生活用水排污处理沉淀池系统工程。

根据相关规范，监狱内罪犯生活用水定额取 240l / 人· 天，浇洒道路、绿地和其他市政用水按生活用水定额的 20% 考虑，则监内人均综合用水定额为 290l / 人· 天。污水定额按用水定额的 85% 考虑，根据监狱规划的关押最高容量进行污水量测算，同时考虑罪犯集中用水，主干管一般 DN400 ~ D500 管道可满足污水排除要求。由于罪犯基本上属于集中用水，所有排污管应在设计确定的基础上，加大 1 号管径。天津市长泰监狱污水管道工程，最大管径为 DN300，材质选用了混凝土承插管。污水管沿区内主干管敷设，所有出水口设防脱逃安全设施，污水检查井一般为内径 900mm。海南省三江监狱，为防罪犯通过排污管网逃跑，在出监狱围墙时管径由 DN600 分别变成 6 个 DN200

的 PVC 排水管，并封闭套上 DN225 的钢套管。污水管网由于埋设最深，置于路中设置，管材宜采用 UPVC、HDPE 等抗渗、抗漏性能较强的塑料管或胶圈承插口混凝土管，并使用砂基础。江西省未成年犯管教所，为防止罪犯从下水道口逃跑，在所有的下水道口全部安装了蜂窝式的窨井盖。

二、给排水系统具体做法

由于给水管网安装相对简单，不另作介绍，本节着重介绍排水管。下面从施工前期准备、施工过程、竣工验收三个阶段分别就排水管的正确做法作一阐述。

1. 施工准备阶段

（1）设计图纸。市政设计单位在接到任务后，第 1 步需要按照监狱施工区域的实际情况以及施工要求来设计图纸。设计图纸必须先做好调查研究，摸清地层和地下水的情况，根据排水需要，选定排水结构的类型、位置、埋深、构造与尺寸等。为了保证施工质量，施工方对这些数据的准确性要求非常严格。同时，监狱作为特殊类型的建筑，对监管安全有着特殊的要求，设计单位应与监狱紧密配合。

（2）熟悉图纸。无论对任何工程进行施工，熟悉图纸都是至关重要的 1 步。对于排水管道工程来说，施工人员只有熟悉了图纸，掌握了排水管线的长度、坡度、走向、管材直径、井位数以及与施工区域有关的地形、地貌、地物等情况，才能在施工过程中有条不紊地应对所有情况。

（3）对管材的质量进行把关。在施工准备阶段，施工人员、监理人员和监狱方工地代表必须对管材及主要配件的质量进行详细的检验。如果管材的质量差，那么它的抗渗、抗压能力就差，容易产生漏水甚至挤压变形，导致严重的后果。要想杜绝这种情况的出现，就必须要求施工所用管材都要有质量部门提供的合格证和力学试验报告等资料，管材表面平整，无松散露骨和蜂窝麻面现象，并在安装前再次逐节检查，对有质量疑问的管材应立即停止使用或经有效处理后方可使用。

（4）准确测量放线。在测量的时候出现差错会导致管道位置产生偏移，产生积水甚至倒坡现象，因此在施工前要认真按照施工测量规范和规程进行交换桩复测与保护，不得擅自变更管道走向。遇到单体建筑须避让时，需进行设计变更。

2. 施工阶段

（1）沟槽开挖与支护。在开挖前逐一探明地下是否有管道、电缆和其他构筑物，将调查结果和处理方案送交监狱方和相关管理单位确认，以便采取相应的保护、迁移等措施，保证开挖工作持续进行。在沟槽开挖接近尾声时，应迅速做好管道基础准备，迅速摊铺碎石和浇筑混凝土基础，不使沟底土基暴露时间过长，造成不必要的损害。砂石垫层按规定的沟槽（垫层）宽度铺设、摊平、压实。铺设结束后，在铺好的砂石垫层上浇筑混凝土基础。混凝土的级配由有资质的试验室试验人员按设计规定的强度进行配合比设计。混凝土基础浇筑采用钢模板立模，管道基础第 1 次浇筑成水平形状，待安管后再浇管座。混凝土用插入式振动器振密实后，再用平板式振动器振平及抹平。基础浇筑完毕后 2 小时内不得浸水，并进行养护。

（2）管道安装。垫层平基验收合格后，达到一定的强度即可安管。在施工时，排管前清除基础表面污泥、杂物和积水，复核好高程样板的中心位置与标高。排管自下游排向上游。下管采用人工和 8t 以上汽车吊相配合。吊车沿沟槽开行至距沟边缘 2m 处，以避免沟壁坍塌，影响沟槽边坡的稳定。铺管时，将管节平稳吊下，用手拉葫芦吊将管子平移到排管的接口处，用人工安排放置，调整管节的标高和轴线，使管子平顺相接。下管时用专用吊钩或柔性吊索，严禁用钢丝绳穿入管内起吊。同时有专人指挥，绑（套）管子应找好重心，平吊轻放，避免扰动基底管道相互碰撞。

在施工现场不便机械下管的狭窄地段，采用人工压绳下管。有架空线路时，应保持一定的安全距离。管节下入沟槽时，避免与槽壁支撑及槽下的管道相互碰撞，严格控制水平与方向。管道的安装一定要符合质量要求：管道必须垫稳，管底坡度不得倒坡，缝宽应均匀，管道内不得有泥土、砖石、砂浆、木块等杂物，管座混凝土应捣实，与管壁紧密结合，管座回填粗砂应密实。管道铺设验收合格后，即可进行混凝土管座及接口施工。

3. 竣工验收阶段

（1）做闭水试验。试验前要检查管道及井外观质量合格，管道未回填且沟槽内无积水，除预留进出水管外，全部预留孔洞均封堵且不渗水，管道两端堵板承载力经核算并大于水压力的合力。排水管道作闭水试验，宜从上游往下游分段进行，上游段试验完毕，可往下游段倒水，以节约水。试验管段应按井距分隔，带井试验，每 3 个井段随机抽样 1 段进行。试验段上游设计水头不超过管顶内壁时，试验水头应以试验段上游管顶内壁加 2m 计。试验段上游设计水头超过管顶内壁时，试验水头以试验段上游设计水头加 2m 计。当试验水头达到规定水头时开始计时，观测管道渗水量，直至观测结束时，应不断地向试验管段内补水，保持试验水头恒定。渗水量的观测时间不低于 30 分钟，实测渗水量应小于排水管道闭水试验允许渗水量。

（2）回填沟槽与恢复路面。沟槽的回填，应从管道两侧平衡进行，沟内不得有积水，不得使用腐土、垃圾土和淤泥等，回填土中不得含有碎砖、石块、混凝土碎块及大于 10mm 的硬土块。回填之后要迅速、仔细地复原所有施工地面，测录其密实度，以保证压实率达到 95% 以上原道路结构情况，使之恢复施工前的状态。为此要求在恢复路面时，必须认真地对照设计要求，进行道路恢复。

第四节 监狱绿化

绿化美化是现代监狱建设的重要内容，是社会主义精神文明建设的辅助力量。监狱环境的好坏，绿化美化风格品位起到至关重要的作用。高墙内的罪犯同样需要新鲜而洁净的空气、良好而适宜的气候、安静而美好的环境等，而绿色植物恰恰能为他们提供这样的理想空间，即绿色、环保、生态空间。

一、监狱绿化的概念

监狱绿化是指在监狱内部及周边地区进行绿化，主要目的在于创造卫生、整洁、美观的环境。监狱绿化是生物防治“三废”污染的主要途径。由于现在城市监狱绝大多数位于城郊区域，大量的工厂散发出大量的粉尘、金属粉尘，还夹杂着一些有毒气体。因此，监狱绿化不可小视，要大力提倡植树、栽花、种草，形成植物群落，起到滤尘、隔声、净化空气、减少污染的作用，恢复自然环境，保护生态平衡。监狱绿化除了美化、整洁，提高环境质量外，还具有监测及防火、避灾等作用。

二、监狱绿化应遵循的原则

（1）绿化面积应达标。绿地率是指规划建设用地范围内的绿地面积与规划建设用地面积之比。绿地率是衡量绿化状况的经济技术指标。绿地率不等同于绿化覆盖率。绿化覆盖率是指绿化垂直投影面积之和与总用地的比率，相对而言比较宽泛，大致长草的地方都可以算作绿化，所以绿化覆盖率一般要比绿地率高一些。监狱绿化率应满足部颁《监狱建设标准》（建标 139—2010）及城市总体规划的要求。新建监狱绿地率宜为 25%，扩建和改建的监狱绿地率宜为 20%。力求达到“四季长青，三季有花”的绿化景观，草、树木、景观搭配合理，整齐美观。从 2011 年底以来，云南省保山监狱利用监狱布局调整契机进行了二期改扩建工程建设，不断改变监狱面貌，通过建设，监狱绿化面积 60018.15m^2，覆盖率达 27%，优化美化了监狱环境，警察职工工作环境和生活条件得到改善，使广大警察职工共享监狱发展的成果。江苏省江宁监狱中心监区绿地率达 35%，全国首座以“绿色、环保、节能”为建设理念的北京市延庆监狱，其绿化覆盖率超过 40%，陕西省关中监狱的绿化覆盖率达到 40% 以上，安徽省女子监狱的绿化覆盖率达 60%，上海市军天湖监狱绿化覆盖率高达 67%。

（2）绿化应纳入监狱总体规划。要与监狱同步规划设计、同步建设。大块绿化的设计，应考虑能给人以整体感。若监狱因占地面积较大，地形高低起伏富于变化，可采用自然式布置。而地势较平坦的中、小型监狱则多用规则式进行布置。监狱绿化必须着眼于长远规划，在节省经费、净化环境方面，都要有其突出的优点，争取以最少的投入，获最大的社会效益。绿化树木不应经常更换、移植。同时，监狱绿化建设的近期效果也应重视，使其尽快发挥功能作用。这就要求监狱绿化远近期结合，互不影响。

（3）绿化应遵守适地适树区域特性。要根据所在地区气候、栽植地的小气候和地下环境条件选择适于在该地生长的树木，以利于树木的正常生长发育，抗御自然灾害，保持较稳定的绿化成果。根据绿地的功能、栽植地点的环境条件、树木生态习性综合考虑，选择合适的绿化树种。如重庆市九龙监狱，建成了园林式银杏监狱。为了充分体现创建特色，按照“一监一所一树种”的总体要求，该监狱组织专门力量，选择了具有专业资质的设计公司进行整体规划设计。设计结合监狱所在地气候条件、土壤性质，首先整合现有绿化资源，进行绿化改造，在充分利用原有植物和景观的基础上，以栽培银杏乔木为主，灌木、花卉为辅，桂花、雪松、贞楠、黄葛树、小叶榕等较大乔木为点缀，以灌木、花卉植物造景，球体植物、灌木、花卉高低错落、色块搭配，体现园林四季花香的层次景观特色，从根本上改变了现有绿化杂乱无章、千篇一律的状态，形成了以银杏为主的独特的园林风景特色。海南省美兰监狱警察行政办公区种植的是椰子、槟榔、油棕、白兰、樟树、木棉、凤凰等多个树种，都是适合在海口市生长的常用树种。

（4）绿化应服从监狱监管安全。监管区内绿化具有自身的特点：由于涉及监狱监管安全，视野要开阔，重点是树木不可遮挡执勤中的监狱警察或围墙岗楼上执勤武警的视线；不能栽种便于罪犯攀爬的高大乔木，特别是围墙附近绝不可栽种高大树木或枝头树叶茂密的树种。监狱围墙 20m 以内不得种植树木，宜于种植草坪花卉。监管区内严禁种植有刺激性气味、分泌毒液或带刺的植物。多选择本土树种，常绿树与落叶树的比例以 1：1 为宜。植物配置应表现较强的季节感，颜色鲜艳，使监狱环境轻松、不压抑。

三、监狱绿化的作用

监狱绿化不仅要体现监狱的刑罚执行和威慑功能，而且更重要的是营造富有监狱文化特色的环境氛围。

（1）美化环境。监狱绿化对全监内的建筑、道路、管线和场地等能够起到衬托、显露或遮掩的作用，还可以用绿化组织空间、美化工作生活环境。植物丰富的色彩及季相变化为监狱增添生机，良好的绿化可以树立良好的监狱形象。例如冰岛雷克雅未克（Reykjavik）女子监狱，在屋顶上面覆盖厚厚的泥炭层，形成植物种植基础，在单体建筑的墙面设置了金属网帮助植物固定在墙上，在室外空间采用装满泥炭的金属容器，这些屋顶、墙面、容器都可生长出各种花草，形成一种天然绿色的立面，既美化了环境，使得监狱不再千篇一律，融合到大自然当中，又起到抵御冰岛严酷天气的功效（图 9-4-1）。

（2）改善生态环境。监狱绿化对环境保护的作用是多方面的，改善空气质量，能吸收 CO_2，释放 O_2；吸附空气中的尘埃和有害物质，并且可以防风固沙，净化空气质量；植物屏障可以一定程度地阻碍声音的传播，隔离噪声，创造一个安静的工作生活环境；吸滞烟灰和粉尘；绿树成荫可以减少强太阳光线中有害成分的辐射；植物可以涵养水源，调节气候，保持土壤与空气中的水循环；还具有杀菌、防火、防风、防爆等作用。另外，有些对某种有害物质敏感的植物可起到监测环境的作用。

（3）改善工作生活环境。绿色植物创造出的安静舒适的环境，能够调节罪犯的紧张情绪，使他们身心愉快，对于休息好、学习好、提高劳动效率等方面起着积极的作用。长满植物的监狱绿地犹如一只只“绿色空气净化器”，使罪犯保持清醒的头脑

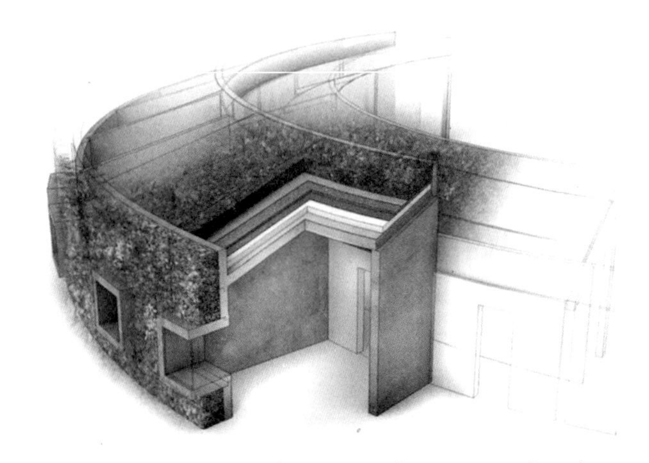

图 9-4-1　冰岛雷克雅未克女子监狱墙面及屋顶绿化示意图

和舒畅的心情，从而能够时刻反省自己的罪行，督促自己重新改造。对于罪犯家属而言，通过监狱的绿化美化能切实感受到监狱“以人为本”管理氛围，放心并督促罪犯安心改造。由于监狱的特殊性，警察往往是精神处于高度紧张的状态，容易产生压抑感、疲劳感，缺乏宁静感，然而优美的绿色环境，能有效缓解这种感觉，使警察全身心投入工作中，提高工作效率（图 9-4-2、图 9-4-3）。

图 9-4-2 浙江省乔司监狱警察生活区一角

图 9-4-3 江苏省无锡监狱监管区一角

四、监狱绿化的特点

监狱绿化具有以下自身的特点：

（1）直接性。监狱绿地的使用对象主要是罪犯及警察，观赏的人群是相对固定的。相对城市公园、城市广场、公共建筑庭园等开放性空间而言，监狱绿地与人的关系更为密切。这种直接性特点，决定了监狱绿化设计在质量和数量上应该更高，而不是简单地“种几棵树”、“种植几片草坪”的问题。监狱绿化必须丰富多彩，最大程度满足不同使用者的爱好，否则易产生单调乏味的感觉。罪犯及警察职工在室外的活动时间较短，因而监狱的绿化布置要能使他们在较短的时间内，真正达到调剂身心、消除疲劳的目的（图 9-4-4）。

（2）生态性。监狱绿化的主体材料是绿色植物。绿化上应坚持以绿为主，要做到多层次进行配置，形成乔灌与花果相结合，草坪与雕塑相映衬。在空间方面要分横向与竖向，能够创造出一种植物间群落的整体美。要以乔木作为主体，将乔木、地被植物以及灌木相结合，进一步营造植物群落的多层次。此外，还要保护好植物的多样性，争取在有限的空间里能在最大限度上营造一种优美的植物景观。

（3）人文性。监狱绿地环境应体现出浓厚的文化氛围和人道主义的关爱。监狱绿化创造出的监狱特有的文化氛围，不仅要具有优美的意境，还要蕴藏着耐人寻味的思想情趣。根据监狱特殊的社会功能，监狱绿化应有意识地运用具有象征意义的植物，既能创造良好的景观效果，又能借此体现一定的教育氛围和意境。

图 9-4-4 挪威哈尔登监狱环绕监狱围墙的 450 多亩树林

五、监狱绿化的设计

1. 监狱大门前绿化设计

该区域绿化通常不被监狱所重视，认为这应由社会来承担。监狱大门前的绿化在一定程度上代表着监狱的形象，体现监狱的面貌。监狱大门前区域通常与城市道路相连，其环境的好与坏，直接影响到市容市貌，因而对其绿化有较高的要求。要运用乔、灌、草、花卉等进行重点布置，使之具有观赏性和艺术性，并考虑四季景观及夏季遮荫的需要，同时其绿化要考虑交通的安全。

2. 警察行政办公区绿化设计

警察行政办公区是内外联系的纽带，是职能科室集中办公所在地，应以安静、清洁的环境来满足警察职工的工作和休息、活动的需要，调节精神，保证精力。绿地的布局形式要与建筑相协调，方便警察的通行，多为规则式的布置，或以规则式与自然式相结合。在单体建筑的四周，应考虑室内的采光和通风的需要，靠近建筑栽植低矮灌木或宿根花卉，距单体建筑 8m 以外，才可栽植乔木。背阴面要选耐阴植物。行政办公楼四周绿化以植树为主，常绿树与落叶树相结合，大门两侧可以对称布置灌木。在大楼正前方的空地上，可设置花坛、大块草坪、喷泉、雕塑等装饰；也可以留出较大空间，以突出大楼的主导地位。警察行政办公区道路绿化，应具有庇荫、防风、减少干扰、美化的作用，应沿主、次干道两侧行道纵轴线方向栽植。当路面较宽时，行道树可在两边相对栽植，路面较窄时，可在两侧交叉排列，或只在一侧种植。行道树绿化带可采用乔、灌、草相结合的配置方式，有条件时可设置各种形状的花台、花坛甚至花架（图 9-4-5 ~ 图 9-4-15）。

3. 监管区绿化设计

监管区分为罪犯生活区和罪犯劳动改造区。罪犯生活区的绿化功能主要是改善小气候，为罪犯提供一个整洁卫生、安静优美的生活环境。

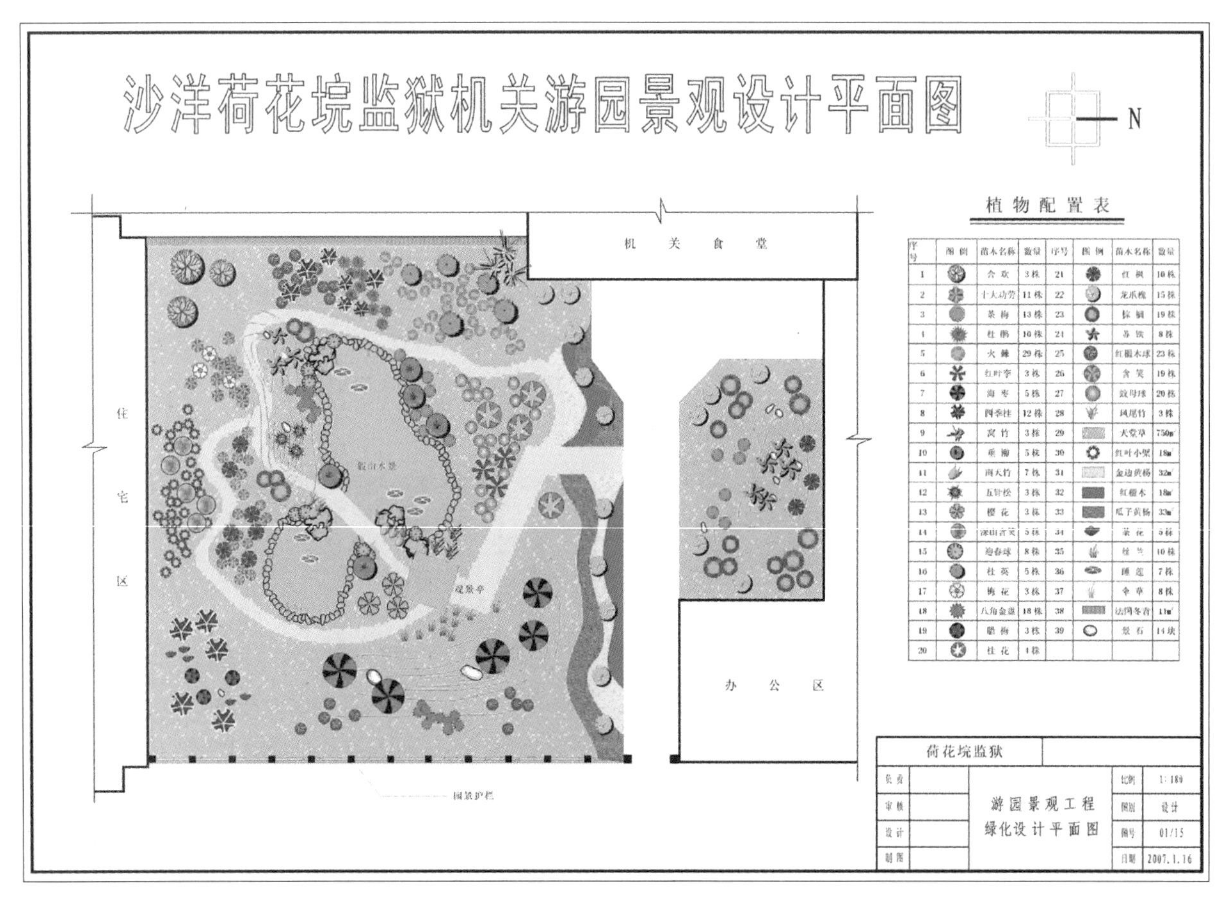

图 9-4-5　湖北省沙洋荷花垸监狱机关游园景观设计平面图

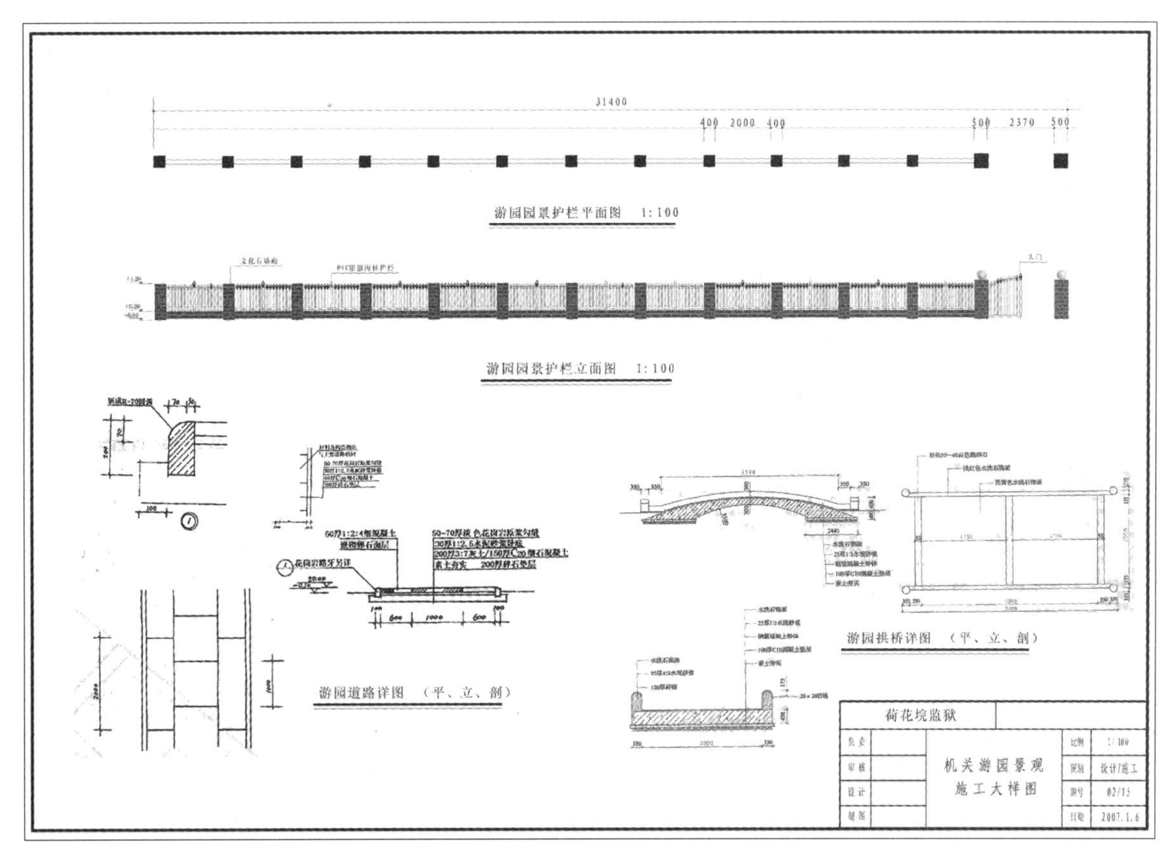

图 9-4-6　湖北省沙洋荷花垸监狱机关游园景观施工大样图（一）

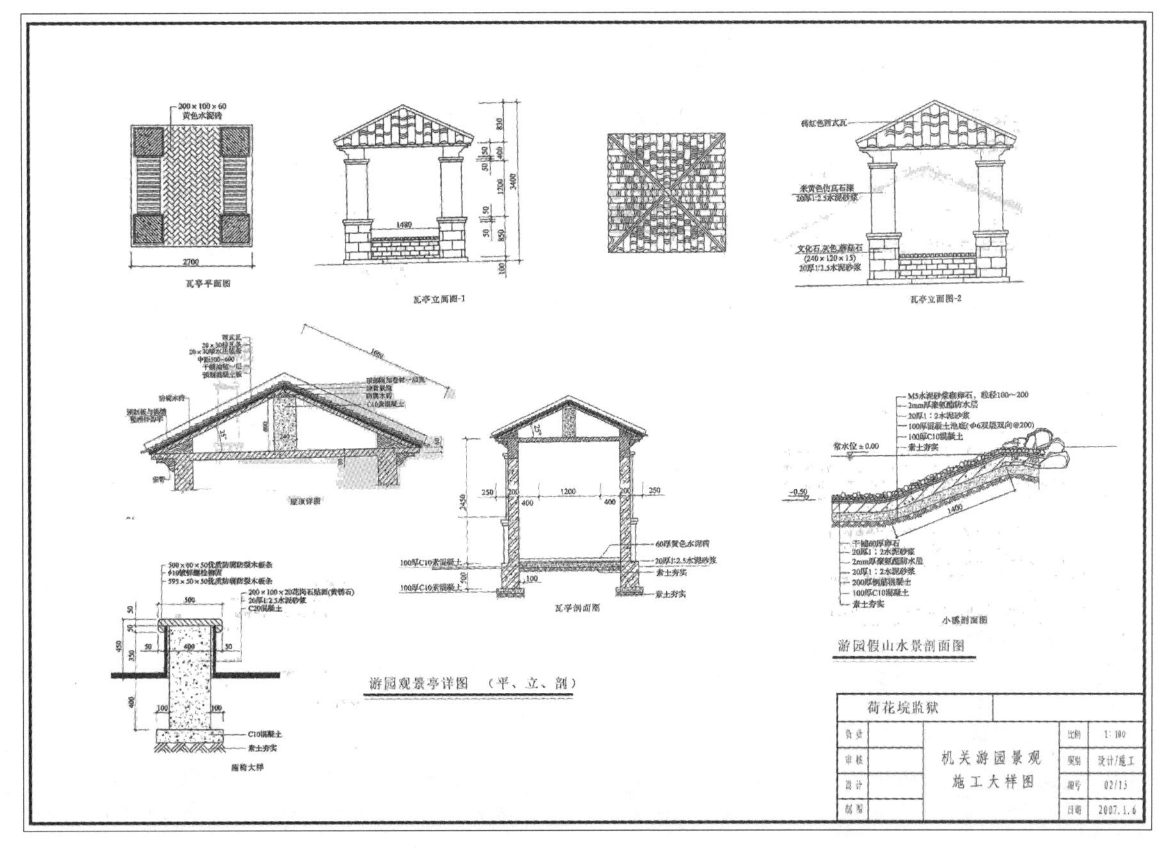

图 9-4-7　湖北省沙洋荷花垸监狱机关游园景观施工大样图（二）

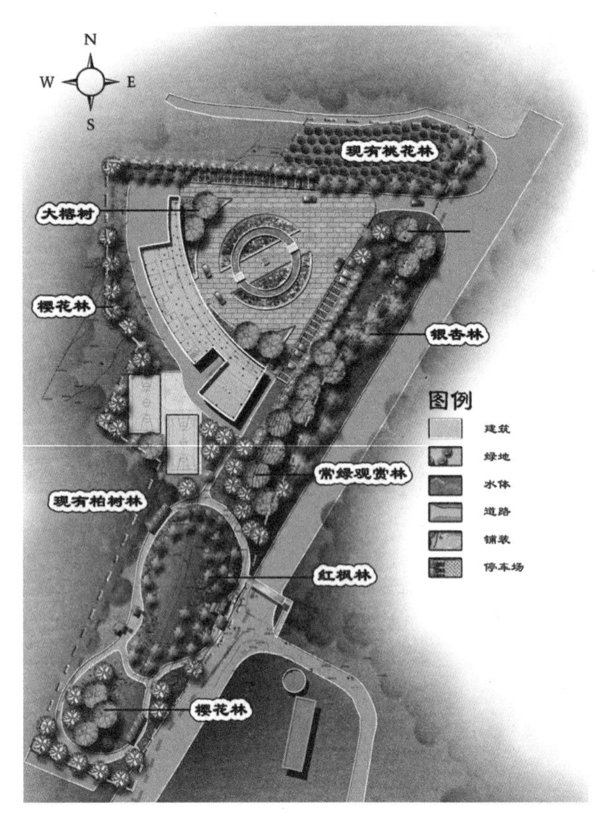

图 9-4-8　云南省大理监狱警察行政办公区绿化规划图

图 9-4-9　河南省焦南监狱警察行政办公区一角（一）

图 9-4-10　河南省焦南监狱警察行政办公区一角（二）

图 9-4-11　海南省美兰监狱警察行政办公区一角

图 9-4-12　上海市四岔河监狱警察行政办公区一角

图 9-4-13　江苏省苏州监狱警察行政办公区一角

图 9-4-14　北京市清河监狱管理分局警察行政办公区

图 9-4-15 云南省西双版纳监狱指挥中心前的“廉政文化园”一角

图 9-4-16 黑龙江省六三监狱监管区一角

监舍楼、教学楼、禁闭室等四周绿化，应充分考虑室内采光和通风的要求，四周宜采用低矮的树种，在窗口前靠近墙处种植低矮灌木、草坪，保证空气流通和自然采光的需要（图 9-4-16、图 9-4-17、图 9-4-18）。上海市青浦监狱在每栋监舍楼四周沿边用冬青树作为绿篱，既美化了环境，又起到一个隔离的作用，形成一个相对封闭的监区院落。

罪犯伙房周围绿化要以卫生、整洁、美观为目的，选用生长健壮、无毒、无臭树种。多种植常绿植物，创造四季常绿景观，同时起到防风、防环境污染的作用。

运动场主要为罪犯进行体育训练、操练及举办大型活动的场地，有足球场、篮球场、田径场（塑胶跑道）等，场地周围绿地以乔木为主，可选择物候季节变化显著的树种，使体育场随季节变化而色彩斑斓。少种灌木，以留出较多的空间。田径场、足球场应选择耐践踏的草种种植草坪。如果田径场地配有主席台，主席台左右两侧可用低矮的常绿球形树及花卉布置。经济较为发达的沿海地区部分监狱在罪犯生活区还设有体育馆，在它的四周绿化应较为精致一些，特别是在大门的两侧，可设置花坛或花台，种植观赏价值高的花灌木和花卉。地面种植草坪，以鲜艳的花卉色彩衬托出体育运动的热烈气氛。

图 9-4-17 湖南省星城监狱监管区一角

图 9-4-18 贵州省都匀监狱监管区一角

监狱医院（全国大多数监狱医院设 1 栋综合楼，也有监狱医院由门诊楼和住院楼组成，也有监狱医院与老弱病残犯监区合并）绿化具有实用价值和美化装饰双重功能，绿地显得特别重要。一可以为医务警察提供一个安静、优美的环境，使他们心情愉快、疲劳解除、精神饱满，促进就诊的罪犯身心健康，可以帮助他们放松、平静、坚强，减小压力。二可以净化空气，改善医院周围的小气候，降低噪声。植物配置要考虑四季常青，最好能产生五彩缤纷的色彩，而且色彩要富于变化，特别是大门入口处植物景观要绚丽多彩，这样可以使患病的罪犯在精神上、情绪上比较乐观开朗，利于康复。当然大门入口处的绿地可与花坛、花台、点缀水池、喷泉和主题性雕塑相结合，形成开朗、明快的格调。在医院楼的四周铺植大片草地，并配植常绿树种，此树种不能影响采光和通风，同时植物忌刺激气味，以稍带清香为宜。

罪犯劳动改造区绿化主要作用是隔离工厂有害气体、烟尘等污染物质对罪犯及警察的影响，降低有害物质、尘埃和噪声的传播，以保持环境的整洁。在厂房的四周可种植一些低矮的树种，并以草坪相结合。对于环境有一定污染的机加工厂房周围绿化，要选择易繁殖、移栽和管理的植物。对于易产生强烈噪声的厂房周围绿化，要选择枝叶茂密、树冠矮、分枝低的乔灌木，密集栽植形成障声带。种植方式应以常绿、落叶阔叶树木组成复合混交林带，形成枝叶密接的绿篱或绿墙。对于电子加工类的劳务外加工厂房周围绿化，要求车间周围空气洁净、尘埃少，要选择滞尘能力强的树种。对于防火要求较高的服装类的劳务外加工厂房周围绿化，应选择油脂少、枝叶水分多、燃烧时不会产生火焰的防火树种，同时不得影响消防安全。

六、树种花草的选择

树种花草选择时要充分考虑欣赏的特殊对象——罪犯。监狱是惩罚与改造犯罪的场所，选择树种花草时应做到：选择上应丰富多彩，以满足罪犯在植物方面的新鲜感；选择的树种花草应适应性强，易于管理；选择的树种树形美观，具有遮荫、降噪、滞尘等功能；不选带刺植物，如黄刺玫、火棘、红叶小檗、月季、蔷薇、玫瑰、枸骨、枸橘等；不选有毒植物，如夹竹桃、八仙花、乌桕、紫藤等；不选有污染、有刺激性的植物，如悬铃木等对人的皮肤和嗓子有刺激性。

1. 乔木的应用

乔木有常绿树和落叶树，其主干单一而明显。常绿乔木树冠终年翠绿，是优良的造园树木。树形有高壮或低矮，并有开花美丽而以观花为主的树种。在景观设计上，必须综合树形的高矮、树冠的冠幅、质感粗细、开花季节、色彩变化等因素加以应用。落叶乔木夏季树冠绿叶蔽天，冬天落叶，春季萌发新叶或绽开美丽的花朵，其树形、枝干线条、质感、色彩等均能随季节发生变化；尤其是落叶之后，枝干间隙能透射阳光，可营造冬暖夏凉的舒适环境。在景观作用上，比常绿乔木更加丰富。

推荐树种：垂柳、广玉兰、棕榈、雪松、白玉兰、樟树。

2. 灌木的应用

观姿类的灌木，通常以观赏其美丽的叶形、叶色、树姿为主，均为常绿的。质感细的灌木，在视觉上能使空间变大，较适合小庭院利用；反之，质感粗的灌木，在视觉上能使空间变小，较适合大面积宽阔的庭院利用。这种灌木可以通过修剪技术改变造型，增加景观效果。

推荐树种：海桐、红继木、珊瑚树、红叶李、红枫、红叶桃。

观花类灌木树形低矮，基部易分枝成多条枝干，树冠变化较大，有常绿或落叶的。观花类的灌木，其花朵鲜明艳丽，在色泽、质感和树形的表现上，具有强烈的景观效果。但开花期受季节的影响变化很大，在景观设计时，必须依季节性的色彩、质感变化加以运用。

推荐树种：

春：杜鹃、山花、月季、梅花；

夏：紫荆、紫薇、栀子花、石榴；

秋：桂花、木芙蓉、木槿；

冬：山茶、杜鹃、蜡梅。

3. 观叶植物的应用

观叶植物以观赏美丽的叶形、叶色为主，包括草本植物，属多年生植物。观叶植物依需光量不同可分为阳生植物、中生植物（阳阴性）和阴生植物。在造园应用上，必须选择有适当光照的地点栽植，使其生长繁茂，叶形美观。

推荐植物：甘蓝、吊兰。

4. 草本花卉的应用

草花有1、2年生草花及宿根多年生草花。草花具有丰富的色彩，在造园应用上可产生很好的效果，其姹紫嫣红的视觉效果令人心旷神怡。草花以1、2年生的观花类为主。在花期结束后，必须按季节不同更换其他种类。多年生草花叶需要良好的栽培管理，才能连续生长、开花。

推荐花卉：

春（3 ~ 5月）:瓜叶菊、雏菊、仙客来、一品红、鸢尾；

夏（6 ~ 8月）:一串红、鸡冠花、千日红、石竹、虞美人、凤仙花、金盏菊；

秋（9 ~ 11月）: 菊、三色堇；

冬（12 ~ 2月）: 牵牛花、水仙。

其他推荐花卉:荷花、睡花、竹、美人蕉、石蒜、紫藤、常青藤、爬山虎、葡萄、马尼拉草、三叶草等。

七、绿化的养护与管理

要想获得理想的绿化效果，监狱必须重视绿化养护和管理工作。监内绿化养护非一朝一夕的事情，俗话说:“三分种，七分管”。一项绿化工程美不美，方案设计、施工管理固然重要，但绿化养护更为关键。如果种植后没有进行养护，栽好的苗木就有可能枯萎死亡，不仅浪费资金，而且设计者的意图和园林景观更无从谈起。只有后期做好绿化养护工作，充分体现绿化设计的理念，进行连续的不间断的养护和管理，弥补设计的不足，特别是对病虫草害的防治和树木的整形都应做到适时适度，巩固绿化成果，使其生态、社会、教育等功能得以最大程度发挥。

要保证树木种植的成活率，达到预想的绿化效果，应掌握好五个关键环节：一是浇水与施肥，注意旱时灌水，内涝时及时排积水，根据生长情况进行施肥及松土工作；二是补植缺株；三是做好病虫害的防治工作；四是修剪整形，春季进行整形修剪及开花植物疏蕾，夏季进行生长期修剪，冬季进行整形修剪，保持树形优美；五是做好卫生保洁工作，及时清除绿地内的枯枝落叶和一切杂物垃圾。

第五节　监狱景观雕塑

监狱景观雕塑能优化美化监狱环境，提高监狱文化品位，同时，还能以其完美的艺术形象，丰富罪犯及警察的精神生活，给他们以美的享受，对他们潜移默化地进行审美的熏陶。监狱景观雕塑是监狱文化的组成部分，在监狱文化和精神文明中起着积极的推动作用。监狱景观雕塑以其独特的艺术语言和长久的生命力，在监狱发挥着不可替代的作用。

一、景观雕塑的概念

雕塑是用工具将各种可塑材料（如石膏、树脂、黏土等）或可雕、可刻的硬质材料（如木材、石头、金属、玉块、玛瑙等），塑造成可视、可触的艺术形象。有许多环境景观主体就是景观雕塑，并且又以景观雕塑来定名这个环境。所以景观雕塑在环境景观设计中起着特殊而积极的作用。景观雕塑多放置于室外的空间，一件优秀的景观雕塑作品，总会给人留下难以磨灭的印象。

二、我国监狱景观雕塑的现状

目前，我国每所监狱都有一个地标性建筑，如教学楼、行政办公楼、监管指挥中心、钟楼甚至大礼堂等，监狱景观雕塑同样也具备成为监狱标志性的可能。当参观一所监狱后，给您留下印象最深的恐怕不是似曾相识的单体建筑，也不会是那些近乎一个模式的绿地草坪，而应是那些安置在广场或绿地中的景观雕塑。优秀的景观雕塑，能够帮助参观者更好地解读所在的监狱，更好地让参观者了解所在监狱的历史和文化。因此，有人称监狱里的景观雕塑为监狱的“眼睛”。透过这双眼睛，您可以看到这所监狱的灵魂，看到这所监狱的成长历程，看到这所监狱所特有的文化内涵。

过去，我国监狱对景观雕塑所起的作用重视程度不够，不仅设置数量少，而且在立意和选题上深度也不够，难以达到预期的效果。自20世纪80年代末，特别是21世纪初实施监狱布局调整以来，随着监狱新建、迁建和改扩建，绝大多数监狱在罪犯生活区、警察行政办公区、警察生活区等区域内设置了景观雕塑。其中有不少作品选题得当，选址准确，体量适度，造型美观，立意深刻，不仅挖掘或增添了文化内涵，提高了监狱环境的品位，还在创造良好的改造环境方面起到了很好的作用。然而，目前存在于我国监狱中的好的景观雕塑并不多，现实中存在不少的是那些近乎幼稚的所谓的“雕塑景观”，有的甚至不伦不类，难以发挥出应有的作用。曾有监狱建筑学者忧心忡忡地指出，全国各所监狱都在建设景观雕塑，仿佛一夜之间要把所有空间都填满，但精品不多，败笔不少，好多监狱景观雕塑不仅没有起到美化、优化监狱形象的作用，反而成为新的视觉垃圾。

三、监狱景观雕塑设立流程与设计原则

设立监狱景观雕塑，最好首先由监狱根据自己的特点，研究提出设立景观雕塑的主题和地点，然后委托专业雕塑设计公司进行创作，做出小样，并经过广泛征求意见，反复论证确定，最后实施。景观雕塑是一项艺术创作，有自己独特的规律；但它又属于公共艺术，雕塑设计公司要坚守自己的职业道德，不能完全表现个人意志或屈从于某人意志。同时，监狱的每一个空间、每一块绿地应顾及全体罪犯及警察的感受，每项重大景观雕塑设计方案建议实行警察参与制度，把警察的评选意见作为一个重要评估依据。除遵守相关法律法规、符合总体规划、进行公开招标、有序建设、严格质量把关以外，充分尊重专业人士的设计，更要听取广大警察的反馈意见，这样才能共同营造一个安静、优美、和谐的环境。

目前，我国监狱将景观雕塑与监狱同步规划设计、同步建设的情况并不多，绝大多数监狱景观雕塑是在监狱投入使用后逐步设立的。因此，监狱景观雕塑的设计，应服从于监狱现状，遵循以下设计原则：一，要服从监狱总体规划与布局；二，要与周边环境相融合、相协调；三，要选题得当，立意深刻，要挖掘监狱历史文化内涵；四，体量不可太大，要适度；五，造型应多样，且美观、大方；六，要经济适用，在造价上与主体建筑不能本末倒置。

四、监狱景观雕塑平面布局

我国监狱目前景观雕塑的平面布局大致有以下几种基本类型：

（1）中心式。监狱景观雕塑处于环境中央位置，具有全方位的观察视角，在平面布局时要注意人流特点。作为监狱标志的景观雕塑，一般位于监狱警察行政办公区或监管区的中心广场。

（2）丁字式。监狱景观雕塑在环境一端，有明显的方向性，视角为 180°，气势宏伟、庄重。

（3）通过式。监狱景观雕塑处于人流线路一侧，虽然有 180° 观察视角，但不如丁字式显得庄重，比较适合于小型装饰性景观雕塑的布置。

（4）对位式。监狱景观雕塑从属于环境的空间组合需要，并运用环境平面形状的轴线控制景观雕塑的平面布置，一般采用对称结构。这种布置方式比较严谨，多用于纪念性景观雕塑。

（5）自由式。监狱景观雕塑处于不规则环境，一般采用自由式的布置形式。

（6）综合式。监狱景观雕塑处于较为复杂的环境结构之中，环境平面、高差变化较大时，可采用多样组合的布置方式。

总的来讲，平面布局是将视觉中监狱景观雕塑与环境要素之间的关系不断地进行调整，从平面、剖面角度去分析景观雕塑在环境中所形成的各种观赏效果。监狱景观雕塑在环境平面上的布置，还涉及监狱监管安全以及单体建筑、主次干道、水体、绿化、旗台、照明以及休息等环境布局与设计。

五、监狱景观雕塑设计立意

雕塑设计者根据特定的环境条件、功能艺术要求、技术工艺的可能性等因素，经过综合考虑所产生的总的设计意图，这就是立意。立意既关系到创作的目的，又是设计制作过程中考虑艺术、技术因素的依据。立意的优劣对作品的成败至关重要，所以，应以严肃认真的态度进行立意构思。那种在立意构思上简单模仿、随大溜的做法是十分有害的；那种不顾监狱环境的景观雕塑，把国内甚至国外的现成雕塑作品生搬硬套地安置在监狱内的做法是不可取的。

监狱景观雕塑立意选题要准，要综合考虑监狱的性质、特殊环境、特殊人群。监狱是国家刑罚执行机关，承担着惩罚和改造被依法判处死刑缓期 2

年执行、无期徒刑、有期徒刑的罪犯和维护社会稳定的重要职能。监狱的性质决定了监狱景观雕塑在立意选题上应该是健康向上、积极进取的，而不应是消极、颓废的。它服务的对象主要为在押罪犯及警察职工，故监管区内的景观雕塑应以能促使全体罪犯认罪悔罪、改正恶习和向往美好生活，感染、教育和激励他们，促进他们思想品德健康为题材。警察行政办公区、生活区内的景观雕塑应能使警察公正、公平、文明执法或增加生活气息，减轻工作压力，激励他们全身心投入监狱事业中。对未成年犯管教所监管区内的景观雕塑，应侧重考虑教育功能的题材；对女子监狱监管区内的景观雕塑，应侧重考虑女性特有亲情特点的题材；对老弱病残犯监狱监管区内的景观雕塑，应侧重考虑关爱特点的题材。

设置一尊景观雕塑，要真正达到这样理想的效果，也是不易的事。因此，对设置监狱景观雕塑的工作需要给予足够的重视，认真调查研究，审慎决策，且自始至终贯彻精品意识。总之，在考虑监狱景观雕塑教育功能的同时，要充分注意景观雕塑的美化、优化环境功能。只有综合考虑多种因素，才能保证立意选材的成功。

六、监狱景观雕塑主题表现

一座优秀的监狱景观雕塑，主题表现形式要得当。我们要以严肃认真的态度，来对待监狱景观雕塑表现形式。根据监狱景观雕塑主题表现，大致可分为以下五种类型：

（1）人物景观雕塑，在监狱是较为常见的景观雕塑。在人物景观雕塑中，包括具体的人物塑像和抽象的人物塑像。具体的人物塑像，是以具体的人物为主题，一般是遴选与本监狱有密切关系的知名人士。如在监狱发展史上有杰出贡献者，或在监狱关押过的著名爱国人士。抽象的人物塑像，是概念性的抽象意义上的人物。湖北省汉津监狱有一座高达5m的孔子全身雕塑像，该景观雕塑寓意改过源于痛苦的忏悔和深层的反思。将孔子文化融入监狱文化中，是对罪犯教育改造方式的一种有益探索。上海市提篮桥监狱有王孝和塑像，王孝和是民国时期在该监狱英勇就义的上海工人阶级的杰出代表。江苏省苏州监狱有“责任在肩”女警察铜像，以该监狱女警察为主题，用以表达监狱里女警察与男警察一样承担起矫治罪犯的职责。云南省第一女子监狱在会见楼前的“爱心广场”有一座反映母子情、师生情的爱心雕塑。北京市女子监狱监管区有一尊女人用双手捧起一个新生婴儿的花岗岩雕塑。这些人物景观雕塑，改变了监狱内单调沉闷的瓦灰色，既增强了狱内的自然美和艺术美，又潜移默化地宣传健康思想、文化、正义和向往光明。江苏省未成年犯管教所监管区广场有一座“周处自新”雕塑，周处脚踩猛虎，手擒蛟龙，时刻告诫失足青少年，周处再坏也能浪子回头，并成为国家栋梁之材。只要改正恶习，重新做人，做对社会对国家有益的事，仍然会得到人们的理解与尊敬。江西省赣州监狱各监区通往会见楼的道路上必经一处“孝心园”，里面立着二十四尊孝文化雕塑，雕塑人物中上至帝王高官，下至黎民百姓，都是孝道的典范（图9-5-1）。会见亲属前通过孝的教育让罪犯感受伦理亲情，从而帮助他们加速改过自新。

（2）纪念性景观雕塑，是指以景观形式来纪念监狱重大事件或监狱发展史上起过重大影响的人物的雕塑。纪念性景观雕塑最重要的特点，是它在环境景观中处于中心或主导位置，起到控制和统帅全部环境的作用。所有环境要素和总平面设计，都要服从景观雕塑的总立意。纪念性景观雕塑，根据需要可建造成大型和小型两种，并不一定都是大型的，小型的纪念性景观雕塑在监狱更为普遍。此类景观雕塑一般多在户外，与碑体相配，或景观雕塑本身就具有碑体意味。例如，在青海省西宁监狱旁高山脚下有一座2004年青海省人民政府修建的“监狱布局调整纪念碑”（图9-5-2），实质上也是属于纪念性景观雕塑。纪念碑长7.6m，宽2.5m，高6m，底为长方体，紫红色，在阳光的照射下，显得浑厚、庄重。底座托起的为汉白玉石雕刻而成的6艘帆船，象征着布局调整后新建和改建后的6所监狱乘风破浪、一帆风顺、勇往直前，构思巧妙，寓意深刻。四川省雷马屏监狱有一座“雷马屏赋”景观雕塑，汉白玉浮雕正面再现了当时的监狱警察拓荒建监的艰辛历程。广东省佛山监狱文化广场有狴犴雕塑、皋陶雕塑，这也属于纪念性的景观雕塑。

图 9-5-1　江西省赣州监狱孝心园中的“二十四孝”雕塑

图 9-5-2　青海省监狱系统布局调整纪念碑

（3）主题性景观雕塑，是指在特定环境中表达一个特定含义的主题，用来传递监狱内具有特殊意义的室外空间的雕塑。主题性景观雕塑同环境有机结合，可以充分发挥景观雕塑和环境的特殊作用。这样可以弥补一般环境缺乏表意的功能，因为一般环境无法或不易具体表达某些思想。主题性景观雕塑最重要的是雕塑选题要贴切，主题性景观雕塑在监狱中最为常见。例如，江苏省金陵监狱通往教学楼道路上的“回字形”雕塑，由三部分组成，即雕塑底座、塑身、“回字形”雕塑（图 9-5-3）。底座为黑色圆形大理石，代表被改造的罪犯，白色塑身代表着纯洁公正的监狱警察，上白下黑，意为黑白分明，邪不压正，警察牢牢掌握改造罪犯的主动权。上面的金属“回字形”雕塑是回字的变形，取“回归自由，回归社会”之意，外方内圆，上方下圆，有“没有规矩不能成方圆”的意思。江苏省南京监狱“铸魂”景观雕塑（图 9-5-4），坐落在监狱广场东侧，通体为白色，外形为一个人手持铁锤、钢凿，目视前方，寓意南京监狱是一所教育人、改造人、造就人的特殊学校，也表达了该监罪犯洗心革面、重新做人的意志和决心。吉林省净月监狱正门主雕塑中间是一把向上的钥匙，寓意警察用钥匙开启罪犯的心灵之窗。整个雕塑呈“山字形”，寓意警察执法如山。河南省第三监狱“指点迷津”景观雕塑，寓意教育形式更加贴近罪犯教育改造实际，坚持“以情感人、以理服人、以德教人、以法管人”的原则，深入细致地做好罪犯的挽救教育工作。湖北省沙洋汉津监狱监管区内的一座“悬崖勒马”大型雕塑，罪犯看到时会心生悔意。北京市监狱管理局行政办公楼前的“挽救”景观雕塑，主体是两只握在一起的手，其中一只正在向上用力地拉着另一只，黄铜的质感和粗犷的线条充满张力，代表着全社会对失足者永不放弃的救助决心。安徽省监狱管理局白湖分局行政办公楼前的“开启未来”景观雕塑，主体为三把叠加的古朴厚重的钥匙和环绕钥匙的三条飞舞灵动的彩带。在景观雕塑的正面，是蜿蜒的长城和飞翔的和平鸽，毛泽东手迹“雄关漫道真如铁，而今迈步从头越”花岗岩镂金刻字镶嵌在背面，寓意白湖人要一代一代传承“白湖精神”。安徽省蚌埠监狱主题雕塑“禹风”（图 9-5-5），主体由抽象的风雨、明珠和基座组成，雕塑运用抽象的雕塑语言将无形的风具象化，结合雨的形态，整体视觉仿佛水与风交融汇聚成珠，有风、有雨、有珠，禹风厚德，孕沙成珠，是蚌埠精神，也是罪犯改过自新的很好的一个座右铭。雕塑将疏导人心的行为和大禹治水疏通山河的行为巧妙地融合，形成了具有蚌埠监狱特色的“禹风”监区人文景观。上海市新收犯监狱监舍楼前的“警魂”景观雕塑，底座上写着“责任重于泰山”，时刻提醒警察要增强责任意识，不能有丝毫的放松（图 9-5-6）。日晷作为我国古代利用日影测时的一种仪器，今天已淡化了日晷计时的功能，但其反映日转星移、时光流逝的寓意仍给人警醒和启迪。江苏省苏州监狱教学楼前广场的“日晷”景观雕塑，时刻告诫警察，要牢记“逝者如斯夫，不舍昼夜”的古训，惜时如金、分秒必争，以“上岗一分钟，尽职六十秒”的强烈责任感，确保监狱安全稳定（图 9-5-7）。同时，也无声地教育全监罪犯要抓住改造的每一天，走好改造的每一步，争取以优异的改造成绩早获新生。广东省阳江监狱，作为一所集中关押职务犯的监狱，监管区“天平”景观雕塑，象征着公正执法、公平正义（图 9-5-8）。浙江省未成年犯管教所教学楼前的“双手托鸟”雕塑（图 9-5-9），寓意一种心的神往与期待，尽显监狱对未成年犯教育感化挽救之理念。广西壮族自治区黎塘监狱有一座“明德至善”文化主题雕塑（图 9-5-10），位于集中关押点内大广场前，正对监狱大门，造型整体如一面方形镂空壁门，门墙上镶嵌着由不锈钢制成的“仁”、“善”、“礼”、“智”、“信”等代表黎塘监狱各监区文化主题的艺术字。“明德”，即是弘扬光大崇高的道德情操和理想追求，使人明晓道理、修养品行和道德之意。“至善”就是追求美好，使人弃旧图新，达到完善的境界。雕塑顶部有一象征文化世界的圆形不锈钢球体，球体下方的巨大钥匙上写着“启善”二字，寓意“操德善之钥，启和谐社会之扉”。

（4）装饰性景观雕塑，是指以装饰、美化、丰富环境空间为目的的雕塑。它虽然有时并不需要鲜

图 9-5-3　江苏省金陵监狱监管区内的“回字形”雕塑

图 9-5-4　江苏省南京监狱监管区内的“铸魂”雕塑

图 9-5-5　安徽省蚌埠监狱主题雕塑“禹风”（在监管区运动场的东北侧）

图 9-5-6　上海市新收犯监狱监管区内的“警魂”雕塑

图 9-5-7　江苏省苏州监狱教学楼前的“日晷”雕塑

图 9-5-8　广东省阳江监狱监管区内的“天平”雕塑

图 9-5-9　浙江省未成年犯管教所教学楼前的“双手托鸟”雕塑

图 9-5-10　广西壮族自治区黎塘监狱监管区内的“明德至善”文化主题雕塑

明的思想内涵，却能通过自身的存在，给人以美好的享受和情操的陶冶。装饰性景观雕塑，在室内一般以浮雕、软雕塑和台面小型圆雕形式出现，室外一般作为小品式雕塑出现，大家通常称之为“雕塑小品”。装饰性雕塑由诸多元素构成，直接体现人们的审美行为，其造型特点是趋于具象，强调主体对客体的感受，注重艺术规律和形式法则的运用和思想化的抒情，在监狱中也较为常见，往往设置在休闲空间中，以反映监狱生活为主，例如劳动、学习、运动、交谈、遐思、娱乐等；此外还包括一些具有趣味性和观赏性的雕塑小品，如动植物雕塑等。它创造一种舒适而美丽的环境，可净化人们的心灵，陶冶人们的情操，培养人们对美好事物的追求。上海市周浦监狱监管区有一块点缀着各种雕塑动物的草坪，它们中有蹀躞绿茵、姿态各异的梅花鹿，有闲憩信步、左右顾盼的羊群，还有嬉戏草丛的兔子和展翅欲飞的天鹅，还有傲居高处雄视一切的獬豸，代表着司法公正，显示着一种凛然的权威和不可侵犯的尊严。这里的宁静祥和与庄重威严，在洋溢着春天气息的草坪上相互交融，动静结合，成了监狱内难得一见的景观。吉林省净月监狱监管区内以一只和平鸽为造型的雕塑，体现人文关怀的理念，表达的是一种对和平、友爱的向往之情，体现了全社会对罪犯的关怀和爱护。江苏省镇江监狱监管区广场上的“监狱之路”大型锻铜浮雕，既突出该监狱的辉煌成就，激发监狱自强不息的斗志，又装饰美化了环境。江苏省徐州监狱教学楼大门前的“阳光”抽象雕塑，用 13 根高 15m、直径 0.45m 的金属镀金管组成，恢宏的气势、灿烂的色泽，好似一束巨大的金色阳光从天空洒落而下，阳光照耀无限希望，既美化了环境，又象征着监狱的灿烂与辉煌。河南省郑州女子监狱监管区大门正中央有一尊大虎头形的“狴犴”浮雕，狴犴又名宪章，形似虎，传说是龙王第七子，不仅急公好义，仗义执言，而且能明辨是非，秉公而断。狱门选用狴犴的雕塑，不仅起着装饰的作用，还寓意公正、威信、正直和威武不屈。

（5）功能性景观雕塑，是一种实用型的雕塑，是将艺术与使用功能巧妙相结合的一种艺术。这类景观雕塑在监狱公共空间，如警察行政办公区的休闲广场、教学楼广场、会见楼、监舍楼四周草坪等通常采用。它在美化环境的同时，也启迪了观察者的思维，让他们在生活的细节中真真切切地感受到美。功能性景观雕塑其首要目的讲究的是实用，比如监管区内的垃圾箱、监狱警察行政办公区休闲区域的石凳石桌、教学楼前被装饰成粗大的圆木的路灯等，既有实用功能，又添自然气息。江苏省苏州监狱警察射击训练场的浮雕，既指明这里的功能，又美化了环境。浙江省乔司监狱体育馆外的“冲刺”雕塑，内容为五环上的两名运动员正在冲刺（图9-5-11）。

以上所阐述的五种分类，并没有严格意义上的划分。就现代艺术特性而言，完全的理清或者截然的划分是不妥当的。现代雕塑艺术相互渗透，它的内涵和外延也在不断扩大。如纪念性雕塑也可能是人物雕塑，也可能同时是寓意雕塑。事实上，它们的内容之间存在一定程度的重叠。

七、监狱景观雕塑使用的原材料

一座选址合适、选题立意好的监狱景观雕塑，还要选择好与之相配的雕塑原材料，才能产生好的效果。全国监狱目前的雕塑大多使用天然石材（主要是花岗岩、大理石）、砂岩、金属（主要是铜和不锈钢）、玻璃钢、砖或多种材料组合而成。

（1）花岗岩，是一种岩浆在地表以下凝固形成的火成岩，主要成分是长石和石英。花岗岩质地坚硬，很难被酸碱或风化作用侵蚀，常被作为雕塑和单体建筑的材料，外观色泽可保持百年以上。因此，很多室外的监狱大型雕塑作品，采用花岗岩作为首选材料（图9-5-12 ~ 图9-5-14）。江苏省苏州监狱警察行政办公区内的“三非猴”雕塑，就是采用苏州本地产的花岗岩作为原材料。上海市新收犯监狱监舍楼前的“警魂”雕塑，也是采用花岗岩作为原材料。

图9-5-11　浙江省乔司监狱体育馆外的“冲刺”雕塑

图9-5-12　江苏省苏州监狱警察行政办公区内的“三非猴”雕塑

图 9-5-13　江苏省苏州监狱警察行政办公区内的“监狱赋”雕塑

图 9-5-14　山西省太原第一监狱监管区内的“太阳”雕塑

（2）大理石，属于石灰岩，是在长期的地质变化中形成的，由于产于云南省大理而得名。它包括大理岩、白云质大理岩、蛇纹石大理岩、结晶灰岩及白云等。大理石的质感柔和、美观、庄重，格调高雅，是装饰豪华建筑的理想材料，也是艺术雕刻的传统材料。但由于大理石瑕疵太多，因此适合作为小面积的雕塑装饰。大理石没有花岗岩那么坚硬，因此容易摩擦损坏，不太适合在室外展放。

以上两种石材制作雕塑方法多种多样，根据石材性质和雕刻者的习惯各不相同，大致可分为两种。一种是传统的方法，构思、构图、造型以及打石雕刻都是由个人独自完成。而大型雕刻要在石料上画好水平线和垂直线，打格子取料，用简易测量定位的方法进行雕刻。另一种是采用新的工艺，即先做好泥塑，翻成石膏像，然后将石膏像（模特儿）作为依据，依靠点形仪，再刻成石雕像。现在采用后一种方式居多。

（3）砂岩，由碎屑和填隙物组成，碎屑成分以石英为主，其次是长石、岩屑、白云母、绿泥石、重矿物等。砂岩均可按照要求任意着色、彩绘、打磨明暗、贴金，并可以通过技术处理使作品表面呈现粗犷、细腻、龟裂、自然缝隙等真石效果。砂岩作为雕塑材质，必须有化学物质为媒介。因此，其结实程度没有花岗岩和大理石好，且颜色均匀程度也较前两者差些。砂岩在监狱里主要运用于浮雕壁画、雕刻花板、艺术花盆、建筑细部雕塑（如罗马柱、门窗套、线条）、景观雕塑（如塑模假山、雕塑喷泉）等。例如江苏省苏州监狱警察行政办公区内的“一帆风顺”景观雕塑的基座（图 9-5-15），就是由砂岩浇筑的“鲤鱼戏荷”图案，美丽的鲤鱼嬉戏在莲花荷叶下，象征着廉洁清白，连年有余，富贵吉祥。

（4）铜，在监狱景观雕塑中作为原材料常被采纳，它常被分为以下两种：一是锻铜。锻铜浮雕艺术是一门传统艺术，早在中国古代和中世纪的古罗马帝国，锻铜工艺技术便已十分盛行。进入 21 世纪后，新技术、新工艺的更新发展，为现代锻铜艺术发展提供了更为广阔的舞台和发展空间。在现代设计潮流的影响下，锻铜艺术具有了现代视觉艺术的形式特点。由于铜易被氧化，因此，室内应用要多于室外。锻铜由于比较轻盈，适合作为浮雕的原材料。江苏省苏州监狱地下靶场入口处浮雕就是采用锻铜作为原材料。二是铸铜。铸铜的历史非常悠久，且技术成熟。铸铜的工艺要比锻铜复杂，艺术创作的复原性好。因此，适合成为精细作品的材料，很受艺术家的喜爱，尤其人物雕塑最为常见。但它容易被氧化，所以要多注意保养。江苏省苏州监狱的“责任在肩”、“金盾宝鼎”（图 9-5-16）、“日晷”景观雕塑主体都是采用铸铜制成。

（5）不锈钢，是不锈耐酸钢简称，是由不锈钢和耐酸钢两大部分组成的。简言之，能抵抗大气腐蚀的钢称“不锈钢”，而能抵抗化学介质腐蚀的钢称“耐酸钢”。由于不锈钢有诸多的优越性，因此，很多的监狱景观雕塑以它为材料。不锈钢要求景观雕塑本身简洁大方，形体感明显，且光影效果强烈，颜色的选择性最大。江苏省金陵监狱“回字形”景

图 9-5-15 江苏省苏州监狱警察行政办公区内的“一帆风顺”雕塑

图 9-5-16 江苏省苏州监狱警察行政办公区内的“金盾宝鼎”雕塑

观雕塑、湖北省洪山监狱“剑匙”景观雕塑、浙江省未成年犯管教所“双手托鸟”景观雕塑主体都是采用不锈钢作为原材料。

（6）玻璃钢，是以玻璃纤维或其制品作增强材料的增强塑料，称“玻璃纤维增强塑料”，或称“玻璃钢”。由于所使用的树脂品种不同，因此有聚酯玻璃钢、环氧玻璃钢、酚醛玻璃钢之称。玻璃钢具有很好的可塑性、透明性以及耐高温、耐腐蚀等性能，且造价低，因此，在监狱景观雕塑中被常常采用。上海市提篮桥监狱的王孝和雕塑、河南省第三监狱的“指点迷津”雕塑、江苏省洪泽湖监狱广场上的“力挽顽石”、“授人以渔”两尊雕塑等，都属于玻璃钢雕塑。

（7）砖，是指特制的质地细密的土砖，在上面雕刻文字、物象或花纹。由于适宜于雕刻的砖要经过选料、制胚、烧炼、水洗、沉淀等几道工序后才能使用，质量要求较严，所以要求坚实而细腻。砖雕大多作为建筑构件或大门、照壁、墙面的装饰。砖雕虽然不如石雕的耐久性，且易风化磨损，但它的易于雕造却是一大优点，对材料也不像石雕那样有着特殊的要求，因此在建筑雕饰里更为常见。苏州园林的兴起，促进了砖雕工艺水平的提高，苏州砖雕也因园林所具有的雅趣而形成自己的特点，即常在作品中点缀书法、印章等，与砖雕花卉构成诗、书、画一体，与苏州这一文化名城的气氛十分协调。江苏省苏州监狱在监狱大门上，采用了苏州本地产的金字招牌“金砖”作为雕刻的原材料，雕刻着“苏州监狱”四个金色大字，在四个大字的左右两侧是用金砖雕刻的“龙凤呈祥”装饰图案，寓意苏州监狱平安、和谐，不仅彰显苏州地域文化特色，还能起到画龙点睛的效果。山西省太原第一监狱监管区二十四孝雕像，也是采用砖雕（图 9-5-17）。

以上仅是监狱景观雕塑常见的使用材料，然而随着现代监狱雕塑中材料观发生了转变，出现了以现成品来创作的作品。许多材料都可以用作监狱雕塑材料，可以既不雕又不塑，可以焊接，可以集合，可以废物利用，可以用现成品。例如江苏省苏州监狱警察行政办公区广场的“一帆风顺”景观雕塑，主体是一块天然灵璧石，没有作任何改动，高 3.5m，重 30t，为江苏省徐州监狱所赠。该灵璧石通体褐

图 9-5-17　山西省太原第一监狱监管区内的砖雕

黄，色彩绚丽，造型奇特，石形嶙峋，纹理斑驳，原始质朴，美在自然，妙在天成，可谓“巧夺天工”，远看似正在起航、迎风招展的船帆。

八、监狱景观雕塑基座设计

监狱景观雕塑的基座设计与景观雕塑一样重要。因为基座是雕塑不可分割的组成部分，既与地面环境直接相连，又与景观雕塑本身发生联系。一个优秀的基座，可增添监狱景观雕塑的表现效果，也可以使监狱景观雕塑与地面环境和周围环境互相协调。我国目前监狱景观雕塑基座设计有以下四种基本类型：

（1）碑式，大多数基座的高度超过雕塑的高度，建筑要素为主体，基座设计几乎就是一个完整纪念物主体，而雕塑只是起点题的作用。因而碑的设计就是重点内容。

（2）座式，是指景观雕塑本身与基座的高度比例基本采用 1∶1 的相近关系，这种比例能使景观雕塑艺术形象表现得充分、得体。例如，江苏省苏州监狱警察备勤楼入口前的“责任在肩”女警察塑像同基座的比例就是 1∶1，是典型的座式基座。

（3）台式，是指雕塑的高度与基座的高度比例在 1:0.5 以下，呈现扁平结构的基座。如江苏省苏州监狱警察行政办公区广场上的“金盾宝鼎”雕塑就是采用这种台式基座，基座高不及雕塑高的 1/2。安徽省蚌埠监狱主题雕塑“禹风”雕塑，基座高不及雕塑高的 1/6。

（4）平式，主要是指没有基座处理的，不显露的基座形式。因为它一般安置在广场地面、草坪或水面之上，显得比较自由、平易，易与环境融合。例如，山西省太原第一监狱监管区内的“红心”雕塑的基座，就是采用这种平式（图 9-5-18）。

随着现代社会发展及人们的理念更新，监狱景观雕塑的基座处理更为简洁，以适应现代环境设计特征和建筑人文环境特征。基座的设计虽然归纳为以上四类，但实际设计过程中应灵活应用。

九、监狱景观雕塑造型、尺度与色彩

监狱景观雕塑造型应具有多样性，具象、意象或抽象，浮雕、圆雕等多种造型均可以运用，且美观、大方（图 9-5-19）。监狱景观雕塑造型要把握准尺度，它直接影响罪犯或警察职工或外来参观者的视觉舒适度。这种视觉舒适度，实际上是欣赏者视觉感受的物质世界在心理上的反映。尺度建立在雕塑与监狱环境整体美感的基础上，根据景观雕塑表现主题的需要而确定，纪念性雕塑可适当加大尺度。同时，景观雕塑所处的环境空间的规模，也是决定其尺度的重要因素。监狱环境相对规模较小，监狱景观雕塑造型的体量不宜太大。对于监狱景观雕塑色彩，要综合考虑诸如历史、地域、民族、生理、心理以及和谐、对比等关系，恰当地运用色彩美的规律。无论何种类型的景观雕塑，都要因时、因地、因事、因人而制宜。必须深入调查研究，掌握地域风情，把握时代脉搏，熟悉色彩审美心理反应，在不同的条件下，努力探索色彩的和谐规律，最终达到多样性的统一。

图 9-5-18 山西省太原第一监狱监管区内的“红心”雕塑

图 9-5-19 黑龙江省泰来监狱监管区内的浮雕

十、监狱景观雕塑与周围环境关系

在现代设计中，监狱景观雕塑绝大多数在室外公共空间中，应具有建筑特性。它应与环境、建筑融为一个整体，它们之间是相互关联、相互影响的。黑格尔在《美学》中提出，艺术家不应该先把雕塑作品完全雕好，然后再考虑把它摆在什么地方，而是在构思时就要考虑到一定的外在世界和它的空间形式和地方。这样的理论同样适合景观雕塑设计。在监狱景观雕塑设计时一定要统筹考虑，做好整体布局，使环境空间因加入景观雕塑后，能变得更和谐。在监狱不同的环境，对应着不同题材的景观雕塑，不能错位。一个好的环境，能够有效衬托景观雕塑的形象。对于单调的景观雕塑环境空间，植物有助于消除单调感；而有碍观赏的景观雕塑环境，也可通过背景植物、墙面或其他地景的合理利用，将其屏障在视线之外。在利用构筑物作为景观雕塑的背景时，应使其形式与景观雕塑有一定的联系，如墙面的装饰材料与景观雕塑材质的对比统一。监狱景观雕塑应本着经济、适用、教育与美观兼顾的原则，有计划、有重点在各个区域进行配置，使景观雕塑与周围的环境相适合、相融合、相统一（图 9-5-20）。

监狱警察行政办公区，主要由行政办公楼及其周边环境组成，其建筑体现庄重、威严、大气，其中的景观雕塑处于一个重要的地位，它代表着监狱精神和标志。我国绝大多数监狱在监狱大门主入口区域或中心广场中心轴线上设有景观雕塑，因这些场地视野开阔、地位显赫，因而这里的景观雕塑成为监狱的标志或象征最为理想的场地。

监狱警察生活区主要包括警察食堂、警察备勤楼、洗浴楼、洗衣房、图书馆、警体活动中心、老干部活动中心及其周边环境，其建筑周围多配有一定面积的广场，宜作为景观雕塑的选址，创造多元化的交往空间，如江苏省苏州监狱警察食堂底楼入口处的“千斤筷”景观雕塑（图 9-5-21）。在警察健身训练活动区，可考虑一些装饰性与实用性相结合的景观雕塑，如射击训练场周边环境安放以射击活动为主题或警察射击动作形态的雕塑。

我国大多数监狱在监管区内的教学楼前设有中心广场，教学楼往往又是监狱标志性建筑，此时，广场上的景观雕塑与广场融为一体。在监管区草坪绿地，如江苏省龙潭监狱南监区草坪上，放置了一些仿真熊猫的景观雕塑，显得人与自然的和谐共处（图 9-5-22）。

景观雕塑也是光影的艺术，空间朝向对于监狱景观雕塑的光影效果也会产生较大的影响。自然界的阳光能够增强雕塑的表现力，因此，景观雕塑在选址时应考虑太阳的入射角度，使雕塑能随着光线有良好的光影变化。当然，监狱雕塑也可以通过灯光照明，产生或清晰，或朦胧，或淡雅等特殊效果，成为监狱之夜的视觉焦点与形象标志。景观雕塑照明设计最好选用前侧光，避免强俯仰光、顺光，避免正侧光导致的“阴阳脸”等不良视觉效果。

监狱景观雕塑以植物为背景，通过植物的陪衬，不仅在视觉上产生许多新的感觉，而且对彰显雕塑寓意也会相得益彰。例如，高大乔木树叶强大的遮荫性，反映景观雕塑的细致和温柔，适合于大理石、花岗石类景观雕塑；低矮的灌木丛植物形成的天然绿墙背景，清晰和明确景观雕塑轮廓，使人的视觉更多注视景观雕塑的造型（图 9-5-23）；攀缘植物丰富雕塑形象或弥补景观雕塑处理中的某些缺陷，更好地与大自然融合。

任何空间艺术都有它自己的最佳视角，监狱景观雕塑也不例外。常见的监狱景观雕塑，与观赏人处于同一个水平面上，其造型也会随着人们视点的变动而产生不同的视觉效果，因而必然存在着最佳视角。在确定景观雕塑的选址时，应该把最佳视角安排在人流较多的方向，并在景观雕塑周围做一些必要的建筑和绿化处理，以便引导人流至最佳视角（图 9-5-24）。

图 9-5-20　江苏省浦口监狱“杏林码头”景观

图 9-5-21　江苏省苏州监狱警察职工食堂外的“千斤筷”雕塑

图 9-5-22　江苏省龙潭监狱南关押点监管区内的仿真熊猫

图 9-5-23　山西省太原第一监狱监管区内的铁艺

图 9-5-24　山西省太原第一监狱监管区内的文化石

监狱景观雕塑是空间环境艺术，固定陈列限定了观赏者的观赏条件。观赏效果必须做预测分析，特别是对其体量的大小、尺度研究以及必要的透视变形和错觉的校正等进行项目规划，确定合理的平面布局、空间体量等尺度比例关系。当然具体放置于何种环境，可结合监狱的具体情况灵活考虑。监狱景观雕塑从本质上讲，和其他景观雕塑并无区别，但由于其置放环境的特殊性，使其有了异于其他景观雕塑的特质。

无论监狱建筑、环境、景观雕塑是同时设计的，还是先后形成的，它们都属于内在的联系整体，景观雕塑永远是环境艺术中不可分割的一部分，应服从于整体、服务于整体，在统一中突出自己的风格，在统一中发挥自己的个性价值，努力使现代监狱景观雕塑在环境整体的环节上起到画龙点睛或不可代替的作用。

第十章

监狱建筑防火与安全疏散

监狱一旦发生火灾，极易酿成群死群伤的严重后果，将会造成恶劣的社会影响，因此监狱建筑防火与安全疏散成了监狱安全与稳定不可忽视的问题。为了避免火灾的发生，必须掌握火灾的发生、发展的规律，总结火灾教训，在监狱规划设计与施工中，应当采取先进的防火技术，防患于未然。本章主要介绍建筑防火的一般知识、建筑防火分区及防火间距、安全疏散、监狱建筑火灾起因及相应措施等内容。

第一节　建筑防火的一般知识

建筑火灾是指烧损单体建筑及其收容物品发生燃烧的现象，并造成生命财产损失的灾害。要掌握监狱建筑防火设计的理论与技术，首先必须对监狱建筑火灾有初步的了解。

一、建筑构件的燃烧性能

按建筑构件在空气中受到火烧或高温作用下的不同反应，建筑构件的燃烧性能分为以下三类：

（1）不燃烧体，用不燃烧材料制成的建筑构件。此类材料在空气中受到火烧或高温作用时不起火、不微燃、不炭化，如建筑中采用的金属材料、天然或人工的无机矿物材料等。

（2）难燃烧体，用难燃材料做成的建筑构件，或用可燃材料制成而用非燃材料做保护层的建筑构件。此类材料在空气中受到火烧或高温作用时难起火、难微燃、难碳化，当火源移走后燃烧或微燃立即停止。如沥青混凝土、经过防火处理的木材，以及用有机物填充的混凝土和水泥刨花板等。

（3）燃烧体，用可燃材料制成的建筑构件。此类材料在空气中受到火烧或高温作用时立即起火或微燃，当火源移走后继续燃烧或微燃，如木材、纤维板、胶合板等。

二、燃烧条件

发生燃烧必须要具备三个基本条件：一是要有可燃物，如木材、纺织品、天然气、油料等；二是要有助燃物，如氧气、氯酸钾等氧化剂；三是要有点火源，即能引起可燃物质燃烧的热能。可燃物、氧化剂和点火源，称“燃烧三要素”，只有当这三个要素同时具备并共同作用时才会产生燃烧。

三、建筑火灾发展的过程

建筑火灾通常都有一个从小到大，逐步发展，直到熄灭的过程。火灾发展过程一般分为初起、发展、猛烈、下降和熄灭五个阶段。扑救火灾要特别注意火灾的初起、发展和猛烈阶段。

（1）初起阶段。一般固体物质燃烧时，10 ~ 15分钟内，火源的面积不大，火焰不高，烟和气体的流动速度比较缓慢，辐射热较低，火势向周围发展的速度比较缓慢，燃烧一般还没有突破房屋建筑外壳。在这种情况下，只需少量的人力和简单的灭火工具就可以将火扑灭。初起阶段是火灾最易于扑救和控制的阶段。

（2）发展阶段。燃烧强度增大，温度升高，气体对流增强，燃烧速度加快，燃烧面积扩大，为控制火势发展和扑灭火灾，需一定灭火力量才能有效扑灭。

（3）猛烈阶段。燃烧发展达到高潮，燃烧温度最高，辐射热最强，燃烧物质分解出大量的燃烧产物，温度和气体对流达到最高限度，建筑材料和结构的强度受到破坏，发生变形或倒塌。

综上所述，根据火灾发展过程，为了限制火势发展，应在可能起火的部位尽量少用或不用可燃物，在易起火并有大量易燃物品的上空设置排烟窗，一旦起火，炽热的火焰或烟气可由上部排除，燃烧面积就不会扩大，将火灾发展蔓延的危险性尽可能降低。

四、建筑火灾的蔓延方式

火灾由起火部位向其他区域蔓延，是通过可燃物的热传导、热辐射和热对流等方式扩大蔓延的。

（1）热传导。火灾区域燃烧产生的热量，经导热性好的建筑构件或建筑设备传导，能够使火灾蔓延到相邻或上下层房间。应该指出的是，火灾通过传导的方式蔓延扩大，有两个明显的特点：一是必须具有导热性好的媒介；二是蔓延的距离较近，一般只能是相邻的建筑空间。由此可见，传导蔓延扩大的火灾，其规模是有限的。

（2）热辐射。物体在一定温度下，以电磁波方式向外传递热能的过程。一般物体在通常温度下，向空间发射的能量，绝大多数都属于热辐射。单体建筑发生火灾时，火场的温度高达上千度，通过外墙开口部位向外发射大量的辐射热，会对邻近的单体建筑构成火灾威胁。同时，也会加速火灾在室内的蔓延。

（3）热对流。其作用可以使火灾区域的高温燃烧产物与火灾区域外的冷空气发生强烈流动，将高温燃烧产物流传到较远处，造成火势扩大。在火场上，浓烟流窜的方向，往往就是火势蔓延的方向。

五、建筑火灾的蔓延途径

单体建筑平面布置和结构不同，火灾时蔓延途径也有区别。监狱建筑火灾常见的蔓延途径通常有以下三种方式：

（1）横向蔓延。火势在横向主要是通过内墙门及隔墙进行蔓延。监管区单体建筑的门窗多为不可燃的金属制品，不易被火烧穿。铝合金防火卷帘因无水幕保护或水幕未洒水，易导致卷帘被熔化。管道穿孔处未用非燃材料密封等处理不当导致火势蔓延。铁皮防火门在正常使用时是开着的，一旦发生火灾，不能及时关闭。监狱的隔墙多为砖砌，高温易引起燃烧和墙体破损而导致火灾蔓延。

（2）竖向蔓延。在监狱单体建筑中，有大量的楼梯、设备管道井（特别是现在监狱普遍重视信息化，大多单体建筑都设有弱电管道井）等竖井，这些竖井往往贯穿整个单体建筑，若未作周密完善的防火设计，一旦发生火灾火势便会通过竖井蔓延到单体建筑的任意一层。

（3）由外墙窗口向上层蔓延。在现代建筑中，火通过外墙窗口喷出烟和火焰，沿窗间墙及上层窗口窜到上层室内，这样逐层向上蔓延，会使整个单体建筑起火。若采用带形窗（横向组合的窗户）更易吸附喷出向上的火焰，蔓延更快。为了防止火势蔓延，要求上、下层窗口之间的距离，尽可能大些。要利用窗过梁、窗楣板或外部非燃烧体的雨篷、阳台等设施，使烟火偏离上层窗口，阻止火势向上蔓延。

六、监狱建筑火灾的灭火方法

根据物质燃烧原理和同火灾作斗争的实践经验，监狱建筑火灾的灭火方法主要有以下四种：

（1）隔离法。将着火的地方或物体与周围的可燃物隔离，燃烧就会因缺少可燃物质而停止。实际运用时，如可将靠近火源的可燃、易燃和助燃的物品搬走；把着火的物体移到安全的地方；关闭可燃气体、液体管道的阀门，减少和终止可燃物质进入燃烧区域等。

（2）窒息法。阻止空气流入燃烧区域或用不燃烧的物质冲淡空气，使燃烧物得不到足够的氧气而熄灭。实际应用时，如用石棉毯、湿麻袋、黄沙、灭火剂等不燃烧或难燃烧物质覆盖在物体上；封闭起火建筑的门窗、孔洞等和设备容器的顶盖，窒息燃烧源。

（3）冷却法。将灭火剂直接喷射到燃烧物上，以降低燃烧物的温度。当燃烧物的温度降低到该物的燃点以下，燃烧就停止了。或者将灭火剂喷洒到火源附近的可燃物上，防止辐射热影响而起火。

（4）化学抑制灭火法。将化学灭火剂喷入燃烧区使之参与燃烧的化学反应，从而使燃烧停止。

无论采用何种灭火方法，应根据燃烧物质的性质、燃烧特点和火场的具体情况，以及消防技术装备的性能进行选择。有些火灾，往往需要同时使用几种灭火方法。这就要注意掌握灭火时机，充分发挥各种灭火剂的效能，才能迅速有效地扑灭火灾。

第二节　建筑防火分区及防火间距

由于监狱的在押服刑罪犯属于集体生活，在监狱建筑设计中，设置建筑防火分区和严格执行防火间距，显得尤为重要（图 10-2-1、图 10-2-2）。

图 10-2-1　防火分区符合规范的四川省嘉陵监狱监管区鸟瞰图

图 10-2-2　防火分区符合规范的重庆市渝都监狱监管区鸟瞰图

一、建筑防火分区

建筑防火分区是指具有一定耐火能力的墙楼板等分隔构件，作为 1 个区域的边界构件，能够在一定时间内把火灾控制在某一范围内的基本空间。

1、防火分区的重要意义

随着监狱布局调整，监狱罪犯劳动由室外转向室内，有的劳务车间标准层建筑面积超过 $2000m^2$，甚至还出现了小高层，总高度超过 30m 等等。这样大的范围内，若不按建筑面积、不按楼层控制火灾，一旦某处起火成灾，造成的危害是难以想象的。监狱建筑设计必须遵循国家《建筑设计防火规范》（GB 50016—2014）的相关规定。在设计时根据使用性质，选定单体建筑的耐火等级，设置防火分隔物，分清防火分区，保证合理的防火间距，设有安全通道及疏散通口，保证人员及财产的安全，防止或减少火灾的发生。

2、防火分区的设置要求

防火分区按其作用分水平防火分区和垂直防火分区。水平防火分区用以防止火灾在水平方向扩大蔓延；垂直防火分区主要是防止多层或高层建筑层与层之间的竖向火灾蔓延。主要由具有一定耐火能力的钢筋混凝土楼板做分隔构件。防火分区设置的具体要求如下：

（1）防火分区设置方式。单体建筑防火分区的大小取决于单体建筑的耐火等级和单体建筑的层数。不同使用功能的单体建筑，防火分区也不相同。在监狱单体建筑中，防火分区通常采用防火墙、防火门、防火卷帘分隔。

（2）防火分区面积的确定。单体建筑面积过大，室内容纳人数和可燃物的数量也相应增大，火灾时燃烧面积大，燃烧时间长，辐射热强烈，对建筑结构的破坏严重，火势难控制，对消防扑救人员、物资疏散都很不利。为了减少火灾造成的损失，对建筑防火分区的面积，按照单体建筑耐火等级的不同，给予相应限制，即耐火等级高的防火分区面积要适当大些，耐火等级低的防火分区面积就要小些。

一、二级耐火等级的单体建筑，耐火性能较高，除了未加防火保护的钢结构以外，导致单体建筑倒塌的可能性较小，一般能较好地限制火势蔓延，有利于安全疏散和扑救火灾，所以，规定防火分区面积为 2500m²。三级单体建筑的屋顶是可以燃烧的，能够导致火灾蔓延扩大，故防火分区面积应比一、二级要小，一般不超过 1200m²。四级耐火等级建筑的构件大多数是易燃或可燃的，所以防火分区面积不宜超过 600m²。同理，除了限制防火分区面积外，对单体建筑的层数和长度也提出了限制。

（3）上下连通防火分区的设置。单体建筑内如有上下层相通的走马廊开口部位时，应按上、下连通层作为 1 个防火分区，其建筑面积的允许值取决于建筑的耐火等级及使用功能。

（4）地下室防火分区的设置。单体建筑的地下室、半地下室应采用防火墙分隔成面积不超过 500m² 的防火分区。

二、防火间距

防火间距是指相邻 2 栋单体建筑之间，保持适应火灾扑救、人员安全疏散和降低火灾时热辐射的必要间距。也就是指 1 栋单体建筑起火，其相邻单体建筑在热辐射的作用下，在一定时间内没有任何保护措施情况下，也不会起火的最小安全距离。建筑防火间距一般为消防车能顺利通行的距离，一般为 7m。

1、防火间距设置的原则

（1）根据单体建筑耐火等级，合理确定防火间距，防止火灾蔓延。

（2）应满足消防车的最大工作回转半径和扑救场地的需要。

（3）既要综合考虑防止火灾向附近单体建筑蔓延扩大和灭火救援的需要，同时也要考虑节约用地的因素。

（4）合理计算防火间距，应按相邻单体建筑外墙的最近距离或最外缘算起。

2、防火间距设置的标准

（1）多层监狱单体建筑的防火间距标准

目前我国监狱单体建筑，大多为多层建筑。根据《建筑设计防火规范》（GB 50016—2014）的规定，多层监狱建筑之间的防火间距不应小于表 10-2-1 的要求。

多层监狱建筑之间的防火间距（m）　表 10-2-1

耐火等级	一、二级	三级	四级
一、二级	6	7	9
三级	7	8	10
四级	9	10	12

注：1、2 栋单体建筑相邻较高 1 面外墙为防火墙，或高出相邻较低一座一、二级耐火等级单体建筑的屋面 15m 范围内的外墙为防火墙，且不开设门窗洞口时，其防火间距可不限。

2、相邻的 2 栋单体建筑，当较低 1 栋的耐火等级不低于二级、屋顶不设置天窗、屋顶承重构件及屋面板的耐火极限≥ 1h，且相邻的较低 1 面外墙为防火墙时，其防火间距不应小于 3.5m。

3、相邻的 2 栋单体建筑，当较低 1 栋的耐火等级不低于二级，相邻较高 1 面外墙的开口部位设置甲级防火门窗，或设置符合现行国家标准《自动喷水灭火系统设计规范》（GB 50084—2001）规定的防火分隔水幕或规范规定的防火卷帘时，其防火间距不应小于 3.5m。

4、相邻 2 栋单体建筑，当相邻外墙为不燃烧体且无外露的燃烧体屋檐，每面外墙上未设置防火保护措施的门窗洞口不正对开设，且面积之和≤该外墙面积的 5% 时，其防火间距可按本表规定减少 25%。

5、耐火等级低于四级的原有单体建筑，其耐火等级可按四级确定；以木柱承重且以不燃烧材料作为墙体的建筑，其耐火等级应按四级确定。

6、防火间距应按相邻单体建筑外墙的最近距离计算，当外墙有凸出的燃烧构件时，应从其凸出部分外缘算起。

7、对于监管区内单体建筑距罪犯劳动改造车间的防火间距不应小于 25m，监狱标志性建筑或涉及到危化品的车间的防火间距不应小于 50m。

（2）小高层监狱单体建筑的防火间距标准

由于受土地限制，监狱行政办公大楼、监管指挥中心、罪犯劳动改造车间等也开始出现了小高层建筑。小高层监狱建筑底层周围，一般设置附属建筑，如小高层的行政办公楼，周围一般设有变电所、警察食堂、监狱大门、车库等。为了节约用地，附属建筑与高层主体建筑的防火间距要求有所区别。根据《高层民用建筑设计防火规范》（GBJ 50045—95）的规定，小高层监狱建筑之间的防火间距不应小于表 10-2-2 的要求。

小高层监狱建筑之间的防火间距（m）　表 10-2-2

建筑类别	小高层建筑	裙房	10 层以下监狱建筑 耐火等级		
			一、二级	三级	四级
小高层建筑	13	9	9	11	14
裙房	9	6	6	7	9

注：1、2 栋小高层建筑或小高层建筑与不低于二级耐火等级的单层、多层民用建筑相邻，当较高 1 面外墙为防火墙或比相邻较低 1 栋建筑屋面高 15m 及以下范围内的墙为不开设门、窗洞口的防火墙时，其防火间距可不限。

2、2栋小高层建筑或小高层建筑与不低于二级耐火等级的单层、多层建筑相邻，当较低1栋的屋顶不设天窗、屋顶承重构件的耐火极限≥1小时，且相邻较低一面外墙为防火墙时，其防火间距可适当减小，但不宜小于4m。

3、2栋小高层建筑或高层建筑与不低于二级耐火等级的单层、多层建筑相邻，当相邻较高1面外墙耐火极限≥2小时，墙上开口部位设有甲级防火门、窗或防火卷帘时，其防火间距可适当减小，但不宜小于4m。

4、小高层建筑不宜布置在火灾危险性为甲、乙类厂房，甲、乙、丙类液体和可燃气体储罐以及可燃材料堆场附近。

（3）工业建筑防火间距

监狱工业建筑主要是指罪犯技能培训用房和劳动改造车间以及相应的库房、配电房等。根据《建筑设计防火规范》（GB 50016—2014）的规定，厂房的防火间距应大于表10-2-3的要求。

厂房的防火间距（m）　　表10-2-3

耐火等级	一、二级	三级	四级
一、二级	10	12	14
三级	12	14	16
四级	14	16	18

注：1、防火间距应按相邻单体建筑外墙的最近距离计算，如外墙有凸出的燃烧构件，则应从其凸出部分外缘算起。

2、甲类厂房之间及其与其他厂房之间的防火间距，应按本表增加2m，戊类厂房之间的防火间距，可按本表减少2m。

3、高层厂房之间及其与其他厂房之间的防火间距，应按本表增加3m。

4、2栋厂房相邻较高1面的外墙为防火墙时，其防火间距不限，但甲类厂房之间不应小于4m。

5、2栋一、二级耐火等级厂房，当相邻较低1面外墙为防火墙且较低1栋厂房的屋盖耐火极限≥1小时时，其防火间距可适当减少，但甲、乙类厂房不应小于6m，丙、丁、戊类厂房不应小于4m。

6、2栋一、二级耐火等级厂房，当相邻较高1面外墙的门窗等开口部位设有防火门窗或防火卷帘和水幕时，其防火间距可适当减少，但甲、乙类厂房不应小于6m，丙、丁、戊类厂房不应小于4m。

7、2栋丙、丁、戊类厂房相邻两面的外墙均为非燃烧体，如无外露的燃烧体屋檐，当每面外墙上的门窗洞口面积之和各不超过该外墙面积的5%，且门窗洞口不正对开设时，其防火间距可按本表减少25%。

8、耐火等级低于四级的原有厂房，其防火间距可按四级确定。

第三节　安全疏散

监狱建筑发生火灾时，为避免室内人员由于火烧、烟雾中毒、相互踩踏和房屋坍塌而遭到伤害，必须迅速而有序地撤离到安全地域；室内物资也要尽快抢救出来，以减少火灾损失；同时，消防人员也要迅速接近起火部位。为此，必须完善单体建筑的安全疏散设施，为安全疏散创造良好的条件。

一、疏散路线

监舍楼、罪犯技能培训用房、罪犯劳动改造用房、医院、教学楼、会见楼等人员密集场所应当设置明确的疏散指示标志，安装应急照明系统，保持安全通道畅通。

应事先制订疏散计划，研究疏散方案和疏散路线。监狱单体建筑内的安全疏散路线应尽量短捷、连续、畅通而无障碍地通向安全出口，应避免出现袋形走道。安全疏散路线一般可分为三种：室内→室外；室内→走道→室外；室内→走道→楼梯（楼梯间）→室外。其具体要求：

（1）靠近标准层（或防火分区）的两端设置疏散楼梯，便于进行双向疏散。监舍楼、教学楼、罪犯技能培训用房、罪犯劳动改造用房等，均应在两端设置疏散楼梯。

（2）将经常使用的路线与火灾时紧急用的路线有机结合起来，有利于尽快疏散人员，故靠近电梯间布置疏散楼梯较为有利。

（3）靠近外墙设置安全性最大的带开敞前室的疏散楼梯，同时也便于自然采光通风和消防人员进入高楼灭火救人。

（4）避免火灾时疏散人员与消防人员的流线交叉和相互干扰，有碍于安全疏散与消防扑救，疏散楼梯不宜与消防电梯共用1个凹廊作前室。

（5）从水平疏散而言，走道是第1安全区域，它应该简捷顺畅并有事故照明、方向指示、排烟、灭火等措施。在布置疏散走道时，不要使走道平面呈“S”形或“U”形，也不要有变宽度的部位，而且在行人高度即1.8m以上不设有妨碍安全疏散的突出物，以避免紧急疏散时发生堵塞和造成人员伤亡。

（6）为有利于安全疏散，应该尽量布置环形走道、双向走道或无尽端房间的走道、人形字走道，其安全出口的布置应构成双向疏散。

二、疏散安全分区

人员疏散的行动路线也基本上和烟气的流动路线相同，即房间→走廊→前室→楼梯间，因此烟气的蔓延扩散将对火灾层人员的安全疏散形成很大的威胁。疏散安全分区简称“安全分区”，依次称“第一安全分区”、“第二安全分区”等。走廊为第一安全分区，前室为第二安全分区，楼梯间为第三安全分区（有时也将前室和楼梯间合称第二安全分区）。当进入第三安全分区，即疏散楼梯间时，即可认为达到相当安全的空间。

三、疏散设施设计

1. 疏散楼梯

监舍楼、会见楼、教学楼、医院、罪犯技能培训车间、罪犯劳动改造车间等监狱单体建筑均应设2个或2个以上的楼梯。对于使用人数少或2层监狱单体建筑，如罪犯伙房、配电房等，也可以只设1个疏散楼梯。

（1）开敞式楼梯间，就是楼梯间没有门，直接通往楼层走道的。标准不高、层数不多或公共建筑门厅的室内楼梯常采用开敞形式。在监狱单体建筑中，如警察行政办公区的警察食堂、大礼堂等都可以采用，山西省平遥监狱监管区内的大礼堂，在室外设置了直通第2层的疏散楼梯。在建筑端部的外墙上常设置简易的、全部开敞的室外楼梯。该类楼梯不受烟火的威胁，可供人员疏散使用，也能供消防人员使用。此外，侵入楼梯内的烟气能迅速被风吹走，也不受风向的影响。因此，它的防烟效果和经济性都较好，结合监狱实际情况合理使用，造型处理得当时，还可以丰富建筑立面。

（2）封闭式楼梯间，就是楼梯间有防火门的。按照防火规范的要求，标准较高、层数较多或超过5层的其他公共建筑，楼梯间均应为封闭式。封闭式楼梯间分为两种：一种是不带封闭前室的封闭楼梯间。当建筑标准不高且层数不多时宜采用，设置防火墙、防火门与走道分开，并保证楼梯间有良好的采光和通风。另一种是带前室的封闭楼梯间。高度超过32m的高层建筑，疏散楼梯应采用能防烟火侵袭的封闭形式。这种形式常设有排烟前室，此时前室就起增强楼梯间的排烟能力和缓冲人流的作用。封闭前室也可以用阳台廊代替。

2. 安全出口

安全出口是指供人员安全疏散的楼梯间、室外楼梯的出入口或直接通室内外安全区域的出口。

（1）安全出口的数量

对于层数较低（3层及3层以下），建筑面积较小，使用人数较少且具有独立疏散能力的建筑可以只设1个出口，须符合下列要求：

1）房间的建筑面积不超过60m^2，且人数不超过50人时，可设1个门；位于走道尽端的房间内由最远一点到房门口的直线距离不超过14m，且人数不超过80人时，也可设1个向外开启的门，但门的净宽不应小于1.4m。

2）2至3层的单体建筑符合要求时也可设1个疏散楼梯。

3）单层公共建筑，如禁闭室建筑面积不超过200m^2，且人数不超过50人时，可设1个直通室外的安全出口。

4）设有2个以上疏散楼梯的一、二级耐火等级的公共建筑，如顶部局部升高时，其高出部分的层数不超过2层，每层建筑面积不超过200m^2，人数之和不超过50人时，可设1个楼梯。但应另设1个直通平屋面的安全出口。

对于监舍楼、教学楼、大礼堂、体育馆、医院、罪犯技能培训用房、罪犯劳动改造车间无论层数、建筑面积多少，必须设2个或2个以上的楼梯。地下室、半地下室每个防火分区的安全出口数目不应少于2个。建筑面积不超过50m^2，且人数不超过10人时可设1个。

（2）安全出口的宽度

安全出口是为了满足安全疏散的要求，对其宽度提出了明确的规定。如果安全出口的宽度不足，势必会延长疏散时间，造成滞留和拥挤，甚至造成意外伤亡事故。监狱单体建筑底层疏散外门、疏散楼梯和走道的宽度指标要满足以下规定：

1）每层疏散楼梯的总宽度按百人宽度指标计算，当每层人数不等时，其总宽度可分层计算，下层楼梯的总宽度按其上层人数最多1层的人数计算。

2）疏散楼梯和走道的宽度应为净宽。

3）当使用人数少于 50 人时，楼梯、走道和门的最小宽度可适当减小，但门的最小宽度不应小于 800mm。

4）每层疏散门和走道的总宽度应按规定计算。

5）单、多层建筑底层门的总宽度应按该层以上人数最多的 1 层人数计算。不供楼上人员疏散的外门，可按本层人数计算。

6）底层外门的总宽度应按该层或该层以上人数最多的 1 层计算。不供楼上人员疏散的外门，可按本层人数计算。

监狱警察行政办公区内的大礼堂、监管区内的大礼堂、体育馆等单体建筑内的观众席，应遵守以下规定：一是观众厅的疏散内门和观众厅外的疏散外门、楼梯和走道的宽度，厅内疏散走道宽度应不低于 0.6m/100 人，且每一走道最小净宽不应小于 800mm；二是观众厅横走道之间的座位排数不宜超过 20 排，纵走道之间每排座位不超过 22 个（体育馆每排不应超过 26 个），当前后排座位间的距离 ≥ 900mm 时，可增至 50 个（设单体建筑内的观众厅座位则可增至 44 个），仅一侧有纵走道时，座位数减半。

3. 安全疏散的距离

安全疏散的距离主要包括两个方面的要求：一是房间内最远点到房门的安全疏散距离；二是从房门到疏散楼梯间或单体建筑外部出口的安全疏散距离。监狱单体建筑的安全疏散距离应符合下列规定：

（1）直接通向疏散走道的房间疏散门到最近的安全出口的距离，应符合表 10-3-1 的要求。

（2）敞开式外廊建筑的房间门至外部出口或楼梯间的最大距离可按规定增加 5m。

（3）有自动喷水灭火系统的单体建筑，安全疏散距离可按规定增加 25%。

（4）房间的门至非封闭楼梯间的距离，如房间位于两个楼梯间之间时，应按本表减少 5m；如房间位于袋形走道两侧或尽端时，应按本表减少 2m。

（5）楼梯间的底层处应设置直接对外的出口。当层数不超过 4 层时，可将对外出口布置在离楼梯间不超过 10m 处。

（6）不论采用何种形式的楼梯间，袋形走道两侧或尽端的房门到外部出口或楼梯间的最大距离不应超过表中的规定。

监狱建筑安全疏散距离（m）　　表 10-3-1

建筑名称	房间到外部出口或封闭楼梯间的最大距离					
	位于两个安全出口之间的疏散门			位于袋形走道两侧或尽端的疏散门		
	耐火等级			耐火等级		
	一、二级	三级	四级	一、二级	三级	四级
医院	35	30	—	20	15	—
教学楼 监舍楼	35	30	—	22	20	—
罪犯技能培训用房 罪犯劳动改造用房	25	20	—	20	15	—
其他监狱建筑	40	35	25	22	20	15

第四节　监狱建筑火灾起因及相应措施

近年来，国外一些监狱发生火灾事故屡见报端，如何预防监狱建筑火灾的发生已经成为人们关注的重点问题。本节分析监狱建筑火灾的原因，并提出一些相应的防范措施。

一、监狱建筑火灾起因

监狱发生火灾，除了有明火、自燃（暗火）、用电、雷击、地震等外在因素外，还存在着以下人为因素：

（1）消防设计不规范。为了节约用地，提高土地利用率，造成监区单体建筑与相邻单体建筑、构筑物、露天生产设备之间的防火间距不达标，界区与界区之间的防火间距也不足。有的甚至为了降低工程造价，没有按规范要求设置室内外消火栓和自动喷淋灭火系统；生产车间里的疏散通道狭窄，宽度达不到要求；易燃易爆的工艺或设备间随意布置；没有独立的原材料库、半成品库或成品库，设计时仅设置混合堆放区等等。

（2）安全疏散通道不畅通。按照《监狱狱政警戒设施建设标准》（司发通 [1998]095 号）的规定，几乎所有监管区单体建筑（如监舍楼、教学楼、医院、罪犯伙房、禁闭室、厂房等）对外门、窗，均设置了坚固的金属防护栅栏，以防止罪犯离开警察管控区域甚至脱逃，而且消防疏散通道门也被牢牢锁死，这无疑造成了安全疏散的不畅。一旦发生火灾，罪犯难以逃生，也给火灾扑救增加难度。

（3）先天建筑设计缺陷。有的监狱将密集型加工生产车间设置在监舍楼内，罪犯吃喝拉撒、劳动习艺都在封闭的空间内完成，监舍楼、车间合为一体。罪犯在这种环境下生活，活动的空间被压缩得非常狭小，除了易产生各种心理上的障碍和抵触情绪外，也留下了先天的火灾隐患。

（4）降低建筑耐火等级以及安全出口数量不足。有的监狱为了控制建筑成本，对变电所、配电室、变压器室、自备发电机房以及密集型可燃加工车间等消防安全重点场所耐火等级进行了降低。体育馆、教学楼、大礼堂、会议室、活动室、大型车间等集中场所的安全出口数量不足，明显违反现行有关消防规范。甚至在车间、教学楼、监舍楼、医院、大礼堂、伙房等竣工通过消防验收后，又将消防疏散通道重新封砌好，将室外消防疏散楼梯或通向屋顶的消防爬梯进行拆除，一旦发生火灾，后果不堪设想。

（5）缺少必要的消防设施和器材。由于监狱的独立性和封闭性，特别是位于偏僻地区的监狱，当地市政消防给水管网有可能难以通达。有的监狱在新建、迁建或改扩建时很少考虑消防用水，甚至连一个室外消火栓也没有，更别说设置消防蓄水池。有的监狱以资金困难为由，没有严格按照国家现行有关防火规范要求，配备消防器材数量不达标。有的虽然消防器材数量达标了，但因年久失修或未及时维护保养，根本无法正常使用，成为应付平常安全检查的摆设。

（6）火灾事故应急照明装置不到位。监管区内的单体建筑，如监舍楼、教学楼、罪犯技能培训车间、罪犯劳动改造车间等，还存在缺少火灾事故应急照明设备或不注意日常管理维护。监管区内的单体建筑大多是罪犯密集的场所，都应具有较高等级的供电保障。一旦夜间发生火灾，供电线路可能会被烧断，或因火灾扑救的需要被切断，如果没有自备电源的应急照明灯具，人员安全疏散是十分困难的。

（7）消防安全管理存在缺陷。一是监狱消防安全意识淡化薄弱。认为只要监狱不发生重特大监管事故就满足了，至于火灾，发生的概率实在很小，因而消防安全意识淡化薄弱，对消防安全重视程度不够，对基本消防安全知识也不能掌握。造成消防投入少，管理也往往不到位。二是监狱的封闭性和特殊性，致使当地公安消防机构不能正常行使监督权。依照《中华人民共和国消防法》的规定，监狱属于公安消防监督的范围。但由于监狱的封闭性和特殊性，在客观上给当地公安消防机构日常的消防监督带来了难度和阻力，他们的行政执法很难到位。在监狱围墙内的许多工程项目，难以办理消防审核报批手续，当地公安消防机构也就无法到监管区内进行例行检查。三是监狱人员成分的复杂性给消防安全管理带来了难度。有的罪犯蓄意破坏，可能制造突如其来的火灾事故，给消防安全管理带来了难度。

二、相应措施

为避免监狱发生火灾，针对监狱在消防安全方面存在的问题，应当采取以下措施：

（1）严格遵守国家相关消防的设计规范和要求。司法部监狱局《关于加强监狱安全生产管理的若干规定》〔2014 司狱字 59 号〕明文规定：监狱和监狱企业人员密集场所，必须按规定设置符合紧急疏散要求的消防通道和安全出口，配备相应的消防设施器材和报警装置，并保证其处于良好状态。消防设施器材和报警装置等应注明使用办法，禁止擅自拆除、挪用、停用、遮挡。罪犯生活、学习场所安全出口如需封闭或上锁，必须经监狱主要负责人批准，且不得妨碍紧急疏散。

为了确保监狱监管安全，近年来，许多监狱在监管区内建成了微型消防站，如江苏省南京女子监狱、贵州省大硐喇监狱、贵州省未成年犯管教所、广西壮族自治区贵港监狱等相继建成了微型消防站。站内拥有干粉灭火器、水带、水枪、分水器、消防头盔、防毒面具、消防服、消防钩、消防铲等常用消防器材。监管区一旦出现火情时，一支专业消防员队伍能及时开展灭火、疏散工作，起到初期处置的作用。

监管区大门的高度、监管区内所有道路的宽度及转弯半径等均应符合有关的规范要求。监管区内道路应成环状，在满足消防间距的情况下，要保证消防车辆畅通无阻到达每栋单体建筑。不应仅从节约土地、提高土地利用率角度考虑，相邻单体建筑之间的防火间距必须符合规范规定。

不应为了降低工程造价而不设置室内外消火栓，在监狱发生火灾时，它是迅速、有效地扑灭火灾的重要保证。自动喷淋系统是主要灭火设施之一，公共建筑一般都应设置自动喷淋系统，如监狱行政办公楼、教学楼、会见楼、医院，包括罪犯劳动改造车间等，条件许可的话，监舍楼也应设置自动喷淋系统。江苏省苏州监狱、甘肃省金昌监狱、浙江省临海监狱等每栋单体建筑室内均配有消火栓系统，生产车间为自动喷淋灭火系统。江西省洪城监狱监管区内的仓储物流中心也设置自动喷淋系统。农村监狱单位必须设置消防蓄水池，有条件的城市监狱也应设置消防蓄水池。

安全出口的数量及构造要求应强制执行规范，一般要求单体建筑要有2个或2个以上的安全出口，这样1个被火堵住，另1个应急通道可以通行。关键问题在发生火灾时，另1个应急通道是否可以被打开，因应急通道打不开而导致重大人员伤亡仍让人触目惊心。建议在车间通道两端安装防火门，开启方向向外，平时关闭。可安排罪犯监督岗或警察执勤，应急时可轻易打开或破拆，这样既能保障紧急情况下安全畅通，又能保证监狱监管安全。上海市五角场监狱罪犯劳动改造车间消防安全疏散门的做法值得借鉴：在消防应急门上加装电动门吸、警铃、警灯予以控制，一旦外力超过25kg的力量，应急门即可打开，实现人员的逃生，在打开的同时警铃响彻车间，监狱指挥中心同步获得信息，这样的设计既满足了消防安全要求，又满足了监狱监管安全要求。而河南省洛阳监狱与某门业公司合作，共同研发“一推式”消防应急疏散门，在罪犯靠近设定距离之内时立即发出警报并反馈到警察值班室，罪犯退出后自动停止；当面临紧急情况需要应急疏散时，直接用力推门即可畅通，有效地解决了监狱监管安全的“封闭”和消防安全的“畅通”之间的矛盾。浙江省对全省监狱系统所有罪犯劳动改造厂房统一安装了“一介式”外推电子门，电子门实现信息化系统管理，如果有人通过，电子门则会自动报警。监舍和具有火灾危险性生产车间应当分开单独设置，对现有的监舍与车间合为一体或相连的建筑，要采取切实有效的防火分隔措施。

（2）提高耐火等级，装修要采取防火措施，宜采用难燃或不燃材料。监区单体建筑或部位在被改建或新建时，要提高耐火等级。配电室、变压器室、发电机房的耐火等级不应低于二级。有火灾危险性的生产车间的耐火等级和人员集中场所安全出口数量，要符合《建筑设计防火规范》（GB 50016—2014）中的相关规定。

在监狱单体建筑室内装修施工中也存在大量的火灾隐患，非正式装修的工程人员多为农民工或罪犯，无装修经验，不懂防火要求，装修中的防火措施难以落实。因此，要加强装修装饰防火。如在计算机房、监控中心放置特殊贵重设备的房间，其顶棚和墙面应选用难燃装修材料，地面及其他装修应使用不低于难燃级的装修材料。在档案室、资料室和存放枪械库的房间，其顶棚、墙面应选用不燃装修材料，地面应采用不低于难燃级装修材料。在罪犯伙房、警察食堂厨房间、消防水泵房、排烟机房、固定灭火系统钢瓶间、配电所、变压器室、通风和空调机房等，其内部所有装修均应采用不燃装修材料。室内的配电箱不应直接安装在低于难燃级的装修材料上。产生高温的部位（如照明灯具），当靠近非不燃装修材料时，应采取隔热、散热等防火保护措施。室内不宜设置采用易燃装饰材料制成的壁挂、雕塑、模型、标本，当需要设置时，不应靠近火源或热源。室内消火栓的门不应被装饰物遮掩，消火栓门四周的装修材料颜色应与消火栓门的颜色有明显区别。室内装修不应遮挡消防设施、疏散指示标志及安全出口，并且不应妨碍消防设施和疏散走道的正常使用。

（3）加强消防安全检查，并且主动配合当地公安消防机构对监狱的消防工作进行监督检查。协助当地公安消防机构对监狱的消防工作进行安全教育、宣传和监督，支持其对监管区内所有新建、改扩建或用途变更工程申报、审核与验收；在对易燃易爆化学危险物品的检查中检查出的消防安全隐患，要限期整改，对违反消防安全法律、法规行为，如整改不到位的或不执行整改的，要加大处罚力度。整改后，要接受当地公安消防机构的核查、验收。对于按消防安全规范要求实施的，确有影响监狱监管安全的，要与当地公安消防机构一道，制订出较为合理科学的方案，力求达到既不影响监狱监管安全、又能符合消防规范的效果。

监狱针对自身的特点成立应消防安全部门，或明确主管科室，列入职责范围并进行定期目标考核，制定切实可行的消防安全管理制度、各类操作规程及火灾事故应急处置预案。重点工种的罪犯要经过消防安全培训，生产中火灾危险倾向性较大的关键环节，不应由罪犯来操作，可由监狱职工来承担。监狱全体人员应接受消防知识宣传教育培训，专职安全员要对监狱建筑消防进行监督与管理，如消防通道是否通畅，消防水源是否充足，安全疏散出口、消防通道、疏散指示标志、应急照明能否达到紧急疏散要求，消防器材是否完整，灭火器压力是否达标等（图 10-4-1、图 10-4-2）。

（4）满足监狱建筑消防特殊要求。监狱是一个较为特殊的场所，在遵守国家相关消防规定的同时，还应结合自身的实际，采取一些必要的特殊措施。如监舍楼除了要配备消防设施外，还要考虑消防疏散通道，楼梯的宽度应足够宽敞。监管区内的楼梯是供罪犯及警察上下通行的，因此楼梯的宽度必须满足上下人流及搬运物品的需要。楼梯宽度的确定要考虑同时通过人流的股数及是否需通过尺寸较大的家具或设备等特殊的需要。楼梯需考虑同时至少通过 3 股人流，即上行与下行在楼梯段中间相遇能通过。根据人体尺度每股人流宽可考虑 500mm，考虑人流在行进中人体的摆幅 100mm，所以上下楼梯的总宽度应≥ 3.6m。发生火灾时，考虑人员疏散的时间，监管区内的单体建筑层数应该以 3 ~ 4 层为宜，最高不宜超过 6 层。在新建、迁建和改扩建的监狱中，监舍楼与监舍楼之间应进行绿化，不仅

图 10-4-1 福建省榕城监狱开展消防演习

图 10-4-2 浙江省十里坪监狱组织罪犯消防演习

可以起到区划、美观、保护环境、调节气候等作用，发生火灾时还可起到良好的防火隔离作用，能阻止火势的蔓延从而避免大面积火灾。

（5）满足内部设施防火要求。在疏散通道、罪犯密集的监管区内的单体建筑和重要的控制室应设置排烟系统，以利于人员的疏散和抢险救援。设置室内、室外消防给水栓按国家现行有关规定执行。在监管区内，要合理布建消火栓，给水管网达不到要求时，要设置一定数量的消防蓄水池，并在有关场所按规定配备灭火器材。灭火器宜选用泡沫、干粉和 CO_2 型，其配置数量按《建筑灭火器配置设计规范》（GB50140—2005）确定。所用的各种电气设备和照明灯、电动机、电气开关等都应有防爆装置，活动灯具还需要保护罩，电源应设在防火区域以外。所有的电气线路敷设，应避开易受机械损伤、振动、腐蚀以及有危险温度的场所，严禁明敷绝缘导线，应采用镀锌钢管或采用经过消除管道内壁毛刺和管道外壁进行防腐处理的水煤气钢管，钢管内

径不应小于电缆外径的 1.5 倍。电气线路不宜有中间接头，在特殊情况下，线路设中间接头时，必须在相应的防爆型接线盒（分线盒）内连接和分路。电气线路应设有当发生过载、短路、漏电、接地、断线等情况下，能自动报警或切断电源的保护装置。在罪犯聚集的室内场所和通道，除设置有电源线的照明灯具外，要配备有自备电源的火灾事故应急照明，其电源连续供电时间不应低于 20 分钟，地下单体建筑内不应低于 30 分钟。

第十一章

监狱建筑设计

监狱建筑设计是监狱建筑学的核心内容之一，规范指导监狱规划设计与建设是监狱建筑学的最终目的。本章主要介绍了我国古代、近代及当代监狱建筑设计和安全警戒设施、监管区内的单体建筑、监狱警察用房、驻监武警营房以及其他附属设施与用房设计等内容。

第一节　古代监狱建筑设计

监狱的起源可以追溯到远古时代，狱是原始人驯养野兽的槛穽或者岩穴，到氏族社会后，用来关押俘虏，驱使他们劳动。国家产生之后，作为国家机器的一部分，监狱正式产生了。

最初没有“监狱”这个名字,夏朝叫“夏台”(现在河南禹县境内)，是中央监狱的名称，一般叫“圜土”。商朝监狱叫“羑里”(现在河南汤阴县东北)，还叫“圉”，是甲骨文中出现的1个字，就是“狱”。周朝时，也叫“圜土”或者“囹圄”。皋陶是监狱行业的祖师爷，据《广韵》彭氏注，“皋陶作狱，其制为圜，象斗，墙曰圜墙，扉曰圜扉，名曰圜土。”说明当时监狱建筑设计一是筑土为墙，围成圆形的土城；二是向下掘地形成地穴。

我国古代的审判和执行是集于一身的。为提审和管理的方便，审判机关和监狱一般是紧邻的。按照建筑风水和中国传统阴阳学说，衙门一般要坐北朝南，监狱位于坤位，属阴，因此，我们常见的监狱坐落方位处于衙门大堂的右角，即西南方位。监狱一般都有外监、内监和女监之分。外监关轻刑犯，内监关重刑犯,女监单独关押。监狱的院落都有“狱厅”，是管监狱的牢头和禁卒的起居之所，多建有狱亭，高大耸立，便于瞭望，类似于今天监狱围墙上的岗楼。监狱建筑平面格局在旧时多为封闭的圆形(如圜土)和方形的四合院式，到晚清监狱改良运动后，开始吸收国外监狱建筑设计思想，监狱建筑平面布局有“十字形”、“放射形”、“菊花形”、“扇面形”等。

为防患于未然，监狱需要居高临下，加强观察，以防不测，体现在具体的监狱建筑设计理念中，就是围墙要高、窗要小、门要牢、视野要开阔、无障碍物、无攀登物等。据《史记·殷本纪》记载，商纣王怀疑西伯侯姬昌(即周文王)蓄意谋反，就将他囚禁在羑里，身戴桎梏，长达7年之久。有人就考证说“羑”的同音“牖”，也就是小天窗的意思，后来成了监狱的代名词。监狱“圜扉严邃,门牢窗小”的特色，从这可窥一斑。也有的监狱围墙并不向高处发展，而是向地下拓展。汉成帝刘骜在位时期，酷吏尹赏就以筑造监狱出名,他修筑的监狱被称“虎穴”。其筑造方法先掘地几丈,然后在地下垒起砖墙,用大石头盖住出口。四周墙壁光滑，厚土就是狱墙，罪犯根本无法掘墙越狱，唯一的出口又被巨石塞住。凡是被投进虎穴的罪犯，石板一盖，就是黑漆漆的世界。纵有千般武艺，也是插翅难逃。除了防逃，古代监狱还考虑了防罪犯自杀、防火的要求。如明朝“苏三监狱”虎头牢内的水井(图11-1-1)，井口直径只有23cm，深不过2.3m，小巧玲珑，打水均用小水桶，以防止罪犯投井自杀。每个旧式监狱院落基本设有小水池或小水缸，既为解决吃水问题，也是从消防着想。古时监狱大门只为活人开。罪犯收监、提审、释放、解送以及押赴刑场处斩，从大门进出。罪犯瘐毙，则从监狱西侧院墙的“拖尸洞”拉出去。

图 11-1-1　苏三监狱虎头牢内的水井

旧式监狱，大多狭窄、逼仄、阴暗、潮湿、冷峻。好多文学作品和历史记载，都有许多关于这方面的描述。如方苞《狱中杂记》中描述：狱中除禁卒居住的值班用房外，其他的房间四周无窗户，空气污浊，牢房内关押的罪犯经常有200多人，“隆冬贫者席地而卧，春气动起鲜不疫矣”。因为晚上按照监狱管理要求牢门紧闭，大小便都在监房里解决，如果夜晚有罪犯病死，“生人与死人并踵顶而卧，无可旋避”，所以狱内传染病非常流行，多的每天都要死去10余人。这种设计理念，是基于下列因素考虑：首先，要在罪犯走进牢门后，有强烈的视觉冲击力，要造成压抑、收缩、森严的心理感受，主色调以冷色为主，以造成“威不可测”的神秘、恐怖感觉，使罪犯在心理上居于劣势、下位状态，自然产生服从、服帖的思想，有利于监狱对罪犯管理；其次，出于刑罚的惩戒性考虑，“制死生之命，详善恶之源，剪恶诛暴，禁人为非也”（《隋书刑法志》），就是要恶化罪犯生活居住环境，以增强对罪犯的威慑性、警戒性，最大程度地预防犯罪。在这方面，还存留着原始社会的“同态复仇”的基因。再次，要强化监狱的监管、防逃、防自杀、防火、防暴狱等基本性能，这是由监狱性质决定的。

由于古代监狱奉行的是侮辱摧残罪犯的威吓主义，所以尽管封建法律在形式上对狱吏凌辱、虐待罪犯的行为严厉禁止，但事实上，这些规定往往是一纸空文。[①]

第二节　近代监狱建筑设计

从1840年鸦片战争开始到新中国成立，这一时期的监狱建筑设计，是一个重要转折点。鸦片战争前的监狱，多附设于地方官衙内，清末监狱建筑的改良，实际上是新式监狱的出现。

清末民初新式监狱在学习西方和日本新式监狱以及前期建设的罪犯习艺所的基础上，重视统筹考虑监狱总体布局，初步出现我国近代监狱建筑雏形。监房分为病监、内监、女监、外监，还设有其他功能性建筑用房，如炊场（相当于现在的罪犯伙房）、浴室、接见室、教诲堂、独居暗室（相当于现在的禁闭室）、工场（相当于现在的罪犯劳动改造车间）等。

湖北模范监狱，是清末民初创办的第一所新式监狱，1907年5月竣工，同月投入使用。该监狱前宽后窄，纵深较长，自南到北，地形地貌恰似1个圆锥体（图 11-2-1）。总占地面积约合30亩，总建筑面积近20000m^2。监狱共分内监、外监、女监、病监四区，其中内监关押的是“已审结定罪的人犯”，可以容纳百人，外监关押“尚未审结的人犯”，可以容纳340人左右，女监可以容纳40人，病监可以容纳50人。内监的设计仿照日本东京监狱，呈扇面形，有2所3人监（各12个监房），2所1人监（各20个监房），在这4所中间设有瞭望楼。另外内监还设有守卫房、炊室、浴室、厕屋、工厂、罪人制造物品库、严禁监、独居暗室等。外监仿效日本东京巢鸭监狱建造，也呈扇面形，“东西各一，中作十字巷道”，共计有监房10所，112间。外监除了和内监一样设有罪人制造物品库、严禁监、独居暗室、厕屋、炊室、工厂外，还设有罪犯接见室、教诲楼、罪犯衣物室、庶务房和司狱房等。女监有监房15间，另设有守卫房2间、工厂1间、浴室1间。病监有监房16所，另设有传染病房7间、尸室1间、医室诊断室暨守卫房4间、会议室3间、狱官室6间、书记室3间、巡勇房6间、救火器具室2间、建造电灯机器室及锅炉厂房2大间、自来水储水塔1座等。[②]

① 雷霆，罗锐，曹小畅，向莹琨. 初探中国监狱建筑古今设计演变. 四川建筑，2011年第2期。

② 王晓山. 清末模范监狱建筑的特色. 河南司法警官职业学院学报，2012年9月第3期，第10卷。

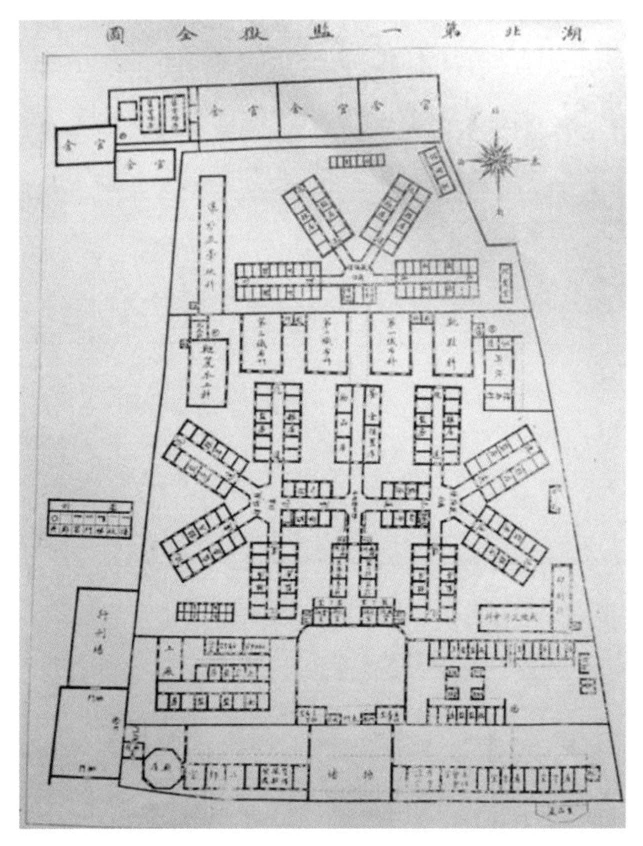

图 11-2-1　民国时期的湖北第一监狱全图

当时无论是扇形、菊花形，还是十字形的监房，设计都采用单元组合法，即以走道两侧排列监房为线形基本单元，两个线形监房基本单元尽端同劳动工场单元组合成三角形二级单元；三角形二级单元再拼贴组成放射形组合监房。在放射形中心的圆形楼为组合监房的集中管理处。这样的组合中，既有室内使用部分，又有围合成的各监房单元所需的室外活动场地，自然地解决了监狱建筑对罪犯活动空间进行限制的特定要求。这种建筑构成手法具有组合灵活、适应性强、便于分期建造的优点，较好地解决了监房分区、隔离、封闭的使用要求。山东省济南模范监狱始建于清宣统三年（1911 年），后逐步发展为当时山东省内设施最完备的监狱。当时日本《东亚印画辑》在随附的图片中说明："济南的新式模范监狱非常有名，在整个中国都不多见。清新明快的建筑没有普通牢狱的阴森黑暗之感。穿着白色衣服的年轻守卫就像玩具一般，反而使人感觉亲切。" 监狱内设有裁缝厂、木工厂、棉纺厂、印刷厂等，参加劳动的罪犯还可以获得相应的报酬。除此之外，音乐室、教化室、医疗室、浴室、厨房等也一应俱全，为罪犯的生活与教化提供了良好的条件。

新式监狱在建筑造型设计上，突破传统衙门建筑形式，此时还出现了中西合壁的建筑样式。如京师第一模范监狱（图 11-2-2）重点部位的建筑造型设计上力求体现"新"，在监狱主大门一反惯用的官式衙门的八字墙和传统建筑形式，仿照了法国凯旋门的建筑造型，颇有威严、震慑之气势（图 11-2-3、图 11-2-4）；中央事务楼吸取西方古典主义分段式构图（图 11-2-5 ~ 图 11-2-8）。墙体用红砖砌筑，立面都以西式壁柱、圆弧形拱、两圆心尖拱、实砌或栏杆式女儿墙为构图要素，同时在细部又采用了中国式纹样。尽管在造型处理上有些地方比例欠佳，但这种北京近代建筑所具有的中西合璧做法在当时颇具新意。湖北省城模范监狱的"外监"东西两个室内通道上，顶部采用了"气窗"，不但在外观造型上有所突破，而且增加了通风和采光的功能。

清末民初创建的新式监狱整体布局与建设，学习了西方国家监狱建筑规划设计，顺应了世界监狱建筑发展的大趋势，结束了我国封建制度下两千多年的传统囚禁式建筑模式，从而直接向近代监狱建筑过渡，最终为我国监狱走向现代文明奠定了重要的基础（图 11-2-9 ~ 图 11-2-12）。

北洋政府建立后，把清末民初的新式监狱与旧监狱原封不动的接管过来。由于长期旧军阀相互混战，无暇顾及监狱的改造与建设，基本上维持清末监狱建筑现状。有一部分新式监狱清末就已经开始筹建，只是到了北洋政府时期才最后建成并投入使用。北洋政府统治期间，对我国监狱建筑设计的推动作用主要有：

一是北洋政府发布了全国监狱建筑设计统一的模式图纸。1913 年 1 月 16 日，北洋政府司法部以训令第十三号，发布了《拟定监狱图式通令》（见本书附录附 1），统一监狱建筑图式，作为改良监狱的重要内容。图计 9 张，即第 1 张为监狱总图，第 2 张为监狱大门图，第 3 张为事务楼正面图，第 4 张为监房横断图、杂居监房外面图、昼夜分房外面图、夜分房外面图，第 5 张为工场正面图，第 6 张为浴室前面图、洗衣室前面图、炊场前面图、浴室后面图、洗衣室后面图、炊场后面图，第 7 张为病

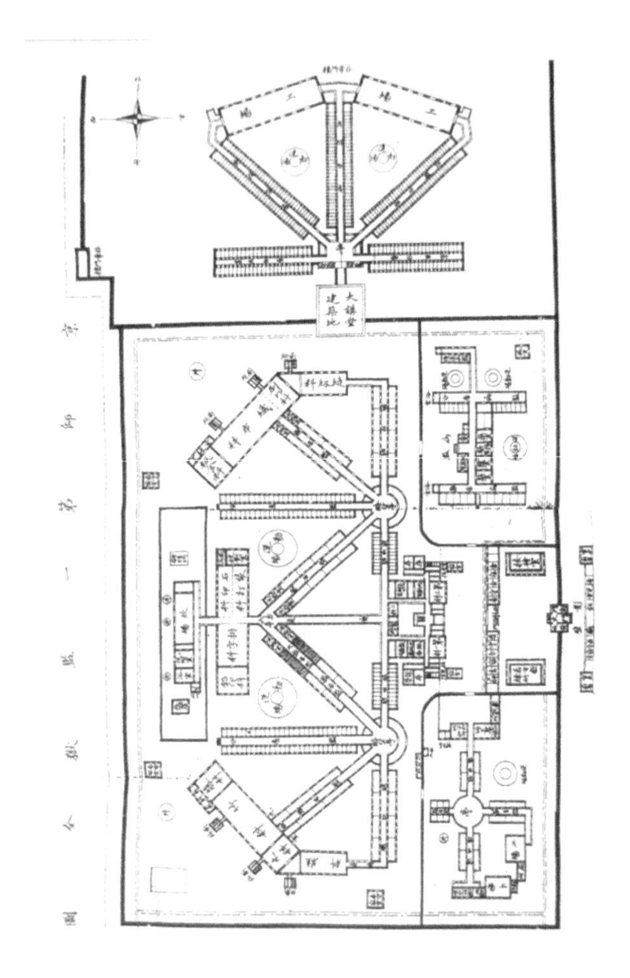

图 11-2-2　民国时期的京师第一监狱全图

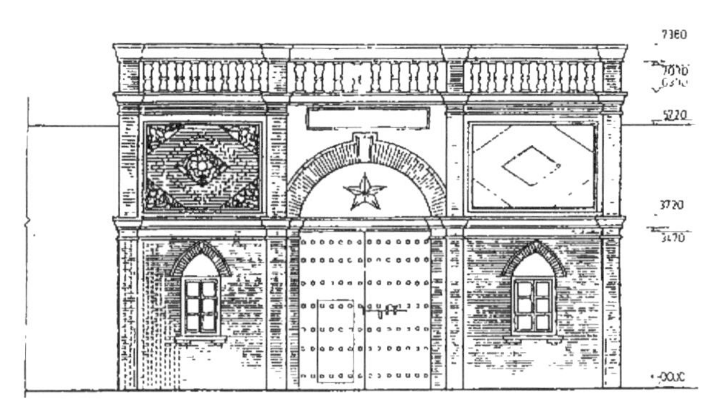

图 11-2-4　京师第一监狱大门东立面图

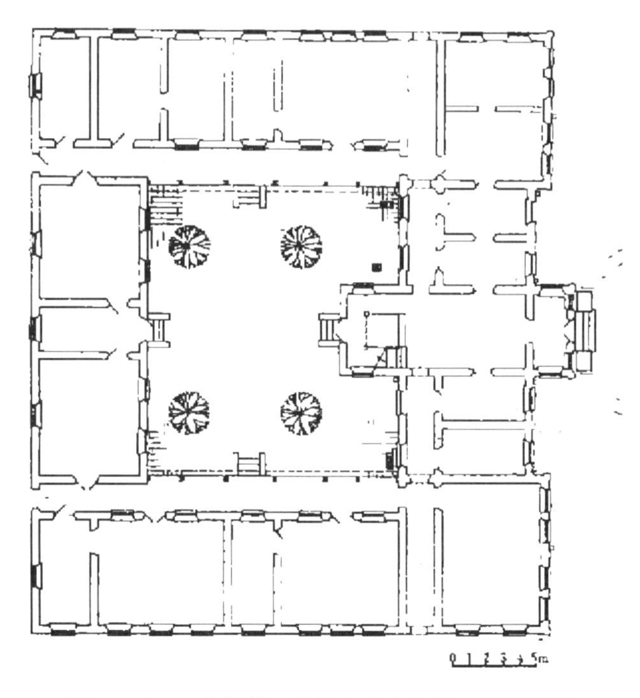

图 11-2-5　京师第一监狱中央事务楼一层平面图

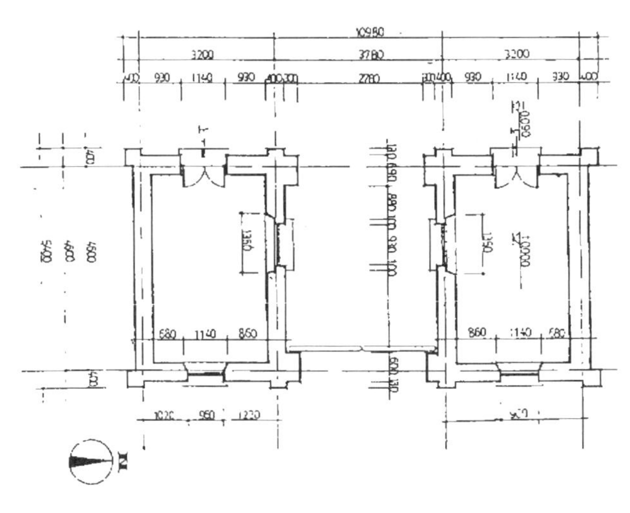

图 11-2-3　京师第一监狱大门底层平面图

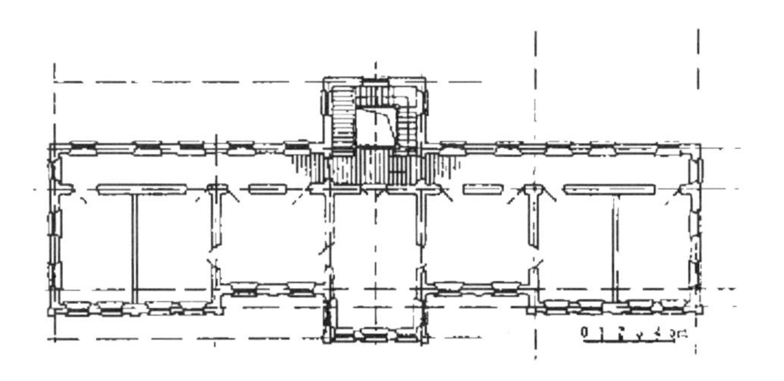

图 11-2-6　京师第一监狱中央事务楼二层平面图

图 11-2-7 京师第一监狱中央事务楼正立面图

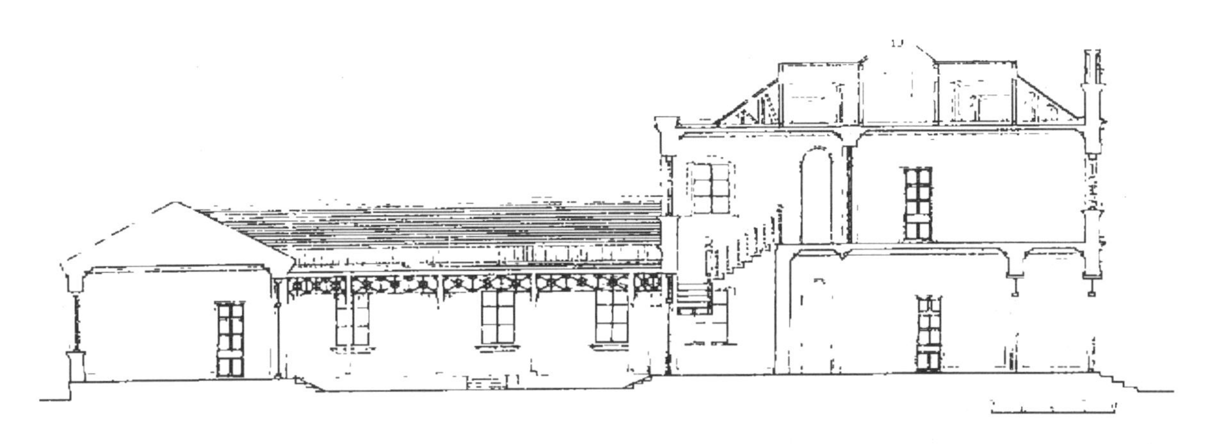

图 11-2-8 京师第一监狱中央事务楼纵剖面图

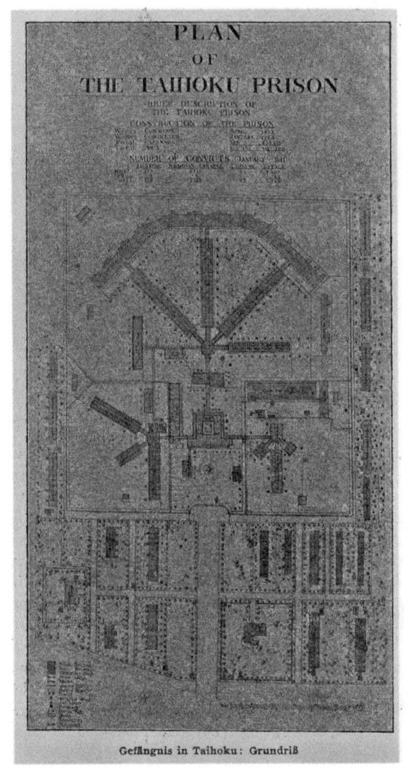

图 11-2-9 日占台湾时期某监狱平面图

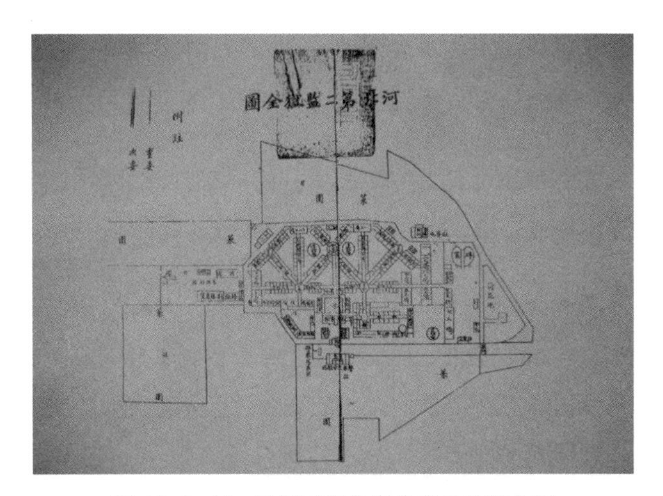

图 11-2-10 民国时期的河北第二监狱全图

图 11-2-11　20 世纪 30 年代吉林监狱十字形监舍俯视图

图 11-2-12　伪满时期的新京监狱大门

监正面图，第 8 张为监房窗铁栅图、监房铁门图、工场梁架图、炊场梁架图，第 9 张为窗房图、大门图。[1] 图式上新监的构造、设备和组织先进性远远超过旧监，在一定程度上考虑了罪犯的居住、活动、卫生、作业等各方面的条件，体现了资产阶级人道主义精神。北洋政府要求全国新式监狱建设或对清末旧监进行改造须依据这 9 张图式执行，从一定程度上促进了全国监狱建筑式样统一化。

二是 1924 年 4 月由京师第一监狱典狱长王元增编著的《监狱学》第八章介绍了监狱建筑构造法，分别阐述了建筑地之选择、建筑之布置（本然的建筑物、附属的建筑物），是在他多年治狱实践和理论思考的基础上概括整理而成的。这些论述对以后我国监狱建筑发展产生了较大的影响。

1927 年，国民党政府成立后，接管了北洋政府的全部监狱。这些监狱大部分是清朝和北洋政府遗留下来的旧式监狱，有的虽在建筑布局、建筑结构或建筑材料方面作某些改良，但是基本上仍然沿用北洋政府遗留的监狱建筑设计方式，100 多所新式监狱在许多方面仍然保留着封建制野蛮性和落后性的显著特征。由于国民党政权的反动性和腐败性，在其统治期间，我国监狱建筑设计发展较为缓慢。

20 世纪 30 年代，是监狱建筑活动繁盛期，国民党政府对监狱进行改良，并在通商要埠模仿欧美形式创办新监狱。计划新建司法行政部直辖监狱 6 座，分别建于南京、上海、西安、北平、汉口和广州，其中建成的是位于上海的司法行政部直辖第二监狱。这一时期也是监狱理论界对监狱建筑设计较为关注的阶段，其中有三位民国监狱学家结合当时的建筑技术和水平，对清末和北洋政府监狱建筑理论进行了总结、补充和完善。

一位是赵琛（1898 年 ~ 1969 年）。他在 1931 年 10 月由上海法学编译社出版了他编著的《监狱学》。在书的第八编的监狱构造法中，分别对构造监狱之要件、构造监狱之位置、监舍之形状、监房之结构进行了论述。

一位是李剑华（1900 年 ~ 1996 年）。他在 1936 年 10 月由中华书局出版了他编著的《监狱学》。在书的第七章中，介绍了监狱之构造位置、地基及其他。

一位是民国著名监狱学家孙雄（1895 年 ~ 1939 年）。他在 1936 年编著了《监狱学》。在书的第五编中，对民国时期监狱的构造原则、种类、主要结构和附属结构等做了较为细致的描述。并对赵琛、李剑华《监狱学》中有关监狱构造章节进行了修改、完善和补充，对以后我国的监狱建筑产生了重大影响。

从 1840 年鸦片战争开始到新中国成立期间，有两位历史人物——小河滋次郎和贝寿同，对我国近代监狱建筑设计产生过重要的影响。

小河滋次郎（1861 年 ~ 1915 年）（图 11-2-13），系日本长野县小县郡人。他是近代日本最重要的监狱学家和监狱改革家，他的名字与业绩之所以为中国监狱学界所铭记和追忆，是因为他与清末中国监

① 河南省劳改局编. 民国监狱资料选（上下册）. 1986年12月，88页～91页。

图 11-2-13　日本著名监狱学家小河滋次郎（1861—1915 年）

狱改良和中国现代监狱学的诞生关系至深。作为一名监狱学家，他成功地将日本本土化了的西方监狱学传播至中国，是中西监狱学术联姻之媒人。不唯如此，作为沈家本聘请的狱务顾问，他亲自参与了清末监狱改良种种事宜的出谋划策及其具体规划，其中由他规划设计的京师模范监狱，作为全国示范监狱，国内各省份纷纷前来"取经"，为建造新式监狱提供了样本。

京师模范监狱，始建于 1910 年，是吸取国外经验的具有示范作用的新式监狱，1916 年改名为"京师第一监狱"。总体布局将主要大门安排朝向东面永定门内大街的方向，由此决定了建筑总体布局东西向的主轴线。总平面布局分为前、中、后三区。前区中轴线上为大门，门内甬道的南面为看守室及教诲所，北面为物品陈列所和接待室，西面为南北 2 栋看守集体宿舍。进二门为中区，主要建筑为中央事务楼。后区为主要监房区。此外，还有两个特殊性质的监房区，一是位于中区以北的病监房区，一是位于监房以南的女监房区（原计划为幼年监），并以内外两道围墙加以分隔。各区相互分离而不混杂，伙房、浴室等生活附属用房位于单独院内，处于中轴线的端部，既方便联系又便于管理。监区的监舍分南、北两监，平行排列，每监各有 5 栋监房，均为扇形展开。每个监区都是"凸"形结构，中间是通道，两边是监舍，通道上方凸起处安装玻璃，通风透光性较好，解决了采光问题。在当时看来确实比较先进。连国外学者都盛赞其建筑水平与国际接轨。在扇柄之处建有一座 2 层圆形瞭望楼，可同时监控各栋监房。瞭望楼的楼顶为瞭望台，中间第 2 层为教诲堂，底层设有惩训室。

贝寿同（1876 年 ~ 1945 年）[①]（图 11-2-14），江苏省吴县（即今江苏省苏州）人，是著名美籍华人建筑大师贝聿铭的叔祖。20 世纪 10 ~ 20 年代，我国的法院和监狱有许多是由他主持设计的，他被喻为让监狱走向"现代化"的近代建筑家。贝寿同代表性作品是江苏省苏州高等检察厅看守所（今苏州市警察博物馆和禁毒展览馆），曾改称"江苏省第三监狱分监"（图 11-2-15、图 11-2-16）。

图 11-2-14　贝寿同（1876—1945 年）

江苏省第三监狱分监最早是江苏按察司监和苏州府监。这是清末设立的一所监狱，里面关押的都是死刑犯和其他要犯。据史料记载，这里最早有 2 排共 9 间监房，每间关押罪犯 20 人，拥挤不堪。辛亥革命后按察司监废止，1919 年，国民政府在此设立江苏高等检察厅（法院）看守所，关押未判决的人犯。1920 年，贝寿同在原有监狱建筑的基础上，加建 2 翼，又将前后围合起来，加上原有的 2 排监舍，形成"十字形"。十字交接处，即中间突出部分，被设计成八角形看守平台，监狱看守在平台上能够看押、管理监内所有罪犯。在内部设计上，贝寿同匠心独具。建筑内部有 3 条交通狱道和 4 条关押狱道，其中 4 条关押狱道皆高出监房，顶部开设窗户增加室内采光。每列监房呈"一字形"排开，共 2 层，楼上是看守用房，楼下是监舍，上下两层之间的地板上留有圆孔，方便监狱看守观察楼下监舍内的动静，也方便为监舍增加采光。在关押狱道两侧，是两两对望的 10 多间监舍，每间约 $10m^2$，地面铺设地板，监舍门上部设有专门为罪犯送餐用的方形小门，下部设有通风口以保障监舍内干燥通风。此设计方式一方面达到了对罪犯管理安全、直接、便利的考虑，另一方面也体现出了人道精神。在外观上，贝寿同的设计贴近于传统及地方性的设计。监狱的整体形态仍然维持了苏州民居建筑"粉墙黛瓦"的特色，让监狱融入了整个城市当中，

① 黄元超. 贝寿同：让监狱走向"现代化"的近代建筑家. 世界建筑导报，2013年第2期。

不张扬，不突兀。这所有着上百年历史的苏州现存最老的监狱，2004 年 4 月被列为市文物保护单位，2007 年 6 月被改建成苏州市警察博物馆和禁毒展览馆。

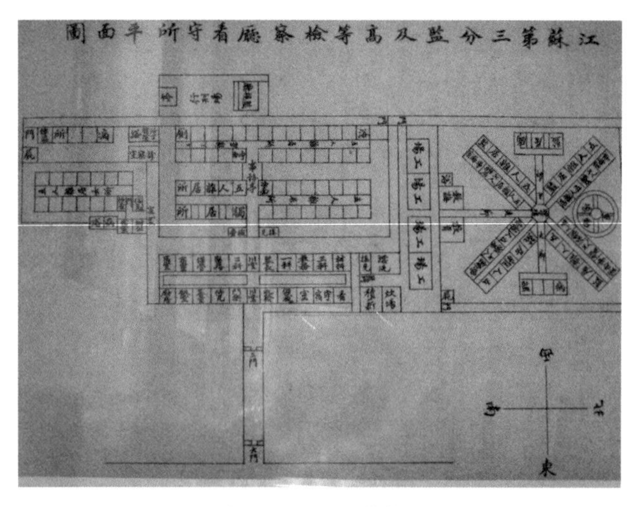

图 11-2-15　由贝寿同设计的江苏第三监狱分监及高等检察厅看守所平面图

图 11-2-16　江苏省第三监狱分监鸟瞰图

第三节　当代监狱建筑设计

纵观新中国建立以来监狱的发展史，从监狱建筑物质形态发展上可以看出不同的历史阶段所体现出的监狱建筑设计理念。一般说来，我国当代监狱建筑设计经历了以下三个阶段：

第一阶段新中国成立至改革开放前，是崇拜模仿苏联阶段。因为向苏联学习，以阶级斗争为指导思想，对罪犯采取阶级分析法，将罪犯看作阶级敌人，采取了无产阶级专政手段。在监狱建筑物质形态上，按照苏联体制设立监狱，监狱的选址是基于安全和生产的需要，大多监狱建筑强调因陋就简、就地取材。对罪犯的管理理念是“只允许老老实实改造,不允许乱说乱动”。按照苏联的模式管理监狱、教育罪犯、从事生产。这一阶段由于受主客观多重因素的限制,监狱建筑设计相对简单,也不规范（图 11-3-1、图 11-3-2）。

第二阶段是借鉴西方经验阶段。从改革开放到 1994 年《监狱法》颁布。这一阶段随着改革开放的深入，监狱逐步吸纳了西方的先进经验，主要是美国和欧洲的现代监狱的设计和管理理念。监狱建筑物质形态开始趋向于西式模仿，特别是西方监狱先进的硬件设施、管理制度、教育模式被逐步接受和认可，监狱管理理念逐步体现出保障人权的思想，现代法治思想的民主、科学、公平、正义等也被应用到罪犯管理中。特别是 1990 年司法部颁布了《监狱改造环境规范》，标志着监狱建设进入了较完善的阶段。该规范对监管警戒设施、生活区、生产区设计，提出了明确具体规范的要求，使得监狱建筑设计初步走上了规范化的道路。始建于 1991 年 11 月的上海市青浦监狱（1994 年 9 月 21 日开始收押罪犯）（图 11-3-3），对监狱总体规划布局进行了探索，整个设计理念相当超前，对监狱建筑进行了科学分区，对单体建筑设计的要求不仅仅满足于功能的合理性，而且提高了建筑的审美标准，对监狱建筑细部结构进行了优化。现在好多新建迁建或改扩建监狱的规划布局应该说是在上海市青浦监狱的基础上有所发展有所创新，可以说上海市青浦监狱的总体规划布局到目前为止仍有借鉴意义且不落后。

图 11-3-1 新中国成立初期监狱建设简易房屋

图 11-3-2 建于 20 世纪 50 年代的浙江省第一监狱砖混结构的门楼

第三阶段是改革创新阶段，从 1994 年至今。这一阶段随着《监狱法》的颁布，监狱工作纳入了法治的轨道，监狱进行了全国性的体制改革，1995 年司法部制定《关于创建现代化文明监狱的标准和实施意见》以及 2001 年国务院作出了监狱布局调

图 11-3-3 上海市青浦监狱警察行政办公区大门

整的重大决定，监狱形态呈现多姿多彩的文化特色。在罪犯管理上提出了监狱工作法制化、科学化、社会化，建立了监狱分类和罪犯分类制度等。1998 年 7 月司法部、国家发展计划委员会颁布了《监狱狱政警戒设施建筑标准（试行）》，这是以后进行狱政警戒设施建设的重要依据。尤其是 2002 年 12 月 3 日司法部颁布了《监狱建设标准》（建标 [2002]258 号），2004 年 9 月 20 日司法部对《现代化文明监狱标准》进行了修订，2010 年又对《监狱建设标准》进行了重新修订，对监狱的建筑形态进行了严格规范，代表着我国监狱建设进入了一个新阶段。[①] 截至 2014 年底，监狱布局调整任务基本完成，其中新建 91 所，迁建 127 所，改扩建 519 所，全国绝大多数监狱的面貌发生了根本性变化，监狱的执法环境和条件得到了很大的改善，为监狱的安全稳定和罪犯改造质量的提高奠定了坚实基础。[②]

期间，涌现了一批总体布局合理、环境优美、建筑美观且人文内涵丰富、设施先进的监狱，代表有：广东省深圳监狱、广东省佛山监狱、江西省赣州监狱、江苏省苏州监狱、江苏省江宁监狱、浙江省临海监狱、山东省青岛监狱、重庆市渝都监狱、云南省西双版纳监狱、山西省太原第一监狱、辽宁省大连市监狱等（图 11-3-4 ~ 图 11-3-7）。

目前，我国监狱建设目标为“布局合理，规模适度，分类科学，功能完善，投资结构合理，管理

① 李春青. 监狱形态中管理理念的向度阐释——以〈监狱设计标准〉的修订为视角. 河南财经政法大学学报，2013年第4期。

② 邵雷. 把握机遇 迎接挑战——加快兴华企业协会的转型与变革. 中国监狱企业，2015年第2期。

图 11-3-4 江西省赣州监狱监管区内的“澄心桥”

图 11-3-6 辽宁省大连市监狱模型

图 11-3-5 浙江省临海监狱鸟瞰图

图 11-3-7 辽宁省大连市监狱监管区鸟瞰图

信息化”。因此，监狱建筑设计也必须围绕这一目标进行。

一、监狱建筑设计基本概念

（一）监狱建筑设计基本原则

监狱是国家的刑罚执行机关，承担着惩罚与改造罪犯的任务。监狱建设必须遵守国家有关的法律、法规、规章，必须符合监狱监管安全、改造罪犯和应对突发事件的需要，应从监狱当地的实际情况出发，在满足单体建筑各项功能要求的前提下，与经济、社会发展相适应，达到安全坚固、技术先进、经济适用、庄重美观的总体要求。

（1）安全坚固。在进行监狱建筑设计时，应把防止罪犯脱逃的建筑功能作为重点，贯穿于整个监狱设计中，因此监狱建筑要体现出安全坚固特有的特性。除按荷载大小及结构要求确定构件的基本断面尺寸外，特别是楼梯栏杆、顶棚、门窗与墙体的连接等构造设计，都必须保证监狱单体建筑构件、配件在使用时的安全。辅助设施，例如门窗、床铺、卫生间大小便器、桌椅柜等，在坚固的基础上尽可能固定牢，不易拆卸，不留隐患。一般建筑侧重于保护隐私，而监狱建筑侧重于安全坚固。

（2）技术先进。在进行监狱建筑设计时，应大力改进传统的建筑方式，应从建筑材料、建筑结构、建筑施工以及绿色建筑、生态建筑、智能建筑、节能建筑等方面引入先进技术，并注意结合监狱建筑的特征，因地制宜。特别是随着信息化的高速发展，信息技术对监狱传统物理空间的影响已经日益深入，要加强信息化的综合应用，提高工作效率，提升监狱安全。监狱信息化的具体目标是：建设数字化监狱，即通过信息处理、网络通信、生物识别等各个学科的先进技术将监狱内的各种记录、文字、图像、多媒体等信息进行传输和处理，实现监狱系统内信息采集数字化、信息传输网络化、信息管理智能化、信息分析集约化和信息培训经常化，最终实现监狱更科学、更公正、更规范、更安全、更节约、更高效地履行其刑罚执行职能的目的。

（3）经济适用。应注重整体监狱建筑的经济、社会和环境的三个效益，即综合效益。在经济上注意节约建筑造价，降低材料及能源消耗，又必须保证工程质量，不能单纯压缩造价而偷工减料，降低质量标准，应做到合理降低造价。在讲究节约造价的基础上，还要注重适用性，即满足正常使用功能。在监狱设计中，在注重安全牢固的前提下，提倡“以人为本”的设计理念，从而满足监狱建筑各项需求。

（4）庄重美观。监狱建筑形象除了取决于建筑设计中的体形组合和立面处理外，一些建筑细部的构造设计对整体美观也有很大影响。建筑风格上，整体造型上，要体现出执法的威严庄重。庄重是监狱的最基本要素，监狱建筑本身就要有威严，在感观上有一种威慑作用。单体造型尽量做到平直简洁，不要有过多的点缀；色彩应以白色或淡灰色为主，搭配朴实大方，反差不宜过大，更不能花哨；布局合理，尽可能做到视野开阔、不留死角。

（二）监狱建筑设计内容

监狱建筑设计是指设计单体建筑或建筑群所要做的全部工作，包括监狱建筑设计、监狱建筑结构设计、监狱建筑设备设计等三个方面的内容。

（1）监狱建筑设计，是在总体规划的前提下，根据任务书的要求，综合考虑基地环境、使用功能、结构施工、材料设备、建筑经济及建筑艺术等问题，着重解决单体建筑内部各种使用功能和使用空间的合理安排。单体建筑应与周围环境以及各种外部条件协调配合，通过内部和外部的艺术处理、各个细部的构造方式等，创造出既符合科学性又具有艺术性的生产和生活环境。监狱建筑设计在整个设计中起着主导和先行的作用，监狱建筑设计图包括建筑施工总说明、总平面图、各单体建筑平面图、立面图、剖面图、楼梯详图、门窗详图等，一般是由建筑师来完成。

（2）监狱建筑结构设计，是根据监狱建筑设计选择切实可行的结构方案，在此基础上进行结构计算、结构布置及构件设计等。监狱建筑结构图一般包括结构施工总说明、基础结构图、梁板结构图、柱结构图、楼梯结构图及细部结构大样详图等，一般是由结构工程师来完成。

（3）监狱建筑设备设计，主要包括给水排水、电气照明、信息化、采暖通风、动力等方面的设计，设备设计图一般包括水电施工总说明、给排水施工图、电气施工图等，一般由相关工程师配合建筑设计来完成。

（三）监狱建筑设计程序

新中国成立后至20世纪90年代前，监狱建设绝大多数由监狱（农村监狱称“劳改农场”、“劳改队”）自己承担规划设计，由自己的建筑公司或由罪犯组成的施工队进行施工，随意性较大，也不规范。20世纪90年代后，监狱相继被纳入当地城市和地区的总体规划中，监狱基本建设也逐步规范起来。监狱重大项目的基本建设是一个较为复杂的物质生产过程，影响监狱建筑设计的因素很多，涉及众多领域。不同的监狱单体建筑有不同的使用功能，为了满足各类单体建筑的使用功能要求，保证设计质量，这就要求监狱建筑设计与其他社会建筑一样，都要严格遵守国家规定的设计程序。

1. 监狱建筑设计前的准备工作

（1）落实设计任务

首先取得必要的批文。监狱必须具有以下批文才可向设计单位办理委托设计手续：一是主管部门和发改委的批文。上级主管部门和发改委对建设项目的批准文件，包括建设项目的使用要求、关押规模、占地面积、总建筑面积、选址、单方造价和总投资等；二是城市建设规划部门同意设计的批文。为了加强城市的管理及进行统一规划，一切设计都必须事先得到城市建设规划部门的批准。批文必须明确指出用地范围（常用红色线划定），以及有关规划、环境及单体建筑的要求。

其次要熟悉设计任务书。设计任务书是经上级主管部门和发改委批准提供给监狱进行设计的依据性文件，一般包括以下内容：

1）建设项目名称、建设地点。

2）批准设计项目的文号、协议书文号及其他有关内容。

3）建设项目总的要求、用途、关押规模、占地面积、建筑规模及一般说明。

4）设计项目的用地情况，包括建设用地大小、形状、地形，原有建筑及道路现状，并附地形测量图。

5）工程所在地区的气象、地理条件、建设场地的工程地质条件。

6）供电、供水、采暖、空调通风、通信、消防等设备方面的要求，并附有水源、电源的使用许可文件，公共设施和交通运输条件。

7）用地、环保、卫生、消防、人防、抗震等要求和依据资料。

8）建设项目的组成，包括单项工程的面积，房间组成，面积分配及使用要求。

9）建设项目的使用要求或生产工艺要求。

10）建设项目的设计标准及投资，包括单方造价，土建设备及室外工程的投资分配。

11）建筑造型及建筑室内外装修方面要求。

12）设计期限及项目建设进度计划安排要求。

13）附件、附图、附表等。

（2）调查研究、收集资料

除设计任务书提供的资料外，还应当收集必要的设计资料和原始数据，如监狱选址所在地区的气象、水文地质资料；基地环境及城市规划要求；施工技术条件及建筑材料供应情况；与设计项目有关的定额指标及已建成的同类型建筑的资料；监狱总体布局及功能用房特殊要求；当地文化传统、生活习惯及风土人情等。

2. 监狱建筑设计阶段

监狱建筑设计过程按工程复杂程度、规模大小及审批要求，一般划分为两个不同的设计阶段，即初步设计阶段和施工图设计阶段。

（1）初步设计阶段

初步设计的内容一般包括设计说明书、设计图纸、主要设备材料表和工程概算等四部分，具体的图纸和文件有：

1）初步设计阶段的内容

①设计主要依据和指导思想。

②设计说明书。包括建筑设计总说明，设计意图及方案特点，建筑结构方案及构造特点，建筑材料及装修标准，主要技术经济指标以及结构、设备等系统说明。

③建设规模。

④主要材料用量及来源。

⑤主要单体建筑、构筑物、公用及辅助设施。

⑥建筑消防和节能标准。

⑦总占地面积和场地利用情况。

⑧主要技术经济指标及分析。

⑨建设顺序和期限。

⑩总概算。

2）初步设计的深度

①设计方案的比选和确定。

②主要设备材料订货及生产安排。

③土地征用。

④基本建设投资控制。

⑤初步设计图样，包括建筑总平面图（常用比例1∶500、1∶1000），应注明建筑场地上的单体建筑、道路、绿化、设施等。建筑各层平面图、立面图、剖面图（常用比例1∶100、1∶200），应表示单体建筑各主要控制尺寸，如总尺寸、开间、进深、层高等，同时应表示标高，门窗位置，室内固定设备及有特殊要求的厅、室的具体布置，立面处理，结构方案及材料选用等。

⑥工程概算书，包括单体建筑投资估算，主要材料用量及单位消耗量等。

⑦监狱作为特殊类型工程，必要时可绘制透视图、鸟瞰图或制作模型。

（2）技术设计阶段

主要任务是在初步设计的基础上进一步解决各种技术问题。技术设计的图纸和文件与初步设计大致相同，但更详细些。具体内容包括整个单体建筑和各个局部的具体做法，各部分确切的尺寸关系，内外装修的设计，结构方案的计算和具体内容，各种构造和用料的确定，各种设备系统的设计和计算，各技术工种之间矛盾的合理解决，设计预算的编制等等。

（3）施工图设计阶段

施工图设计是建筑设计的最后阶段，是提交施工单位进行施工的设计文件。施工图设计的主要任务是满足施工要求，解决施工中的技术措施、用料及具体做法。施工图设计的内容包括建筑、结构、水电、采暖通风等工种的设计图纸、工程说明书，结构及设备计算书和概算书。具体图纸和文件有：

1）建筑总平面图，与初步设计基本相同。

2）单体建筑各层平面图、立面图、剖面图，比例可选用1：50、1：100、1：200。除表达初步设计或技术设计内容以外，还应详细标出门窗洞口、墙段尺寸及必要的细部尺寸、详图索引。

3）建筑构造详图，应详细表示各部分构件关系、材料尺寸及做法、必要的文字说明。根据节点需要，比例可选用1：20、1：10、1：5、1：2、1：1等。

4）各工种相应配套的施工图纸，如基础平面图、结构布置图、钢筋混凝土构件详图、水电平面图及系统图、建筑防雷接地平面图等。

（四）监狱建筑设计依据

监狱建筑设计必须依据以下四个方面要求进行：

1. 依据国家及行业的强制性标准

（1）中华人民共和国《工程建设标准强制性条文》（房屋建筑、城乡规划、城市建筑部分）。

（2）《监狱建设标准》（建标139—2010）。

2. 依据使用功能

（1）人体尺度及人体活动的空间尺度。人体尺度及人体活动所占的空间尺度是确定监狱建筑内部各种空间尺度的主要依据。

（2）家具、设备尺寸和使用它们所需的必要空间。房间内家具设备的尺寸，以及人们使用它们所需活动空间是确定房间内部使用面积的重要依据。

3. 依据自然条件

（1）气象条件。监狱所在地区的温度、湿度、日照、雨雪、风向、风速等是建筑设计的重要依据。风向频率图（风玫瑰图）是根据该地区多年平均统计的各个方向吹风的百分数值，并按一定比例绘制，一般多为8个或者16个软盘方位表示。玫瑰图上所表示的吹向，是指从外面吹向中心，实线部分表示全年风向频率，虚线部分表示夏季风向频率。新建监狱规划设计与建设必须充分掌握当地气象条件，建筑朝向、建筑外形、建筑保温隔热、屋面雪荷载承受力等设计应与当地的气象条件相统一。

（2）地形、地质及地震烈度。基地的地形、地质及地震烈度直接影响到房屋的平面空间组织、结构选型、建筑构造处理及建筑体形设计等。地震烈度表示当发生地震时，地面及单体建筑遭受破坏的程度。烈度在六度以下时，地震对单体建筑影响较小，一般可不考虑抗震措施。9度以上地区，地震破坏力很大，严禁建监狱。依《监狱建设标准》（建标139—2010）第四章第三十三条规定：监狱建筑应按国家现行的有关抗震设计规范、规程进行设计；监狱围墙、岗楼、监管区大门抗震设防的基本烈度，应按本地区基本烈度提高1度，并不应小于7度（含7度）；抗震设防烈度为9度（不含9度）以上地区，严禁建监狱。

（3）水文地质条件。水文地质条件是指地下水的存在形式、含水层厚度、矿化度、硬度、水温及其动态等情况。其中与场地设计最直接的就是地下水位，它的高低及地下水的性质，直接影响到单体建筑的基础及地下室。地下水常被选定为取水水源，但应注意水质污染等问题。地下水的盲目过量开采，可能引起地下水漏斗的出现，甚至引发地面沉降，江、海水倒灌或地表积水等，给工程建设带来不利影响。水位过高将不利于工程的地基处理及施工，必要时可采取措施降低地下水位。《监狱建设标准》（建标139—2010）第三章第十五条规定：新建监狱应选择在地质条件较好、地势较高的地段；新建监狱严禁选在可能发生自然灾害且足以危及监狱安全的地区。

4. 依据技术要求

设计标准化是实现建筑工业化的前提，监狱建筑概不例外，所以监狱建筑设计应采用建筑模数协调统一标准。

二、监狱建筑设计原理

本部分内容包括监狱的关押规模、占地面积、建筑规模、选址、总平面布局、建筑风格、单体建筑平面设计、辅助使用房间设计、交通联系部分的设计以及建筑平面组合设计等。

（一）监狱的关押规模

所谓监狱关押规模，也称“监狱容量”，就是一所监狱关押罪犯人数的多少。我们以前也有一个很大的误区，以为监狱关押规模越大越好，可以发挥规模效益。一般来讲，监狱规模大的比规模小的发生安全事故的概率要高。在国外，监狱关押规模一般较小。监狱关押规模过大、押犯过多，容易发生罪犯的哄监、越狱、暴狱等突发事件，不利于监狱的安全与稳定，不利于一定地区监狱的均衡分布，不利于监狱的教育，不利于推行对罪犯的个别化教育，也不利于及时处置地震、水灾、火灾等自然灾害。因此，联合国1957年通过的《囚犯待遇最低限度标准规则》第63条规定，封闭式监狱的罪犯数量不宜过多，以免妨碍进行个别化的分级处遇，一般不应超过500人，开放式机构的监狱人口应当越少越好。其中所反映的理念和发展趋势，可以为我们提供有益的参考。

我国人口多，刑罚的长刑期造成押犯绝对数大，不可能把监狱关押规模限制在500人以内，但从管理、安全、教育的要求看，监狱关押规模不宜超过5000人。根据《监狱建设标准》（建标139—2010）第二章第八条和第九条规定：监狱建设规模按关押罪犯人数，划分为大、中、小三种类型。监狱建设规模应以关押罪犯人数在1000～5000人为宜，高度戒备监狱建设规模应以关押罪犯人数在1000～3000人为宜。不同建设规模监狱关押罪犯人数应符合下列规定：小型监狱1000～2000人；中型监狱2001～3000人；大型监狱3001～5000人。超过5000人的监狱，在条件允许的情况下，宜适当分割成若干个关押点或分监狱。

我国新建、迁建或改扩建监狱的关押规模，主要是监狱上级主管机关根据该监狱所在区域的总体人口罪犯率和监狱类型等情况综合考虑确定的。

西方发达国家监狱的关押规模多为小型的，新建监狱的关押人数一般在400～600人。美国自20世纪70年代以后建立的监狱，关押规模一般在400～650人，主要从经济学、心理学以及自然环境等方面综合考虑。建设大型监狱的建设费用低，但是小型监狱的长期运行费用相对低。

（二）监狱的占地面积

一所新建监狱，关押规模明确后，接着要测算监狱占地面积，究竟多大合适。依据《监狱建设标准》（建标139—2010）第三章第十六条规定：监狱建设用地应根据批准的建设计划，坚持科学、合理、节约用地的原则，统一规划，合理布局。新建监狱建设项目用地标准宜按每罪犯70m^{2}测算，即监狱的占地面积主要根据监狱关押规模来确定。

小型监狱，关押规模1000～2000人，新建监狱建设用地标准按每罪犯70m^{2}测算，则一所新建的小型监狱总占地面积约105～210亩。甘肃省合作监狱，关押规模500人，主要收押藏族犯，总占地面积63.85亩；湖南省张家界监狱，关押规模1000人，属小型监狱，总占地面积163亩；天津市康宁监狱（医院监狱），关押规模1000人，属小型监狱，总占地面积187.5亩；湖南省坪塘监狱，关押规模1500人，属小型监狱，总占地面积约231.75亩；山东省济南第二监狱，关押规模2000人，属小型监狱，总占地面积约180亩；贵州省六盘水监狱，关押规模2000人，属小型监狱，总占地面积约250亩；山东省任城监狱，关押规模2000人，属小型监狱，总占地面积285亩。

中型监狱，关押规模2001～3000人，新建监狱建设用地标准按每罪犯70m^{2}测算，则一所新建的中型监狱总占地面积约210～315亩。湖北省宜昌监狱，关押规模2500人，属中型监狱，总占地面积262亩；四川省大英监狱，关押规模2500人，属中型监狱，总占地面积274.81亩；河南省豫北监狱，关押规模3000人，属中型监狱，总占地面积210亩；河南省郑州女子监狱，关押规模3000人，属中型监狱，总占地面积297亩；浙江省杭州市西郊监狱，关押规模3000人，属中型监狱，总占地面积315亩；广西壮族自治区梧州监狱，关押规模3000人，属中型监狱，总占地面积348亩，其中警察行政办公区188亩，监管区160亩；湖北省襄北监狱，关押规模3000人，属中型监狱，总占地面积350亩。有的监狱，由于多种因素，总占地面积远没有达标，如湖南省怀北监狱，关押规模2500人，属中型监狱，总占地面积仅约135亩；而地处西部欠发达地区的农村监狱，人少地广，土地相对宽松，占地面积相对大些，如内蒙古自治区鄂尔多斯监狱迁建项目位于罕台镇政府西侧5公里处、109国道北侧，关押规模2500人，属中型监狱，项目占地面积约615亩，1期占地面积442亩。2010年8月开工建设的我国澳门新监狱，设计关押规模2700人，总占地面积 26421m^2，约 39.63 亩。

大型监狱，关押规模 3001 ~ 5000 人，新建监狱建设用地标准按每罪犯 70m^2 测算，则一所新建的大型监狱总占地面积约 315 ~ 525 亩。陕西省关中监狱，关押规模 3200 人，属大型监狱，总占地面积 407 亩；陕西省杨凌监狱，关押规模 3200 人，属大型监狱，总占地面积约 496 亩（净占地面积 344 亩）；福建省宁德监狱，关押规模 3500 人，属大型监狱，总占地面积 309.5 亩（实际用地面积 299.35 亩）；江苏省苏州监狱，关押规模 4000 人，属大型监狱，总占地面积约 360 亩；浙江省宁波市黄湖监狱，关押规模 4000 人，属大型监狱，总占地面积 360.16 亩；浙江省临海监狱，关押规模 4000 人，属大型监狱，总占地面积约 450 亩；山东省泰安监狱，关押规模 4000 人，属大型监狱，总占地面积约 540 亩；广西壮族自治区英山监狱，关押规模 4000 人，属大型监狱，总占地面积约 570 亩；江西省赣州监狱，关押规模 4000 人，属大型监狱，总占地面积约 600 亩；重庆市渝都监狱，关押规模 5000 人，属大型监狱，总占地面积约 400 亩。有的监狱，由于多种因素，总占地面积没有达标，如甘肃省武威监狱（原武威监狱与天祝监狱合并组建后，新迁建的一所监狱），关押规模 5000 人，属大型监狱，总占地面积仅约 230 亩。

有特殊生产要求的劳动改造项目的监狱用地标准，可根据实际需要报有关部门批准后确定。

英国一所设计关押规模 1200 ~ 1300 人的监狱，其占地面积 18.5 公顷，加上外围警戒区域的总面积 43 公顷，平均每名罪犯占地面积 142 ~ 154m^2，是我国监狱罪犯人均占地面积的 2 倍多。西班牙新建一所关押 1500 人左右的监狱，总占地面积为 65 公顷，平均每名罪犯占地面积超过 430m^2，是我国监狱罪犯人均占地面积的 6 倍多。我国在押罪犯人数相对大，土地资源紧缺，监狱占地面积不可能过大。

（三）监狱的建筑规模

一所新建监狱，关押规模确认后，接着还要测算监狱建筑规模，即总建筑面积多少。监狱建筑规模应按《监狱建设标准》（建标 139—2010）第四章第二十四条来执行，见表 11-3-1。

监狱综合建筑面积控制指标　　表 11-3-1

用房类别	中度戒备监狱			高度戒备监狱	
	小型	中型	大型	小型	中型
罪犯用房（m^2/罪犯）	21.41	21.16	20.96	27.09	26.80
警察用房（m^2/警察）	36.92	35.71	34.50	42.57	41.36
其他附属用房（m^2/警察）	6.33	5.19	4.31	6.33	5.19

注：本条规定的人均建筑面积指标为控制指标，在保证正常使用的前提下，可视地方财力可能适当降低。

1. 中度戒备监狱

小型监狱，关押规模 1000 ~ 2000 人。一所 1000 人的小型监狱，按照建设标准总建筑面积 1000×21.41+1000×18%×（36.92+6.33）=29195m^2；一所 2000 人的小型监狱，按照建设标准总建筑面积 58390m^2，所以小型监狱的建筑规模 29195 ~ 58390m^2。

甘肃省合作监狱，关押规模只有 500 人，属小型监狱，总建筑面积 16536m^2；天津市康宁监狱（医院监狱），关押规模 1000 人，属小型监狱，总建筑面积 34934m^2，其中：行政办公楼 5335m^2，警察体检楼 955m^2，监狱大门 665m^2，门诊楼 11720m^2，肝炎及艾滋病犯监区 5641m^2，职务罪犯监区 2930m^2，精神病犯监区 2473m^2，看护监区及禁闭室 1505m^2，会见楼及医疗辅助用房 1270m^2，附属用房 1055m^2，伙房及生活库房 960m^2，武警岗楼 6 个共 270m^2，污水处理站 30m^2，垃圾站 30m^2，值班室 2 个共 50m^2，氧气储存站 25m^2，连廊 20m^2，监狱围墙总长度 985m。最大单体建筑面积 11720m^2，最高建筑总高度 17.7m，最大层数 4 层，最大单跨跨度 19.05m，最大深度 4.9m。湖南省张家界监狱，关押规模 1000 人，属小型监狱，总建筑面积约 35000m^2；湖南省坪塘监狱，关押规模 1500 人，属小型监狱，总建筑面积约 61000m^2；贵州省六盘水监狱，关押规模 2000 人，属小型监狱，总建筑面积约 60000m^2；山东省任城监狱，关押规模 2000 人，属小型监狱，总建筑面积约 60000m^2。

中型监狱，关押规模 2001 ~ 3000 人。一所 2001 人的中型监狱，按照建设标准总建筑面积 2001×21.16+2001×18%×（35.71+5.19）=57072.5m^2；一所 3000 人的中型监狱，按照建设标准总建筑面积 85608.78m^2，所以中型监狱的建筑规模 57072.5 ~ 85608.78m^2。

陕西省汉中监狱（1999年5月动工建设，2002年6月实施搬迁），关押规模2500人，属中型监狱，总建筑面积53616.3m^2；迁建后的湖北省宜昌监狱，关押规模2500人，属中型监狱，总建筑面积59982m^2；湖北省襄北监狱，关押规模3000人，属中型监狱，总建筑面积70585m^2；河南省豫北监狱，关押规模3000人，属中型监狱，总建筑面积约80000m^2。由于女子监狱的厕所、教育学习用房等面积指标要大，故一般女子监狱的建筑规模相对要大些，如河南省郑州女子监狱，关押规模3000人，属中型监狱，总建筑面积约78000m^2；广西壮族自治区女子监狱，关押规模3000人，属中型监狱，总建筑面积99812m^2，其中地上建筑面积88266m^2，地下建筑面积11546m^2；浙江省杭州市西郊监狱，关押规模3000人，属中型监狱，总建筑面积103735m^2；2010年8月开工建设的我国澳门新监狱，设计关押规模2700人，总建筑面积69225m^2。

大型监狱，关押规模3001～5000人。一所3001人的大型监狱，按照建设标准总建筑面积 3001×20.96+3001×18%×（34.5+4.31）= 83865.34m^2；一所5000人的大型监狱，按照建设标准总建筑面积139729m^2，所以大型监狱的建筑规模83865.34～139729m^2。

陕西省关中监狱，关押规模3200人，属大型监狱，总建筑面积110333m^2；福建省宁德监狱，关押规模3500人，属大型监狱，总建筑面积88772m^2；浙江省临海监狱，关押规模4000人，属大型监狱，总建筑面积114422m^2；江苏省苏州监狱，关押规模4000人，属大型监狱，总建筑面积约140000m^2；重庆市渝都监狱，关押规模5000人，属大型监狱，总建筑面积124530m^2。有的监狱，因多种因素，总建筑面积远不达标，如甘肃省武威监狱，关押规模5000人，属大型监狱，总建筑面积仅43407.5m^2。有的监狱，总建筑面积远远超标，如江西省赣州监狱（设有高度戒备监区），关押规模4000人，属大型监狱，总建筑面积达183018.09m^2。

2. 高度戒备监狱

小型监狱，关押规模1000～2000人。一所1000人的小型监狱，按照建设标准总建筑面积 1000×27.09+1000×20%×（42.57+6.33）= 36870m^2；一所2000人的小型监狱，按照建设标准总建筑面积73740m^2，所以小型监狱的建筑规模36870～73740m^2。北京市垦华监狱，关押规模2000人，属小型监狱，总建筑面积61543m^2。

中型监狱，关押规模2001～3000人。一所2001人的中型监狱，按照建设标准总建筑面积 2001×26.80+2001×20%×（41.36+5.19）= 72256.11m^2；一所3000人的中型监狱，按照建设标准总建筑面积108384.17m^2，所以中型监狱的建筑规模72256.11～108384.17m^2。四川省大英监狱，关押规模2500人，属中型监狱，总建筑面积93766m^2；河南省焦作监狱，关押规模3000人，属中型监狱，总建筑面积110336m^2，其中：监管用房82802m^2，警察用房23926m^2，武警用房3608m^2；河南省许昌监狱，关押规模3000人，属中型监狱，总建筑面积110529m^2。

《监狱建设标准》（建标139—2010）中第二十四条规定：监狱综合建筑面积（不含武警用房）指标为控制指标，在保证正常使用的前提下，可视地方财力适当降低。

（四）监狱的选址

1. 国内监狱

根据监狱需要的占地面积、建筑规模以及监狱其他特殊要求，进行监狱选址。监狱的地理环境是监狱各项职能运作的空间条件，其对监狱职能作用的发挥影响较大。

我国监狱在选址时，除了要符合城乡规划方面的要求外，还涉及政治、经济、社会等许多领域的考虑。目前我国监狱的选址可归纳为三种类型：农村型、郊区型以及城市型。农村型选址方式将监狱的场地选择在农村，占地面积相对较大，建筑密度小，容积率低；郊区型选址方式将监狱的场地选择在经济相对发达、交通便利的城市边缘。目前，农村型选址、郊区型选址的监狱在我国监狱中占据大多数，城市型选址的监狱则属于较少数。

随着我国监狱布局调整，郊区型监狱在各方面的均衡优势愈加得到重视，郊区型监狱在新建迁建监狱中的比例在逐步上升。考虑到监狱建筑的特殊性，原城市型监狱在城市的繁华地带，不能保证监狱对外界的保密性、封闭性、安全性，并对附近居民带来不安全的感觉。现在许多大中城市对原已建在市中心繁华区域的监狱，因当地的城市发展规划要求搬出市区。其主要原因是对于城市监狱在社会中的警示、威慑、预防等功能作用缺乏认识，担心影响城市形象、招商引资和发展经济等，如原江苏省南京监狱（图 11-3-8）、江苏省苏州监狱、天津监狱、安徽省安庆监狱（图 11-3-9）、山东省德州监狱等。随着城市发展，原城市边缘区的监狱，又成为城市监狱，如江苏省江宁监狱、浦口监狱、浙江省长湖监狱。监狱的选址，直接决定了监狱今后所处的空间环境是否优越，今后的发展是否顺利等。

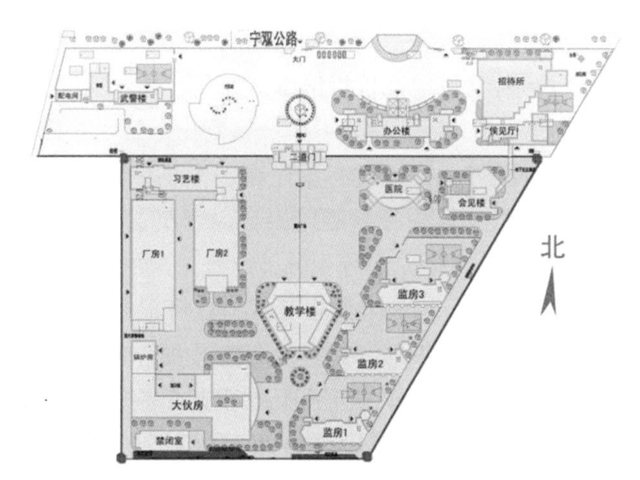

图 11-3-8　江苏省南京监狱总平面图

图 11-3-9　安徽省安庆监狱鸟瞰图

总结全国各地的监狱建设，并参考国外监狱建设的相关文献，监狱建设的地理环境选取，除了场地平整、规则、地势高等基本要求外，还应考虑以下几个方面因素：

（1）交通因素。对于建设现代化文明监狱，在保证监狱设施等其他条件的同时，它所对外的交通条件便利与否也非常重要。为保证监狱的正常使用，对于罪犯的调入、调出，武警部队在执行任务时的看押条件，罪犯家属定期探视，社会力量参与帮教，监狱物资进出以及监狱警察上下班等与交通条件都分不开，如果不能保证监狱交通的便利，监狱在使用过程中会感到非常不便。所以监狱在选址时，应选择邻近经济相对发达、交通便利的城市或地区。既要考虑到不能离城市太近，又要避免把监狱设在偏远地区，而应把它设在距离城市中心地带 20km 左右，具有相对独立性，对附近不产生影响，交通便利的地方。这样既能保证监狱建筑的相对独立性、封闭性和保密性要求，又能与城郊的公路网相连，从而保证了监狱的正常运转。

黑龙江省哈尔滨市属监狱——原玉泉监狱和东风监狱通过整合资源，进行合并，成立新的东风监狱。在考虑新监狱选址上，东风监狱迁建新址选择在哈尔滨市阿城区新华镇就充分考虑了以上因素。新华镇是阿城区的一个大镇，位于哈尔滨市区和阿城区的结合部，处于哈尔滨市市郊环形经济带上，具有一定的区位优势。同时，该镇距离哈尔滨市江南三环路 5km，区域内滨绥铁路、哈红公路、哈阿高速公路、哈五公路四条交通干线跨境而过，近百条砂石路通往全镇各村、屯，形成四通八达的交通网络，交通便利、通信快捷的独特优势凸显。

山东省任城监狱位于“孔孟之乡、礼仪之邦”的济宁市北郊。地处任城区、汶上县、兖州市三地交界处，东距兖州市区 18km，南距济宁市区 15km，北距汶上县城 17km。南临日东高速公路和 327 国道，西靠 105 国道，监外公路、公交直通济宁市区，到济宁市区仅需 20 分钟车程，监狱所处位置交通便利。

（2）地质因素。监狱选址应根据工程地质、水文地质和地震活动性质，结合劳动改造需要，选择地质条件较好的地段。新建监狱严禁选在可能发生自然灾害且足以危及监狱安全的地区。原浙江省宁波市黄湖监狱，因设施长年积水浸泡、地面沉降而出现不同程度的结构改变等因素，存在严重的安全隐患，因而进行了迁建；原四川省川南监狱，三面环山，道路交通极为不便，原址周边地质灾害严重，山体滑坡、泥石流严重，因而进行了迁建；原河南省三门峡监狱，地理位置偏僻，四面环山，道路交通极为不便，环境恶劣，冬季大雪封山，气候寒冷，夏季山洪频发，因而进行了迁建；原四川省阿坝监狱，位于四川省阿坝藏族羌族自治州茂县凤仪镇，是全国惟一关押藏、羌等少数民族罪犯为主的监狱，原址四面环山，地势呈漏斗形，2008 年汶川大地震使监舍遭到严重破坏，为防止山体滑坡、泥石流等次生灾害的威胁，而搬迁到距原址 300 多公里外的成都平原的德阳市旌阳区黄许镇。

还要注意地势对监狱的影响，由于监狱的特殊性和保密性，地形地貌要符合监狱的安全特色。为了避免监狱外的人员对监狱内部状况运转情况了解，要求设计人员在设计过程中，采用遮挡视线等设计手段来达到保密的要求。因此在地势选择时不宜选在山脚下、高大树林边等，避免外界借助自然条件很容易观察到监狱内部的情况。这样有利于监狱的使用安全，降低警戒的难度。广东省女子监狱的选址引来了争议，因为建在山脚下，从山上俯视女监一览无遗，不利于监狱的保密性。同时新监狱建成后也不能破坏该地区原来特有的生态特点。

（3）防护距离因素。监狱与各种污染源、易燃易爆危险品、高噪声、高压线走廊、无线电干扰、光缆、石油管线、水利设施的距离应符合国家有关规定。如在风向选择上，尽量避免在大的有污染源的工业企业的下风向。避免上风向的企业的烟尘等污染源对监狱长期进行污染。同时监狱在选址中也要避免对监狱下风向其他单位造成污染。① 福建省仓山监狱，与之一墙之隔的是“福建 ×× 塑胶有限公司”，该公司生产过程中会散发出刺鼻的气味，一直困扰着该监狱，监狱窗子常年紧闭。与塑胶公司毗邻，不仅影响了监狱警察的健康，甚至已经威胁生命。据报道，目前已有数十名监狱警察皮肤和咽喉不适，另有 2 名警察罹患脑瘤，2 名患白血病，其中 1 名白血病患者已经去世。长期排放的废气已严重干扰监狱正常运转，影响监狱安全稳定。监狱选址时，要特别慎重，不宜建设在工业区内，也不能把监狱设在风景区内。原河南省豫北监狱位于新乡市凤凰山下的国家级文物保护单位——潞王陵景区内，既不利于监狱的发展，也不利于对文物的保护，2005 年该监狱实施了整体搬迁。

（4）公共基础设施因素。保障监狱正常运转，必须提供正常的水、电、气、道路、有线电视、网络通信等公共基础设施，且容量充足或通畅。在选址前应咨询有关地方当局及水、电力、燃气、市政、通信、网络等公司。有必要获得地方政府的支持以确保获得公共服务，包括道路维护、垃圾清理、接入电网和供水网络等。广西壮族自治区平南监狱，原位于较为偏僻的平南县上渡镇新桥，为改变公共基础设施落后的局面，而迁建到贵港市港北区。

（5）社会资源因素。监狱不是封闭独立的执法场所，监狱生活必然与外界保持某种程度的联系，这是社会文明进步的表现。不同类型的监狱，在选址时，应考虑附近的社会资源能否给罪犯提供所需的服务，如定期提供医疗、心理健康检查、相关业务培训等，因此，监狱与附近的医院、其他各种卫生保健机构、学校或社会团体产生联系，有时还要与一些医学专家组织保持联系，邀请一些附近的学校教师或其他社会团体人士对罪犯、警察进行相关业务培训，以弥补监狱在这方面的不足。出监监狱、未成年犯管教所，应选择在城市郊区的高职院校附近，可利用附近的教学资源，为监狱提供各类优质文化和职业技能教学服务。病犯医院（病犯监狱），应选择在大中城市的郊区，可以利用当地得天独厚的医疗资源，定期邀请当地人民医院等单位的专家来监进行现场指导或参加病犯的病情诊断和救治工作，在确保监狱监管安全的前提下，也可将病犯带出进行病情诊断和救治工作。

（6）成本因素。偏远位置可能提供较为便宜的初始土地成本，然而长远看来可能会被证明是不合算的，运送货物和服务的成本可能会显著增加。警察到偏远地区经常会感到工作压力居高不下，特别是在他们与家人分开居住的情况下，可能需要补贴警察的住房，或出台激励机制鼓励警察住在较偏远的地区。农村和偏远地区的监狱所需要的全方位的专业人才服务（如教育培训、卫生、医疗、急救等），尤其是专家，如医务人员、心理学家和教师，难以莅临指导，

① 杜中兴主编. 现代科学技术在监狱管理中的应用. 法律出版社，2001年3月，第260页。

监狱需花费数倍精力来承担。辽宁省沈阳市于洪区马三家镇、安徽合肥市包河区义城镇等建了监狱城，原因之一是为了降低监狱运行成本，几所监狱资源共享，在出现突发事件时，警力还可以相互支援。

总之，在监狱选址上，主要是依据以上六大因素综合确定，既要结合监狱所在地区的长期总体规划要求，又要根据监狱自身的特殊性，做出科学合理的决策。

2. 国外监狱

纵观现代西方国家的监狱选址，一般均将监狱设在离城市较近的地方。

（1）设置在城市或城市郊区。监狱设在城市内一般有两种情况：一是监狱一开始便建在市区；二是监狱原来建在城市郊区，但随着城市的向外扩张，原来位于城市郊区的监狱遂演变成市区中的监狱。

随着社会的发展，西方国家出于对各方面因素的综合考量，城市郊区的位置已渐渐成为设置监狱的首选。

美国矫正协会和矫正鉴定委员会合作制定的《成人矫正机构标准》（1990 年第 3 版）规定，矫正机构应当位于距离至少 10000 人口的居民中心 50 英里以内的地方，或者距离一所医院、消防站和公共交通中心 1 小时汽车路程的范围内。[①]

目前，世界上许多国家把监狱建造在城市或城市的郊区。而建在偏远地区的监狱已经开始被逐步淘汰或基本不使用。

（2）设置在城市远郊或农村

由于现代西方国家的都市化程度较高，许多离大中城市十分近的农村小城镇环境十分优美，交通非常便捷，与城市郊区、城镇差别不大。在这些地方设置的监狱可以说既属于农村，也属于城市远郊区。

以西方国家中最有代表性的美国为例，其监狱基本上设置在城市远郊的农村。根据美国矫正协会对全美 1203 所监狱的调查统计，建立在上述地区的监狱有 516 所，占 42.9%。其他一些发达国家的情况也大致相同。[②]

美国很多监狱都设在相对偏远的农村，地形开阔，监狱外围空旷平坦，无高大物体遮挡。在监狱内部，单体建筑通常层数少、较低矮，地形平坦，除单体建筑外，无高大植物，均为草坪覆盖，视线开阔。由于周围的地域基本上都是空旷的平地，所以狱墙和单体建筑的巡逻通道就成为这一地带的最高点（图 11-3-10、图 11-3-11）。

从目前的情况看，西方发达国家的监狱主要分布在城市、城市郊区和农村（城市远郊）。新建的监狱大多建在城市郊区或交通沿线的农村，建在偏远地区的监狱数量极少，情况也比较特殊，只是作为极个别特殊用途的设施。

将监狱选址在城市的边缘地带或交通便利的地方，而不是都市繁华地区或荒凉偏远地区，主要有三方面原因：一是繁华的都市建筑林立，人员稠密，地价昂贵，监狱占地面积少，空间狭小紧促，监狱单体建筑难以布置，同时也会给市民带来不安全感；二是选在偏远地区，交通不便，信息不畅，监狱看守人员的招聘和训练成为较大的问题，而看守人员素质不高必然会影响矫正的效果；三是选在偏远地

图 11-3-10　美国某监狱航拍图

图 11-3-11　美国纽约州某监狱航拍图（右图监区有围墙，中间和左侧监区无围墙，只有金属栅栏）

① 美国矫正协会等. 成人矫正机构标准（英文版）. 1990年出版，第42页。

② 武延平. 中外监狱法比较研究. 中国政法大学出版社，1999年5月，第16页。

区，罪犯的押解、狱内所需的生活用品、生产原料及产品的销售运输、罪犯亲属的探视等非常不便且增加监狱运行成本。

（五）监狱的总平面布局

布局合理、功能齐全、使用方便舒适的监狱外部环境，对于监狱今后的行刑目的实现影响极大。因此，建设项目的总平面布局，对于监狱今后的长期发展至关重要。

1. 功能划分

监狱总平面布局，在建筑的使用功能以及分区组合上，既要突出监狱作为国家专政机器所具有的强制性，又要充分考虑到人流、物流、道路交通、警戒设施的需要。因此，在监狱总平面布局时，首先要将监狱中的各项功能加以划分，从而达到整体布局合理、功能分明，使用方便、互不干扰的目的。在功能分区时也应因地制宜，具体问题具体分析，不能生搬硬套，要从有利于警察管理、监狱监管安全、改造罪犯的需要出发，立足于监狱长期发展规划的总体要求，要具有科学性和前瞻性。

监狱总平面布局分为罪犯生活区、罪犯劳动改造区、警察行政办公区、警察生活区和武警营房区等五大区域。各分区之间既应相邻，又应有相应的明确划分和隔离设施。罪犯生活区和罪犯劳动改造区在隔离的基础上应有通道相连，主要单体建筑之间宜采用通透式的金属隔离网墙与蛇腹形刀刺网进行物理隔离。监狱的总平面布置应按《监狱建设标准》（建标 139—2010）第三章第十八条相关规定执行（图 11-3-12 ~图 11-3-16）。

图 11-3-12　四川省巴中监狱鸟瞰图

图 11-3-13　重庆市监狱鸟瞰图

图 11-3-14　湖南省零陵监狱鸟瞰图

图 11-3-15　河南省焦作监狱鸟瞰图

图 11-3-16　广东省花都监狱鸟瞰图

2. 总体要求

监狱总平面布局要充分体现监狱的特性和功能，要把建设的重点放在监管区建设上，监狱的基本职能就说明了“小机关，大监管区”的用地大致比例。监狱总平面布局一般分为罪犯生活区、罪犯劳动改造区、警察行政办公区、警察生活区和武警营房区等五大区域，占地面积之比通常约为5.5∶1.5∶1∶1.5∶0.5，即罪犯生活区占总用地面积55%，罪犯劳动改造区占总用地面积15%，警察行政办公区占总用地面积10%，警察生活区占总用地面积15%（土地许可的前提下可适当放宽），武警营房区占总用地面积5%（图11-3-17～图11-3-21）。

例如，一所占地面积300亩的中度戒备监狱，合理的各区占地面积应分配如下：罪犯生活区165亩，罪犯劳动改造区45亩，警察行政办公区30亩，警察生活区45亩，武警营房区15亩。警察行政办公区、警察生活区、武警营房区位于围墙外，监管区内的罪犯生活区、罪犯劳动改造区是监狱总平面布局的重点。罪犯劳动改造区通常设在罪犯生活区的后面，使生活区单体建筑分布有序，生产过程中带来的噪声、污水便于处理。还有将罪犯生活区布置在监管区中间，罪犯劳动改造区设在西边或东边，这样可将高大的单体建筑放在突出的位置，给人的感觉较好。

城市监狱的警察行政办公区（主要包括行政办公楼、监狱指挥中心、礼堂等）、警察生活区（主要包括警察餐厅、浴室、备勤楼、警体活动中心、老干部活动中心、医务室等）大多合并在一起，没有明显的区域划分。江苏省苏州监狱，是一所中度戒备监狱，设计关押规模4000人，总占地面积约360亩，各区面积分配如下：罪犯生活区185.92亩，罪犯劳动改造区64.97亩，警察行政办公区、警察生活区合计88.35亩，武警营房区18.17亩。

罪犯生活区首先要确定一个中心或标志性单体建筑，如运动场或教学楼，然后各单体建筑依一定规律依次布置。教学楼宜布置在罪犯生活区中心部位，使不同监区的罪犯到达教学楼的距离基本相同，以便于教学时间的充分利用，有利于教学秩序的维持。监舍楼在罪犯生活区中处于主要地位，其他建

图11-3-17　湖北省襄阳监狱全貌图

图11-3-18　山东省鲁南监狱监管区全貌图

图11-3-19　江苏省江宁监狱小岛监区监管区

图11-3-20　河南省焦南监狱警察行政办公区一角

图11-3-21　河南省焦南监狱监管区一角

筑如罪犯伙房、浴室、会见楼、医院、禁闭室等处于次要的地位。因此，监舍楼的位置、朝向、采光、交通联系等问题，显得尤为重要。监狱罪犯伙房应设在监舍楼附近，也是从方便罪犯生活角度出发的。会见楼设在监管区大门附近，临近监管区内的主干道，主要是从缩短家属行走距离以及从监狱监管安全角度出发的。医院必须与生活区中的其他建筑加以适当隔离，做到既防止污染，又便于管理，而且应尽量布置在生活区的下风方向，同时它又要与监舍有紧凑的联系。

在总平面布局上，各单体建筑既可以按中轴线对称方式排列，也可以按中心点放射状排列。广东省清远监狱在监管区采用轴线对称的处理方式，从监管区大门——升旗台——绿化广场——教学楼、礼堂构成一条鲜明的中轴，两侧布置监舍楼和罪犯劳动改造用房或其他用房。这种模式的优点是：建筑布局清晰明了，整齐划一，有庄重感和序列感。罪犯生活区与罪犯劳动改造区之间取消了以往设置围墙的方式，采用了道路和绿化分区隔离，增加了监管区的透明度和体现了人性化管理。不论哪种方式，都应以一定的规律性排列和分布，以形成建筑的韵律感和秩序感，体现出建筑美感。罪犯生活区与罪犯劳动改造区应保持一定距离，以利于消防与监狱监管安全。罪犯出收工需要通过一定的空旷区域，享受阳光、新鲜空气，从而放松心情，缓解“囚禁”压力。也有的监狱，如江西省温圳监狱采取罪犯劳动改造用房与监舍楼前后布置的方式，形成监区相对独立的院落。

山东省泰安监狱在整体平面布局时，打破传统思维定势，依托高低错落的原始地形地貌特点，将非对称性排列引入，以1条“S”形道路为灵动曲线，按照功能要求，所有建筑沿道路中轴依次排列划分，地势较高、环境相对安静的阳坡面设置教学生活区，毗邻104国道、环境相对嘈杂的位置设置罪犯技能培训区和罪犯劳动习艺区，地势低洼、场地开阔的地域设置体育场。全监制高点、视野最开阔的部位设置行政办公楼，整体平面布局错落动感，功能区域划分清晰明确，展现出山城的特色。

监狱布局调整后，罪犯劳动改造区一般从事劳务外加工项目居多，有固定的厂房和较为明确的生产程序，设置时一般都在同1区域内集中，自成1区，封闭管理。同时还应符合生产工艺流程，遵循生产程序，保证生产安全的落实，并应符合《中华人民共和国环境保护法》中的各项规定，注意噪声和环境污染。应尽量将罪犯劳动改造区布置在监狱的下风向位置，同时考虑与罪犯生活区既联系方便，又有隔离，这就需要在绿化、道路、广场等多方面下功夫，创造一个良好的劳动改造环境（图11-3-22、图11-3-23）。[①]

英国监狱建筑总体布局，讲究实用、够用为原则。监狱大多采用“回字形”或“十字形”建筑，功能用房以2、3层高建筑为主，内廊式过道，过道两边安排监房、阅览室、厨房、心理矫治室等。按使用功能形成一条龙式组合用房。罪犯习艺车间、就业培训教室、健身房、毒瘾理疗社区等功能用房俱全。[②]阿根廷联邦第一监狱，共有6个不同戒备等级的监区和1所监狱医院，各自独立封闭。每个监区按三角形院落建设，监舍区、生产区等统一有序分布在三角形各边。[③]

西班牙监狱建筑总体布局，新建监狱全都是一套标准，监狱建筑物主要沿南北走向，呈“S”形。所有监狱不分戒备等级，只在监狱内分不同戒备等级监区。监区与监区之间由通道相连，每个监区都是封闭的。监狱外设置保护墙，并确定中轴线。每所监狱的设施都由办公楼、文化中心、教育中心、中央瞭望塔、礼堂、体育馆、运动场、医务室、会见室、幼儿园、厨房、生产车间、标准监区和先进的警戒、监控系统等组成。每个标准监区设有餐厅、运动场、健身房、手工室、商店、图书室、电脑室等功能用房或区域。[④]

国外监狱总体布局参考图11-3-24 ~图11-3-28。

3. 总平面布局实例

福建省宁德监狱，总占地面积309.5亩（实际用地面积299.35亩）。在整个监狱布局中采用行列式，建筑沿入口大道中轴线对称布置，建筑及道路

① 杜中兴主编. 现代科学技术在监狱管理中的应用. 法律出版社，2001年3月，第266页。

② 邵雷主编. 中英监狱管理交流手册（内部发行）. 吉林人民出版社，2014年5月，第36页。

③ 罗明强. 江苏监狱赴巴西、阿根廷访问团考虑报告. 江苏警视，2015年第9期，总第238期，第6页。

④ 陈晖，需衍合. 中外监狱建设比较. 中共郑州市委党校学报，2013年第1期（总第121期），第78页。

广场横平竖直，整齐如一。总平面由行政办公区、监管区和武警营区三部分组成。行政办公区以行政办公楼为核心，又分为民警管理办公区、民警生活区和家属会见对外接待区三部分，三部分区位划分得当，既自成一体、互不干扰，又联系方便，体现实用、经济、高效的原则，体现“以人为本”的精华。监管区分成罪犯生活区、罪犯劳动改造区、罪犯公共辅助区、罪犯严管禁闭区四部分。该四个部分在区位布局上，注重其互相关联性和独立性。监

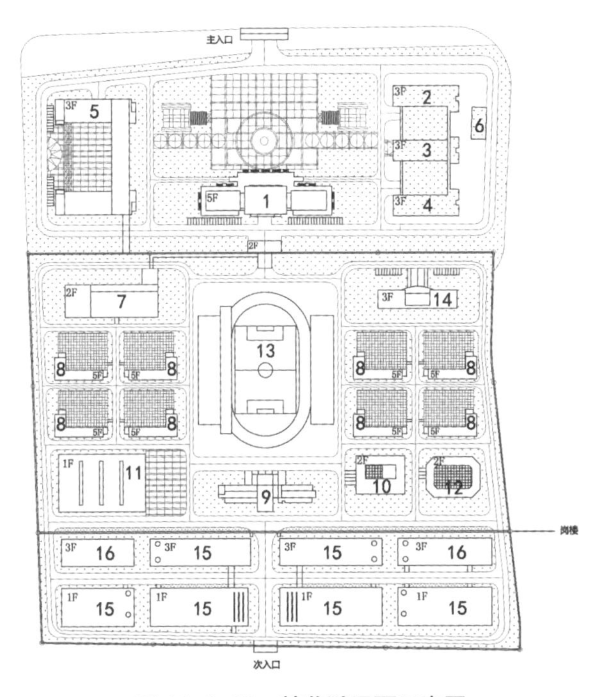

图 11-3-22　某监狱平面示意图

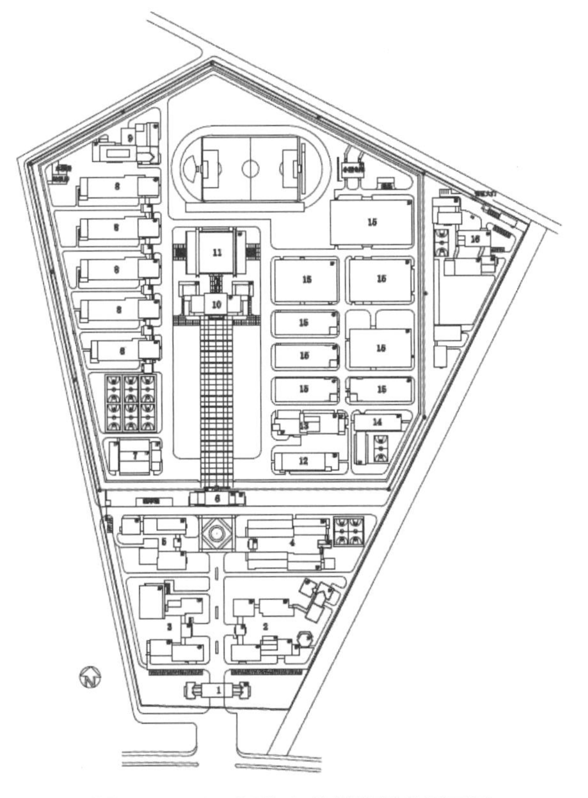
图 11-3-23　江苏省苏州监狱总平面图

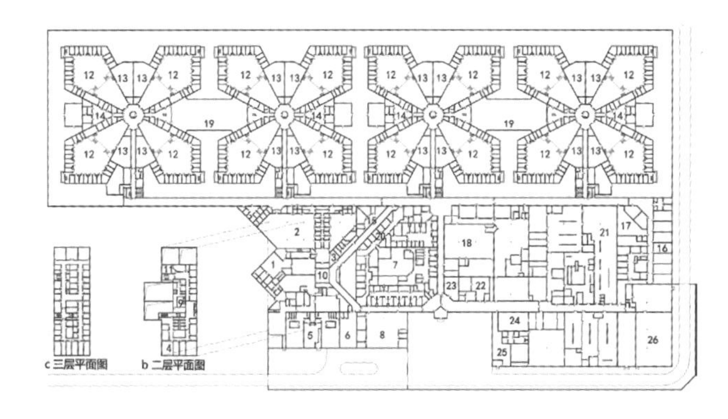

图 11-3-24　国外某中度戒备监狱示意图

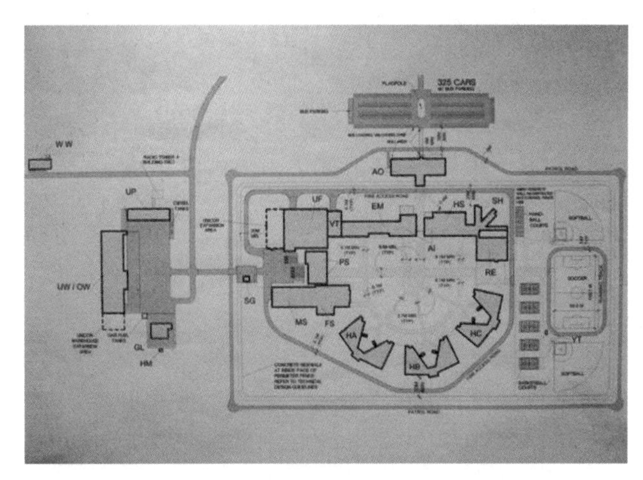

图 11-3-25　美国某监狱总平面布置图

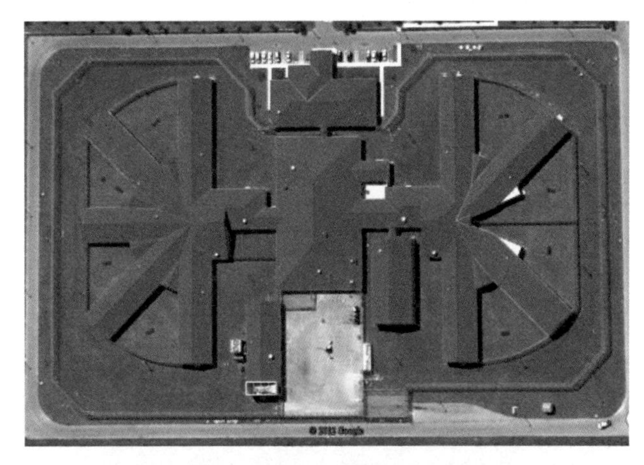
图 11-3-26　美国佛罗里达州某监狱航拍图（监舍外形奇特，外围有金属栅栏，无实体围墙；犯人活动区也有金属栅栏。西方国家关押少年犯、犯罪情节轻微犯人的监狱往往没有高大的实体围墙）

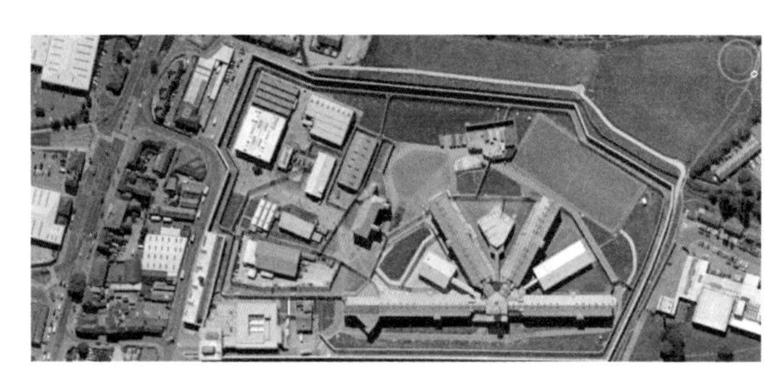

图 11-3-27　英国维克菲尔德监狱航拍图（围墙内侧有金属栅栏，监狱内部也用金属栅栏分隔）

图 11-3-28　英国伦敦某监狱航拍图（监舍呈辐射状排列）

管区中央设置一个大操场，给罪犯提供充裕的训练及户外活动空间，监管区宽敞整齐，视野开阔。整个新监狱的区域内，不论是行政办公区还是监管区，在各个分区内统一设置一定的发展预留地，充分体现了“可持续发展”的原则。①

重庆市渝都监狱（图 11-3-29），总占地 400 亩。在整个监狱布局中，以南北中轴对称布局，庄重严谨。整个规划布局坐北朝南。场地设四大区域：警察行政办公区、武警营房区、罪犯生活区、罪犯劳动改造区，各区既独立成区，又相互联系，布局清晰，分区明确。警察行政办公区以办公前区广场为核心，对称分为左右两个部分。右边为武警营房区，武警通过天桥与监管区连通。左边为警察行政办公区，临主干道一侧设警察备勤用房。罪犯生活区内以气势磅礴的运动绿化广场为中心，绿化广场的远景为教学楼，形成整个监管区的视觉中心。两边监舍楼左右对称布置，监舍楼建筑采取了单廊、兵营式布局，对称分为东西两部分，这种布局方式使得对罪犯的管理可分可合。在靠近警察行政办公区域的一侧设立监狱罪犯的配套生活用房，如：医院、会见楼等。在功能上也形成由警察行政办公区到监舍楼的一个过渡带。罪犯劳动改造区域布置紧凑，设置了单层的机械加工和双层的轻工业劳动用房。罪犯生活区与罪犯劳动改造区紧密相连，共同被高墙所围绕，形成高度戒备区域。交通组织上，在警察行政办公区域，警察和武警用地各自形成环线，建筑采取内院式布局，便于各自单位的管理。在监舍区域形成内环与外环两道交通线。内环解决平日主要的交通运输，如餐车、物资等进出；外环主要为警察专用通道，还保证靠围墙区域的视线通视。罪犯劳动改造区后面设置了 AB 门，便于物资进出，避免与罪犯生活区的相互干扰。监管区内设微小高差，避免监管死角。

山东省女子监狱，总占地面积 420 亩。在整个监狱布局中，分警务行政区、罪犯劳动习艺区和罪犯生活区三大功能区，采用中轴对称的处理形式，形成开阖有序的空间序列。在整个监管区布局中，居于中心和主要位置的是广场和绿地，数量不多的单体建筑有序散列在四周，简洁明快，通透直观，一目了然，一种开阔的气势、开放的态势、开拓的局势，将所有的压抑、焦躁、烦闷顷刻间释放得无影无踪。在中国古老的建筑文化中，无论建筑群体与个体，追求建筑平面布局的严谨对称始终是一个重要法则。山东省女子监狱的监管区总体布局就是中轴线对称格局的继承与创新，它将象征法治威严的最高建筑——监管指挥中心大楼——置于最南端，将用于教育管理罪犯的第二大建筑——教学楼——置于最北端，一法一理，遥相呼应，构成了整个监狱的中轴线，两侧分别整齐地排列着罪犯劳动改造车间和监舍楼，简单而不乏韵味，严谨而不失理性。这样的布局，看似浪费实则节约，看似平常实则深奥。纵横平直、南北纵贯、视野开阔、有序互通的沥青路面，将分散的各车间监舍直线连接，出入方便，来去迅捷，节省了时间，提高了效率。分布各处、实时动态的摄像探头将该区域的狱情动向及时传输到监管指挥中心。

4. 监管区建筑布局

（1）国内监狱

我国当前的监狱建筑布局，主要有以下几种形式：

1）围合式布局方式。围合式是一种较为新颖

① 何健. 浅谈监狱建筑设计——以福建省宁德监狱为例. 福建建筑，2014年第3期，总第189期，第42页。

的建筑布局形式，就是将几种功能用房进行优化组合，形成综合性单体建筑。其优点：不仅集中了罪犯，而且节省了警力，提高了监狱监管安全系数。北京市良乡监狱围合式综合楼突破了传统的关押模式，首次尝试将监舍楼与监管配套用房布置在1栋建筑当中，集监舍、医院、会见、禁闭、教学、办公等功能于一体，建筑面积超出20000m^2，关押规模2000余人。这种布局形式堪称国内监狱建筑史上的一次大胆革新。江苏省丁山监狱将监舍楼与罪犯劳动生产厂房连为一体，东为车间，西为监舍楼。

2）分散式布局方式。所谓分散式，也是相对而言，监狱单体建筑分布较为松散，各种不同的监舍分散在不同的地点，类似于西方的校园式的监狱建筑布局。其优点：空间开阔，有相对独立院落，互不干扰，管理相对宽松。这种建筑布局适合于老病残犯监狱、低度戒备监狱、外籍犯监狱等，代表性监狱：北京市延庆监狱、海南省美兰监狱、上海市南汇监狱、广东省东莞监狱等。

广西壮族自治区桐林监狱，总占地面积348亩，在整个监狱布局中，重点是监管区，把4栋生产监区的监舍楼成横向“一字形”布置，左右两侧正前方布置2栋习艺厂房，中间靠后布置教学楼。教学楼前布置生态集会广场，该广场造型成“金元宝形”。监管区内的单体建筑排列类似于“凹字形”，交通顺畅便捷，以利于组织罪犯劳动生产。把监舍楼与习艺楼科学合理布局，以利于组织罪犯开展教学活动。其他的功能区（如罪犯伙房、医院、禁闭室等）布置在监舍楼后面，紧紧围绕各押犯生产监区，提供便捷的服务，做到设备齐全、功能完善。湖北省沙洋监狱管理局广华监狱的监管区布局大体与桐林监狱相似，2栋4层习艺厂房布置在监舍楼前，靠近监管区大门，4栋监舍楼呈南北纵列分布在中心运动广场左右两侧。

3）集中式布局方式。所谓集中式，也是相对而言，监狱单体建筑分布较为集中。其优点：罪犯封闭式管理，警力可以相互支援。这种布局适用于高度戒备监狱。代表性监狱：河南省三门峡监狱（图11-3-30）、河南省许昌监狱、台湾省花莲监狱（图11-3-31）。河南省三门峡监狱是一所中度戒备监狱，但是按照高度戒备监狱标准进行规划设计与建设，设计关押能力3000人，项目规划用地268亩，其中监管区占地面积145亩，总建筑面积77787m^2，监管区总体布局呈现菊花形。总平面布置采用组团式，共分为4个组团，每1栋监舍楼和1栋习艺楼组成1个组团。监舍楼内设有寝室、活动室、心理咨询室、谈话室、图书阅览室、储藏室、淋浴间、晾衣房等，罪犯生活、劳动、学习均在组团内进行。4个组团和教学楼通过6m宽的圆形连廊连接为一

图11-3-29 重庆市渝都监狱全景图

图11-3-30 河南省三门峡监狱鸟瞰图

图11-3-31 台湾省花莲监狱模型

体，医院、会见楼、罪犯伙房由通道与大组团连通。圆形连廊内侧为警察专用通道，警察可以快捷到达各个组团；外侧为罪犯通道，每组团间相连，非经授权不能到达其他组团。组团内监舍楼与习艺楼之间为罪犯放风和文体活动区域，2个组团的2栋习艺楼之间形成物流区域。圆形连廊内径140m，形成较为封闭的狱内区域，非经批准罪犯不能到达。其优点：一是减少罪犯室外流动；二是罪犯收出工较为方便，监舍楼对应着同层的习艺楼；三是通过连廊，可以遮风避雨，特别是雨天或寒冷天气，可预防在室外行走的罪犯淋湿或受凉生病。

（2）国外监狱

纵观西方国家的监狱建筑布局，主要有以下几种形式：

1）放射式。又称车轮式或轮辐式，其特征是，整个监狱由中央控制区和数座监房组成，监房从中央控制区呈放射状向四周延伸，就像车轮的轮辐从轮毂向四周延伸一样（图11-3-32、图11-3-33）。这个中心区往往是整个监狱的枢纽，不仅控制着各个监房罪犯的进出，而且也可以对各个监房进行监视。例如1823年5月23日奠基的美国费城东部州感化院、1936年建成的特伦顿的新泽西州立监狱、1842年建成的英国彭顿维尔监狱、1946年建成的德国第一莫阿比特监狱、1979年在美国得克萨斯州建成的科菲尔德监狱等监狱建筑布局都是放射式。还有一种简化的放射状布局，就是“T形”监房布局。

2011年丹麦莫勒建筑事务所（CFMoller）为丹麦设计了一所位于法尔斯特岛（Falster）上的监狱（图11-3-34），该监狱总建筑面积3200m²，关押规模只有250名罪犯，并且作为一个平面为星形布置的小村庄来设置。在中央区域，是1栋管理大楼，周围是草地环绕的文化中心、图书馆、宗教室、运动设施和超市。其他设施包括一个动物饲养区，整个建筑群周围是6m高的围墙。从中央的管理大楼伸出4栋翼楼，其中的1栋设计为高度戒备等级的翼楼。这些翼楼为罪犯的监舍，在里面能看到该栋楼内的景观，但看不到其他的翼楼。[①]

① 莫勒建筑事务所赢得丹麦监狱项目竞争. http://www.shejiqun.com/Article—detail—id—913.html。

2）梯子式。梯子式布局又称电线杆布局，其特征是，监狱内的所有监房或者主要监房都沿一个中心走廊分布，大多数情况下对称地分布在这个走廊的两边；中心走廊就像电线杆，而两边分布的监房，就像电线杆上用来固定电线的瓷葫芦，因此被称为“电线杆式设计”。从中心走廊延伸出去的监房，

图11-3-32　俄罗斯圣彼得堡克利斯季2号（Kresty-2）监狱模型图

图11-3-33　俄罗斯圣彼得堡克利斯季2号（Kresty-2）监狱

图11-3-34　丹麦莫勒建筑事务所（CF Moller）设计的监狱

往往都包含监狱的主要功能区域，包括罪犯的房间、活动室、餐厅、娱乐场所、医务室等。

在电线杆式监狱中，可以从中心走廊对两边的不同功能区域进行不间断的监视；监狱管理人员也可以独立地对某一功能区域进行控制。

梯子式监狱建筑布局，最早起源于法国。1898年在法国弗莱斯奈思建造了第1所这样的监狱，20世纪三四十年代，法国又有几座这种布局形式的监狱问世。美国于1932年，在宾夕法尼亚州的里维茨本，由著名的建筑师阿弗雷德·霍普金斯设计，建造了1所电线杆形的监狱。到20世纪50年代，这种监狱风靡美国各州，相继修建了许多这种建筑布局的监狱，如加利福尼亚州的索勒德、特鲁塞、瓦克维尔3所监狱。当然这种设计也有它的缺陷，一是中心走廊的出入口也是所有的监区出入口，监狱管理人员任务繁重，过于紧张；二是隔断了罪犯与外界的联系，罪犯甚至连季节的变化都感受不到。

3）庭院式。又称“自我封闭式”，其特征是，用相互连接的数栋监房，构成一个自我封闭的、长方形（或正方形、多边形）的建筑群，监房构成了监狱围墙，监房中间是一个中央广场（庭院），监狱的大门开在某1栋监房的中部或者两栋相连接的监房中间（图11-3-35、图11-3-36）。

图 11-3-35 法国某监狱鸟瞰图

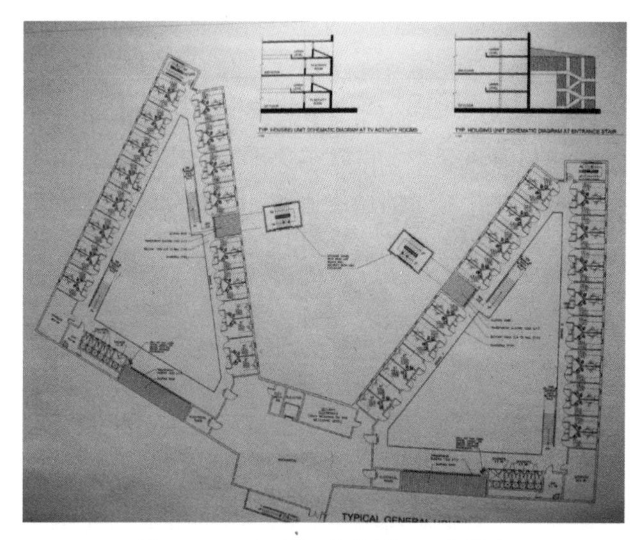

图 11-3-36 美国某监狱平面布置图

庭院式布局是近期比较流行的一种监狱建筑布局形式，特别适用于中等和低警戒程度的监狱。英国学者内格尔认为，“庭院监狱很安全，看上去不单调，且无电线杆式监狱那种长久的拥挤感，可以强迫罪犯到门外去活动”。在很多情况下，这种监狱没有另外的围墙，相互连接的监狱建筑的外墙，也就是监狱的围墙。整个监狱的出入口设在“四合院”某一面。例如建于1983年的美国俄克拉荷马州的奥瓦奇特矫正中心、建于1985年的美国佛罗里达州阿拉库瓦县矫正所等就是采用这种方式设计的。

美国华盛顿州的帕迪女犯治疗中心也属于庭院式布局。该中心的建筑由不同高度的院落组成，漂亮的建筑上有栅栏，但却很安全。小巧的住房区内房间很合适，教育、娱乐和训练区域房间很大。离其他单体建筑不远，是漂亮的单元住房，每套房间里有1间会客厅、厨房、餐厅、2间卧室和1间洗澡间，这些单元是供在附近城市工作或上学的即将刑满释放的女犯居住的。此外，瑞典的霍格斯堡监狱，也是属于庭院式监狱，该监狱建筑从整体上看像是1座家庭式庭院，中间有一个较大的广场供罪犯自由活动。[1]

1992年，西班牙政府出台了《监狱建设法》，对监狱建设内容提出了要求，全国所有的新建监狱都采用统一的监狱内部布局、单元及监舍内部构造标准模式。从1992年后新建的监狱都是采用一套设计图纸、一套标准，且不分戒备等级，只是在监狱内部分不同戒备等级监区。监狱总平面布局都有中轴线，单体建筑主要设置于南北，呈“S形”。每所监狱的标准配置有接待中心、停车场、办公楼、中央瞭望塔、文化教育中心（设有教室、习艺室、图书馆、

① 郑霞泽主编. 监狱整体建设问题研究. 法律出版社，2008年12月，第330页。

电脑室等）、教堂、室内体育馆、健身房、室外运动场、医疗中心、会见室、幼儿园、现代化厨房、生产车间（包括有关的生产线和生产设备）、数量不等的标准监区、特殊监区和完善严密的警戒、监控系统。每个标准监区配套有活动室、餐厅、运动场、健身房、理发室、手工室、商店、图书室、电脑室等区域。每个监区是封闭的，监区和监区之间靠通道连接。[①]

4）校园式。校园式是近些年来西方一些国家采用的一种监狱建筑布局形式，其特征是，整个监狱由数座互不连接的监房构成，不同的监房，掩映在树木花草之中，有自己的室外活动场所。

这种监狱建筑布局的主要特点是：监狱内的监房或者居住单元不互相连接在一起，而是分散地分布在监狱内的不同位置上；监房之间用树木等有形屏障相对隔离开来，可以避免不同监房之间的相互干扰；监房有不同的功能，例如：作为教室，作为商店，作为餐厅等；监狱外围是不同形式的围墙。这种监狱建筑布局模式是晚近发展起来的新型模式，被看成是监狱建筑设计上的一个很大的进步和发展。这是因为，按照这种模式设计和建造的监狱，不仅更具有人道主义的特点，其原因是弱化了过去监狱的那些特点，使监狱环境像个大学校园；而且也因为在这种监狱内，每个监房或者罪犯居住单元有更大的灵活性，监狱可以更加灵活地使用每个单元，可以根据需要在每个单元内开展不同的活动，而不会受到其他单元的干扰。罪犯有了更多地进行户外活动的机会，因为从1个功能单元到另1个功能单元，都必须走户外的道路才能到达。

校园式布局主要用于低层监舍或以平房为主的监狱。有的监狱只有较少的安全警戒设施，如四周用铁丝网篱笆围住，有的监狱四周没有控制设施和其他物质的障碍。人们认为这种监狱建筑模式更加人性化，防逃的能力也较低，因而主要在少年矫正所、妇女矫正机构等中等和低警戒度的监狱中采用。如美国伊利诺伊州的维也纳最低警戒度监狱便采用了校园式结构。

5）高层楼房式。高层楼房式，其特征是，既无围墙也无电网等任何监狱明显标志，从外表看和1栋普通的高层建筑并无多大差别，大楼的外面便是普通的街道。在大楼不同的楼层或楼区，实行通常包括最高警戒度、中等警戒度和最低警戒度三种不同等级的安全警戒，罪犯的学习、生活、健身、娱乐、医疗等一切活动均在监狱大楼内进行。高层楼房式监狱在美国等一些发达国家中较为常见，一般均建在市区内。例如美国纽约市城市矫正中心，是一座12层高的楼房，位于车来人往的纽约市中心曼哈顿岛上，紧邻市政厅和市法院；芝加哥城市矫正中心是一座三面临街的26层的白色三角形大楼。[②]而日本也已作了尝试，坐落在东京葛饰区最繁华地区的东京拘置所（看守所）的改建，即是典型的代表作，该所自1977年开始改建，2004年完成。建筑总预算360亿日元，建筑面积8万多平方米，10层，押犯容量3000人（被告人2200人，罪犯800人）。监舍中被告人独居房占7成，罪犯独居房占5成。监舍外观无铁窗及栅栏，活动空间包括运动场均设在室内。日本法务省称这是21世纪最符合收容人员需求的现代化高层监狱，其效果究竟如何，还有待于进一步考证。[③]

6）串式。串式也是新近采用的一种监狱建筑布局，其特征是，一条主要通道将不规则分布的几座监房连接起来，通道的一端或两端为监狱大门，控制所有人员的进出。

除此之外，还有扇面形、十字形、丁字形、四边形、菱形、凹槽形甚至由一套间组成的公寓式住房等多种监房建筑形式，并根据不同的警戒等级与刑罚理念发挥着不同的行刑功能。[④]

（六）监狱的建筑风格

监狱建筑不同于其他类型的建筑，它具有自己独特的建筑风格。

（1）威严庄重朴素大方。监狱是国家刑罚执行机关，要体现出执法威严庄重。监狱建筑本身应凸显出威严庄重感而不失典雅大方，在观上有一种威慑作用。监狱不宜豪华，应遵循“经济”、“适用”、

① 贾晓文. 论国外监狱设计和建设对我国的启示. http://www.hbsjy.gov.cn/html/486.html。

② 郑霞泽主编. 监狱整体建设问题研究. 法律出版社，2008年12月，第330～331页。

③ 苏燕，王晓山. 浅谈监狱建筑结构. 犯罪研究（全国法律类核心期刊），2013年第4期，59～63页。

④ 邵名正. 监狱学. 法律出版社，1996年6月，第42～54页。

“朴素”、“大方”的原则。对于罪犯而言，好的服刑环境也可以助其更快更好地改造，更顺利地回归社会。但过于奢侈，不但使罪犯受到惩罚的意义削弱，而且还会造成社会负面影响。

（2）蕴含地方特色。监狱除了要符合监狱的建造规范和满足关押罪犯的基本功能外，还要蕴涵地方特色的建筑风格。地方特色浓郁的建筑，往往有很强大的生命力，反映着某一地区人们普遍所共有的文化认识、思想观念、生活习性等。这类建筑既为同一地理区域的广大民众所熟悉，又积淀着传统文化的深厚底蕴，形成某一地区建筑所特有的风格。北方注重大格局的协调，不拘泥于局部趣味；江南更注重小空间的装饰和细腻，岭南、闽南强调风格的表现，在工艺、色彩、造型方面的对比；西南则表现出洒脱自然、不拘一格的力量。监狱建筑既要继承传统建筑的模式，又要有新科技的应用，以传统的建筑造型与现代化的建筑模式自由组合，使建筑富有内涵且安全经济适用。安徽省九成监狱管理分局东角湖监区粉墙、青瓦、马头墙、高脊飞檐、曲径回廊等的和谐组合，呈现代徽派建筑风格；广东省东莞监狱地处岭南水乡，监狱建筑融入岭南水乡元素，借助特色建筑文化感化在此服刑的外籍犯；广东省怀集监狱，融合岭南建筑风格，糅合端州文化；江苏省苏州监狱，采用了园林式的建筑风格，展现了精致素雅、静观内省的吴文化特征；云南省西双版纳监狱，展现了少数民族——傣族建筑风格，具有浓郁的民族特色，较好地融入了当地的民族文化；陕西省关中监狱，结合咸阳古都特色，在单体建筑造型设计中彰显秦汉建筑风格；黑龙江省佳木斯监狱，地处毗邻俄罗斯远东地区，少数民族特色十分明显，在行政办公楼、监舍楼等主要单体建筑屋顶上都设有半球形的穹顶，丰富了监狱建筑文化内涵，打造了建筑亮点，彰显了监狱建筑地域特色。

（3）富有精神内涵。监狱是惩罚与改造罪犯的特殊场所，让特定建筑的独特理念赋予单体建筑的外在造型之中，构成造型美与精神内涵相融合。江苏省浦口监狱、广东省惠州监狱会见楼外形是船造型设计，时时提示着罪犯：崭新的人生将从这里启航。甘肃省定西监狱会见楼采用钢筋混凝土正方体与玻璃透明的半圆桶进行组合，时刻提醒罪犯没有规矩不成方圆。山东省任城监狱监舍楼外墙、地砖基本上都选用了红色。这不同于监狱外墙青砖灰瓦，阴冷、压抑的感觉，红色呈现出一种热烈、激昂的效果，能给罪犯以积极、向上的心理暗示。监舍楼没有采用普通的单立式楼房，而是进行了一番造型设计，远看犹如打开的书本或敞开的双臂，给人以开放、宽阔、亲和的感觉。规划中的宁夏回族自治区中宁监狱融合了回族文化内涵，大部分建筑采用了“回字形”布局。冰岛雷克雅未克女子监狱，从空间俯视，每个区域就像是1块手表的齿轮那样，寓意监狱各部门都有自己明确的管理区域，各司其职又组合在一起带动整个监狱正常运转（图11-3-37）。这样富有效率的功能布局，也拥有良好的自然光，视野开阔。

（4）体现现代文明与人性化。在监狱建筑上，也同样应体现现代文明成果。很多新建监狱建筑凸现出现代化文明的色彩，如在监舍楼、会见楼等单体建筑的建造理念、标准上，在建筑内部设施配置上，在建筑色彩的搭配上，都改变了以往重惩罚、轻改造的心理定势，注重向改造心理倾斜，力求达到清澈明亮的效果，并专门配有计算机室、电教室等先进的教学设施。现在大多监狱的罪犯寝室十分宽敞并配有液晶电视机、呼叫系统、卫生间等，人均面积明显增加。

山东省枣庄监狱本着现代监狱建设的理念，监狱大门两边有高贵典雅的路灯、枝叶茂密的香樟树，整个监狱宛如花园，没有一点传统监狱阴森恐怖的感觉，整体环境创造出一种轻松宁静气氛，体现对人的充分尊重（图11-3-38）。重庆市渝都监狱，立面建筑形态具有亲和力也不失稳重；建筑色彩运用了暖灰的色调，也是从罪犯心理上考虑，消除了监狱建筑常有的单调感；环境上按花园式监区考虑，每个监区占地约15亩，监区内有各自特色的果园和花园；除了种植草坪以外，还在中心区域设置了简洁的景观环境，丰富了监狱的色彩，有利于罪犯的改造和心理健康。

广西壮族自治区黎塘监狱科学合理地规划场地区域功能，注重人居生态化，凸现人性化设计理念。首先在建筑布局上做到规划分明，打造集办公、休闲、文娱为一体的综合性监狱功能区域，动静结合，

图 11-3-37　冰岛雷克雅未克女子监狱结构示意图

图 11-3-38　山东省枣庄监狱监管区一角

分点分片做好警察行政办公区、警察生活区、罪犯监舍区绿化美化，广植花木，花圃草坪旁点缀奇石、标牌，休息长凳、文化长廊、楼房错落有致，各种人文景观别具一格，与周边乡村田园自然风光融为一体，使警察职工在工作休息时都能感受到一股温馨的家园气息。

特别要重视光线，监舍楼寝室都应该能够接触到自然光线，虽然没有明确规定每间监房都要有直接与户外连接的窗户，但至少要能从相邻的休息室内采纳到阳光。让罪犯每天看到阳光的变化，接触到自然环境，对他们身心均有好处。将自然光线与人工照明巧妙结合运用，能够在节约电能的同时，有效地给建筑提供高质量的照明。在空间较高的地方，通常使用直接人工照明方式；在空间较低的地方，则通常使用间接照明或自然照明方式。各种照明装置，最好不在罪犯能触及范围以内，否则，就应该选用结实耐用、不易损坏的材料。监舍楼内的照明灯，一般都采用节能的、长寿命的荧光灯。

为了消除阴沉黑暗的气氛，减缓压抑的情绪和潜在的危险，监狱建筑还注重色彩的使用以及光线的反射度等问题。一般情况下，墙面采用暖色调中比较淡雅的颜色，并且表面不反光，金属表面则涂上颜色比较暗淡的漆。这样有利于大多数罪犯，尤其是一些视力衰退、情绪压抑的老年犯。

（七）监狱单体建筑高度设计

《监狱建设标准》（建标 139—2010）第二十七条明确规定：监狱围墙内建筑层数的确定应符合当地规划要求，同时考虑到监狱是高危人群密集的场所，参照《建筑防火设计规范》（GB 50016），监狱围墙内建筑高度不应超过 24m。若设檐口高度为 24m，每层层高以 4 m进行测算，则监管区内的单体建筑最高不超过 6 层。监管区内的最高建筑一般为教学楼、监舍楼、罪犯劳动改造用房或监管指挥中心，一般不宜超过 6 层。截至 2017 年 3 月，教学楼最高层数的是山东省未成年犯管教所 7 层；监舍楼最高层数的是山东省女子监狱 7 层，建筑总高度为 22.95m。罪犯劳动改造用房最高层数的是广东省番禺监狱及广西壮族自治区南宁监狱，均为 6 层。警察行政办公区、警察生活区、武警营区的建筑则不在此限制范围内。

一些新建的高度戒备监狱，在监管区建有制高点，如北京市垦华监狱、江苏省龙潭监狱高度戒备监区都在监管区内设有塔楼。这些制高点最适宜的高度应控制在最高单体建筑高度 2 倍左右，即 48m，过高俯视下面模糊不清，过低易被附近的单体建筑遮挡视线。

（八）监狱单体建筑平面设计

一般而言，各监狱单体建筑是由若干单体空间有机组合起来的整体空间，任何空间都具有三度性。因此，在监狱建筑设计的过程中，应从平面、剖面、立面三个不同方向的投影来综合分析单体建筑的各种特征，并通过相应的图示来表达其设计意图（图 11-3-39 ~ 图 11-3-41）。

监狱建筑的平面、剖面、立面设计是密切联系而又互相制约的，其中平面设计是关键，它集中反映了建筑平面各组成部分的特征及相互关系、建筑平面与周围环境的关系、建筑是否满足使用功能的要求、是否经济合理等。

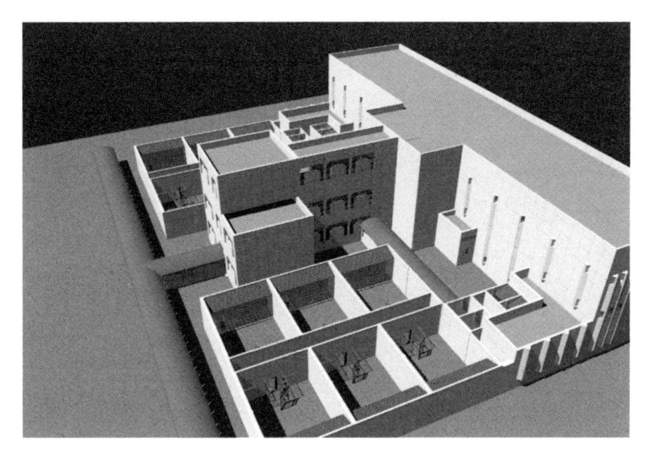

图 11-3-39　国外某监狱普通男囚犯区效果图

图 11-3-40　国外某监狱厨房和面包房效果图

图 11-3-41　国外某监狱洗衣房效果图

监狱建筑平面设计包括单个房间平面设计及平面组合设计。从组成平面各部分的使用性质来分析，平面分使用部分和交通联系部分。使用部分指各类单体建筑中的使用房间和辅助房间。使用房间是单体建筑的核心，如监舍楼中的寝室，会见楼中的会见大厅，教学楼中的教室，医院中的诊断室、治疗室、手术室、病房、药房等。辅助用房是为保证监狱单体建筑主要使用要求而设置的，如监舍楼中的警察值班（监控）室、备勤室、储藏室、卫生间等。交通联系部分是监狱单体建筑中各房间之间、楼层之间和室内与室外之间联系的空间，比如门厅、走道、楼梯间和电梯间等。在各监狱单体建筑平面设计时，都应尽可能将警察执勤区设计成使执勤警察能够目视被执勤区域，当然，监控技术的发展可以弥补建筑设计的缺陷。

单个房间设计，是在整体建筑安全而经济适用的基础上，确定房间的面积、形状、尺寸以及门窗的大小和位置。平面组合设计，是根据各类建筑功能要求，抓住使用房间、辅助房间、交通联系部分的相互关系，结合基地环境及其他条件，采取不同的组合方式将各单个房间科学合理组合起来。

监狱建筑平面设计所涉及的因素很多，如房间的使用对象、特征及其相互关系，建筑结构类型及其布局、建筑材料、施工技术、建筑造价以及建筑造型等方面的问题。

1. 主要使用房间的设计

主要使用房间是各类建筑的主要部分，是供罪犯接受改造以及警察管理的必要房间。由于监狱各功能区建筑类别不同，使用功能不同，对使用房间的要求也不一致。

（1）使用房间平面设计要求

1）房间的面积、形状和尺寸要满足室内使用活动和家具、设备合理布置的要求。

2）门窗的大小和位置，应考虑房间的出入方便、疏散安全、采光通风良好。

3）房间的构成应使结构布置合理，施工方便，有利于房间之间的组合，所用材料要符合相应的建筑标准。

4）室内空间以及顶棚、地面、各个墙面和构件细部，要考虑使用者的使用和审美要求。

（2）主要使用房间的分类

按使用对象分类，可分为以下三类：

1）罪犯用房，包括监舍楼、禁闭室、教学楼、大礼堂、罪犯伙房、地下菜窖（北方地区）、洗浴楼、洗衣房、医院、罪犯技能培训用房、罪犯劳动改造用房、仓储物流中心等。

2）警察用房，包括行政办公楼、监管指挥中心、培训楼、警体训练中心、警察食堂、备勤楼、监管区大门、洗衣房、医务室、老干部活动中心、陈列馆（室）等。

3）武警用房，包括营房、食堂、训练室等。

（3）房间面积的确定

主要使用房间面积的大小，是由房间内部活动特点、使用人数的多少、家具设备的数量和布置方式等多种因素决定的，例如监舍楼寝室面积相对较小；大礼堂的观众厅，除了人多、座椅多外，还要考虑人流迅速疏散的要求，所需的面积就大。房间的面积一般由三部分组成：一是使用人员及其活动所需的面积；二是家具设备及布置方式所需的面积；三是交通路线所需的面积。

影响房间面积大小的主要因素：一是容纳人数。无论是家具设备所需的面积还是人员活动及交通面积，都与房间的规模及容纳人数有关。监狱单体建筑房间的面积确定主要是依据《监狱建设标准》（建标 139—2010）以及我国有关部门和地区制订的面积定额指标等相关标准执行。由于监狱的特殊性，其单体建筑房间面积，除面积定额指标外，有时还需通过调查并结合实际综合考虑。有些建筑的房间面积指标未作规定，使用人数也不固定，如监狱展览馆、警示教育基地或廉政教育基地、罪犯体育馆等。这就要求设计人员根据设计任务书的要求，对同类型、规模相近的单体建筑调查研究，通过分析比较得出合理的房间面积；二是家具设备及人员使用活动面积。家具、设备数量及布置方式，人们使用它们所需的活动面积与人的数量和人体尺度有关，且直接影响房间使用面积的大小。

（4）房间形状的选取

监狱建筑常见的房间形状有矩形、方形、多边形、圆形、扇形等。绝大多数的监狱建筑房间形状常采用矩形。其主要原因如下：一是矩形平面形状简单，墙体平直，便于家具布置，室内有效面积大；二是结构布置简单，便于施工；三是矩形平面便于统一开间、进深，有利于平面及空间的组合，用地经济；四是视野通畅，无死角，有利于保障监狱监管安全（图 11-3-42）。

图 11-3-42　荷兰某监狱囚犯游戏室

一些监狱单体建筑是单层大空间，如家属会见大厅、大礼堂、体育馆等，它的形状则首先应满足这类建筑的特殊功能及视听要求。当然，房间形状的确定，不仅仅取决于功能、结构和施工条件，也要考虑房间的空间艺术效果，使其形状有一定的变化，具有独特的风格。在空间组合中，还往往将圆形、多边形及不规则形状的房间与矩形房间组合在一起，形成强烈的对比，丰富建筑造型。例如，广西壮族自治区英山监狱、云南省普洱监狱等监舍楼的楼层顶端的扇形晒衣房与相邻的矩形寝室组合在一起；江西省赣州监狱罪犯劳务加工车间里的警察圆形值班（监控）室与相邻警察会议室组合在一起；江苏省苏州监狱行政办公楼底层的八角会议室与相邻的矩形办公室组合在一起；福建省榕城监狱警察备勤楼顶端的圆形活动室与相邻宿舍组合在一起。

（5）房间平面尺寸的确定

在确定了房间面积和形状之后，确定合适的房间尺寸便是一个重要问题了。房间平面尺寸是指房间的开间和进深，开间亦称面宽和面阔，是指房间建筑外立面上所占宽度，进深是指垂直于开间的房间深度尺寸，开间和进深都是房间两个方向的轴线间的距离。一般从以下几方面进行综合考虑：

1）满足家具设备布置及人们活动的要求。例如监舍楼寝室的平面尺寸应考虑床的大小，储物柜、学习桌等家具的相互关系，提高床位布置的灵活性。寝室之间不应互相穿越，应直接采光、自然通风。1 间 12 人的标准寝室，要求 6 张上下床、卫生间、储物柜以及中间走道，因此开间尺寸一般为 3.6m，深度方向一般为 11.0m。监狱医院病房主要是满足病床的布置及医护活动的要求，3 ~ 4 人的病房开间尺寸一般为 3.3 ~ 3.6m，6 ~ 8 人的病房开间尺寸一般为 5.7 ~ 6.0m。

2）满足视听要求。有的房间如教室、大礼堂等的平面尺寸除满足家具设备布置及人们活动要求外，还应保证有良好的视听条件。从视听的功能考虑，教学楼内的教室的平面尺寸应满足以下要求：第 1 排座位距黑板的距离 ≥ 2.0m；最后排距黑板的距离 ≤ 8.5m；为避免罪犯学员过于斜视，水平视角 ≥ 30°。教室平面尺寸常取 6.0m × 9.0m、6.6m × 9.0m、6.9m × 9.0m 等。

3）良好的天然采光。一般房间多采用单侧或双侧采光，所以房间的深度常受到采光的限制。一般单侧采光时进深不大于窗上口至地面距离的 2 倍，双侧采光时进深可较单侧采光时增大 1 倍。

4）经济合理的结构布置。目前监狱建筑多采用墙体承重的梁板式结构和框架结构体系，房间的开间、进深尺寸应尽量使构件标准化，同时使梁板构件符合经济跨度要求，较经济的开间尺寸 ≤ 4.0m，钢筋混凝土梁较经济的跨度 ≤ 9.0m。对于由多个平间组成的大房间，应尽量统一开间尺寸，减少构件类型。

5）符合《建筑模数协调标准》（GB/T50002—2013）的规定。房间的进深、开间一般以 300mm 为模数。采取建筑模数来设计房间的进深与开间，就可以在国标和省标中选到合适尺寸的定型构件，使设计人员工作量大大减少，设计进度加快，湿作业量减少，施工人员的劳动强度也降低，工作环境得以改善，建筑工业化水平大幅度提高。

6）监狱特殊房间尺寸规定。对于像禁闭室这样特殊功能单体建筑内的禁闭单间，为了防止罪犯自伤、自残、自杀或逃跑等违法犯罪活动，开间和进深都有严格的要求，《监狱建设标准》（建标 139—2010）附件条文说明第二十五条明确规定：单间禁闭监室 2.5m × 3.6m，放风间 2.5m × 3.3m。

（6）使用房间门窗的设置

监狱建筑中的门主要功能是供人们出入各房间，兼采光和通风，监管区内的单体建筑的门还应具有防止罪犯逃跑的性能。窗的主要功能是采光、通风。门窗都是房屋外围围护结构的组成部分。门窗在房间中设计的大小、数量、位置、开启方向都直接影响室内家具的摆放、室内自然光线是否充足、通风是否良好、人员活动是否便利以及房间面积的利用率等。另外，监狱建筑中的门窗对建筑立面的造型及建筑的经济性都有一定的影响，所以门窗的设计具有较强的综合性。

1）门的宽度及数量

门的宽度取决于人流股数及家具设备的大小等因素。一般单股人流通行最小宽度取 550mm，1 人侧身通行需要 300mm 宽。因此，门的最小宽度一般为 700mm，用于不常使用的设备间。办公室、普通教室、监舍等的门应考虑 1 人正面通行，另 1 人侧身通行，常采用 1000mm。双扇门的宽度可为 1200 ~ 1800mm，四扇门的宽度可为 2400 ~ 3600mm。

按照《建筑设计防火规范》（GB50016—2014）的要求，当房间使用人数超过 50 人，建筑面积超过 $60m^2$ 时，至少需设 2 个门。大礼堂的观众厅、体育馆的比赛大厅等，门的总宽度可按每 100 人 600mm 宽（根据规范估计值）计算。大礼堂的观众厅，按 250 人设 1 个安全出口，人数超过 2000 时，超过部分按 400 人增设 1 个安全出口；体育馆按 400 ~ 700 人设 1 个安全出口，规模小的按下限值。

2）窗的面积

窗口面积大小主要根据房间的使用要求、房间面积及当地日照情况等因素来考虑。根据不同使用要求的房间对采光要求也不同，建筑采光标准分为五级，每级规定相应的窗地面积比，即房间窗口总面积与地面面积的比值（表 11-3-2）。设计时可根据窗地面积比确定窗口面积。除此以外，还应结合通风要求、朝向、建筑节能、立面设计、建筑经济等因素综合考虑。有时，为了取得一定立面效果，窗口面积可根据造型设计的要求统一考虑。

3）门窗位置

a. 门窗位置应尽量使墙面完整，便于家具设备布置和充分利用室内有效面积。

b. 门窗位置应有利于采光、通风。

c. 门的位置应方便交通，利于疏散。

d. 禁闭室内的禁闭寝室的窗，边框最下端应距室内地面 4m 以上。

监狱建筑采光等级表　　表 11-3-2

采光等级	视觉工作特征		房间名称	窗地面积比
	工作或活动要求精确度	要求识别的最小尺寸（mm）		
Ⅰ	极精密	< 0.2	绘图室（车间）、手术室等	1/3 ~ 1/5
Ⅱ	精密	0.2 ~ 1	阅览室、医务室等	1/4 ~ 1/6
Ⅲ	中精密	1 ~ 10	车间、食堂、教室、办公室、值班（监控）室、会议室、心理咨询室、亲情电话间、理发室等	1/6 ~ 1/8
			监舍楼中的寝室	≥ 1/7
Ⅳ	粗糙	> 10	礼堂、浴室、盥洗室、卫生间、更衣间、配电室、锅炉房、水泵房等	1/8 ~ 1/10
Ⅴ	极粗糙	不作规定	储藏室、仓库、门厅、走廊、楼梯等	1/10 以下

4）门窗的开启方向

监狱单体建筑门的开启方向应不影响交通，便于安全疏散，防止紧靠在一起的门扇相互碰撞。门尽量采用内开，可防止门开启时影响室外的人行交通。但如果面积超过 $60m^2$，且容纳人数超过 50 人的公共建筑，如罪犯大礼堂、体育馆等，为确保安全疏散，门必须向外开。进出人流连续、频繁的单体建筑门厅的门采用弹簧门，使用比较方便；监舍楼、禁闭室的寝室门，除了使用推拉门外，在采用平开门时，门的开启方向一律向外，不得向内。有的房间由于平面组合的需要，几个门的位置比较集中，并且经常需要同时开启，这时需注意协调几个门的开启方向，防止门相互碰撞和妨碍人通行。

为避免窗扇开启时占用室内空间，大多数的窗常采用外开方式或推拉式。而监管区内的单体建筑的窗一般采用推拉式。

2. 辅助使用房间设计

在监狱建筑设计中，辅助使用房间的设计原理和分析方法与主要房间基本相同。它们在单体建筑中属于次要地位，但却是不可缺少的一部分，包括厕所、盥洗室、浴室、通风机房、水泵房、配电室、锅炉房等。这类房间的大小及布置受到设备尺寸和较多的管道的影响。设计不当影响使用，造成维修不便或增加造价等问题。要特别注意，由于罪犯使用厕所、盥洗室、浴室等时间较为集中，在民用建筑设计标准的基础上，宜增加蹲坑、莲蓬头数量和盥洗室建筑面积。

（1）厕所的设计

监狱单体建筑里的厕所按其使用对象可分为罪犯和警察用两类。

1）厕所设备及数量

厕所卫生设备有大便器、小便器、洗手盆、污水池等。卫生设备的数量及小便槽的长度主要取决于使用人数、使用对象、使用特点。具体参照表 11-3-3，并结合调查研究最后确定其数量。

2）厕所设计的一般要求

a. 厕所在单体建筑中常处于人流交通线上，与走道及楼梯间相近，应设前室，以前室作为公共交通空间和厕所的缓冲地，并使厕所隐蔽一些。

b. 大量人群使用的厕所，应有良好的天然采光与通风。少数人使用的厕所允许间接采光，但必须有抽风设施。

c. 厕所位置应有利于节省管道，减少立管并靠近室外给排水管道。同层平面中男、女厕所最好并排布置，避免管道分散。多层建筑中应尽可能把厕所布置在上下相对应的位置。

d. 监管区内罪犯使用的厕所，除了老弱病残监区监舍楼内可使用坐式马桶外，大便器应使用蹲坑，一是讲究卫生易清洁，二是视野通畅。蹲坑围护隔断高度不宜大于 600mm，但从监狱监管安全角度考虑，一般男子监狱监舍楼中的卫生间不宜安装围护隔断。

3）厕所布置

监狱警察行政办公区和监管区内的警察厕所应设前室，带前室的厕所有利于隐蔽，可以改善通往厕所的走道和过厅的卫生条件。前室的深度应不低于 1.5 ~ 2.0m。当厕所面积小，不可能布置前室时，应注意门的开启方向，务必使厕所蹲位及小便器处于隐蔽位置。而监管区内的罪犯使用的厕所，如监舍楼、罪犯伙房、罪犯技能培训楼、罪犯劳动改造车间、医院、禁闭室等，由于涉及监狱监管安全等因素，一般不设前室，洗手盆设在里面。而会见楼家属区域的厕所，应分设男女卫生间，并设前室。

部分监狱单体建筑厕所设备数量参考指标（以男子监狱为例） 表 11-3-3

建筑类型	男小便器（人/个）	男大便器（人/个）	女大便器（人/个）	洗手盆或龙头（人/个）	男女比例	备注
禁闭单间	0	1	0	1		男女比例按设计要求
	男子监狱	16	16	0	6	高度戒备监狱盥洗室设在寝室内，单人间～四人间设 1 个盥洗龙头，六至八人间设 2 个
寝室	女子监狱			10	6	
教学楼	40	40	25	100		男子监狱教学楼应设 1 间外来人员使用的女厕所，女子监狱教学楼也应设 1 间外来人员使用的男厕所
车间	80	80	50	150		
行政办公楼	50	50	30			
大礼堂	35	75	50			
医院	50	100	50			总人数按全日门诊人次计算
会见楼	30	30				
罪犯伙房	15	15				
警察食堂	50	50	30			

注：1 个小便器折合 0.6m 长小便槽。

（2）浴室、盥洗室的设计

监管区内的公共浴室和盥洗室，主要使用对象是罪犯，主要设备有淋浴器、洗手盆、污水池等。除此以外，公共浴室还有更衣室，其中主要设备有挂衣钩、衣柜、更衣凳等。设计时可根据使用人数确定卫生器具的数量，同时结合设备尺寸及人体活动所需的空间尺寸进行布置。而监管区内的警察值班室，淋浴室、盥洗室与厕所宜布置在一起。

辅助使用房间设计要求：一是布置要紧凑，节约面积；二是采光要好和通风换气要通畅；三是卫生间力求左右相邻，上下对应；四是位置相对隐蔽，便于到达；四是要妥善处理好防水和排水。

（九）交通联系部分的设计

监狱建筑内部的交通联系可分为三个方面，包括水平交通空间（走道）、垂直交通空间（楼梯、电梯、坡道）、交通枢纽空间（门厅、过厅）。

1、走道

走道又称“过道”、“走廊”，是用来连接同层内各个房间的通道，有时也兼有其他从属功能，是用来解决房屋中水平联系和疏散问题的。

（1）走道的类型

走道按所处的位置，有内走道和外走道之分。按走道的使用性质不同，可以分为以下三种情况：一是完全为交通需要而设置的走道，如监舍楼内的内走道（图 11-3-43、图 11-3-44）；二是主要作为交通联系同时也兼有其他功能的走道，如教学楼中的内走道，还兼作课间的休息场所，医院可将人流通行和候诊兼用；三是多种功能综合使用的走道，如监狱廉政教育基地、展览馆或陈列室的走道应满足边走边看的要求。

（2）走道的宽度和长度（表 11-3-4 ～表 11-3-6）

走道的宽度和长度主要根据人流和家具通行、安全疏散、防火规范、走道性质、空间感受来综合考虑。单股人流的通行宽度是 550 ～ 600mm。为了满足人的行走和紧急情况下的疏散要求，监狱单体建筑内的走道参照我国《建筑设计防火规范》（GB 50016—2014）规定，建筑低层的疏散走道、楼梯、外门的各自总宽度不应低于表 11-3-4 所示指标。

（3）走道的采光和通风

监狱单体建筑中走道的采光和通风应主要依靠天然采光和自然通风。内走道的两端可直接采光，易获得较好的采光通风效果。中间走道的采光和通风较差，一般利用门厅、过厅及开敞的楼梯间和走道两侧房间设高窗、门上设亮子以及门镂空等方式来解决采光和通风问题。例如，监舍楼的内走道长度最高的达 50m 以上，它的采光和通风，主要是利用两侧房间的透光镂空的防盗门和辅助照明的日光

图 11-3-43　法国某监狱监舍楼内的走道

图 11-3-44　法国某监狱某建筑内的走道

灯。教学楼的内走道，通常是利用两侧的高窗和门上设亮子采光通风。

2、楼梯

楼梯是监狱单体建筑中的垂直交通联系手段，是保证楼层上下之间联系不可缺少的必要交通设施。设计时应根据楼梯的使用性质，人流通行情况及防火规范综合确定楼梯的宽度和数量，并根据使用对象、场所选择舒适的坡度及形式。

（1）楼梯的形式

监狱单体建筑楼梯的种类很多，形式各异，按不同的分类标准可分为以下几种：一是按楼梯的位置，可分为室内楼梯、室外楼梯；二是按楼梯的使用性质，室内可分为主要楼梯、辅助楼梯，室外可分为安全楼梯、防火楼梯；三是按制作楼梯的材料，可分为木楼梯、钢筋混凝土楼梯、混合式楼梯及金属楼梯；四是按楼梯的形式，可分为单跑梯、双跑梯、三跑梯、弧形梯、螺旋楼梯等。

1）单跑楼梯，是连接上下层的楼梯，梯段中途无论方向是否改变，中间都没有休息平台。单跑

楼梯门和走道的宽度指标（m/百人）　表 11-3-4

层数 \ 耐火等级	一、二级	三级	四级
1、2 层	0.65	0.75	1.00
3 层	0.75	1.00	—
≥ 4 层	1.00	1.25	—

注：①每层疏散楼梯的总宽度应按本表规定计算。当每层人数不等时，其总宽度可分层计算。下层楼梯的总宽度按其上层人数最多 1 层的人数计算。

②每层疏散门和走道的总宽度应按本表计算。

③底层外门的总宽度应按该层或该层以上人数最多的 1 层人数计算。不供楼上人员疏散的外门，可按本层人数计算。

部分监狱单体建筑常用的走道宽度表(单位:m）表 11-3-5

建筑类别	内廊（双面布房）常用宽度	外廊（单面布房）常用宽度	备注
教学楼	2.4 ~ 3.0	1.8 ~ 2.1	
医院	2.4 ~ 3.0	3.0	
行政办公楼	2.1 ~ 2.4	1.5 ~ 1.8	
监舍楼	2.4 ~ 3.0	2.0 ~ 2.5	
警察备勤楼	1.5 ~ 2.1	1.2 ~ 2.0	
罪犯技能培训楼 罪犯劳动改造车间	1.5 ~ 2.0		仅指人行通道

房间门至外部出口或封闭楼梯间的最大距离（单位：m）

表 11-3-6

建筑类别	位于两个外部出口或楼梯间之间的房间			位于袋形走道两侧或尽端的房间		
	耐火等级			耐火等级		
	一、二级	三级	四级	一、二级	三级	四级
医院	35			20		
教学楼	35			22		
监舍楼	30			20		
其他监狱单体建筑	40			22		

注：①敞开式外廊建筑的房间门至外部出口或楼梯间的最大距离可按本表增加 5m。

②设有自动喷水灭火的单体建筑，其安全疏散距离可按本表规定增加 25%。

楼梯可以被简单分为：直行单跑、折行单跑、双向单跑等。单跑楼梯能节省空间，是因为一般楼梯下的空间还可被用来储藏杂物，或者改造为其他用途。此外，设计与施工都比较简单，单跑楼梯结构简单，踏步的宽度≥250mm，高度≤180mm，楼梯踏步数≤18步，所以一般适合于层高较低的单体建筑中。在监狱单体建筑中不常使用，劳动改造车间的设备控制间架设于一定高度，需要单跑楼梯。江苏省苏州监狱会见楼的家属地下人行通道，在通道出入口也采用了单跑楼梯。

2）双跑楼梯，在监狱单体建筑中应用较多。在两个楼板层之间，包括2个平行而方向相反的梯段和1个中间休息平台。经常两个梯段做成等长，节约面积。双跑楼梯最为常见，有双跑直上、双跑曲折、双跑对折（平行）等，适用于一般监狱单体建筑，如监舍楼、教学楼、罪犯技能培训楼、罪犯劳动改造车间及医院等。

3）其他楼梯形式。三跑楼梯在监狱单体建筑中很少使用，多用于社会公共建筑，有三折式、丁字式、分合式等。剪刀楼梯系由1对方向相反的双跑平行梯组成，或由1对互相重叠而又不连通的单跑直上梯构成，剖面呈交叉的剪刀形，能同时通过较多的人流并节省空间。螺旋转梯是以扇形踏步支承在中立柱上，虽行走欠舒适，但节省空间，适用于人流较少，使用不频繁的场所。在监狱单体建筑中，岗楼由于空间小，内部层高高，绝大多数采取螺旋转梯。圆形、半圆形、弧形楼梯，由曲梁或曲板支承，踏步略呈扇形，花式多样，造型活泼，富于装饰性，如江苏省南京监狱东侧办公楼（原双龙集团办公楼）大厅中采取了这种形式。

（2）楼梯的宽度及数量

楼梯的宽度主要根据使用性质、使用人数和防火规范来确定。一般供单人通行的楼梯宽度应不小于850mm，双人通行为1100～1200mm。监狱单体建筑中楼梯的最小净宽应满足两股人流疏散要求。监舍楼、车间的上下楼梯宽度必须大于1.6m。

楼梯的数量应根据使用人数及防火规范要求来确定，必须满足关于走道内房间门至楼梯间的最大距离的限制。在通常情况下，每1栋公共建筑均应设2个楼梯。对于使用人数少的2、3层建筑，当其符合表11-3-7的要求时，也可以只设1个疏散楼梯。

设一个疏散楼梯的条件　　表11-3-7

耐火等级	层数	每层最大建筑面积（m^2）	人数
一、二级	2、3层	400	第2层和第3层人数之和不超过100人
三级	2、3层	200	第2层和第3层人数之和不超过50人
四级	2层	200	第2层人数不超过30人

（3）监狱楼梯的特殊要求

监管区内的所有罪犯用房楼梯的临空部位应用金属栅栏进行封闭。监管区内的所有室外疏散楼梯周围应设防护铁栅栏。通向屋顶的消防爬梯离地面高度应不小于3m，且3m水平距离内不应设门窗洞口。

3、门厅

门厅作为交通枢纽，其主要作用是接纳、分配人流，室内外空间过渡及各方面交通（过道、楼梯等）的衔接。同时，根据单体建筑使用性质不同，门厅还兼有其他功能，如监狱医院门厅常设挂号、取药的房间，会见楼门厅兼有接待、登记、安检、候见等功能，监舍楼门厅常兼作安检、收出工列队等功能。除此以外，门厅作为单体建筑的主要出入口，其不同空间处理可体现出不同的意境和形象。因此，监狱单体建筑中门厅是建筑设计重点处理的部分（图11-3-45～图11-3-47）。

（1）门厅的大小

门厅的大小应根据各类建筑的使用性质、规模及质量标准等因素来确定，设计时可参考有关面积定额指标（表11-3-8）。

（2）门厅的布局

门厅的布局可分为对称式与非对称式两种。门厅布局设计应注意以下事项：

1）门厅应处于总平面中明显而突出的位置。

2）门厅内部设计要有明确的导向性，同时交通流线组织简明醒目，减少相互干扰。

3）重视门厅内的空间组合和建筑造型要求。

4）门厅对外出口的宽度按防火规范的要求，不得小于通向该门厅的走道、楼梯宽度的总和。

图 11-3-45　海南省美兰监狱行政办公楼门厅

图 11-3-46　上海市南汇监狱行政办公楼门厅

图 11-3-47　美国堪萨斯州道格拉斯县监狱公共入口门厅

部分监狱单体建筑门厅面积参考指标　表 11-3-8

建筑名称	面积定额
教学楼	0.06 ~ 0.08m² / 罪犯
警察食堂	0.08 ~ 0.18m² / 座
医院	11m² / 日百人次
警察备勤楼	0.2 ~ 0.5m² / 床
大礼堂	0.13m² / 观众

（3）门厅入口的人性化设计

除了监管区内的路口人行通道应设供轮椅通行的缘石坡道外，会见楼、教学楼、医院、老弱病残监区、大礼堂等单体建筑门厅入口处，应进行无障碍设计，确保行动不便者能方便、安全地使用单体建筑。建筑入口、室内走道及室外人行通道的地面有高低差和台阶时，必须设符合轮椅通行的坡道，在坡道和两级台阶以上的两侧设扶手。供轮椅通行的坡道尽可能设计成直线形。按照地面的高差程度，高差大的在中央适当位置设计休息平台，休息平台深度≥ 1.5m，在坡道起点和终点应留有深度≥ 1.5m 的轮椅缓冲地带。

（十）监狱建筑平面组合设计

监狱建筑平面组合设计就是将监狱建筑平面中的使用部分、交通联系部分有机地组合起来，使之成为一个使用方便、结构合理、体形简洁、构图完整、造价经济及与环境协调的单体建筑。

1. 建筑平面组合设计的任务

（1）根据建筑的功能要求，合理分区，妥善解决平面各组成的相互关系，安排好它们之间的相对位置。

（2）选择合适的交通联系方式，组织好建筑内部及内外之间的交通联系。交通联系要简洁明确，避免流线相互交叉干扰。

（3）按照单体建筑的性质、规模和基地环境，确定建筑平面形式。要做到布局紧凑、用地节约，并为体形塑造、立面设计创造条件。

（4）考虑结构布置、构造处理、施工方法和所用材料的合理性，掌握建筑标准，体现美观要求，注意经济效益和社会效益。

2. 建筑平面组合的功能分区及流线组织

建筑平面组合设计的核心是使用功能，它对建筑平面组合有着决定性的影响。建筑平面组合的优劣主要体现在功能分区及流线组织两个方面。

（1）功能分区合理

监狱建筑属于特殊类型的建筑，位于监管区内的单体建筑，功能分区更为明显，分为罪犯活动区、警察管理区两大功能区域。合理的功能分区是将单体建筑若干部分按不同的功能要求进行分类，并根据它们之间的密切程度加以划分，使之分区明确，又联系方便。在分析功能关系时，常借助于功能分析图来形象地表示各类建筑的功能关系及联系顺序。具体设计时，可根据单体建筑不同的功能特征，从以下三个方面进行分析：

一是主次关系。组成监狱单体建筑的各房间，按使用性质及重要性，必然存在着主次之分，即罪犯使用的房间是主要的，其他是次要的。在平面组合时应分清主次、合理安排。平面组合中，一般是将主要使用房间布置在朝向较好的位置，靠近主要出入口，并有良好的采光通风交通联系等条件，次要房间可布置在相对次要的位置。

二是使用关系。在监管区内各类监狱单体建筑所有的组成房间中，分为罪犯和警察两大使用对象。而且两大功能区，相对清晰明显。为了确保监狱监管安全，安全防范应摆在监狱使用功能的首位，即罪犯的房间应始终处于警察管理用房的视线中。

三是联系与分隔。在分析功能关系时，常根据房间的使用性质如“内”与“外”、“静”与“闹”、“清”与“污”等方面进行功能分区，使其既分隔而互不干扰，且又有适当的联系。在监狱建筑中，有些单体建筑，对外联系功能占主导地位，如会见楼；而有些单体建筑，则完全是对内联系，如禁闭室。教学楼中的多功能厅、普通教室和音乐教室，它们之间联系密切，但为防止声音干扰，必须适当隔开。监舍楼中的寝室、盥洗间、洗澡间、网吧、储藏室、晾衣间，它们之间联系密切，但为保证寝室通风、采光好，一般将寝室设计朝阳，且寝室与其他功能用房必须适当隔开。

（2）流线组织明确

流线分为人流及货流两类。所谓流线组织明确，即要使各种流线简捷、通畅，不迂回逆行，尽量避免相互交叉。

3. 结构类型

目前监狱建筑常用的结构类型有混合结构、框架结构、剪力墙结构、框剪结构、空间结构等。

（1）混合结构，是指承重的主要构件是用钢筋混凝土和砖木建造的。一般梁是用钢筋混凝土制成，以砖墙为承重墙，或者梁是用木材建造，柱是用钢筋混凝土建造，目前多指砖混结构。这种结构形式的优点是构造简单、造价较低，其缺点是房间尺寸受钢筋混凝土梁板经济跨度的限制，室内空间小，开窗也受到限制。仅适用于房间开间和进深尺寸较小、层数不多的监狱单体建筑，如监舍楼、医院、行政办公楼以及小型厂房等。湖南省赤山监狱监舍楼、内蒙古自治区保安沼监狱罪犯劳动改造二期服装加工厂房、河南省内黄监狱会见楼、内蒙古自治区包头监狱警察备勤楼等都采用了混合结构。

（2）框架结构，是指由梁和柱以刚接或者铰接相连接而成，构成承重体系的结构，即由梁和柱组成框架共同抵抗使用过程中出现的水平荷载和竖向荷载。结构的房屋墙体不承重，仅起到围护和分隔作用。这种结构主要特点是强度高，整体性好，刚度大，抗震性好，平面布局灵活性大，开窗较自由，但钢材、水泥用量大，造价较高。适用于开间、进深较大的会见楼、教学楼、体育馆之类的公共建筑。内蒙古自治区呼和浩特第一监狱入监队监舍楼，底层是餐厅，为框架结构，而上面3层为砖混结构；广西壮族自治区柳城监狱家属候见楼、黑龙江省佳木斯监狱罪犯劳动改造厂房、山东省鲁南监狱警察备勤楼、吉林省公主岭监狱指挥中心等都采用了钢筋混凝土框架结构。

（3）剪力墙结构，是用钢筋混凝土墙板来代替框架结构中的梁柱，能承担各类荷载引起的内力，并能有效控制结构的水平力。其主要优点是强度高，整体性好，刚度大，抗震性好，其缺点是房间尺寸受钢筋混凝土梁板经济跨度的限制，室内空间小，开窗也受到限制。适用于房间开间和进深尺寸较小、层数较多的监狱单体建筑，如禁闭室。河北省定州监狱警察备勤楼、河北省鹿泉监狱警察备勤楼等采用了剪力墙结构。

（4）框剪结构，框架—剪力墙结构，简称“框剪结构”，是框架结构和剪力墙结构两种体系的结合，吸取了各自的长处，既能为建筑平面布置提供较大的使用空间，又具有良好的抗侧弯性能。在监狱建筑中，适用于平面或竖向布置复杂、水平荷载大的高层建筑。天津市西青监狱综合楼扩建项目、山东省鲁北监狱警务指挥中心、福建省宁德监狱行政办公楼等采用了框剪结构。

（5）空间结构，是指结构构件三向受力的大跨度结构，如薄壳、悬索、网架等，中间不放柱子。这类结构用材经济，受力合理，并为建造大跨度的公共建筑提供了有利条件，在监狱建筑中不太常用。福建省宁德监狱总仓，整个建筑呈方形布置，采用了网架结构，具有完整的仓储功能并考虑物流通畅。江苏省苏州监狱体育馆、浙江省乔司监狱体育馆、新疆维吾尔自治区第六监狱罪犯餐厅等也采用了空间结构。

4. 设备管线

监狱建筑中的设备管线主要包括给水排水、蒸汽、燃气、动力、空调、照明、有线电视、电信、网络、报警等所需的设备管线，它们都占有一定的空间。在满足使用要求的同时，应尽量将设备管钱集中布置，上下对齐，方便使用，有利施工和节约管线。

5. 建筑造型

建筑造型是指构成空间的三维物质实体的组合，追求监狱建筑造型的目的是为了使监狱建筑具有整体的和谐美感，同时又具有多样化与秩序性，因此需要用美学的基本原理对监狱建筑进行形态塑造。相似、变形、对比和均衡是常用的基本手法。监狱建筑造型也影响到平面组合。当然，造型本身是离不开功能要求的，它一般是内部空间的直接反映。但是，监狱建筑造型设计讲究规整、稳重的特征又会反过来影响监狱单体建筑平面布局及平面形状（图 11-3-48、图 11-3-49）。

6. 平面组合形式

平面组合就是根据使用功能特点及交通路线的组织，将不同房间组合起来。常见的平面组合形式有以下几种：

（1）走道式

走道式组合的特点是使用房间与交通联系部分明确分开，各房间沿走道一侧或两侧并列布置，房间门直接开向走道，通过走道相互联系；各房间基本上不被交通穿越，能较好地保持相对独立性；各房间有直接的天然采光和通风，结构简单，施工方便等。这种形式广泛应用于一般监狱单体建筑，特别适用于相同房间数量较多的单体建筑，如监舍楼、行政办公楼、警察备勤楼、医院等。

图 11-3-48　上海市周浦监狱行政办公楼

（a）

（b）

图 11-3-49　荷兰某监狱建筑外观

根据房间与走道布置关系不同，走道式又可分为内走道与外走道两种。内走道各房间沿走道两侧布置，平面紧凑，外墙长度较短，寒冷地区建筑常用。但这种布局难免出现一部分使用房间朝向较差，且走道采光通风较差，房间之间相互干扰较大。目前，我国单体建筑中，如监舍楼、行政办公楼绝大多数采取这种形式。外走道可保证主要房间有好的朝向和良好的采光通风条件，但这种布局造成走道过长，交通面积大。海南省美兰监狱、上海市青浦监狱、广东省阳江监狱、山东省微湖监狱等监舍楼都采用了外走道。监狱个别单体建筑由于特殊功能要求，也采用双侧外走道形式，如禁闭室顶部两侧1.5m宽的巡逻道。

（2）套间式

套间式组合的特点是用穿套的方式按一定的序列组织空间。房间与房间之间相互穿套，不再通过走道联系。其平面布置紧凑，面积利用率高，房间之间联系方便，但各房间使用不灵活，相互干扰大。适用于监狱展览馆、地下靶场、浴室、监舍楼警察值班区等单体建筑或区域。

（3）大厅式

大厅式组合是以公共活动的大厅为主穿插布置辅助房间。这种组合的特点是主体房间使用人数多、面积大、层高大，辅助房间与大厅相比，尺寸大小悬殊，常布置在大厅周围并与主体房间保持一定的联系，适用于行政办公楼、罪犯大礼堂、体育馆、会见楼、罪犯伙房等单体建筑。福建省宁德监狱行政办公楼底层入口大平台进去是第2层通高的大厅，后有内庭院，营造了良好的工作环境。

（4）单元式

单元式组合是将关系密切的房间组合在一起成为一个相对独立的整体，称“单元”。将一种或多种单元按地形和环境情况在水平或垂直方向重复组合起来成为1栋建筑，这种组合方式称“单元式组合”。

单元式组合的优点：一是有利于建筑标准化，节省设计工作量，简化施工；二是功能分区明确，平面布置紧凑，单元与单元之间相对独立，互不干扰；三是布局灵活，能适应不同的地形，满足朝向要求，形成多种不同组合形式。因此，在监狱单体建筑中单元式组合也普遍被应用，如警察备勤楼、监舍楼、教学楼等。

（5）庭院式

单体建筑围合成院落，这种形式目前在监狱建筑应用中较为前卫，特别是应用于各个相对独立的监区。在西方，庭院式又称“自我封闭式”，1983年建成的美国俄克拉荷马州的奥尔奇特矫正中心就是典型的代表作。这种建筑组合的特点是，四周的建筑具有监舍和围墙的双重功能，四周均有回廊相通，包围在中央的区块形成一个大的庭院，提供罪犯户外集体活动的场所，整体营造的气氛像一座四合院。这种建筑组合就某种角度而言，提升了警戒度，对管理有利。

以上是监狱建筑常用的平面组合形式。随着时代的进步，使用功能也必然发生变化，加上新结构、新材料、新设备的不断出现，新的组合形式也会层出不穷，如自由灵活使用的大空间分隔形式和空间组合形式等。

7. 监狱建筑平面组合与场地的关系

各单体建筑或建筑群都不是孤立存在的，而是处于一个特定的环境之中，它在建筑场地上的位置、形状、平面组合、朝向、出入口的布置及建筑造型等，必然受到总体规划及场地条件的制约。

（1）场地的大小、形状和道路布置

场地的大小和形状直接影响到监狱建筑平面布局、外轮廓形状和尺寸。场地内的道路布置及人流方向是确定出入口和门厅平面位置的主要因素。因此在平面组合设计中，应密切结合场地的大小、形状和道路布置等外在条件，使监狱建筑平面布置的形式、外轮廓形状和尺寸以及出入口的位置等要符合监狱总体规划、监狱建设标准以及监狱监管安全要求。

（2）场地的地形条件

场地地形若为坡地时，则应将监狱建筑平面组合与地面高差结合起来，以减少土方量，而且可以形成富于变化的内部空间和外部形式。坡地建筑的布置方式有两种情况：一是地面坡度在25%以上时，监狱单体建筑适宜平行于等高线布置；二是地面坡度在25%以下时，监狱单体建筑应结合朝向要求布置。

（3）单体建筑的朝向和间距

1）朝向。我国大部分地区夏季热、冬季冷。为保证室内冬暖夏凉的效果，单体建筑的朝向应为南向，南偏东或偏西少许角度（15°）。在严寒地区，由于冬季时间长，夏季不太热，应争取日照，建筑朝向以东、南、西为宜。根据当地的气候特点及夏季或冬季的主导风向，适当调整单体建筑的朝向，使夏季可获得良好的自然通风条件，而冬季又可避免寒风的侵袭，特别是监管区内的监舍楼、医院、禁闭室、罪犯技能培训楼、罪犯劳动改造车间，是罪犯服刑期间使用频繁的单体建筑，更应注意这一点。对于人流集中的单体建筑，如监舍楼、会见楼、劳动改造车间，还要考虑人流走向、道路位置及与邻近建筑的关系。

2）间距。单体建筑外墙之间的水平距离，主要应根据日照、通风、采光等卫生条件与建筑防火安全要求来确定。除此以外，还应综合考虑防止噪声和视线干扰，防震疏散、绿化、道路及室外管线埋设所需要的间距，建筑规划布局，视野开阔通畅以及节约用地、建筑空间处理等问题。

我国的建筑消防设计规范规定，多层建筑之间的间距最少为6m，多层与高层建筑之间最少为9m，高层建筑之间的间距最少为13m。按照国家规定（设计规范）以冬至日日照时间≥1小时（房子最底层窗户）为标准。

日照间距的计算方法：以房屋长边向阳，朝阳向正南，正午太阳照到后排房屋底层窗台为依据来进行计算，日照间距应为 $D=(H-H_1)/\tan h$；

式中：D—日照间距；

H—前幢房屋檐口至地面高度；

H_1—后幢房屋窗台至地面高度；

h—太阳高度角（指某地太阳光线与通过该地与地心相连的地表切线的夹角）。

对于大多数的监狱单体建筑，日照是确定房屋间距的主要依据，因为在一般情况下，只要满足了日照间距，其他要求也就能满足。但有的建筑由于所处的周围环境不同以及使用功能要求不同，房屋间距另有规定，如教学楼为了保证教室的采光和防止声音、视线的干扰，间距≥2.5H，而最小间距≥12m。又如监狱医院，考虑卫生要求，间距≥2.0H，对于1～2层病房，间距≥25m；3～4层病房，间距≥30m；传染病房，间距≥40m。为节省用地，实际设计采用的单体建筑间距可能会略小于理论计算的日照间距。

除经批准的详细规划另有规定外，监狱建筑间距应符合下列规定：一是多层平行布置时，其间距不小于较高建筑高度的1.0倍，并不小于6m；垂直布置时，其间距不小于9m，山墙间距不宜小于6m；二是高层平行布置时，其建筑间距不小于较高建筑高度的0.4倍，并不小于20m；垂直布置时，其建筑间距不小于18m。山墙间距不宜小于13m；三是多、高层平行布置时，其间距不小于18m；垂直布置时，其间距不小于13m，山墙间距不宜小于9m。

监舍楼、医院与非居住建筑间距应符合下列规定要求：一是被遮挡建筑为居住建筑，按居住房屋间距规定控制；二是被遮挡建筑为非居住建筑，按非居住建筑间距规定控制，同时考虑视觉卫生的因素影响；三是多层建筑山墙间距不宜小于8m，高层建筑山墙间距不宜小于13m，多层与高层山墙间距不宜小于9m。

三、监狱建筑剖面设计

监狱建筑平面设计重点是解决建筑内部空间在水平方向上的问题。监狱建筑剖面设计主要是解决监狱单体建筑在垂直方向上的问题。单体建筑的剖面就是从垂直方向将建筑剖开，用建筑剖面图来表示单体建筑各部分在垂直方向的组合关系，包括高度、层数、建筑空间的组合和利用，以及建筑剖面的结构、构造关系。

（一）房间剖面形状的选择

房间的剖面形状分为矩形和非矩形两类，大多数监狱单体建筑均采用矩形，非矩形剖面常用于有特殊要求的房间。房间的剖面形状主要是根据使用要求和特点来确定，同时也要结合具体的物质技术、经济条件及特定的艺术构思考虑，使之既满足使用又能达到良好的艺术效果。

1. 室内的使用要求

在监狱单体建筑中，绝大多数的建筑是属于一般功能要求的，如监舍楼、教学楼、行政办公楼等。

这类建筑房间的剖面形状多采用矩形，因为矩形剖面不仅能满足这类建筑的使用要求，而且具有上面谈到的一些优点。对于某些特殊功能要求（如视线、音质等）的房间，则应根据使用要求选择适合的剖面形状。

长方形的剖面形状规整、简单、有利于采用梁板式结构布置，同时施工也较简单。有特殊要求的房间，在能够满足使用要求的前提下，也宜优先考虑采用矩形剖面。

有视线要求的房间主要是指体育馆的比赛大厅、教学楼中阶梯教室、大礼堂等（图 11-3-50、图 11-3-51）。这类房间除平面形状、大小满足一定的视距、视角要求外，有时地面还有一定的坡度，以保证良好的视觉要求，即舒适、无遮挡地看清对象。

（1）视线要求。在剖面设计中，为了保证良好的视觉条件，即视线无遮挡，需要将座位逐排升高，使室内地面形成一定的坡度。地面的升起坡度主要与设计视点的位置及视线升高值有关。另外，第 1 排座位的位置、排距等对地面的升起坡度也有影响。

视线升高值的确定与人眼到头顶的高度和视觉标准有关，一般定为 120mm。当错位排列（即后排人的视线擦过前面隔 1 排人的头顶而过）时，取 60mm；当对位排列（即后排人的视线擦过前排人的头顶而过）时，取 120mm。以上两种座位排列法均可保证视线无遮挡的要求。

（2）音质要求。凡大礼堂、报告厅、宣泄室等单体建筑或功能房，其音质要求对房间的剖面形状影响很大。为保证室内声场分布均匀，防止出现空白区、回声和声聚焦等现象，在剖面设计中要注意顶棚、墙面和地面的处理。为有效地利用声能，加强各处直达声，必须使大厅地面逐渐升高。除此以外，顶棚的高度和形状是保证听得清楚、真实的一个重要因素。它的形状应使大厅各座位都能获得均匀的反射声，同时能加强声压不足的部位。一般说来，凹面易产生聚焦，声场分布不均匀，凸面是声扩散面，不会产生聚焦，声场分布均匀。为此，大厅顶棚应尽量避免采用凹曲面或拱顶。

2. 室内采光、通风对剖面的要求

一般进深不大的房间，通常采用侧窗采光和通风已足够满足室内卫生的要求。当房间进深或空间

图 11-3-50 荷兰某监狱室内篮球场（篮球架固定于墙面上）

图 11-3-51 四川省北川监狱罪犯大礼堂

大，侧窗不能满足上述要求时，常设置各种形式的天窗，从而形成了各种不同的剖面形状。天津市监狱管理局应急特勤队会见服务中心由于服务大厅内部为大空间设计，其中会见区域面积就达到 850m^2 左右，且跨度较大，达到 28m 以上，因此在室内采光、通风设计方面对剖面作了特殊处理。首先，服务大厅两侧的建筑空间充分利用传统的侧窗采光和通风；位于中部的会见区域采用顶窗采光，分布均匀的采光天窗，经柔光设计，形成漫射光，均匀地洒满整个会见区域，避免了阳光直射产生的眩光，在正常天气状况下，整个会见时间段无需人工辅助照明，即可满足大厅的照度要求。有的房间虽然进深不大，但具有特殊要求，如监狱陈列室或展览馆为使室内照度均匀、稳定、柔和并减轻和消除眩光的影响，避免直射阳光损害陈列品，常设置各种形式的采光窗。对于罪犯伙房、警察食堂一类建筑，由于在操作过程中常散发出大量蒸汽、油烟等，可在顶部设置排气窗以加速排除有害气体。

（二）房屋高度的确定

监狱单体建筑各部分的高度主要包括房屋的层

高、净高、单体建筑的总高度及室内外地面高差等。

净高是指楼地面到结构层（梁、板）底面或顶棚下表面之间的距离。层高是指该层楼面到上 1 层楼面之间的距离。在通常情况下，房间高度的确定主要考虑以下因素：

（1）人体活动及家具设备的要求。监管区内的单体建筑，由于功能不一样，对房间的净高要求也不相同。普通的监舍楼内的寝室通常设有双层床，室内净高不应低于 3.4m，床位为单层时，室内净高不应低于 2.8m；医院手术室净高应考虑手术台、无影灯以及手术操作所需要的空间，净高应不低于 3.0m；教室使用人数多，面积相应增大，净高一般取 3.3 ～ 3.6m；对于有空调要求的房间，通常在顶棚内布置有水平风管，确定层高时应考虑风管尺寸及必要的检修空间。监舍楼、教学楼、会见楼、医院、禁闭室等单体建筑的门厅是联系各部分的交通枢纽，也是人员活动的集散地，人流较多，高度可较其他房间适当提高。

除此以外，房间的家具设备以及人们使用家具设备的必要空间，也直接影响到房间的净高和层高。

（2）采光、通风要求。房间的高度应有利于天然采光和自然通风。房间里光线的照射深度，主要依靠窗户的高度来解决。进深越大，要求窗户上沿的位置越高，即相应房间的净高也要高一些。当房间采用单侧采光时，通常窗户上沿离地的高度，应大于房间进深长度的 1/2。当房间允许两侧开窗时，房间的净高,应大于总深度的 1/4。房间的通风要求，室内进出风口在剖面上的高低位置，也对房间净高有一定影响。潮湿和炎热地区的监狱建筑，经常利用空气的气压差，来组织室内穿堂风，如在内墙上开设高窗，或在门上设置亮子等以改善室内的通风条件，在这些情况下，房间净高就相应要高一些。除此以外，容纳人数较多的公共建筑，应考虑房间正常的气容量，保证必要的卫生条件。根据房间的容纳人数、面积大小及气容量标准，可以确定出符合卫生要求的房间净高。

（3）结构高度及其布置方式的影响。在房间的剖面设计中，梁、板等结构构件的厚度，墙、柱等构件的稳定性，以及空间结构的形状、高度对剖面设计都有一定影响。例如预制梁板的搭接，由于梁底下凸较多，楼板层结构厚度较大，相应房间的使用空间降低，如改用花篮梁的梁板搭接方式，楼板结构层的厚度减小，在层高不变的情况下，提高了房间的使用空间。坡屋顶具有较大的结构空间，在不做顶棚时，可将坡屋顶山尖部分作为房屋空间高度的一部分。与平屋顶相比，此时屋顶所在层的层高便可降低一些。空间结构的高度和剖面形状是多种多样的，可以结合实际用途和要求确定高度。

（4）室内空间比例。房间的高宽比例不同，给人以不同的空间感觉。一般来说面积大的房间高度要高一些，面积小的房间则可适当降低。同时，不同的比例尺度给人不同的心理效果，高而窄的比例易使人产生兴奋、激昂、向上的情绪，且具有严肃感，但过高就会觉得不亲切；宽而矮的空间使人感觉宁静、开阔、亲切，但过低又会使人产生压抑、沉闷的感觉。例如，监舍楼要求空间具有整洁、亲切、安静的气氛；禁闭室则要求高大的空间以营造威严、震慑的气氛；行政办公楼、教学楼的门厅要求具有开阔、博大的气氛。巧妙地运用空间比例的变化，使物质功能与精神感受结合起来，就能获得理想的效果。

（5）建筑经济效果。层高是影响建筑造价的一个重要因素。因此，在满足使用要求和卫生要求的前提下，适当降低层高，减轻房屋自重，节约材料，还可相应减小房屋的间距，节约用地。从节约能源出发，层高也宜适当降低。实践表明，普通砖混结构的单体建筑，层高每降低 100mm 可节省投资 1%。

（三）窗台高度

窗台高度与使用要求、人体尺度、家具尺寸、采光及通风要求有关。大多数监管区内的单体建筑，窗台高度主要考虑方便罪犯生活和劳动改造以及警察管理工作，保证有充足的光线。窗台高度距地面一般常取 900 ～ 1000mm，这样窗台距桌面高度控制在 100 ～ 200mm，保证了桌面上充足的光线，并使桌上纸张不至于被风吹出窗外。对于有特殊要求的房间，如设有高侧窗的陈列室，为消除和减少眩光，应避免陈列品靠近窗台布置。实践中总结出窗台到陈列品的距离要使保护角大于 14°，为此，一般将窗下口提高到离地 2.5m 以上。而禁闭室因特殊要求，窗台离地至少在4.0m以上。厕所、浴室窗台一般距地面1800mm左右。公共建筑的房间如警察职工餐厅、行政办公楼中的接待大厅，为使室内阳光充足和便于观赏室外景色，丰富室内空间，常将窗台做得很低，甚至采用落地窗。

（四）室内外地面高差

为了防止室外雨水流入室内，并防止墙身受潮，一般监狱单体建筑常把室内地坪适当提高，以使单体建筑室内外地面形成一定高差，该高差主要由以下因素确定：

（1）内外联系方便。监舍楼、教学楼、禁闭室等单体建筑的室外踏步的级数一般不超过4级，即室内外地面高差≤600mm。而行政办公楼、罪犯伙房、罪犯技能培训车间、罪犯劳动改造车间、仓储物流中心、医院和会见楼等单体建筑，为便于运输、抢救车或残疾人进出，在入口处常设置坡道。为不使坡道过长影响室外道路布置，室内外地面高差以不超过300mm为宜。

（2）防水防潮要求。所有的监狱单体建筑底层室内地面应高于室外地面≥300mm。也可以结合自身特点需要，适当加高，如行政办公楼、教学楼等单体建筑通过适当提高基础平台，不仅可以防水防潮，还可以重点突出该单体建筑。

（3）地形及环境条件。位于山地和坡地的监狱单体建筑，应结合地形的起伏变化和室外道路布置等因素，综合确定底层地面标高，使其既方便内外联系，又便于室外排水和减少土石方工程量。

（4）单体建筑性格特征。监狱单体建筑应具有庄重、稳重、大气的特色，室内外高差可适当提高，比民用建筑高。监狱标志性建筑，如行政办公楼、指挥中心或教学楼等，除在平面空间布局及造型上反映出它独自的性格特征以外，还常借助于室内外高差值的增大，如采用高的台基和较多的踏步处理，以增强庄重、稳重、大气的气氛。

（五）监狱单体建筑的层数

影响监狱单体建筑层数的因素主要有使用性质、建筑材料、结构选型、施工技术、地震烈度、环境与城市规划、建筑防火等。

（1）监狱建筑使用性质对房屋层数的要求。监舍楼、禁闭室、行政办公楼等建筑，可采用多层。对于会见楼，考虑到监狱监管安全，同时为便于室内与室外活动场所的联系，其层数不宜超过3层。医院门诊部为方便病人就诊，层数也以不超过3层为宜。体育馆、大礼堂等公共建筑具有面积和高度较大的房间，人流集中，为迅速而安全地进行疏散，宜建成低层（图11-3-52）。

（2）建筑结构、建筑材料和施工技术的要求。建筑结构类型和建筑材料是决定房屋层数的基本因素。如一般混合结构的建筑是以墙或柱承重的梁板结构体系，一般为1～6层。多层可采用梁柱承重的框架结构、剪力墙结构或框架剪力墙结构等结构体系。空间结构体系，如薄壳、网架、拱结构等则适用于低层大跨度建筑，如罪犯体育馆、仓库等。

（3）地震烈度对房屋层数的要求。地震时一定点地面震动强弱的程度叫地震烈度。我国将地震烈度分为12度。震级与烈度，两者虽然都可反映地震的强弱，但含义并不一样。同一个地震，震级只有一个，但烈度却因地而异，不同的区域，烈度值却不一样。

从历次地震中获取的经验教训来看，监狱建筑的抗震设防等级应列入甲类建筑，应高于本地区抗震设防烈度的要求，其值应按批准的地震安全性评价结果确定。除了监狱岗楼、围墙、监管区大门外，禁闭室、监舍楼、会见楼、配电房、医院、教学楼、罪犯技能培训用房、罪犯劳动改造用房、罪犯伙房、洗浴楼、锅炉房等单体建筑抗震设防的基本烈度，应在本地区设防基本烈度的基础上提高1度。抗震设防烈度为9度（不含9度）以上地区，严禁建监狱。无论监狱单体建筑所处地区属于该规定中的哪个抗

图11-3-52 海南省美兰监狱罪犯大礼堂

震设防烈度，都应该按照最高级别的组别进行建设，在地震的高烈度区禁止使用抗震能力较差的砖混结构、预制楼板。地震烈度不同，对房屋的层数和高度要求也不同。

（4）建筑环境与城市规划对房屋层数的要求。房屋的层数与所在地段的大小、高低起伏变化有关，同时不能脱离一定的环境条件。特别是位于城市或郊区的监狱，必须重视建筑与环境的关系，做到与周围单体建筑、道路、绿化等协调一致，同时要符合当地城市规划部门对整个城市面貌的统一要求。

（5）建筑防火对房屋层数的要求。单体建筑层数应符合《建筑设计防火规范》（GB 50016—2014）的规定。

（六）监狱建筑空间的组合

监狱建筑空向的组合是根据单体建筑内部使用要求，结合基地环境等条件将各种不同形状、大小、高低的空间组合起来。

（1）当单体建筑内部高度相同或接近时的房间组合。使用性质接近，而且层高相同的房间可以组合在同一层并逐层向上叠加，有利于统一各层标高，结构布置也合理。组合过程中，尽可能统一房间的高度。

（2）当单体建筑内部出现高低差的房间组合。在多层监狱单体建筑中，对于层高相差较大的房间，可以把少量面积较大、层高较高的房间设置在底层，作为单独部分（裙房）附属于主体建筑。在单层组合时，根据各房间实际需要的高度进行组合，剖面上呈不同高度变化。江苏省苏州监狱教学楼阶梯教室作为附房，设在底层，而顶层设了500人的演播大厅。

（3）监狱单体建筑内部以踏步或楼梯联系各层楼地面或以室外台阶来解决错层问题。

（七）监狱建筑空间的利用

不论是警察行政办公区还是监管区内的单体建筑，在设计时一定要注意空间的利用问题。合理地、最大限度地利用空间，充分发挥每平方米的使用价值，以求扩大使用面积是空间组合的重要原因。充分利用室内空间不仅可增加使用面积，节约投资，还可改善室内空间比例，丰富室内空间艺术效果。利用空间的处理手法很多，在监狱单体建筑中常用的有以下几种：

（1）夹层空间的利用。监狱建筑中的体育馆、大礼堂等，由于功能要求其主体空间与辅助空间的面积和层高不一致，因此常采取在大空间周围布置夹层的方式，形成走马廊，以达到利用空间及丰富室内空间的效果。

（2）房间上部空间的利用。房间上部空间主要是指除了罪犯日常活动和家具布置以外的空间。如监舍楼的阁楼中常利用贮藏罪犯备用的生活用品或换季衣物。

（3）楼梯间及走道空间的利用。一般建筑楼梯间底层休息平台下至少有半层高，可作为布置贮藏室、辅助用房和出入口之用。而西方国家监狱，由于楼梯大多采用镂空式的，楼梯间底层休息平台下空间不可以再利用。监狱建筑走道主要用于人流通行，其面积和宽度都较大，高度也相应要求高些，可充分利用走道上部多余的空间布置设备管道及照明线路。

（4）结构空间的利用。在单体建筑中随着墙体厚度的增加，所占用的室内空间也相应增加，因此充分利用墙体空间可以起到节约空间的作用。特别是监舍楼中的大厅、走道，通常做成文化长廊，多利用墙体空间设置壁柜、装饰内嵌式的壁画，利用角柱布置书架及工作台等。

四、监狱建筑体形及立面设计

监狱建筑体形及立面是建筑的外部表现形式，是监狱建筑设计一个重要组成部分。

（一）监狱建筑体形及立面设计的原则

（1）反映监狱建筑使用功能要求和特征。监狱建筑主要是为了满足对罪犯进行改造和生活需要而创造出的物质空间环境。各类监狱建筑由于使用功能的不同，室内空间也不同，在很大程度上必然导致不同的外部体形及立面特征。例如监舍楼，重复排列的阳台、尺度适当的窗户，形成了具有休息建筑性格的特征。

（2）反映物质技术条件的特点。监狱建筑必须运用大量的材料并通过一定的结构施工技术等手段才能建成。因此，监狱建筑体形及立面设计必然在很大程度上受到物质技术条件的制约，并反映出结构、材料和施工的特点。

（3）符合城市规划及周边环境的要求。监狱建筑也是构成城市空间和环境的因素之一，监狱建筑体形和立面应符合所在城市规划及周边环境的要求。江苏省江宁监狱中心监区的体形和立面设计上以“监狱文化、地域特色、人性化”为宗旨，结合项目所在地南京特有的建筑特色——民国建筑风格，同时体现项目的功能本性为国家刑罚执行机关——改造罪犯的场所，立面设计上外墙采用灰色的面砖为主，墙裙部分为灰色花岗石为辅，蓝色瓦的坡屋面设计，增加了许多欧式线条和中西结合的柱式，体现了民国时期建筑中西结合的特色，既有中国宫殿式与传统建筑形式的继承，又有西方古典建筑形式的移植，同时结合了现代一些建筑设计的手法，体现了作为监狱建筑的庄重、威严的特性。

（4）适应当地社会经济条件。监狱建筑体形设计应本着“安全、庄重、大气、坚固、经济、适用”的原则，严格掌握质量标准，尽量节约资金。一般附属用房，标准可降低一些，而涉及监狱监管安全的某些单体建筑，标准则可高些。应当指出，建筑外形的艺术美并不以投资的多少为决定因素。事实上只要充分发挥设计者的主观能动性，在一定的经济条件下，巧妙地运用物质技术手段和构图法则，努力创新，完全可以设计出符合监狱建设标准的单体建筑。

（二）监狱建筑形式美的构图规律

监狱建筑造型是有其内在规律的，要创造出美的建筑，就必须遵循建筑形式美的法则，如统一、均衡、稳定、对比、韵律、比例、尺度等等。不同时代、不同地区、不同民族，尽管监狱建筑形式千差万别，尽管审美观各不相同，但这些监狱建筑形式美的基本法则都是一致的，是被人们普遍承认的客观规律，因而具有普遍性。

1. 统一与变化

统一与变化是一切形式美的基本规律，具有普遍性和概括性。在使用时应注意以下两点：

（1）运用简单的几何形体求统一。任何简单的容易被人们辨认的几何形体都具有一种必然的统一。如圆柱体、长方体、正方体、球体等都是简单的几何形体，因它们的形状简单、明确与肯定，很自然地就能够获得统一的效果。北京市女子监狱监舍楼、辽宁省大连市监狱会见楼、浙江监狱陈列馆、江苏省浦口监狱教学楼、湖北省沙洋监狱管理局广华监狱监管区大门等都是应用简单的几何形体组合而成。其中浙江监狱陈列馆位于乔司监狱院内，该建筑于 2008 年 9 月始建，2011 年建成并开馆，占地面积 6.75 亩，建筑层高 16.4m，采用外方内圆设计，寓意监狱执法以人为本和人性化改造罪犯的理念（图 11-3-53）。

（2）主从分明，以陪衬求统一。复杂体量的建筑根据功能的要求常包括主要部分和从属部分，如果不加以区别对待，则建筑必然显得平淡、松散，缺乏统一性。在外形设计中，恰当地处理好主要与从属、重点与一般的关系，使建筑形成主从分明，以次衬主，就可以加强建筑的表现力，取得完整统一的效果。在设计时应从以下三个方面来考虑：

1）运用轴线的处理突出主体。这是将对称手法运用到监狱建筑中，创造一个完整统一的外观形象，是普遍的处理手法。江西省饶州监狱行政办公楼、江西省未成年犯管教所教学楼、江苏省苏州监狱教学楼、江苏省南京监狱教学楼、湖北省襄南监狱监舍楼、湖北省沙洋监狱管理局广华监狱监舍楼等，在立面上采取了轴对称的建筑组合方式，其平面和体形力求简单、厚重、敦实、稳重，整体造型简洁大方。

2）以低衬高突出主体。在监狱建筑设计中常采取体量差别形成以低衬高，以高控制整体的处理

图 11-3-53 浙江监狱陈列馆

方法。这种设计方法可充分利用单体建筑功能要求上高低不同的特点，有意识地突出某个部位形成重点。如河南省焦南监狱行政办公大楼，左右两侧的单层附房，突出中间的7层办公大楼。

3）利用形象变化突出主体。曲线的变化更能吸引人们的眼球，使人们对其产生更加浓厚的兴趣，所以在监狱建筑形体的组合上运用圆形、折线形或比较复杂的轮廓线都可以取得突出主体、控制全局的效果。如浙江省乔司监狱体育馆，曲线优美，造型独特，又富有动感。湖南省女子监狱教育中心在形体的组合上采用圆形与方形来取得突出教育中心主体、控制全局的效果。

2. 均衡与稳定

监狱单体建筑由于体量的大小、高低、材料的质感、色彩的深浅、虚实变化不同，常表现出不同的轻重感。一般说来，体量大的、实体的、材料粗糙及色彩暗的，感觉上要重些；体量小的、通透的、材料光洁及色彩明快的，感觉上要轻些。研究均衡与稳定，就是要使监狱单体建筑形象显得安定、平稳。

（1）均衡，是指单体建筑各部分前后左右的轻重关系，并使其组合起来给人以安定、平稳的感觉。监狱建筑体形的组合，对于较为简单的几何形体和对称的体形，通常比较容易做到。对于较为复杂的不对称体形，为了达到完整均衡的要求，需要注意各组成部分体量的大小比例关系，使各部分的组合协调一致，有机联系，在不对称中取得均衡。对称的建筑是绝对均衡的，以中轴线为中心并加以重点强调，两侧对称容易取得完整统一的效果，给人以端庄、雄伟、严肃的感觉，监管区内的单体建筑通常采取两边对称的做法。不对称均衡是将均衡中心（视觉上最突出的主要出入口）偏于建筑的一侧，利用不同体量、材质、色彩、虚实变化等的平衡达到不对称均衡的目的。它与对称均衡相比显得轻巧、活泼。

（2）稳定，是指建筑整体上下之间的轻重关系，应给人以安全可靠、坚如磐石的印象。一般说来监狱单体建筑上面小，下面大，由底部向上逐层缩小的手法易获得稳定感。四川省汉王山监狱监管区大门（图11-3-54），底层设计成城堡式的城墙，底层高度与围墙同高，第2、3层采用我国传统建筑屋顶形式——歇山顶，第2、3层各层高度远小于底层，形成了底层大，2、3层小的表现手法，给人以稳重、庄重的感觉。

3. 韵律

韵律是指任何物体各要素重复出现所形成的一种特性，它广泛存在于自然界很多事物和现象中，如心跳、呼吸、水纹、树叶等。这种有规律的变化和有秩序的重复所形成的节奏，能给人以美的感受。监狱单体建筑由于使用功能的要求和结构技术的影响，存在着很多重复的因素，如建筑形体、空间、构件乃至门窗、阳台、凹廊、雨篷、色彩等，这就为监狱建筑造型提供了很多有规律的依据。在建筑构图中，有意识地对自然界一切事物和现象加以模仿和运用，从而出现了具有条理性、重复性和连续性为特征的韵律美。

4. 对比

对比是指单体建筑造型设计中的对比，具体表现在体量的大小、高低、形状、方向、线条曲直、横竖、虚实、色彩、质地、光影等方面。在同一因素之间通过对比，相互衬托，就能产生不同的形象效果。对比强烈，则变化大，感觉明显，建筑中很多重点突出的处理手法往往是采取强烈对比的结果；对比小，则变化小，易于取得相互呼应、和谐、协调统一的效果。因此，在监狱建筑设计中恰当地运用对比的强弱是取得统一与变化的有效手段。

5. 比例

比例是指长、宽、高三个方向之间的大小关系。无论是整体或局部以及整体与局部之间，局部与局

图11-3-54 四川省汉王山监狱监管区大门

部之间都存在着比例关系。良好的比例能给人以和谐、完美的感受；反之，比例失调就无法使人产生美感。一般来说，抽象的几何形状以及若干几何形状之间的组合，处理得当就可获得良好的比例而易于为人们所接受。如圆形、正方形、正三角形等具有肯定的外形而引起人们的注意；“黄金率”的比例关系（即长宽之比为 1:1.618）要比其他长方形好；大小不同的相似形，它们之间对角线互相垂直或平行，由于“比率”相等而使比例关系协调。

6. 尺度

尺度是指监狱单体建筑整体与局部构件给人感觉上的大小与其真实大小之间的关系。抽象的几何形体显示不了尺度，但一经处理，人们就可以感觉出它的大小来。在监狱建筑设计过程中，常常以人或与人体活动有关的一些不变因素，如门、台阶、栏杆等作为比较标准，通过与它们的对比而获得一定的尺度感。在监狱建筑设计中，尺度的处理通常有以下三种方法：

（1）自然的尺度。以人体大小来度量单体建筑的实际大小，从而给人的印象与单体建筑真实大小一致。常用于监舍楼、行政办公楼、禁闭室、医院等单体建筑。

（2）夸张的尺度。用夸张的手法给人以超过真实大小的尺度感，常用于纪念性建筑，以表现庄严、雄伟的气氛，如监狱展览馆。

（3）亲切的尺度。以较小的尺度获得小于真实大小的感觉，从而给人以亲切宜人的尺度感，常用来创造小巧、亲切、舒适的气氛，如监区的庭院建筑、会见楼的候见厅、小型儿童游乐园等。

7. 体形简洁，与环境协调

简洁的监狱单体建筑体形易于取得完整统一的造型效果，同时在结构布置和构造施工方面也比较经济合理。单体建筑的体形还需要与周围建筑、道路相呼应配合，考虑和地形、绿化等基地环境的协调一致，使单体建筑在基地环境中显得完整统一、布置得当。

（三）监狱建筑体形及立面设计的方法

在监狱建筑设计中，体形和立面是相互联系密不可分的，建筑体形是建筑形象的基本雏形，它反映了建筑外形总的体量、比例、尺度等方面，对监狱单体建筑立面的总体效果具有重要影响。立面设计是单体建筑体形的进一步刻画和深化，从大处着眼逐步深入每个局部和细部，进行相互协调，以达到完美统一。

1、监狱建筑体形的组合

监狱建筑体形按照建筑构图基本法则来讲，无论是单一的还是复杂的体形，均应按它的具体功能要求来决定。

（1）单一体形，是将复杂的内部空间组合到一个完整的体形中去。它的特点是没有明显的主从关系和组合关系，造型统一、简洁、轮廓分明，给人以鲜明而强烈的印象。它的外观各面基本等高，平面多呈正方形、矩形、圆形、Y 形等，如平面多呈矩形的监舍楼、行政办公楼，平面呈圆形的禁闭室，平面呈 Y 形的监舍楼等。

（2）单元组合体形，是将几个独立体量的单元按一定方式组合起来。它具有以下特点：一是组合灵活。结合基地大小、形状、朝向、道路走向、地形起伏变化，建筑单元可随意增减，高低错落，既可形成简单的一字形体形，也可形成锯齿形、台阶式等体形。二是单体建筑没有明显的均衡中心及体形的主从关系。由于单元的连续重复，形成了强烈的韵律感。一般监狱单体建筑，如医院、教学楼等常采用单元组合体形。

（3）复杂体形，是由两个以上的体量组合而成的，体形丰富，更适用于功能关系比较复杂的单体建筑。由于复杂体形存在多个体量，进行体量与体量之间相互协调与统一时，应着重注意以下几点：

1）体形组合的主次关系。进行组合时应突出主体，有重点，有中心，主从分明，巧妙结合以形成有组织、有秩序、又不杂乱的完整统一体。

建筑体形的组合，还需要处理好各组成部分的连接关系，尽可能做到主次分明，交接明确。单体建筑有几个形体组合时，应突出主要形体，通常可以由各部分体量之间的大小、高低、宽窄，形状的对比，平面位置的前后，以及突出入口等手法来强调主体部分。交接明确，不仅是建筑造型的要求，同样也是房屋结构构造上的要求。

2）体形组合的对比与变化。运用体量的大小、形状、方向、高低、曲直、色彩等方面的对比，可以突出主体，打破单调感，从而求得丰富、变化的造形效果，但不能脱离内部功能的合理性。

3）体形组合的均衡与稳定。体形组合的均衡包括对称与非对称两种方式。对称的构图是均衡的，容易取得完整的效果。对于非对称方式要特别注意各部分体量的大小变化、轻重关系、均衡中心的位置以求得视觉上的均衡。

2. 体形的转折与转角处理

体形的转折和转角都是在特定的地形、位置条件下，为强调建筑整体性、完整性，增加建筑组合的灵活性，并使单体建筑显得更加完整统一的一种处理方法。

转折主要是指监狱单体建筑沿道路或地形的变化作曲折变化。建筑转折体形实际上是矩形平面的一种简单变形和延伸，具有适应性较强的优点，可形成简洁流畅、自然大方、完整统一的外观艺术效果。转角地带的建筑体形常采用主附体相结合，以附体陪衬主体，主附分明的方式。也可采取局部体量升高以形成塔楼的形式，以塔楼控制整个单体建筑及周围道路，使交叉口、主要入口更加醒目。北京市垦华监狱在高度戒备区监舍楼转角处设置了一座塔楼，就是这种手法。

3. 监狱建筑体形的体量连接

体量连接有三种方式：一是直接连接，在体形组合中，将不同体量的面直接相连称“直接连接”。这种方式具有体形分明、简洁、整体性强的优点，常用于功能要求各房间联系紧密的建筑。二是咬接，各体量之间相互穿插，体形较复杂，但组合紧凑，整体性强，较前者易于获得有机整体的效果，是组合设计中较为常用的一种方式。三是以走廊或连接体相连，这种方式的特点是各体量之间相对独立而又互相联系，走廊的开敞或封闭、单层或多层，常随不同功能、地区特点、创作意图而定，建筑给人以轻快、舒展感。

（四）监狱建筑立面设计

监狱建筑立面是监狱建筑的外观，是监狱建筑带给人的第一印象。随着社会发展，监狱建筑越来越重视立面设计。立面设计是在符合使用功能、结构以及构造等要求的基础上，对建筑空间造型的进一步美化，反映在立面组成的各种部件上，如门窗、墙柱、阳台、遮阳板、雨篷、檐口、勒脚、花饰等。立面设计就是恰当地确定这些部件的尺寸大小、比例关系以及材料色彩等。通过形的变换、面的虚实对比、线的方向变化等，求得外形的统一与变化、内部空间与外形的协调统一。

1. 进行立面处理时，应注意处理好以下问题：

（1）面与面。在推敲监狱单体建筑立面时，不能孤立地处理某个面，必须注意几个面的相互协调和相邻面的衔接以取得统一。

（2）立面与空间。监狱单体建筑造形也是一种空间艺术，研究立面造形不能只局限在立面的尺寸大小和形状，同时应考虑到建筑空间的透视效果。

2. 常用的立面处理方法

（1）立面的比例与尺度。由于使用性质、容纳人数、空间大小、层高等不同，形成全然不同的比例和尺度关系。在监狱单体建筑中，常以人或人体活动的尺度为标准，对单体建筑中的门窗台阶等的比例进行调整。比例协调、尺度正确是使立面完整统一的重要保证。监狱建筑立面也常借助于门窗、细部等的尺度处理反映出监狱单体建筑的真实大小。

（2）立面的虚实与凹凸。监狱单体建筑立面中“虚”的部分是指窗、空廊、凹廊等，给人以轻巧、通透的感觉；“实”的部分主要是指墙、柱、屋面、栏板等，给人以厚重、封闭的感觉。巧妙地处理单体建筑外观的虚实关系，可以获得轻巧生动、坚实有力的外观形象。以虚为主、虚多实少的处理手法能获得轻巧、开朗的效果；以实为主、实多虚少能产生稳定、庄严、雄伟的效果；虚实相当的处理容易给人以单调、呆板的感觉。在功能允许的条件下，可以适当将虚的部分和实的部分集中，使监狱单体建筑产生一定的变化。由于功能和构造上的需要，监狱单体建筑外立面常出现一些凹凸部分。凸的部分一般有阳台、雨篷、遮阳板、挑檐、凸柱、突出的楼梯间等。凹的部分一般有凹廊、门洞等。通过凹凸关系的处理可以加强光影变化，增强监狱单体建筑的体积感，丰富立面效果。

江西省饶州监狱行政办公楼，在形体上的凹凸变化形成丰富的视觉效果，在立面处理上采用大面积的横向玻璃与竖向实墙形成强烈的虚实对比，底部横向划分的实墙与上部的横向玻璃形成和谐统一。细节处理简而有序，建筑整体庄严简洁。

（3）立面的线条处理。任何线条本身都具有一种特殊的表现力和多种造形的功能。从方向变化来看，垂直线表现挺拔、高耸、向上；水平线使人感到舒展与连续、宁静与亲切；斜线具有动态的感觉；网格线有丰富的图案效果，给人以生动、活泼而有秩序的感觉。从粗细、曲折变化来看，粗线条表现厚重、有力；细线条具有精致、柔和的效果；直线表现刚强、坚定；曲线则显得优雅、轻盈。建筑立面上客观存在着各种线条，如立柱、墙垛、窗台、遮阳板、檐口、通长的栏板、窗间墙、分格线等。江西省饶州监狱教学楼外墙上大开窗，以竖向线条加强建筑的挺拔感。而在会见楼局部立面上加以弧形造型稍加变化，上扬的弧形增加了运动性和向上性，隐喻着罪犯重返自由的希望，能促进他们积极改造，从而早日顺利回归社会。安徽省蚌埠监狱集罪犯伙房、超市、浴室为一体的综合楼，采用矩形的飘顶和金属卷的顶棚、流线形的形状、普蓝色的装饰等手段，使单体建筑外形看起来既有对比，又有统一；既庄严稳定，又不失时代特色。远看仿佛一只海燕正要展翼飞翔，充满着智慧与大气，给人以无限想象，寓意着罪犯积极改造，以昂扬的精神面貌，迎接新生后的崭新生活。

（4）立面的色彩与质感。色彩是表现立面的重要方式。颜色往往带有浓烈的情感色彩，不同的色彩具有不同的表现力，给人以不同的感受。以浅色为基调的监狱单体建筑给人以明快清新的感觉，深色显得稳重，橙黄等暖色调使人感到热烈、兴奋，青、蓝、紫、绿等色使人感到宁静。针对不同功能的监狱单体建筑，应运用不同的色彩处理方式。

建筑外形色彩设计包括大面积墙面的基调色的选用和墙面上不同色彩的构图两方面，设计中应注意以下问题：色彩处理必须和谐统一且富有变化，在用色上可采取大面积基调色为主，局部运用其他色彩形成对比而突出重点；色彩的运用必须与单体建筑性质相一致；色彩的运用必须注意与环境的密切协调；基调色的选择应结合各地的气候特征。寒冷地区监狱单体建筑宜多采用暖色调，炎热地区监狱单体建筑多偏于采用冷色调。如云南省文山监狱地处南方地区，该监狱建筑色彩以棕、黑、白、灰四种冷色调为主，既能与监狱所处环境相呼应，又能体现黑白分明、是非分明、法理分明的现代化文明监狱形象。福建省宁德监狱监舍楼以白、灰、蓝三种冷色调为主，外墙采用重灰色石材，上部利用白色高级水泥涂料，局部使用灰色高级水泥漆线条，外墙玻璃采用浅蓝色玻璃，屋面檐口采用外包铝板。北京市女子监狱地处北方地区，该监狱监舍楼外墙大胆采用明快的暖色调——浅黄色，能减轻紧张气氛，调节女犯的改造情绪。

挪威哈尔登监狱，该监狱外观具有朴实的特点，以更好地融入周围林地的棕色色调。但是其内部的墙壁上，色彩像炸开一样，到处都是（图 11-3-55）。哈尔登监狱雇用了 1 名室内装饰师，用 18 种不同的颜色创造了多种感觉，激发不同的情绪。1 盏平静的绿色灯罩为监室创造了舒缓的气氛，而生动的橙色则为图书馆和其他工作场所带来活力。1 间 2 室的客房，可供罪犯招待来访的家属过夜，包括 1 间夫妻房，墙壁粉刷成了奔放的红色。

新西兰奥克兰市的新伊甸山监狱，是该国首座私人运营的监狱，监狱建筑群外墙主色调是浅灰色，部分墙壁粉刷成了明亮的橙色和淡蓝色。据说，这样的配色是经过特别挑选的，可以避免罪犯产生犯罪念想。

监狱单体建筑立面质感主要由表面建筑材料及其做法决定。不同的建造材料，具有不同的质感，给人以不同的感觉。由于科技的进步，人们选择建筑材料，尤其是建筑外层材料的范围更加广泛，经济实惠、持久耐用、色彩丰富的材料越来越多。这些材料不同的质感与不同色彩共同运用，可以创造

图 11-3-55　挪威哈尔登监狱单体建筑内丰富的色彩

出精彩的监狱建筑外观。如天然石材——花岗石，具有厚重及坚固感，因此通常被装饰在监管区大门的墙裙外立面。禁闭室外墙面若采用青灰色的喷砂，可以达到以下效果：一是立体质感强，二是比其他监狱单体建筑更凸显静谧沉重，震慑作用不言而喻。

（5）立面的重点与细部处理，根据功能和造型需要，在监狱单体建筑某些局部位置进行重点和细部处理，可以突出主体，打破单调感。立面的重点处理常常是通过对比手法取得的。监狱单体建筑重点处理的部位：一是单体建筑的主要出入口及楼梯间等人流量大的部位；二是根据建筑造型上的特点，重点表现有特征的部分，如体量中转折、转角、立面的突出部分及上部结束部分，如江苏省苏州监狱医院的钟楼、禁闭室的回廊、教学楼的檐口等。为了使建筑统一中有变化，避免单调，以达到一定的美观要求，也常在反映该建筑性格的重要部位，如凹廊、公共建筑中的柱头、檐口等部位进行处理。

在立面设计中，体量较小或人们靠近时才能看得清的部位，如墙面勒脚、花格、漏窗、檐口、窗套、栏杆、遮阳板、雨篷、花台及其他细部，对这些部位进行装饰称“细部处理”。细部处理必须从整体出发，靠近人体的细部应充分发挥材料色泽、纹理、质感和光泽的美感作用。对于位置较高的细部，一般应着重于总体轮廓和注意色彩、线条等大效果，而不必刻画得过于细腻。

第四节 安全警戒设施

依据《监狱建设标准》（建标139—2010）第二章第十二条规定：监狱安全警戒设施包括围墙、岗楼、电网、照明、大门及值班室、大门武警哨位、隔离和防护设施以及通信、监控、门禁、报警、无线信号屏蔽、目标跟踪、周界防范、应急指挥等技术防范设施。本节介绍了监狱安全警戒设施中的监狱围墙与岗楼、监狱大门以及金属隔离网等设计内容。

一、监狱围墙与岗楼

对罪犯实施与社会有效的物理隔离是监狱重要功能之一。围墙、岗楼是最重要的监狱安全警戒设施，是防止罪犯脱逃和抵御外部非法侵入的重要屏障，所以人们称监狱围墙是监狱安全的最后屏障，也是监狱监管安全的基石。围墙岗楼设置的目的在于使监狱与外界社会分隔开来，从而实现对罪犯剥夺人身自由的刑罚内容，并使罪犯与外界的联系处于监狱的严格管制和管理之下，同时对罪犯产生震慑感，对社会民众起到警醒的作用。我国监狱普遍将围墙与岗楼设为一整体。

（一）围墙

自夏代监狱产生时，统治者就十分重视监狱的安全。那一时期在监狱的四周用丛棘作为围护设施，以防罪犯逃跑，可以说这是监狱围墙的雏形。此后监狱相继出现了土墙、石墙、砖墙、砖石混合墙等类型的围墙。到了明朝，监狱围墙有了较大的发展，最具有代表性的便是明朝的“苏三监狱”，其砖围墙设计独具特色：墙体厚约1.1m，最厚的要算院内的南围墙，墙高一丈八，俗称“丈八墙”，此墙厚达1.7m。围墙中间为空心的，里面填满炒熟的沙子。罪犯想要通过围墙逃跑，唯一途径就是在墙体上打洞。然而一打洞，沙子就会哗哗地流出。洞口越大，沙子的流动速度就越快，从而阻击罪犯逃跑。另外上面还设有铁丝网，网中放置铜铃，如要从围墙翻越，铜铃就会报警（图11-4-1）。民国时期的北洋军政府和国民党政府都对监狱围墙高度、宽度、砌法等作了明确的规定。如1913年北洋政府颁布的《拟定监狱图式通令》就明确监狱四周围墙高二十尺。1933年江苏高等法院令行《县监所建筑细目说明》中，对围墙的尺寸、用料、工艺作了详细说明。新中国成立后建立的劳改农场，因地制宜建有形式多样的围墙。如北京市清河农场，在1950年以分场为单位建立监区的围墙最初以铁丝网代替，后来改为土围墙，在土围墙上架上电网，为安全起见，在围墙内外各架设一道铁丝网。位于黑龙江省密山市境内的兴凯湖劳改农场建于1955年，北京市公安局第五处直辖，当时关押点的围墙是用泥土夯起来的，当地称“干打垒”，高度不超过 3.5m。20 世纪 50 年代初的河北省第二监狱设在无极县古庄东门村没收地主 100 多间的房屋里，当时监狱没有围墙，在看押场所周围挖沟蓄水来防止罪犯逃跑。1957 年后，该监狱才增设了围墙。七八十年代劳改农场的关押点围墙高度均在 3m 左右，厚度也只有 1 砖。围墙上的电网电压也较低，有的则没有电网。吉林省镇赉新生农场（现为镇赉分局）在 1970 年后，才将土围墙改为用红砖、毛石构筑围墙（图 11-4-2）。90 年代末和 21 世纪初，随着创建现代化文明监狱和实施监狱布局调整，监狱的围墙设计与建设发生了质的飞跃。目前我国监狱按照戒备等级、关押类型等不同，而设置不同要求的围墙。

1. 监狱围墙的设计规则

（1）应遵守国家建设规范《砌体结构设计规范》（GB 5003—2011）和《建筑结构荷载规范》（GB 50009—2012）、《监狱建设标准》（建标 139—2010）以及相关监狱监管安全要求规定。

（2）应遵守武警总部颁发的《中国人民武装警察部队执勤设施建设标准》（武司 [2009]290 号）相关要求。

（3）应安全、坚固、适用，体现出监狱安全警戒设施的特点。

（4）监狱围墙耐火等级应不低于二级，其抗震设防的基本烈度，应在本地区基本烈度的基础上提高 1 度，并不应小于 7 度（含 7 度）。

（5）监狱围墙上的所有金属构件用 $\phi 12$ 镀锌圆钢焊接连通，并多处重复接地，接地电阻 ≥ 4Ω。

2. 监狱围墙的高度及厚度

《监狱建设标准》（建标 139—2010）第五章第三十九条，分别对中度戒备监狱和高度戒备监狱的围墙作了明确的规定。其中中度戒备监狱围墙一般应高出地面 5.5m，并达到 490mm 厚砖墙的安全防护要求，围墙上部宜设置武装巡逻道。山东省潍北监狱将围墙高度由原来的 5.5m，提高到 6m。高度戒备监狱围墙应高出地面 7m，并达到 300mm 厚钢筋混凝土的安全防护要求，围墙顶部应设置武装巡逻道。北京市垦华监狱，由于建设时间较早，钢筋混凝土墙厚只有 150mm。

对于城市监狱，由于受土地所限，围墙外侧警戒隔离带达不到要求，且顶部也未设置武装巡逻通道的，一般宜在原有的围墙高度基础上，顶端架设不低于 2.5m 的钢网墙，钢网墙顶端再加装内径不

图 11-4-1　苏三监狱牢房过道顶上设置的警戒网

（a）

（b）

图 11-4-2　20 世纪 90 年代监狱围墙及岗楼

低于50cm的蛇腹形刀刺网（图11-4-3），如江苏省南京监狱、南通监狱等监狱围墙就是采取这种方式进行加固的。

国外监狱围墙高度也不统一，如瑞士沃州监狱，虽然罪犯大多从事农业，但监狱围墙是由5m高的立式和滚筒式铁丝组成立体式的防范网。瑞士桑德龙监狱，监狱围墙高达7m。德国封闭式的泰格尔监狱（最高戒备等级监狱）围墙高5m，没有电网。铁丝网虽然不通电，但它能够保证一旦发生罪犯越狱，监狱的报警装置能及时报警，同时罪犯无论采取何种方式都需4分钟以上，在这段时间内监狱管理人员能及时赶到事发现场。西班牙监狱，围墙很宽且很高，高达7.5m，围墙上设有电网、电视监控、红外线报警等装置。围墙顶部设有巡逻通道，24小时有警察巡逻，每隔1段距离设有1座钢筋混凝土结构的岗楼，围墙内侧有非常开阔的巡逻道，每隔5分钟，警察开着警车巡视一周。[①] 俄罗斯监狱，除了劳动改造村外，其他场所都设有围墙、电网，围墙较高且厚实，在其内外侧均有警戒巡逻通道。英国监狱建造注重围墙的安全，低度戒备监狱只有2.5m高的铁丝围栏，没有围墙和电网。高度戒备监狱既有铁丝围栏，又有围墙和电网，围墙在最外层，高7.2m，用钢筋混凝土建成，内层为铁丝围栏，距围墙7.5m，设计要求狱内的建筑距铁丝围栏不得小于15m，围栏和围墙顶部安装有电网和防止翻越的滚筒，以及闭路电视监控和自动报警系统。阿尔伯尼监狱是英国一座封闭式监狱，该监狱有2道围墙，外部围墙高达17m，围墙内约20m筑有第2道篱墙。2道墙上都建造了枪塔，装有铁刺电网，安装了地音报警器。沿着围墙，在不同的地方设置了高达80m的电杆，电杆顶部装有汽光灯，汽光灯上安装的电视摄像机可以昼夜不停地监视记录监狱内外的情况。[②]

3. 监狱围墙的建筑结构

对于监狱围墙的建筑结构设计，可参照我国的《砌体结构设计规范》（GB 5003—2011）和《建筑结构荷载规范》（GB 50009—2012）来执行。《监狱建设标准》（建标139—2010）中的监狱围墙设计规定与上面的规范是一致的。

图11-4-3 山东省枣庄监狱围墙

围墙地基必须坚固，围墙下部必须设挡板，且深度不应小于2m。以中度戒备监狱为例，围墙基础大多采用天然地基作为持力层，使用50号水泥砂浆砌MU30以上毛石作为基础，基底宽1m至1.2m。上部围墙体采用50号混合砂浆砌MU7.5机制黏土砖墙490厚，高度5.5m。顶部以C20细石混凝土或圈梁压顶，至少每6m设1个构造柱。广东省乐昌监狱围墙采用了墙下条形基础。对于有抗震设防的地区，要设置钢筋混凝土抗震柱，形成框架结构，使围墙抗震性、整体性得以充分保障，以此抵御自然灾害的侵害。按照当时的结构规范，这种围墙可以满足监狱安全使用的要求，造价也比较经济，也符合《监狱建设标准》（建标139—2010）提出的达到"安全、坚固、适用、经济、庄重"的基本原则。对于高度戒备监狱，如北京市垦华监狱、江苏省龙潭监狱高度戒备监区，围墙采用现浇钢筋混凝土剪力墙结构。而河南省周口监狱围墙也是采用现浇钢筋混凝土剪力墙结构，抗撞击力强。英国监狱外围墙一般采用砖石结构。

近几年来，我国单体建筑的安全等级和可靠指标大幅提高。在监狱布局调整实施过程中，新建或改扩建的监狱围墙上面都增设了武装巡逻道，监狱围墙的总高度也随之增高，高墙电网确实给犯罪分子极大的心理震慑。但是从建筑结构安全角度上讲，

① 贾晓文. 论国外监狱设计和建设对我国的启示. 广西政法管理干部学院学报，2012年第3期。

② 万安中. 论英国的监狱管理及其启示. 广西政法管理干部学院学报，2013年第1期。

其安全性反而有的降低了，有的还达不到现行的结构规范要求，成了监狱监管安全隐患。其原因是巡逻道的护栏与围墙内侧墙面在一个垂直面上，而对于监狱围墙外侧，则产生了偏心巡逻道。在保持监狱围墙的厚度不变的情况下，要想使监狱围墙满足建筑结构安全，只有提高砖和砂浆的强度，但在实际工程中难做到，而且也不经济。增加墙体构造柱对于提高墙体承载力的程度还缺乏必要的实验和理论依据。如果提高围墙的厚度势必增加围墙的造价。经过科学论证，可采用另一种方法，监狱围墙总厚度不变，把原来的1道490mm砖墙改为两道240mm砖墙，中间留120 ~ 240mm中空层，中空层太大不利于监狱监管安全。这样做的好处就是基本不增加监狱围墙建筑材料，加强了监狱围墙的翼缘截面（类似于厂房中常用的工字形柱）。而且由于墙体厚度的增加极大地增大了墙体截面的截面抵抗矩，使风荷载产生的拉应力和压应力都大大减少，从而使监狱围墙的承载力满足规范要求。还有一种方法，就是武装巡逻道设在围墙顶上居中位置，这样不会产生偏心，缺点是武装巡逻道的护栏与围墙内侧墙面不在一个垂直面上，存在死角。

4. 监狱围墙采用的建筑材料

墙是用砖石等砌成承架房顶或隔开内外的构筑物。监狱围墙也就是用砖石等建筑材料砌成分隔监狱内外的构筑物。监狱围墙，可结合所处的地形地貌、监狱戒备等级以及所处地域特点，来确定所采用的建筑材料。我国中度戒备监狱的围墙一般采用实心砌块与钢筋混凝土砌筑而成，由以下三个组成部分：钢筋混凝土基础（以前多为毛石基础或素混凝土基础）、实心砌块与构造柱构成墙体、细石混凝土压顶或钢筋混凝土现浇武装巡逻道。

砌块作为围墙主要建筑材料，应采用实心，严禁使用空心砌块。有的监狱围墙墙体则全部采用混凝土现浇，如北京市垦华监狱，是一所高度戒备监狱，监狱围墙改变了以往采用的砖混结构，而是采用一次性现浇钢筋混凝土而成，虽造价增加，但在强度上要高于普通砖混结构，而且对日后的管理维护也有很大的帮助。震惊全国的河北省保定监狱“3·12”事件，罪犯谢某开吊车撞开围墙成功逃脱，原因之一是该监狱围墙建于20世纪50年代，陈旧老化，抗撞强度低。

国外半封闭、开放式监狱围墙目前更多地采用铁丝网和铁栅栏。如美国纽约州沙利文矫正所的围墙采用的是双层铁栅栏：外层是带刺的铁丝网，高达12m；内层是带电的铁栅栏，高5m。美国伊利诺伊州马里恩联邦感化院的围墙，也是双层铁栅栏，每层铁栅栏的上面是带刺的滚网，两层铁栅栏之间的空地上，也布满了带刺的滚网。

5. 监狱围墙的建筑外部表现

我国现在的监狱围墙，外表面一般多采用混合砂浆粉刷，再用外墙涂料装饰，也有直接是素混凝土面或用外墙瓷砖加以装饰，如山东省潍北监狱围墙内外墙裙贴上全瓷蘑菇砖。

现新建的监狱围墙上部应设置连通式的武装巡逻道（图11-4-4、图11-4-5），该武装巡逻道采用钢筋混凝土现浇而成，宽度为1.2m（以前大多为0.8m），净高为1.05 ~ 1.2m（现大多为1.1m）。从监狱监管安全角度考虑，武装巡逻道应采用单侧偏心悬挑式，即向围墙外侧悬挑，使围墙内侧墙面与巡逻道的护栏在一个垂直面上。中度戒备监狱的砖砌围墙500mm厚，高度戒备监狱的现浇混凝土围墙300mm厚。结构上分别偏心悬挑700mm和900mm是可以做到的，如云南省小龙潭监狱、四川省大英监狱、江苏省江宁监狱、江苏省苏州监狱等已经按此方式建造。

建于20世纪90年代初的上海市青浦监狱围墙武装巡逻道上面还设有电瓶车的轨道，用于武警或监狱警察坐电瓶车沿围墙进行巡逻，且在电瓶车上安装监控摄像头，对监管区重点部位进行监控。广西壮族自治区南宁监狱初建于2003年8月，2005年12月二期工程正式完工，它的监狱围墙顶采用坡屋顶的形式，且间隔性的有高差，围墙外墙面装饰有陶瓷小锦砖。云南省文山监狱、山东省滕州监狱等围墙顶部设有挑檐和坡顶，既与所在的区域——生态园区的园林特色相协调，又起到遮雨保护墙面的作用。

英国某高度戒备监狱的围墙，用钢筋混凝土做成（过去的围墙是用砖石居多），高6m，浑厚结实，分为内外两面。墙顶设计成蘑菇状，内外侧不可能挂上绳钩，人在墙顶上只能趴着，行走便会滑落，

图 11-4-4　上海市南汇监狱围墙顶上的武装巡逻道

图 11-4-5　江苏省苏州监狱围墙顶上的武装巡逻道

顶上的小凸起就是为了消除平面。逃犯想趴在墙顶看监外墙脚下的高度、地形地物是看不到的（球状体挡了视线），再继续往外爬行想观察墙角，则会滑落下去。这是运用狱政管理、建筑工程、心理学三方面专业知识巧妙结合的成功例子。围墙无电网无警察看守，无其他安装物，墙顶光秃秃、滑溜溜，没有可借用攀爬之物。

桑德龙监狱是瑞士先进监狱的代表，该监狱建有 7m 高围墙，墙上架着高压电网，没有岗楼，内外侧均设有巡逻通道，并布满密密麻麻的摄像探头。墙内重点部位设有警犬室，以便于警犬在内侧通道巡逻。监狱外围一定距离范围内没有任何建筑，监狱四周竖立着铁丝网围栏。

阿根廷联邦第一监狱，监狱围墙和监区围墙均采用钢网墙，全通透。

6. 监狱围墙的电网报警系统

监狱围墙电网报警系统是监狱围墙一个重要的组成部分，该系统主要是指围墙高压电网报警系统，采用数字式电网控制系统，围墙需安装电网支架、高低压瓷瓶、网线。监狱可根据围墙实际走向，分段设置报警位置。高压网线按 5 线布置，每根网线对地电压 10kV。低压电网也按 5 线布置，位于高压网线外侧，照明接入低压电网上。高压瓷瓶固定在电网支架上，保持与地面垂直。电网支架间隔为 4 ～ 6m，网线两端拉紧，对岗楼拐角处要进行加固处理。电网线应采用 16 ～ $25mm^2$ 的铝绞线或钢芯铝绞线，金属线与线间距为 150 ～ 200mm。电网与通信线路导线之间的距离不小于 5m。所有通信、报警线缆用电缆挂钩设在围墙的墙外。电网支架做好防腐处理，做好接地桩，做好防雷措施，确保安全高效运行。该系统应具有以下功能：

（1）控制功能

1）控制系统设置具体的运行参数后，电脑进行自动采集，分析各种环境下的电网工作时的各种数据，自动控制系统的运行，并在电脑显示屏实时显示系统中各种数据和各段的运行状况。

2）控制系统应具有 2 套工作方式：电脑控制和手动控制，一旦电脑发生故障时，手动可以控制系统的运行，保证电网正常的工作，数据采集柜上同样显示电网运行的各种数据。

3）电网工作电压一般设 10000V，在环境恶劣的情况下，控制系统能自动进行衡压，保持电网在一定的高压状态下正常运行。

4）控制系统应具有监狱围墙照明控制功能，可通过手动或自动控制照明系统的开启或关闭。

（2）管理功能

1）控制系统自动采集电网运行的各种数据，实时分析电网上的变化，并存储在电脑内。当电网发生异常时，系统能准确地分析是什么因素造成的。

2）进入管理模式后，监狱管理员有权限进行维修操作、修改电网运行参数、改变高压系统工作方式等。

（3）报警功能

1）数字式电网控制系统有别于过去的模拟电路系统和准数字式电网系统，它能根据外界情况，准确无误区分报警种类。

2）电网发生异常时，控制系统会及时发出报警信号，在控制系统的显示屏上显示报警种类（触网、断网等）、报警时间、报警区域，同时记录报警发生时间、电网运行各项数据，并在一定的时间内，电网系统继续保持正常工作，信号闪烁，待值班警察检查处理。

（4）信息传输功能

1）电网发生报警时，控制系统会及时输出报警信号。通过报警线路向监狱总监控中心、武警监控点发送报警信号（声、光）。同时可以通过监狱内部网络实时向监狱相关部门、上级指挥中心送达报警信息和实时电网运行状况。

2）上级指挥中心可实时在线查询各监狱所有高压电网报警信息、故障信息、电网运行的工作数据、存储的报警信息。

7. 监狱围墙的特殊要求

监狱围墙由于承担着特殊功能，有以下自身特殊的要求：

（1）围墙走向要求。围墙设置原则上是尽量减少转折点，以转折点越少越好，且转折处最好成直角或钝角。转角应呈圆弧形，表面要光滑，无任何可攀登处。中度戒备监狱，围墙内侧5m、外侧10m为警戒隔离带，隔离带内应无障碍物。在围墙内侧5m、外侧10m处均应设1道不低于4m高的防攀爬金属隔离网（图11-4-6）。而高度戒备监狱，围墙内侧10m、外侧12m为警戒隔离带，隔离带内应无障碍物。在围墙内侧10m、外侧12m处均应设1道不低于4m高的防攀爬金属隔离网。

对于围墙内侧隔离带内地面如何处理，全国大多监狱都设为水泥硬化路面。北京市垦华监狱采用了碎石子，其原因：首先是美观；其次石子路走过会发出响声，便于执勤武警警戒；再次还可节约成本。碎石子下面是1层灰色的无纺布，这种无纺布一是便于渗水，二是能有效抑制杂草生长。江西省赣州监狱采用了当地盛产的毛竹，做成倒刺，倒插在隔离带内。海南省美兰监狱采用粗沙（图11-4-7），其原因：不易反光，造价低。江苏省苏州

图 11-4-6　海南省美兰监狱围墙内侧的防攀爬金属隔离网

图 11-4-7　海南省美兰监狱围墙内侧隔离通道

监狱则采用靠近围墙一侧铺设不锈钢蛇腹形刀刺网，另一侧摆放碎石子。

（2）围墙上孔洞要求。通过围墙的管道的所有孔洞，都必须加设防护装置，如通过围墙的暖气沟，在管线完工后，必须在围墙两侧加设钢筋护网，钢筋直径≥ 16mm，网眼≤ 150mm，然后用 C20 混凝土填实，并在围墙内外两侧分别设检查入口。穿越围墙的地下孔洞、排水口需要加设 2 道铁箅子，铁箅子钢筋直径≥ 16mm，间距≤ 150mm。

（3）围墙中的构造柱要求。墙体中的钢筋混凝土柱应设为构造柱，而不应设为独立柱。这就要求监狱围墙在砌筑施工时，先砌砖墙，后浇钢筋混凝土柱。而不应先浇钢筋混凝土柱，而后填充砖墙。原因是砖墙与混凝土连成一整体，增加墙体的强度。否则柱与砖墙交接处易产生裂缝，且连接力大大减低。构造柱至少每隔 6m 设置 1 根，且应至少满足柱截面高度与围墙厚度相等，并根据当地实际情况调整柱截面尺寸及间距。

（4）围墙变形缝要求。变形缝是保证墙体在温度变化或基础不均匀沉降，以及地震时能有所伸缩，以防止墙体开裂，结构破坏。因此在过长单体建筑的适当部位、单体建筑平面的转折部位等处，设置变形缝。在地震设防地区，变形缝应统一按防震缝来处理。在围墙变形缝的构造中，一般采用企口搭接的做法，防止变形缝处内外通视，保证围墙的隔离作用。如采用对接的做法，可视情况采用镀锌铁皮遮蔽，用膨胀螺栓或铁钉固定，将缝处堵严，避免监管区内外通视。①

（5）围墙电网要求。监狱围墙上部应设电网，根据司法部监狱管理局《关于转发〈周界防范高压电网装置〉的通知》（司狱字 [2011]175 号）精神，今后新建监狱周界高压电网装置的建设要严格按照《周界防范高压电网装置》（GB 25287—2010）执行。上下电网间距≥ 1m，电压宜为 10kV。电网支架安装于围墙内侧，为内倒式，倾斜角度根据实际要求应在 90° ~ 135° 间。支架与地面垂直，电网支架应为能承受 150kg 重量且经防腐处理的金属支架。金属支架上绝缘子的性能应符合电网输出的最高电压要求。监狱必须按照一级供电标准照明，同时还应配备备用发电机组，备用电源能保证高压电网装置正常工作时间大于 4 小时。预埋电网铁件应在围墙砌筑时同时放入，不可以围墙砌好后，通过焊结来完成。围墙上有武装巡逻通道时，网架上端与墙体最近距离大于 0.7m；无巡逻通道时，网架上端与巡逻防护距离大于 0.6m（图 11-4-8）。辽宁省凌源第三监狱采用了符合新国标的智能周界防范高压电网。

（6）围墙照明要求。监狱围墙应设置照明装置，照明灯具应位于低压线的下面，中心距地 3.5 ~ 4.0m，灯具与灯具间距为 10m，照明灯具应配有防护罩。监狱围墙内、外侧警戒线内照明效果应良好，光线不应对岗楼武警产生眩光。围墙的照明应用节能产品，如长效节能灯 40w 足够了，同时灯具应具有防水功能。围墙灯照明线采用 bv—500v 型导线穿焊接钢管沿墙暗敷。监狱围墙照明设备不能亮到干扰罪犯或邻近居民的休息和睡眠，但亮度要足以保证在黄昏后能看到人。

8. 监狱围墙的发展方向

我国监狱围墙应立足于国情，力求经济、安全、适用，结构更加合理，功能更加齐全，设施更加完善，“数字化”、“人性化”、“高效性” 等将成为监狱围墙发展的趋势。

数字化在监狱围墙上应用越来越受到重视，监狱的围墙周界采用智能分析，能够准确有效地分析出围墙周界动静，通过对运动目标的检测、分类和跟踪，可与传统视频监控系统进行无缝集成，在 7

图 11-4-8　湖北省襄北监狱围墙上的电网（无武装巡逻通道）

① 杜中兴主编. 现代科学技术在监狱管理中的应用. 法律出版社，2001 年3月，第280页。

天×24小时全天候无人值守的情况下，采用事件设定、检测识别、告警触发的视觉智能化解决方案。在围墙周界划定警戒线实现监狱围墙周边防范，防止罪犯越狱逃跑或非法人员入侵。位于日本南部山口县的首家“无围墙监狱”，于2007年5月投入使用，该监狱与戒备森严的普通监狱不同，四周没有高高的围墙，取而代之的是无线栅栏和红外线传感器等高技术警报设施。监狱采用电子标签代替狱警监控罪犯。罪犯会见亲友时，不需要警察陪同，因为通过囚衣上的电子标签，监控人员可以通过电脑看到他们的一举一动。这所无围墙的新式监狱投入使用后，每年大大节约了监狱运行成本。

人性化主要应根据自身特点，在围墙设计中体现出人性化，以促进罪犯的安心改造。如北京市女子监狱针对女性罪犯的特点，以“以环境塑造人、以环境改造人”为建设理念，围墙在设计和创意上有所突破，在正立面一侧采用了里外通透式的无电钢网栅栏代替传统围墙，该钢网栅栏由无数个铁质星星花纹组成，不可攀登。使在该监狱女性罪犯克服狭隘的心理情绪，拉近了与社会的距离，增加对今后生活的向往。

高效性主要体现在围墙报警时的准确性、处置时的快速性，以提高监狱警察的工作效率和工作质量。

（二）岗楼

监狱岗楼是为观察瞭望、警卫监管区内外动态以及对罪犯产生威慑感的警戒设施。我国古代监狱岗楼可以从最早监狱产生中找出最初的雏形，我国最早的夏代监狱——圜土，是用土夯筑而成的一种圆形围墙，或者挖地而成的一种圆形土坑，作为集中关押战俘和罪奴的监狱，以防他们逃跑。看押者可以站在上面监视里面的关押者。以后各朝代监狱史料中并没有介绍监狱岗楼相关情况，直至清末民初，学习西方主要是日本，监狱建筑中除了围墙外，还设置岗楼。当时的岗楼一般都为十二角亭形。1913年北洋军政府颁布的《监狱图式通令》中对岗楼做法作出了说明。当然也有其他形式的岗楼，如重庆渣滓洞监狱岗楼则是木质岗楼。新中国成立后到20世纪80年代末，监狱岗楼还是以砖石、混合结构为主，现在则以钢筋混凝土为主，做到了既坚固、实用、耐用，又美观大方，岗楼设计与建设发生了质的变化。

1、监狱岗楼的设计规则

（1）应遵守国家建设规范《监狱建设标准》（建标139—2010）以及相关监狱监管安全要求规定。

（2）应遵守武警总部颁发的《中国人民武装警察部队执勤设施建设标准》（武司[2009]290号）相关要求。

（3）应安全、坚固、适用，体现出监狱安全警戒设施的特点。

（4）抗震设防的基本烈度，应在本地区基本烈度的基础上提高1度，并不应小于7度（含7度）。

2、监狱岗楼设计要求

（1）监狱岗楼的数量

按照《监狱建设标准》（建标139—2010）中相关规定：岗楼之间视界、射界应无重叠。岗楼间距不应大于150m。监狱岗楼设计数量，应遵循以上原则。广西壮族自治区平南监狱迁建贵港市项目，围墙总长度1150m，设置岗楼10座；江苏省苏州监狱围墙总长度1450m，设置岗楼12座；陕西省关中监狱围墙总长度1247m，设置岗楼13座。国内不少监狱还达不到岗楼间距不应大于150m的要求，如河南省许昌监狱（高度戒备监狱）围墙1264m，岗楼7座；河南省焦作监狱（高度戒备监狱）围墙总长度约1400m，设置岗楼7座；河南省周口监狱围墙总长度约1450m，设置岗楼7座；广东省乐昌监狱围墙长度1480m，设置岗楼7座；新疆维吾尔自治区喀什女子围墙总长度约1580m，设置岗楼9座；山西省太原第二监狱围墙总长度约1725m，设置岗楼6座；江苏省龙潭监狱高度戒备监区围墙总长度约1760m，设置岗楼10座；山东省泰安监狱围墙总长度1970m，设置岗楼10座；山东省潍北监狱围墙总长度约2287m，设置岗楼10座；内蒙古自治区呼和浩特高度戒备监狱围墙总长度2496m，设置岗楼12座。外国监狱岗楼，如俄罗斯监狱，岗楼根据改造场所的警戒级别，沿围墙间隔200～500m不等的距离设置。

总之，监狱岗楼的数量设置，间距不应大于150m，对于围墙长度超过300m的，中间应增设监墙哨，同时应与驻监武警中队官兵编制相结合。

（2）监狱岗楼的选址

按照《监狱建设标准》（建标 139—2010）中相关规定：岗楼一般应设于围墙转折点处和围墙中部，视野、射界良好，便于哨兵观察控制，无观察死角。而民国期间，中心岗楼一般位于监舍区中，如位于北京市西城区自新路附近的原京师模范监狱，建于清末时期，中心岗楼与周围各监舍通道相连，值班看押人员只需在岗楼里巡视 1 圈，就可以观察各排监舍的情况。毫无疑问，在当时监控手段落后的情况下，要保证值班看押人员对狱内状况的掌控，这种设计可谓相当科学了。目前各省市、自治区、直辖市正在筹建或已建成投入使用的高度戒备监狱，在警察行政办公区或监管区内建有制高点，如北京市垦华监狱，第 1 栋监舍楼的制高点相当于清末民初监狱的中心塔楼。

（3）监狱岗楼的建筑规模与建筑结构

监狱岗楼属于构筑物，建筑规模一般不用建筑面积来表达，如果一定用建筑面积来说明，由于一般设地上 2 层，第 2 层四周挑出执勤平台（第 2 层与挑出执勤平台是岗楼的核心部分，武警在岗楼执勤活动的主要活动空间），挑出长度一般为 1.2 ～ 1.5m，由于挑出执勤平台外立面大多用保温隔热的玻璃材质构成 1 个完整的封闭空间，总建筑面积 20 ～ 40m^2。如天津市长泰监狱围墙岗楼建筑面积 24m^2；江苏省龙潭监狱高度戒备监区岗楼，地上 2 层，建筑面积 32m^2；辽宁省康平监狱中心监区岗楼，地上 2 层，建筑面积 39.9m^2；广西壮族自治区平南监狱迁建贵港市项目的岗楼，地上 3 层，框架剪力墙结构，建筑面积约 68m^2。

由于许多以前建造的岗楼多为砖混结构，已经不能满足现行国家建筑结构规范的抗震要求，必须要改为抗震性能更好的钢筋混凝土框架结构，如江苏省苏州监狱、海南省琼山监狱、天津市长泰监狱等岗楼都采用了钢筋混凝土框架结构。北京市垦华监狱岗楼采用了剪力墙结构，墙厚 200mm。

（4）监狱岗楼的层数与层高

监狱岗楼层数，严格意义上讲，都为地上 2 层，第 2 层为执勤平台。按照相关规定，岗楼的高度以岗楼四周平台高出围墙 1.5m 以上为标准。我国现在中度戒备监狱的围墙距监内地面净高度一般为 5.5m（高度戒备监狱一般为 7m），则地面到平台的高度至少为 7.0m。如果围墙顶上设有巡逻道，从岗楼要进入围墙巡逻道必设有 1 门，此门的高度应在 2.0m 左右，不宜低于 1.85m。岗楼四周的平台至岗楼檐口的高度不低于 2.5m，则从监管区内的地面至岗楼檐口的总高度不低于 10m（高度戒备监狱不低于 11.5m）。天津市长泰监狱岗楼，地上 2 层，建筑总高度 10.2m；北京市垦华监狱岗楼，地上 2 层，建筑总高度 10.5m；辽宁省康平监狱中心监区岗楼，地上 2 层，建筑总高度 10.64m；福建省福州监狱岗楼，地上 2 层，建筑总高度 11.93m；海南省琼山监狱岗楼，地上 3 层，底层层高 5.5m，第 2 层层高 3.3m，第 3 层层高 3.6m，建筑总高度 12.4m；江苏省金陵监狱岗楼，地上 3 层，建筑总高度 12.5m。山东省泰安监狱岗楼，也为地上 3 层，第 3 层为武警值勤使用，第 2 层为武警在恶劣天气时备勤使用。

国外高度戒备监狱岗楼一般较高（图 11-4-9），围墙四周挑平台距离地面 12m 多，如美国格林海文矫正所就是一所典型的最高戒备等级监狱，该监狱岗楼距离地面 40 英尺（约合 12.198m）。我国在建高度戒备监狱时，可以借鉴国内外岗楼设计成功经验，围墙四周挑平台距离地面 12m 左右，位于岗楼内值勤武警视线十分开阔，可以监视围墙内外两侧规定的区域范围。

（5）监狱岗楼的建筑风格与建筑造型

目前我国监狱岗楼为封闭单体建筑，由于所属地域不同、民族不同、经济水平差异，则设计出与地域、生态环境、人文环境、经济条件相合拍的岗楼。目前全国各地的监狱岗楼建筑风格与造型也各不相同，常见的建筑风格为园林式与欧式，其中以园林式较为典型（图 11-4-10）。

岗楼建筑造型按截面分为正方形、正六边形、正八边形、圆形等。山东省泰安监狱、枣庄监狱采用了正方形（图 11-4-11、图 11-4-12），江苏省苏州监狱采用了正六边形（图 11-4-13），北京市垦华监狱采用了正八边形。但大多采用了圆形，如河北省女子监狱（图 11-4-14）、浙江省长湖监狱（图 11-4-15）、上海市南汇监狱（图 11-4-16）、山西省大同监狱（图 11-4-17）、河南省焦南监狱等，其主要优点是岗楼视线清晰、无死角。正方形岗楼与围墙连为一体，内部布置不浪费空间。岗楼建筑造型又分为有平台和无平台两种类型，绝大多数岗楼四周都设有平台，山东省泰安监狱没有设平台。对于设平台的岗楼，正方形边长一般为 2.7 ～ 3.3m，正六边形边长一般为 1.5 ～ 1.8m，圆形半径一般为 1.6m，岗楼截面积一般设 10m^2 左右较为合适；过大，与围墙不协调，且不经济；过小，里面的空间狭窄，楼梯板的宽度小，楼梯坡度大，上下通行时较为吃力。

岗楼屋顶做法也各不相同，有坡屋面、平屋面。由于涉及监狱监管安全，平屋面逐渐淘汰，宜设坡

图 11-4-9　美国弗吉尼亚州监狱警戒塔

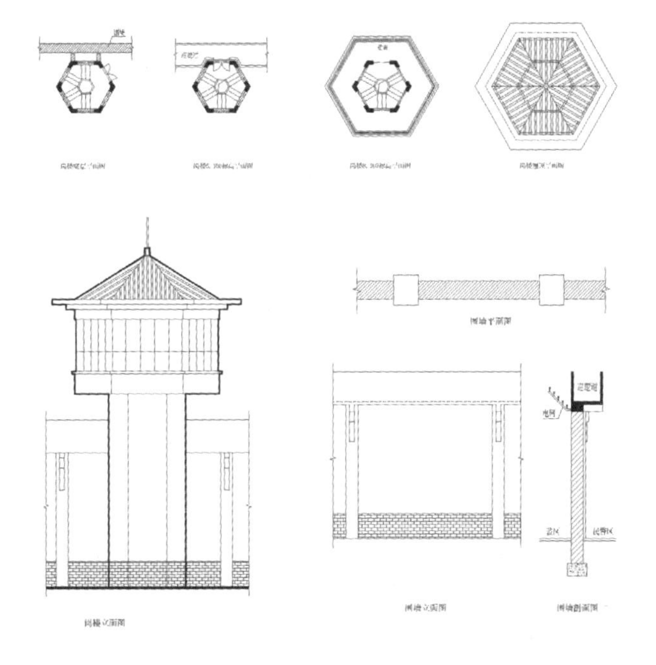

图 11-4-10　江苏省监狱围墙岗楼平立剖示意图

图 11-4-11　山东省泰安监狱岗楼（正方形）

图 11-4-12　山东省枣庄监狱岗楼（正方形）

图 11-4-13　江苏省苏州监狱岗楼（六边形）

图 11-4-14　河北省女子监狱围墙岗楼（圆形）

图 11-4-15　浙江省长湖监狱岗楼（圆形）

图 11-4-16　上海市南汇监狱岗楼（圆形）

图 11-4-17　山西省大同监狱围墙岗楼（圆形）

屋顶。坡屋面也形式多样化、地域化，如江苏省苏州监狱旧址的岗楼采用的是古典园林式——飞檐翘角，而江苏省丁山监狱则充分利用当地的建筑材料，岗楼的屋顶利用当地盛产的琉璃瓦。

福建省宁德监狱、山西省平遥监狱、山东省鲁南监狱等岗楼，在围墙转角处采用了 1 根独立柱支撑，十字形梁悬挑而成，由于受悬挑所限，此类岗楼建筑面积较小，造型小巧玲珑（图 11-4-18）。优点是造价低，里面没有设置上下楼梯，利用率高。

3. 监狱岗楼与围墙相交处做法

监狱岗楼与围墙相交处做法，下面以常见的正方形或正六边形岗楼为例。

（1）正方形的岗楼，岗楼与围墙位置关系有两种情形：一种是岗楼的中心与围墙的轴线相重合；另一种是岗楼的内侧与围墙内侧齐平。

（2）正六边形岗楼，岗楼与围墙位置关系有以下几种情形：一种是岗楼的中心与围墙的轴线相重合，此种情况最为简单，处理办法是岗楼的一面与围墙相切，另五面在围墙外侧。另一种情况为岗楼建于围墙转折处，且此转折处为直角或钝角，有两种处理方式：一是岗楼的中心位于围墙转折处，岗楼

图 11-4-18　安徽省巢湖监狱悬挑式岗楼

与围墙相交处加建与岗楼和围墙同时相切的弧形墙体，且平台地面上要留有观察洞口；二是岗楼的中心位于围墙外，由于考虑要从岗楼进入围墙上的巡逻道，岗楼有一面必须与围墙相切，另五面在围墙外侧，因此该岗楼应该说是偏离转折处的。最后一种情况为岗楼建于围墙转折处，由于受地形所限制，此转折处为锐角，应在岗楼与围墙相交处加建与岗楼和围墙同时相切的弧形墙体，以确保没有观察死角。

4. 监狱岗楼门窗的设置

现在新建、迁建或改扩建的监狱在围墙顶部一般均设有武装巡逻道，可以适当减少岗楼底层进户门的数量。例如江苏省苏州监狱所有岗楼底层只设了 2 个门，1 个门设在监管区大门附近，设置在此处的原因是便于监狱方使用，能及时处置监狱突发事件。另 1 个门直接设在靠近武警营房区域，通过此扇门可以上武装巡逻道，再由武装巡逻道进入其他岗楼。门设置在营房附近区域，可以避免执勤武警在围墙外行走，增强了安全系数。贵州省瓮安监狱、重庆市渝都监狱、甘肃省酒泉监狱等在武警营房区与监狱围墙之间采用天桥连接，武警可以从营房区直接到武装巡逻道和岗楼，不但增强了安全系统，还减少不必要的路程。岗楼通向外界的门应安装质地坚固的铁门及门锁，门和锁皆为内装式。铁质门上的观察洞口要设有活动挡板，并安装插销。岗楼平台上的内窗通常设为无阻碍通长式透明玻璃钢窗，必须安装金属防护栏。

5. 监狱岗楼的内部设施

（1）岗楼楼梯，是岗楼较为重要的组成部分。由于岗楼属于构筑物，面积较小，里面空间较为狭窄，楼梯的设计显得极为重要。目前，岗楼楼梯主要有以下几种形式：一是沿墙设悬挑楼梯，大多采用钢筋混凝土现浇，如江苏省南通监狱、江苏省苏州监狱等岗楼；二是螺旋式钢楼梯，也称“螺旋转梯”，如山东省潍北监狱、江苏省溧阳监狱中心关押点等岗楼，由于踏步呈扇形，出现紧急状况，不利于快速上下；三是折递式钢楼梯（即两跑式楼梯）。江苏省龙潭监狱高度戒备监区中心塔楼内的楼梯，设置 2 个，其中 1 个为电梯，为主要的运载工具，另 1 个为普通人行楼梯，遇到电梯停电、故障或保养维修时使用。从实践中看，岗楼楼梯采用两跑式楼梯较为适用、安全。

楼梯梯段宽度要满足武警携带枪支上岗的便利，同时满足国家对于楼梯的规范要求，规定楼梯净宽不小于 0.8m，设计时梯段宽度一般为 0.9m（其中减去楼梯栏杆尺寸后净尺寸满足要求）。楼梯踏步的高度一般为 0.15 ~ 0.175m，踏步宽度为 0.25 ~ 0.28m，楼梯栏杆净高不小于 0.9m，水平栏杆净高不小于 1.05m，栏杆的竖向间距不得大于 0.11m。这些尺寸既要适合武警的特殊要求，同时符合国家关于楼梯的一些通用要求。

（2）岗楼探照灯，是岗楼对围墙内外侧照明的重要照明设施。现在普遍采用一种新型的探照灯，不锈钢金属外壳，外表面整体喷塑处理，结构轻盈，性价比高。光源采用高压氙灯，电压为 220V，电流为 4A，功率为 1 ~ 2kW，频率为 50hZ/60hZ，使用寿命能保证 1000h。灯体的保护玻璃应选用 5mm 厚的钢化玻璃，要具有较强的抗击强度。

（3）多功能报警系统，是岗楼执勤武警官兵在发生紧急情况下，进行报警的系统。发生情况时，岗楼值勤武警官兵只要根据事发情况，按下相应的按钮，监狱监控中心和武警勤务值班室内的值班人员就能准确得到信息，并做出相应的处置方案。而报警系统也会自动发出不同的报警声音，多功能电子显示器上会准确显示发生的情况，并指示外来袭击或罪犯逃跑的方向，使监狱和武警部队能够及时准确有效地处理突发情况。

（4）其他设施，如配备指纹查勤系统、视频监控摄像头、监控显示器、防暑降温和供暖设施；配备哨位执勤设施集成箱，箱体安装语音对讲系统、武警专用及目标单位内部电话；携枪带弹的岗楼内必须安装哨位子弹安全箱；配备应急灯、高音喇叭、药品盒等。

6. 监狱岗楼设计应注意的几个问题

（1）执勤室应全封闭，安装有金属防护栏，外形规则，以体现庄重、严肃、威慑感。挑出的临围墙端的平台，若超出围墙时，为避免出现围墙内侧区域盲区，应在岗楼平台上设有镂空的矩形地下观察洞口，洞口尺寸通常为300mm×600mm或400mm×800mm。洞口底层设有金属格栅支架（起固定受力的作用），上层为双层夹胶15mm厚的透明钢化保温玻璃。

（2）在施工时，应与围墙同步进行建设，监狱岗楼最好设整板基础。要在监狱岗楼上设置御寒、避雨、避雷设施等，以保证警戒工作的正常运作。

（3）与监狱岗楼毗邻的单体建筑的间距≥20m，且此单体建筑宜为单层，最高不得超过3层。若单体建筑总高度超出岗楼高度，单体建筑应设坡屋面，严禁设平屋面。2004年辽宁省瓦房店监狱“8·19”事件，发生罪犯袭击岗楼武警恶性案件，是因为存在厂房与岗楼距离近，厂房高度较高，屋面为平屋面等潜在的监狱监管安全隐患，为罪犯越狱提供了便利条件。

二、监狱大门

目前我国监狱大门分为警察行政办公区大门和监管区大门，《监狱建设标准》（建标139—2010）第三十九条对监狱大门进行了阐述。此大门实质上指的是监管区大门，不是一扇门，而是1栋单体建筑。监狱大门顾名思义是指人员和车辆出入监管区的大门，习惯称其“二道门”，它是监管区与警察行政办公区或与外界直接交界的重要部位，是监管区最为重要的出入通道，也是重要的监狱安全警戒设施。

随着监狱押犯总量的上升、罪犯构成的复杂化增强，监狱监管安全面临严峻考验，尤其在监狱布局调整后，信息化及安防报警系统日趋完善，罪犯从围墙脱逃的概率大大降低。在我国，曾发生过罪犯跟随车辆混出大门、穿便衣混出大门、暴力冲门等罪犯脱逃案件，监狱大门作为进出监管区的一道重要防线，在监狱安全防范体系中有着举足轻重的地位。

（一）监狱大门的设计规则

（1）应遵守国家建设规范《监狱建设标准》（建标139—2010）以及相关监管安全要求规定。

（2）应安全、严密、坚固、适用、庄重，体现出监狱建筑的特点。

（3）宜采用对称结构，结构严谨，外形规则，以体现庄重、严肃、威慑感。

（4）在色调选用上宜沉重些，如选用中灰甚至更深的色调，忌选用软质浅色外饰。中间的大门造型可采用直角硬质材质，要采用加厚钢门，要具有防弹防爆破性能。

（5）结构与造型应与监狱围墙、监管区建筑风格相协调、统一。

（6）内侧应设置不小于20m的防冲击封闭缓冲带。

（7）必须保持畅通、坚固，以防止意外和突发事件的发生，如停电以及监狱内外犯罪分子强行冲监等。

（二）监狱大门设计要求

1、监狱大门的选址

（1）必须符合监狱总体规划布局。

（2）宜设在监管区中心轴线上，同时也要考虑便于人员和车辆的进出。

（3）要便于监狱和驻监武警能迅速处置监管区内发生的突发事件，监狱大门与驻监武警营房距离一般不宜大于200m。

（4）监狱大门的设计要保证监狱围墙内视线通畅。

2. 监狱大门的建筑规模与建筑结构

《监狱建设标准》(建标139—2010)将监狱大门列入安全警戒设施范畴，没有规定大门建筑面积指标。现在全国各地监狱的大门差异较大，有大有小，有高有矮，形式多样，承担的使用功能有多有少，绝大多数监狱将监狱大门建成了综合楼。从实践效果来看，监狱大门建筑规模不宜过大，建筑面积宜控制在3000m^{2}以内，如安徽省安庆监狱监管区大门，建筑面积1248.84m^2；湖南省网岭监狱中心押犯区大门，建筑面积1318m^2；天津市长泰监狱监管区大门，建筑面积1410m^2；安徽省巢湖监狱监管区大门，建筑面积1515.86m^2；江苏省江宁监狱中心监区大门，建筑面积1876m^2；江苏省苏州监狱监管区大门，建筑面积1935m^2；江苏省龙潭监狱高度戒备监区大门，建筑面积2460m^2；陕西省杨凌监狱监管区大门，建筑面积2790m^2。监狱大门建筑结构宜采用钢筋混凝土框架结构，上述8所监狱监管区大门建筑结构均采用了钢筋混凝土框架结构。

3. 监狱大门的层数与层高

层数在4层(含4层)以内较为合适。为彰显监狱大门重要地位，从建筑美学角度考虑，监狱大门必须高于监狱围墙。按照中度戒备监狱的围墙高度5.5m，另外加上1.2m的护栏来计算，则大门建筑总高度至少要在7m以上。当监狱大门设置2～3层时，建筑总高度可以达到10m左右；当监狱大门设置为4层时，建筑总高度可以达到17m左右。由于消防或特种车辆净高达5m，所以车行通道门的净高也应在5m以上。其他层高可按4.0m来测算。如果顶层设为监狱总监控中心，层高应控制在4.5m左右。天津市梨园监狱监管区大门，地上1层，建筑总高度为11.75m；天津市长泰监狱监管区大门，地上2层，建筑总高度10.1m；安徽省安庆监狱监管区大门，地上2层，建筑总高度13.10m；江苏省苏州监狱监管区大门，地上3层，底层层高4.5m，第2层层高4m，第3层层高3.2m，建筑总高度14.5m；江苏省龙潭监狱高度戒备监区大门，主体3层，局部4层，建筑总高度21.675m；陕西省杨凌监狱监管区大门，地上4层，建筑总高度16.8m。

4、监狱大门的建筑风格与建筑造型

监狱大门应充分体现监狱作为暴力机器的体征，宜采用左右对称形式以及整洁规整的立面处理方式，使建筑具有淡雅风格的同时又能兼具庄重、威严、大气的整体形象。如江苏省苏州监狱监管区大门，较好地借鉴和吸收了苏州园林的建筑风格，粉墙黛瓦，凝重古朴，且在铜质大门上附以凶猛威武的狴犴头像，彰显监狱威严。

监狱大门外形要求有一定气势，有震撼力，同时，整个建筑要能给罪犯感观上带来威慑性，使他们产生一种敬畏感。因此，监狱大门作为监狱标志性建筑之一，其外形设计必须重视，在充分满足基本功能的前提下，应该按照庄重、威严、大气的原则进行设计。北京市垦华监狱的大门设计寓意颇深，正方体的监狱大门上方有圆形的镂空，这代表天圆地方，同时也有无规矩不成方圆的意思。圆形的镂空上方的铁网，寓意法网恢恢，疏而不漏，这种外形设计实质上是对罪犯跨进这道门的一种警诫。为了更好地体现监狱大门的重要地位，外观宜使用寿命长、不易脱落、不易褪色的材料，优选干挂花岗石或铝板等中、高档装饰材料(图11-4-19～图11-4-24)。

《监狱建设标准》(建标139—2010)第二十条规定：监狱的标志应醒目、统一，标志上宜有警徽及监狱名称的中文字样；在有少数民族文字规定的地区应按当地规定执行。因此，监狱大门设计时，外立面应充分考虑警徽、监狱名称标志牌的位置，并充分考虑悬挂物与单体建筑的比例关系，避免出现风格、比例、位置不协调的情况。此外，还应安排好空调外挂机、落水管等附属物的位置，尽量避免对外观造成影响(图11-4-25～图11-4-29)。

(三)监狱大门的功能用房

监狱大门，除了设有控制人员、车辆进出的警察值班室、武警哨位等基本功能用房外，许多新建、迁建、改扩建监狱还在监狱大门里增设值班室、管教职能科室、应急指挥中心、总控监室、武警备勤室等其他功能用房。这些功能用房设置，使相关职能科室靠近监管区，不但提高办事效率，还便于迅速处置突发事件。

(1)控制人员进出的值班室，主要为控制进出监狱大门的人员而设置的房间。此值班室内要安装电话、监狱管理局域网、报警装置(一般为触发式

图 11-4-19　辽宁省大连市监狱监管区大门

图 11-4-20　河南省焦南监狱监管区大门

图 11-4-21　河南省三门峡监狱监管区大门效果图

报警装置）、控制 AB 门装置、显示 AB 门外侧全景的显示器等。控制人员进出的值班室建筑面积 20m² 左右。

（2）控制车辆进出的值班室，主要为控制进出监狱大门的车辆而设置的房间。此值班室内要设有通信、内部局域网、报警装置（一般为触发式报警装置）、控制 AB 门装置、显示 AB 门外侧的全景显示器等设施。车辆进出的值班室建筑面积 20m² 左右。

图 11-4-22　江苏省南京监狱监管区大门

图 11-4-23　某监狱监管区大门

（3）家属会见专用通道，主要为会见的家属进入会见楼而设置的专用通道，一般设在监管区大门一侧。陕西省杨凌监狱的家属会见等候厅及地下会见通道设在大门的西侧，而东侧为警察及外来人员通道，中间为车辆通道。贵州省黔东南监狱（即迁建的东坡监狱）在监狱大门一侧设有 225m 的地下会见通道。在通道入口处，应设有检查间，用以登记检查相关会见人员。此检查间要设有通信、内部局域网、报警装置、安检屏等设施。检查间建筑面积 30m² 左右。

（4）武警哨位，也称“监门哨”，是设在监狱大门的武警哨位。在保持监墙哨、增强武警在监墙上武装威慑的前提下，要设武警哨位。哨位设置在靠近武警控制的监门一侧，能通视 AB 两道门（含人行的小门、车行的大门）和 AB 门之间的通道。无法通视的，必须在观察死角处安装监控探头，供哨兵观察使用。武警哨位使用面积原则上不少于 $4m^2$，窗要加装金属防护栏或其他安全防护设施，门必须牢固。哨位内要设有子弹安全箱、监控、报警、通信等执勤必备设施。

（5）监管改造职能科室的值班室，用作监管改造职能科室的值班警察办理日常外来人员或车辆进

（a）

（b）

图 11-4-24　英国某监狱大门

图 11-4-25　山东省济南监狱监管区大门

图 11-4-26　海南省美兰监狱监管区大门

图 11-4-27　北京市未成年犯管教所监管区大门

图 11-4-28　天津市河西监狱监管区大门

图 11-4-29　司法部燕城监狱监管区大门

出监管区大门的审批手续，以及办理看守所移交的新犯入监、罪犯出监、接待罪犯家属等其他日常事项。要设有内外通信、报警装置等设施。此间可兼作接待室，建筑面积 50m² 左右。

（6）监管改造职能科室办公室，是指监狱监管改造职能科室办公用房。监狱大门是监狱监管安全的重要一环，因此可在设计上充分考虑它的安全性，在监狱大门内设置负责监管改造职能科室的办公室，增加其实用性。改造职能的警察既可集中办公，也可分散办公，每间办公室建筑面积要根据监狱自身特点来确定。如分散办公，可设 15 间左右，具体如下：狱政科（含科长办公室、内勤办公室、狱政档案室、罪犯物品保管室、狱政资料室等），教改科（含科长办公室、内勤办公室等），卫生科（含科长办公室、内勤办公室等），刑罚执行科（含科长办公室、内勤办公室等），狱内侦查支队（含支队长办公室、证据保全中心等），指挥中心，心理咨询中心（或心理健康指导中心）等。男子监狱的女警中心，可根据实际情况来设置，一般设 2 ~ 3 间，以上每间办公室建筑面积 30m² 左右。

（7）内管警卫大队（有的监狱称“巡逻队”）的办公与备勤用房，是指监狱内管警卫大队的办公以及备勤休息用房。监狱大门是监控的重点部位，警卫大队的办公，尤其是夜间应急处置功能非常有必要放在监狱大门上。警卫大队的办公用房设在监狱大门上，更能保证这个建筑的实用性。警察狱内夜间的执勤模式，各地情况不同，执勤地点也争议很大，不管应急处置的地点设在哪个地方，应该按照“就近布置”的原则，因此设在监狱大门上非常有必要。内管警卫大队办公室和备勤室可设置在第 2 层。

（8）监狱指挥中心、总监控室。监狱指挥中心是监狱指挥枢纽，具有应急处置、智能报警、狱情研判、决策支持、指挥调度、联动布防、监狱信息汇总、重大突发事件信息上报、远程桌面综合查询管理、预案管理、设备管理等管理职能，监狱指挥中心宜与总监控室相连（图 11-4-30）。浙江省临海监狱指挥中心平台监控大屏，由 32 块 55 寸液晶屏拼接而成，可以随时显示每个视频监控点的监控图像，初步实现监狱对监管安全的智能化管理。当发生突发事件时，指挥中心能即时用 5 套通信系统（警务通、程控电话、来邦对讲、移动对讲、外线电话）和 1 套监内分区广播系统，通知警卫巡查队员、应急防暴队员和监内其他警察快速集结，赶到事发地点，并在最短时间内控制监管区大门车行通道、人行通道和会见楼的地下人行通道。监狱指挥中心建筑面积 100m² 左右，总监控室建筑面积 200m² 左右。

（9）武警备勤室，是指武警在监狱大门的备勤用房。武警备勤室原则上与武警哨位连在一起。备勤室建筑面积 30m² 左右（有条件的内设卫生间），摆放 2 张以上单人床，并配备储物柜、桌椅、电风扇（空调）、电视机等设施。放置枪柜的，备勤室安防设施应符合武警部队兵器室管理标准。备勤室钥匙由驻监武警部队保管。如果武警营房距监狱大门武警哨位比较近，行走距离 50m 以内，可不再另设武警备勤室。

（10）其他用房，主要包括警用设备间和更衣室等。警用设备间用于摆放监狱警用设备或武器库，建筑面积 30m^2 左右，可与监狱应急指挥中心相通。警察进入监管区执法必须着警服，可以在底楼设置警察更衣室，建筑面积 60m^2 左右。多余的房间可作为存放杂物的仓库。

（四）监狱大门特殊要求

（1）人行通道设置。目前，我国监狱大门人行通道设置，严格实行 AB 门，有的监狱设有五六道门之多（图 11-4-31 ~图 11-4-34）。广东省女子监狱，人行通道又分为警察通道、外协人员通道，通道宽敞。内蒙古自治区第一女子监狱和江苏省溧阳监狱中心关押点，监狱大门设置除了车辆通行道外，专门设置了另外两条人行通道，一条进，一条出。外来人员进去的要办理审核批准才能进，出去的要通过按指纹核对才能出。人行道实行双轨制，进出不会混淆，既有进出难度又能保持畅通好识别，更重要的是在发生紧急情况时能避免碰撞和拥堵。

（2）车行通道设置。目前，我国监狱大门车行通道设置，主要有两种情况：一是设在监管区大门内，优点是监管区大门区域的围墙内视线通畅，缺点是 AB 门同时关闭后，车行通道光线比较暗，检查车辆必须借助于人工照明。江苏省苏州监狱、江宁监狱中心监区、山东省鲁南监狱等采用了该形式。二是设在监管区大门外监管区内，优点是视线通畅，空间大，缺点是监管区大门区域的围墙内侧视线被阻挡。这是多数监狱采用的形式，如浙江省临海监狱、江苏省洪泽湖监狱、江苏省连云港监狱、山东省青岛监狱、山西省太原第一监狱、山西省曲沃监狱、黑龙江省齐齐哈尔监狱、黑龙江省六三监狱、甘肃省武威监狱等（图 11-4-35）。

图 11-4-30　江苏省苏州监狱总监控中心（位于监管区大门三楼）

图 11-4-31　江苏省江宁监狱小岛监管区大门人行通道

图 11-4-32　江苏省江宁监狱小岛监管区大门人行通道物品储藏柜

图 11-4-33　山东省未成年犯管教所监管区大门人行通道立式辊闸机

图 11-4-34　海南省美兰监狱监管区大门人行通道闸机

图 11-4-35　宁夏回族自治区石嘴山监狱监管区大门

修订后的《监狱建设标准》(建标 139—2010)对监狱大门作了相应的规定：大门内分设车辆进出通道、警察专用通道和家属会见专用通道，均设AB二道门，外门应为金属门，且电动开闭，并应设带封顶的护栏，可实现人车分流、警察和罪犯家属分流，有效控制车辆和人员的进出，便于管理和监控。警察专用通道和家属会见专用通道应设门禁、安检系统。车辆通道宜宽 6m、高 5m，车辆通道进深(AB门之间的距离)≥ 18m(主要考虑车身长度，山东省青岛监狱长达 30m)，通道两端应设置防冲撞装置(如防撞桩、破胎阻车器等)，通道顶部和地面应设监控、探测等安检装置，可监控车辆的顶部和底部，并对车辆内部进行监控和探测，有利于监狱监管安全。在监狱大门的内外两侧道路均要安装橡胶减速带。

车行通道不论设在门内还是门外，都应安装防撞桩和破胎阻车器等阻止车辆逃脱、乱闯行为的设施。

防撞桩，也称“升降柱”，分为自动升降式、半自动升降式和固定式三种。在监管区大门外，应采用自动升降式(图 11-4-36)。自动升降式又分为液压升降式、电动升降式，目前绝大多数监狱采用的是液压升降式防撞桩。其主要是为监管区大门区域防止非允许车辆强行闯入。它是由底部基座、升降柱、动力传动装置、控制系统等部分组成。防撞桩拦截宽度≥ 4m，高度≥ 0.6m，升力≥ 34t，承受冲力≥ 80t。江苏省南京女子监狱监管区大门，防撞桩采用高安全防恐路桩 K 系列，直径 275mm，高 700mm，由监管区大门的车行通道值班警察控制(可采用遥控或按键控制柱体的升降)，并与车行通道外侧大门联动，做到外侧大门打开时防撞桩降下，外侧大门关闭时防撞桩升起。

破胎阻车器，也称“液压路障机”，属于高防爆控制道路车辆通行的设备。其特点为强制性拦截，承重、抗撞击能力强，操作简便、灵活，液压传动，动作平稳、快捷，噪声低，通行能力强，安全可靠。既可单独使用，也可以与道闸控制系统等配套使用。特别适用于监管区大门等特殊场所的车辆通行控制，可有效防止车辆强行冲撞、冲关(图 11-4-37、图 11-4-38)。

德国北威州伍珀塔尔监狱，在车行通道右侧墙上安装有一条 0.5m 宽的栈道，以便看守人员检查车辆顶层，左侧墙面和房顶的夹角上安装有多面反光镜子，看守人员在地面上可以通过镜子直接看到车顶，镜子反射的灯光可以照亮车辆内部便于观察。负责检查车辆的看守人员配有手推车型移动镜，用于检查车辆底部。

(3)门窗特殊要求。车辆进出通道 AB 大门，由于其要具有一定的防弹防爆破性能，且须保证每年开关 18720 次以上(按每天进入监管区 30 辆货车，每周6天计算），对此门质量提出了非常高的要求。此大门要采用加厚标准的钢板，但门不应发生下沉碰擦等故障。江苏省苏州监狱车辆进出大门采用悬挂式电动大门，大门材料选用优质的古铜色铸铜加工制作而成。警察人行专用通道和家属会见专用人行通道的AB门，要使用优质的钢质安全门或栅栏门。警察值班室的窗应使用钢化玻璃，并附有牢固的金属防护栅栏。

（4）门禁管理系统。监狱大门对于保障监狱安全具有特别重要的作用，因此，在监狱大门应用高效的技术防范辅助手段——门禁管理系统，对提高监狱安全的规范化、科学化具有重要的意义，也是监狱安全的必然发展趋势。在监狱大门设置门禁管理系统，主要是阻止罪犯从监狱大门实施逃跑，限制外来人员随意进出监管区。

AB门，顾名思义，就是A门和B门二道门。监管区大门分人行通道、车行通道AB门。监狱习惯称车行通道为AB大门，人行通道为AB小门。

车行通道AB大门（图11-4-39），A门和B门组成1个相对封闭的检查区域，A门开，车行至检查区域，然后关闭A门，对车辆进行检查，车底盘

图 11-4-36 江苏省南通监狱监管区大门防撞桩

图 11-4-37 监管区大门阻车破胎器

图 11-4-38 江苏省龙潭监狱监管区大门阻车破胎器

图 11-4-39 山西省太原第一监狱监管区大门车行检查通道AB门

扫描等，确认车辆安全无隐患，再开启B门，车辆进入；车辆完成使命要出监区，首先开启B门，车辆进入检查区域，然后关闭B门，检查车辆完毕开启A门放行。AB大门不能同时开启，A门开B门必须处于关闭状态，关闭A门才能开启B门。反之亦然，B门开A门必须处于关闭状态，B门关闭后才能开启A门。紧急状态（如发生罪犯骚乱、暴乱或火灾、水灾、地震等自然灾害紧急状态下，大批警力需要进入）下可同时打开AB大门车行通道，但必须事先设定紧急状态密码。需要同时开启AB大门时输入设定密码即可开启。由于此车行通道大门开启较为频繁，较容易损坏，建议采用“软启动、快运行、软停止”的运行方式，且采取链条传动，可以从根本上避免高故障率，能有效地克服齿条传动故障率极高，因地轨变形不易修复，致使大门长期处于故障状态或因大门长期随地基沉降具有倒塌的安全隐患等问题。

人行通道AB小门，由指纹、虹膜或刷卡控制，开启方式跟AB大门相同。进入A门，要求进门使用IC卡+密码，可关联可独立使用。出B门，要求采用远程按钮开门，由值班警察在值班室操作。进入B门，通过指纹验证+IC卡方式，根据所设时间段在下班人流高峰期可通过刷卡出门，在非人流高峰期进行组合验证。出A门时，采用按钮，由值班警察在值班室内操作。每次警察进门刷卡、出门按指纹都会在警察值班室的管理系统平台上弹出警察的照片及相关资料，供值班警察进行核实，并自动保存该警察进出信息及时间。AB小门互锁联动，1道门关闭后，才能打开另外1道门，具有防尾随功能。具有胁迫报警功能，断电上锁，停电告警功能。为了增加安全系数，现在好多监狱将人行通道采用AB+C门的控制方式，即在AB门中间增设了1道C门，此C门为值班警察手动控制，确认进出人员身份后才开启。这1道门极为重要，以防发生罪犯冒充警察持门禁卡逃跑。再先进的物防、技防设施，最终都要靠人来控制，有效的人防是确保监狱安全稳定的最重要因素。

英国监狱大门，只设有1扇门，供囚车、生活和维修物资车辆进出。门洞仅容1台囚车通过，AB门互锁。大门侧边为警察门岗和通行检查值班室，可同时负责监狱工作人员和访客通道的检查，布局非常合理。[①]

（五）监狱大门设计应注意的几个问题

（1）建好AB门和监门哨。AB门原则上设置在监狱大门大厅与进入监管区闭合通道之间的适当位置。通道外端监门为A门，通道靠监管区端监门为B门。根据《关于加强监狱AB门建设的通知》要求，A门由武警哨兵控制，即监门哨，武警哨兵负责查验出入监区人员的有效证件，防止无关人员出入监管区，B门由值班警察控制。

（2）完善对AB门的管控。由值班警察和执勤武警哨兵分别控制A、B通道门，要认真制定各自职责，严格岗位工作规范，健全联防机制，完善联防预案，定期组织演练，确保一旦发生脱逃、冲监、袭警等事件，能够一呼百应，及时处置，形成既相互制约又互为支撑的安全体系。要在警察值班室安装1套联动触发式报警装置，一遇险情触发按钮，监狱大门声光报警器就瞬时启动。

（3）设置物品安检识别系统、生命检测系统。建议在人行通道AB门内安装物品安检识别系统，以防有危险源流入监管区。建议有条件的监狱在车行通道AB门之间安装生命检测仪，可以对出监狱大门前的车辆进行检测，如发现有生命迹象，该系统会自动报警，以防罪犯借助车辆脱逃。

（4）所有通道不得有盲区。若受建筑格局所限不能透视的，且无法通过建筑改造来实施时，应当增设电子监控摄像头，所有通道不得有盲区，并将视频图像信号传输至警察值班室、武警监门哨、总监控室等，实现动态监管信息资源共享，实施实时监控，并配备通信报警等器材，确保对整个AB门之间整个通道实施有效管控和多方互管互控（图11-4-40）。

三、金属隔离网

金属隔离网是监狱重要的安全警戒设施，具有防攀爬、抗冲击、抗剪切等性能，被广泛应用在监

① 邵雷主编. 中英监狱管理交流手册（内部发行）. 吉林人民出版社，2014年5月，第36页。

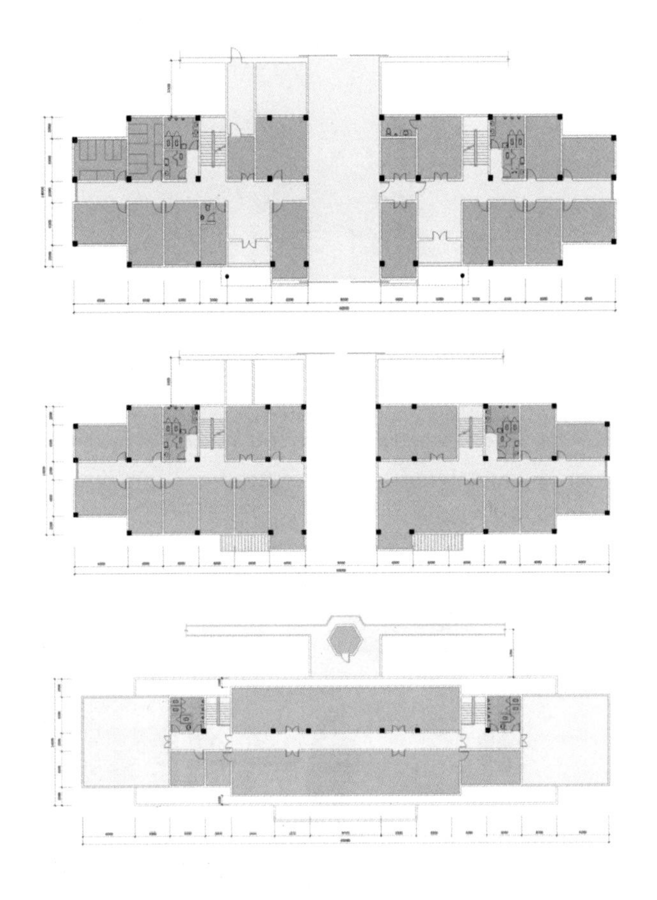

图 11-4-40 江苏省苏州监狱监管区大门平面图

狱围墙内外侧、围墙顶上、罪犯生活区与罪犯劳动改造区交界处以及监区院落等重点区域。

（一）围墙内外侧金属隔离网

《监狱建设标准》（建标 139—2010）中明确规定，中度戒备监狱围墙内侧 5m、外侧 10m 处均应设 1 道不低于 4m 高的防攀爬金属隔离网，网上均应设监控、报警装置（图 11-4-41）。高度戒备监狱围墙内侧 5m 及 10m 处、围墙外侧 5m 及 12m 处均应设 1 道不低于 4m 高的防攀爬金属隔离网，网墙上应加设蛇腹形刀刺网，网上均应设监控、报警装置（图 11-4-42 ~ 图 11-4-45）。围墙内外隔离网主要用途：一是防止监外人员向监内投掷违禁物品；二是防止外来车辆撞击监狱围墙，起到一个缓冲的作用；三是增加 1 道罪犯逃跑障碍。具体要求如下：

（1）隔离网距地面总高度不得低于 4.0m。

（2）网片净高度≥ 3.5m，宽度≥ 3m，必须为整体，不得拼接。

（3）网片采用双横丝电焊网，并经热浸镀锌加静电喷涂环保聚酯粉末防腐处理。横向钢丝（2 根）直径为 5.5mm，经防腐处理后外径为 6.0mm。纵向钢丝直径为 4.5mm，经防腐处理后外径为 5.0mm。网片的相邻横丝间中心距为 150mm，纵丝间中心距为 50mm。

（4）立柱间距为 3.0 ~ 4.0m。采用方形柱直缝焊接的金属型材，并经热浸镀锌加静电喷涂环保聚酯粉末防腐处理。立柱防腐处理前的截面尺寸 80mm × 80mm，厚度 2.0mm。

（5）为增强围界整体的防攀爬性能，立柱顶部向两侧设延伸臂，与水平方向成 60° 夹角，长度 0.43m。延伸臂要经热浸镀锌加静电喷涂环保聚酯粉末防腐处理。

（6）延伸臂上设 2 道 ϕ4mm 的镀锌钢丝张紧线以挂设蛇腹形刀刺网。蛇腹形刀刺网内另穿 2 道刺钢丝，由 2 股钢丝捻扎而成并经镀锌铝合金防腐处理。刺钢丝股线防腐处理前的直径 1.7mm，每个刺结有 4 个刺，刺结间距 100mm，刺线缠绕股线≥ 1.5 圈，刺结间的股线捻数≥ 4。蛇腹形刀刺网拉伸后直径 550mm，钢丝间距≤ 150mm。蛇腹形刀刺网刀片长度 20 ~ 25mm，刀片宽度 15 ~ 18mm，内芯直径 2.5mm，表面镀锌处理。

（7）立柱与网片的连接采用 7 个专业防盗固定卡具连接。立柱与延伸臂用不锈钢扭断螺栓现场组装连接。

（8）基础采用规格 500mm × 600mm 的 C25 混凝土地梁。

（9）门采用规格 0.7m（宽）× 2.0m（高）的铁栅平开门。

北京市所有监狱围墙内隔离网采用了热镀锌钢板网作为隔离网材料，它具用抗腐蚀性强、材质坚固、耐用等优点，并且一体成型，没有焊点。上面的蛇腹形刀刺网采用外观整洁、耐腐蚀性强、价格合适的 304 号不锈钢，有效避免“锈笼”问题的出现。下面是深达 300mm 的混凝土地梁。在板网连接上，全部采用螺栓连接，并且螺栓在施工前进行了镀锌处理，尽可能消除焊点生锈的问题。

江西省赣西监狱围墙与隔离网之间安装了微波周界防范系统，只要有生命体进入离围墙 2 m 之内的区域，高音喇叭立即发出“警戒区域，禁止靠近”的警告声，监控中心则同步接到报警画面，并随即

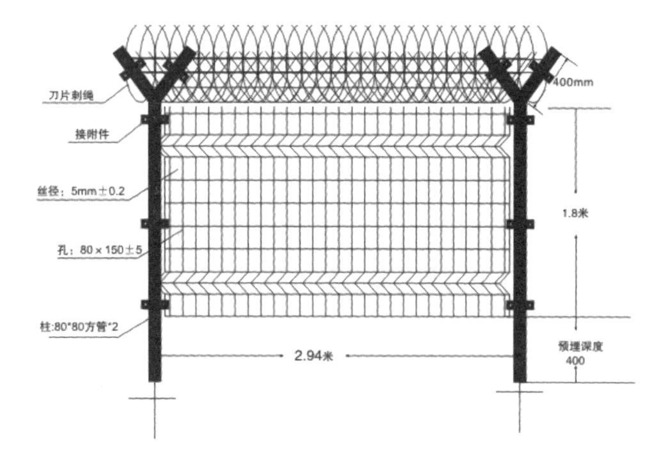

图 11-4-41　监狱防攀爬金属隔离网示意图

图 11-4-43　江苏省苏州监狱围墙内侧金属隔离网

图 11-4-42　江苏省苏州监狱围墙外侧金属隔离网

图 11-4-44　河南省焦南监狱围墙外侧金属隔离网

图 11-4-45　河南省焦南监狱围墙内侧金属隔离网

进行处置。这一系统通过对射微波在监狱围墙与隔离网之间形成立体防护幕墙，再配以周界照明系统，并与监控中心联动，最终达到围墙周界防范的高效、快速、应急联防的效果。

西方监狱，特别是高度戒备监狱，设置了几道围墙（图 11-4-46）。如瑞典霍尔监狱设置了 3 道铁丝网作为围墙，第 1 道为 2.5m 高铁丝网，距监狱围墙 30m，为监狱地界隔离带（实质相当于外围墙），以防止外面人员往监狱内扔手机等物品；第 2 道为 6m 高的铁丝网，安装脉冲电网，电压高达 1.8kV；第 3 道为 3m 高的铁丝网（实质相当于内围墙），距监狱围墙 10m，它们之间作为监狱巡逻通道。

美国成人矫正机构现在流行采用一种通电栅栏作为监狱的围墙。通电栅栏通常有2道，在2道栅栏中间是1块空地，或者安装了带刺的铁丝卷。通电栅栏由15～18mm的不锈钢钢绳制成，沿水平方向架设，安装在金属栅栏柱子的绝缘体上。不锈钢钢绳之间有一定的间隔，这种间隔构成了不锈钢栅栏的“网眼”，不锈钢钢绳之间的间隔一般是8英寸（约200mm），而且越接近地面，间隔越小。在不锈钢栅栏的顶部，是带刺的铁丝卷。在2道不锈钢栅栏中，里面的1道栅栏稍低一些，并安装了圆形的不锈钢探测铃，如果不锈钢钢绳受到重力而变形，与另1根不锈钢钢绳或者不锈钢探测铃接触，就会报警。而且在不锈钢栅栏上通了5000V的电压，特别设计的控制室可将电压从480V调到5000V。控制室中的传感器监视着电压的情况，当有人或者物体接触栅栏时，就会被发现。在使用这种通电栅栏后，不仅可以大大减少在岗楼中执勤的看守人员的数量，而且可以不再修建又高又厚的围墙，还可以减少维修费用。

英国高度戒备监狱围墙外侧均有隔离区，立有1排钢柱安装强光照明灯，朝向围墙，兼具防冲撞功能。监狱围墙内侧设有隔控区，形成第2道防线。再往内有缓冲区域，仍然是高6m隔离网上加2道滚刺网，区域内安装有AB门互锁、报警和监控装置。安防设施全部与监狱监控中心联网。缓冲区上空布有天网并有直升机识别标志。[①]

（二）围墙顶上金属隔离网

在围墙顶上安装金属隔离网，是防止罪犯通过围墙脱逃的重要警戒设施。安装金属隔离网可以防止攀爬从而起到更好的防护作用（图11-4-47）。监狱隔离网一般由立式钢网加蛇腹形刀刺网组成，由于现在新建围墙上都设有巡逻道，所以钢网的高度≥2.5m。

浙江省第五监狱围墙在原5.5m高围墙上面加装1.7m高防攀爬金属隔离网墙。山东省枣庄监狱在原正常的围墙上面加装4m高防攀爬金属隔离网墙，用钢质立柱支撑，间距2.5m，由平面钢网和蛇腹形刀刺网二部分合成。钢网用低碳钢条一次性焊接成型，具有抗剪切、防腐蚀、防攀爬的特点。蛇腹形刀刺网一般是不锈钢刺绳和镀锌刺绳（图11-4-48）。蛇腹形刀刺网在平面钢网上下布设2层：下层，位于立柱下端800mm处，直径800mm；上层，位于立柱顶端，直径600mm。围墙总高度达到

图11-4-46　荷兰某监狱金属隔离网

图11-4-47　江苏省南京监狱围墙内侧金属隔离网

图11-4-48　河南省焦南监狱蛇腹形刀刺网

① 邵雷主编．中英监狱管理交流手册（内部发行）．吉林人民出版社，2014年5月，第36页。

9m，这样的硬件设施，罪犯搭建3人梯或借助一般攀登工具也无法攀登，能从外形上给罪犯以直接的强烈震撼效果。9m以上的高度会使人产生高度紧张、恐惧的感觉，从心理上使罪犯望而却步，打消其越狱的念头。钢网墙、蛇腹形刀刺网本身又是有形坚固的物防屏障，难以通过。

钢网墙构件技术应符合《隔离栅技术条件》（JT/T347—1998）标准，总体效果网片应平整，网孔均匀，焊透率100%，表面无针孔、开裂、漏塑、塑液流淌等不良现象。网丝材质宜采用直径4.5mm高纯合金低碳钢，网格样式为50mm×150mm，钢丝直径4.5mm，网高2.0～2.5m，网宽3000mm。立柱规格为60mm×40mm×3mm，固定底座采用130mm×130mm×4mm热镀锌钢板。网与立柱连接方式应采用防盗螺丝连接，钢网墙整体采用镀锌再浸塑或静电喷塑处理。

此金属隔离网抗腐蚀性强，可耐酸、碱、污水等，不易生锈，不变形，使用寿命长，同时具备抗剪切、防攀爬的功能。

（三）监区院落小围墙上的金属隔离网

各监区宜独自设立院落，以有利于罪犯在监区院落里的室外活动。目前，我国监狱监区院落的小围墙，多采用铁栅栏，也有采用砖砌式围墙的，在小围墙顶上再加设蛇腹形刀刺网（图11-4-49）。

目前，在各监区院落的小围墙上，通常安装直径400～500mm的蛇腹形刀刺网，以达到坚固外围屏障的目的。网丝材质采用Φ2.5mm优质不锈钢，网圈间距≤200mm，不锈钢刀宽20mm，刀长60mm，刀厚0.5mm，刀片间距100mm，采用高强度铝丝绑扎固定。

蛇腹形刀刺网与监区院落小围墙顶部或侧面采用高强度加长型螺栓固定。通常安装1层或2层蛇腹形刀刺网。每隔15m钢网背面加装1根防侧倒固定拉杆支架。

（四）监狱罪犯生活区与罪犯劳动改造区交界处金属隔离网

按《监狱建设标准》（建标139—2010）要求，在罪犯生活区与罪犯劳动改造区交界处应设有隔离设施（图11-4-50、图11-4-51）。目前，我国大多监狱设置内围墙，也有的设置防攀爬金属隔离网，如上海市青浦监狱、山东省滕州监狱武所屯关押点等。

监狱罪犯生活区与罪犯劳动改造区交界处金属隔离网，目前分为两种情况，一种是仅安装防攀爬金属隔离网；另一种是在网顶上又安装蛇腹形刀刺网。具体做法与围墙内外侧金属隔离网相同。

（a）

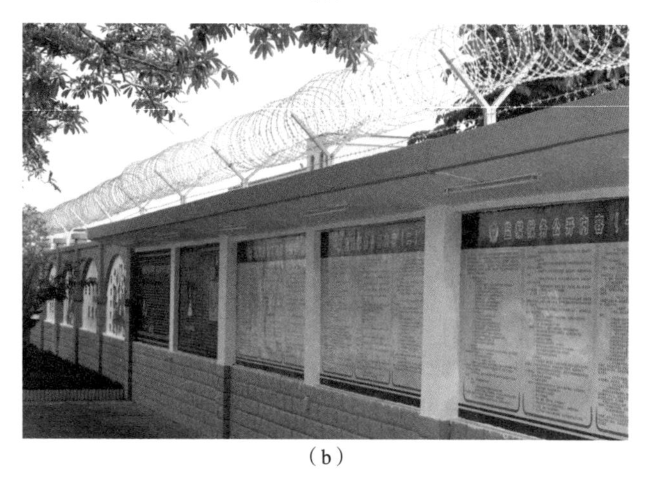

（b）

图11-4-49　海南省美兰监狱监区内的金属隔离网

图 11-4-50　福建省榕城监狱罪犯生活区与劳动改造区中间隔离设施

图 11-4-51　山东省枣庄监狱监管区内的金属隔离网

（五）监管区内连接通道

现在高度戒备监狱，甚至一些中度戒备监狱在监管区内设置地面连接人行通道，如山东省鲁南监狱监管区内的警察人行通道（图 11-4-52）。监管区内连接通道主要为监舍楼与监舍楼之间，监舍楼与罪犯劳动改造用房、罪犯伙房、教学楼、会见楼、医院等单体建筑之间，甚至在高度戒备监狱监管内所有的单体建筑之间用全封闭的金属隔离网通道连接。国外有的监狱采用具有防撞防冲击特殊玻璃的通道连接，如德国北威州伍珀塔尔监狱在监舍楼与监舍楼之间，以及监舍楼与厂房、食堂、教学楼、会见室之间，全部由全封闭的钢筋玻璃通道连接，罪犯除每天规定的 1 小时放风时间外，其他无论做什么都在一个相对封闭的环境中，增加了防逃系数。具体做法与围墙内外侧金属隔离网相同，在通道的

图 11-4-52　山东省鲁南监狱监管区内的警察人行通道

顶部可加设雨篷。

在高度戒备监狱，警戒等级最高级别的监区，罪犯除了每天规定的 1 小时放风（每栋监舍楼设 1 个放风场，面积相当于 1 个半篮球场大小，且用钢板网进行全封闭）外，其他无论干什么都必须在一个封闭的环境中。这样的做法就是为了区域防控，大大增加了监狱监管安全系数。

第五节　监管区内的单体建筑

本节介绍了监管区内的监舍楼、会见楼、罪犯伙房及餐厅、教学楼、禁闭室、医院以用罪犯劳动改造用房等单体建筑设计内容。

一、监舍楼

监舍，俗称“牢房”、“监房”，在清末监狱改良前，主要是关押受审的嫌疑犯和死囚的地方。现在的监舍楼是综合性的建筑，其中监室是最重要的功能用房，是罪犯休息的房间，也是间接影响罪犯心理状态的重要场所。新中国成立后，党和人民政府一直在致力于改善罪犯居住条件，特别是 2001 年国务院作出了在全国范围内进行监狱布局调整的决策后，全国各地监狱利用这一契机，纷

纷采用新建、迁建和改扩建等方式，调整监狱布局。在实施过程中，新建监舍楼无论从外观到内部布局，从内外装饰到硬件设施，都发生了前所未有的变化。

（一）监舍楼的设计规则

（1）应遵守国家建设规范《监狱建设标准》（建标 139—2010）以及相关监狱监管安全规定。

（2）要综合考虑坚固、整洁、采光、通风、节能、环保以及视觉卫生等方面的要求。

（3）应防火、防潮，保证正常供水、供电，北方地区应当保证供暖，夏季高温地区应配置防暑降温设施。

（4）采暖地区应加设机械通风系统，换气次数按有关规定计算确定；风口应采用扁长形风口，以防罪犯爬入；采暖负荷计算时应考虑通风所损失的热量。

（二）监舍楼建筑设计要求

1. 监舍楼的选址

（1）必须符合监狱总体规划布局。

（2）宜设置在监管区内地质条件较好、地势较高、视野开阔的区域，应选择最佳建筑朝向，利于自然光照和自然通风，并相对安静。

（3）与相邻单体建筑的间距应符合当地规划部门制订的日照方面的规定。

（4）与罪犯技能培训楼、罪犯劳动改造车间、教学楼、医院等单体建筑要有一定的间距，以免影响罪犯的正常休息和预防疫病传播。

2. 监舍楼的建筑规模与建筑结构

监舍楼建筑规模应依据《监狱建设标准》（建标 139—2010）以及监狱关押规模来测算。中度戒备监狱的监舍楼建筑面积指标 4.66m^2/ 罪犯；高度戒备监狱的监舍楼建筑面积指标 9.47m^2/ 罪犯。

以中度戒备监狱为例进行测算。一所小型监狱，关押规模 1000 ~ 2000 人，监舍楼总建筑面积 4660 ~ 9320m^2；一所中型监狱，关押规模 2001 ~ 3000 人，监舍楼总建筑面积 9324.66 ~ 13980m^2；一所大型监狱，关押规模 3001 ~ 5000 人，监舍楼总建筑面积 13984.665 ~ 23300m^2。

由于在实际建设中，监舍楼还包括警察管理用房、罪犯餐厅、罪犯浴室等其他功能用房，所以监舍楼建筑规模远超出按指标测算出的总建筑面积。天津市长泰监狱，关押规模 3000 人，属中型监狱，监舍楼计 4 栋，总建筑面积 27652m^2；吉林省公主岭监狱，关押规模 3700 人，属大型监狱，监舍楼计 4 栋，总建筑面积 28801.3m^2；广西壮族自治区西江监狱，关押规模 4000 人，属大型监狱，监舍楼计 8 栋，总建筑面积 27600m^2；江苏省苏州监狱，关押规模 4000 人，属大型监狱，监舍楼计 5 栋，总建筑面积 34671m^2。

监舍楼究竟采取几栋，还应根据所能使用的地块、其他区域单体建筑的布置及投资额等方面综合作出科学的决策。对于土地较为紧张的城市或城郊单位，可以采用综合楼的形式，如北京市良乡监狱监舍楼设计成 1 栋围合式综合楼，其优点：一是城堡式的建筑格局，相当于在大墙内形成了一道相对封闭的屏障，进一步增加了安全系数；二是警力相对集中，便于在紧急情况下相互支援；三是节约有限的土地资源，同时供水、供暖、供电与排污等公共设施也相对集中，在一定程度上避免了不必要损耗；四是包括监控、闭路电视、局域网等在内的现代化设施的布局、布线也简单易行。对于土地较为宽松的农村监狱，各关押点可以采用多栋监舍楼的形式，例如浙江省南湖监狱一监区，采用了 1 个分监区 1 栋监舍楼，且层数均为 2 层。

监舍楼建筑结构可以为砖混结构，条件允许的前提下，宜采取抗震性能强的钢筋混凝土框架结构。目前，新建的监舍楼大多采用钢筋混凝土框架结构，如广西壮族自治区平南监狱、天津市长泰监狱、江苏省苏州监狱等；还有少部分监舍楼采用了砖混结构，如内蒙古自治区第一女子监狱、吉林省公主岭监狱、安徽省阜阳监狱、河南省南阳监狱、河南省内黄监狱等；还有采用框架和砖混两种结构，如重庆市永川监狱监舍楼、内蒙古自治区呼和浩特第一监狱入监队监舍楼等，主体为砖混结构，局部为钢筋混凝土框架结构。

3. 监舍楼的层数与层高

监舍楼的层数一般控制 5 层以内，3 ~ 4 层较为合适，如上海市周浦监狱、福建省武夷山监狱、黑龙江省六三监狱、山西省汾阳监狱、河南省内黄监狱等监舍楼为3层，江西省洪城监狱、广东省英德监狱、江苏省苏州监狱、湖北省襄樊监狱等监舍楼为4层。受土地限制等影响，部分监狱监舍楼层数为5～6层，如河南省巩义监狱、河南省豫北监狱、湖南省娄底监狱、湖南省怀化监狱、广西壮族自治区中渡监狱等监舍楼为5层，河南省焦作监狱、福建省榕城监狱、福建省漳州监狱、广东省番禺监狱、广东省深圳监狱、广西壮族自治区南宁监狱、甘肃省兰州监狱等监舍楼为6层。

如果底层设为集中餐厅，底层层高应不低于4.2m。对于寝室床位为双层时，标准层的层高一般不低于3.5m（室内净高不低于3.4m），通常设3.6m。对于寝室床位为单层时，标准层的层高一般不低于2.9m（室内净高不低于2.8m），通常设3.0m。天津市长泰监狱监舍楼，地上2层，建筑总高度为7.65m；河北省涿鹿监狱监舍楼，地上3层，局部4层，建筑总高度12.0m，局部建筑总高度14.4m；陕西省杨凌监狱监舍楼，地上4层，建筑总高度为14.85m；吉林省公主岭监狱监舍楼，地上5层，层高均为3.6m，建筑总高度19.8m，监舍楼长105.92m，主体宽14.42m；山西省女子监狱监舍综合楼（底层为会见室，第2～6层为监舍），地上6层，局部7层，底层层高4.5m，第2～5层高均为3.6m，第6层层高3.9m，第7层层高3.6m，建筑总高度22.95m。

4. 监舍楼的建筑风格与建筑造型

监狱作为惩罚与改造罪犯场所，监舍楼应在造型及颜色处理上注重人性化，改变过去监舍楼沉闷压抑的感觉，有利于对罪犯的思想改造。建筑外立面应简洁，不宜过多装饰，防止攀爬登高。色彩运用应以暖色为主色调，如陕西省关中监狱监舍楼采用了色彩明快的橘红色，符合罪犯的心理特征，既能发挥法律震慑作用，又能与当地的建筑传统、风格相容；既庄重大方，又不乏轻松明快之感，并体现监狱建筑的特殊性、统一性，使整体建筑对罪犯弃旧图新、加速改造起到环境激励作用（图11-5-1～图11-5-4）。

我国清末的监狱改良，也是从监舍外形结构改良开始的。晚清朝廷纷纷派人去西方（主要是日本）学习考察，在我国监狱开始出现了十字式、扇面式、放射式等新式监舍构造。其核心就是交叉点为监狱

图11-5-1 山东省泰安监狱监舍楼

图11-5-2 黑龙江省六三监狱监舍楼

图11-5-3 河南省焦南监狱监舍楼

图11-5-4 辽宁省大连市监狱监舍楼

看守监视用房，四周为罪犯寝室。随着现代技术的不断发展，安防监控系统日臻完善，我国现在监狱的监舍楼造型也呈现出多样性，如“一字形”、“L形”、“T形”、“Y形”、“[形”、“工字形”或“Z形”等。江苏省苏州监狱（图11-5-5）、山西省太原第一监狱、云南省安宁监狱等监舍楼呈“一字形”；甘肃省金昌监狱、海南省美兰监狱等监舍楼呈“L形”；贵州省金西监狱监舍楼呈“工字形”；湖北省沙洋监狱管理局广华监狱、广西壮族自治区英山监狱、桐林监狱等监舍楼呈“[形”；而上海市青浦监狱监舍楼呈“Y形”，像扳手，寓意着给罪犯进行矫治，而且在交叉结合点处的警察值班室可以监视走廊的情况。北京市女子监狱监舍楼呈“机翼”形，机身为警察工作和罪犯教育场所，机翼为罪犯生活场所。监舍楼呈前低后高，后两翼宽管区为3层，寓意是罪犯通过改造由低向高，由严管走向宽管，直至走出监狱，回归社会。河南省洛阳监狱采用每2栋监舍楼与1栋罪犯劳动习艺车间组成1外团组，形成了1个“Z形”结构形式（图11-5-6）。即2栋监舍楼正如字母Z的上下两横，习艺车间正如字母Z的1撇，2

图11-5-5　江苏省苏州监狱监舍楼

图11-5-6　河南省洛阳监狱鸟瞰图

栋监舍楼之间与1栋习艺楼相连，成为1个“Z形”主体建筑。在Z形结构设计中，各监区活动区域被习艺车间分割，确保了各监区都有相互独立、相对封闭的活动空间；同时，由于相邻监区习艺车间的贯通，又便于相邻监区之间联系。这样的设计，不仅契合了“联系方便、互不干扰和保障安全”的原则，而且有效杜绝了串号、串岗等违规行为，保障了监狱监管安全。“Z形”结构为监狱建设带来了空间与监管的双赢。

（三）监舍楼的功能用房

监舍楼内部按使用功能可分为警察工作区和罪犯活动区。警察工作区通常设有警察值班（监控）室、监区办公室、会议室、备勤室以及心理咨询室、亲情电话室、谈话室等功能用房（图11-5-7～图11-5-11）。罪犯活动区通常设有寝室、盥洗室、卫生间、浴室、储藏室、理发室、晾衣房、活动大厅、图书（阅览）室、吸烟室（可设在盥洗室内）、卫生室等，还有的设有餐厅、网吧、开水间等，功能用房根据实际可合并使用。

监舍楼内部布局，目前，全国监狱主要有以下两种方式：一是每监区所有功能用房设置在同1个楼层内；二是底层集中设置餐厅、活动室、办公室、会议室等，第2层以上每层设监区罪犯寝室、警察值班（监控）室、警察备勤室等。新建的监狱（或关押点）宜采用第二种方式。

1. 警察工作区

（1）警察专用房间，应设有警察值班（监控）室、监区办公室、会议室、备勤室等功能用房，与罪犯活动区进行物理隔离，设专用通道和卫生间，人均建筑面积≥ 8.13m^2。警察值班（监控）室内应设通信和报警装置，视频监控平台应集成监控、报警、门禁、对讲及照明等设施的控制系统，配备UPS电源。备勤室内设卫生间，配备床、衣柜、电视机、空调及热水器等生活设施。

（2）心理咨询室，应设置在警察工作区内，以每监区250名罪犯测算，心理咨询室建筑面积62.5m^2，可设2间，平均每罪犯建筑面积0.25m^2。高度戒备监狱按每监区75名罪犯测算，心理咨询室建筑面积30m^2，可设1间，平均每罪犯建筑面积0.57m^2。

图 11-5-7　江苏省江宁监狱监舍楼警察执勤区与罪犯活动区之间的金属隔离栅栏

图 11-5-10　江苏省江宁监狱监舍楼内的监区长办公室

图 11-5-8　江苏省江宁监狱监舍楼内的警察监控执勤室

图 11-5-11　江苏省江宁监狱监舍楼内的警察备勤室

图 11-5-9　江苏省江宁监狱监舍楼内的警察会议室

心理咨询用房应根据《监狱教育改造工作规定》、《教育改造罪犯纲要》、《关于进一步加强罪犯心理健康指导中心规范化建设工作的通知》的有关规定，结合教育改造工作实际，配置相应的功能。心理咨询室内可设桌椅、宣传栏、电脑（网上远程心理咨询）以及其他心理矫治设备等。心理咨询室环境布置应体现宁静温馨的风格及色调。桌椅宜使用藤制或软体型的，室内必须安装监控设施，警察座位旁设有报警装置。门不得有内锁装置，门体上半部应透明便于观察。

（3）亲情电话室，必须设置在警察工作区内，不得设置在监舍区门禁之外。以每监区 250 名罪犯测算，亲情电话间建筑面积 12.5m^2，可以设 2 间，平均每罪犯建筑面积 0.05m^2。高度戒备监狱按每监区 75 名罪犯测算，亲情电话间建筑面积 6m^2，可设 1 间，平均每罪犯建筑面积 0.11m^2。亲情电话室配备电脑及 2 ~ 3 部电话机，警察和罪犯区域应采用物理隔离（图 11-5-12、图 11-5-13）。

亲情电话是罪犯维系亲情、寻求慰藉、接受感化的主要载体，罪犯拨打亲情电话也是一种亲情帮教的方式。监狱在建设时应该按照管理的要求和监区押犯的规模，各监区应设有亲情电话室，发挥亲情帮教感化作用。很多监狱在建设时没有充分考虑

图 11-5-12 河南省焦南监狱监舍楼亲情电话间安防隔离设施

图 11-5-13 加拿大某监狱电话间

亲情电话室的功能需求，普遍面积较小，数量不足，给罪犯使用亲情电话带来了不便。有的监狱亲情电话室由于没有封闭隔音处理设施，罪犯打电话变成了现场广播，应有的隐私得不到保护。因此，为减少此类现象的发生，除了加强管理以外，不仅要增加亲情电话室的数量，还要提高亲情电话室的隔音效果。

（4）谈话室，宜设置在警察工作区。以每监区250名罪犯测算，谈话室建筑面积62.5m^2，可设2间，平均每罪犯建筑面积0.25m^2。高度戒备监狱按每监区75名罪犯测算，谈话室建筑面积30m^2，可设1间，平均每罪犯建筑面积0.57m^2。谈话室内设桌椅、电脑等，警察与罪犯之间有物理隔离，罪犯座椅与地面固定或使用塑料凳。室内安装监控与报警装置，门不得有内锁装置，门体上半部应透明以便于观察。若受面积所限，谈话室也可与心理咨询室合并。

谈话室是警察与罪犯交流的主要场所。但现在不少监狱，警察找罪犯谈话往往没有固定场所，每监区仅有1间谈话室，还兼作其他功能用房，严重影响个别教育工作的开展。如果从遵循教育规律角度出发，按照个别谈话的对象和内容，建造不同类型和风格的谈话室，势必会增进谈话教育的效果。

2. 罪犯活动区

（1）寝室（图11-5-14 ~ 图11-5-18），每间寝室关押男性罪犯时不应超过20人，关押女性罪犯和未成年犯不应超过12人，关押老病残罪犯时不应超过8人。高度戒备监狱每间寝室关押罪犯不应超过8人，寝室宜按5%单人间、30%4人间、65%6 ~ 8人间设置，其中单人间应设立放风间。普通寝室开间不应小于3.6m，进深不应小于10.0m，现在新建的12人寝室开间、进深一般分别设3.8m和11.0m，这样的尺寸较为适宜。寝室内床位宽不应小于800mm；床位为双层时，室内净高不应小于3.4m，床位为单层时，室内净高不应小于2.8m。床应与地面或墙面进行固定。寝室层高高于一般民用建筑，是为了满足监室床铺上面空间以及通风换气等需要。但是层高过高会增加造价，造成浪费。监室向外的门窗均设置防护铁栅。寝室门应设钢栅栏观察窗，长度≥0.6m，宽度≥0.55m，配同心锁，具有1键开锁功能，中控电子门锁，应由警察掌握。所有寝室的窗户应安装金属防护栅栏和符合安全防护需要的玻璃。关押高度危险罪犯的寝室墙面应安装具有阻燃、防碰伤、抗冲击功能的防护设施。江苏省监狱还规定，罪犯寝室窗户金属栅栏不设横档，主要考虑防止罪犯利用横档自杀。

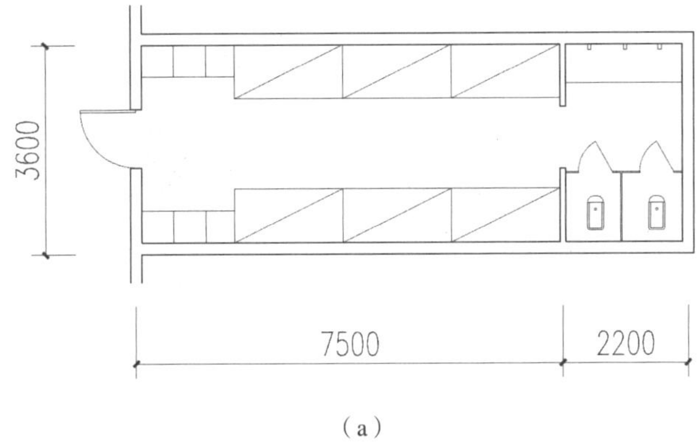

目前，我国罪犯寝室内一般都设有洗漱池和卫生间，洗漱池与卫生间相对。洗漱池一般采用不锈

3600

7500　2200

（a）

7500

7200

（b）

图 11-5-14　监舍楼内的多人寝室布置图

图 11-5-16　辽宁省营口监狱监室

图 11-5-17　四川省嘉陵监狱监室

图 11-5-15　浙江省宁波望春监狱监室

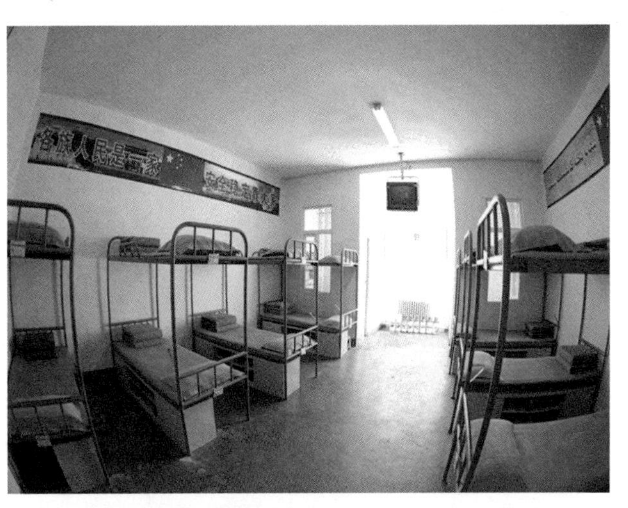

图 11-5-18　新疆维吾尔自治区和田监狱监室

钢槽，在洗漱池对面一般设 2 只单人不锈钢蹲便器，使用入墙式脚踏冲水阀。老病残犯监区寝室应安装坐便器。特别要注意洗漱池、卫生间的防渗，在土建和装饰过程中要进行防渗防水处理，防止使用后出现渗漏现象。

国外的监狱很多采用单人间（图 11-5-19 ~ 图 11-5-22），英国监狱监房以单人、双人间为主，面积约 6 ~ 8m^2，无监控装置。监房通常配备床、书架、电视、收音机、桌子、椅子、冲水马桶、洗脸池、衣橱等。[①]新加坡樟宜监狱 A 集管区监舍不置床，罪犯以草席垫地板睡觉（符合当地习惯），也不置桌椅，罪犯每人配置 1 只约 600mm × 400mm 的透明软性塑料箱，塑料挂衣钩是特制的，挂稍重的物品就会折断。[②]

（2）盥洗室，宜设在监舍楼的侧端，主要考虑有异味，且易通风。由于考虑罪犯集中洗漱，排水立管及地漏应在设计确定的基础上至少加大 1 号管径。参照《宿舍建筑设计规范》（JGJ36—2005），结合监狱的实际需要，每 8 人设置 1 个洗脸盆或盥洗龙头；高度戒备监狱的盥洗室应设于寝室内（图 11-5-23），单人间、4 人间设 1 个盥洗龙头，6 ~ 8 人间设 2 个盥洗龙头。盥洗室可与开水间合并。室内设水池、开水器、热水器、保温桶等。水池使用不锈钢材料整体制作或外层包面，池高 0.9m，池内深度 0.2 ~ 0.3m，宽度根据实际空间确定，池下设 1 ~ 2 层置物架。用于罪犯饮水的电热水器或蒸汽开水炉，其容量、功率、数量根据实际需要确定。用于罪犯生活用水的太阳能热水器，其容量、功率、数量根据实际需要确定。不锈钢保温桶应加锁，其数量根据需要确定。

（3）卫生间，参照《宿舍建筑设计规范》（JGJ 36—2005），结合监狱管理的实际需要，男厕所大便器、小便器或槽位每 16 人设 1 个，女厕所大便器每 10 人设 1 个，洗手盆和污水池各设 1 个。便器阀门安装部位距地面不得大于 0.5m，下水设置应在地坪下埋设 S 弯。高度戒备监狱厕所应设在寝室内，单人间、4 人间设 1 个大便器，6 ~ 8 人间

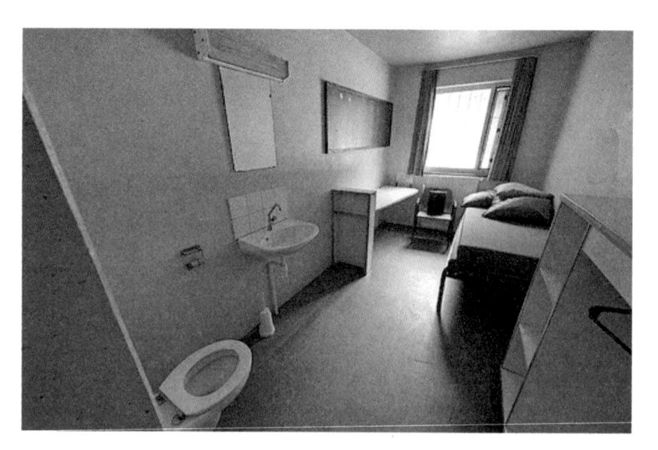
图 11-5-19　荷兰某监狱单人监室

图 11-5-20　加拿大某监狱单人监室

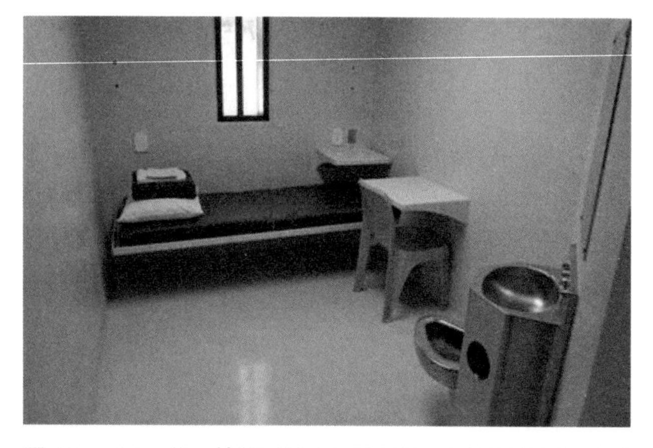
图 11-5-21　美国某监狱监室（洗漱盆与抽水马桶连为一体）

① 邵雷主编. 中英监狱管理交流手册（内部发行）. 吉林人民出版社，2014年5月，第36页。

② 于家宁. 新加坡监狱考察报告. 南粤清风网，2015年9月2日。

图 11-5-22 新西兰 Mt Eden 监狱普通监室

图 11-5-23 江苏省苏州监狱监室内的盥洗间

设 1 个大便器，1 个小便器。

对于在监舍楼内设公共厕所，内设蹲便器、小便池（男犯监区）、洗手池、污水池、垃圾桶等（图 11-5-24）。设 6 个以上单人位不锈钢蹲便器，使用入墙式脚踏冲水阀，蹲位两边设隔板，前置门板，隔板和门板下沿距地间隙 0.1m，上沿高度 0.8m。男犯监区设 6 个以上感应式单人位小便器。在门旁墙角处设不锈钢洗手池，池高 0.8m，池深 0.2m 左右。洗手池旁设不锈钢污水池，池高 0.5m，池深 0.2m 左右，各配 1 个水龙头。在门旁另一侧墙角位置设 1 ~ 2 只绿色挂车带盖塑料垃圾桶。

在美国中等警戒度和最高安全的建筑对罪犯有影响的区域里，罪犯的厕所、淋浴和单人房间都采用不锈钢安全型的设备。

（4）浴室，参照《宿舍建筑设计规范》（JGJ 36—2005），结合监狱罪犯使用的集中性和时间性，每 12 人设置 1 只莲蓬头，以每监区 250 名罪犯测算，浴室建筑面积应设 $82.5m^2$，平均每名罪犯建筑面积 $0.33m^2$；高度戒备监狱按单人间、4 人间、6 ~ 8 人间均设 1 个浴位，以每监区 75 名罪犯测算，浴室建筑面积 $70.5m^2$，平均每名罪犯建筑面积 $0.94m^2$。河南省焦南监狱建了 $50m^3$ 钢筋混凝土热水池 1 座，通过管道输送至各栋监舍楼。

浴室分淋浴区和更衣区，淋浴区内设莲蓬头，更衣区内设更衣柜、长条凳等。在更衣区四周设敞开式更衣柜，单柜尺寸：长 0.4m，宽 0.4m，高 0.4m，设 3 ~ 4 层，更衣区设不锈钢长条凳，必须与地面固定。

美国监狱罪犯使用的不锈钢安全型的莲蓬头，一般由计量阀或电子螺丝管进行控制，同时带有计

图 11-5-24 江西省赣州监狱监舍楼内的公共厕所

时器以控制淋浴的时间长短。新加坡樟宜监狱罪犯洗澡间莲蓬头使用全塑的。

（5）储藏室，以每监区 250 名罪犯测算，储藏室建筑面积 75m²，平均每名罪犯物品储藏建筑面积 0.3m²。而高度戒备监狱，以每监区 75 名罪犯测算，储藏室建筑面积 24m²，平均每名罪犯物品储藏建筑面积 0.32m²。

物品储藏室内应设储物架、储物箱或储物柜等。使用钢制储物架（盐碱地区使用不锈钢材质），用于放置储物箱及其他物品（图 11-5-25）。储物架分 4 层，高度不超过 2.4m，宽 0.75 ~ 0.8m，单节长度 2.0 ~ 2.4m，底层距地面间隙 0.12m。柜架占地面积不超过储藏室面积 1/3。配备安全梯，可与顶层栏杆套牢，左右滑动。储物箱参照 28 寸行李箱，尺寸：0.7m（长）×0.5m（宽）×0.3m（厚）。储藏室应使用防爆灯。

（6）理发室，按每监区 250 名罪犯测算，理发室建筑面积 22.5m²，平均每名罪犯理发室建筑面积 0.09m²。高度戒备监狱按每 75 名罪犯测算，理发室建筑面积 14.25m²，平均每名罪犯理发室建筑面积 0.19m²。

理发室内设塑料理发凳、不锈钢或亚克力镜子等。功能房间不足的监区可在活动室设置理发区，理发区内不需配理发凳、镜子等设施。使用不锈钢长条凳，必须与地面固定。

（7）晾衣房，按每监区 250 名罪犯测算，晾衣房建筑面积 132.5m²，平均每名罪犯晾衣房建筑面积 0.53m²。而高度戒备监狱，按每监区 75 名罪犯测算，晾衣房建筑面积 42.75m²，平均每名罪犯建筑面积 0.57m²。目前，绝大多数监狱在监舍楼每层设立专门晾衣房。为了便于采光，晾衣房宜采取多边形设计，四周应能通风，要有一定的日照时间，最好采用落地钢化玻璃窗以增加阳光照射度。江苏省南京监狱在监舍楼的一头设计成 1 个等六边形塔式建筑，与监舍楼各层有通道相连成一体，专门用来晾晒衣服，整幢楼造型很美观。广西壮族自治区英山监狱在监舍楼每层专门设置了晒衣房，晒衣房也采取了六边形设计。江苏省徐州监狱、安徽省蚌埠监狱等在监舍楼的顶层设置了玻璃阳光房，作为大晒衣场，专门用于罪犯晾晒被褥。江苏省江宁监狱中心监区监舍楼顶层北部设晒衣场，以坡顶女儿墙与钢板网进行全封闭。晾衣房内设晾衣架、排式鞋架、拖把架、脱水机等，有条件的可配备烘干机。晾衣架宜使用落地式衣架或吸顶嵌入式钢槽，落地衣架、鞋架、拖把架宜使用塑料材质，要切实防范罪犯利用晾衣房、晾衣架进行轻生自杀，故晾衣架高不得超过 1.5m。浙江省十里丰监狱五、七监区，不锈钢晾衣棚顶棚的规格：8400mm（长）×3200mm（宽）×800mm（高），不锈钢晒衣架的规格 :2600mm（长）×1400mm（高），不锈钢晒被架的规格 :6000mm（长）×1400mm（高）。

江苏省洪泽湖监狱、江苏省宜兴监狱、安徽省蜀山监狱、安徽省安庆监狱等在室外空地设置晒衣房（图 11-5-26），其中江苏省洪泽湖监狱室外晒衣房：36.2m（长）×9.7m（宽），四周砌 1m 高砖混半墙，1m 以上为推拉窗（也可设钢网，但不防雨），采用镀锌立管作为框架，顶层采用透明的阳

图 11-5-25　江苏省南通监狱监舍楼内的储藏室

图 11-5-26　安徽省蜀山监狱罪犯室外晒衣房

光板遮挡。安徽省安庆监狱设了 2 个室外晒衣房，1 个占地面积 32m × 10m=320m^2，另 1 个占地面积 30m × 6m=180m^2。基础采用混凝土 C10、C20，室内地面采用白色防滑瓷砖，墙体采用黄色玻璃钢 38 × 38 格栅和镀锌网隔断 100 × 100 × 4，屋面采用 Q235 方钢的屋架，采光顶采用 FRP 采光板—玻璃钢 850 型阻燃采光瓦，四周玻璃幕墙采用隐框 6mm 钢化白玻、铝合金龙骨、钢化玻璃门（无框地弹门）以及 304 不锈钢包边包角（厚 1mm）。安徽省蜀山监狱罪犯室外晒衣房建筑面积达 1050m^2，注重细节把握，特地增加了鞋架、通风窗、防鸟、防鼠网等设施。为保障晒衣房规范使用，该监狱生卫科按照定置化管理的要求，对应监房宿舍楼 A、B、C、D 区域划分各监区晒衣房使用区域，并统一制作了上衣、下衣、内衣、棉衣被的标牌，要求罪犯做到定置晾晒。同时，该监狱重新修订了《晾晒管理规定》，对晾晒顺序、时间、区域等作出明确规定，保障罪犯安全、有序、定置晾晒。

（8）活动大厅，按每监区 250 名罪犯测算，平均每名罪犯建筑面积 1.5m^2，活动大厅建筑面积 375m^2 左右。活动大厅主要作为监区罪犯文化娱乐、健身、监区会场等功能场所（图 11-5-27）。

厅内应设教育讲评台、教育讲评桌、多媒体设备柜、电视或投影机、宣传专栏等。教育讲评台面高于地面 0.15m 左右，讲评台背景墙装饰美化，布置监区改造训词、励志语或宣传壁画等。教育讲评桌设在讲评台上，教育讲评桌规格：3000mm（长）× 700mm（宽）× 780mm（高）。桌椅颜色与环境相协调。讲评桌背立板正中应设置监区统一标识。多媒体设备柜内，配有点歌设备、音响功放、教育网电脑、话筒等多媒体设备，其中教育网电脑与电视、投影机相连接。配有 60 英寸以上液晶电视或伸缩投影机。在活动大厅以墙报、板报或 LED 电子屏形式设置监区教育宣传专栏，专栏面积不少于 2.0m^2。

（9）图书（阅览）室，按每监区 250 名罪犯测算，图书（阅览）室建筑面积 100m^2 左右。该室主要作为监区罪犯读书学习的场所，室内应设书架、书柜、报刊架、桌椅、电脑等（图 11-5-28、图 11-5-29）。配备桌椅不少于 10 个阅览座位，电脑不少于 10 台，应能连接监狱教育网。图书（阅览）室内使用的桌椅应进行固定。

有的监狱还设有罪犯心理调适室，里面放置了影音设备，如广西壮族自治区梧州监狱三监区，定期在调适室内播放电影电视节目。

（10）吸烟室，按每监区 250 名罪犯测算，吸

图 11-5-27　辽宁省大连市监狱监舍楼罪犯活动大厅

图 11-5-28　江苏省无锡监狱监区阅览区

图 11-5-29　海南省美兰监狱监舍楼内的阅览室

烟室建筑面积 $50m^2$ 左右。吸烟室内设坐凳、电子点烟器、烟灰缸、排风扇等，无烟监区可不设吸烟室。使用不锈钢长条凳，必须与地面固定。电子点烟器宜设置距门边框 500mm，距地面 1500mm 处。在不锈钢坐凳的支腿旁可设旋转式烟灰缸，不用时可转入凳子下方。排烟系统可用吸顶管道强排风扇或窗式强排风扇。

（11）卫生室，按每监区 250 名罪犯测算，卫生室建筑面积 $30m^2$ 左右。卫生室内要配备相关医用标准设备：治疗柜、电子血压计、电子体温表、氧气袋、担架、移动式紫外线灯、身高体重秤、出诊箱、洗手池、温湿度计、空调等，老病残犯监区还应配备轮椅。不锈钢治疗柜，高 1.8m，宽 1.0m，分上中下 3 层，上层为药品柜，柜体厚 0.3m，使用对开门，门上安装钢化玻璃；中层隔空为操作台，上下净高 0.25m，操作台面为 1.0m × 0.5m，台面距地面高 0.8m；下层为储物柜，分设抽屉、对开门，柜体厚 0.5m。洗手池水龙头应安装感应式开关或肘动开关。

罪犯活动区的用房，临走廊面的墙体，尽可能采用通透的视野开阔的钢化玻璃结构。活动大厅、走廊等部位的墙角应无棱角。

在罪犯活动区除以上主要功能房间外，有的监狱根据自己特色还在监舍楼内设有其他的功能用房，如罪犯技能培训用房、宣泄室等（图 11-5-30 ~ 图 11-5-32）。

（四）监舍楼的特殊要求

1. 建筑结构

监狱是国家的刑罚执行机关，是国家机器的重要组成部分，依法承担着惩罚和改造罪犯的重要职责。这就要求监狱不同其他类型的建筑，必须要坚固安全。在监舍楼建筑结构上可采用砖混现浇结构形式，禁止采用预制板砖混结构。如果在经济允许的条件下，可采用钢筋混凝土框架结构，虽然造价高一点，但整体性能更优越。监舍楼强调经济适用，一定要建立在安全坚固基础上。

2. 消防

监舍楼中除了要配备消防设施外，还要考虑消防疏散通道，疏散通道应符合消防安全标准。监舍楼楼梯走道的宽度，除了满足安全疏散的要求外，一般应大于公共建筑安全疏散的宽度。楼梯是供罪犯及警察上下通行的，因此楼梯的宽度应足够宽敞，必须满足上下人流及搬运物品的需要。楼梯宽度的确定要考虑同时通过人流的股数及是否需通过尺寸较大的家具或设备等特殊的需要。监舍楼楼梯需考虑同时至少通过 3 股人流，即上行与下行在楼梯段

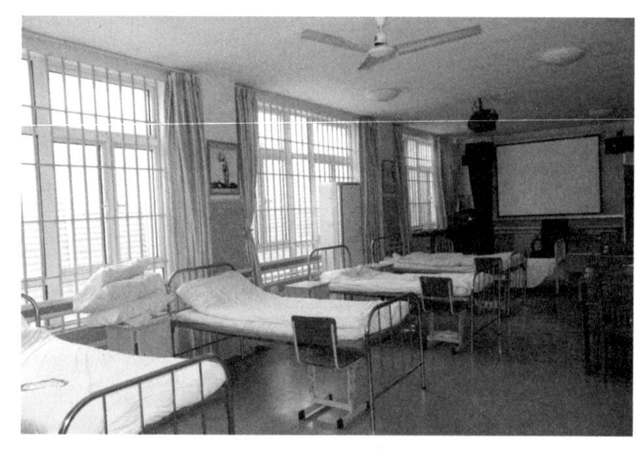

图 11-5-30　上海市南汇监狱监舍楼内的罪犯技能培训室

图 11-5-31　江西省赣州监狱监舍楼内的罪犯宣泄室

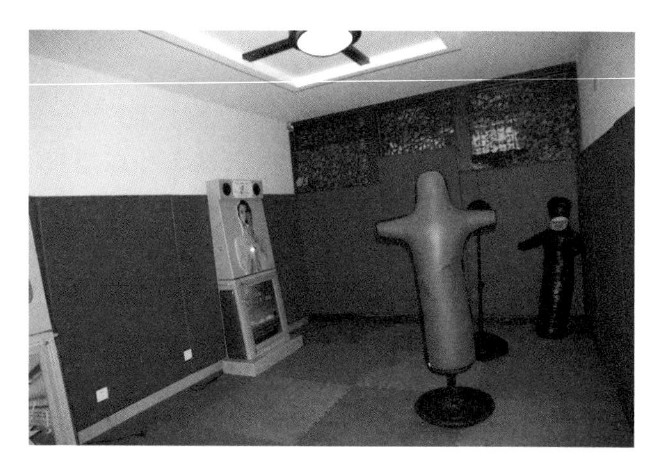

图 11-5-32　上海市南汇监狱监舍楼内的罪犯渲泄室

中间相遇能通过。根据人体尺度每股人流宽可考虑500mm，考虑人流在行进中人体的摆幅100mm，所以上下楼梯的总宽度≥3.6m。发生火灾时，考虑罪犯疏散的时间，监舍楼层数应该以3～4层为宜，最高不宜超过5层。楼梯的临空部位用金属栅栏封闭。

3. 抗震

在"5·12"四川汶川里氏8.0级强烈大地震中，四川省的新源、崇州、广元三所监狱正好处于此次地震的重灾区，监狱的监舍楼、车间在地震中损毁较为严重，所幸的是由于组织处置得当，没有造成罪犯死亡。近几年，我国各地在新建、迁建或改扩建时，虽考虑了房屋的抗震性能，但重视程度远不够。为了降低造价，在设计时甚至采取了降低监舍楼的抗震等级方式。作为关押罪犯的监狱，应该更加重视和提高抗震安全等级。作为监狱最为重要的单体建筑——监舍楼，在其抗震设计时要综合考虑以下三点：一是监舍楼应按国家现行的有关抗震设计规范、规程进行设计，其抗震设防的基本烈度应在本地区基本烈度基础上，提高1度，并不应小于7度（含7度）。就是发生最高级别的大地震时，监舍楼允许出现一定程度的破损，但至少能保证不出现坍塌。对于高度戒备监狱或监区，建议监舍楼抗震设防的基本烈度不小于8度（含8度）。二是监舍楼跨度不要贪大，因为连通式的单体建筑抗击纵向地震力会减弱。三是监舍楼应选择坚实的地基，河道、软土或坡地的地基等不宜建造。

4. 整体布局

每栋监舍楼宜独立成院落，监舍楼与监舍楼之间应相互隔离开，监舍楼院落宜采用通透式围墙，围墙顶上应设有不锈钢蛇腹形刀刺网。院子里可设篮球场、晒衣场，平时还可作为监区罪犯整训场地、文体活动场地。各监区楼层罪犯使用的楼梯宜设各自独立的专用上下楼梯，使各监区同属1栋楼但罪犯之间不能串通，成为常态性的隔离状态，且罪犯进出监区更加顺畅，各层监区警察可共用1个上下楼梯（图11-5-33～图11-5-35）。

以贵州省瓮安监狱为例，介绍监舍楼的整体布局。该监狱监舍区由4栋5层的横向"一字形"监舍楼和1栋5层竖向"一字形"监区警察办公楼组成，整体呈"工字形"。在平面功能设置上，考虑罪犯的衣、食、住、行及平常性活动，每栋监舍楼底层配置罪犯附属功能用房，即浴室、500人餐厅、理发室、储藏室。浴室设置在监舍楼1端，包括更衣室、警察执勤室，每间浴室设42只淋浴喷头。靠近监区警察办公楼1端，设4间餐厅。2～5层为标准监舍、阅览室、晾衣间、文体活动室、警察监控室、办公室、备勤室等，每层住125人。底楼警察楼梯间设执勤室，可同时监管餐厅和体训场。标准层走道、文体室在值班监控室的视线监控范围内，无死角。竖向"一字形"为监区警察办公楼，便于单独对监区内罪犯管理，同时在紧急情况下又有利警力合理集中调配。并且利用"工字形"监舍特点在中间空地设置各监区独立罪犯体训场，活动场中间设置一道3.6m高、480mm厚砌体实墙，墙顶架设蛇腹形刀刺网。平面上4个"一字形"监舍楼分别设2个出入口，靠近竖向"一字形"楼分别设置1个主出入口，靠近警察办公区域。同时在出入口处设置执勤室，严密监控罪犯的举动。垂直交通组织上，监舍区分别有一主一次2个出入口，主出入口靠近警察值班室，监控方便，次出入口只作紧急疏散用。警察办公楼设有2个门厅及2个直跑楼梯，垂直方向警察通过这2个直跑楼梯连接，水平方向在2个楼梯中间设有通道连接。

奥地利莱奥本监狱监舍楼为1栋综合性建筑，共居住200多名罪犯，寝室分布在两侧，一侧是在押候审的嫌疑犯，另一侧是已经被判刑的罪犯。每间寝室设有落地窗、独立卫生间，还设有1个全封闭小阳台。每15间寝室组成1个套间，共享1个公共活动区域和1个小厨房，可以自己做饭，桌上的器具大多数都是金属的。公共活动区域设有健身中心、祈祷室、茶水间，并提供开放式的会客空间，使罪犯能单独与访客会面。如果罪犯的配偶前来探望，他们还可以享受到类似酒店套房的房间。

5. 走廊

监舍楼走廊分为外走廊和内走廊两种。

外走廊，也称"单面外走廊"，通常采用悬挑式，就是1条公共外走廊悬挑于监室外。单面外走廊最大的优点是通风、采光好，其缺点是土地使用率低，

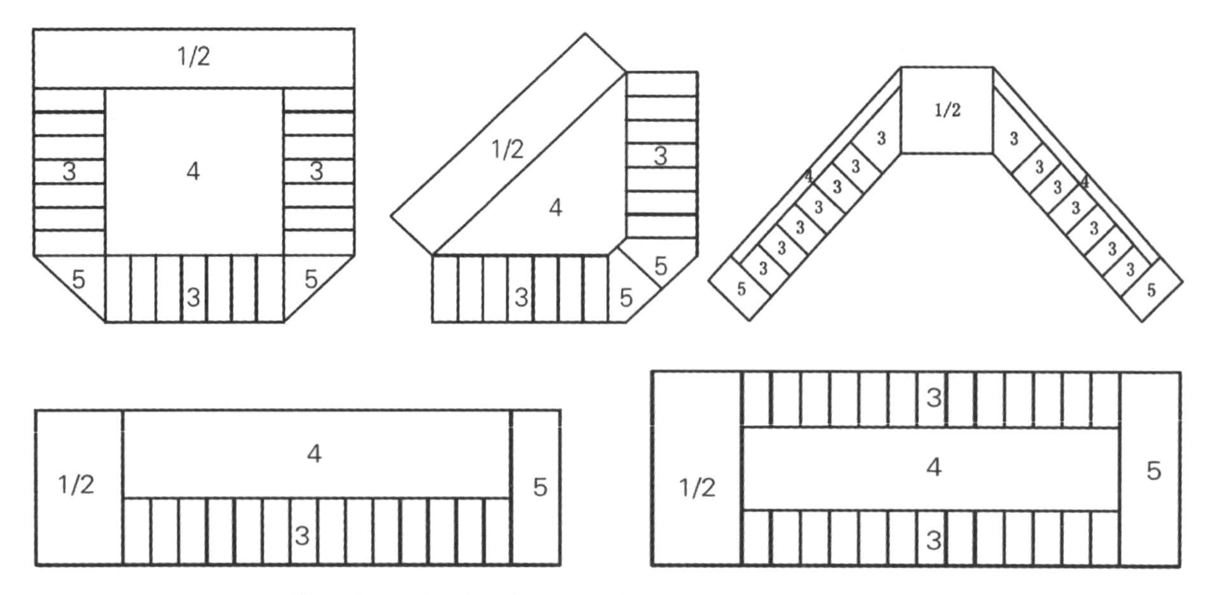

1. 管理用房 2. 服务用房 3. 寝室 4. 活动大厅 5. 配套用房（盥洗室、厕所等）

图 11-5-33　监舍楼常见的几种平面布置示意图

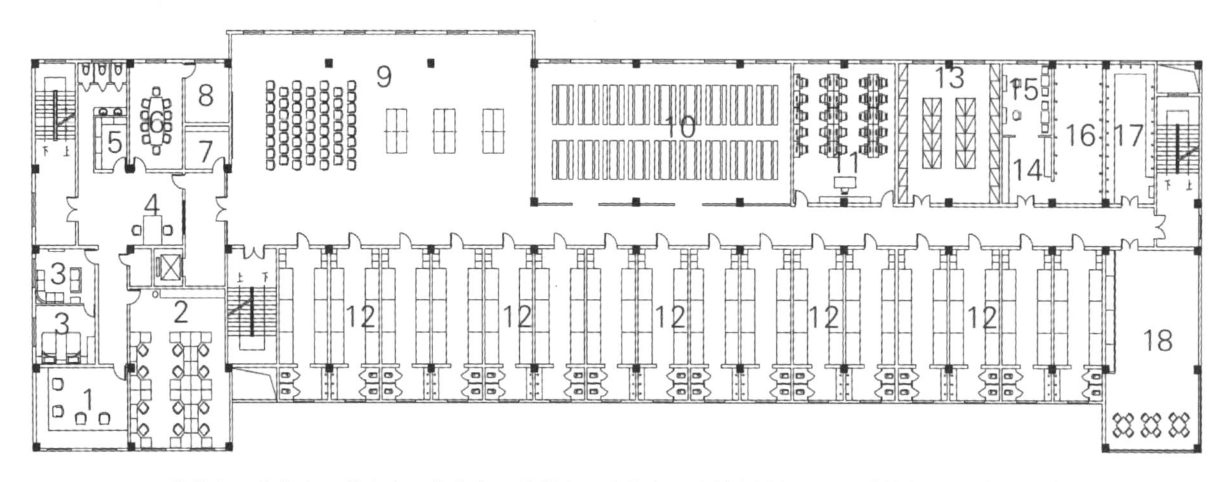

1. 监控室 2. 办公室 3. 休息室 4. 值班室 5. 储藏室 6. 会议室 7. 亲情电话室 8. 心理咨询师 9. 活动室 10. 餐厅 11. 电教室 12. 寝室 13. 物品存放室 14. 吸烟 / 理发室 15. 更衣室 16. 淋浴室 17. 盥洗室 18. 晾衣室

图 11-5-34　中度戒备监狱监舍楼标准层平面示意图

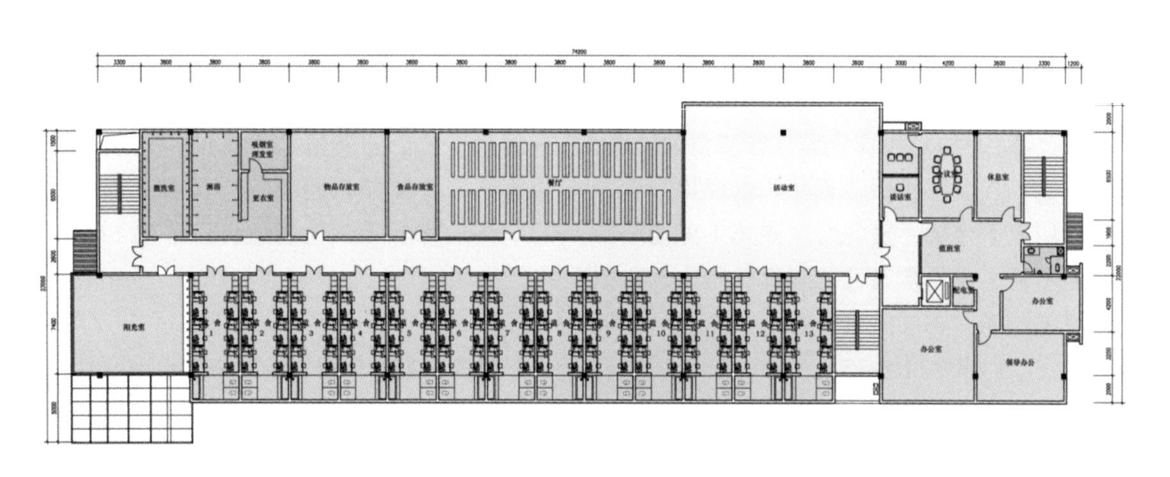

图 11-5-35　江苏省苏州监狱监舍楼标准层平面图

抗震性能差。由于单面南外走廊可直接接触到阳光，大多监狱的监舍楼采用单面南外走廊，如海南省美兰监狱（图 11-5-36）、广东省阳江监狱、广东省明康监狱、广西壮族自治区女子监狱、广西壮族自治区宜州监狱、河南省豫西监狱、福建省武夷山监狱等。采用单面北外走廊，阳光可直接照射在监室内，南北通透，采光、通风好，目前只有上海市青浦监狱采用。

内走廊就是 1 条公共走廊，监室或辅助用房布置在走廊两侧，各室毗邻排列。内走廊优点在于外墙完整，容易作出规整简明的结构布局，抗震性能好，节省用地。正因为其优点，被广泛而大量地应用于监舍楼中。其缺点是房间朝向不好调配，通风性能差，而且抗干扰性较差。内走廊平面布局，南面宜设监室，北面宜设储藏室、娱乐活动室、淋浴间、图书室、吸烟室、网吧等附属用房。内走廊在条件允许的情况下尽量宽些，附属用房的墙壁的 1 面应设透明的钢化玻璃或有机玻璃墙面，可随时观察里面的情况。

内外走廊应尽可能宽敞些，一是白天亮度能保证；二是能保持空气流通；三是不易使罪犯产生压抑感，心理上不易烦躁不安。实践证明，外走廊净宽应不小于 2m，内走廊净宽应不小于 2.4m。广西壮族自治区女子监狱监舍楼外走廊宽 2m。江苏省苏州监狱监舍楼内走廊净宽达到了近 3.0m。西班牙监狱监舍内走廊十分开阔，一般均在 4m 以上，最宽的内走廊有 10m 多宽，走廊上铺有黑色的吸声材料，即使多人在上面行走也不会发出嘈杂的脚步声。瑞士日内瓦州的桑德龙监狱监舍内走廊宽也在 4m 以上，宽敞明亮。

6. 人性化

盥洗室、开水间、浴室、厕所地面应作防滑处理。作为一所关押以老病残犯为主的上海市南汇监狱，根据老病残犯的生理特征和生活习惯，监舍楼增设了无障碍通道、升降电梯、走廊防撞扶手、呼叫按钮、通风采光大窗户、防滑地砖冲淋房、有扶手的坐便器等诸多人性化设施，甚至还有为完全丧失行动能力罪犯特地设计的超大空间洗浴间，最大限度地便利了老病残犯的日常生活。老病残犯监区走廊两侧墙边应安装扶手，扶手宽度 0.14m，下沿距地面 0.75m（图 11-5-37）。

从安全角度考虑，将监舍楼与罪犯劳动改造车间合二为一，即罪犯居住用房、罪犯劳动改造车间设置在同一栋楼内、同一层楼面。如陕西省关中监狱、江苏省丁山监狱等，本着集约用地和方便监管

图 11-5-36　海南省美兰监狱监室外走廊

图 11-5-37　上海市南汇监狱监舍楼内走廊扶手

改造罪犯的原则，将罪犯监舍和罪犯劳动改造车间联体设计，提高了土地利用率和监狱绿化率。但是罪犯生活空间受到限制，会使罪犯产生茫然、压抑、抵触情绪，甚至出现矛盾激化，不利于罪犯的改造。对于中度戒备监狱，监舍、罪犯劳动改造车间宜分别为独立的单体建筑。

7. 节能、环保

在监舍楼设计时，要综合考虑当地的实际情况，充分利用地热资源和太阳能，建立污水处理和水资源再利用系统，科学确定单体建筑朝向、楼层高度，采用新型保温隔热材料，如粉煤灰轻质砌块、隔热铝合金窗等。还要优化门窗位置、尺寸大小，尽量利用自然光线照明和自然空气调节室温，减少能源消耗。北京市延庆监狱、山东省枣庄监狱、山东省滕州监狱等，在监舍楼设计上，结合当地地质条件，充分运用丰富的地热资源，在每栋监舍楼安装了地热水循环系统，冬天监室内温暖舒适。广东省女子监狱在每栋监舍楼安装了太阳能热水器，每间寝室都设有 2 只莲蓬头，保证罪犯能够定期洗热水澡。

8. 监舍楼的配套设施

我国古代监狱的寝室，除了均为平房外，内部结构较为简单，设施也十分简陋，通常设有地铺或通铺、1 张桌子、1 只便桶和 1 只储水用的小水缸。新中国成立后，我国监狱的寝室内的设施发生了巨大的变化，特别是 20 世纪 90 年代后，寝室内的设施大为改善。现在，罪犯寝室按人配备床位、生活柜（箱）、塑料凳等生活设施，配置电视机、风扇等公共设施，不设置晾衣设施。床的摆放，应固定于墙壁，与墙体连为一体，其目的：一是加固床铺，不产生侧翻，以防止意外事故发生；二是防止罪犯拆卸铁床配件行凶或利用铺板为掩护挖洞脱逃。现在新建监狱在罪犯寝室里，一般都不允许使用热水瓶，因为热水瓶易作为凶器或易私藏违禁物品等。如何解决罪犯的饮水、洗漱等问题，现在好多新建监狱，专设了电水炉或小型的蒸汽锅炉开水间，开水间应配备开水器和保温桶等器具。

江苏省监狱管理局就罪犯寝室配置设施，出台了相关文件《江苏省监狱监区罪犯生活、教育设施配置规范（试行）》（苏狱卫 [2014]16 号），具体如下：

（1）主要设施

寝室内设床铺、洗漱池、置物架、蹲便器、隔断、学习桌（出监监区）、凳子等。

（2）配置标准

1）床

数量：寝室使用双层单人床，室内两面竖向布置床位。单间寝室床铺数量，成年男性罪犯不超过 16 张，女性罪犯和未成年罪犯不超过 12 张，老病残犯监区、高危监区、出监监区不超过 8 张。

规格：双层床使用钢架床（盐碱地区使用不锈钢床架），方管焊接，床架连体固定，海灰色喷塑（GSB05—1426—2001 漆膜颜色标准样卡 B05）。床高 1.8m，床长 2.0m（床板 1.9m），宽 0.9m，上铺床面距地面 1.5m，下铺床面距地面 0.5m。

床头：上下铺床头高于床面 0.3m，床头中间设 2 根竖档，竖档间隔 0.4m，中间用无色有机玻璃（厚度≥ 6mm）封闭。上铺床头使用弧度拐角。

护栏：上铺设护栏，高于床面 0.2m，长 1.2m，自寝室门方向的床头延伸至 1.0m 处向下连接形成 45° 斜面（弧度拐角），在距床头 1.0m 拐角处及 0.15m 处设 2 根竖档，竖档间设 1 根横档。

床头牌：对床头旁 0.15m 长的护栏作封闭处理，设上下并排的两个横向插卡式床头牌，单张床头牌尺寸为 110mm × 73mm。

爬梯：爬梯位于护栏的另一侧床头方向，紧靠床架，宽 0.3m，中间设 3 根横档。

抽屉：每床配备两个抽屉，分置于下铺床下两端，与床架整体制作。抽屉内部，宽 0.5m，长 0.6m，深 0.25 ~ 0.3m。分置衣服（占 1/2）、食品（占 1/4）、书本（占 1/4）三个区域，作“T 形”分隔，衣服在里侧，食品、书本在外侧，食品书本区加盖板。抽屉槽整体外包，下沿距地面 0.12m。

鞋架：床下抽屉之间设置悬空鞋架，长度≥ 0.8m，宽度 0.3m。鞋架下沿距地面 0.12m，与抽屉下沿平齐，鞋架外沿距下铺床边外沿 0.2m。

单层床：高危监区使用单层单人床，室内两面竖向布置床位，与地面固定。单层床材质颜色与双层床一致，无护栏、鞋架、抽屉。床长 2.0m（床板 1.9m），宽 0.9m，床面至地面高 0.5m。床头高于床面 0.3m，使用弧度拐角，床头中间设 2 根竖档，竖档间隔 0.4m，中间用无色有机玻璃（厚≥ 6mm）封闭。床头牌设在床铺支腿与横框的夹角处。

2）洗漱池

洗漱池宜使用不锈钢材料整体制作或外层包面，水池上沿距地面 0.8m，池内深度 0.2m 左右，宽度根据实际空间确定，两边靠墙。池上配 2 ～ 3 只水龙头。

3）置物架

置物架与洗漱池同宽，宜使用不锈钢材料制作，在水池上方从上向下依次设横排牙具、皂盒架（高 1.65m）、毛巾架（高 1.5m），水池下方设盆架（竖放）。

4）蹲便器

在洗漱池对面设 2 只单人不锈钢蹲便器，使用入墙式脚踏冲水阀。老病残犯监区 2 ～ 3 间寝室安装座便器。蹲便器和座便器旁两边墙面分别设“一字形”无障碍扶手，高度 0.65m。

5）隔断

就寝区与洗漱区设隔断，左右各 1 道，宽 0.9m。隔断分上下两部分，下部分用砖混砌筑，高度 0.8m，洗漱区一侧用瓷砖贴面，就寝区一侧用白色涂料粉刷，无尖锐拐角。上部分用钢化玻璃封至顶层，使用不锈钢外框。

6）学习桌

普通监区不宜在寝室内设学习桌。出监监区每人配备 1 组单人学习桌椅，颜色与寝室环境协调一致。桌长 1.0m，宽 0.6m，高 0.75m，桌面配一体式书架。椅子坐面高 0.45m，椅背高 0.75m。

7）凳子

罪犯应使用塑料凳子，且高度不超过 0.4m。

8）其他

设日常照明灯和夜间休息灯，宜用节能灯；使用吸顶式摇头风扇；安装电视和监区广播（对讲）系统。监区可利用寝室多余空间在墙角设生活柜、书架等设施，颜色、材质、尺寸与室内环境协调一致。

监舍楼内各房间及走廊的照明和其他电器均应在警察值班室的控制之下，且应在每间寝室内设 1 组夜间照明用灯具；监舍楼内配电箱应设在每层的警察值班室内。在监室和走廊还可安装有广播音乐系统和监控装置。监舍楼所有管线、电线均应沿墙暗线敷设，同时必须安装电器保护装置。

瑞典监狱规定罪犯每人 1 间房，监舍内 1 张床，1 台电视机，1 张桌子和卫生设施，公共区域还设有罪犯健身房、用餐区和休闲区。

二、会见楼

会见楼是监狱重要的单体建筑，是向罪犯亲属宣传法律、法规及监狱工作方针、政策的重要阵地；是罪犯在服刑期间与亲属直接接触的主要场所；是罪犯亲属对罪犯进行教育感化的有效载体；是监狱与罪犯家属沟通交流的重要平台；也是展示监狱公正文明执法形象的重要窗口。

（一）会见楼的设计规则

（1）应遵守国家建设规范《监狱建设标准》（建标 139—2010）以及相关监狱监管安全要求。

（2）应遵循“适用、经济、安全、卫生、文明”的原则，内部布局要科学合理，功能要齐全，会见设施要完备，建筑面积要适应押犯规模要求。会见楼力求要达到宽敞、明亮、给人耳目一新的感觉，借以营造轻松、融洽的会见氛围。

（3）会见楼宜为 1 栋独立的单体建筑。当然也可以与其他单体建筑合并在一起，如北京市良乡监狱会见楼设在综合楼内，该楼是集办公、监舍、团聚、会见、禁闭、教学、医院等为一体的围合式综合楼；江苏省南通女子监狱将会见楼与教学楼合并为 1 栋综合楼；山西省女子监狱将会见楼与监舍楼合并为 1 栋综合楼，底层为会见室，第 2 ～ 6 层为监舍。

（4）会见楼要求罪犯和家属进入会见室的路线分开，且双方不能接触，应设前后门，前门为会见家属出入口，后门设罪犯专用通道，分别连接监外和监内道路，各行其道，各走其门，互不交叉。

（5）一般和从宽会见区域，应设立残疾人专用区，使坐轮椅的罪犯或家属能够相互看到对方并交流。

（6）抗震等级应大于 7 度，耐火等级应大于二级。

（二）会见楼建筑设计要求

1. 会见楼的选址

（1）必须符合监狱总体规划布局。

（2）宜设置在交通便利的地方，靠近监狱对外的主干道。并设置适量的停车位。

（3）为确保监狱监管安全，会见楼的罪犯会见活动区域应严格限制在监狱围墙内，因此必须设在监狱围墙内，在监管区大门附近区域，同时与监狱围墙间距至少 20m 以上。广西壮族自治区黎塘监狱、海南省美兰监狱（图 11-5-38）、浙江省南湖监狱一监区等少数监狱或关押点的会见楼设在监管区外。

（4）家属会见活动应避免影响干扰警察行政办公区正常办公。

（5）不宜靠近罪犯劳动生产区，以免劳动生产所产生出的噪声影响会见效果，宜靠近罪犯监舍区。

2. 会见楼的建筑规模与建筑结构

会见楼的建筑规模，2000 年前主要依据各监狱罪犯每月会见的次数，并非完全依据押犯容量。我国幅员辽阔，人口分布不均，监狱关押罪犯的人数，也同样受到影响。在大中城市人口稠密的地区，罪犯以本省监狱服刑为主，由于路途较近，其亲属会见较为方便；而有些地区人口稀少，监狱与罪犯原居住地相距甚远，亲属会见较为困难。2000 年后，按照新修订的《监狱建设标准》（建标 139—2010）相关规定，中度戒备监狱的家属会见室建筑面积指标为 0.81m²/ 罪犯，而高度戒备监狱的家属会见室建筑面积指标为 0.59m²/ 罪犯。以中度戒备监狱为例进行测算。一所小型监狱，关押规模 1000 ~ 2000 人，家属会见室总建筑面积 810 ~ 1620m²；一所中型监狱，关押规模 2001 ~ 3000 人，家属会见室总建筑面积 1620.81 ~ 2430m²；一所大型监狱，关押规模 3001 ~ 5000 人，家属会见室总建筑面积 2430.81 ~ 4050m²。

贵州省瓮安监狱，关押规模 2000 人，属小型监狱，会见楼建筑面积 1590.32m²；天津市长泰监狱，关押规模 3000 人，属中型监狱，会见楼建筑面积 2340m²；吉林省公主岭监狱，关押规模 3700 人，属大型监狱，会见楼建筑面积 3294.5m²；江苏省苏州监狱，关押规模 4000 人，属大型监狱，会见楼建筑面积 3278m²；山东省泰安监狱，关押规模 4000 人，属大型监狱，会见楼建筑面积 3338m²。

图 11-5-38 海南省美兰监狱会见楼（位于警察行政办公区内）

由于在实际建设过程中，有的会见楼还设有超市、科技法庭（也称“数字化法庭”）等其他功能用房，所以会见楼建筑规模也就超出按指标测算出的总建筑面积。如山西省原平监狱，关押规模 1500 人，属小型监狱，会见楼建筑面积 2380.38m²；福建省宁德监狱，关押规模 3500 人，属大型监狱，会见楼建筑面积 4257m²。

会见楼由于需要一个大的空间，主体建筑结构形式应为钢筋混凝土框架结构。河北省冀东监狱会见楼主体结构为钢筋混凝土框架结构，局部为砖混结构。山西省原平监狱、贵州省瓮安监狱、天津市长泰监狱、吉林省公主岭监狱、广西壮族自治区未成年犯管教所、江苏省苏州监狱、山东省泰安监狱等会见楼建筑结构均采用了钢筋混凝土框架结构。

3、会见楼的层数与层高

从目前全国已建成的来看，会见楼的层数至少 2 层，但不宜超过 3 层（含 3 层）。山西省曲沃监狱、四川省川北监狱等会见楼为 2 层；江苏省苏州监狱、河南省南阳监狱、广西壮族自治区鹿州监狱、云南省普洱监狱、山西省太原第二监狱、浙江省十里丰监狱六监区、山东省泰安监狱等会见楼为 3 层；广西壮族自治区桐林监狱、陕西省关中监狱等会见楼为 4 层；广西壮族自治区未成年犯管教所会见综合楼为 5 层，框架结构，建筑面积约 2773m²，目前为我国监狱会见楼最高建筑。

无论是家属还是罪犯使用的地下人行通道的净高，均不宜小于 3m，而底层设候见大厅和会见大厅，由于涉及空调系统，层高一般设 4.5m。第 2 层若设从宽会见厅和小型科技法庭，层高一般设4.5m。第3层若设特优会见室，考虑到中央空调系统，层高一般设3.3m。河北省冀东监狱会见楼，主体为1层，局部为2层，框架部分底层层高5.1m，砖混部分第1、2层层高2.85m，建筑总高度6.9m；贵州省瓮安监狱会见楼，地上2层，底层层高3.9m，第2层层高3.6m，建筑总高度7.5m；天津市长泰监狱会见楼，地上2层，建筑总高度9.3m。

4. 会见楼建筑风格与建筑造型

会见楼的外观造型及外观装饰色彩应与相邻建筑相融合统一（图11-5-39 ~图11-5-41）。在整体建筑造型设计风格上，应力求现代建筑与监狱职能的完美结合，既突出监狱的特色，又注重警示和教育的寓意。如浙江省未成年犯管教所会见楼外形是一个巨大宏伟的圆柱体，体现亲人期盼罪犯早日与家人团聚；江苏省浦口监狱、广东省惠州监狱会见楼外形是1艘正在大海中航行的轮船，时时提示着罪犯崭新的人生将从这里启航；甘肃省定西监狱会见楼采用钢筋混凝土正方体与玻璃透明式的半圆柱体进行组合，二楼圆形观景台，让家属可以观察罪犯生活环境。在外观装饰色彩上，现在全国好多监狱会见楼都采用了暖色调，如暗红色，营造出一个和谐、愉悦、清新、舒适的会见氛围。吉林省某监狱会见楼，采用粗糙石砖贴面与玻璃搭配，将地域材料与现代材料通过替代、对比与整合，起到现代与地域传统相融的效果，塑造出具有地域化特征的场所性空间。

（三）会见楼的功能用房

会见楼的功能用房设置应符合所承担的实际功能，应设有会见信息采集登记大厅、家属会见候见厅、男女卫生间、法律援助中心、检察官接待室、监狱长接待室、小型超市、从严会见厅、一般会见厅、从宽会见厅、社会帮教室、提审室、小型科技法庭、简单的保健室、特优会见室、物品检查室、更衣室、警察值班室、监控室等。功能用房的布置应符合下列会见流程：罪犯的家属通过登记大厅吧台对身份验证、个人信息采集后，在宽敞的候见厅等候，然后通过LED大屏幕提示并经过严格安检后，进入从严大厅、一般会见厅或从宽会见厅，在系统指定的会见位置等候，拿起话筒隔着玻璃墙与罪犯通电话或与其进行面对面的交谈或进入从宽会见厅。进入从宽会见厅前，应检查双方身体，以防有违禁的物品带入。

1. 具体分布

会见楼的各层楼面均设警察监控室、办公室、物品检查室以及男女卫生间。目前，通常做法底层

图11-5-39　辽宁省大连市监狱会见楼

图11-5-40　河南省焦南监狱会见中心

图11-5-41　江苏省苏州监狱会见楼

设接待大厅、超市和一般会见厅，一般会见厅划分成不同的方格形空间，中间再以玻璃隔开，通过电话对讲机交流；第 2 层设从宽会见厅和小型科技法庭，从宽会见厅容许 1 名罪犯与家属面对面地交谈或用餐（现在习惯称“亲情餐厅”）；第 3 层一般设特优会见室，在此楼层上还应设有检查室和更衣室。其他功能用房可根据实际情况而科学合理地设置（图 11-5-42 ~图 11-5-45）。

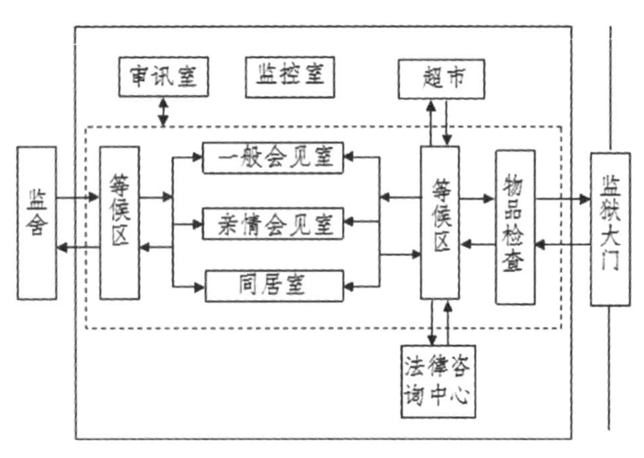

图 11-5-42　会见楼功能与流线组织图

2. 具体设计及做法

（1）家属专用人行会见通道（图 11-5-46 ~图 11-5-49）。目前我国监狱家属专用人行会见通道有两种模式：一种建于地上，采用全封闭式的伸缩型不锈钢格栅人行通道。接见时拉开，与围墙形成 1 个封闭通道。会见结束后，再闭合上，与监狱围墙完全分离。我国目前绝大多数监狱都采用这种模式，如河南省郑州未成年犯管教所、河南省周口监狱、山东省青岛监狱、浙江省第四监狱等。另一种建于地下，采用地下人行会见通道的形式，宽度通常控制在 3.0 ~ 3.5m，净高控制在 3.0m 左右。通道上可铺上吸音材料，即便很多人行走，也不会发出嘈杂的脚步声，便于管理和监控。这种模式多见于新建或迁建监狱，如江苏省苏州监狱、内蒙古自治区通辽监狱、辽宁省大连市监狱、湖北省沙洋监狱管理局广华监狱等。其最大的优点是在监狱围墙上不再另开门洞，减少了监狱监管安全隐患。但工程造价大大增加，而且地下人行会见通道防渗处理不好的话，特别是南方地区，由于地下水位高，更易出

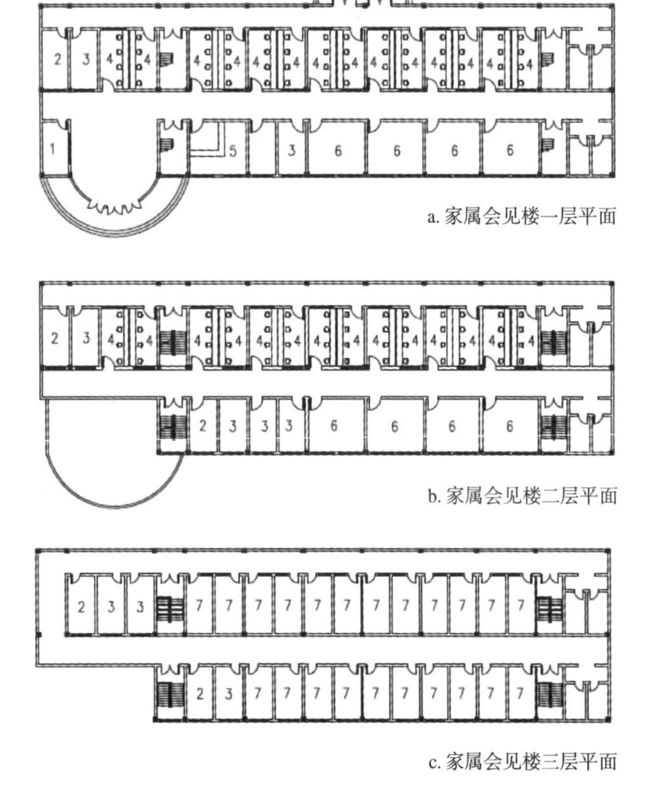

a. 家属会见楼一层平面

b. 家属会见楼二层平面

c. 家属会见楼三层平面

图 11-5-43　小型中度戒备监狱会见楼平面示意图

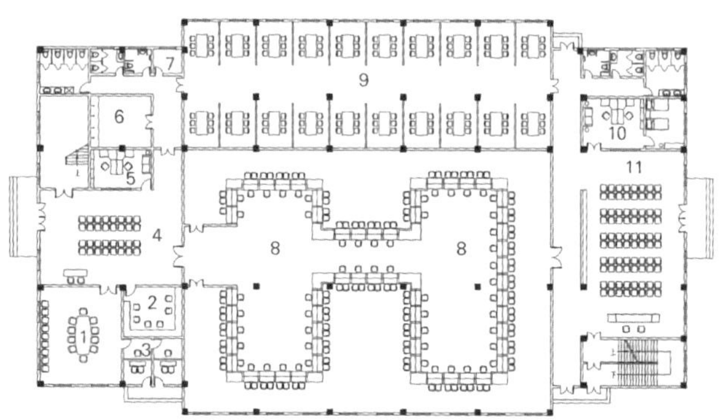

图 11-5-44　大型中度戒备监狱会见楼一层平面示意图

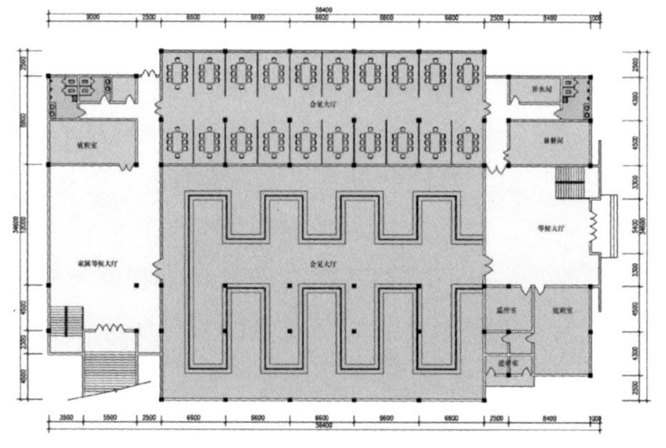

图 11-5-45　江苏省苏州监狱会见楼平面图

现渗漏现象。由于翻越围墙越狱难度加大，罪犯从地下人行会见通道脱逃成为重要途径，各监狱务必要构筑坚固的安全防范体系，要将金属物理隔离设施、监控、报警、门禁等整合在一起，实行有效联动，形成一个整体（图 11-5-50 ~ 图 11-5-51）。地上人行会见通道应设有残疾人专用的通道；地下人行会见通道，除了应设残疾人专用的通道外，还应设上下乘客电梯，方便残疾人、年老体弱的探视者，并应符合《民用建筑设计通则》的相关规定。

图 11-5-46　江西省赣州监狱会见楼家属人行通道

图 11-5-47　江苏省苏州监狱会见楼家属地下人行通道楼梯

（2）家属候见大厅（图 11-5-52 ~ 图 11-5-57）。

全国监狱家属候见大厅设置有两种情况：一是设在会见楼的底层；二是单独设置，作为会见楼的附属用房，这是目前新建、改扩建监狱普遍做法。如江苏省苏州监狱、江西省赣州监狱等将家属候见大厅设于警察行政办公区内，为一个独立的单体建筑，然后通过地下人行通道或地上人行通道进入会见大厅。家属候见大厅宽敞明亮，建筑面积控制在 150m^2 以内。大厅里应设有吧台式登记处、家属候见休息椅、盥洗间、男女卫生间和残疾人专用蹲位，卫生间内男女蹲位设置比例为 1∶1。设立贵重物品及不准带入监区的违禁物品保管柜，并妥善保管。建议在候见大厅里设置供小孩玩耍

图 11-5-48　江苏省苏州监狱会见楼家属地下人行通道

图 11-5-49　江苏省江宁监狱会见楼会见大厅

的区域，其中配备一些玩具、画册等小孩用品，为家属营造一个温馨、舒适、人性化的会见环境。江苏省江宁监狱、江西省赣州监狱等在家属候见大厅设置了小型儿童乐园、母婴室等。在此厅内可设置触摸屏，只要点击触摸屏，就可以及时直观地查阅到监狱的基本情况、机构和职能设置、工作标准、发展方向以及相关的法律法规、监狱的规章制度，罪犯法律援助的条件、罪犯伙食食物量标准、罪犯

图 11-5-52　辽宁省大连市监狱会见楼家属候见厅

图 11-5-50　江苏省江宁监狱会见楼入口处

图 11-5-53　江苏省江宁监狱会见楼家属候见厅

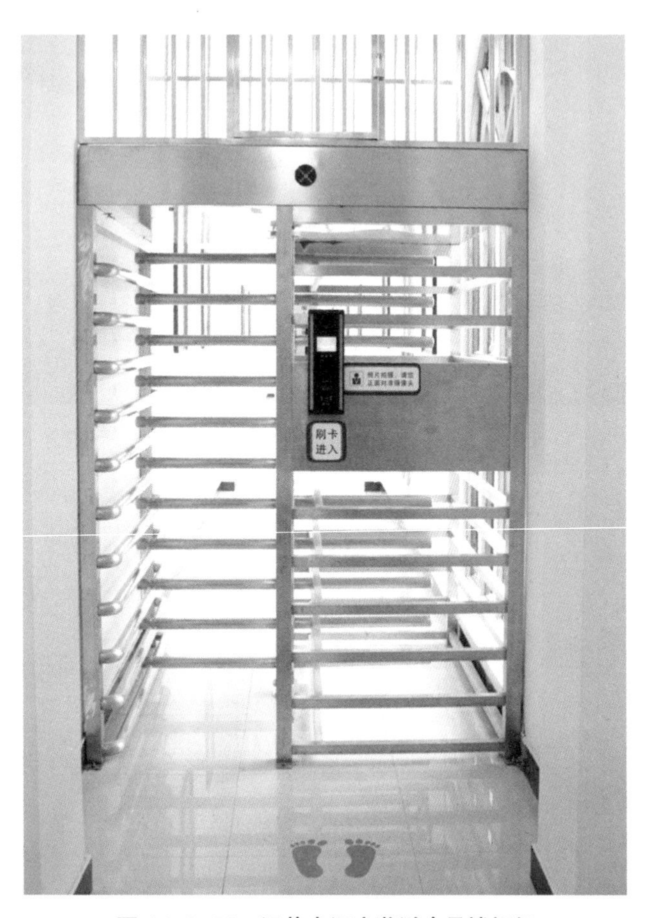

图 11-5-51　江苏省江宁监狱会见楼闸机

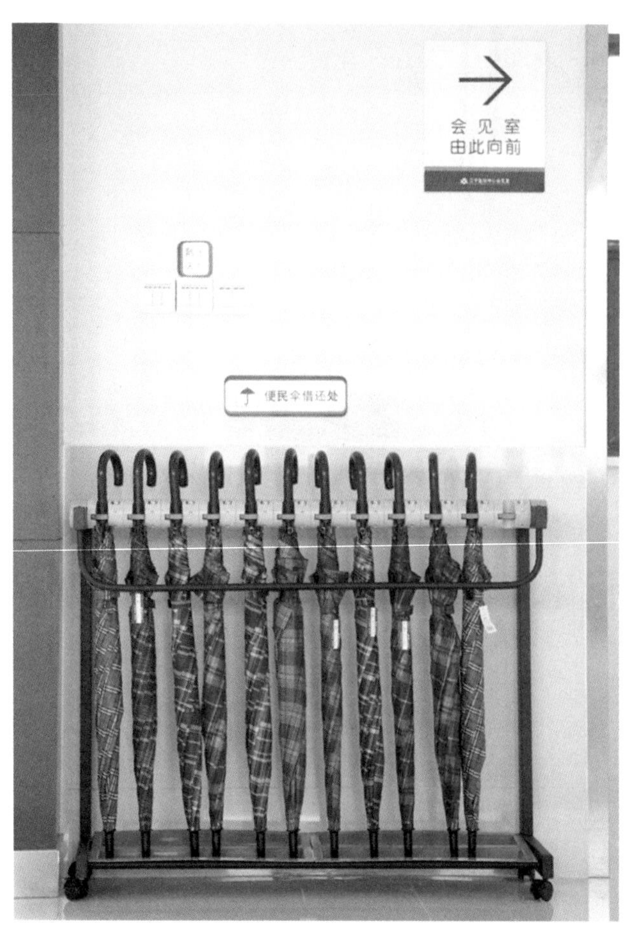

图 11-5-54　江苏省江宁监狱会见楼服务点

图 11-5-55 天津市津西监狱会见楼候见大厅

图 11-5-56 江苏省江宁监狱会见楼儿童乐园

图 11-5-57 江西省赣州监狱会见楼儿童乐园

医疗卫生防疫、日用品发放、零花钱管理等内容情况。还可以查阅到正在服刑亲属在监狱劳动生活以及奖惩情况等。

台湾省台北监狱会见室的家属候见大厅设有书写区和期刊区，摆放监狱编辑的相关杂志、罪犯的技术训练作业成品、罪犯食品留样。公布当月伙食标准，让其亲属了解监狱的工作状况和罪犯的学习训练生活情况；公布会见时间和会见流程，食品门市部明码标价；设有母婴房，以方便带小孩的探监者；设有申诉电话专线和意见箱，为会见人员准备有 USB 电源插座、自售饮料、雨伞套等。

天津市监狱管理局应急特勤队会见服务中心，实际上就是目前天津市梨园监狱大院区域 5 所监狱会见楼共用的家属候见大厅。整个会见服务流程有严格的规定，考虑到会见家属需经过入口初检、存物、取号登记、等候、接见、离开等一系列流程，面向候见家属设置有公共服务区域和会见服务区域二个区域。会见家属经大厅主入口首先进入公共服务区域，这一区域内设计有存物区，家属存放不便带入会见区的随身物品之后，经安检门即可进入会见服务区域。进入会见服务区域后，通过触摸式查询和自助取号，家属可在一站式的服务窗口办理探视手续，手续齐备后进入等候区。不符合会见条件的家属则可通过退出通道直接进入公共服务区，或选择视频接见，或选择直接退出，经存物区走廊取包后离开。面积约 850m^2 的等候区设计有 600 个座位，与登车闸口之间设有面积 120m^2 的登车缓冲区，探视家属可依照登车提示井然有序地入闸，自然形成登车人流。登车闸口设计为 2 个，可同时满足二所监狱在押罪犯家属同时登车需求。家属出闸后即可进入监区，到达室外对应的登车区，登车前往各自的监狱。到达监狱后，通过会见楼地下人行通道进入会见大厅进行探望。完成探视的亲属乘车返回登车区，下车后则通过业务用房一侧的专用通道离开监区。从会见服务大厅一侧的入口直接进入专用的取包走廊，在存物区的另一侧取走暂存物品，然后从专用出口离开大厅。整个探视流程自始至终围绕探视人流的动态流线特征设计，探视流线便捷，基本消除了逆向和交叉人流的出现，使得探视家属在办理探视手续、候车、登车、返回和退出的全过程中直接感悟到方便与快捷的理念，体会到会见服务中心整个登记流程的规范。

（3）小型超市，可设在会见楼的底层，供家属或罪犯自选购物（图 11-5-58）。在会见期间，家属在超市采购的物品小票（一式二份），一份交于家属保存，另一份由所在的监区警察交还给罪犯，罪犯接见完后至专用窗口提货。在会见结束时，超市可向罪犯定时开放，罪犯可在超市里面补充日用品。江苏省苏州监狱 2015 年初在各监区建立了虚拟超市，罪犯在超市点好日用品后，由监狱卫生科统一负责采购并发放到超市内。超市的建筑面积可按每罪犯 $0.5m^2$ 测算，小型监狱、中型监狱、大型监狱的超市建筑面积分别为 $80m^2$、$120m^2$、$200m^2$ 左右。

（4）从严会见厅，主要用于纪检监察、法院、检察院、公安等机关来提审或核实案件。从严会见厅中央设金属防护栅栏，被会见的罪犯与提审的公职人员应从各自不同的门进入。小型监狱可设 1 ~ 2 间，中型监狱可设 2 ~ 3 间，大型监狱可设 3 ~ 5 间，每间建筑面积 $10m^2$ 左右。

（5）一般会见厅。依据部颁建设标准，每 50 名罪犯设 1 个会见位，每个会见位使用面积 $1.8m \times 2.5m \times 2=9m^2$，人均 $0.18m^2$，平均每名罪犯建筑面积 $0.24m^2$。一所关押规模 1500 人的小型监狱，一般会见厅应设 30 个会见位，建筑面积 $360m^2$；一所关押规模 2500 人的中型监狱，一般会见厅应设 50 个会见位，建筑面积 $600m^2$；一所关押规模 4000 人的大型监狱，一般会见厅应设 80 个会见位，建筑面积 $960m^2$。福建省宁德监狱，关押规模属大型监狱，一般会见厅设了 80 个会见位。

一般会见厅窗地比不应小于 1/7，室内净高不低于 3.0m，每个会见位的电话机应至少能与两名家属同时通话。在一般会见厅，建议双方在电话通话时，采用佩戴耳麦的方式，这样可以同时辅助使用双手表达，更有利于双方进行交流与沟通。为确保监狱监管安全，会见室玻璃隔断墙一般采用双层 6 ~ 8mm 钢化玻璃，而山西省太原第一监狱会见大厅安装防弹玻璃，能经得起高强度撞击。

目前，我国监狱会见楼的一般会见厅在平面布置上，通常采取下列四种式样：一是直线形（图 11-5-59 ~ 图 11-5-62），如四川省眉州监狱、山东省泰安监狱、江西省赣州监狱等会见大厅，这种类型优点是利于警察现场监督和监控室视频监控，视野开阔无障碍，缺点是利用率低。二是回字形（图 11-5-63 ~ 图 11-5-66），如辽宁省大连市监狱、江苏省江宁监狱、山西省太原第一监狱等会见大厅，这种类型优点是视野开阔，适用于中小型监狱，缺点是利用率低。三是凹凸形（图 11-5-67），如江苏省苏州监狱、湖南省女子监狱等会见大厅，这种类型优点是利用率高，缺点是视线受到一定的障碍。弥

图 11-5-59　山东省泰安监狱会见楼会见大厅

图 11-5-60　山东省枣庄监狱会见楼会见大厅

图 11-5-58　辽宁省大连市监狱罪犯阳光超市（设在会见楼内）

补这一缺陷的方法是增加监控摄像头，或增加现场警力。四是环形，如司法部燕城监狱会见大厅，环内为罪犯区，环外为家属区，这种类型优点是视野开阔，节约警力，适用于小型监狱，缺点是面积利用率低。

（6）从宽会见厅。亲情会见帮教是沟通监狱与

图 11-5-61 江西省赣州监狱会见楼会见大厅

图 11-5-62 河南省焦南监狱会见楼会见大厅

图 11-5-63 辽宁省大连市监狱会见楼会见大厅

图 11-5-64 江苏省江宁监狱会见楼会见大厅

图 11-5-65 山西省太原第一监狱会见楼会见大厅

图 11-5-66 上海市周浦监狱会见楼会见大厅

图 11-5-67 江苏省苏州监狱会见楼会见大厅

社会、家庭之间的桥梁，亲情是促使罪犯安心改造的一剂良药。从宽会见厅实质上就是1间餐厅，与之相配套的还有1间备餐间（通常做法，由监狱警察食堂备好套餐后送至此间）。按每80名罪犯设1个会见位，建筑面积按0.8 ~ 1.6m² 就餐人考虑，平均每会见位按3人计算就餐人数。一所关押规模1500人的小型监狱，从宽会见厅应设19个会见位，建筑面积45.6 ~ 91.2m²；一所关押规模2500人的中型监狱，从宽会见厅应设32个会见位，建筑面积76.8 ~ 153.6m²；一所关押规模4000人的大型监狱，从宽会见厅应设50个会见位，建筑面积120 ~ 240m²。

从宽会见厅宜设在会见楼第2层，也可设在底层。布置茶座和通透式的间隔，罪犯与家属面对面，空间相对独立和安静，它为家属和社会帮教人员与改造表现好的罪犯提供了更加直接、更加亲近的会见方式和场所（图11-5-68、图11-5-69）。

（7）警察值班（监控）室，运用会见控制管理程序，对所有通话及接见情况实行随时切换监听和全方位多角度的监控，便于警察及时准确地掌握会见动态。警察值班（监控）室内应设通信、监控、报警等装置，设有警察专用卫生间，对外的门窗安装金属防护隔离设施。警察值班（监控）室建筑面积16m² 左右。

图11-5-68　江苏省江宁监狱会见楼宽见大厅

图11-5-69　江西省赣州监狱会见楼宽见大厅

（8）提审室，用于纪检监察、法院、检察院、公安等机关提审罪犯的专用房间。中间设有金属隔离栅栏，罪犯区域墙面、门面皆为软包。提审室建筑面积16m² 左右。

（9）科技法庭，也称“数字化法庭”。从监狱行刑成本和监管安全角度考虑，罪犯不宜外出出席当地法院或法庭判决时，多数监狱将科技法庭设在会见楼中。江苏省苏州监狱、云南省西双版纳监狱科技法庭设在教学楼内，江苏省南京女子监狱科技法庭则设在医教楼3楼。科技法庭主要由高清庭审主机、庭审应用系统、实体信息管理平台构成。科技法庭可以实现庭审直播点播，也可以利用监狱信息化网络视频系统，实时把庭审现场画面传输到监舍、会见室和多功能教育厅等电视屏幕上。科技法庭里面的布局及设施参照国家相关标准，建筑面积100m² 左右。

（10）法律援助中心、检察接待室、监狱长接待室，作为会见楼重要的附属功能用房，此3间房间建筑面积各30m² 左右。

（11）社会帮教室，实质上就是1间会见室，主要用于有一定社会影响的人员来监狱进行帮教，里面应配有沙发、茶几等家具，建筑面积30m² 左右。

（12）特优会见室，也称“亲情会见室”、“同居室”、“团聚室”，它是以罪犯的处遇级别为依据，体现罪犯接见应当区别对待的原则，以此激励罪犯积极改造。按照部颁标准，每100名罪犯设1间同居室，每间使用面积14m²，人均0.14m²，平均每名罪犯建筑面积0.19m²。同居室为标准套间，里面应配备空调、抽水马桶、淋浴设备、双人床，条件允许的话可配备炊具、餐具等设备。同时所在的楼层必须设独立的警察值班室、物品检查室和更衣室，各室建筑面积≤ 16m²。同居室房门锁及钥匙应由值班警察统一管理，向外开启。进入特优会见室前，除了检查双方身体外，还应更换监狱提供的衣服。

高度戒备监狱不设置特优会见室。

以上所有的功能用房，窗均应安装金属防护栅栏，会见楼中的物品检查室及传递室、从宽会见厅、特优会见室等房间应配备牢固的钢板门。

（四）会见楼特殊要求

1. 管理系统

目前社会正处于由工业化向信息化转变的阶段，信息化能提高人们的管理水平和工作效率。我国监狱现在普遍采用会见管理系统 IMS，该系统是监狱信息化管理的重要组成部分，它的流程设置合理科学，能大大节省监狱警察的工作量，同时能进一步提高会见过程的安全性、可控性，确保监狱安全稳定。根据目前我国监狱实际使用的效果，该系统应具备以下的功能：

（1）会见登记功能。具体功能如下：设置家属信息，如果家属信息此时不存在，在权限范围内可以进行新增；设置全监狱罪犯信息；设置会见通话时间，以及会见说明；打印准见证，准见证包含会见序号、家属姓名、家属身份证号、编号、与罪犯关系，以及罪犯姓名、罪犯所在监区、会见持续时间、会见的座位号等信息。对于登记错误的会见，可以取消，重新登记。家属持准见证进入候见大厅等待区，休息等待会见。

（2）会见通知。利用监狱内部局域网，实时显示该监区当前的会见登记信息。监区值班警察进行会见登记信息查看确认，然后带罪犯前去会见。如果长时间值班警察不进行确认，将对登记人员进行适时提醒，登记人员使用其他方式通知值班警察。

（3）会见排队。在罪犯会见等待区设置读卡器，罪犯到达后，依次刷卡，对罪犯分配座位，并在显示屏上显示座位号和进行语音播报，罪犯到该座位就座。如果没有空闲座位，则告警，罪犯等待有空闲座位后再刷卡入座。罪犯到达会见座位后，进行刷卡，身份和座位论证通过后才可以会见。在家属会见等待区，当罪犯入座后，通过显示屏和广播，通知家属相应会见座位，前往会见。

（4）会见通话。会见家属与罪犯一对一通话，所有会见电话之间应互不干扰，并且 2 名会见家属可与罪犯同时对话，1 名警察监听，即 2+2 模式，同时可进行四方通话。

（5）会见录音。对会见进行全程录音，录音完全自动启动，无需任何人工操作。采用先进的音频技术，录音占用磁盘空间小。并且保存为 wav 文件格式，脱离系统也可以直接进行播放。

（6）会见监听。监听警察具有对罪犯通话的全过程实施完全控制功能，即在罪犯与会见家属的指定通话时间内，监听警察既可以随时中断会话过程，也可以随时进行强插，或者是中止某一方的会话。

罪犯与会见家属的通话必须以警察摘机开始监听时才能相互通话，如果警察挂机，则通话相应终止。此控制过程为防止监听警察疏忽，导致警察不在监听状态而通话继续，通话与否必须由警察的话机进行硬件上的控制，即警察监听话机摘机则通话，挂机则终止会话。

（7）数据管理。权限范围内的警察可以新建、修改和删除罪犯的信息，其信息包括罪犯编号、罪犯姓名、所在监区、罪犯级别号、罪犯备注等。设置与罪犯对应的家属信息，每名罪犯可以设置多名会见家属。权限范围内的警察可以新建、修改和删除会见家属信息，其信息包括会见家属姓名、会见家属身份证号和与罪犯关系。可以根据会见家属提供的信息对罪犯进行查询，定位罪犯记录，提供模糊匹配功能。可以编辑罪犯级别表，罪犯级别信息包含级别号、级别说明。可以统计每监区的各级别罪犯数量以及整个监狱的罪犯总数。

（8）会见查询。可以对会见信息进行查询，包括会见录音文件回放、当时会见资料信息、会见统计报表等。会见信息保存时限一般为三个月或半年，也可自行设定。

2. 监狱可设置不同的会见方式

（1）封闭式会见室，是指在罪犯与家属之间设有物理障碍，包括防弹玻璃、铁丝围栏或者其他障碍物，罪犯与家属往往使用电话交谈，甚至通过电视屏幕交谈。这种会见室主要适用于封闭式监狱、高度戒备监狱或者被认定为危险等级的罪犯，目的是防止家属与罪犯之间传递违禁品或进行其他危险活动。

（2）开放式的会见室，是指罪犯与家属会见时可以有身体接触（仅限于握手、拥抱、接吻等），之间没有任何物理障碍进行隔离，监督警察往往在较远的位置进行监视。有的可以没有电子监控，完全不监视。

（3）露天会见，是指罪犯与家属会见时在露天进行。如在大面积的草坪上设置一些凉亭、桌椅，供罪犯与家属会见时使用，适用于开放式监狱和最低戒备监狱的女犯在会见未成年子女时使用。意大利监狱法规定，罪犯每周可会见1次家属，每次不超过3人。罪犯会见家属时，监狱工作人员可以临场监视，但不得在现场监听谈话内容。有时在监狱广场草地上备有帐篷供罪犯会见之用，帐篷内备有桌椅，现场供应饮料，人群或立或卧，尽随其便。

（4）特优会见室，是罪犯与家属之间单独进行会见的场所。其中夫妻会见室更受人们关注，它是夫妻会见的场所，有助于维持婚姻、增强家庭关系。设特优会见室争议较大，既然法律没有明文规定处于监禁状态下的罪犯禁止与其配偶享有同居的权利，不应剥夺罪犯的该项权利。国外好多监狱都设有特优会见室，而且也取得了较好的效果。它不但充分体现尊重和保障罪犯人权，而且对罪犯改造起着一定的积极促进作用。如新西兰奥克兰市的新伊甸山监狱在会见室的楼上除了设有两大间的探视区（每个探视区设有28张桌椅嵌在地面，用于罪犯与他们的家人朋友见面）外，还有2间“家人探视房”，实质上就是相当于我国监狱的特优会见室。[①]

（5）律师会见室，主要用于律师的正常会见谈话和调查取证的用房，律师会见需要以保密方式进行。律师会见室中间部位应设金属防护栅栏，被会见的罪犯与律师应从不同的门进入。小型监狱可设1间，中型监狱可设2间，大型监狱可设3间，每间建筑面积10m^{2}左右。对于用房紧张的监狱，也可将从严会见室兼作律师会见室，区别在于律师会见室不可以监听。

（6）网上远程视频会见室，是监狱充分利用现代科学技术的便利，设置远程视频系统，使罪犯与家属可通过网络电视进行交谈的场所。用电波架起沟通亲情的桥梁，为罪犯改造提供方便。使用视频会见对象，适用于同为服刑的罪犯夫妻、兄弟、父子等；或与监狱相距较远，家属难以经常前往探视；或监狱安全要求高，不适合面对面会见等情形。网上远程视频会见是一种非接触探视方法，这种方式在某些情况下深受罪犯和家属欢迎。

三、罪犯伙房及餐厅

罪犯伙房，也称“炊场”或“配餐中心”，是监狱中较为关键的单体建筑，为罪犯提供食物。若处理不好，罪犯就有可能作出消极的反应，不利于监狱的安全与稳定。目前，每所监狱都设有罪犯伙房和餐厅，罪犯伙房一般单独设置，也有与罪犯浴室合为一体的，罪犯餐厅一般设在其他单体建筑中。

（一）罪犯伙房

1. 罪犯伙房的设计规则

（1）应遵守《中华人民共和国食品安全法》《餐饮服务食品安全操作规范》、《监狱建设标准》（建标139—2010）以及相关监狱监管安全要求。

（2）建筑形体简洁明快，符合监狱建筑特征，具有鲜明的个性，且要与监狱整体环境相融合。

（3）罪犯伙房分为警察管理区、罪犯活动区两个主要的功能区。

（4）废弃物存放设施应密闭，并远离操作区。

（5）锅炉烟囱和粉尘排放应符合《锅炉烟尘排放标准》（GB3841—1983）的标准。

2. 罪犯伙房的建筑设计要求

（1）罪犯伙房的选址

1）必须符合监狱总体规划布局。

2）宜设置在罪犯生活区的下风方向。原因是防止罪犯伙房产生的油烟、气味、噪声（主要为轴流排风机等产生的噪声）及废弃物等对邻近建筑的影响。

3）地势平坦，干燥，易于排水排污。

4）周围无粉尘、有害气体、放射性等污染源，无昆虫滋生地；与监狱医院至少要有50m以上的距离，以防污染。

5）环境整洁，卫生状况良好。

① 新西兰监狱拥有海景房. 新华网，http://news.xinhuanet.com/house/2011-08/19/c_121883410_7.htm。

6）水源供应充足，水质符合《生活饮用水卫生标准》（GB5749—2006）等要求。

7）宜靠近监舍楼，原因是运送距离相对短，同时伙房距离围墙不宜小于 10m。

（2）罪犯伙房的建筑规模与建筑结构

罪犯伙房的建筑规模应依据《监狱建设标准》（建标 139—2010）以及关押规模来确定。伙房和餐厅按二级食堂标准，使用面积指标为 0.85m²/ 罪犯，考虑监狱罪犯就餐的特殊性，指标缩减为 90%。建筑面积指标：大型监狱为 1.03m²/ 罪犯，中型监狱为 1.08m²/ 罪犯，小型监狱为 1.14m²/ 罪犯。特别要说明的是，中度戒备监狱与高度戒备监狱建筑面积指标相同，且以上的指标包含罪犯伙房和餐厅，至于比例为多少，没有说明。参照学校食堂与餐厅比例一般为 1:1，监狱可以在面积允许条件下，根据实际需求决定之间的比例。一所小型监狱，关押规模 1000 ~ 2000 人，罪犯伙房（含餐厅）总建筑面积 1140 ~ 2280m²；一所中型监狱，关押规模 2001 ~ 3000 人，罪犯伙房（含餐厅）总建筑面积 2161.08 ~ 3240m²；一所大型监狱，关押规模 3001 ~ 5000 人，罪犯伙房（含餐厅）总建筑面积 3091.03 ~ 5150m²。

新疆维吾尔自治区第六监狱，关押规模 1000 人，属小型监狱，罪犯伙房（含餐厅）建筑面积 1199.69m²，地上 1 层，钢筋混凝土框架结构，檐口高度为 7.80m，餐厅屋面为网架结构；陕西省宝鸡监狱，关押规模 2100 人，属中型监狱，罪犯伙房综合楼建筑面积 2500m²；河北省鹿泉监狱，关押规模 3500 人，属大型监狱，罪犯伙房（含餐厅），地下 1 层，地上 3 层，建筑面积约 8300m²。

由于在实际建设中，绝大多数监狱将餐厅设在监舍楼或其他单体建筑中，所以罪犯伙房建筑规模低于按指标测算出的总建筑面积。如江苏省南通女子监狱，关押规模 1500 人，属小型监狱，罪犯伙房（不含餐厅）建筑面积 1398m²;河南省周口监狱，关押规模 2800 人，属中型监狱，罪犯伙房建筑面积 1646.49m²；广西壮族自治区未成年犯管教所，关押规模 3000 人，属中型监狱，罪犯伙房建筑面积 1517m²；天津市长泰监狱，关押规模 3000 人，属中型监狱，罪犯伙房建筑面积 1800m²；浙江省临海监狱，关押规模 4000 人，属大型监狱，罪犯伙房地上 1 层，建筑面积 1790m²；江苏省苏州监狱，关押规模 4000 人，属大型监狱，罪犯伙房地上 2 层，局部 3 层，建筑面积 2260m²；山东省泰安监狱，关押规模 4000 人，属大型监狱，罪犯伙房地下 1 层，地上 1 层，建筑面积 3194m²；江苏省宜兴监狱，关押规模 5000 人，属大型监狱，罪犯伙房地上 1 层，建筑面积 3176.6m²；广东省揭阳监狱，关押规模 7000 人，属大型监狱，正在筹建的罪犯伙房地上 3 层，建筑面积 3778.56m²。

有的监狱，将罪犯伙房与其他功能用房合并为 1 栋建筑单体，扩大了建筑面积，如河南省许昌监狱将超市设在罪犯伙房中，总建筑面积 3744.24m²；许多监狱将浴室与罪犯伙房相毗邻，如江苏省未成年犯管教所、江苏省洪泽湖监狱、辽宁省康平监狱、河南省周口监狱等，其优点很明显：供气管网相对靠近，资源可以互补，节约资源。但伙房与浴室应相互隔离开来，设有各自的院落。河南省周口监狱在伙房的东侧是罪犯浴室，可供 100 名罪犯同时洗浴，可解决全监狱罪犯洗浴问题；安徽省马鞍山监狱将罪犯大礼堂设在罪犯伙房的上面。

由于罪犯伙房操作间需要大的空间，所以主体部分应采用钢筋混凝土框架结构，局部可以为砖混结构。陕西省宝鸡监狱、广西壮族自治区未成年犯管教所、河北省鹿泉监狱、湖南省永州监狱、天津市长泰监狱、江苏省苏州监狱、江苏省江宁监狱中心监区、江苏省宜兴监狱、海南省三江监狱等罪犯伙房都采用了钢筋混凝土框架结构。

（3）罪犯伙房的层数及层高

罪犯伙房的层数一般为单层，若受场地限制，也不宜超过 2 层。江苏省南通女子监狱罪犯伙房，地上 1 层，建筑总高度 9.5m；海南省三江监狱罪犯伙房，地上 1 层，建筑面积 1889.64m²；贵州省瓮安监狱罪犯伙房，主体 2 层，底层为罪犯伙房，层高 4.2m，第 2 层为罪犯礼堂，层高 6m，建筑总高度 10.35m，总建筑面积 2873m²；安徽省蜀山监狱罪犯伙房，主体 2 层，底层为罪犯伙房，第 2 层为罪犯礼堂，建筑面积 4500m²；江苏省江宁监狱中心监区罪犯伙房（含浴室），主体 1 层，局部 2 层，建筑总高度 15.0m，建筑面积 2133m²；湖南省永州监狱罪犯伙房，地上2层，分AB两区，A区建筑总高度12m，B区建筑总高度10.41m，总建筑面积1335.16；山西省太原第一监狱罪犯伙房，地上3层，底层为副食生产间，主要进行蔬菜、猪肉等副食品的清洗、加工和烹饪，第2层为主食间，主要进行馒头、面条等主食及班中餐的加工制作，第3层为炊事服务犯休息间；山东省济南监狱罪犯伙房，地上3层，底层为伙房，第2、3层为餐厅，总建筑面积2940m^2；山东省泰安监狱罪犯伙房，地上2层，地下1层；山东省枣庄监狱将罪犯伙房设计成4层，底层为伙房，第2层为餐厅，第3、4层为浴室和其他附属用房。这种层次设计存在缺陷：一是上层为浴室，管道较多，餐厅顶面易出现渗漏现象，且难解决；二是浴室产生的噪声，影响罪犯就餐；三是浴室设在第3层，由于要处理防渗问题，势必增加工程造价；四是浴室和其他附属用房与伙房、餐厅设在1栋楼内，不同监区罪犯之间易交叉接触，又涉及监狱监管安全问题。

罪犯伙房的底层设有操作间，操作间为罪犯伙房的主要用房，跨度较大，建筑面积较大，层高也应设置高些。层高应该设在7m左右，吊顶后不得低于4.8m。层高太低油烟浓度大，影响通风、排油烟效果；层高太高增加造价。其他楼层层高控制在4.0m左右。

（4）罪犯伙房的建筑风格与建筑造型

罪犯伙房的外观造型及外观装饰色彩与相邻建筑要相融合、相协调统一（图11-5-70、图11-5-71）。在整体建筑造型设计风格上，应力求现代建筑与监狱职能的完美结合，既突出监狱的特色，又要注重安全、适用、经济。空间应开阔，罪犯伙房宜以白色为主色调。江苏省句容监狱罪犯生活区，1栋外观设计独特的建筑格外醒目，那就是北监区罪犯伙房，门厅上方两根斜柱紧密相依，构成一个大大的“人”字，寓意着“以人为本”。

3. 罪犯伙房的各功能用房

罪犯伙房划分为两个主要的功能区：警察管理区及罪犯活动区。

（1）警察管理区，是监狱警察日常管理的区域。根据监管要求，警察管理区与罪犯活动区应该分别独立成区，相互隔离。警察管理区包含以下功

图11-5-70 辽宁省大连市监狱罪犯伙房

图11-5-71 海南省美兰监狱罪犯伙房

能用房：

1）警察值班（监控）室，能够观察和控制伙房内罪犯的各项活动，应正对操作区大厅，窗子宜设为无内框防爆玻璃，尽量避免设置栅栏，以保证对操作区有良好的视线。警察值班（监控）室内应设通信、监控、报警装置，设有警察专用卫生间，对外的门窗安装防护隔离设施。警察值班（监控）室建筑面积30m^{2}左右。

2）监区办公室。对设有独立建制的伙房监区或分监区，还应在伙房中设置监区或分监区办公室、会议室、谈话室等管理用房，建筑面积100m^{2}左右。

3）刀具管理室。根据狱政管理规定，刀具属于重点防控的物品，应设立专门的储物柜进行管理。罪犯使用刀具应有专门的管理房间，并设置警察可监视和控制的区域。刀具管理室建筑面积10m^{2}左右。

4）检测室，对蔬菜农药残留进行检测和食品进行留样的专用房间。应配备相应的检测、冷藏设

备，对食品原材料等物资进行抽样检测，对每餐各种菜肴各取不少于 250g 进行留样。留样食品留置于冷藏设备中保存 24 小时以上，以备查验。检测室与留样室可以合二为一，建筑面积 $10m^2$ 左右。

5）强电配电间。伙房动力设备较多，用电负荷较大，一级配电箱体积也较大。为方便管理，应该在警察管理区设置独立的配电间，建筑面积 $10m^2$ 左右。

（2）罪犯活动区，是伙房内罪犯活动的区域，与警察管理区实行区域隔离，包含更衣区、操作区和就餐区。

1）更衣区，是罪犯保持清洁卫生的区域，包含更衣室、洗浴室、卫生间等 3 个功能用房。

更衣室。罪犯炊事员进入伙房后，首先进行更衣，然后进入操作间。更衣室建筑面积要与罪犯人数相匹配，一般可按在伙房操作的每名罪犯 $0.5m^2$ 测算。配有足够的衣柜和鞋柜（架），并设有洗手消毒设施，洗手水池必须配有非手动式的水龙头。

洗浴室。由于罪犯炊事员工作的特殊性，应在罪犯伙房中设有洗浴室，莲蓬头的数量应按罪犯炊事员人数的 1/6 设置，建筑面积按每只莲蓬头 $5m^2$ 进行测算。

卫生间。采用水冲式，男子监狱罪犯伙房操作的罪犯超出 30 人，应设 2 个大便器，2 只小便斗。女子监狱，罪犯伙房操作的罪犯超出 30 人，设 2 个大便器。卫生间的前室设 1 个洗手盆，卫生间前室门不宜直接朝向各加工间和餐厅。

2）操作区，是罪犯伙房的主要功能区域，包含洗消区、加工区和仓储区。

a. 洗消区，器具清洗消毒间。器具主要是指铲、勺、案板、刀具、蒸饭盒、粥桶、汤桶、盆等。设专用洗涮水池（设不少于 3 只水池，按清洗流程设置并能满足清洗要求），有充足、有效的高温消毒池（如使用蒸汽热力消毒）、大型的清毒柜等一些消毒设施，设有充足、完善的器具保洁设施。与烹调间之间设传递窗。器具清洗消毒间建筑面积 $100m^2$ 左右。

b. 加工区，分为粗加工间、操作间、熟食间、凉菜间、裱花间和面点间。

粗加工间。分设肉类原料、水产品和蔬菜原料洗涤池，并有明显标志（有条件的单位应分设 3 个洗涤间）。加工肉类、水产品和蔬菜的操作台、用具和容器分开使用，并有明显标志。粗加工间与操作间之间应设传菜窗或门。粗加工间的建筑面积可按以下标准来设置：大型监狱 $0.1m^2$/ 罪犯，中型监狱 $0.15m^2$/ 罪犯，小型监狱 $0.2m^2$/ 罪犯。

操作间。提倡使用高效清洁的油或燃气炉灶，如果使用的是煤炉灶，操作间应与烧火间分开。灶上应安装排气罩，排烟排气良好。操作台应一字排开，罪犯操作过程警察一目了然，全部掌握在监控之中、视线之下（图 11-5-72 ~ 图 11-5-77）。广西壮族自治区桂林监狱罪犯伙房操作间设置油烟净化器，并通过专用烟道将厨房油烟送至楼顶排放。要设有配料操作台、食用具存放柜等。操作间建筑面积可按以下标准设置：大型监狱 $0.2m^2$/ 罪犯，中型监狱 $0.25m^2$/ 罪犯，小型监狱 $0.3m^2$/ 罪犯。

熟食间，分设出入口，且应密封。间内应配备

图 11-5-72　江苏省苏州监狱罪犯伙房操作间

图 11-5-73　江苏省苏州监狱罪犯伙房锅灶

图 11-5-74 海南省美兰监狱罪犯伙房操作间

图 11-5-75 辽宁省大连市监狱伙房操作间

图 11-5-76 山东省泰安监狱罪犯伙房中的烹饪区

空调和紫外线消毒灯。用具清洗消毒具备一洗、二泡、三冲三个水池。依次设腌制间（场所）、烧烤卤肉间（场所）和晾凉间（柜），防蝇、防尘、防鼠三防设施完备，有二次加工间。晾凉间（柜）有空气消毒措施。熟食间建筑面积 50m^2 左右。

凉菜间，入口处设预进间，设更衣及洗手、消

图 11-5-77 山东省泰安监狱罪犯伙房中的烹饪锅灶

毒设施（设洗手水池和消毒水池，洗手水池必须配有非手动式的水龙头）。配备有充足有效的空气消毒装置（紫外线消毒灯，安装位置应在操作台面上方 1m），配备有空调（或降温设施）、食品冷藏设施。配备专用工具，设有能开合的食品输送窗。凉菜间建筑面积 50m^2 左右。

裱花间，入口处设预进间，设更衣及洗手、消毒设施（设洗手水池和消毒水池，洗手水池必须配有非手动式的水龙头）。配备有充足有效的空气消毒装置（紫外线消毒灯，安装位置应在操作台面上方 1m），配备有空调（或降温设施）、食品冷藏设施。配备专用工具，设有能开合的食品输送窗。裱花间建筑面积 50m^2 左右。

面点间（图 11-5-78、图 11-5-79），配备专用设备（如揉面机、压面机、面条机、饺子机、包子机、馒头机、面包烤箱等）、操作台和原料暂存柜，并设有清洗水池。面点间建筑面积 100m^2 左右。

c. 仓储区（应独立成区，紧邻操作区，以减小原料运输途径）

原料库，分主、副食仓库设置，不得与有毒有害物品同库存放，设隔离地面的平台和层架，做到离地离墙 200mm。应设有防蝇、防蛀、防尘、防鼠、防潮（防霉变）以及机械通风设施。特别要在原料库设置挡鼠板。食物的储存室很重要，在货架搁板上放置的食物要在温度 18℃条件下储存。冷藏食品要在温度 4℃条件下储存，冷冻食品要在温度 –4℃条件下储存。每个冷藏间或者移动冷藏车必须有温度表，以便操作人员根据要求，随时检查

温度。原料库的建筑面积可按以下标准设置：大型监狱 0.1m²/罪犯，中型监狱 0.15m²/罪犯，小型监狱 0.2m²/罪犯。

由于宗教信仰、风俗习惯以及医学治疗等方面的原因，监狱中的部分罪犯需要特殊的饮食，监狱应当满足这些罪犯特殊饮食的需要。因此，在罪犯

图 11-5-78　海南省美兰监狱罪犯伙房副食库面点间

图 11-5-79　江西省赣州监狱罪犯伙房面点房

伙房中，应专门设置 1 个少数民族食物制作区域，如回民灶。监狱储藏室中也应有专门的少数民族饮食储藏区，还要使用单独的送餐车将少数民族饭菜运送到罪犯所在监区。

3）就餐区，主要配置罪犯就餐桌椅及餐具柜等设施，建筑面积按每罪犯 1.85m² 来测算。不在罪犯伙房集中就餐的可不设就餐场所。

罪犯伙房建筑内不得设置罪犯休息功能用房。罪犯伙房平面设计参见图 11-5-80 ~ 图 11-5-82。

4、罪犯伙房的设施与设备

罪犯伙房也是设备相对较多的单体建筑，应注意如下事项：

（1）除仓储区外所有的地面应贴防滑地砖，易清洗消毒，设 1% ~ 2% 的坡度，并设有排水处。目前，全国监狱罪犯伙房地面存在的问题较大，贴防滑地砖或文化砖，由于进出的车辆较为频繁，易损坏。而海南省美兰监狱（图 11-5-83）、湖南省东安监狱罪犯伙房地面铺设了耐腐蚀、防滑的带条纹的花岗石，不易损坏，但清洗麻烦。从实践来看，地面应采用面层为现浇水磨石或防滑花岗石面层的地面。防滑花岗石有荔枝面、火烧面或者机刨石等材料。不应采用防滑效果差的瓷砖地面。

（2）设置隔油池，对伙房污水做隔油防污处理，污水排放必须符合国家标准。罪犯伙房操作间、粗加工区的室内排污管道，宜设明沟。广东省高明监狱、江苏省苏州监狱、山西省平遥监狱、湖南省东安监狱等罪犯伙房明沟上面摆放可拆卸的不锈钢、铸铁或镀锌钢筋网格盖板（其中广东省高明监狱采用了不锈钢明沟盖板，板宽 320mm，沟截面尺寸 250mm × 250mm），坡度一般设 2% ~ 3%，便于疏通和地面冲洗。在与外界相通的排污道口要设置挡鼠网和沉淀池。

（3）加工区的内墙壁应防水、防潮、易冲洗消毒。因为这些房间油烟、雾气相对较重，为了便于清洁，应采用内墙瓷砖贴面到顶棚底，虽然一次性投资相对较大，但便于清理。

（4）加工区的吊顶面应防水、防霉、隔热，表面涂层不易脱落。考虑到这些房间有排烟、通风、消防等设备，同时房间湿度较大，应采用吊顶处理。吊顶材料可选用不易锈蚀的铝板等材料，但要注意

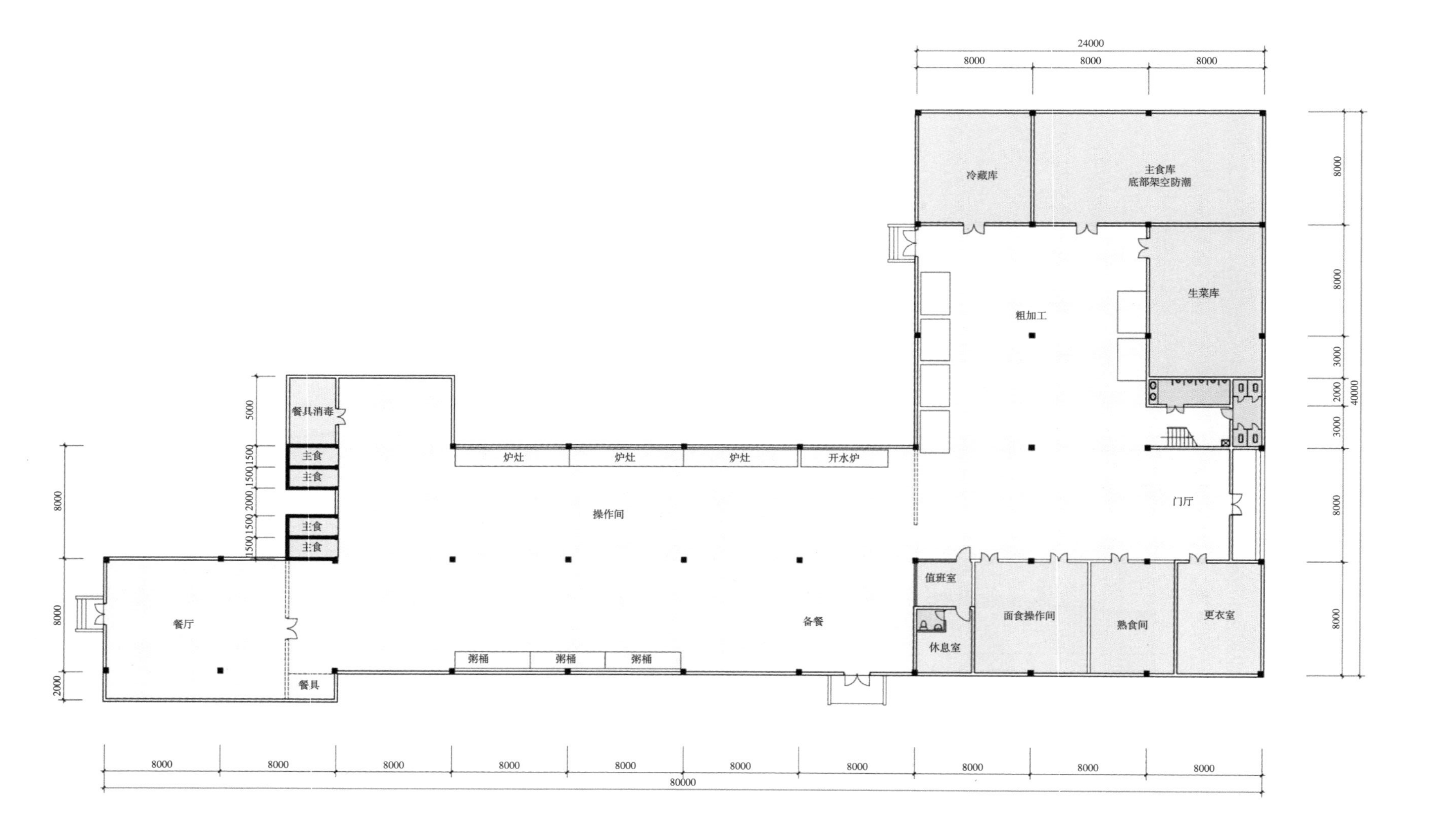

图 11-5-80　江苏省苏州监狱罪犯伙房底层平面图

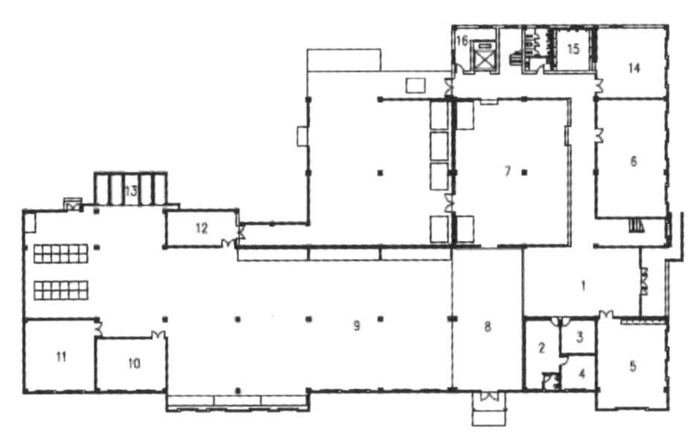

伙房一层平面图

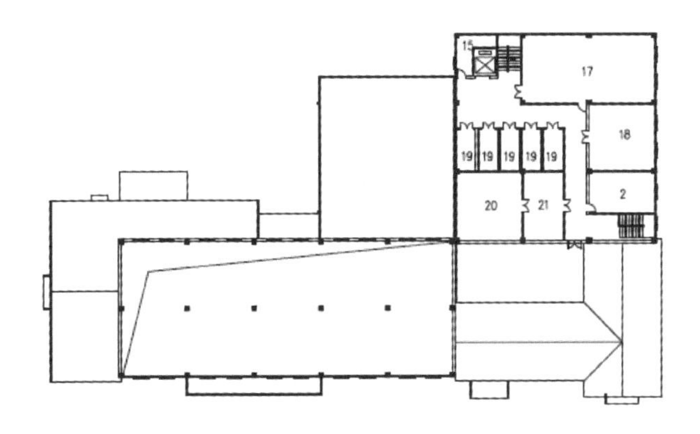

伙房二层平面图

1. 门厅 2. 值班室 3. 记账室 4. 工具间 5. 餐厅 6. 生菜间 7. 粗加工 8. 备餐区 9. 加工区 10. 面食间 11. 熟食间 12. 消毒间 13. 蒸箱 14. 更衣间 15. 淋浴间 16. 维修间 17. 主食库 18. 干货库 19. 成品冷库 20. 库房 21. 调味库 22. 加工区上空

图 11-5-81 某监狱罪犯伙房一二层平面图

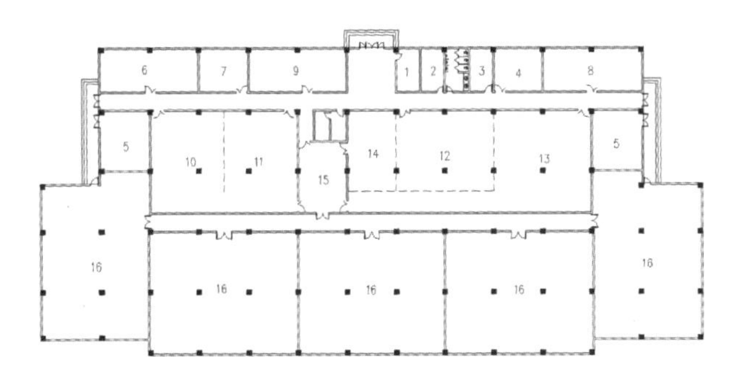

1. 警察值班室 2. 检测室 3. 更衣间 4. 冷库 5. 警察监控室 6. 主食库 7. 调味库 8. 副食库 9. 餐车存放间 10. 主食粗加工区 11. 主食热加工区 12. 副食热加工区 13. 副食粗加工区 14. 少数民族食物加工间 15. 备餐间 16. 餐厅（可容纳 300 人进餐）

图 11-5-82 某监狱罪犯伙房平面示意图

龙骨、吊筋及预埋件等必须选用不锈钢、热镀锌或其他防锈蚀材料。

（5）门、窗严密，有防蝇、防尘、防鼠设施。

图 11-5-83 海南省美兰监狱罪犯伙房地面采用花岗石

防护门为双向弹簧门，位置合理。外墙上的门窗应加铁栅栏或不锈钢栅栏。

（6）所有的区域通风应良好。

（7）粗加工区和操作区要有充足的自然采光或人工照明，采光系数不小于标准。

（8）位于工作台、食品和原料上方的照明设备应加防护罩。

（9）凡接触食物的设备、管道、工具必须符合卫生要求。

（10）运输工具和各种容器应符合卫生要求。

（11）通（排）风、降温、采光、下水道情况良好；按规定配置“三机”（轧面机、摇肉机、磨浆机）、“三箱”（烘箱、蒸箱、消毒箱）、冷库、仓库、饭菜保温车、专用运输车等设施；警察值班室设报警装置。

（12）蓄水池，容量应该按关押罪犯的人数来设计，一般按 30L/ 人来储备，主要按每个罪犯每天 10L，停水 3 天测算。备用的供水蓄水池、水箱的观察孔必须加盖防盗锁。定期对蓄水设施进行清洗、消毒，水质检验合格方可重新供水。

（13）操作间要有足够的照明、通风、排烟装置，有符合卫生要求的有效的防蝇、防尘、防鼠、污水排放和存放废弃物的设施和设备。

（14）对罪犯活动的重点区域，应安装监控探头，确保无死角。

5. 罪犯伙房应注意的几个问题

（1）应配备保温设施。目前我国监狱普遍实行罪犯分散就餐方式，就是将饭菜做成成品后，用车辆送到罪犯监区就餐的方式。这种方式的优点是，可以避免大量罪犯的聚集，能够消除由此产生的安全隐患。但是，这种就餐方式也有其缺点，那就是食物准备完备与就餐之间，存在着一定的时间差，可能会影响饭菜的温度。应当缩短食物准备就绪与开始就餐之间的时间间隔，尽可能使罪犯吃到温度适合的饭菜。为此，在一些新建或改扩建的监狱中，普遍配备了保温车，可以使饭菜保持一定的温度；在监区餐厅内，可设计专门的饭菜加热装置（如微波炉）和饭菜分发区域。在这个区域中，应备有专门的饭菜加热设备，当成品饭菜从罪犯伙房运来后，就可以在这里加热或者制作成可以食用的热食品，然后迅速分发给罪犯食用。

（2）可考虑新的运作模式。2009 年，浙江省长湖监狱为了避免罪犯接触刀具，罪犯伙房里的所有原材料均在监管区外的警察食堂加工成半成品后，再送至罪犯伙房。2014 年 6 月，浙江省出台了《浙江省罪犯伙食管理规定》，制定了在监外成立切洗配中心，由职工负责加工统一配送至各个伙房和为罪犯伙房配置切菜机、脱皮机、剖鱼机、切骨机等机械设备替代刀具，实行机械加工操作。2015 年 5 月，该省所有监狱罪犯伙房全面实现无刀化管理，结束了监狱伙房刀具使用历史。“无刀化”的实施，提高了罪犯伙房的监管安全系数，精简了伙房操作人员，极大地提高了劳动效率，推动了伙房管理上新台阶。①

江西省赣江监狱，在监管区外的围墙外靠近武警营房区，建有 1 栋单层钢结构的净菜中心厂房，规格为 39.6m（长）×24m（宽）（在实际使用过程中，使用方还是觉得使用面积过小），建筑总高度 6m。厂房内设有速冻冷库、蔬菜检测中心、值班室、更衣室、卫生间等附属用房。由监狱职工对原料加工完毕后，将净菜送入罪犯伙房，也使罪犯伙房实现了“无刀化”管理模式。

云南省官渡监狱，是一所关押重刑老病残犯监狱，罪犯伙房一改只设在监管区内由罪犯来操作的惯例，将罪犯伙房设在警察行政办公区内，与警察食堂设在同 1 栋楼内，底层为罪犯伙房，第 2 层为警察伙房及餐厅。罪犯伙房和警察食堂均实行社会化管理，罪犯伙食经加工后用保温餐车运至各监区配餐，分开就餐。

（3）粗加工区使用面积要加大。一些罪犯伙房在设计时，监狱方都认为使用面积已足够大，但在投入使用后才发觉偏小，特别是粗加工区。上海市青浦监狱罪犯伙房建成投入使用后，在罪犯伙房外又临时搭建了 1 个专门的清洗区。上海市新收犯监狱罪犯伙房总建筑面积偏小，加工区较为拥挤，罪犯的送饭车根本无法摆放在伙房大厅内，只能在室外操作。

（4）应考虑新的能源方式。近年来，大多数监狱罪犯伙房能源由原来的煤或气，直接改为电，使整个罪犯伙房实现了“无烟”“无尘”“无明火”，消除了安全隐患，节约了能源，实现了清洁环保且提升了效能，节约了时间。如江苏省苏州监狱、洪泽湖监狱等罪犯伙房实施了“气改电”；安徽省九成监狱管理分局、贵州省兴义监狱等罪犯伙房实施了“煤改电”。其中，贵州省兴义监狱罪犯伙房实施了“煤改电”，配置了 13 台电磁炉、2 台电磁汤锅和 6 台电蒸饭柜。

（二）罪犯餐厅

罪犯餐厅，是罪犯就餐的场所，也是罪犯生活区重要的功能用房。从现有的资料来看，我国古代监狱是没有囚犯餐厅的。当时实行的是送餐制，饭由监狱厨房或亲属做好后，送至各牢房。到了清末民初，有了习艺工场，罪犯有时就在工场里就餐。民国期间有的监狱将教诲堂临时兼作餐厅。

20 世纪 80 年代末，我国监狱逐步改善了罪犯就餐条件，彻底改变了露天就餐问题，同时使餐厅面貌焕然一新，环境整洁，符合食品卫生法和消防要求。罪犯餐厅主要由餐厅、配餐间、清洗间、餐具存放间等构成。它不一定为独立的单体建筑，可以与其他单体建筑合并。

1. 罪犯餐厅的设计规则

（1）应遵守《中华人民共和国食品安全法》、《餐饮服务食品安全操作规范》、《监狱建设标准》（建标 139—2010）以及相关监狱监管安全要求。罪犯餐厅设计要求简单、便捷、卫生、舒适。

（2）罪犯餐厅空间相对独立。设在监舍楼内的罪犯餐厅，一般通过隔断在空间上分割出就餐区。

① 浙江省监狱罪犯伙房全面实施“无刀化”管理. 司法部政府网。

餐厅地面的色彩、形状、图案和质料最好要和其他区域有所差别，以表明功能和区域的不同。

（3）罪犯餐厅无论设在哪里，应尽量靠近罪犯伙房。除配备连体的餐桌、餐椅外，餐厅还应配上储藏柜，用来存放罪犯的餐具和部分食物。

（4）罪犯餐厅里的光线要好，除了自然光外，还应配备人工照明。光线既要明亮，又要柔和。

（5）就餐环境的色彩配置，对罪犯的就餐心理影响很大。罪犯餐厅的色彩宜以明朗轻快的色调为主，最适合用的是橙色系列的颜色，它能给人以温馨感，刺激食欲。

（6）罪犯餐厅装饰应美观实用。地面一般应选择大理石、花岗石、瓷砖或水磨石等表面光洁、宜清洁的材料。墙面在齐腰位置要考虑使用耐碰撞、耐磨损的材料，如选择木饰、墙砖作局部装饰、护墙处理。顶面宜以素雅、洁净材料作装饰，如乳胶漆等，有时可适当降低顶面高度，以给人亲切感。

2. 罪犯餐厅的建筑设计要求

（1）罪犯餐厅的选址

《监狱建设标准》（建标 139—2010）中明确规定：为防止罪犯过于集中，给管理带来不便，餐厅宜分散设置，集中就餐一般适用于小型监狱。目前，我国监狱罪犯餐厅选址有以下五种情况：

1）设在监舍楼内，这是目前新建、迁建或改扩建监狱普遍所采纳的，由伙房送餐后再分餐。餐厅设在监舍楼也有两种情况：一种设在各监区所在楼层中，如山东省鲁南监狱、江苏省苏州监狱、广东省河源监狱等；另一种情况是在监舍楼底层设集中大餐厅，如海南省美兰监狱（图 11-5-84）、上海市青浦监狱、广东省英德监狱、内蒙古自治区呼和浩特第一监狱入监队等。

2）设独立餐厅，如广西壮族自治区鹿州监狱、山东省青岛监狱、辽宁省凌源第四监狱等，其中鹿州监狱罪犯生活区共有 3 栋单层独立餐厅，钢结构，建筑总面积约 2500m²；青岛监狱罪犯生活区共有 6 栋监舍楼（5 层），在主路西侧监舍楼西端部、东侧监舍楼东端部的楼之间，设立 6 栋单层的罪犯集中就餐餐厅，1 栋监舍楼对应 1 栋餐厅供罪犯集中就餐；辽宁省凌源第四监狱将原有厂房改造成高标准罪犯餐厅，可同时容纳近千人就餐。

3）设在伙房内，通常中小型监狱或关押点关押规模 1500 人以内采用，如浙江省杭州市南郊监狱、山东省枣庄监狱、山东省威海监狱、江西省未成年犯管教所、安徽省蜀山监狱等等。其中江西省未成年犯管教所启明食堂餐厅可同时容纳 1000 名罪犯就餐；安徽省蜀山监狱新建成的罪犯餐厅建筑面积约 3800m²，内部设施先进，功能完善，可同时容纳 800 名罪犯就餐。

4）设在综合楼内，如江苏省南京女子监狱在教学综合楼的底楼设有罪犯集中就餐餐厅；安徽省蚌埠监狱也设在 1 栋综合楼内，该综合楼集就餐、洗浴、购物为一体，餐厅建筑面积约 4000m²，同时可容纳 1100 名罪犯就餐，全监罪犯每顿饭分两批进餐。

5）其他情况，如江西省赣州监狱的组团单元将罪犯餐厅设置在监舍楼与劳动改造车间的中间，避免与外监区罪犯接触的机会，降低了突发事件的发生概率（图 11-5-85）。江苏省洪泽湖监狱将罪犯

图 11-5-84 海南省美兰监狱罪犯餐厅（设在监舍楼底楼）

图 11-5-85 江西省赣州监狱罪犯餐厅

餐厅设在监舍楼与罪犯劳动改造车间之间的连廊内。辽宁省女子监狱将罪犯餐厅设在2栋厂房之间，方便了罪犯就餐。有的监狱还在罪犯劳动改造车间内设罪犯餐厅，如江苏省溧阳监狱中心关押点劳务加工车间。从卫生以及保障罪犯合法权益角度来看，由于车间含有不同程度的粉尘，因此不提倡在车间内设置罪犯餐厅。

（2）罪犯餐厅的建筑规模与层高

按照《饮食建筑设计规范》（JGJ 64—89），二级食堂餐厅每座使用面积0.85m^2；按照《党政机关办公用房建设标准》（发改投资[2014]2674号），食堂餐厅建筑面积按编制定员计算，编制定员100人及以下的，人均建筑面积1.85m^2；编制定员超过100人的，超出人员的人均建筑面积1.3m^2。从建筑的经济性和便于管理角度上看，罪犯餐厅建筑面积不必过大，可按每罪犯1.3m^{2}来设计。罪犯餐厅设置的座位要控制在一定范围内，若让罪犯集中到餐厅中就餐，存在安全方面隐患，罪犯餐厅有可能成为容易发生骚乱和其他事件的地方。就餐人数越多，发生的概率就越大。我国现在每所监狱都设有餐厅，每监区按250名罪犯计算，监区罪犯餐厅建筑面积宜控制在325m^{2}以内。

吊顶后的罪犯餐厅室内净高不应低于3.3m，设有空调的不应低于3.0m。

3. 罪犯餐厅的布局

由于罪犯餐厅空间有限，所以许多建材与设备，均应作经济有序的组合，以显示出全体与部分的和谐。简单的平面配置富于统一的理念，但容易呈现出单调格局；复杂的平面配置富于变化的趣味，但却容易呈现出松散格局。罪犯餐厅设计时要运用适度的规律，获取完整而又灵活的平面效果。在设计罪犯餐厅空间时，由于各用途所需空间大小各异，其组合运用亦各不相同，必须考虑各种空间的适度性及各空间组织的合理性。

罪犯餐厅的总体布局是通过交通空间、使用空间、工作空间等要素的完美组织所共同创造的一个整体。作为一个整体，餐厅的空间设计首先必须合乎方便罪犯用餐这一基本要求，同时还要追求更高的审美和艺术价值。由于罪犯集中就餐，秩序是餐厅平面设计的一个重要考虑因素，厅内场地宜适当宽敞些，中间必须设有人行通道（图11-5-86、图11-5-87）。

4. 罪犯餐厅的设施

餐厅桌椅可选用塑料制品，且连为一体。餐桌椅的布置和各种通道的尺寸设置应科学、合理，如餐桌与餐桌之间为人行通道时，净距不应低于1.2m。配备存放餐具或食品的柜子，可沿墙面一

图11-5-86 美国某监狱罪犯餐厅

图11-5-87 美国波特兰市青少年羁押所罪犯餐厅

侧摆放。要配备一定数量的照明设施、封闭型的吊扇和监控装置。在餐厅内应设洗手池。有条件的监狱，还可以安装柜式空调。由于饭菜盛装和分餐有一定的时间间隔，为了能使罪犯吃到温度适合的饭菜，在餐厅内应设有专门的加热设备。江苏省监狱管理局就罪犯餐厅配置设施，出台了相关文件《江苏省监狱监区罪犯生活、教育设施配置规范（试行）》（苏狱卫 [2014]16 号），规定：设 4 ~ 8 座不锈钢桌凳，每桌两面设座，桌面宽 0.6m，长 1.2 ~ 2.4m，高 0.75m。消毒柜、吸顶风扇、柜式空调、驱蚊蝇格栅灯等设施的规格、型号、数量根据实际需要确定。

云南省第二监狱罪犯餐厅内的不锈钢连体餐桌采用如下规格：桌 2000mm × 700mm × 760mm，凳 2000mm × 340mm × 800mm，架体 50mm × 50mm × 0.7mm 方管，桌面、凳面 2.0mm 板材，不锈钢材质为 202。不锈钢碗柜，采用如下的规格：2367mm × 340mm × 800（850、900）mm，1 组 4 只柜子，每个柜子分 3 层，双开门，每个 6 格。台面 0.8mm 板材（内包 10mm 木板），门面 0.6mm 板材，侧板、层板 0.5mm 板材，框架内包 25mm × 25mm × 0.7mm 方管，不锈钢材质为 202 钢。

5. 罪犯餐厅其他要求

罪犯餐厅空间要求通风透光良好、宽敞明亮、自然和谐，尽可能全部采用自然光。天然采光时，窗洞口面积不宜小于该厅地面面积的 1/6。自然通风时，通风开口面积不应小于该厅地面面积的 1/6。玻化砖因耐磨、耐脏、不易积灰、易于清洗，成为餐厅首选材料，一般采用 800mm × 800mm 玻化砖。墙面应贴墙面砖至少从地面至 800mm 处，面砖以上的墙面以内墙乳胶漆较为普遍，一般应选择偏暖的色调，如米白色，象牙白等。整体风格虚实协调，餐厅需要一个较为风格化的墙面作为亮点，这面墙可以重新描绘一下，采用一些特殊的材质来处理，如肌理墙漆、真石漆、墙布、墙纸，这些材料具有很好的肌理效果，通过对其款式的选择，可以烘托出不同格调的氛围，也有助于设计风格的表达。顶面装修，讲究简洁、明快、实用。一般采用轻钢龙骨纸面石膏板或直接刷乳胶漆。有的监狱平时还将餐厅兼作罪犯学习室。

四、教学楼

教学楼为在监狱服刑的罪犯提供集中学习政治思想理论、文化知识、接受技能培训的场所，为提高罪犯改造质量发挥了重大作用。目前我国几乎所有的监狱都建有 1 栋多功能的教学楼，有的还被列为监狱标志性建筑。

（一）教学楼的设计规则

（1）应遵守国家建设规范《监狱建设标准》（建标 139—2010）以及相关监狱监管安全要求。

（2）经济、合理、功能齐全，力求使该建筑成为一座教育人、挽救人、造就人的特殊场所，使罪犯在这里自我完善、走向新生，充分体现法制的优越性。

（3）在考虑监狱监管安全和惩戒性功能时，应在罪犯的生活、文化、娱乐、活动空间等方面体现出人文关怀。

（4）作为罪犯集中接受教育的主要场所，建筑结构应坚固适用，同时必须满足和符合建筑规范要求，并按地区抗震设防技术规范进行设计。

（5）各类教室内应有良好的通风采光条件。

（二）教学楼的建筑设计要求

1. 教学楼的选址

（1）必须符合监狱总体规划布局。

（2）宜设置在监管区内地质条件较好、地势较高、周边环境相对安静、卫生、阳光充足、空气新鲜的区域，应满足有良好的朝向、日照、通风、采光及防火等方面的要求。

（3）与罪犯技能培训用房、罪犯劳动改造用房、监舍楼、罪犯伙房、医院等单体建筑要有一定的间距，以免相互影响。

（4）充分利用和尊重地形地貌，因地制宜，合理而经济地利用土地资源。

（5）教学楼通常由 1 栋综合性楼宇组成（未成年犯管教所由于关押对象是以青少年为主，他们主要以学习文化和进行习艺性的劳动为主，与成年男、女犯监狱有较大的区别，所以教学建筑群体宜由教学楼、实训楼、图书馆等楼宇组成较为科学），应独立设置，并与罪犯生活区联系方便。

2. 教学楼的建筑规模与建筑结构

教学楼的建筑规模，因监狱的类型、关押规模等方面不同而存在着较大的差别。《监狱建设标准》（建标 139—2010），对不同类型的监狱罪犯教学用房建筑面积有了明确指标。中度戒备监狱教学用房建筑面积指标：小型监狱 1.17m²/ 罪犯，中型监狱 1.07m²/ 罪犯，大型监狱 0.96m²/ 罪犯。高度戒备监狱教学用房建筑面积指标：小型监狱 1.72m²/ 罪犯，中型监狱 1.59m²/ 罪犯。以中度戒备监狱为例进行测算。一所小型监狱，关押规模 1000 ~ 2000 人，教学楼总建筑面积 1170 ~ 2340m²；一所中型监狱，关押规模 2001 ~ 3000 人，教学楼总建筑面积 2141.07 ~ 3210m²；一所大型监狱，关押规模 3001 ~ 5000 人，教学楼总建筑面积 2880.96 ~ 4800m²。

在实际建设过程中，有的监狱将教学楼列为监狱标志性建筑，且将罪犯文体活动用房中的礼堂，其他服务用房中的社会帮教室、法律咨询室等设置在教学楼中，体量相对增大，所以教学楼建筑规模一般超出按指标测算出的总建筑面积。如安徽省青山监狱，关押规模 1500 人，属小型监狱，教学楼建筑面积 3732.16m²；天津市长泰监狱，关押规模 3000 人，属中型监狱，教学楼建筑面积约 4000m²；湖南省网岭监狱中心押犯区，关押规模 3500 人，属大型监狱，教学楼建筑面积 3576.21m²；吉林省公主岭监狱，关押规模 3700 人，属大型监狱，教学楼建筑面积 6588.9m²；山西省太原第一监狱，关押规模 3800 人，属大型监狱，教学楼建筑面积 5634.56m²；江苏省苏州监狱，关押规模 4000 人，属大型监狱，教学楼建筑面积 5168m²；山东省泰安监狱，关押规模 4000 人，属大型监狱，教学楼建筑面积 6250m²。未成年犯管教所和女子监狱教育学习用房面积要乘以 1.5 系数。广西壮族自治区女子监狱，关押规模 3000 人，属中型监狱，教学楼建筑面积 4229.88m²。

有的监狱还将教学楼与其他单体建筑进行合并，如甘肃省女子监狱、甘肃省合作监狱、甘肃省酒泉监狱、四川省汉王山监狱、浙江省临海监狱、安徽省蜀山监狱等将教学楼与医院整合成 1 栋单体建筑——教学医务楼、教卫楼或教学综合楼，所以教学楼成了综合性用房，建筑规模也就相应扩大了。其中，浙江省临海监狱教学医务楼，地上 5 层，建筑面积 6344m²，医务用房设在 1、2 层的西侧，单独出入口，其余各层布置教学用房。安徽省蜀山监狱教卫楼，地上 5 层，建筑面积 6884m²，建筑总高度 21.66m。江苏省南通女子监狱将教学楼与会见楼整合成 1 栋单体建筑——综合楼，地上 4 层，建筑面积 3838m²，建筑总高度 19.8m。

有的监狱，其中一部分教室，用作监狱警察培训用房。但在交通疏散和出入口上要加以特殊处理，避免相互干扰以及使用管理上的不便。有的监狱将教学楼内图书馆与监狱警察图书馆（室）合并使用，统一管理，分别对待，借阅时间、借阅窗口分开设置。这种设置不适用，应将监狱警察的培训用房、图书馆（室）设在警察行政办公区或警察生活区内。

教学楼建筑结构应采用钢筋混凝土框架结构或剪力墙结构。福建省仓山监狱、山东省监狱、山东省泰安监狱、江苏省苏州监狱、安徽省青山监狱、新疆维吾尔自治区第六监狱、吉林省公主岭监狱、天津市长泰监狱、山西省太原第一监狱、湖南省网岭监狱中心押犯区、贵州省瓮安监狱等教学楼采用钢筋混凝土框架结构。少数监狱教学楼采用了砖混结构，如安徽省蚌埠监狱、安徽省阜阳监狱、湖南省星城监狱等。

3. 教学楼的层数与层高

教学楼的层数，一般以 4 ~ 5 层为宜，最高不得超出 7 层。吉林省长春监狱、甘肃省金昌监狱、山西省平遥监狱等教学楼地上 3 层（其中甘肃省金昌监狱教学楼与医院合并为 1 栋医务教学楼）；山西省大同监狱教学楼主体 3 层、局部 4 层；安徽省青山监狱、云南省普洱监狱、山东省青岛监狱、甘肃省兰州监狱、四川省邛崃监狱等教学楼为地上 4 层；安徽省阜阳监狱、广东省惠州监狱、山西省潞城监狱等教学楼主体 4 层、局部 5 层；江苏省苏州监狱、山西省曲沃监狱、云南省安宁监狱、山东省女子监狱、广西壮族自治区南宁监狱、河南省第三监狱等教学楼为地上 5 层；广东省揭阳监狱教学楼主体 5 层、局部 6 层；吉林省公主岭监狱、福建省闽江监狱、湖南省怀化监狱等教学楼为地上 6 层；山东省未成年犯管教所教学楼为地上 7 层，目前为全国监狱教学楼最高建筑。

教学楼的层高取决于空气容量、采光均匀度、房间的比例、经济、建筑模数及监狱监管安全等因素。一般来说，3.6 ~ 3.9m层高才能满足空气容量的要求。从房间的比例和空间的视觉效果看，以层高为房间跨度的1/2 ~ 2/3为好。同时考虑到经济，不适当地增加层高，就会增加造价，应予避免。最后还要考虑到建筑模数和教室中未设置空调时安装罪犯不能触及的封闭式电扇，标准层层高一般设3.9m，底层层高设4.2m较为合理科学。新疆维吾尔自治区第六监狱教学楼，地下1层，地上4层（局部5层），抗震设防8度，防火等级为二级，檐口高为22.0m；天津市长泰监狱教学楼，地上4层，建筑总高度为22.8m；贵州省瓮安监狱教学楼，地上4层，第1 ~ 3层层高3.9m，建筑总高度16.35m；湖南省赤山监狱教学楼，地上4层，底层层高4.2m，第2 ~ 4层层高3.9m，建筑总高度16.8m；湖南省网岭监狱中心押犯区教学楼，地上4层，各层层高均为3.9m，檐口建筑高度17.4m，屋顶设坡屋面闷顶层，屋脊顶标高18.4m；湖南省湘南监狱，地上5层，建筑总高度19.5m；山西省太原第一监狱教学楼，地下1层，地上5层，建筑总高度20.5m；内蒙古自治区包头监狱教学楼，地上5层，底层层高4.5m，第2 ~ 4层层高3.9m，第5层层高4.2m，建筑总高度21.9m；山东省监狱教学楼，地下1层，地上6层，地下室（平时功能为储藏室，战时功能为二等人员掩蔽所）层高3.6m，底层层高4.2m，第2 ~ 6层层高3.6m，建筑总高度22.2m；福建省闽江监狱教学楼，地上6层，底层层高3.9m，第2 ~ 5层层高3.6m，第6层层高4.5m，建筑总高度22.8m。

4. 教学楼的建筑风格与建筑造型

教学楼建筑风格要融合当地的环境、气候、民族、风俗习惯、建筑传统等特点，从中寻找传统文化的深厚内涵，利用当代科技手段及科技观念，在经济、适用、安全的基础上，创造出既是传统的、民族的，又是现代的教学楼，从而实现监狱教学楼与地域文化的和谐统一（图11-5-88 ~图11-5-93）。目前，我国许多监狱将教学楼列为监狱标志性建筑，使教学楼在监管区内处于显著地位，视野开阔。北京市未成年犯管教所在设计中充分突出了未成年犯的特点，将教学楼与监舍楼合并设置在群体建筑中央，并以此为中心，通过环形广场将各种辅助设施相连。

教学楼建筑造型要结合结构构造及使用要求，力求简洁、轻快，注意整体效果，切忌繁琐和附加一些不必要的装饰。从现在全国监狱来看，大多教学楼都采用以底层门厅为中心点，以该点左右延伸为轴线严谨的对称布局。造型要反映出监狱教学楼的性质与特征，通过宽敞的大厅、成组的教室、明

图11-5-88　山西省太原第一监狱教育矫正楼

图11-5-89　山西省太原第二监狱教学楼

图11-5-90　湖南省星城监狱教学楼

图 11-5-91　江苏省江宁监狱教学楼

图 11-5-92　江苏省南京监狱教学楼

图 11-5-93　四川省川北监狱教学楼效果图

快的窗户、开敞通透的出入口以及明亮的色彩，可给罪犯以向上、振奋的感觉。从监狱监管安全角度和建设规模综合考虑，外廊式教学楼已很少被监狱所采用，以内廊式教学楼较为常见。教学楼重点是入口，处理得好，可以打破立面设计上过分统一而形成的单调感。因此在入口处多作特殊处理，如挑出的雨篷或门廊、空透的隔断、花墙、独特的花台，再加上丰富多变的材料、质地、色彩，从而达到统一多变，突出重点的效果。其他还有门窗、柱子、檐口、雨篷、遮阳、栏杆及装饰线条等，除了满足使用功能上的要求外，在比例尺度、形式、色彩上都应仔细考虑。江苏省苏州监狱教学楼主入口采用了严谨的对称布局，入口的大台阶、入口上方的坡形镂空玻璃雨篷、砖雕的片墙使立面既精致又有丰富的构成。广西壮族自治区英山监狱教学楼利用地形地貌采用对称设计，走廊与两侧楼梯间弧形相通。主楼 4 层，第 2 层设置检阅台，第 3 层圆弧后退，在屋顶设置了 1 座拱形构架，使整个外立面造型新颖、稳重、大方，且层次感强。

5、教学楼的内部布局

教学楼平面布局应满足使用要求，还要从便于警察管理和相互不干扰等方面统筹考虑。对于内廊式教学楼，教室宜设置在阴面，主要原因是保证室内光线均匀，同时又避免眩光的出现，有利于罪犯的学习，其他辅助用房设在阳面。教学楼底层宜设容纳人数较多教室或报告厅，且靠近教学楼出入口。

江苏省苏州监狱教学楼共分为 5 层，在底层的东西两端各设置 1 间罪犯阶梯教室，且有一扇门直接通往楼外的马路，阶梯教室沙发椅人离开会自动弹回收起。此阶梯教室可容纳人数为 150 ~ 200 人，满足合班教学或报告厅需要。设在底层原因是遇到地震、火灾等突发事件时，有利于罪犯疏散与逃生。底层还设置了接待室、心理健康指导中心等。第 2 层为罪犯图书阅览中心、罪犯图书超市、罪犯计算机培训中心、资料室。第 3 层为各类教室，政治、文化、技术教研室，美术室（用以绘画、书法等，有的监狱叫“艺习室”），文化技术教育资料室，电化教育设备管理储藏室，语言室，监狱内部刊物编辑部，警察办公值勤室。第 4 层为演播中心、乐队活动室（也称“音乐教室”，内设有电子琴、电视、录音、录像等设备或器材，各种乐器足以满足教学及罪犯开展课外活动使用）、录音室、储藏室等（图 11-5-94）。女子监狱还可设置舞蹈室、手工室。

上海市青浦监狱教学楼共分为 3 层，底层为罪犯职业技能实训基地，包括汽车实训基地和玉雕实训基地；第 2、3 层为文化、技术教育基地，承担监狱基础文化教育、技术理论教育和艺术兴趣教育等。

湖南省网岭监狱中心押犯区教学楼共分为4层，

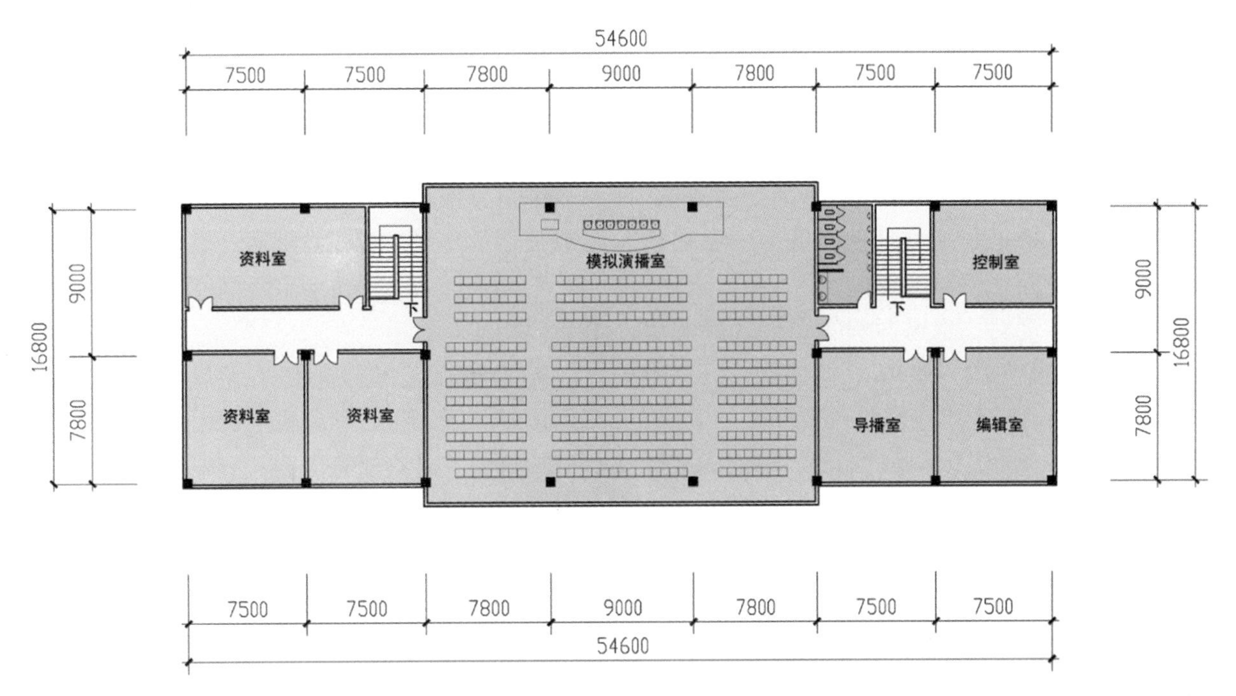

图 11-5-94 江苏省苏州监狱教学楼四层平面图

底层设大厅、活动室、超市、办公室；第2层设门庭上空、阅览室、教室、图书馆、陈列室、荣誉室、办公室；第3层设教室、办公室；第4层设会议室、教室、办公室、多媒体中心。

山西省太原第一监狱教学楼共分5层，底层为心理健康指导中心和图书馆，第2层为电教中心，第3层设有“仁、义、礼、智、信、忠、孝”7个特色教室，第4层为教改科直属监区，第5层为多功能教室。

江苏省南京女子监狱、江苏省南通女子监狱、山东省青岛监狱分别将罪犯餐厅、综合超市、家属会见室、印刷车间设置在教学楼中，从实践的效果来看，其他功能用房产生的噪声对教学有一定的干扰。辽宁省抚顺第二监狱还将教改科、刑罚执行科等科室设在教学楼内。

（三）教学楼的功能用房

依据《监狱建设标准》（建标139—2010），罪犯教育学习用房指标，一般是由四个部分功能用房组成：一是教学部分，包括普通教室、特殊教室、图书馆（室）、图书超市以及就业指导中心等，它们是教学楼的主体部分；二是办公部分，包括接待室、警察值勤室、政治文化技术教研室、法律援助中心、监狱内部刊物编辑部、广播室、文印室、资料室等；三是对罪犯矫正辅助部分，包括展览室、服刑人员心理健康指导中心、演播中心等；四是生活辅助部分，包括交通系统（走廊、楼梯等）、厕所、饮水处以及贮藏室等。

1. 教学部分

（1）普通教室

1）功能要求。大小合适，视听良好，采光均匀，空气流通等。

2）教室尺寸的确定。教室尺寸包括长宽高，教室长宽取决于教室容纳的人数、课桌椅的尺寸与排列方式，以及采光、通风、结构、设备及施工方式。课桌椅的尺寸与一般成人的身高和人体各部分的尺寸相适应。课桌椅的布置要满足罪犯视听及书写要求，并便于通行就座和授课人员辅导。教室的平面形状通常有矩形及方形，此外还有多边形及扇形等。矩形教室是当前国内监狱教学楼最为常见的形式，其平面轴线尺寸通常采用9m×6.9m、9m×6.6m、9m×6.3m等几种。方形教室的进深与开间基本相同，平面尺寸（轴线）可采用7.2m×7.2m、7.5m×7.5m、7.8m×7.8m及7.5m×7.8m等几种，该形式教室的有效面积系数较矩形教室低，且不宜用于内廊式组合，多见于20世纪80年代末90年代初监狱外廊式的教学楼。多边形及扇形教室在采光、通风和座位排列上有其优越性，但经济性较上述形式要差一些，在监狱教学楼中不常见。

3）教室门窗的设计。门主要作为交通疏散，并兼通风功能。根据我国监狱的实践，一般在教室前后各设1个门，门洞宽1m。在平面组合中，若设2个门有难度时，也可只设1个门，门洞宽1.2 ~ 1.5m。门洞高2.4 ~ 2.7m，门内开，以免影响走道中行人的通行。教室窗的位置及尺寸大小，主要受采光标准、层高及结构的制约，窗的高度还应符合建筑模数。具体要求如下：一是窗的大小按窗地比1/4确定。一般窗洞宽1.5 ~ 2.1m，窗洞高2.1 ~ 2.7m；二是光线须由罪犯左侧射入室内，各座位的亮度要均匀，窗上口要尽可能接近天棚，窗下口距地面（即窗台高）0.9 ~ 1.0m。窗间墙宽度，在满足结构要求的前提下，应尽量缩小。

4）教室内部设施。内部设施包括黑板、讲台、清洁柜、窗帘杆、电源插座、挂衣钩、广播箱、照明设备等。这些设施的设置，要有利于使用，整齐美观，容易清洁。黑板是教室内的主要固定设备，要易于书写擦拭，不发噪声，不产生眩光。黑板表面宜采用耐磨和无光泽的材料。黑板高度≥1m，宽度则应与教室大小相适应。黑板下缘到讲台面距离1.0 ~ 1.1m。讲台有木制讲台和铁制讲台，长一般设1.2m，宽≥0.65m，高一般设1.2m。照明应采用无频闪日光灯。

（2）特殊教室

1）实验室，主要有物理、化学、生物、语言实验室等。根据使用情况，有综合实验室（理、化、生合用）和多功能实验室（边讲边试实验室、分组实验室和演示实验室）。实验室平面尺寸的大小，主要取决于实验室的使用人数、演示桌和实验桌的形状、尺寸和布置方式，以及设备的要求。根据我国监狱情况，实验室大小以80m^2左右为宜，平面轴线尺寸（长×宽）可采用12.0m×6.6m、10.8m×7.5m、11.7m×7.5m、9.9m×8.7m等几种，层高与教室相同。对于化学实验室，要设1间准备室，作为实验准备、存放仪器、药品和标本用，建筑面积45m^2左右。准备室要紧靠实验室，并设门与之相通，以利使用，准备室要安装牢固的金属防护隔离设施。

2）音乐教室，大小形状与普通教室同。若考虑兼作文娱排练和其他用途时，面积可适当加大。音乐课对其他教室干扰大，设计时宜放在教学楼底层或顶层的尽端，或在教学楼外单独建造。音乐教室一般附有乐器室、乐队活动室，三者紧密相连，并设门相通。

3）合班教室，供放映幻灯、科教电影、实验演示、观摩教学、学术报告和合班上课用。合班教室可设计成阶梯教室，桌椅宜固定，宜采用翻板椅，地坪的升高和桌椅的排列，要考虑视线及视角要求，前排到黑板距离≥2.5m，后排到黑板距离≤18m。排距一般设0.85m，走道宽大于0.8m。为了保证每排座位不被前排遮挡，阶梯梯级的高度，宜采用0.12m，前后排座位宜错位布置。合班教室在视角要求上与普通教室一样。在采光照明方面，与普通教室相同，但当教室宽度大于7.2m时，应采用双面采光。建筑面积每座按1m^2计算，合班教室的规模一般以容纳150人左右为好，不宜过大。

4）语言教室，又称“语言实验室”，供语言课教学专用。每座平均建筑面积1.6 ~ 1.8m^2，语言教室一般包括语言教室、控制室、编辑及复制室、录音室、准备及维修室等1组房间。教室的位置应设在教学楼中比较安静，并便于管理和使用的地方，要有良好的采光、通风和隔音条件。语言教室座位的布置应便于罪犯入座和离座，最好为双人连桌，两侧通道。为了避免互相干扰，每个座位需设挡板隔开，前方安装钢化或有机玻璃，以便观看授课人员讲课。语言教室设有控制台，控制台可设在教室的讲台上，或设在独立的控制室内。当设在独立的控制室内时，教室与控制室之间应该设观察窗，且满足教师视线看到教室每个座位的要求。录音室是语言教室中的重要设施，可以放在控制室内或准备室旁，建筑面积6 ~ 10m^2，若仅供1 ~ 2人使用，建筑面积3 ~ 5m^2即可。准备室供进行编辑器材维修和课前准备之用，建筑面积6 ~ 10m^2。此外，语言教室的地面应设置暗装电缆槽。

5）计算机教室，也叫多媒体教室，由多媒体计算机、液晶投影机、数字视频展示台、中央控制系统、投影屏幕、音响设备等多种现代教学设备组成。计算机教室的设备是监狱进行现代化教学的设施，担负着全监罪犯计算机培训以及其他日常多媒体教学的任务。通常每所监狱宜设1间，建筑面积$300m^2$左右。

（3）其他

1）图书馆（室），是监狱比较重要的公用教育、文化设施，一般包括阅览室、书库和管理室三部分，建筑面积大小视具体情况设置，位置应设在罪犯便于使用而又比较安静之处。阅览室要有良好的采光通风，并便于疏散。书库宜采取开放型布局，库内要比较干燥，通风良好，防火安全。书库与阅览室应紧密相连，有门相通，管理室亦可与书库合并。图书馆（室）设计要突出使用功能，同时应考虑图书馆工作自动化，图书借阅、阅览现代化的发展趋势，为罪犯提供良好的学习环境。目前我国大多数监狱基层监区还在监舍楼中设有小型图书室、阅览室。

2）图书超市，我国大多监狱在教学楼内设有图书超市，一般与当地新华书店联手打造，以固定售书点的方式对罪犯开放，并低于市场价销售。安徽省蚌埠监狱图书超市投放书籍及期刊达5000余册，涉及学习工具书、经典名著、励志、养生等正版健康书籍20多个种类及期刊。同时，监狱与新华书店双方商定，由书店每半月配送图书一次，对于部分监狱急需的畅销书要优先于社会书店的配送，对于滞销图书能够及时退换调剂，并保证月月都有新书上架，新华书店每年要在监狱指定的时间在教学楼天井院内主办主题图书展销活动。图书超市建筑面积$200m^2$左右。

2. 办公部分

办公室，包括接待室、警察值班（监控）室，政治、文化、技术教研室，法律援助中心，监狱内部刊物编辑部，广播室，文印室，资料室等。办公室要有良好的采光通风，相关的功能室按监狱规模和实际需要设置，每间办公室建筑面积$30m^2$左右。警察值班（监控）室内应设通信、监控、报警装置，设有警察专用卫生间，对外的门窗应安装金属防护隔离设施。

3. 对罪犯矫正辅助部分

（1）展览室，是将罪犯的学术、发明、书法、绘画等成果或先进事迹进行展览的固定场所，建筑面积$200m^2$左右。也可细分为教育成果展厅、美术成果展厅、手工成果展厅、技术革新成果展厅等。建筑面积大小可依据展品实物进行确定。福建省宁德监狱在教育中心第5层，设有传统文化教育长廊，占地面积200多平方米，由修身、养性、道德、品行、礼仪、处事、孝道、爱国等8个篇章组成，面向该监狱所有罪犯，每周一固定开放。新入监的罪犯必须接受这一课教育，此举将进一步丰富该监狱罪犯传统教育方式，增强教育改造成效。

（2）罪犯心理健康指导中心（也称服刑人员心理健康指导中心）（图11-5-95 ~图11-5-98），是面向罪犯实施心理健康教育和开展心理咨询与矫治工作的机构，通常设有如下功能用房：

1）办公接待室，是心理咨询室日常办公和接待罪犯，预约登记，接听热线电话，整理和放置心

图11-5-95 江苏省无锡监狱教学楼内的宣泄室

图11-5-96 江苏省无锡监狱教学楼内的测试室

图 11-5-97　江苏省无锡监狱教学楼内的行为训练室

图 11-5-98　江苏省常州监狱罪犯心理健康教室

理档案或相关心理资料的场所，是心理矫治的第一站，也是整个监狱心理工作计划制定实施的场所。该室建筑面积 $50m^2$ 左右。办公接待室配置设施：办公桌椅、沙发、茶几、空调、文件柜、档案书柜、书架、杂志架、电脑、数码相机、打印机、电话、心理挂图、《心理咨询须知》、心理学书籍、参考书、报纸杂志、档案袋、工作表格、罪犯心理档案系统等。

2）预约等候室，应配备心理自助系统。该系统有心理科普、自助方案、心理互动、心理影视、心理图像、心灵音乐、机构宣传等模块。它集助人、自助、互助成长的心理健康理念于一体，极大提高了罪犯心理健康自我维护的意识和自我心理调节的技能和水平。该室建筑面积 $50m^2$ 左右。

3）情绪宣泄室，是为排解罪犯心理压力，把闷在心里的情绪宣泄出来的一种场所。它有助于罪犯心理健康，有助于缓解不良情绪产生，有助于预防冲动性行为发生，是心理治疗的一个创新举措。宣泄室配置设施：橡胶人、脸谱、放松球、泡沫块、充气塑料锤、抱枕、沙袋及拳击手套、充气泵、打气筒等，并应配备数名专业警察进行心理上的指导。大型监狱可设 5 ~ 7 间，中型监狱可设 3 ~ 5 间，小型监狱可设 2 ~ 3 间，每间建筑面积 $60m^2$ 左右。目前，我国大多监狱将情绪宣泄室设置在各监区或分监区所在的监舍楼中。

4）个案咨询室，是罪犯心理健康指导中心实施心理咨询与心理矫正的主要场所，应本着“布局合理、专业实用、美观大方”三个原则进行规划和装修。优美舒适的咨询环境给来访者提供了温馨、愉悦、安全保护的不同感受，使罪犯真正达到放松、开放的咨询状态，为心理咨询工作专业化的开展提供了保障。个案咨询室配置设施：软沙发、圆形茶几、档案柜、饮水机、办公纸笔、录音笔、钟表、放松挂图、书架、音响等。大型监狱可设 3 ~ 5 间，中型监狱可设 2 ~ 3 间，小型监狱可设 1 ~ 2 间，该室建筑面积 $30m^2$ 左右。

5）团体咨询室，团体咨询是在团体情境下开展心理辅导活动、团体心理讲座、心理交流沙龙、心理影片赏析等活动。它是以团体为对象，运用适当的辅导策略与方法，通过团体成员间的互动，促使个体在交往中通过观察、学习、体验，认识自我、探索自我、接纳自我，调整和改善与他人的关系，学习新的态度与行为方式，开发个体潜能，增强适应能力的助人过程。它可以促使个体成员发展与体验良好的人际关系，增强个体的归属感，充分体验互助性与互利性，发展良好的适应行为，帮助团体成员建立和别人一样的体验，实现成员的积极探索与自我成长。团体咨询室配置设施：团体心理活动工具箱以及活动手册、团体管理软件、教学光盘、心理挂图、影像设备、电脑设备、电教系统（包括电脑、投影仪、麦克风等）及其他如小皮凳等。该室建筑面积 $100m^2$ 左右。

6）音乐治疗室。心理咨询师利用音乐体验的各种形式，以及在治疗过程中发展起来的，作为治疗动力的治疗关系来帮助来访者达到健康的目的。音乐治疗室配置设施：多参数生物反馈仪、音乐放松椅、音乐播放仪、音乐放松系统、电脑等。多参数生物反馈仪通过对罪犯的心电、皮电、皮温等通道收集多种参数进行分析，根据参数报告分析制定出相应的治疗方案。然后利用语言和特定的音乐背景引导罪犯产生一个放松平静的情境想象，达到初步的精神放松。它采用多款有趣的游戏来辅助受测者进行心理训练，令罪犯达到自主神经系统平衡协调状态，消除焦虑、紧张、冲动、抑郁等负面情绪，实现身心健康。该室建筑面积 50m^2 左右。

7）沙盘游戏室，应按照国际标准进行配置，拥有人物、动物、植物等十几个类别的沙具，可供多人同时进行集体沙盘游戏治疗。运用沙盘游戏疗法进行辅导，给予罪犯更多非言语的、象征层面的支持，更易深入罪犯的心里，洞察罪犯的心理轨迹，使罪犯的内在情绪、深层次人格得以释放和表现。该室建筑面积 50m^2 左右。

8）体感音波治疗室。体感音波治疗技术是一项专利的声学治疗技术，它将音乐声波和低频信号，经增幅放大和物理换能后，通过听觉、触觉和振动觉的传导方式，对人体产生快速、深度的放松和理疗作用，对有效改善各种身心症状具有良好的生物学效应。该室建筑面积 50m^2 左右。

9）身心反馈室，为罪犯提供一个放松的环境，通过身心放松软件的运用，了解个体的心理健康状态，进行相应的调节。身心反馈室配置设施：身心反馈软件系统、音响、投影仪、电脑等、放松椅等。该室建筑面积 50m^2 左右。

湖南省武陵监狱服刑人员心理健康指导中心，设有咨询室、治疗室、测试室、渲泄室、沙盘治疗室、团体辅导室等功能室。

北京市女子监狱服刑人员心理健康指导中心，设有心理督导、心理测评、个体咨询、团体辅导、情绪疏导、音乐治疗、箱庭治疗、心灵港湾等 8 个功能室，对罪犯开展心理咨询、心理健康教育及针对女性罪犯特色心理辅导项目。

四川省川西监狱服刑人员心理健康指导中心，设有预约等候室、个体咨询室、督导观摩室、心理行为训练拓展室、积极引导室、半开放咨询室及远程视频咨询室等 16 个功能室，对罪犯进行心理咨询和团体辅导。

云南省元江监狱服刑人员心理健康指导中心，总建筑面积 679m^2，中心集心理健康教育、心理测评、心理咨询、心理治疗、会诊研讨、服刑指导等功能于一体。设有预约等候室、个体咨询室、团体辅导室、心理测评及档案室、心理宣泄室、中央控制室、专家会诊室、视频咨询室、心理治疗室等 9 个功能室。配备了智能音乐放松治疗仪、智能身心反馈仪、宣泄放松系统、团体个体沙盘等设备。在各种功能室内，监狱心理咨询师针对不同的罪犯群体、不同的心理问题开展不同形式的心理咨询与矫治。对于一些疑难复杂的问题，监狱还会专门邀请心理专家到中心对罪犯进行一对一的心理疏导和治疗。

（3）演播中心，或演播大厅，是监狱集采、编、播等多功能为一体，进行多媒体教学，定期播出监狱电视新闻，直播报道监狱开展的歌咏、演讲比赛等大型活动，及时宣传报道监狱全方位的信息，为罪犯提供健康向上精神食粮的场所。演播中心应按电视演播技术要求进行设计，建筑面积不宜小于 300m^2，层高要控制在 4.5m 左右（图 11-5-99 ~ 图 11-5-101）。福建省女子监狱教学多功能厅和电视演播中心，建筑面积达 1145.2m^2。

4、生活辅助部分

（1）交通系统，包括门厅、楼梯、走道等。

1）门厅（图 11-5-102），是组织分配人流的交通枢纽，也是用来布置布告栏、宣传栏、壁报和供罪犯队列活动的地方。设计时必须注意以下几点：一是与教学楼主要出入口及室外活动场地联系要便捷；二是内部空间要完整，采光通风良好，要有足够面积满足安全疏散及休息停留用；三是门厅入口处一般要设门廊或雨篷，寒冷地区要设双道门构成

图 11-5-99 辽宁省大连市监狱教学楼内的演播室

图 11-5-100　江苏省苏州监狱教学楼内的多功能厅

图 11-5-101　贵州省瓮安监狱教学楼内的广播电视教育中心

图 11-5-102　江苏省南京监狱教学楼大厅

门斗，门斗的深度不宜小于 2.1m。

2）楼梯，是上下楼层联系的通道，位置要明显，疏散要方便，宽度和数量要满足疏散和防火要求。楼梯设计应该更为宽大和牢固，便于罪犯平时和紧急情况下的疏散。楼梯护栏要作全封闭到顶处理，防止罪犯自伤或自杀。

3）走道，一般监狱教学楼走道的宽度，内廊 2.4 ~ 3m，外廊 1.8 ~ 2.1m。现在许多新建或改扩建的监狱，内走廊的宽度为 2.8m 左右，视线好、不压抑。内走道要有良好的采光通风，除两端开窗直接采光外，还可以通过楼梯、两侧墙上的高窗、两侧房间门上的亮子间接采光。

（2）厕所。罪犯使用厕所多集中在课间休息时，因此必须有足够的数量。对于男子监狱，在走廊两端可设男厕 4 个蹲坑和 1 个坐便器（或 3 m 长大便槽）、6 个小便斗（或 3m 长的小便槽），同时要考虑外来女性人员参观或女性人员授课，要设置女厕。对于女子监狱，在走廊两端可设女厕 4 个蹲坑和 1 个坐便器（或 3m 长大便槽），同时要考虑外来男性人员参观或男性人员授课，也要设置男厕。厕所的位置应较为隐蔽，并便于使用，宜设前室，通风要良好，位置上多设于教学楼端部、转弯处。警察使用的卫生间宜附设在警察值班室内。厕所内或外应设水龙头、水槽和污水池，供罪犯洗手和搞卫生时用水。厕所地坪标高一般应比同层地面低 50 ~ 60mm，并应设地漏。

（3）饮水处。教学楼内应分层设饮水处，饮水处不应占用走道的宽度，可专设 1 小间或在卫生间前室处放置 1 台电水炉，供罪犯使用。也可以采用饮水机，放置在教室内。

（4）贮藏室，用以存放教学楼内各类杂物，可以设 2 间，每间建筑面积约 $50m^2$ 左右。

（四）教学楼应注意的几个问题

（1）建设要量力而行。目前我国监狱教学楼普遍存在着贪大的现象，投入使用后，不仅利用率低，而且也不便于管理，安全隐患多。对于能筹集较多资金的监狱，建 1 栋综合性多功能的教学楼无可厚非；筹集资金较少，同时本身的经济承受能力也很弱的监狱，可以建 1 栋体量较适中的经济型教学楼。也可把监舍楼内监区活动室建成多功能室，可以集中点名、学习和搞电化教育，不必非要建教学楼，否则建成后有可能成为负担。海南省美兰监狱、江西省温圳监狱没有设置综合性的教学楼，而是将教学楼所要承担的功能放至各个监区监舍楼中。

（2）可以考虑将监管改造职能科室前置于教学

楼中。教学楼名称则可改为“教学管教楼”或“管教教学楼”。将监管改造职能科室前置优点：一是减轻监区基层警察工作压力；二是便于监管改造职能科室靠前指挥，就近处理相关事宜；三是监管区警力比例大幅度提高，有利于处置监狱突发事件；四是提高教学楼的利用率。目前，我国山西省汾阳监狱、山西省晋中监狱、江苏省无锡监狱等已开始试行。山西省晋中监狱管教教学楼，地上6层，建筑结构为钢筋混凝土框架结构，总建筑面积 $6850.88m^2$。

（3）与周边环境相融合。教学楼往往被列为监狱标志性建筑。教学楼与其他单体建筑之间应设绿化带，不仅可以起到区划、美观、保护环境、调节气候等作用，发生火灾时还可起到良好的防火分隔地带，能阻止火势的蔓延从而引起大面积火灾。教学楼主入口前一般设有较开阔的广场（有的监狱设草坪或运动场）。此广场属于监狱的中心区域，其作用：一是可以消除压抑的情绪；二是可以作为应急安全疏散地带，此中心应成为罪犯在监狱改造的精神中心。江苏省苏州监狱在教学楼南入口前设置了景观广场，广场的层层推进和两边配植四排高大的法国梧桐使监狱中心的自然特征更为明显，增添了绿化的层次，又和东西两侧的绿化相映成趣，将广场自然过渡到生态绿化带中。

（4）抗震性能要强。“5·12”汶川大地震，中小学校倒塌严重，造成学生伤亡惨重。事后，有关专家对教学楼进行了鉴定，教学楼普遍存在着抗震性能弱的问题。由于监狱教学楼属于人员密集型的场所，对教学楼的抗震性能认识应更加重视。监狱教学楼抗震设防应在本地区基本烈度基础上提高1度，并应高于7度（含7度）。在发生最高级别的大地震时，允许出现一定程度的破损，但至少能保证不出现坍塌。监狱教学楼跨度不宜贪大，因为连通式的单体建筑抗击纵向地震力会减弱。有的监狱教学楼总长度达到了150m，虽然建筑体量大显得气派，但抗震性能降低，也带来了安全隐患。教室也不要一味追求采光好，而将外墙体改为大窗，窗地之比失衡，抗震性能不好。由于教室不同于其他功能用房，如讲究开间尺寸大，则横墙相对少，抗震能力减弱，所以开间尺寸不宜过大。

（5）重视消防安全。长期以来，我国监狱对消防安全方面普遍重视程度不够，工程项目甚至还存在着未办理消防审核报批手续的现象。其原因：一是认为监狱主要职能是惩罚和改造罪犯，只要不发生重特大监管事故即可，失火概率很小，因而防火意识淡化薄弱。二是为了控制建筑成本，对于有的消防设施能少则少，能取消的则取消。现在全国监狱教学楼设有自动喷水灭火系统的寥寥无几，如果设有将需要一笔较大的费用。三是过于片面强调监狱监管安全，将消防通道专用疏散门也牢牢锁死。牺牲应有的消防设施，其实是剥夺了罪犯的逃生权利。一旦发生火灾，后果不堪设想。做好监狱教学楼消防安全应注意以下几点要求：

1）遵守消防设计规范。严格遵守国家有关消防的设计规范和要求，不应受到外界的干扰，要尊重科学。教学楼的安全出口的数量和构造要求应强制执行规范。一般至少要求2个或2个以上的安全出口，这样1个被火堵住，另1个应急通道可以通行。超过50人的教室，其安全出口不应少于2个，疏散门应向疏散方向开启，且不得设置门槛。教学楼与相邻建筑间距必须符合规范规定的防火间距。教学楼周边道路的宽度及转弯半径等均应符合有关的规范要求，保证消防车辆畅通无阻驶进。在教学楼四周应设置室外消火栓，监狱发生火灾时，它是迅速、有效地扑灭火灾的重要保证。

2）加强教学楼室内装修防火。室内装饰时要尽量采用难燃装修材料或不燃装修材料，室内消火栓的门不应被装饰物遮掩，消火栓门四周的装修材料颜色应与消火栓门的颜色有明显区别。室内装修不应遮挡消防设施、疏散指示标志及安全出口，并且不应妨碍消防设施和疏散走道的正常使用。

3）加强电气防火。电化教室内的照明灯具与可燃物之间应保持一定的安全距离。楼内的电线要有套管，电源线在吊顶内通过时，应穿金属管铺设。教室内的电源开关、插座等距地面不应小于1.3m，灯头距地面一般不应小于2m。从监狱监管安全角度考虑，罪犯使用的功能用房，一般不宜设插座，非要设置的情况下，须设锁形面板；电闸应设在警察值班室内。

（6）注重色彩。一般而言，采用浅色调不会出现大的差错，但往往流于平庸，大面积过于鲜艳的颜色又会使人烦躁，并不适合监狱教学楼。监狱教学楼整体宜采用清新、淡雅的白色及浅蓝色，局部过渡体、突出体采用亮丽的纯色，以活跃整体气氛，使人觉得亲切、丰富，不会落入俗套而显得平庸。同时色彩的单纯是对空间本身的一种信心，展示一种本色的纯真、含蓄、素雅，建筑的美蕴含在这些元素中。

（7）厉行节水节能。遵循节省的原则，可以将监狱教学楼的雨水管延长，使雨水直接进入绿地。将厕所里的冲水器改成脚踏式，既方便卫生，又节约用水。将楼道内的照明灯开关改成声控，既保证了照明，又避免了浪费。

（8）空气调节方式。监狱罪犯的教室是否安装空调，一直争议很大。现在社会上的普通学校的教室绝大多数还没有，罪犯是来接受惩罚改造的，而不是来享受的，如果设有易产生负面影响，也给监狱带来经济上的负担。可以先预留管线，等条件成熟后再安装空调。可在教室中安装安全性较高的封闭式电扇。对于设在教学楼内的其他功能用房，如展览室、警察值班（监控）室、心理咨询室、宣泄室、法律援助中心、科技法庭（也称“数字化法庭”）、阅览室等，有条件的监狱可以安装空调。

五、禁闭室

禁闭室是监狱处罚违反监规监纪、破坏监管秩序的罪犯，防止罪犯脱逃、行凶和其他暴力倾向的场所，是通过强制措施，促使罪犯进行反省悔改的监狱狱政管理设施，是监狱建筑的重要组成部分，也是监狱必不可少的重要单体建筑。

（一）禁闭室的设计规则

（1）应遵守国家建设规范《监狱建设标准》（建标 139—2010）以及相关监狱监管安全要求。

（2）应讲究“严肃、简洁、坚固、文明、卫生”。

（3）必须通风、采光良好，阳光充足，保证有一定的日照时间。

（4）警察与罪犯通道应分别设置；警察管理用房中的值班室、预审室、监控室等应与罪犯禁闭监室有良好的隔声措施。

（5）设计抗震等级不低于 7 度。

（二）禁闭室的建筑设计要求

1. 禁闭室的选址

（1）必须符合监狱总体规划布局。

（2）应设置在监狱围墙内，自成一区，为单独 1 栋单体建筑，远离监内其他功能用房，监内其他功能用房之间的联系不得穿越该区。不应直接面对外来参观者进出监狱的地方，宜设置在较为隐蔽的位置，较为理想的布置是位于罪犯生活区的边缘部位。

（3）距监管区内主干道至少 50m 以外的开阔地带，若受地理条件限制，也不得小于 30m。

（4）应独立封闭成区，且设置在武警岗哨视线范围内，即应靠近岗楼设置，与其他单体建筑、围墙距离大于 20m，并以 4.2m 高的防攀爬金属隔离网进行封闭隔离。

2. 禁闭室的建筑规模与建筑结构

按照《监狱建设标准》（建标 139—2010），中度戒备监狱禁闭室建筑面积指标：小型监狱 $0.12m^2$/罪犯，中型监狱 $0.11m^2$/罪犯，大型监狱 $0.10m^2$/罪犯。高度戒备监狱禁闭室建筑面积指标：小型监狱 $0.12m^2$/罪犯，中型监狱 $0.11m^2$/罪犯。以中度戒备监狱为例进行测算。一所小型监狱，关押规模 1000 ~ 2000 人，禁闭室建筑面积应 120 ~ $240m^2$；一所中型监狱，关押规模 2001 ~ 3000 人，禁闭室建筑面积 220.11 ~ $330.2m^2$；一所大型监狱，关押规模 3001 ~ 5000 人，禁闭室建筑面积 300.1 ~ $500m^2$。

甘肃省合作监狱，关押规模 500 人，属小型监狱，禁闭室建筑面积 $108.60m^2$；辽宁省铁岭监狱（目前系该省唯一关押传染病犯的监狱），关押规模 1000 人，属小型监狱，禁闭室建筑面积 $239m^2$；贵州省瓮安监狱，关押规模 2000 人，属小型监狱，禁闭室建筑面积 $236.37m^2$；湖北省宜昌监狱，关押规模 2500 人，属中型监狱，禁闭室建筑面积 $490m^2$；贵州省兴义监狱偏头山关押点，关押规模 3200 人，属大型监狱，禁闭室建筑面积 $267m^2$；吉林省公主岭监狱，关押规模 3700 人，属大型监狱，禁闭室建筑面积 $392.2m^2$。

针对禁闭室建筑规模较小、土地利用率低的情况，绝大多数监狱，如四川省崇州监狱、江苏省苏州监狱、广西壮族自治区南平监狱等采取了将禁闭室与严管监区整合为1栋单体建筑，建筑规模相应变大，对外统一称“惩教中心”、“高危监区”或“高危犯监区”。山东省泰安监狱，关押规模4000人，属大型监狱，禁闭室与严管犯监区合并，地上2层，建筑面积2401.4m^2（图11-5-103）。江苏省苏州监狱，关押规模4000人，属大型监狱，禁闭室也与严管犯监区合并，地上3层，总建筑面积达3105m^2。还有的监狱将禁闭室与其他功能用房进行合并，如北京市良乡监狱禁闭室位于围合式综合监舍楼内，内蒙古自治区呼和浩特第一监狱、黑龙江省齐齐哈尔监狱以及湖北省襄北监狱将禁闭室与医院合并为1栋单体建筑，安徽省蚌埠监狱将禁闭室与医院、会见楼合并为1栋单体建筑，该单体建筑呈U字形，禁闭、医院、会见功能独立，实行区域封闭。

全国大多监狱的禁闭室建筑面积超出标准，如新疆维吾尔自治第六监狱，关押规模1000人，属小型监狱，禁闭室建筑面积496.90m^2；陕西省杨凌监狱，关押规模3200人，属大型监狱，禁闭室建筑面积685m^2；湖南省网岭监狱中心押犯区，关押规模3500人，属大型监狱（关押点），禁闭室建筑面积935.6m^2；广西壮族自治区西江监狱，关押规模4000人，属大型监狱，禁闭室建筑面积800m^2。

20世纪80年代至90年代末，我国监狱禁闭室建筑结构采用砖混结构居多。现在多采用钢筋混凝土框架结构。有的监狱为防止罪犯凿墙打洞，增加安全系数，禁闭区（禁闭监室和放风场）外墙和禁闭监室所有的墙体均采用钢筋混凝土剪力墙，厚度≥200mm。高度戒备监狱的禁闭室建筑结构宜采用钢筋混凝土剪力墙结构。欠发达地区的监狱，如湖南省网岭监狱中心押犯区、山东省潍北监狱、内蒙古自治区扎兰屯监狱、新疆维吾尔自治区第六监狱等禁闭室，建筑结构采用了砖混结构。

3. 禁闭室的层数与层高

禁闭室不同于其他单体建筑，它是一个功能特殊的用房。由于禁闭室必须附有放风场，而放风场实际就是封闭露天小院子，故一般禁闭室主体单层，局部为2层，底层为放风间、禁闭监室，第2层为巡视通道。底层层高≥4.2m，第2层层高≥3m。贵州省瓮安监狱禁闭室，主体单层，层高5.7m；新疆维吾尔自治区第六监狱禁闭室，地上2层，檐口建筑总高度6.40m；陕西省杨凌监狱禁闭室，地上2层，建筑总高度7.65m；宁夏回族自治区女子监狱未成年犯监区禁闭室，地上2层，建筑总高度7.8m；湖南省网岭监狱中心押犯区禁闭室，地上2层，底层为禁闭监室，层高3.6m，第2层为巡视通道，檐口建筑总高度7.05m，屋面为闷顶屋面，屋脊建筑高度8.1m；天津市长泰监狱禁闭室，地上2层，建筑总高度8.4m。

4. 禁闭室的建筑风格与建筑造型（图11-5-104～图11-5-111）

禁闭室建筑风格要与其他相邻单体建筑相融合、相协调，在色彩选择上要充分考虑罪犯改造心理等因素。全国各地监狱禁闭室造型多种多样，造

图11-5-103 山东省泰安监狱禁闭室

图11-5-104 广东省佛山监狱禁闭室鸟瞰图

图 11-5-105　广东省佛山监狱禁闭室

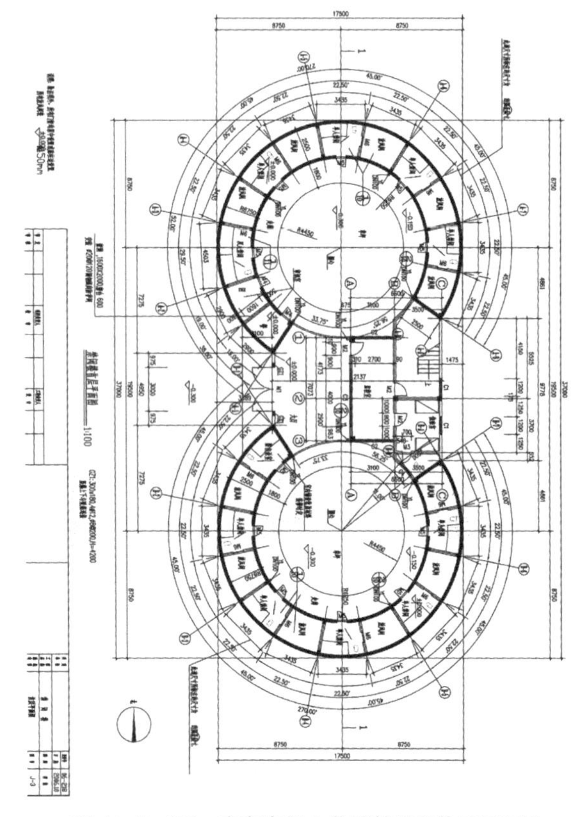

图 11-5-106　广东省佛山监狱禁闭室首层平面图

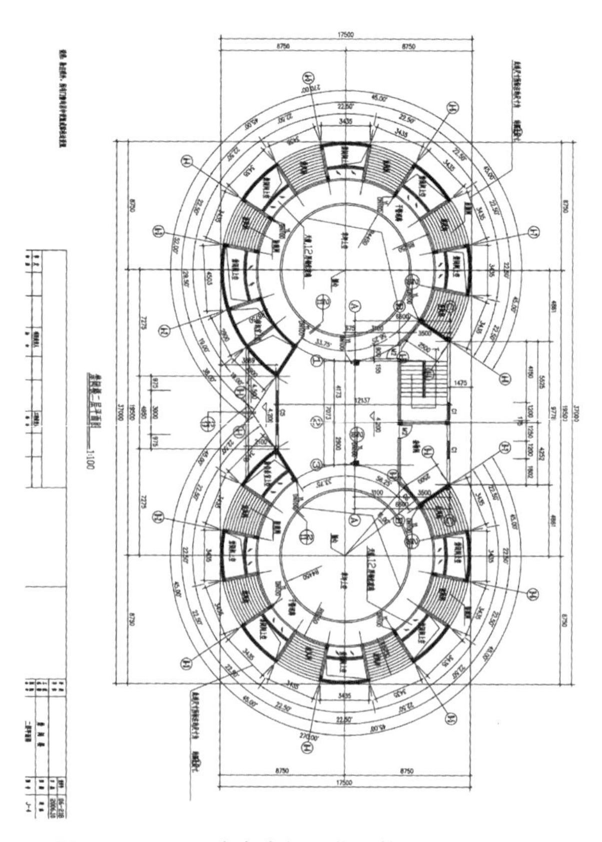

图 11-5-107　广东省佛山监狱禁闭室二楼平面图

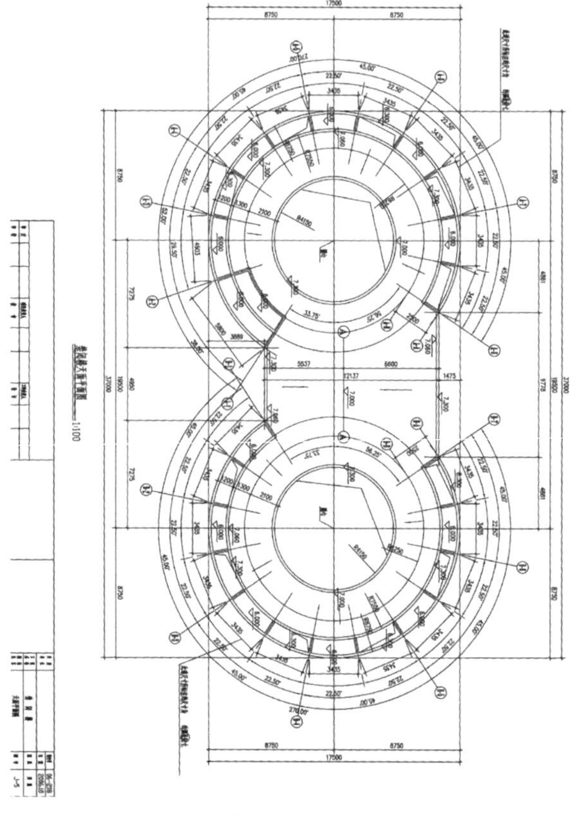

图 11-5-108　广东省佛山监狱禁闭室天面平面图

型要服从于功能的需求，其中较为常见的造型有“四合院式”、“环形”、“L 形”、“T 形”等。“四合院式”分为两种：一种是中间活动场地为露天，四周是单层的禁闭监室，如山东省微湖监狱湖西监区禁闭室；另一种是中间活动场地设在室内，四周为单层的禁闭监室，如天津市监狱禁闭室。“四合院式”优点是相对封闭，罪犯看不到外面。“环形”实质由“四

图 11-5-109　湖南省湘南监狱禁闭室

图 11-5-110　辽宁省大连市监狱禁闭室

图 11-5-111　山东省枣庄监狱禁闭室

合院式”演变而来，所有的禁闭监室围成环形，中央为活动场地，如北京市天河监狱、福建省仓山监狱禁闭室等。广东省佛山监狱的禁闭室外观为“双圆交叉形”，也称“双环形”，从空中俯视，犹如一副巨型手铐，交叉点为警察值班（监控）室。“L 形”优点是放风场采光好，活动场地在室外，较节约用地，如江苏省苏州监狱禁闭室。“T 形”优点是警察值班（监控）室视线开阔，可以同时监视两个方向的走廊，如江苏省无锡监狱。河南省豫南监狱禁闭室，从空中俯视，像 1 艘正在大海中行驶的轮船，船头为警察值班管理区，船中部及尾部为罪犯禁闭监室。

（三）禁闭室平面布局（图 11-5-112 ~ 图 11-5-114）

底层平面布局：禁闭室设 1 处出入口，禁闭室内须设警察值班（监控）室、谈话室、预审室、储藏室、物品间（用于分发饭菜等）、禁闭监室（其中 1 ~ 2 间为双人间，其余为单人间）、放风场、事务犯监室等。每间禁闭监室应设置放风场。禁闭区与警察办公室、值班（监控）室应有安全分隔（用铁门或伸缩铁栅门），值班（监控）室、警察办公室的视线应良好，可监视禁闭区的走廊。谈话室、预审室与禁闭监室应有一定的距离，并隔声、通风良好。事务犯监室与禁闭监室应相邻。第 2 层平面布局：警察值班室、事务犯监室、储藏室、警察巡视专用通道。

禁闭室面积及房间数量设置：禁闭单间使用面积不应小于 $6m^2$，放风场使用面积不应小于 $4m^2$，则每间禁闭室使用面积不应小于 $10m^2$。小型监狱按每 250 人设 1 间，共设 4 ~ 8 间，其中设 1 ~ 2 间软包间；中型监狱，按每增 350 人增设 1 间，共设 8 ~ 11 间，其中设 2 ~ 3 间软包间；大型监狱，按每增 500 人增设 1 间，共设 11 ~ 15 间，其中设 3 ~ 4 间软包间。

（四）禁闭监室及放风场设计

《监狱建设标准》（建标 139—2010）对单间禁闭监室尺寸进行了规定：2.5m × 3.6m，墙厚 0.24m，每间使用面积 $2.26m \times 3.36m=7.59m^2$。禁闭监室的室内净高不应低于 4.2m（以地床高 0.4m，罪犯身高 2m，手臂长 0.8m，跃起高 0.5m，窗高 0.5m 进行测算），禁闭监室门及窗不能直接对外。门设在走廊上，此门应为铁门且应外开，并参照相关的《建筑门窗标准图集》。门上部设观察孔，下部设递饭口。禁闭监室通向放风场地的控制门应为铁门，也应外开（如内开，罪犯若爬至铁门最上端，易发生自杀、越狱等监狱监管安全事故）。此铁门要方便警察操

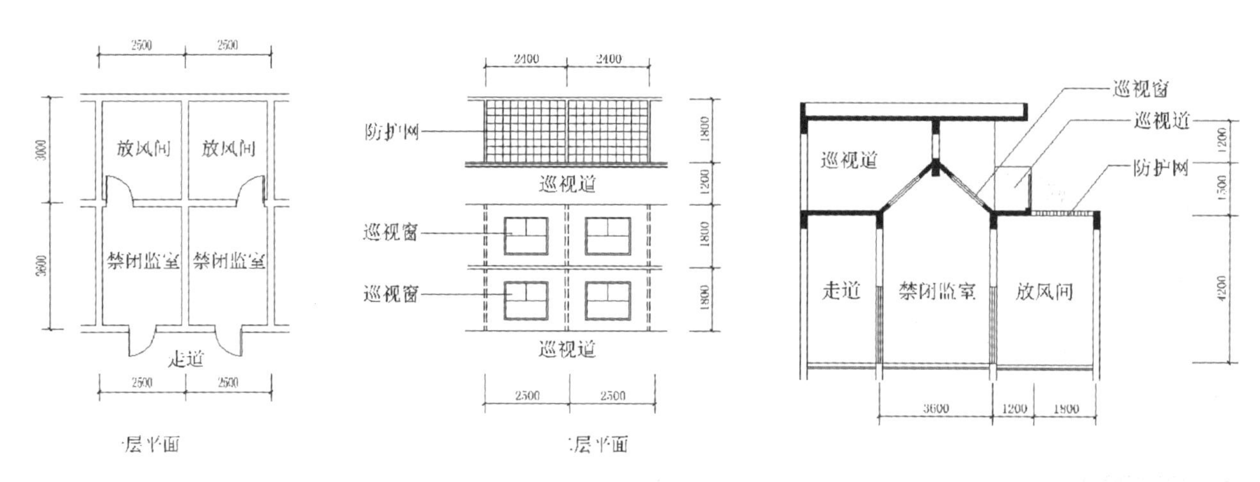

图 11-5-112　监狱禁闭室平面及立面布置示例

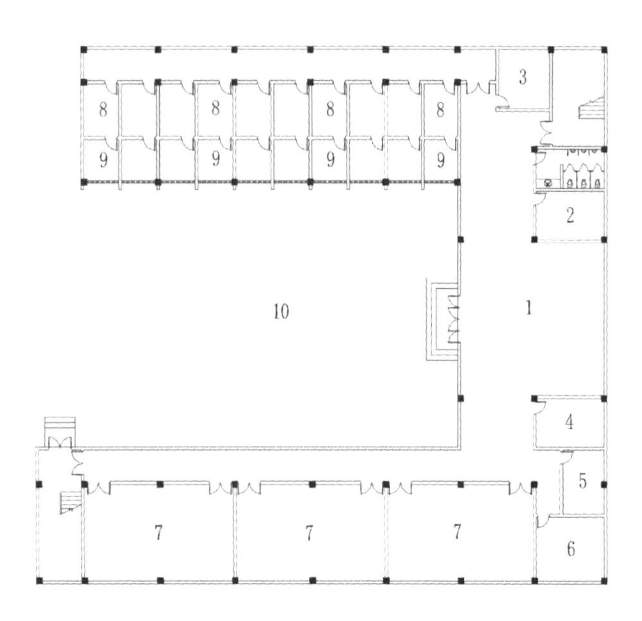

1. 门厅 2. 谈话室 3. 监控值班室 4. 预审室 5. 严管室 6. 隔离审查室 7. 集训教育室 8. 禁闭监室 9. 放风室 10. 室外训练场地

图 11-5-113　某监狱禁闭室底层平面示意图

作，人工机械开关设在上层巡视通道的墙侧。现在有的采用智能开关，但也带来了问题，特别是罪犯放风出现险情时，若罪犯用手抵御住此铁门，警察将无法进入放风间。所以现代高科技产品也有其缺陷，一定程度上机械的人工的却是最安全最可靠的，如福建省武夷山监狱就是采用这种方式。所有的内墙角应粉刷成圆弧形。禁闭监室的窗设在顶面，窗设在距地面 4.0m 以上墙面。每间禁闭室设置窗的高度以里面的罪犯触及不到为底限。窗设在巡视道两侧可开启，并设金属防护栅栏，便于室内空气流通，窗子面积不得小于 $0.8m^2$。禁闭监室和放风间的地面一般用混凝土浇筑而成，厚度≥ 80mm。禁闭监室的照明和监控设施应安装在室内罪犯无法触及到的地方。禁闭室内不应设电器开关及插座，照明宜采用低压照明（24V），并设有应急照明灯（图 11-5-115、图 11-5-116）。

软包间，俗称“橡皮房”，多用于防范和隔离有高度危险行为的罪犯。墙的四周墙面（包括门）用橡皮包裹，里面装有弹性较强防火 A 级离心玻璃棉，厚度一般控制在 40 ~ 50mm，具有较好的防撞、吸声隔声功能。软包装的高度至少为 3.3m。最终软包间要达到无任何可攀缘之处，无任何可悬挂之处，以及无硬质墙面、无突出的棱角，地面用 PVC 塑胶地板等，以确保罪犯无法利用建筑构件进行自伤、自残和自杀。

禁闭室内应设有单人木床、大便器、洗漱小水池、照明、监控探头等基本设施。其中床采用砖砌单人地铺 1 张（0.7m × 1.9m），砌体高 0.36m，用 1:2 水泥砂浆粉刷，上铺设木床板 1 张，与砖砌体钉牢，且木板边角、棱角应成圆弧状。大便器多采用无遮挡式的蹲便器，所有的给水管道应预埋入墙，只留出脚踏开关。荷兰重刑犯监狱的禁闭室内只设有厕所、床垫和橡胶坐垫（图 11-5-117）。禁闭室照明要采用低压 24V 电源，且照明电器和监控探头应安装在顶面，罪犯无法触及到的地方。放风场设水龙头、洗漱水池和污水池各 1 个。

新修订后的《监狱建设标准》（建标 139—2010）对放风间进行了如下规定：2.5m × 3.3m=$8.25m^2$，

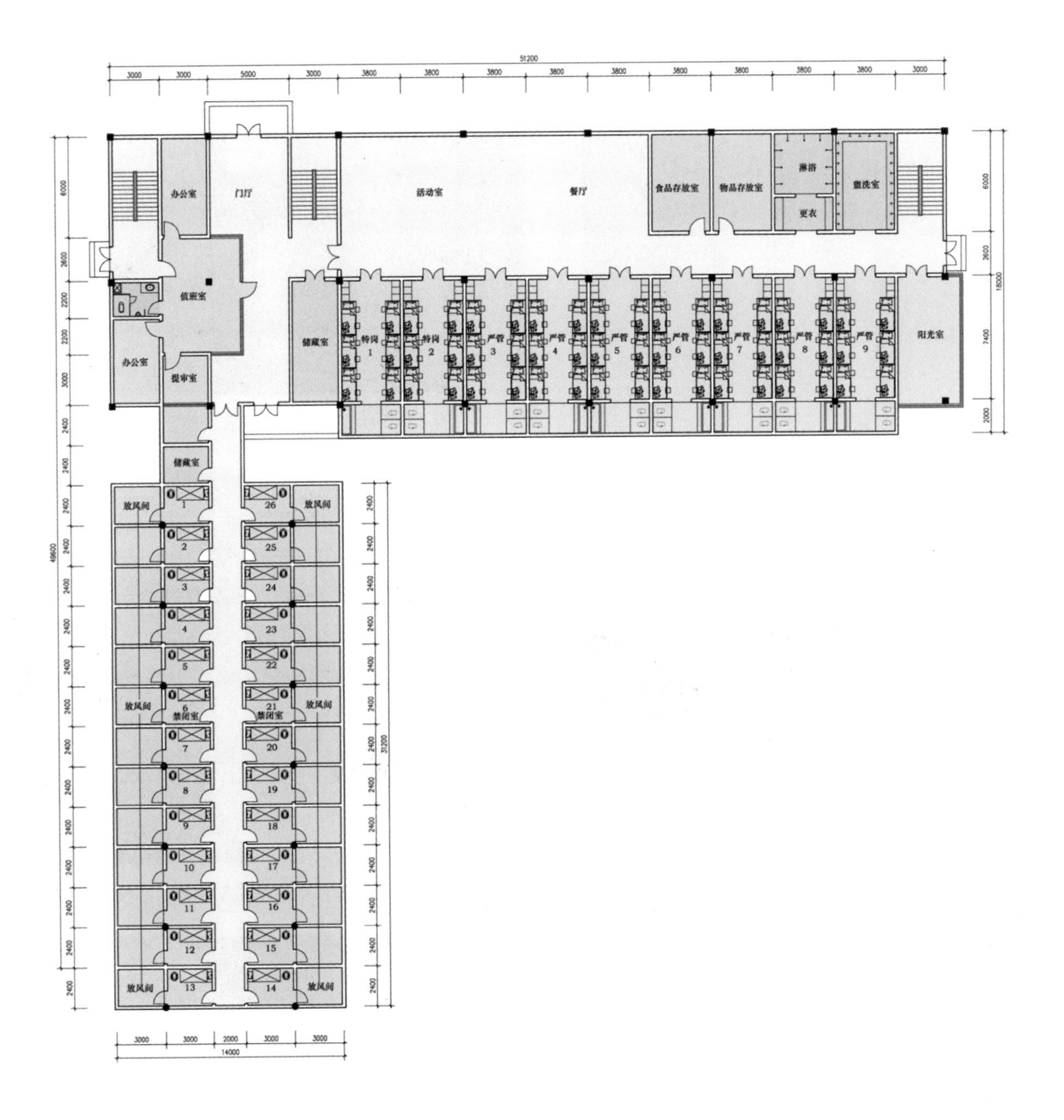

图 11-5-114 江苏省苏州监狱禁闭室底层平面图

墙厚 0.24m，面积减半，每间使用面积 2.26m × 3.06m/2=3.46m^2；顶部两侧巡逻道各宽 1.5m，使用面积 5.70m^2。放风场地的标高要低于禁闭监室 0.15m。放风场为四面墙壁，放风场顶面应安装不锈钢栅栏或钢筋栅栏防护网。放风场室内净高 ≥ 3.5m，地面应设置排水地漏 1 只，地面以 5% 坡度坡向地漏。

禁闭监室所有的门窗要安装防护铁栏杆，不宜直接对外。防护铁栏杆直径 ≥ 16mm，间距 ≤ 120mm。

（五）巡视通道的设计（图 11-5-118 ~ 图 11-5-121）

禁闭监室应设置警察巡视专用通道，设置巡视通道原则要以看到禁闭监室和放风间内所有的部位为准，巡视通道一般为环形贯通并连接楼梯，楼梯及疏散距离应符合国家有关规定。巡逻通道分内巡视通道和外巡视通道，内巡视通道主要监视禁闭监室，通道宽度 ≥ 1.5m，净高 ≥ 3m。外巡视通道主要监视放风间，通道宽度 ≥ 0.8m。当然也有好多监狱没有外巡视通道，仅有内巡视通道，如北京市天

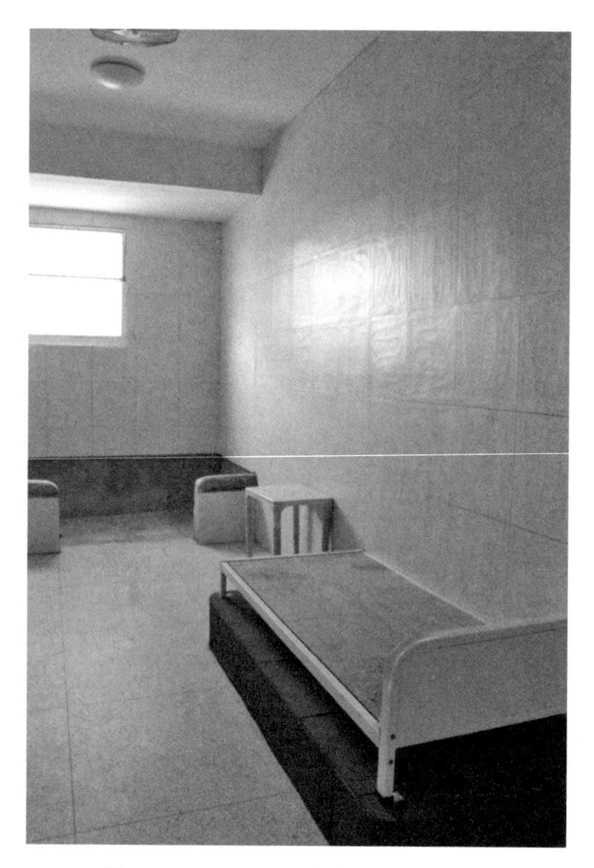

图 11-5-115　江西省赣州监狱禁闭室

图 11-5-116　江西省赣州监狱严管监室

图 11-5-117　荷兰某中等规模监狱禁闭室

图 11-5-118　浙江省长湖监狱禁闭室二楼巡视道

图 11-5-119　江苏省盐城监狱禁闭室二楼巡视道

河监狱、辽宁省大连市监狱禁闭室。

现在不少监狱禁闭室存在这样的现象：一是禁闭监室平开窗设置的位置、大小或角度不合理，站在禁闭室内巡视通道上存在盲区；二是因外巡视通

图 11-5-120　山东省枣庄监狱禁闭室二楼巡视道

图 11-5-121　河南省焦南监狱禁闭室二楼巡视道

道的设置不合理而使放风场存在视线障碍。解决以上问题办法：平开窗设置的位置应放至斜平面上，窗子面积不得小于 0.8m²，其宽度不应小于 1.0m，否则平开窗不宜再分为 2 扇，窗子与禁闭监室室内地面角度应小于 45° 。外巡视通道宜设置在放风场的最外侧，但造价会相应增加。现全国大多数监狱设置在内侧，外巡视通道钢筋混凝土地面应设置镂空的观察孔，或如福建省武夷山监狱，禁闭室放风场顶面的栅栏网延伸至禁闭单间的外墙面，在栅栏网上用钢结构再制作 1 层巡逻通道。

（六）其他功能用房的设计要求

（1）提审室，用于罪犯在关押期间提审。提审室建筑面积 20m² 左右，中间设置铁栅栏，罪犯区域墙面为软包装。大、中型监狱宜设置 2 间，小型监狱设置 1 间。此室宜设置在靠近警察值班区域。

（2）储藏室，用于存放禁闭监区生活用品。储藏室建筑面积 10m² 左右，此室宜设置在最里面。

（3）物品间，用于分发、加工在罪犯伙房准备好的食物和开账的物品，这里应配备微波炉、柜台、盥洗池和储存设备。分发食物间建筑面积 10m² 左右。考虑平面布置和建筑结构，此室宜设置在与储藏室相邻位置。

（4）事务犯监室，用于禁闭区事务犯休息。在底层和第 2 层各设置 1 间，每间建筑面积 10m² 左右。

（5）警察值班（监控）室，布置的位置以直接可清楚地观察到出入口和禁闭区走廊范围为原则。警察值班（监控）室内应设通信、监控、报警装置，设有警察专用卫生间，对外的门窗安装防护隔离设施。警察值班（监控）室建筑面积 16m² 左右。

（6）谈话室。全国好多监狱的禁闭室没有设置谈话室，而是用预审室来代替这一功能用房。从使用的效果来看，却很不理想。因为预审室的环境相对较压抑，做罪犯思想工作时，罪犯往往有抵触情绪，达不到谈话预期的效果。大型监狱谈话室宜设置 3 间，中型监狱谈话室宜设置 2 间，小型监狱宜设置 1 间，每间建筑面积 10m² 左右。

（7）严管用房，设计可以参照普通监舍，但床位必须设单层。考虑到对严管犯，主要是进行严格管控，可以适当进行劳动，所以，在里面可设置小型劳务加工车间。这里的罪犯只能从事一些简单的、纯手工或半手工的室内劳务加工作业项目，不宜从事机械化大生产和需要刀具、钝器、绳索等工具的劳务加工。另外要设有一个小型的室外封闭活动场，主要用于严管犯平时训练活动，大、中、小型监狱占地面积分别不低于 1500m²、1200m²、800m² 左右。

（七）禁闭室应注意的几个问题

（1）好多监狱将每间禁闭监室的照明控制开关设置在警察值班室内，要么一起关，要么一起开，很不实用，也造成一定的能源浪费。建议再在每间禁闭监室的外墙面设置照明开关。当禁闭监室投入使用时，可以打开照明，未使用的关闭。

（2）由于禁闭监室的室内净高大于 7m，出现照明灯具或监控摄像头损坏，不易进行更换。可采取将此设备安装在距离窗子近的地方，站在 2 楼巡视通道上伸手就可以触及。

（3）禁闭室监控系统应与监狱同步规划、同步建设。监控系统功能要求：监控系统基于内部局域网，结合部分模拟信号控制及传输。禁闭室为二级分控中心，分控中心内部采用模拟信号传输。各分控中心有独立的监控控制室，控制室采用数字硬盘录像系统，预留数字输出端口，通过内部局域网络传入监狱总控室及各有权终端。系统设计要充分考虑先进性、实用性、可靠性、经济性和可升级性。禁闭监室、提审室监控视频须无死角。

（4）要设置1间检查室，其用途是对即将实施禁闭的罪犯进行裸体检查，对罪犯所有衣物进行登记。晚上罪犯就寝时除短裤以外，所有衣物全部收置到检查室内，核对清点，次日再返还。此检查室宜设置在禁闭室的入口处。

（5）可设置几间地下或半地下禁闭单间，用于特别危险的禁闭罪犯，如涉黑、有暴力倾向的、有越狱倾向的等，房间应进行软包。威克菲尔德皇家监狱（HMP Wakefield）是英国8所高度戒备等级监狱之一，该监狱的禁闭室（称为“特别关爱室”）被设在地下，四周墙壁是橡皮，室内有1张宽约1m左右的水泥浇铸的床。凡被禁闭的罪犯必须着特制的衣服，盖特制的被子，这些物品不借助剪刀之类的利器是不可能被扯破用作自杀工具的。

六、医院

每所监狱都设有医院，它是监狱不可缺少的重要单体建筑。监狱医院肩负着服刑罪犯的疾病防治、医疗抢救、传染病防治等工作，对患病罪犯实行人道主义治疗。随着依法治监、构建和谐监狱的不断深入，人们对于监狱医院规划布局、建筑技术、功能用房、装修与管线布设等给予了更多的关注，提出了更高的要求。

（一）医院的设计规则

（1）应遵守《民用建筑通则》（GB 50352—2005）、《综合医院建筑设计规范》（GB 51039—2014）、《监狱建设标准》（建标139—2010）以及相关监狱监管安全要求。关押传染病和精神病罪犯的监狱，除了执行上述规范外，还要执行主管部门相关规定。

（2）建设规模要与监狱关押规模相匹配，与其所承担的职责范围相匹配，一般建设规模不宜过大，以满足罪犯的基本医疗救治为前提，宜按一级甲等标准设置。

（3）建筑结构应采用钢筋混凝土框架结构，其原因：一是钢筋混凝土框架结构抗震能力强，设计抗震等级不应小于7度（含7度），就是发生地震后，医院也能正常进行医治病犯；二是钢筋混凝土框架结构能为今后医院发展、改造和平面布置灵活分隔创造条件。

（4）满足一般罪犯病情诊疗和卫生防疫功能需求，要做到功能完善、经济合理、安全卫生，医院的建设及发展要具有科学性、现实性、合理性和前瞻性，从而创造一个健康和让人放心的医疗环境。

（5）良好的室内外环境有助于消除病犯的心理压力，改善心境，增强肌体的抗病能力，使其早日康复。随着综合考虑病犯生理、心理、行为等多方面因素的“综合医疗法”逐渐成为21世纪的医疗趋势，“人性化”的室内外环境成为医院设计的重要内容。

（6）随着国家经济实力增强，对监狱建设投入的不断增加，医疗环境得到了明显的改善，但能源消耗方面的问题逐步显现。为了降低医院运行成本，减少能源消耗，要注重以绿色设计为目标。

（二）医院的建筑设计要求

1. 医院的选址

（1）必须符合监狱总体规划布局。

（2）应独立设置，一般设置在监狱围墙内罪犯生活区常年主导风向的下风方向，空气流通，避免周围单体建筑的二次污染。

（3）所处环境相对安静，与罪犯技能培训用房、罪犯劳动改造用房、罪犯伙房、会见楼、教学楼、锅炉房、变电所等单体建筑要有一定的距离。

（4）地形力求规整（长宽比例不宜超过5：3），地势较高，场地干燥，阳光充足，交通便捷。

（5）应留有发展或改、扩建余地。

2. 医院的建筑规模与建筑结构

按《监狱建设标准》（建标139—2010）规定，中度戒备监狱医院建筑面积指标：小型监狱0.65m²/

罪犯，中型监狱 0.6m²/ 罪犯，大型监狱 0.6m²/ 罪犯。高度戒备监狱医院建筑面积指标：小型监狱 1.0m²/ 罪犯，中型监狱 0.94m²/ 罪犯。以中度戒备监狱为例进行测算。一所小型监狱，关押规模 1000 ~ 2000 人，医院建筑面积 650 ~ 1300m²；一所中型监狱，关押规模 2001 ~ 3000 人，医院建筑面积 1200.6 ~ 1800m²；一所大型监狱，关押规模 3001 ~ 5000 人，医院建筑面积 1800.6 ~ 3000m²。

江苏省南通女子监狱，关押规模 1500 人，属小型监狱，医院建筑面积 1054m²；贵州省瓮安监狱，关押规模 2000 人，属小型监狱，医院建筑面积 1461.52m²；贵州省兴义监狱偏头山关押点，关押规模 3200 人，属大型监狱，医院建筑面积 1467m²；广西壮族自治区西江监狱，关押规模 4000 人，属大型监狱，医院建筑面积 3000m²；江苏省苏州监狱，关押规模 4000 人，属大型监狱，医院建筑面积约 3600m²；山东省泰安监狱，关押规模 4000 人，属大型监狱，医院建筑面积 5019m²。

也有一些监狱，将医院与会见楼合并为 1 栋单体建筑，如安徽省蚌埠监狱将医院、会见楼、禁闭室整合成 1 栋综合楼，呈 U 形，功能独立，实行区域封闭；陕西省杨凌监狱，属大型监狱，将医院与会见楼合并为 1 栋单体建筑，总建筑面积 5331m²，地上 3 层，建筑总高度 12.05m。也有将医院与其他建筑合并为 1 栋单体建筑，如浙江省临海监狱将医院与教学楼合并为 1 栋教学医务楼，地上 5 层，建筑面积 6344m²；甘肃省合作监狱，属小型监狱，将医院与教学楼、罪犯技能培训楼合并为 1 栋医教及技能培训楼，地上 3 层，总建筑面积 3006m²。

医院宜采用钢筋混凝土框架结构，例如江苏省苏州监狱、天津市长泰监狱、山东省泰安监狱、河南省焦作监狱（高度戒备监狱）、陕西省杨凌监狱、湖南省永州监狱中心押犯区等医院建筑结构都采用了钢筋混凝土框架结构。也有少数监狱医院采用砖混结构，如河南省周口监狱、河南省南阳监狱、河南省内黄监狱、山东省济南监狱、辽宁省营口监狱等。

3. 医院的层数与层高

医院的层数一般与监舍楼相同或略低，一般不高于 5 层，以 3 层或 4 层居多。底层（主要为大厅、门诊室）一般层高 5.0m，其他层层高 3.6m。

天津市长泰监狱医院，地上 2 层，建筑总高度 9.3m；河南省周口监狱医院，地上 2 层，底层为医疗部，第 2 层为住院部；山东省泰安监狱医院、河南省郑州监狱医院，地上均为 3 层；湖南省永州监狱中心押犯区医院，地上 3 层，各层层高 3.6m，建筑总高度 10.8m；贵州省瓮安监狱医院，地上 3 层，底层为门诊室，层高 3.75m，第 2、3 层为病房，层高 3.6m，建筑总高度 10.95m；福建省闽江监狱医院，地上 3 层，第 1、2 层层高 3.6m，第 3 层层高 4.5m，建筑总高度 11.7m；江苏省南通女子监狱医院，地上 3 层，底层层高 4.8m，第 2、3 层层高 3.9m，建筑总高度 12.6m。

4. 医院的建筑风格与建筑造型（图 11-5-122 ~ 图 11-5-125）

医院应与当地建筑风格融合、相协调统一，应注重当地的自然特征，体现出建筑的地域性。应贯穿以人为本的设计理念，从有利于病犯的生理、心

图 11-5-122 辽宁省大连市监狱医院

图 11-5-123 江苏省未成年犯管教所医院

图 11-5-124　江苏省南京监狱医院

图 11-5-125　云南省官渡监狱医院

图 11-5-126　江苏省江宁监狱医院大门入口

图 11-5-127　山西省太原第一监狱医院候诊大厅

理健康出发，从建筑外形、建筑材料、颜色等细部入手，注重环境设计。云南省官渡监狱医院外墙面采用了红色，营造出和谐、清新、舒适的就诊或康复氛围。医院应体现出时代性，表达出现代感和科技感，同时应注重节能环保，最大限度地利用自然采光和自然通风。

（三）医院功能设施或用房

（1）出入口。医院综合楼应设置出入口，出入口处应设有机动车停靠的平台及雨棚，同时应设有残疾人专用通道。在设坡道时，坡度不得大于 1/10（图 11-5-126）。

（2）候诊大厅，主要用于前来就诊的病犯，在按序就诊前进行等候（图 11-5-127）。小型监狱医院等候区座位设 30 个，建筑面积 $50m^2$ 左右；中型监狱医院等候区座位设 40 个，建筑面积 $80m^2$ 左右；大型监狱医院等候区座位设 50 个，建筑面积 $100m^2$ 左右。

（3）电梯。4 层及 4 层以上的门诊楼或住院楼至少应设 1 部医用电梯，主要用于运送病床（包括病犯）及医疗设备小车。3 层及 3 层以下无电梯的门诊楼或住院楼，以及观察室与抢救室不在同 1 层，均应设置坡道，其坡度≤ 1/10，并应有防滑措施。

（4）楼梯，位置应同时符合防火疏散和功能分区的要求。主楼梯宽度≥ 1.65m，休息平台≥ 2m，踏步宽度≥ 0.28m，高度≤ 0.16m。主楼梯和疏散楼梯的平台深度≥ 2m。疏散楼梯为天然采光和自然通风的楼梯。疏散楼梯不论层数多少，均应做成封闭式楼梯间（即楼梯与各层走廊接口，应安装牢固金属栅栏，扶手一侧应设牢固金属栅栏到顶）。

（5）通道。由于医院部分室内走廊通道要通行推床，故净宽不应小于 2.1m。江苏省苏州监狱医院大楼室内走廊净宽达到了 2.4m。有高差者必须用坡道相接，其坡度≤ 1/10。

（6）厕所。医院每层楼面均应设有厕所。罪犯使用的厕所蹲式大便器隔间的平面尺寸不低于 1.1m × 1.4m。由于涉及监狱监管安全，隔间的门朝外开，没有门闩，高度设0.5m左右。病犯使用的坐式大便器的坐圈宜采用“马蹄式”，蹲式大便器宜采用“下卧式”，大便器旁应安装“助立拉手”。厕所应设前室，并应设非手动开关的洗手盆。对于男子监狱，可设大便器3只，小便斗3只；女子监狱，可设大便器2只。如采用室外厕所，宜用连廊与门诊、病房楼相接。警察厕所宜设在警察办公室内。

（7）挂号病历室，一般设在靠近门诊楼的出入口或门厅处，用于就诊病犯取号和存放全监所有罪犯的病历卡。挂号病历室建筑面积30m²左右。

（8）门诊室，设置各科诊室，如外科、内科、五官科、急诊科等。每间建筑面积30m²左右，内设脚踏式的洗涤池。

（9）手术室（图11-5-128、图11-5-129），必须配备：一般手术室、无菌手术室、洗手室；护士室、换鞋处、更衣室、浴厕；消毒敷料和消毒器械贮藏室、清洗室、消毒室、污物室、库房。根据需要配备：洁净手术室、手术准备室、石膏室、冰冻切片室；术后苏醒室或监护室；医生值班室；敷料制作室、麻醉器械贮藏室。手术室应设在容易保持安静、清洁的地方，因为底层的飞尘一般较多，手术室不宜设于底层。如果设于顶层，则对屋盖的隔热、保温和防水等有着严格要求，所以一般宜设在2～3层。入口处应设卫生通过区；换鞋（处）应有防止洁污交叉的措施；宜有推床的洁污转换措施。通往外部的门应采用弹簧门或自动启闭门，门净宽≥1.1m。通向洗手室的门净宽≤0.8m。手术室可采用天然光源或人工照明。当采用天然光源时，窗洞口面积与地板面积之比≤1/7，并应采取有效遮光措施。手术室内设施：面对主刀医生的墙面应设嵌装式观片灯；病犯视线范围内不应装置时钟；无影灯装置高度一般设3～3.2m；宜设系统供氧和系统吸引装置；无影灯、悬挂式供氧和吸引设施，必须牢固安全；手术室内不宜设地漏，否则应有防污染措施。洗手室（处）宜分散设置，洁净手术室和无菌手术室的洗手设施，不得与一般手术室共用。每间手术室不得少于2只洗手水嘴，并应采用非手动开关。大、中型监狱医院一般可设2间手术室，1间为中型手术室（平面最小净尺寸4.2m×5.1m），1间为小型手术室（平面最小净尺寸3.3m×4.8m）；小型监狱可设1间小型手术室（平面最小净尺寸3.3m×4.8m）。

（10）病房，宜布置在朝南的一面，便于采光和通风。病床的排列应平行于采光窗墙面，单排一般不超过3床，特殊情况不得超过4床；双排一般不超过6床，特殊情况不得超过8床。平行2床的净距≥0.8m，靠墙病床床沿同墙面的净距≥0.6m。单排病床通道净宽≥1.1m，双排病床（床端）通道净宽≥1.4m。病房设浴厕，一般设在临门处，也有的设在南面，内设有大便器、洗脸台盆、淋浴器。所有的病房对外窗应安装金属防护栅栏，病房门应直接开向走道，不应通过其他用房进入病房。病房门式样同监舍门，门扇应设观察窗，但净宽≥1.1m。

对于传染病房，作为承担监狱一般传染病犯的收治和突发公共卫生事件集中隔离用房，建设标准要高于一般性病房。平时可作为一般性病房，一旦出现突发事件，可迅速转为应急隔离病房。传染病

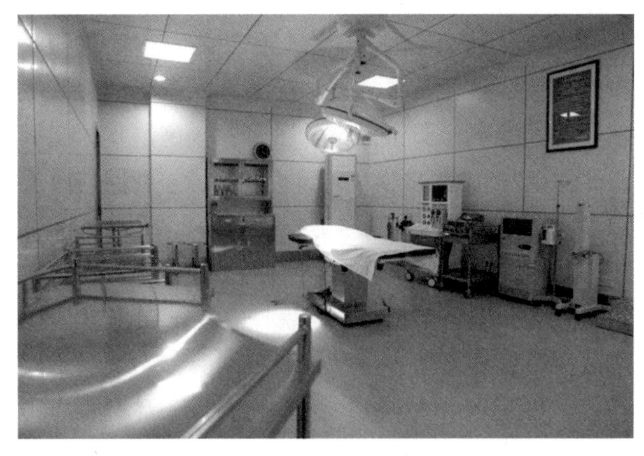

图11-5-128 江苏省南通监狱医院手术室

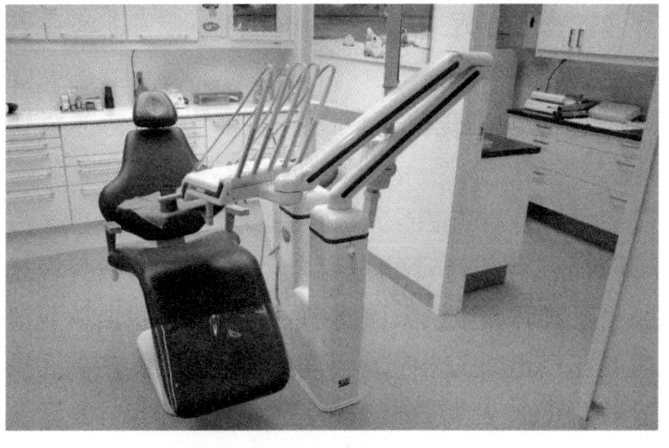

图11-5-129 挪威哈尔登监狱小型牙医诊所

房宜设置在楼道的端部，要设有专用卫生处理设施，如洁衣室（柜）、污衣室（桶）等，其相互关系应按流程布置，完全隔离房应设缓冲前室。重点护理病房、重病房宜靠近警察值班室，不得超过2床。病房区与警察管理区（主要为警察值班室）、事务犯医犯住宿区要用金属隔离栅栏分隔开。各科病房数应满足：普通病房每80人1床，传染病房每400人1床，精神病房每800人1床。

（11）放射科，X线诊断部分，由透视室、摄片室、暗室、观片室、登记存片室等组成；透视、摄片室前宜设候诊处。摄片室应设控制室。设有肠胃检查室者，应设调钡处和专用厕所。悬挂式球管天轨的装置，应力求保持水平。暗室宜与摄片室贴邻，并应有严密遮光措施；室内装修和设施，均应采用深色面层。诊断室门的净宽≥1.1m；CT诊断室门的净宽≥1.2m；控制室门净宽宜为0.7m。诊断室的墙身、楼地面、门窗、防护屏障、洞口、嵌入体和缝隙等所采用的材料厚度、构造均应按设备要求和防护专门规定，有安全可靠的防护措施。

（12）化验科，临床化验室应设于靠近化验科入口处。为门诊服务的临床检验，应设有标本采取室和等候处。检验室应设有通风柜、仪器室（柜）、药品室（柜）、防振天平台等设备。化验室应设洗涤设施，每间检验室至少应装有1只非手动开关的洗涤池。化验室建筑面积40m^{2}左右。

（13）功能检查室，包括心电图、超声波、基础代谢等检查室，宜分别设于单间内，无干扰的检查设施可置于1室。检查床之间的净距，不应小于1.2m，并应设有隔断设施。肺功能检查室应设洗涤池，脑电图检查室宜采用屏蔽措施。功能检查室建筑面积40m^{2}左右。

（14）药剂科。监狱医院规模较小，可集中设1药房，建筑面积60m^{2}左右。药库和中药煎药处均应单独设置。中、西药房宜分开设置，服务窗口中距≥1.2m。中药贮药室应通中药配方室。西药调剂室可与西药配方室合用，普通制剂室、分装室应贴邻调剂室。无急诊药房应设急诊专用发药处。贵重药、剧毒药、限量药，以及易燃、易爆药物的贮藏处应有安全设施，至少由2名以上警察共同保管。门的宽度应适应专用运输小车的出入和冰箱的搬运。中药加工整理处和晒药场应靠近中药库。

（15）中心（消毒）供应室，由收受、分类、清洗、敷料制作、消毒、贮存、分发和更衣室等组成。监狱医院规模较小，收受与分类可合用1室，贮存与分发可合用1室。平面布置应符合工艺流程和洁污分区的要求。敷料制作的粉尘不得影响其他用房。消毒室应贴邻贮存、分发室，并宜有传递窗相通。清洗室应分别设置通用和专用洗涤池。

（16）洗衣房，平面布置应符合收受、分类、浸泡消毒（传染科应单独设置）、洗衣、烘干、整补、熨烫、折叠、贮存、分发的工艺流程。污衣入口和洁衣出口处应分别设置。洗衣房建筑面积30m^{2}左右。考虑到医院病犯被褥、衣物需要在室外晾晒，杀菌消毒，一般监狱医院设室外晒衣场。江苏省苏州监狱、广西壮族自治区桐林监狱等在医院综合楼第3层平台设置了全封闭式的室外晒衣场。

（17）太平间，是监狱医院停放罪犯遗体的场所。监狱医院应设有太平间，且监狱发生罪犯正常死亡或非正常死亡，都需要检察院进行尸检。太平间还可兼作尸检室，建筑面积40m^{2}左右。尸体停放数宜按总病床数的2%计算，一般监狱医院只设1床。存尸应有冷藏设施，室内应防鼠。监狱医院太平间宜独立建造或设在病房楼的地下室。

（18）事务犯医犯监舍区，这里的监舍区与普遍监舍区相同。

（19）警察办公区，要设有警察值班（监控）室、正副院长办公室（医务室可相应设正副主任办公室）、正副教导员办公室（医务室可相应设正副指导员办公室）、护理部办公室、医师办公室、各专科主任办公室、医务部办公室、会议室、会诊室、图书室、学术会议厅等。各室建筑面积大小按实际需求设置。其中警察值班（监控）室内应设通信、监控、报警等设备，设有警察专用卫生间，对外的门窗安装防护隔离设施。警察值班（监控）室建筑面积16m^{2}左右。

（四）医院的特殊要求

1.总平面布置（图11-5-130～图11-5-132）

全国绝大多数监狱医院设置有下列两种情况：一种由1栋综合楼组成，底层为门诊室、X光室、检验室、治疗室等，第2层为手术室、住院病房，第3层为警察办公区及医犯事务犯生活区。另一种是由2栋楼组成，1栋为门诊大楼，另1栋为住院大楼。监狱医院一般分为四个区：门诊检查区、住院区、犯医事务犯生活区、警察办公区。无论如何分区，总平面设计应符合下列要求：在总体规划中注重合理的功能布局，建筑布局紧凑，交通流线要便捷，警察管理要方便。洁污路线清楚，避免或减少交叉感染。门诊和病房，应设在阳面，药房、X光室、检查室、治疗室、卫生间和污物处理室等设在阴面。要保证治疗区、住院区等处的环境安静。医院大楼应获得最佳朝向。由于涉及监狱监管安全，医院只设有1个出入口。医院大门入口处，应设有1个小型停车场，用作救护车辆停放场地。

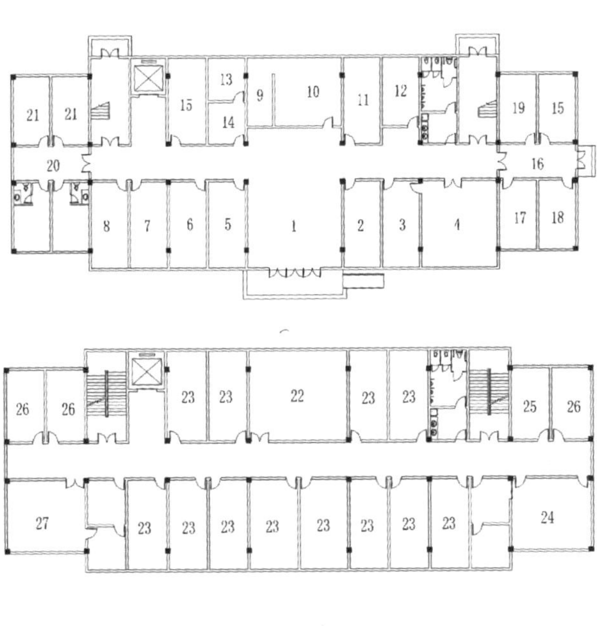

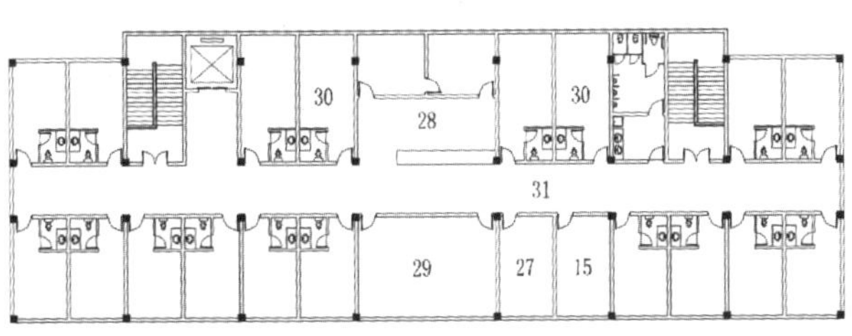

1. 门厅 2. 挂号室 3. 注射室 4. 输液室 5. 警察值班（监控）室 6. 处置室 7. 治疗室 8. 换药室 9. 药库 10. 药房 11. 检查室 12. 化验室 13. 谈话室 14. 警察办公室 15. 消毒洗涤间 16. 隔离区 17. 肺结核隔离 18. 乙肝隔离室 19. 传染病犯谈话室 20. 精神病区 21. 精神科诊室 22. 康复活动中心 23. 诊室 24.X 光室 25. 警察办公室 26. 医生办公室 27. 手术室 28. 护士站 29. 勤杂罪犯学习活动区 30. 勤杂罪犯宿舍 31. 病房区

图 11-5-130　某监狱医院平面一～三层平面示意图

2. 环境设计

为给病犯创造一个安静舒适的环境，除合理进行医院的总体布局外，应充分利用地形、防护间距

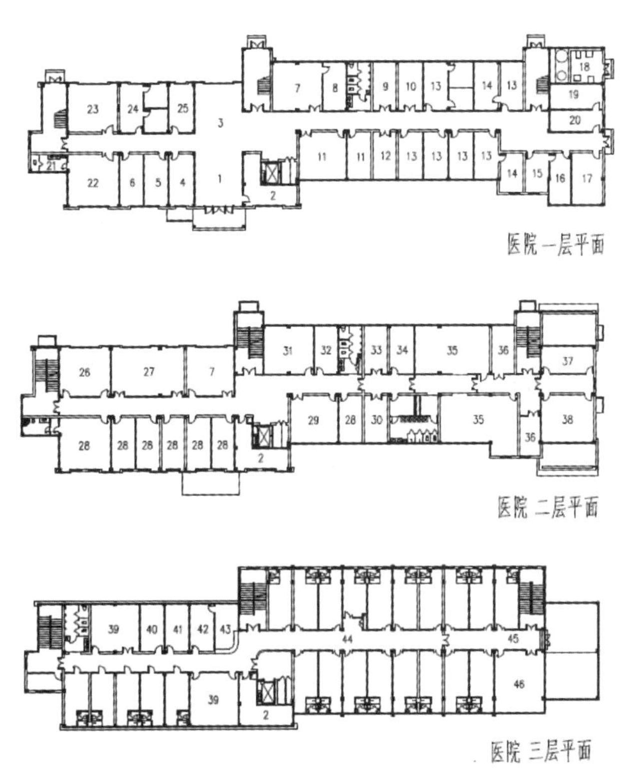

1. 入口门厅 2. 警察值班室 3. 候诊大厅 4. 挂号室 5. 门诊办公 6.B 超室 7. 门诊药房 8. 药库 9. 门诊换药 10. 门诊观察室 11. 门诊输液 12. 抢救室 13. 诊室 14. 电测听 15. 器械办公室 16. 储物室 17. 污水处理 18. 热水机房 19. 污物消毒室 20. 锅炉消毒室 21. 灌肠 22. 胃镜 23.X 光机房 24. 控制室 25. 心电图 26. 图书室 27. 学术会议厅 28. 办公 29. 化验室 30. 观察室 31. 病历档案室 32. 生化室 33. 器械间 34. 敷料间 35. 手术室 36. 空调机房 37. 更衣间 38. 医生休息室 39. 活动室 40. 药材间 41. 医师值班 42. 护士治疗室 43. 护士值班台 44. 病房区 45. 传染病房区 46. 被服仓库

图 11-5-131　江苏省苏州监狱医院平面图

图 11-5-132　国外某监狱医疗区效果图

和其他空地布置绿化。如医院由2栋楼宇组成，中间空地可开辟为绿地，为来医院就诊或住院康复治疗的病犯提供适宜的环境。还可通过室内装饰、建筑内外空间和色彩等作综合性处理，可以使病犯消除对单一的“白色”病房所产生的陌生、紧张等不良心理。目前有些监狱医院追求立面效果，外墙多开满玻璃窗，过强的光线对卧床病犯会产生不良影响，因此在争取良好日照的同时，应防止室内炫光。对于精神病医院宜采取符合精神病犯生理和心理特点的环境设计。住院病房的前后间距应满足日照要求，且不宜小于12m。在病房内有效地运用建筑材料与构造手段，防止噪声的干扰。

3. 防火与疏散

监狱医院的防火设计除应遵守国家现行建筑设计防火规范的有关规定外，还应符合下列要求。医院建筑耐火等级一般不应低于2级，当为3级时，不应超过3层。医院建筑的防火分区应结合建筑布局和功能分区划分。防火分区的面积除按建筑耐火等级和单体建筑高度确定外，病房部分每层防火分区内，还应根据面积大小和疏散路线进行防火再分隔；同层有2个及2个以上护理单元时，通向公共走道的单元入口处，应设乙级防火门。防火分区内的病房、手术室、精密贵重医疗装备用房等，均应采用耐火极限≥1小时的非燃烧体与其他部分隔开。监狱医院用房应设疏散指示图标，疏散走道及楼梯间均应设事故应急照明设施。

4. 装饰与管线布设

（1）室内装饰和防护要求

监狱医院所有的地面、墙裙、墙面装饰，一般用地砖或瓷砖进行铺设。地面除考虑防滑外，还要考虑便于清扫、冲洗，墙裙阴阳角宜做成圆角。顶棚装饰，除了考虑吸声外，还要考虑防潮湿、防火性能。对于手术室、无菌室、灼伤病房等洁净度要求高的用房，其室内装修应满足易清洁、耐腐蚀的要求。放射科、心电图等用房的地面应防潮、绝缘。生化检验室和中心实验室的部分化验台台面，通风柜台面，采血与血库的灌液室和洗涤室的操作台台面，均应采用耐腐蚀、易冲洗、耐燃烧的面层。相关的洗涤池和排水管亦应采用耐腐蚀材料。药剂科的配方室、贮药室、中心药房、药库，均应采取防潮、防鼠等措施。

（2）给排水管道布设要求

设备管线的总平面设计，应统一规划，全面考虑，合理安排层次、走向、坡度等，并应力求适应维修和改、扩建的需要。明设管道应排列整齐，并应根据不同用途以不同颜色分别标明。医院给水的水质，应符合《生活饮用水卫生标准》（GB 5749—2006）的规定。诊查室、诊断室、手术室、检验科、医生办公室、护士室、治疗室、配方室、无菌室及其他有无菌要求或需要防止交叉感染用房的洗涤池，均应采用非手动开关，并应防止污水外溅。中心供应消毒室、中药加工室、外科、口腔科的洗涤池和污洗池的排水管管径不得小于75mm。穿越各类无菌室的管道应护封，不得明设。X线片洗片池的漂洗池，应持续从池底进水，池面溢水。污水必须按照《医院污水排放标准》（GBJ 48—83）的要求进行消毒处理。

5. 采暖和空调要求

病房、手术室、X线诊断室和治疗室、功能检查室、内窥镜室等用房，均应采用“早期采暖”。诊查室、病犯活动室、医生办公室、护士室的室内采暖温度18～20℃，病房、病犯厕所、治疗室、放射科诊断室的室内采暖温度18～22℃，病犯浴室、盥洗室的室内采暖温度21～25℃，手术室室内采暖温度22～26℃。采用散热器采暖的，应采用热水作为介质，不应采用蒸汽。同时散热器应便于清扫。手术室、术后监护室、监护病房、灼伤病房、血液透析室，以及高精度医疗装备用房等，宜采用空气调节。抢救室、观察室、病房、一般手术室的新风及回风，均应经初、中效过滤器处理；洁净手术室的新风及回风，应经初效、中效和高效过滤器处理，并宜在手术区内组成层流气流；灼伤病房、传染病房应采用直流式空调系统，排风应经过滤器处理后再排入大气。灼伤病房、净化室、手术室、无菌室应保持空气正压。空调用房的夏季室内计算温度宜采用25～27℃，相对湿度为60%左右。采用空调的手术室和灼伤病房的气流速度不宜高于0.2m/s。

6. 电气要求

监狱医院供电宜采用2路电源，如受条件所限，下列用房应自备电源供电：一是急诊室的所有用房，监护病房、血液病房的净化室、血液透析室；二是手术室、CT扫描室、加速器机房和治疗室、配血室，以及培养箱、冰箱、恒温箱和其他必须持续供电的精密医疗装备；三是消防和疏散设施。医疗装备电源的电压、频率允许波动范围和线路电阻，应符合设备要求，否则应采取相应措施。放射科的医疗装备电源，应从变电所单独进线。放射科功能检查室等部门的医疗装备电源，应分别设置切断电源的总闸刀。病房照明宜采用1床1灯，走道和病房应设“夜间长明灯”。病房和警察值班室之间应设呼叫信号装置。

（五）医院发展趋势

（1）努力创造智能化医院。建筑智能化是实现监狱医院现代化的必由之路，因此，建筑智能化在医院建筑设计中占有越来越重要的地位。建筑智能化正逐步改变我国监狱医院传统的管理模式和医疗习惯，也影响了监狱医院建筑功能布局和设计要求。由于综合布线和电脑技术的应用，一些监狱医院改变了传统的集中挂号方式，采用分散挂号，简化就诊手续，减少了病犯往返路程，使门诊、等候大厅的布置方式随之改变。另外，处方电脑化的实行，缩短了病犯取药的时间，对中西药房设计也产生了影响。

（2）建立特殊医院或监管病房。对于患轻微病症的病犯可以在监狱医院得到及时的治疗，对于患有精神病、传染病或其他严重疾病又不适合于保外就医的病犯，一般转入固定的特殊医院进行治疗。

现在我国各省（直辖市、自治区）都有1、2所比较特殊的医院。例如江西省新康监狱，就是一所收治病犯的特殊监狱，其功能是为该省监狱系统罪犯提供医疗卫生服务，主要发挥医疗中心、疾病中心、鉴定中心、突发公共事件处置中心和培训中心作用。江苏省监狱管理局精神病院（位于浦口监狱内，为一所独立建制单位）作为收治精神疾病罪犯的专科医院，主要承担该省监狱系统精神病犯的鉴定、治疗、康复及涉毒犯的戒毒治疗等工作，同时还承担起该省监狱系统精神卫生教育、培训工作。

特殊医院总体建设规模比监狱医院相对大些，如安徽省淝河监狱，也称“安徽省监狱总医院”，是一所病犯监狱，总建筑面积约30217.8m^2，其中医技综合病犯大楼建筑面积10289.7m^2，感染病监区楼建筑面积约6654.3m^2，精神病监区楼建筑面积5601.8m^2，女病犯监区楼建筑面积5601.8m^2，医疗综合楼建筑面积1436.1m^2，太平间建筑面积92.32m^2，污水处理间建筑面积541.79m^2。

特殊医院的建立，从根本上解决了长期以来各省市区老、病、残、精神病罪犯分散关押在各监狱，就医不便带来的诸多问题，缓解了各监狱在罪犯疾病医疗方面的压力，减轻了各监狱负担，维护了监狱改造秩序和监狱安全。同时充分发挥了监狱系统目前的医疗资源优势，使患有严重疾病和特殊病症的罪犯得到了专业性治疗。

还可充分利用社会资源，拓展医疗资源。监狱与当地市级、县级医院建成合作关系，特别是在病犯外出就医期间建立监狱监管安全长效机制，建立起监管病房。如江苏省苏州监狱地处苏州市相城区，在相城区人民医院建立了1间监管病房。病房门改为牢固防盗门，窗内侧安装了不锈钢防护栅栏。添置了监控设备，与监狱总监控中心实时联网，有效地提高了罪犯在社会医院就医期间的监狱监管安全的可靠性，为监狱的大安全提供了延伸屏障。

（3）医院与老弱病残犯监区整合为一个监区。针对老弱病残犯特点，有的监狱将老弱病残犯监区与医院整合为一个监区，前1栋为医院综合大楼，后1栋为病犯住院区和老弱病残犯监舍。其优点：一是能将突发疾病的病犯迅速进行抢救，赢得了宝贵黄金时间；二是医院充分利用资源，可集中对病犯进行有针对性的系统治疗或康复。上海市南汇监狱是全国第一家专门收押老病残犯的监狱，它与大型监狱医院——上海市监狱总医院（也称“上海市周浦监狱”）相邻，也是从方便罪犯就医和监狱监管安全等角度综合考虑的。

七、罪犯劳动改造用房

罪犯劳动改造用房是监管区内的重要基本设施，罪犯所有的劳动改造活动必须依托一定的用房才能实施和完成。监狱罪犯劳动改造用房包括各类厂房、仓储物流中心或总仓以及其他附属用房等（图11-5-133 ~图11-5-139）。

图 11-5-133　英国某监狱罪犯服装车间

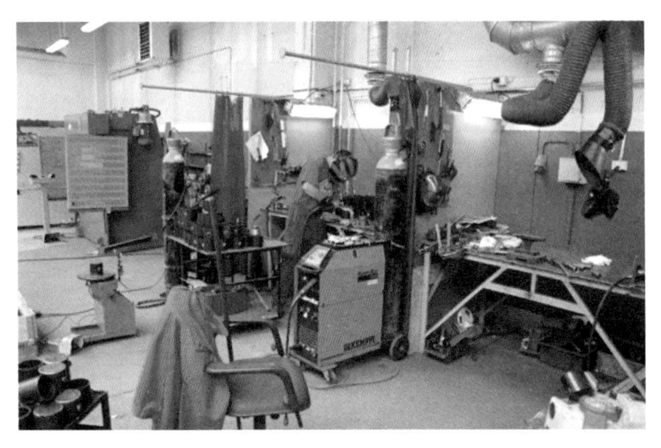

图 11-5-134　挪威奥斯陆艾拉监狱罪犯劳动车间

图 11-5-135　挪威哈尔登监狱罪犯习艺车间

图 11-5-136　挪威哈尔登监狱罪犯木艺工作坊

图 11-5-137　挪威哈尔登监狱温室

图 11-5-138　江苏省江宁监狱罪犯劳动改造厂房

图 11-5-139　江苏省苏州监狱罪犯劳动改造区一角

（一）罪犯劳动改造项目概述

劳动改造是我国监狱改造罪犯的三大基本手段之一。劳动改造是将罪犯置身于特定的生产关系之下，在劳动改造实践中感受和体验人生价值、社会价值和法律规范，逐步使罪犯树立正确的人生观、价值观和道德观。同时，养成自食其力的习惯，抛弃好逸恶劳的恶习，把参加生产劳动作为掌握回归社会后就业谋生生产技能的有效途径。

由于历史的因素，我国监狱组织罪犯劳动改造形式，主要分为以下几类：一是工厂式劳动。监狱建工厂，组织罪犯参加工业生产劳动。二是农场式劳动。组建劳改农场（包括林、矿、牧、水产等）组织罪犯参加生产劳动。劳改农场大多位于边荒落后、人口稀少地区，通过垦荒、白手起家创建发展起来。三是公共工程类劳动。监狱组建工程队，组织罪犯从事交通、水利、建筑等公共工程建设。除了参与监狱范围内建设外，有的还参与社会其他项目。四是维持服务型劳动，主要为监狱生活卫生、环境建设以及罪犯文化教育等服务，如罪犯伙房操作、医院辅助、绿化保洁、零星维修、文化教育等。

工厂式劳动，新中国成立后，主要集中于城市监狱，进行机械加工、纺织、印刷等传统项目生产。

农场式劳动，由于劳作区面积大，路线较长，无法做到封闭管理，安全隐患较多。2000年后，国务院作出了监狱布局重大调整，所有罪犯劳动由室外逐步转向室内，由分散型转向集中型，绝大多数监狱生产项目开始转向劳务外加工业务，即工厂式劳务外加工劳动。其优点：一是监狱投资少，收益快；二是监狱劳动力资源丰富，且保持相对的稳定性；三是大多数罪犯在服刑期间能学到一技之长，有利于回归社会后的谋生就业；四是罪犯劳动相对集中，有利于监狱监管安全。一些地处农村的监狱，利用土地资源，还建立起农业技能培训基地，如四川省邛崃监狱的种植技能培训基地、四川省崇州监狱的农业种植园、四川省嘉州监狱的蔬菜水果种植园、云南省小龙潭监狱第五分监狱的养殖技能培训基地等，不但对罪犯进行职业技能培训，而且给罪犯伙房提供了绿色生态蔬菜。

公共工程类劳动，由于涉及监管、生产安全，罪犯管理难度大，社会竞争日趋激烈，2000年后，全国监狱建筑工程公司（或工程队）相继撤销。

目前，除了罪犯伙房、医院、禁闭室等一些功能特殊单体建筑需要少数辅助性岗位的罪犯外，绝大多数罪犯白天劳动场所就是劳动改造用房，包括生产车间、物流配送中心（含原材料库、成品库存）等。

英国每所监狱都有一些生产项目，一般规模不大，工艺简单，比较注重采用较先进的技术、设备和科学的管理。生产项目包括制作狱中所需的物品和提供狱中所需的服务，也包括在社区销售的商品，主要有纺织、服装、工程、木工、印刷、资料输入、塑料制模、电脑辅助设计及农艺和园艺等，其中纺织品、服装是最主要的产品。监狱所生产的农业产品，主要有园艺产品、蔬菜、沙拉、生猪、果酱、奶制品、牛奶等，其中，园艺产品、奶制品是主要产品。罪犯在监狱劳动通常会在工业厂区或农业与园艺园区进行，没有大规模的生产厂房。①

巴西监狱生产项目主要有加工足球、手工艺品，制作门窗、桌椅、简单的电子设备等。②

日本监狱的生产规模较大，多数为狱内劳务加工项目，一部分为自营项目，市场风险很小。日本最大的监狱——府中监狱有金属加工、服装、家具、小工艺加工、印刷、皮革等多个行业。大部分生产接受民间企业订货，也有小部分是自营项目。③

（二）罪犯劳动改造厂房的建筑面积

监狱厂房，主要包括罪犯技能培训用房和劳动改造用房。依《监狱建设标准》（建标139—2010），技能培训用房按每名罪犯建筑面积2.30m^{2}设置，其中包括培训车间、技术辅导岗位人员用房等。罪犯劳动改造用房按每名罪犯建筑面积7.6m^{2}设置，其中包括生产车间、生产关键要害岗位人员用房等。从事特殊劳动改造项目的厂房，还应根据其工艺流程以及其他特殊需求，综合确定罪犯劳动改造用房的建筑面积。

① 左登豪. 英国监狱基本状况的考察及其启示. 南国狱警的博客，http://blog.sina.com.cn/s/blog_700110610100xdnj.html。

② 罗明强. 江苏监狱赴巴西、阿根廷访问团考虑报告. 江苏警视，2015年第9期，总第238期，第5页。

③ 中国监狱工作协会代表团访问韩国矫正学会、日本矫正协会考察报告. 民主与法制网。

贵州省瓮安监狱，关押规模2000人，属小型监狱，罪犯劳动改造用房总建筑面积15200m^2，其中1栋地上4层，底层为机加工区，层高7.5m，第2～4层为罪犯劳动改造用房标准层，层高3.9m，建筑总高度19.35m，建筑面积10084m^2，钢筋混凝土框架结构，建筑结构的类别为二类，其耐火等级为二级，使用年限为50年；江苏省江宁监狱中心监区，关押规模3000人，属中型监狱，罪犯劳动改造用房3栋，主体4层，局部5层，建筑总高度18.6m，单栋建筑面积约6882m^2，钢筋混凝土框架结构，建筑结构的类别为二类，使用年限为50年，抗震设防烈度为7度，其耐火等级为二级，为丙类厂房；广西壮族自治区西江监狱，关押规模4000人，属大型监狱，罪犯劳动改造用房4栋，总建筑面积24000m^2；江苏省苏州监狱，关押规模4000人，属大型监狱，罪犯劳动改造用房8栋，总建筑面积约40000m^2；浙江省临海监狱，关押规模4000人，属大型监狱，罪犯劳动改造用房总建筑面积23610m^2，1号、3号罪犯劳动改造用房，都为地上3层，单栋建筑面积7870m^2，主要布置罪犯劳动作业区、罪犯技能培训用房、警察管理用房及配电室等。

（三）罪犯劳动改造厂房的选址

罪犯劳动改造厂房选址是一项包括政治、经济、技术的综合性工作，必须贯彻国家建设的各项方针政策，多方案比较论证，选出满足监狱监管安全，投资省、运营费低，具有经济效益、环境效益和社会效益的厂址。

（1）必须符合监狱总体规划布局。要与监狱建设、生态建设等规划相衔接。监狱厂房距监管区内的其他单体建筑或构筑物，如监舍楼、医院、伙房、教学楼及围墙等，要有一定的防护距离。

（2）节约用地，不占用良田及经济效益高的土地，并符合国家现行土地管理、环境保护、水土保持等法规有关规定。

（3）地势不宜过低，不应选择在地势低洼地段和防洪堤附近，排水要通畅。有的监狱罪犯劳动改造厂房每逢雨季时，都要在厂房四周或大门入口处进行围堰排水抗涝，严重的还造成停产，给监狱企业经济造成一定损失。

（4）有利于保护监狱环境与景观，不污染水源，有利于三废处理，并符合现行环境保护法规规定。监狱罪犯劳动改造厂房除满足采光、通风外，厂房与厂房之间的间距也必须符合日照规定。同时应避开具有开采价值的矿藏区、采空区，以及古井、古墓、坑穴密集的地区。

（5）厂区用地面积应满足生产工艺和运输要求，还要预留一定的发展和扩建用地。否则将来没有发展的空间，只能在监狱已有的单体建筑中消化或搭建临时用房，厂区布局显得无序、杂乱无章。

（6）运输路线应最短，物流要通畅方便。考虑监狱的物质消耗，如食物、药品、生活消费品和生产原材料量消耗非常大，进出监狱车流频繁，规划上还需要重点解决好监管区内外的物流运输和随之而来的安全问题。要在监管区大门附近设置单独的仓储物流中心。

（7）外形应尽可能简单规整，如为矩形场地长宽比一般控制在1：1.5之内，较经济合理。地形应有利于车间布置、运输联系及场地排水。不宜建造在山坡或丘陵地区，不宜建在有泥石流、滑坡、流沙倾向等危害地段，也不宜建在较厚的三级自重湿陷性黄土、新近堆积黄土、一级膨胀土等地质恶劣区。更不能建在震区，应避开发震断层和基本烈度高于7度地震区，应选择对抗震有利的土壤分布区建厂。

（8）应考虑高温、高湿、云雾、风沙和雷击地区对生产的不良影响。还要考虑冰冻线对单体建筑基础和地下管线敷设的影响。

（9）靠近水源，保证供水的可靠性，并符合生产对水质、水量、水温的要求。污水便于排入附近江河或城市排水系统。

（10）应靠近热力电力供应地点，所需电力、蒸汽等应有可靠来源。

（四）罪犯劳动改造厂房的规划分区（图11-5-140～图11-5-143）

分析当前监狱的生产项目，结合监狱监管安全的形势，从实践经验看，监狱厂房应该分区域建设，具体包括原料区、生产区和成品转运区。各区域之间不再用砖墙或轻质金属材料进行隔离，而采用防攀爬金属隔离网进行物理隔离，呈“品字形”排列。

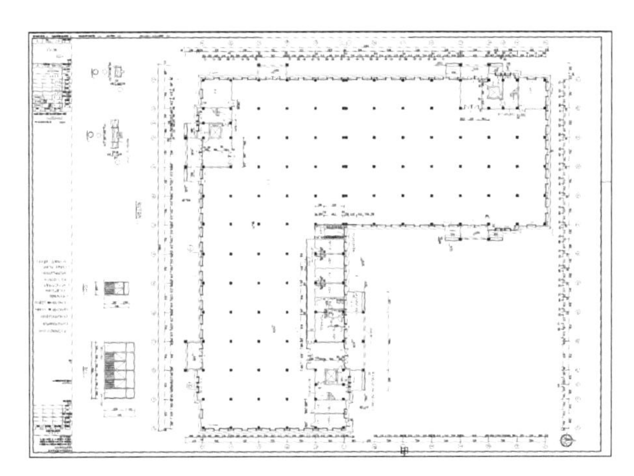

图 11-5-140 江苏省龙潭监狱高度戒备监区中转仓库底层平面图

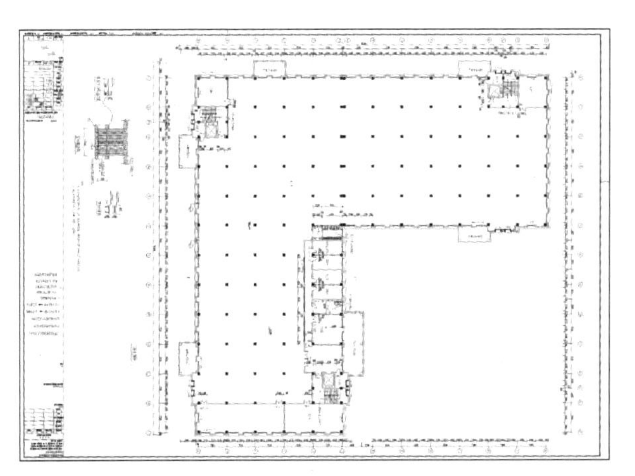

图 11-5-141 江苏省龙潭监狱高度戒备监区中转仓库二层平面图

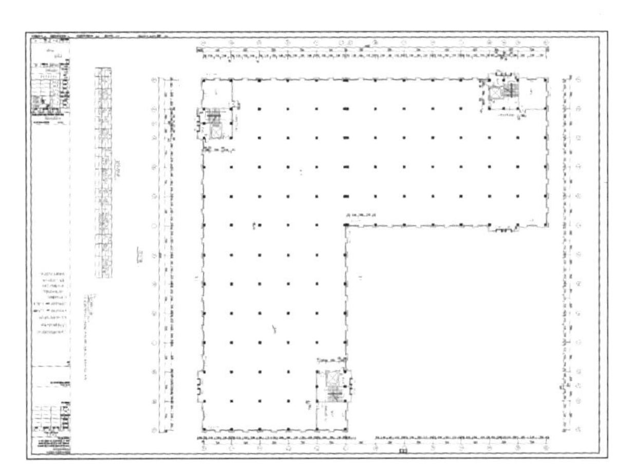

图 11-5-142 江苏省龙潭监狱高度戒备监区中转仓库三层平面图

对于从事特殊劳动改造项目的，可以根据其工艺流程确定合理的布局。

（1）原料区，宜靠近监管区大门，其入口只允许原料车入内，不允许接触到罪犯，出口与罪犯劳

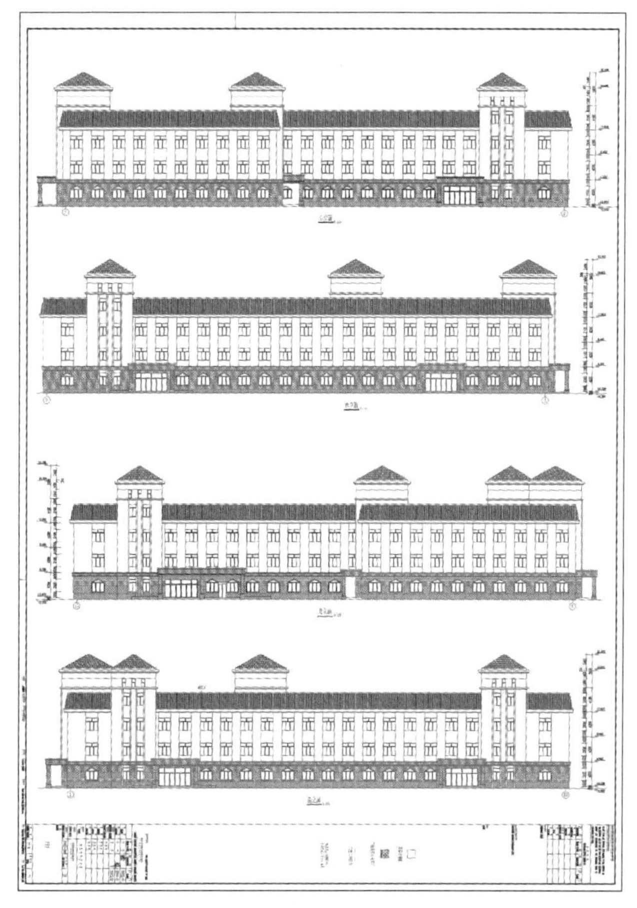

图 11-5-143 江苏省龙潭监狱高度戒备监区中转仓库立面图

动生产车间相通，由监狱警察或职工根据料单再发往相关生产监区。原料区厂房为单层，可以是钢结构也可以是钢筋混凝土结构，依据实际需要的跨度而定。原料区管理是警察，厂家卸车用工可以是其雇佣的人，随车出入不滞留。

（2）生产区，厂房依据生产项目可以是单层也可以是多层，可以是钢结构也可以是钢筋混凝土结构。依据《监狱建设标准》（建标 139—2010）规定监狱围墙内的建筑高度不超过 24m，一般生产厂房为 2 ～ 4 层。其他生产劳动项目，如农业、养殖业等特殊项目也要自成一区，其内部亦可科学地规划建设不同的功能区。

（3）成品转运区。考虑到监狱监管安全的要求和物流便利，转运区厂房设置在距监狱大门和罪犯劳动生产车间便利的位置。可以设计为大跨度单层钢结构厂房，大开间，室内空间可多方案分割，满足不同需求。

原料区、成品转运区，这二区可以合并设计一个建筑单体，即物流配送中心或总仓，如广西壮族自治区鹿州监狱来料加工总仓，结构形式采用钢架结构，地上4层，建筑面积约4019m^2。

国外监狱在监狱大门内侧均设有专门的物流区域，与监狱内部相对隔离，主要防止外来车辆进入监狱内部区域。运送货物的车辆通过监狱大门进入物流区，车辆须经过严格的检查，并由罪犯在物流区域进行货物装卸工作。货物装卸完毕，罪犯离开物流区后，车辆再次经过检查方可驶离监狱大门。目前我国辽宁、江苏等省份在新建监狱尝试这种做法，将外来人员及车辆的活动范围限定在物流区域内，从而有效防范了违禁品流入监管区以及罪犯乘车脱逃等案件的发生。物流配送中心或总仓的建设应纳入监狱建设规范和标准中，从物防上提高监狱的整体安全水平。

（五）罪犯劳动改造厂房的规划布局

根据《监狱建设标准》（建标139—2010）以及司法部《关于加强监狱安全管理工作的若干规定》，在统筹考虑监狱监管安全和生产安全的基础上，应该结合监狱的生产项目对监狱罪犯劳动改造厂房进行科学合理布局规划。监狱厂房的规划布局应遵循以下原则：

（1）安全原则。根据监狱监管安全、生产安全、消防安全的要求，监狱罪犯劳动改造厂房的布局除应具有社会上同类厂房的使用价值和预防自然灾害的功能外，还应具有防逃、防暴、防罪犯蓄意破坏及防外来社会不法分子破坏监狱的功能。厂房设计要坚固，防止罪犯逃跑、自杀，在考虑地面、地下、屋面安全时，还要考虑高空，在厂房顶层应该设置一定的对空障碍。保证警察有良好的视线；车间罪犯不宜过多，大型车间酌情内设通透式金属隔离栅栏，减少罪犯劳动中互相交往；同时，要预防生产事故发生。

（2）方便原则。监狱罪犯劳动改造厂房在考虑安全的同时，必须方便。由于生产需要，每天物资流动性很大，这就要求物流要畅通，交通要便利，罪犯劳动要方便，有利于警察开展各项生产管理工作。

（3）舒适原则。环境改造人，环境调适人，环境愉悦人，行刑环境对罪犯的改造功能不可忽略。罪犯在服刑期间除去睡眠和学习文体活动外，绝大多数是在车间进行劳动改造中度过。因此，罪犯劳动改造区的布局合理科学，环境舒适，有利于罪犯的改造，有利于罪犯的身心健康。

（4）经济原则。为了有利于罪犯改造，监狱罪犯劳动改造厂房规划与建设要安全、坚固、适用、经济、庄重，不能盲目追求个性、过于张扬。罪犯劳动改造厂房建设规模要与押犯规模、生产规模相适应，厂房建设规模过大则加大投资，浪费土地，过小生产上不便，易造成建后再搭建小间小屋。

（5）配套原则。满足劳务生产的基本需求，应做好罪犯劳动改造厂房集中区域内的道路、电力、监控、门窗防护、通信、消防、给排水及污水处理等基础设施配套工程，还要充分考虑室外场地、仓储用房等。厂区形成的废水、废气、废渣要作净化处理，达到国家环保要求。

（6）长远原则。按《监狱建设标准》（建标139—2010）第六条明确规定，新建监狱建设项目应一次规划，并适当预留发展用地。现代监狱布局和设计蕴含着现代监狱的行刑理念。要结合押犯结构的变化趋势，坚持先规划，后建设，切实加强规划的科学性、权威性和严肃性，杜绝浪费资金和资源，避免反复投资和施工。要将监狱建设和发展纳入监狱所在地的建设与发展规划中，使监狱与当地生态建设协调发展。

（六）罪犯劳动改造厂房的类型

随着科学技术及生产力的不断发展，生产工艺更加先进复杂，技术要求也越来越高，相应地对建筑设计提出了更为严格的要求，从而产生各类厂房。为了解监狱企业建筑的标准和特征，需对监狱企业建筑进行分类。

1. 按厂房层数分类

罪犯劳动改造厂房按层数可分为以下两种：

（1）单层厂房，一般为机械、冶金等劳务外加工项目的用房，具有设备大、产品重、空间要求高（有行车）等特点，同时具有建设周期短、能得到比较大的柱网尺寸、地面承载力高、内部运输方便等特点（图11-5-144）。如江苏省无锡监狱机床加工车间、山西省太原第三监狱机加工车间、重庆市渝都监狱机械加工车间、辽宁省锦州监狱变压器车间等。

最近几年，轻钢结构的劳务单层厂房普遍得到了应用，例如上海青浦监狱、山西省永济监狱、甘肃省定西监狱等罪犯劳动改造厂房采用了钢结构，其中，甘肃省定西监狱钢结构的罪犯劳动改造厂房建筑面积 $6600.77m^2$，山西省永济监狱钢结构车间跨度达 27m。湖南省怀化监狱罪犯劳动改造区的总仓库也采用了单层钢结构。但这种形式厂房的最大缺点是占地面积大，土地利用率较低。

（2）多层厂房，一般适合于生产工艺需垂直运输、在不同标高作业，以及生产设备和产品的体积、重量较小的劳务外加工项目。它具有土地利用率高、占地面积小、土地成本低、投资节约、能在水平和竖直两个方向组织生产等特点，现在越来越多被监狱企业所采纳和使用。多层厂房既克服了高层厂房运输不便、消防要求高（需要有自动喷淋装置）、楼梯和电梯占用面积大、投资大等问题，又克服了单层厂房土地利用率低的缺点，应该是比较合理的选择。具体层数的确定要综合以下要素：一要考虑生产工艺流程；二要考虑与相邻建筑的统一、协调；三要考虑造价，层数增加会导致结构用材量增加、技术难度增大，建造周期长，直接或间接地影响单位面积造价。从我国监狱安全和产品特点来看，多层厂房的层数以 3 ~ 4 层较为合适，最高不宜超过 5 层。层数在 2 ~ 5 层，适合于生产设备及产品较轻，可沿垂直方向组织生产的厂房，如服装、食品、电子等厂房（图 11-5-145 ~图 11-5-150）。

目前，我国少部分监狱在多层厂房设计时，如陕西省关中监狱、江苏省丁山监狱等，从节约用地和方便监管改造罪犯的原则角度考虑，将罪犯监舍楼和多层厂房联体设计，提高了土地利用率和监狱绿地率。

在社会企业里，还存在着混合层次的厂房，即同一厂房里既有单层也有多层的厂房，多用于化学工业、热电站的主厂房。

图 11-5-144　辽宁省大连市监狱机床车间

图 11-5-145　辽宁省大连监狱罪犯劳动改造厂房

图 11-5-146　辽宁省瓦房店监狱罪犯劳务加工厂房

图 11-5-147　山东省泰安监狱罪犯劳动改造厂房

图 11-5-148 四川省北川监狱罪犯劳动改造厂房

图 11-5-149 山西省太原第一监狱劳动矫正楼

图 11-5-150 海南省美兰监狱罪犯劳动改造厂房

2. 按厂房的用途分类

罪犯劳动改造厂房按用途可分为以下六种：

（1）生产厂房，是指直接从事生产的厂房，如机械制造厂的铸工车间、电镀车间、热处理车间、机械加工车间和装配车间，服装加工厂的缝纫车间和裁剪、后道车间等（图 11-5-151）。

（2）辅助生产厂房，是指间接从事生产的厂房，如机械制造厂的修理车间、工具车间等。

图 11-5-151 江苏省溧阳监狱轴承车间

（3）动力用厂房，是指提供生产能源的厂房，如发电站、变电所、锅炉房等。

（4）仓储厂房，是指为生产提供和储备各种原料、材料、半成品、成品的厂房，目前在监狱一般称“总仓”或“物流配送中心”。

（5）运输用厂房，是指用来管理、停放、检修交通运输工具的厂房，如汽车库、机车库、起重车库、消防车库等。

（6）其他厂房，是指应生产需要而配备的厂房，如水泵房、污水处理建筑等。

3. 按厂房跨度的数量和方向分类

罪犯劳动改造厂房按跨度可分为以下两种：一是单跨厂房——只有 1 个跨度的厂房；二是多跨厂房——由几个跨度组合而成的厂房，车间内部彼此相通。当然社会企业里，还有纵横相交厂房——由两个方向的跨度组合而成的工业厂房，车间内部彼此相通。由于涉及监狱监管安全，这种类型的厂房在监狱里不适用。

4. 按车间内部生产状况分类

罪犯劳动改造厂房按内部生产状况可分为以下五种：

（1）热加工车间，是指在生产过程中散发大量余热，有时伴随烟雾、灰尘、有害气体的车间，如机械制造类的锻工车间、铸造车间等。四川省川南监狱印刷包装车间、湖北省琴断口监狱涂装车间、山东省淄博监狱热处理车间等都为热加工车间。

（2）冷加工车间，是指在常温下进行生产操作的车间，如机械制造类的金工、锻压等车间。湖南省湘南监狱冲压生产车间、广西壮族自治区桂林监狱机加工车间、上海市五角场监狱机械冷加工车间等都为冷加工车间。

（3）恒温恒湿车间，是指车间内部具有稳定的温湿条件以保证产品质量的厂房，如精密仪器、纺织、服装外加工等车间。宁夏回族自治区银川监狱二监区服装精品化车间就是恒温恒湿车间。

（4）洁净车间，是为保证产品质量，要求保持车间内部高度洁净，防止大气中灰尘及细菌污染的厂房，如药品、食品、集成电路车间等。重庆市永川监狱制茶车间、广西壮族自治区黎塘监狱糖加工车间、陕西省红石岩监狱纯净水生产车间、山东省鲁北监狱 LED 车间等均为洁净车间。

（5）其他特种状况车间，如有侵蚀性介质作用的化工、镀锌等车间。浙江省乔司监狱四监区车间就属于化工车间。

（七）罪犯劳动改造厂房的特点

按《监狱建设标准》（建标 139—2010）规定，罪犯劳动改造厂房按每名罪犯 7.6m^2 的标准设置普通车间。在厂房设计时一般都委托当地建筑设计单位进行设计，由于设计单位缺乏对监狱厂房特殊性要求的了解，往往按照社会企业普通车间建设标准设计，使得建成后的厂房在使用过程中感到不合理，存在诸多安全隐患，往往还要进行二次改造。监狱罪犯劳动改造厂房设计和建设具有如下的特点：

（1）满足生产方式要求。监狱企业属典型的劳动密集型、半机械化、半手工或纯手工生产方式。由于罪犯密集，夏天闷热或冬季寒冷，不通风空气混浊，罪犯都会感觉不舒服，从而影响劳动生产效率和产品质量。监狱厂房舒适性、照度等要求高。

（2）满足生产工艺流程要求。设备的安装应符合要求，包括设备间距、工艺流程的合理性等。由于产品的工艺不一样，所需厂房的长度和跨度也不一样。如服装加工，工艺流程长，设备高度较低，大部分裁剪和整烫设备占空间较大。虽然单台缝纫设备占地空间不大，但缝纫生产要求很多台设备组成的生产线占地面积大，一般需要长度大于 10m，有的生产线长达 30 ~ 50m 左右，所以此类厂房要有足够的长度和跨度。纯手工的车间，由于各组生产线设备相对简单，对长度和跨度的要求则相应降低。一般厂房设计应该以多层为主，层数在 3 ~ 4 层，厂房宽度宜不超过 25m，最好采用矩形平面，以钢筋混凝土框架结构为主，而单层厂房以钢结构为主。原料区和成品转运区的厂房可以设计建设成单层，采取钢结构。根据生产需要，其跨度可以在 36m 以上。社会企业的生产厂房一般根据生产工艺流程和机械设备布置的要求而设计，而监狱生产由于劳动改造项目的不确定因素，在厂房设计建设中要留有余地，适应生产项目的变化需要。

（3）满足通道要求。厂房各车间要满足人行及货物运输的需求，在设计时应考虑生产过程中运输原料、半成品或成品等物资，需要宽敞的人行和货物运行通道。安全通道宽度应大于 1.4m，主通道宽度应大于 3m，人行通道宽度应大于 0.8m。厂房应设置足够的楼梯和电梯，宜设计 1 个楼梯只供 1 层（1 个监区）专用，避免罪犯出收工时出现拥挤状况，避免不同监区罪犯之间接触和传递违禁品；一旦发生火灾等意外险情时，也便于罪犯疏散和逃生。

（4）满足劳动防护和消防要求。目前，大多监狱将服装劳务外加工作为监狱主产业，但在服装加工过程中，存在粉尘、飞花等有害物质，罪犯、警察如长期接触，会对肺部健康产生损害，所以必须采取各种防尘保护措施，增加吸尘、滤尘、通风设备等。还有一些监狱从事电子劳务外加工业务，在加工过程中，有的会产生刺鼻气味，所以必须采取相应的防护措施，加强机械通风排风，有必要时戴口罩、手套、防毒面具等个人防护用品。消防设计要合理，并保证符合消防安全要求。在生产过程中，使用的各种原材料、半成品及最终产品有的易燃，再加上罪犯密集，用电设备多，电气线路多，对消防要求比较高，因此厂房应考虑足够的防火措施。

（5）满足通风和采光要求。罪犯劳动改造厂房的环境要有更良好的通风、采光条件，保持一定的温湿度，舒适的环境有利于罪犯的改造。要使厂房通透，创造出开敞的流动空间，在设计时首先要考虑厂房宽度。若宽度较大时，通风、采光都会受到影响，难以实现自然通风，也不能满足室内采光，车间内将会出现缺氧闷热，使人感觉非常难受，因此，厂房宽度最好选择 21m 或 24m，长度根据需要确定。厂房的层高也需要认真考虑，若层高过高造成工程造价高，日常电费消耗也较大；若过低，罪犯长期在这样环境下改造会感觉到压抑。因此，确定层高时应综合考虑各种因素，一般轻工业的厂房层高控制在 4.5m 左右。

无论是单层厂房还是多层厂房的窗，金属隔离栅栏应安装在内侧，窗安装在外侧。窗宜采用平开窗，而不宜采用推拉窗，因为车间为密集型劳动方式，推拉窗通风面积只有原窗面积的一半。

总之，尽量让厂房内获得自然采光，尽量避免光度过强和反差过大，以保证不损害罪犯的健康。流通新鲜空气，这样有利于降低厂区内空气污染，减少呼吸道疾病的发生，使罪犯心情愉悦地进行劳动。

（6）满足定置管理要求。厂房内部要有区域划分，即定置管理，要求根据产品结构合理规划定置，包括原料存放区、加工区、产品存放区、更衣区、配电照明动力区等。标语、标识、操作规程、定置图要醒目，要设有宣传栏。

（7）满足监狱监管安全要求。厂房内各种管网布置在满足建筑设计规范的基础上还要满足监狱监管安全的要求。厂房内不仅有强、弱电管网，还有水、汽等管网。从监狱监管安全考虑，这些管网属于隐蔽工程，若设计不合理会带来安全隐患。因此，厂房设计时应综合考虑各种管道的敷设要求及其荷载，从监狱监管安全的角度分析，合理布局，不留后遗症，不形成蜘蛛网，不留监管和生产安全隐患。特别是随着监狱信息化建设的不断推进，强化网络平台建设，在弱电管网设计时必须有长远规划，立足管用、实用、真用的要求。

（8）满足警察值班要求。厂房应设置警察值勤台和专用巡逻道。为了严格落实监狱警察直接管理，依据司法部《关于加强监狱安全管理工作的若干规定》及《监狱建设标准》（建标 139—2010）的规定，监狱生产厂房里应设置警察值班场所。目前，全国监狱罪犯劳动改造厂房里均设有警察执勤台和专用巡逻道。在厂房的正前方、正后方应建设警察执勤台，要高出楼地面 800 ~ 1000mm，在其余两边设置巡逻道，与执勤台相连，高度可以在 500mm 左右。这样环四周设计 1 圈警察通道，既便于监狱警察现场监督巡视，也可以保护监狱警察人身安全。

（9）满足间距要求。厂房与厂房或与其他单体建筑之间的间距，必须满足消防以及日照间距等要求。监狱厂房与厂房或与其他单体建筑之间的间距一般为前 1 栋单体建筑总高度的 1.5 ~ 2.0 倍，且不少于 15m。除了上述原因外，还有一个重要原因，厂房里的罪犯属于集中密集型劳作方式，若距离近，车间通风效果会受到影响。

（八）罪犯劳动改造厂房的建筑结构

根据厂房中的梁、柱、墙及各种构架等主要承重构件所用的建筑材料划分，目前我国监狱罪犯劳动改造厂房建筑结构大致可分四类：

（1）钢结构。承重主要是用钢架组成的结构。钢结构承载力强、自重小、抗震强，但易锈蚀，耐火性差。适用于大型的承载荷载较大的厂房，如重型机械配件外加工厂房。江苏省边城监狱、江苏省通州监狱、黑龙江省呼兰监狱部分厂房采用了钢结构，浙江省金华监狱二监区服装加工车间局部采用了钢结构，天津市杨柳青监狱 1 栋罪犯习艺车间采用了门式钢架结构，江苏省通州监狱物流中心仓库采用了钢结构（单层，建筑面积 1378.16m^2），云南省建水监狱改扩建项目特殊病犯劳动改造厂房采用了钢结构（单跨跨度为 22m，建筑面积 2249.53m^2），山东省枣庄监狱罪犯劳动生产区 4 栋厂房都采用了钢结构，外墙采用彩钢复合板，支撑牛腿采用高强度钢材，抗风、抗震性能好。

（2）钢—钢筋混凝土结构。承重主要是用钢和钢筋混凝土组成的结构。如一幢房屋一部分梁柱采用钢制构架，另一部分梁柱采用钢筋混凝土构架。黑龙江省牡丹江监狱罪犯单层习艺厂房采用了钢—钢筋混凝土框架结构。广西壮族自治区桂林监狱改（扩）建工程七监区加工厂房，地上 1 层钢筋混凝土框架结构，上部为轻型三角屋架，建筑高度 4.3m，所有墙体均为填充墙，外墙采用 240mm 页岩烧结多孔砖，内墙采用 190mm 混凝土小型空心砌块，窗为塑钢窗。

（3）钢筋混凝土框架结构。承重主要是用钢筋混凝土梁和柱。我国目前监狱劳务厂房多采用此类，布局灵活。迁建扩容后的江苏省苏州监狱所有的厂房、福建省建阳监狱 4 号厂房、广西壮族自治区平南监狱迁建贵港市项目的物流中心（地上 2 层，建筑面积 1363.83m²）、河南省信阳监狱新建的物流中心（地上 2 层，建筑面积约 3200m²）、广东省北江监狱扩建罪犯劳动改造用房（地上 5 层，建筑面积约 13300m²）等都采用了钢筋混凝土框架结构。

（4）砖混结构。承重墙体采用砖或砌块砌筑，梁、楼板、屋面板等采用钢筋混凝土。适合要求开间进深较小、房间面积小的多层劳务厂房。内蒙古自治区保安沼监狱服装加工厂房采用了混合结构。由于此类结构房屋抗震性较框架结构弱，罪犯劳动改造厂房不宜采用此类建筑结构。

（九）罪犯劳动改造厂房的外形设计

罪犯劳动改造厂房属于生产性建筑，建筑形象及其体形特征是由实用功能所决定的，其长、宽、高和外部形象的塑造受功能、结构、材料、施工技术条件等因素的限制，人为的艺术加工余地较少。外形的设计应注意以下四个方面：

（1）外形与地域环境相融合。罪犯劳动改造厂房所在地域的不同，环境气候的不同，赋予它不同的设计内容、使用效果和视觉感受。要尊重当地的地理特征和生态环境，充分考虑厂房外形要与周边环境、地域文化、区域经济发展水平相协调。

（2）外形讲究规整。罪犯劳动改造厂房外形一般都比较规整，讲究横平竖直，外观大气和实用，不如行政办公楼、会见楼、教学楼、体育馆等建筑造型上丰富多彩、灵活多样，但可从勒脚、屋面、窗、大门、雨篷等细节入手，局部稍做变化，起到丰富造型的作用。罪犯劳动改造厂房的建筑外形有：矩形、方形、回形、L 形、U 形等。因矩形厂房易于进行生产线布置，且采光、通风比较好，所以厂房建筑外形以矩形较为常见（图 11-5-152）。

（3）外立面可适当有所变化。罪犯劳动改造厂房外立面是外形主要的表现形式。不同建筑因功能不同而展现风格各异的建筑外立面，是建筑内部功能与风格的表现。罪犯劳动改造用房的外立面造型要突出简洁明快的建筑风格，体现出监狱建筑的安全、稳重、经济的独特建筑特征。外立面可从局部的勒脚、大门入口的雨篷、遮阳架、窗、窗套、顶部的色带等细节入手，力求富有阴影层次感。同时注意外立面色彩、纹理、质感的搭配。特别是色彩给人的第一感觉非常重要，外立面适合使用银灰、海蓝、象牙白等各种外墙涂料。

图 11-5-152 海南省美兰监狱罪犯职业技能培训楼

（4）屋面可适当有所变化。罪犯劳动改造厂房屋面也是外形主要的表现形式之一。厂房的屋面形式可分为两种：一种是坡屋面。钢结构的厂房采用复合保温彩色压型钢板坡屋面，天窗一般位于屋面平面上仅用来采光。宽度不算太大的单层采用预应力钢筋混凝土板，多层采用现浇钢筋混凝土各种波形瓦坡屋面（含曲线形坡屋面）。由于要考虑采光和通风，屋面上常设有天窗，易造成屋面渗漏。对于多跨成片的单层厂房，为排除雨雪水，需设天沟、檐沟、水斗及雨水管，都使屋面构造更加复杂。另一种是平屋面。对于宽度很大的单层或多层厂房，可以采用平屋面，此类屋面一般都用钢筋混凝土现浇而成。屋面四周应设有女儿墙，屋面要有一定的坡度排雨水。

（十）罪犯劳动改造厂房的层高与宽度

罪犯劳动改造厂房层高是需要仔细考虑的问题，层高过高则要增加土建造价，日常空调通风等方面的消耗也比较大。层高过低，在车间面积较大的情况下，在里面劳动的罪犯易产生压抑感，长期在这种环境下劳动会感到不舒服。在确定厂房的层高时，高度应满足车间工艺、卫生、采光等多种要求；要依次由低到高考虑设备、行车、日光灯桥架、蒸汽管道、空调管道等的高度以及梁、楼板厚度等，由以上诸多因素综合得出厂房层高。机械、设备制造类等产业单层劳务加工厂房的层高应在 8m 以上。没有设行车的多层劳务加工厂房的层高一般底层 6m，以上各层 4.2 ~ 4.5m。多层厂房有吊顶、空调时宜适当增加层高，通常吊顶底距地面的距离3.2 ~ 3.8m为宜。1栋劳务厂房的层高不宜超过2种。

罪犯劳动改造厂房宽度也是在建设时重点控制的参数，它一般由不同的跨度和跨数组成。单层厂房的宽度一般为18m、21m、24m、27m、30m、33m等。多层厂房的宽度主要考虑生产工艺布置和设备尺寸与排列方式，同时它与层高是密切相关的，多层劳务加工厂房宽度一般为18 ~ 33m。

湖南省湘南监狱4号厂房，建筑面积15188.07m^2，地上4层，宽度31m，各层层高4.5m，建筑总高度约18m，结构形式为框架结构。江苏省苏州监狱2号劳务加工厂房，建筑面积6528m^2，地上4层，宽度24m，各层层高3.9m，高度总高度16.6m，钢筋混凝土框架结构。

（十一）单层厂房的建筑设计

目前，监狱企业还存在着从事机械加工、机械制造、冶炼等传统行业，这些厂房多数为单层厂房，有必要对单层厂房建筑设计作一介绍。

1. 功能组成

即房屋的组成，是指单层工业建筑内部生产房间的组成。监狱单层厂房内部房间一般由四部分组成：一是生产工段，它是加工产品的主体部分；二是辅助工段，它是为生产工段服务的部分；三是库房部分，如原材料库、半成品库、成品库等；四是监狱警察值班用房，如监控室、会议室、谈话室、卫生间等。各部分功能的位置应根据生产的性质、规模、总平面布置、监狱监管安全要求等因素来确定。

2. 结构组成

单层工业厂房的结构组成包括承重结构、围护结构和其他结构。

（1）承重结构，分为墙体承重结构和骨架承重结构两种类型，前者适用于厂房高度、跨度、吊车吨位较小时（Q < 5t）。而骨架承重结构，由于该结构受力合理、建筑设计灵活、施工方便、工业化程度高等优点，监狱企业应用较为广泛。它适用于厂房跨度大、高度较高、吊车吨位也大时。监狱企业多采用横向排架，它是由基础、柱、屋架（或屋面梁）组成，它承受厂房的各种荷载。纵向连系构件是由基础梁、连系梁、圈梁、吊车梁组成，它与横向排架共同构成骨架，保证厂房的整体性和稳定性。为了保证厂房的刚度，还应设置屋架支撑、柱间支撑等支撑系统。

（2）围护结构，单层厂房的外围护结构包括外墙、屋顶、地面、门窗、天窗等。

（3）其他结构，包括散水、地沟、坡道、吊车梯、室外消防梯、内部隔墙等。

3. 单层厂房平面设计

单层厂房的平面设计，应从以下五个方面考虑：

（1）监狱厂区总平面布置对平面设计的影响

监狱厂区，也称“罪犯劳动改造区”，是监狱重要的区域，主要由单体建筑和构筑物所组成。根据监狱厂区的生产工艺流程、交通运输、卫生、防火、气象、地形、地质及建筑群体艺术等条件来进行监狱厂区总平面设计，确定这些单体建筑与构筑物之间的位置关系。将人流、货流合理组织，以避免交叉和迂回。科学合理布置各种地上地下工程管线。在监狱厂区应进行必要的绿化、美化、亮化工程及厂区竖向设计等。当厂区总平面图确定后，在进行厂房的单体设计时，必须按照总图的要求布置确定厂房的平面形式。

1）厂区人流、货流组织对平面设计的影响

厂区人流、货流组织即原材料、辅料、成品和半成品的运输及人流进出厂路线的组织。单层厂房平面设计时应将工厂生产工艺流程的组织和货运的组织加以考虑。科学合理的人流和货流组织不仅方便使用，而且可以大大提高劳动生产率，减少罪犯的劳动强度，降低工伤事故的发生率，加快消防安全疏散速度。大门的位置应满足原材料的运进和成品运出方便的要求。门的尺寸应保证运输工具的安全通行，监狱厂房的大门洞口尺寸见表11-5-1。

常用运输车辆通行用的大门门洞尺寸表　表11-5-1

运输车	人力车	电瓶车	轻型卡车	中型卡车	重型卡车	汽车起重机
门洞宽（mm）	2100	2100	3000	3300	3600	3900
门洞高（mm）	2100	2400	2700	3000	3900	4200

另外，人流出入口或厂房生活间应与厂区人流主干道靠近，以方便罪犯更换作业服后，迅速收工。

在设计时应尽可能减少人流与货流的交叉迂回，保证运行路线通畅、短捷。

2）地形的影响

厂房平面形式受地形直接影响，特别是建在山区的监狱，为了减少土石方工程量以节约投资，只要工艺条件允许，厂房平面形式应根据地形条件做适当调整，使地形与之相适应。

3）气象条件的影响

监狱所在地区的气象条件对厂房的平面形式和朝向有很大的影响。南方炎热地区的监狱，为使厂房有良好的自然通风，并且避免室内受阳光照射，厂房宽度不宜过大，最好采用长条形平面，朝向接近南北向，厂房长轴与夏季主导风向垂直或大于45°。Ⅱ形、Ⅲ形平面的开口应朝向迎风面，并在侧墙上开设窗子和大门，大门在组织穿堂风中起着良好作用。若朝向与主导风向有矛盾时，应根据主要要求选择。北方寒冷地区监狱，为避免风对室内气温的影响，厂房的长边应平行冬季主导风向，并在迎风面的墙面上尽量少开门窗。

（2）平面设计与生产工艺的关系

监狱建筑平面及空间组合设计，主要是根据单体建筑使用功能及监狱监管安全特殊性的要求进行的。而单层厂房平面及空间组合是在工艺设计及工艺布置的基础上进行的。所以说，生产工艺是厂房设计的重要依据之一。平面设计受生产工艺的影响表现在以下几个方面：

1）生产工艺流程的影响

生产工艺流程是指按生产要求的程序，将原材料通过生产设备及技术手段进行加工生产，最终制成半成品或成品的全部过程。由于产品规格、型号等不同，厂房的类型也不同。在单层厂房里，基本上是通过水平生产、运输的工艺流程。平面设计一定要满足工艺流程及布置要求，使生产线路短捷、不交叉、少迂回，并具有变更布置的灵活性。现以机械加工的金工车间为例，介绍其平面组合与工艺流程的关系。机械加工和装配工段是全车间生产的主体，对平面的设计起着决定的作用，一般有以下三种组合方式：一是直线布置。适用于规模不大，行车负荷较轻的车间。厂房平面可全部为平行跨，建筑结构简单，扩建方便；但当跨数较少时，会形成窄条状平面，厂房外墙面大，土建投资不够经济。二是平行布置，即相互平行的跨间内布置装配工段。它适用于机加工装配车间，平面全为平行跨，建筑结构简单，便于扩建。三是垂直布置，即在与加工工段相垂直的横向跨间内布置装配工段。它适用于大、中型车间（由于工艺布置和生产运输有其优越性），平面因跨间互相垂直，建筑结构较为复杂。

2）生产状况对平面设计的影响

不同性质的厂房，在生产操作时会出现不同的生产状况（特征），也会影响厂房的平面设计。有些车间（如机械工业的铸钢、铸铁、锻工等车间）在生产过程中会散发出大量的热量、烟、粉尘等，此时平面设计应使厂房具有良好的自然通风。有些车间（如机械加工装配车间），生产是在正常的温湿度条件下进行的，室内无大量余热及有害气体散发，但是该车间对采光有一定的要求（根据《工业企业采光标准》，要求Ⅲ级采光），在平面布置时，应综合考虑它所在地区的气象条件、地形特征等，满足采光和通风的要求。

3）生产设备布置的影响

生产设备的大小和布置方式及设备的进出和安装要求直接影响到厂房的平面布局、跨度大小和跨间数，同时也影响到大门尺寸和柱距尺寸等。

4）起重运输设备的影响

为了运送原材料、半成品、成品及安装、检修、操作和改装设备，车间需安装起重运输设备。车间的设计直接受到不同类型的起重运输设备影响。吊车也称“行车”，是监狱机械类单层厂房中广泛采用的起重设备，主要有单轨悬挂式吊车、梁式吊车、桥式吊车三种类型。监狱车间地面运输设备主要有平板车、电动平板车、电瓶车、叉式装卸车等。起重运输设备运行路线，在厂房平面设计时，要考虑方便生产、不影响生产和运行安全等综合因素。

（3）单层厂房平面形式

监狱单层厂房的平面形式与工艺流程、生产特征、生产规模、监狱监管安全等有着直接的关系。监狱单层厂房最常用的平面形式为矩形和方形。另外也有L形、Π形、Ш形等，由于这几种不规格的形式在空间上存在视线障碍，不利于监狱监管安全，在监狱里一般不宜采用。

（4）柱网选择

柱网是指承重结构柱子在平面上排列时所形成的网格。柱网尺寸是由跨度和柱距组成的，跨度是指柱子纵向定位轴线之间的距离，柱距是指横向定位轴线之间的距离。

柱网选择实际上就是对单层厂房跨度和柱距的确定。工艺设计人员应根据工艺流程和设备布置状况，对跨度和柱距提出最初要求，建筑设计人员在此基础上，依照建筑及结构的设计标准，确定最终厂房的跨度和柱距。确定厂房的柱网时，应尽量扩大柱网，提高厂房的通用性、灵活性和经济合理性。

跨度尺寸的确定主要有以下三个影响因素：一是生产工艺中生产设备的大小及布置方式。设备面积大，所占面积也大。设备布置成横向或纵向，布置成单排或多排，都直接影响跨度的尺寸。二是生产流程中运输通道，生产操作及检修所需的空间。三是要符合《厂房建筑模数协调标准》（GB/T 50006—2010）的要求。当屋架跨度≤18m时，采用扩大模数30M的数列，即跨度尺寸为6m、9m、12m、15m、18m。当屋架跨度大于18m时，采用扩大模数60M的数列，即跨度尺寸为18m、24m、30m、36m、42m等。当工艺布置有明显优越性时，跨度尺寸亦可采用21m、27m、33m。

柱距尺寸的确定主要依据装配式钢筋混凝土结构体系，其基本柱距6m、12m。当采用砖混结构的砖柱时，其柱距宜小于4m，可采用3.3m、3.6m、3.9m等。

（5）辅助房间的处理

为了满足罪犯在劳动生产过程中的生产、卫生及生活上的需要，以及警察在值勤过程中的需要，应在劳动改造车间里设有辅助用房。

1）辅助房间的组成

根据监狱生产车间的生产特征、罪犯人数、地区气候条件以及监狱的特殊性，一般来说，车间辅助用房由以下用房组成：

①生活卫生用房，包括厕所、盥洗室、饮水间、更衣室等。根据我国国家卫生计生委主编的《工业企业设计卫生标准》（GBZ1—2010），将一般工业企业按卫生特征分为四级，每一级都有它最基本的生产卫生用房。由于监狱的特殊性，厕所、盥洗室在保障必要的隐私前提下，应设通透的窗，以防罪犯自杀或进行其他违规行为。厕所内的大小便器按规范和有关规定设置。盥洗室、厕所的设计计算人数按最多罪犯总数的93%测算。更衣室，主要为罪犯更换囚服与劳动工作服。由于涉及监狱监管安全，在罪犯劳动改造车间不宜设更衣室，而是将更衣柜沿车间四周墙角设置。为了方便罪犯就餐，除在监舍楼或专门餐厅就餐，有些监狱还可在劳动车间里另设餐厅。从食品安全角度上来讲，不提倡在劳动车间里设餐厅。如要设餐厅，应与劳动车间隔离开来，以防止车间产生的粉尘进入餐厅。

②生产辅助用房，包括工具室、材料库、计量室等。由于监狱的特殊性，为保证监狱监管安全，车间的生产辅助用房，除了强制性需求全封闭式外，一般应采用通透式金属隔离栅栏。

③警察用房，包括监狱警察值班（监控）室、会议室、接待室、罪犯谈话室、计划调度室、专用卫生间等。从监狱安全角度考虑，应将以上几个功能用房连在一起，形成警察值班区。该区应设置在劳动车间的两端，一是便于监管；二是节约面积；三是便于布置。警察值班（监控）室，也称警务值班室，是警察值班区最为重要的功能用房，里面应设有对车间重点部位监控的显示屏、报警装置、电话、网络、监控台以及整个车间的配电控制柜等。为了保证视野开阔，警察值班室的地坪可适当抬高，一般抬高1m左右。警察值班区总建筑面积150m^{2}左右，其中警察值班（监控）室建筑面积60m^{2}左右。

2）辅助房间的设计原则

辅助房间设计应遵循以下原则：一是罪犯劳动改造车间的辅助房间应设在车间内，与劳动车间为一整体，尽量布置在车间主要人流出入口处。在所有的辅助房间中，警察值班室处于核心地位。二是辅助房间应有适宜的朝向，使之获得较好的采光、通风和日照。同时，生活间的位置也应尽量减少对厂房天然采光和自然通风的影响。三是辅助房间不宜布置在有散发粉尘、毒气及其他有害气体车间的下风侧或顶部，并尽量避免噪声及振动的影响，以免被污染和干扰。四是在生产条件许可及使用方便的情况下，应尽量利用车间内部的空闲位置设置辅助房间。五是辅助房间的平面布置应紧凑，人行通畅，管道尽量集中。

3）辅助房间的布置形式

目前，我国社会上厂房辅助房间的布置形式有四种：一是毗连式，二是独立式，三是车间内部式，四是地下室或半地下室。由于监狱的特殊性，罪犯劳动改造车间的辅助房间宜采用车间内部式，具有使用方便、经济合理、结构严谨、管理方便等优点。

4. 单层厂房剖面设计

监狱单层厂房剖面设计是厂房设计的一个重要组成部分，剖面设计是在平面设计的基础上进行的。平面设计主要从平面形式、柱网选择、平面组合等方面解决生产对监狱厂房的各种要求，剖面设计则是通过监狱厂房的建筑空间处理来满足生产对监狱厂房提出的名种要求。

剖面设计原则：一是在满足生产工艺和监狱监管安全的前提下，经济合理地确定厂房的高度及有效利用和节约空间；二是有良好的天然采光、自然通风和屋面排水；三是经济合理选择围护结构和构造，使厂房具有良好的保温、隔热和防水功能。

（1）厂房高度的确定

监狱厂房高度是指室内地面到屋顶承重结构下表面之间的垂直距离。一般情况下，它与柱顶距地面的高度大致相等。

1）无吊车厂房

柱顶标高是根据最大生产设备的高度和其使用、安装、检修时所需的净空高度确定的。同时，必须考虑采光和通风的要求，以及避免由于单层监狱厂房跨度大，高度低时给空间带来的压抑感。一般净高≥ 3.9m，柱顶标高应符合 300mm 的整数倍。

2）有吊车厂房

有吊车厂房的柱顶标高可按下式计算：

柱顶标高 $H=H_1+H_2$

轨顶标高 $H_1=h_1+h_2+h_3+h_4+h_5$

轨顶至柱顶高度 $H_2=h_6+h_7$

式中：h_1 为需跨越最大设备、室内分隔墙或检修所需的高度；h_2 为起吊物与跨越物间的安全距离，一般为 400 ~ 500mm；h_3 为被吊物的最大高度；h_4 为吊索最小高度，根据起吊物大小和起吊方式而定，一般大于 1000mm；h_5 为吊钩至轨顶面的最小尺寸，由吊车规格表中查得；h_6 为吊车梁轨顶至小车顶面的净空尺寸，由吊车规格表中查得；h_7 为屋架下弦至小车顶面之间的安全距离，主要应考虑到屋架下弦及支撑可能产生的下垂挠度，以及厂房地基可能产生不均匀沉降时对吊车正常运行的影响，最小尺寸为 220mm，湿陷性黄土地区一般≥ 300mm，如屋架下弦悬挂有管线等其他设施时，还需另加必要的尺寸。

根据《厂房建筑模数协调标准》（GB/T 50006—2010）规定，钢筋混凝土结构柱顶标高 H 应为 300mm 的整倍数，轨顶标高 h_1 为 600mm 的整倍数，牛腿标高也应为 300mm 的整倍数。

（2）剖面空间的利用

监狱厂房的高度直接影响厂房的造价。在确定监狱厂房高度时，应以不影响生产使用和监狱监管安全为前提，充分挖掘空间存在的潜力，以节约建筑空间，降低建筑成本。当厂房内有个别高大设备或需要高空操作时，为了避免提高整个监狱厂房的整体高度，可采取降低局部地面标高的方法。如果少数需要高空间的设备无法使用上述办法时，还可以提高个别设备处监狱厂房的净空高度。

（3）室内外地坪标高

监狱厂房室内外地坪的标高是在监狱厂区总平面设计时确定的。室内外高差的大小主要考虑方便车辆运输，防止雨水侵入等，常取 100 ~ 200mm，监狱车间通常做法是在车间大门入口处设置坡道。

在地形较平坦的情况下，整个监狱厂房地坪一般取 1 个标高，相对标高定为 ±0.000。当监狱厂房内地坪有 2 个以上不同高度的地坪面时，主要地坪面的标高为 ±0.000。

在监狱厂房高低不齐的多跨厂房中，提高低跨高度，变高低跨为等高跨。在采暖和不采暖的多跨厂房中，当高差值≤ 1.2m 时，不宜设高度差。在不采暖的厂房中，当一侧仅有 1 低跨且高差＜ 1.8m 时，也不宜设置高度差。在工艺条件允许的情况下，把高大设备布置在 2 榀屋架之间，利用屋顶空间起到缩短柱子长度的作用，从而降低了监狱厂房高度。在监狱厂房内部有个别高大设备或需高空间操作的工艺环节时，可采取降低局部地面标高的方法，从而降低监狱厂房空间高度。

（4）天然采光

监狱厂房白天利用窗口取得天然光线进行照明称“天然采光”。由于天然光线质量好，并且不耗电能，因此，单层监狱厂房大多尽量采用天然采光。当天然采光不能满足要求时，可以辅以人工照明，现多采用超高亮白光LED节能灯。监狱厂房采光效果直接影响到生产效率、产品质量以及罪犯的劳动卫生条件，是衡量监狱厂房建筑质量标准的一个重要因素。因此，监狱厂房的开窗面积不能太小，太小会影响室内光线强度，从而影响罪犯生产操作和交通运输，降低产品质量和罪犯劳动效率，甚至会出现工伤事故。但盲目加大窗的面积也带来很多害处，过大的窗面积会使夏季太阳辐射热大量进入车间，但是冬季又因散热面过大，而增加采暖费用，同时也提高了建筑成本。因此，必须根据生产性质对采光的不同要求，进行采光设计，从而确定窗的大小、形式，进行窗的布置，使室内获得良好的采光条件。

1）天然采光的基本要求

监狱厂房应满足采光系数最低值、采光均匀度以及要避免在工作区产生眩光等要求。

2）采光面积的确定

采光面积一般是根据监狱厂房的采光、通风、立面设计等因素综合来确定的。首先大致确定窗户面积，然后根据厂房对采光的要求进行计算校核，验证其是否符合采光标准。

3）采光方式

单层监狱厂房采光方式有：侧面采光，即采光口布置在监狱厂房的侧墙上；顶部采光，即在屋顶处设置天窗；混合采光，当监狱厂房很宽，侧窗采光不能满足整个监狱厂房的采光要求时，则须在屋顶上开设天窗。

单层监狱厂房采光天窗有以下四种形式：一是矩形天窗，它是沿跨间纵向升起局部屋面，在高低屋面的垂直面上开设采光窗而形成的，其采光特点与侧窗采光类似，具有中等照度，这是目前监狱单层工业厂房应用最广的一种天窗形式；二是锯齿形天窗，它是监狱厂房屋盖做成锯齿形，在两齿之间的垂直面上设采光窗而形成的；三是横向下沉式天窗，它是将相邻柱距的屋面板上下交错布置在屋架的上下弦上，通过屋面板位置的高差作采光口形成的；四是平天窗，它是在屋面板上直接设置采光口而形成的。

（5）厂房通风

单层监狱厂房通风分为机械通风和自然通风两种。机械通风是依靠通风机的力量作为空气流动的动力，来实现室内的通风换气，需要耗费大量的电能，而且设备投资及维修费用高，其优点是通风稳定、可靠、有效。自然通风是利用自然风力作为空气流动的动力，实现室内的通风换气，其原理是通过热压和风压作用进行换气，是一种既经济又简单的通风方式，但是易受到外界气象直接影响，通风效果也不稳定。为组织好自然通风，在监狱厂房剖面设计中要正确选择厂房的剖面形式，合理布置进排气口位置，使外部气流不断地进入室内，进而迅速排除监狱厂房内部热量、烟尘和有害气体，营造良好的劳动改造环境。

1）自然通风的基本原理

单层监狱厂房自然通风是利用空气的热压和风压作用进行的。热压通风是利用室内外冷热空气产生的压力差进行通风的方式。监狱厂房内部热源提高了室内空气温度，使空气体积膨胀，密度变小而自然上升；室外空气温度相对较低，密度较大。这时打开门窗，则室外空气经由下部的门窗洞口进入室内，加速了室内热空气的流动。新鲜空气不断进入室内，污浊空气不断排出，如此循环，从而达到通风的目的。风压通风是利用风产生的空气压力差进行通风的方式。监狱厂房正压区设洞口为进风口，在负压区设洞口为排风口。风从进风口进入室内，把室内的热空气或有害气体从排气口排至室外，这样，就会使室内外空气进行交换，从而达到换气的目的。

2）冷加工车间的自然通风

监狱冷加工车间无大的热源，室内余热量较小，利用门窗就可以满足室内通风换气的要求。由于室内外温差小，组织自然通风时可结合工艺与总平面设计进行，尽量使监狱厂房纵向垂直于夏季主导风向或≥45°倾角，监狱厂房宽度限制在60m以内。在外墙上设窗，在纵横贯通的通道端部设门，以便组织穿堂风。为避免气流分散，影响穿堂风的流速，冷加工车间不宜设置通风天窗，但为了排除积聚在屋盖下部的热空气，可以设置通风屋脊。

3）热加工车间的自然通风

监狱热加工车间在生产过程中产生大量余热和有害气体，尤其要组织好自然通风。因为车间内的热源使室内外温差增大，热压值随之增加，从而增强了自然通风。在剖面设计时，应充分利用热压，合理布置进、排风口，尽可能增大进排窗口的高度差，并选择良好的通风天窗形式。

①进、排风口的设置

根据热压通风原理，进风口的位置应尽可能低。炎热地区低侧窗窗台可低至 0.4 ~ 0.6m，或不设窗扇而采用下部敞口进气；寒冷地区低侧窗可分为上下两排，夏季将下排窗开启，上排窗关闭；冬季将上排窗开启，下排窗关闭，避免冷风直接吹向人体。侧窗开启方式有：上悬、中悬、平开和立转四种，立转窗通风效果最好。排风口的位置尽可能高，一般设在柱顶处或靠近檐口一带。当设有天窗时，天窗一般设在屋脊处。另外，为了尽快排除热空气，需要缩短通风距离，天窗宜设在散发热量较大的设备上方。外墙中间部分的侧窗，应按采光窗设计，常采用固定窗或中悬窗，一般不采用上悬窗，以免影响下部进风口的进气量和气流速度。

②通风天窗的类型

无论是多跨还是单跨热加工车间，为组织好监狱厂房的自然通风，仅靠高低侧窗通风往往不能满足车间的生产要求，一般都在屋顶上设置天窗。以通风为主的天窗称“通风天窗”。通风天窗的类型主要有矩形通风天窗、下沉式通风天窗、开敞式天窗。

③合理布置热源

热源布置科学合理，对于热加工厂房的通风降温起着重要的作用。在布置热源时，要注意以下四点：一是利用穿堂风的风向，热源应布置在夏季主导风向的下风向。二是有天窗时，热压为主的自然通风，热源应布置在天窗口的下方。下沉式天窗，热源应与下沉底板错开布置。三是多跨厂房中，冷热跨间隔布置，且用轻质吊墙（距地 3m 左右）分隔二者，以便组织通风。四是连续多跨均为热跨时，可将跨间分离布置，以便缩短进排气口的路径。

5. 单层厂房的定位轴线

单层监狱厂房的定位轴线是确定厂房主要承重构件位置及其标志尺寸的基准线，同时也是监狱厂房施工放线和设备安装的依据。

定位轴线的划分是在柱网布置的基础上进行的。通常把垂直于监狱厂房长度方向（即平行于屋架）的定位轴线称为横向定位轴线，在建筑平面图中，从左至右按 1.2.3…顺序进行编号。平行于监狱厂房长度（即垂直于屋架）的定位轴线称“纵向定位轴线”，在建筑平面图中，由上而下按 A.B.C…顺序进行编号。编号时不用 I.Q.Z 三个字母，以免与阿拉伯数字 1.0.2. 相混。监狱厂房横向定位轴线之间的距离是柱距，纵向定位轴线之间的距离是跨度。

（1）横向定位轴线

单层监狱厂房的横向定位轴线主要用来标注纵向构件长度的标志性尺寸及其与屋架之间的相互关系，主要要考虑构造简单、结构合理。

1）横向定位轴线与中间柱的联系

除横向变形缝处及山墙端部柱外，中间柱的中心线应与柱的横向定位轴线相重合，在一般情况下，横向定位轴线之间的距离也就是屋面板、吊车梁长度方向的标志尺寸。

2）横向定位轴线与变形缝处柱的联系

横向伸缩缝、防震缝处采用双柱双轴线的定位方法，柱的中心线从定位轴线向缝的两侧各移 600mm，双轴线间加插入距等于伸缩缝或防震缝的宽度。这种方法可使该处两条横向定位轴线之间的距离与其他轴线间柱距保持一致，不增加构件类型，有利于建筑工业化。

3）横向定位轴线与山墙的联系

山墙为非承重墙时，墙内缘与横向定位轴线重合，端部柱的中心线从横向定位轴线内移 600mm。山墙为承重墙时，墙内缘与横向定位轴线的距离为砌体材料的半块或半块的倍数或墙厚的 1/2。

（2）纵向定位轴线

单层监狱厂房的纵向定位轴线主要用来标注厂房横向构件长度的标志尺寸和确定屋架、排架柱等构件间的相互关系。

1）纵向定位轴线与外墙、边柱的联系

当纵向定位轴线与柱外缘和墙内缘相重合，

屋架和屋面板紧靠外墙内缘时，称“封闭结合”，特点是不需设非标准的补充构件。当纵向定位轴线与柱子外缘有一定距离，此时屋面板与墙内缘之间有一段空隙时称“非封闭结合”，特点是需设联系尺寸。

2）纵向定位轴线与中柱的联系

在多跨监狱厂房中，中柱有两种形式，即平行等高跨和平行不等高跨。并且，中柱有设变形缝和不设变形缝两种情况。在监狱厂房中，通常为不设变形缝的中柱纵向定位轴线。

当监狱厂房为平行等高跨时，通常设置单柱和一条定位轴线，柱的中心线一般与纵向定位轴线相重合。当等高跨中柱需采用非封闭结合时，仍可采用单柱，但需设两条定位轴线，在两轴线间设插入距，并使插入距中心与柱中心相重合。

当监狱厂房为平行不等高跨，单轴线封闭结合，高跨上柱外缘与纵向定位轴线重合，纵向定位轴线按封闭结合设计，不需设联系尺寸。双轴线封闭结合，高低跨都采用封闭结合，但低跨屋面板上表面与高跨柱顶之间的高度不能满足设置封墙的要求，此时需增设插入距，其大小为封墙厚度。双轴线非封闭结合，当高跨为非封闭结合，且高跨上柱外缘与低跨屋架端部之间不设封闭墙时，两轴线增设插入距等于轴线与上柱外缘之间的联系尺寸。当高跨为非封闭结合，且高跨柱外缘与低跨屋架端部之间设封墙时，则两轴线之间的插入距等于墙厚与联系尺寸之和。

3）纵横跨相交处柱与定位轴线的联系

有纵横跨相交的监狱厂房，由于纵跨与横跨的长度、高度、起重机重量都可能不相同，为了简化结构和构造，设计时，常将纵跨和横跨的结构分开，并在两者之间的相交处设置伸缩缝、防震缝、沉降缝。因此，两侧结构实际是各自独立的体系，所以纵横应有各自的柱列和定位轴线，即纵横跨连接处设双柱、双定位轴线。

常在相交处设有变形缝，使纵横跨在结构上各自独立。纵横跨应有各自的柱列和定位轴线，两轴线间设插入距。当横跨为封闭结合时，插入距为砌墙厚度与变形缝宽度之和；当横跨为非封闭结合时，插入距为砌墙厚度、变形缝宽度与联系尺寸之和。

6. 单层厂房立面设计及内部空间处理

监狱单层厂房的体形与生产工艺、平面形状、剖面形式以及结构类型均有密切的关系，而立面处理是在监狱建筑体形的基础上进行的。建筑平面、立面、剖面三者是一个有机体，先从平面入手，但自始至终应将三者统一考虑和处理。监狱单层厂房的立面应根据功能要求、监管安全、技术水平、经济条件等因素，运用建筑艺术构图规律进行设计，使建筑具有简洁、朴素、大方、新颖的外观形象，创造内容与形式统一的罪犯劳动改造用房。

（1）立面设计

1）影响立面设计的因素

单层监狱厂房立面设计受许多因素的影响，归纳起来，主要有以下三个方面：

①使用功能的影响。生产工艺流程、生产状况、运输设备等不仅对监狱厂房平面、剖面设计有影响，而且也影响着立面的处理。建筑形象应反映建筑的内容。

②结构、材料形式的影响。不同的结构形式和材料对立面处理会产生不同的效果。尤其是屋顶结构形式在很大程度上决定了监狱厂房的体形。如江苏省无锡监狱机加工车间呈立面形体，内部有吊车，屋顶采用装配式钢筋混凝土屋架和屋面板结构，因此空间较大。

③气候、环境的影响。气候条件主要指太阳能辐射强度、室外空气温度、相对湿度等。处在寒冷地区的监狱厂房的窗洞面积较小，而墙体面积较大，给人以稳重厚实的感觉。处在炎热地区的监狱厂房强调通风，窗洞面积较大，为减少太阳能辐射的影响，常采用遮阳板，单体建筑的形象给人以开敞、明快的感觉。

2）厂房立面细部设计

监狱厂房立面细部设计是在厂房的平、剖面设计的基础上，利用柱子、勒脚、门窗、墙面、墙梁、窗台线、挑檐、雨篷等构件，按照建筑构图原理，对墙面等作有机的组合与划分。

①墙面划分。墙面在单层监狱厂房外墙中所占的比例与厂房的生产性质、采光等级、室外照度等因素有关。墙面划分主要是安排好门、窗口的位置，确定墙面色彩的搭配以及窗、墙的合适比例，一般

有垂直划分、水平划分、混合划分三种方法。

②墙面虚实处理。监狱厂房立面中，窗洞面积的大小是根据采光和通风要求来确定的。窗与墙的比例关系不同，会产生不同的艺术效果。当窗面积大于墙面积时，立面以虚为主，显得明快、轻巧；当窗面积小于墙面积时，立面以实为主，显得稳重、敦实；当窗面积接近墙面积时，虚实平衡，显得安静、平淡，运用较少。

③墙面的节奏感。在建筑立面上，相同构件或门窗有规律的变化，给人以节奏感。监狱厂房在这方面应有充分的表达能力，如成排的窗子、遮阳板等，辅以水平或竖向划分，使立面具有强烈的节奏感和方向感。

（2）厂房内部空间处理

影响内部空间处理的因素，总体归纳起来，主要有以下六个方面：

1）使用功能的影响。监狱单层厂房的内部空间，首先应满足生产功能和监狱监管安全的要求，其次也应考虑空间的艺术处理。

2）承重结构的影响。监狱单层厂房承重结构的布局影响到内部的观感效果。例如，钢结构的单层厂房与框架结构的单层厂房相比，钢结构的车间中部一般不设柱，空间大，视线开阔。

3）设备管道的影响。首先，管道的布置及排列应组织得有条不紊；另外可以通过与设备供应商及厂方协商，选择体形优美、色彩悦目的设备；用颜色区分主要及辅助设备，同时结合室内建筑构件，整体构图，从而获得既具有明显的组织性、规律性，又协调统一的视觉效果。

4）室内空间利用的影响。监狱单层厂房内部可利用柱间、墙边、门边及平台下等不影响工艺生产的空间设置成通透型的储物间，这样可以充分利用空间。另外，考虑储物间造型、色彩及材质的搭配，可以活跃车间的气氛，为罪犯创造一个良好的劳动改造环境。

5）室内小品及绿化的影响。在监狱单层厂房内，适当布置建筑小品和绿化盆景（塑料盆），可以使人产生亲切感，减少罪犯的疲劳、压抑感，使他们在轻松、自然的环境中接受劳动改造，提高劳动生产效率。

6）建筑色彩的影响。目前，监狱单层厂房主要有以下六种色彩：一是红色，用以表示电器、火灾的危险标志，用于禁止通行的通道、门以及警戒区域、防火消防设备、高压电的室内电裸线、电器开关起动构件、防火墙上的分隔门等。二是橙色，用以表示危险标志，用于高速转动的设备、机械、车辆、电器开关柜门，也用于有毒物品及放射性物品的标志。三是黄色，用以表示警告的标志，用于车间吊车、吊钩、户外起重运输设备、电瓶车等。使用中常涂刷黄色与白色、黄色与黑色相间的条纹，提示避免碰撞。四是绿色，用于安全标志，常用于洁净车间的安全出入口的指示灯。五是蓝色，多用于上下水道，冷藏库的门，也可用于压缩空气的管道。六是白色，用于界线标志，如地面分界线。

7）室内地坪的影响。监狱单层厂房的地坪，由于生产时易产生磨损，应尽量选择经久耐用的材料，如比较经济实用耐磨的“水磨石地面”。但随着新型厂房地面材料的出现，这种地坪不常被使用，现在越来越广泛应用一种“金刚砂地坪”，它具有表面硬度高、密度大、耐磨、不生灰尘、不易剥离、经济、适用、范围广等优点，并且摒弃了传统的混凝土基层与面层分开施工的做法，从而消除了因基层与面层结合不良而导致裂缝和空鼓的质量通病，简化了工序，缩短了施工周期，节约了人工费用。

（十二）多层厂房的建筑设计

多层厂房是在单层标准厂房基础上发展起来的。随着科学技术的发展，工艺和设备的进步，以及监狱企业产业结构的调整，严格限制罪犯外役劳动，罪犯劳动由室外向室内转移，且逐步退出一些高危、重污染、高能耗等行业，如煤矿、采石、化工、水泥等，逐步加大劳务外加工项目，监狱用地日趋紧张，多层厂房成为最经济、最适用的厂房类型。目前，我国监狱多层厂房主要用于箱包、玩具、毛衣编织、手套、卫生纸包装、电子元件组装、服装、纺织等劳务外加工项目。

1、多层厂房的特点

和单层厂房相比，多层厂房有以下四个特点：

（1）占地面积小。多层厂房有利于安排竖向生产流程，管线集中，管理方便，占地面积小节约用地，而且还能降低基础和屋顶的工程量，缩短工程管线的长度，节约建设投资和维护管理费。

（2）外围护面积小。多层厂房宽度相对小些，屋面雨雪排除方便，屋顶构造简单，屋顶面较小，有利于节约建筑材料并获得节能的效果。在寒冷地区的监狱，还可以减少冬季采暖费，且易保证恒温恒湿的要求。

（3）交通运输面积大。多层厂房不仅有水平方向，也有垂直方向的运输系统（如电梯、楼梯间、坡道等），这样就相应增加了交通运输的面积。

（4）通用性强。多层厂房由于采用梁、板、柱框架结构，且柱网尺寸较大，使厂房的通用性相对有所提高，这样有利于监狱产品项目即时进行调整，也有利于工艺改革和设备更新。

2. 多层厂房的结构形式

多层厂房结构形式的选择首先应该结合生产工艺及层数的要求进行，其次，应考虑建筑材料的供应、当地的施工安装条件、构配件的生产能力及基地的自然条件。目前，我国监狱多层厂房常见结构形式为钢筋混凝土框架结构或混合结构。

3. 多层厂房的平面设计（图 11-5-153、图 11-5-154）

多层厂房的平面设计是以生产工艺流程为依据进行的。要综合考虑建筑、结构、采暖通风、水、电设备等各工种的要求，合理地确定平面形式、柱网布置、交通和辅助用房布置等。

首先要确定多层厂房的总建筑面积。人均建筑面积 10m^2（含警察值班室），以 1 个标准监区 250 名罪犯测算，多层厂房的每层车间建筑面积约 2500m^2（其中警察值班区 150m^2 左右）。依据国家相关建设规范，车间宽一般取 21m、24m、27m 或 32m，车间的长度不宜过长，最长不超过 120m。山东省泰安监狱罪犯劳动改造厂房，钢筋混凝土框架结构，地上 3 层，总建筑面积 7763m^2，每层车间建筑面积 2587.67m^2。

在确定多层厂房标准平面图时，可以采取 75m × 21m、80m × 21m、75m × 24m 等矩形块状，东西方向。东侧端设计警察值班（监控）室、会议室、盥洗室、厕所、警察楼梯及罪犯楼梯（或货梯）。西侧端设计罪犯楼梯、盥洗室、厕所、工具间、货梯（或罪犯楼梯）。对于生产厂房的布置，每 2 栋可采取组团式，可以通过中间的餐厅相连，平面布置呈“工形”或“[形”，东西方向是厂房，南北方向是餐厅，餐厅从中间将 2 栋厂房分隔开。中间空地设计为罪犯活动广场，供罪犯工间做广播体操或活动使用。除设计餐厅外，要设计 1 个警察执勤台。罪犯饭菜运输可以与货梯共用。

目前，监狱劳务服装加工车间平面一般分为生产区、主辅料临时仓储区、产品展示区、生活附属区、警察值班区，有的还另设餐厅。根据多所监狱实践，宜布置 6 ～ 8 条生产流水线。区域面积分布如下：临时仓储区 200 ～ 400m^2，警察值班区约 150m^2，产品展示区 20 ～ 30m^2，生活附属区约 50m^2。监狱多层厂房平面布置，主要有以下三种形式：

（1）内廊式，是指多层厂房中每层的各生产工段用隔墙分隔成大小不同的房间，再用内廊将其联系起来的一种平面布置形式，适用于生产工段所需面积不大，生产中各工段既需要联系，又需要避免干扰的情况。例如江苏省苏州监狱电子劳务外加工车间，内部分为流水操作区、库房区、烘焙区等。

（2）大宽度式，是指平面采用加大宽度，形成大宽度式的平面，呈现为厅廊结合、大小空间结合。平面布置时可将交通枢纽及生活辅助用房布置在厂房的两端，以保证整个车间的视野通畅以及工段所需的采光与通风要求。该平面形式主要适用于技术要求较高的恒温、恒湿、洁净、无菌等生产车间。

（3）统间式，是指厂房的主要生产部分集中布置在一个空间内，不设分隔墙，将辅助生产工作部和交通运输部分布置在中间或两端的平面形式。统

图 11-5-153　江苏省苏州监狱服装加工车间

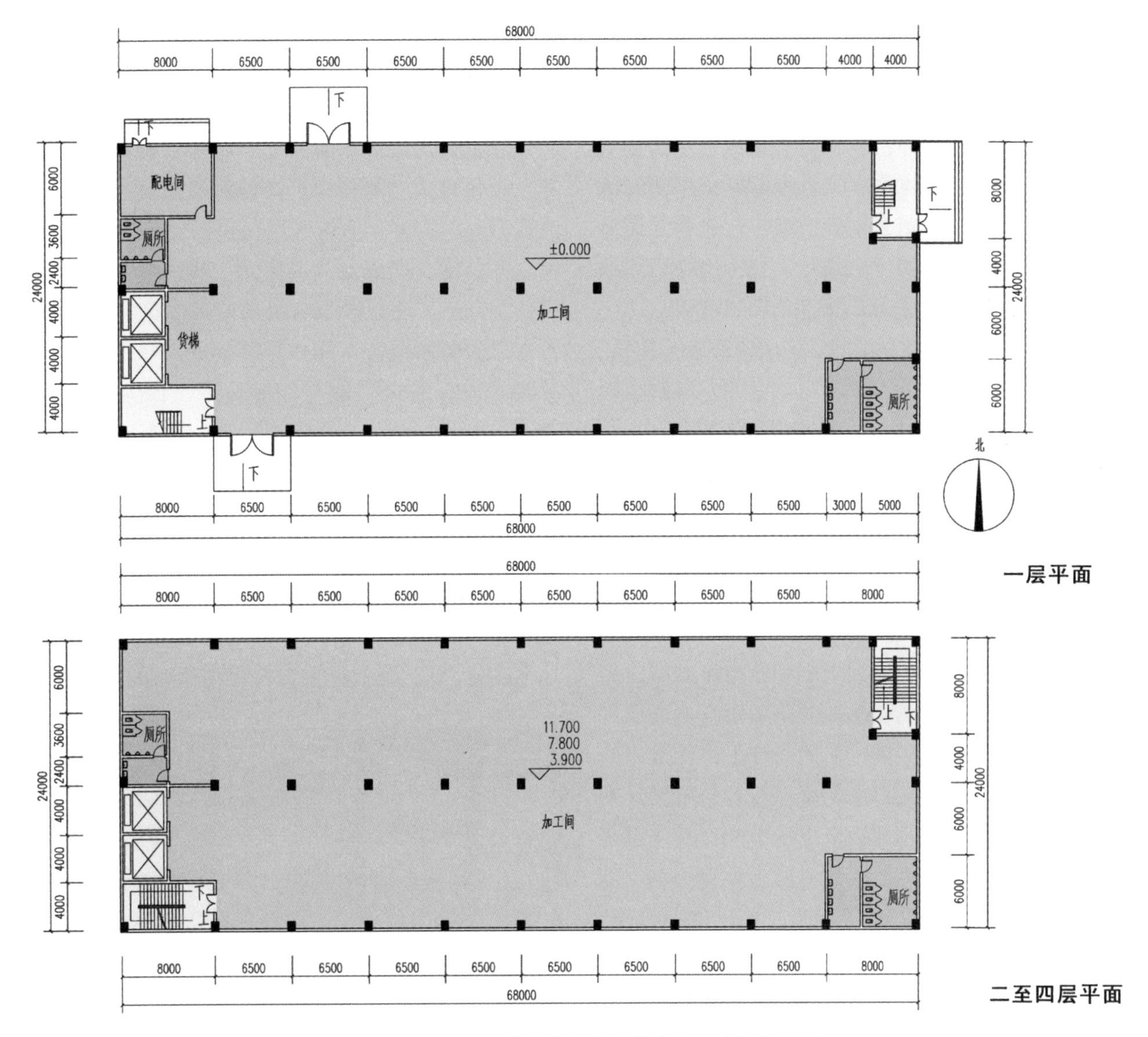

图 11-5-154　江苏省苏州监狱劳务加工车间平面图

间式布置适用于生产工段需要较大面积，相互之间联系密切，不宜用隔墙分开的车间，各工段一般按照工艺流程布置在大统间中。目前，我国监狱多层的劳务外加工车间平面布置，多采用这种形式。

总而言之，监狱厂房建筑平面设计应满足如下要求：一是满足生产工艺要求；二是厂房平面应简单规整；三是选择既满足目前工艺要求，又适应今后生产工艺升级改造需要的具有通用性的柱网；四是在没有强制性要求下，从监狱监管安全角度考虑，不宜另设小间小屋，车间视野开阔。

4. 多层厂房的剖面设计

监狱多层厂房的剖面设计，主要研究和确定建筑的剖面形式、层数和层高、工程技术管线的布置和内部设计等相关问题，并应该结合平面设计和立面处理。

（1）剖面形式。由于多层厂房的平面柱网不同，其剖面形式也是多种多样的。不同的结构形式和生产工艺的平面布置都会对剖面形式产生直接的影响。

（2）层数的确定。多层厂房层数的确定与生产工艺、楼层使用荷载、垂直运输设施及地质条件、基建投资等因素均有密切关系。为节约用地，在满足生产工艺要求的前提下，可增加厂房的层数，向竖向空间发展。目前我国监狱罪犯劳动改造厂房层数大多为 3 ~ 4 层，如安徽省白湖监狱管理分局、福建省武夷山监狱、江西省洪城监狱、广东省乐昌监狱、山西省太原第二监狱等罪犯劳动改造用房为3层，江苏省苏州监狱、湖北省汉西监狱、湖南省怀化监狱等罪犯劳动改造用房为4层。但也有部分监狱受土地限制等原因，罪犯劳动改造用房层数5～6层，如广西壮族自治区中渡监狱、广西壮族自治区女子监狱、江西省女子监狱、广东省揭阳监狱等罪犯劳动改造用房为5层，广东省番禺监狱、广西壮族自治区南宁监狱等罪犯劳动改造用房为6层。当然对于农村地区的监狱，土地资源较为充裕，罪犯劳动厂房层数可适当降低，如四川省邛崃监狱、山西省汾阳监狱等罪犯劳动改造用房为2层。

（3）层高的确定。多层厂房层高的确定应综合考虑以下五个因素：一是多层厂房层高在满足生产工艺要求的同时，还要考虑生产和运输设备对层高的影响。多层厂房的底层，多布置对外运输频繁的原料粗加工、设备较大、用水较多的车间或原料和成品库，底层层高相应增加。个别设备很高时，也可采取局部楼面抬高的做法。二是采用自然通风的车间，其层高的确定应满足车间设计卫生标准中对净高的要求。三是多层厂房的管道布置与单层厂房不同，除了底层可利用地面以下的空间，其余都需要占有一定的空间高度，因此对层高会有影响。四是多层厂房的层高在满足生产工艺要求的前提下，还要兼顾室内建筑空间比例的协调。五是多层厂房层高的确定还要考虑经济因素。根据统计，层高和单位面积造价的变化是正比的关系，层高每增加0.6m，单位面积造价提高约8.3%。

目前，我国监狱多层厂房层高为4.2m、4.5m、5.1m、5.4m等，一般采用3M建筑数列。一般底层较其他层高要高，有空调管道的层高通常在4.5m以上，有时为取得足够的自然光和有运输设备的层高可达6.0m以上。多层厂房的顶层便于加大跨度和开设天窗，宜布置大面积加工装配车间或精密加工车间。其他各层根据生产线作出安排。仓库的层高应由堆货高度和所需通风空间的高度来决定。浙江省海临监狱罪犯劳动改造厂房，底层设5m；福建省闽江监狱1～7号罪犯劳动改造厂房，地上都为3层，底层层高4.5m，第2层层高4.2m，第3层层高4.5m；8号罪犯劳动改造厂房，地上2层，底层层高5.1m，第2层层高4.5m。

5. 多层厂房警察值班区的布置

多层厂房的每层车间里都应设警察值班区，与单层厂房相似（图11-5-155～图11-5-157）。警察进入罪犯劳动改造车间，上下楼梯一般宜与罪犯分开，为各自独立的楼梯。江西省赣州监狱罪犯劳动改造车间里的警察值班区用房包括警察值班（监控）室、办公室、会议室、卫生间、谈话室等，建筑面积达200m²。云南省西双版纳监狱监区办公室也设置在罪犯劳动改造车间内。警察进入罪犯劳动改造车间，人行通道一般与罪犯分开，设各自独立的通道。

目前，大多监狱在罪犯劳动改造车间里只设置1间警察值班（监控）室，通常由不锈钢支架与钢化玻璃制作而成，有的是用角铁与钢化玻璃制作而成，还有的是砖混结构，建筑面积大小通常在60m²左右。警察值班（监控）室与车间室内地坪高差1m左右为宜。高差过大，一是由于车间里有桥架、

（a）

（b）

图11-5-155 江西省赣州监狱罪犯劳动改造车间警察值班室

图 11-5-156 江西省赣州监狱罪犯劳动改造车间谈话室

图 11-5-157 西双版纳监狱车间警察办公室

管道、日光灯等设施，警察在值班（监控）室内视线与这些设施高度相差无几，视线反而受阻；二是车间的总净高是固定的，高差过大则值班（监控）室内的净高相应降低，使在里面的值班警察产生压抑感。高差过低，视线范围受到限制，值班（监控）室内视线效果则不理想。视线范围以能观察到整个车间为最佳。

6. 多层厂房楼梯、电梯的设置

楼梯与电梯作为多层厂房的交通枢纽，主要解决竖向交通运输问题。一般情况下楼梯解决罪犯和警察交通及疏散；电梯则解决货物上下运输。在多层厂房建筑平面中，常常将楼梯与电梯组合在一起，既方便使用，又有利于节约建筑空间，其在平面中的具体位置是设计的重点。楼梯、电梯的平面组合，是平面上的相互位置关系问题，影响着整栋建筑的人、物流组织。

（1）楼梯、电梯布置原则。应在保证罪犯劳动改造用房内部生产空间的完整，尽量满足生产运输和防火疏散的前提下，将其布置在多层厂房边侧或相对独立的区段之间。最好能处在警察值班室视线范围内。要保证人、物流通畅，尽量避免交叉。楼梯、电梯尽可能与底楼的大厅相结合，以免拥塞。楼梯、电梯作为多层厂房的有机整体，应在平面布置合理的前提下，与生产车间的层高相协调。

（2）楼梯、电梯平面位置。楼梯、电梯在多层厂房平面布置中大致有四种类型：一是布置在车间的端部，给生产工艺布置较大的灵活性，不影响厂房的建筑结构，建筑造型易于处理，适用于不太长的劳务厂房，目前我国监狱多层厂房多采用此类型。二是布置在车间的内部，交通枢纽部分不靠外墙，这样可在连续多跨的情况下，保证建筑的刚度和生产部分的采光通风。该布置因无直接对外出口，对交通疏散不利。三是布置在多层厂房的外纵墙外侧。包括有连接体的独立式布置，它使整个多层厂房生产部分开敞、灵活，结构更为简单。四是布置在多层厂房的外纵墙内侧。虽对多层厂房生产工艺产生一定影响，但对结构整体刚度有利，适合于内廊式的多层厂房。

7. 罪犯生活及辅助用房的内部布置

生活辅助用房的组成内容、面积大小及设备、数量等应根据不同生产要求和使用特点，按照有关规定进行布置。

生活辅助用房的柱网尺寸应结合其不同布置形式、内部设备的排列、结构构件的统一化及生产车间结构关系等因素综合研究决定。

8. 多层厂房的通风与空气调节

多层厂房的通风也是一个值得关注的问题，可以参照单层厂房的做法。广东省英德监狱，在3层罪犯劳动改造厂房内，每跨设置了2只轴流风机，进行强排风。对于需要空气调节的车间，首先在平面设计时，尽可能布置在北面，减少太阳的辐射热，并将这些车间集中布置，以减少外围护结构，有利于温、湿度的保持和管道的缩短。还可将要求高的空调室布置在要求低的空调室的里面，以此减少温度的波动。空调车间的围护结构对稳定车间内部的温度、湿度起着重要作用。其中以外墙和屋面在整个围护结构中占比重最大，投资较多，也是稳定空调室温、湿度起主要作用部分。因此，合理选择保温外墙和屋面保温天棚的构造是稳定空调室温、湿度的关键，并能节约空调费用。多层厂房一般采用中央空调方式。

9. 多层厂房地面材料的选择

多层厂房里的地面必须满足三个要求：一要平整；二要耐磨；三要易打扫卫生。

地坪在监狱多层厂房里，常见地坪为环氧树脂自流平，其特点是整体无缝、平整、附着力强、柔韧性好、耐酸碱、防腐蚀、坚韧、耐磨、耐冲击，有一定弹性；也便于清洁卫生，维护方便、造价低廉且施工快捷，使用年限更加长久等，如山东省菏泽监狱、广东省北江监狱、湖北省襄北监狱等劳务车间室内地面均采用了环氧树脂地坪。有的监狱多层厂房地面采用600mm×600mm、800mm×800mm、1000mm×1000mm或1200mm×1200mm等规格的地砖，也有些需要防静电的厂房则地面铺设防静电地板或防静电PVC等材料。

第六节　监狱警察用房

依据《监狱建设标准》（建标139—2010），一所监狱的警察用房包括：办公用房、公共用房、特殊业务用房、管理用房、备勤用房、学习及训练用房以及其他附属用房。除警察管理用房建筑指标是用于监舍楼、罪犯技能培训用房、罪犯劳动改造用房、禁闭室、教学楼、会见楼等单体建筑外，其他建筑指标主要用于监狱警察行政办公区域内的各类单体建筑；这些建筑指标不能简单按各单体建筑进行独立的房屋建设，而应根据监狱的行政管理、狱政与教育改造管理、生产管理，以及后勤保障等管理体系的实际需求，综合利用、合理安排，以此来确定单体建筑的规模和规划。

（一）警察行政办公及业务用房建筑面积指标

1. 警察办公用房建筑面积指标

按《办公建筑设计规范》（JGJ 67—2006），每人使用面积≥ $4m^2$。考虑到监狱职能的特殊性和监狱警察工作的特殊需要，并结合《党政机关办公用房建设标准》（发改投资〔2004〕2674号）有关规定，每名警察建筑面积 $5.83m^2$。

2. 公共用房建筑面积指标

包括监狱警察会议室、食堂、浴室、医务室、洗衣房、更衣室、文体活动室及老干部活动室等建筑面积指标。

（1）会议室

大会议室，按《办公建筑设计规范》（JGJ 67—2006）无会议桌考虑，每人使用面积 $0.8m^2$（图11-6-1）。

中会议室，根据刑罚执行、狱政管理、教育改造及劳动改造等监狱业务工作实际，一所监狱的中型会议室按设置4间、每间容纳40人测算。根据《办公建筑设计规范》（JGJ 67—2006），有会议桌的会议室每人使用面积 $1.8m^2$，合计使用面积40警察 × $1.8m^2$/警察 ×4=$288m^2$，折后每名警察使用面积如下：小型监狱：$288m^2$/[（180+360）/2]=$1.06m^2$；中型监狱：$288m^2$/[（360+540）/2]=$0.64m^2$；大型监狱：

图11-6-1　安徽省未成年犯管教所警察行政办公区大礼堂

$288m^2/[(540+900)/2]=0.4m^2$。

小会议室，由于监区需要定期召开狱情分析会、罪犯考核评定会等，按每监区设置1间小型会议室、每间容纳20人测算（图11-6-2、图11-6-3）。根据《办公建筑设计规范》（JGJ 67—2006）有会议桌考虑，每人使用面积$1.8m^2$。单间会议室使用面积20警察$\times 1.8m^2$/警察$=36.0m^2$。小型监狱平均$(1000+2000)/2/250+2=8$个监区，折合人均使用面积$36.0m^2\times 8/270=1.07m^2$；中型监狱平均$(2000+3000)/2/250+2=12$个监区，折合人均使用面积$36.0m^2\times 12/450=0.96m^2$；大型监狱平均$(3000+5000)/2/150+2=18$个监区，折合人均使用面积$36.0m^2\times 18/720=0.9m^2$。

以上三项合计，小型监狱：每名警察会议室使用面积$0.8m^2+1.06m^2+1.07m^2=2.93m^2$；中型监狱：每名警察会议室使用面积$0.8m^2+0.64m^2+0.96m^2=2.4m^2$；大型监狱：每名警察会议室使用面积$0.8m^2+0.4m^2+0.9m^2=2.1m^2$。平均每名警察会议室使用面积$(2.93m^2+2.4m^2+2.1m^2)/3=2.48m^2$，平均每名警察会议室建筑面积$2.48m^2/0.75=3.3m^2$。一所关押规模1500人的小型监狱，警察会议室建筑面积约$891m^2$；一所关押规模2500人的中型监狱，警察会议室建筑面积约$1485m^2$；一所关押规模4000人的大型监狱，警察会议室建筑面积约$2376m^2$。

（2）警察食堂

按照《饮食建筑设计规范》（JGJ 64—89）规定，二级食堂每座使用面积$0.85m^2$，食堂餐厨比为1:1，即每座使用面积$0.85m^2\times 2=1.7m^2$，按警察编制人数的75%同时就餐，取K=0.75，平均每名警察建筑面积$1.7m^2\times 0.75/0.75=1.7m^2$。一所关押规模1500人的小型监狱，警察食堂建筑面积约$331m^2$；一所关押规模2500人的中型监狱，警察食堂建筑面积约$552m^2$；一所关押规模4000人的大型监狱，警察食堂建筑面积约$884m^2$（图11-6-4）。

（3）警察浴室

平均每6人设1只莲蓬头，每只莲蓬头（含更衣）使用面积$3m^2$，平均每名警察建筑面积$3m^2/6/0.75=0.67m^2$。一所关押规模1500人的小型监狱，警察浴室建筑面积约$130m^2$；一所关押规模2500人的中型监狱，警察浴室建筑面积约$218m^2$；一所关押规模4000人的大型监狱，警察浴室建筑面积约$348m^2$。

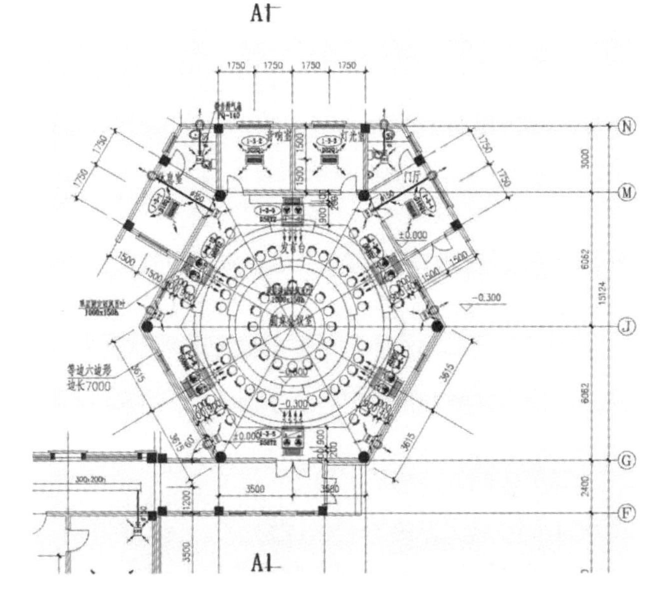

图11-6-2 江苏省苏州监狱行政办公楼六角会议室平面图

图11-6-3 江苏省无锡监狱监区警察党员之家

图11-6-4 辽宁省大连市监狱警察餐厅

（4）警察医务所

按人均使用面积 $0.5m^2$ 测算，平均每名警察建筑面积 $0.5m^2/0.75=0.67m^2$。一所关押规模 1500 人的小型监狱，警察医务所建筑面积约 $130m^2$；一所关押规模 2500 人的中型监狱，警察医务所建筑面积约 $218m^2$；一所关押规模 4000 人的大型监狱，警察医务所建筑面积约 $348m^2$。

（5）警察洗衣房

为了维护警察形象，严肃警容风纪，警察执法服装应统一熨洗。监狱设有洗衣房，按小型监狱使用面积 $100m^2$，中型监狱 $130m^2$，大型监狱 $160m^2$ 设置。平均每名警察建筑面积：小型监狱 $100m^2/270/0.75=0.49m^2$，中型监狱 $130m^2/450/0.75=0.39m^2$，大型监狱 $160m^2/720/0.75=0.29m^2$。

（6）警察更衣室

为了体现从严治警、从优待警，在监狱警察行政办公区内设置警察上下班时更换警服更衣室。每只衣柜 0.6m × 0.6m × 1.2m，设置 2 层，人均使用面积 $0.6m \times 0.6m/2=0.18m^2$，衣柜占更衣室使用面积的 1/3，平均每名警察建筑面积 $0.18m^2 \times 3/0.75=0.72m^2$。一所关押规模 1500 人的小型监狱，警察更衣室建筑面积约 $140m^2$；一所关押规模 2500 人的中型监狱，警察更衣室建筑面积约 $234m^2$；一所关押规模 4000 人的大型监狱，警察更衣室建筑面积约 $374m^2$。

（7）警察文体活动室及老干部活动室（图 11-6-5 ~图 11-6-8）

按人均使用面积 $0.5m^2$ 测算，平均每名警察建筑面积 $0.5m^2/0.75=0.67m^2$。一所关押规模 1500 人的小型监狱，警察文体活动室及老干部活动室建筑

图 11-6-5　青海省建新监狱警体训练中心

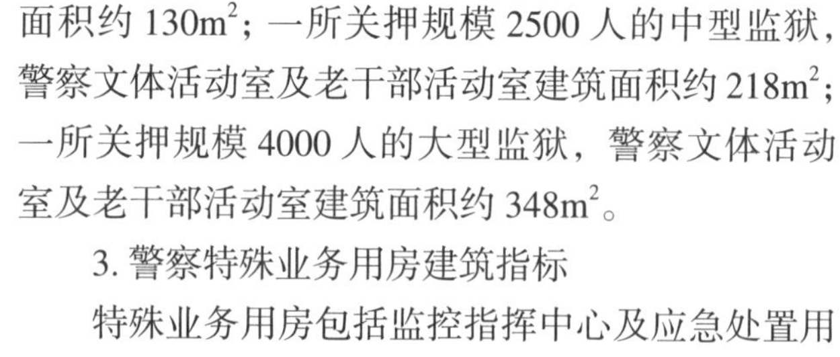

面积约 $130m^2$；一所关押规模 2500 人的中型监狱，警察文体活动室及老干部活动室建筑面积约 $218m^2$；一所关押规模 4000 人的大型监狱，警察文体活动室及老干部活动室建筑面积约 $348m^2$。

3. 警察特殊业务用房建筑指标

特殊业务用房包括监控指挥中心及应急处置用房、计算机房、档案室、暗室、器材存放室、电化

图 11-6-6　广东省深圳监狱警官活动中心

图 11-6-7　河南省焦南监狱警官之家

图 11-6-8　辽宁省大连市监狱警察健身房

教育室、警械装备库、检察院驻狱办公室、警察心理咨询室等（图 11-6-9、图 11-6-10）。

吉林省公主岭监狱新建监狱指挥中心楼，总建筑面积 8348.07m^2，长 109.84m，主体宽 28.9m，地上 5 层，钢筋混凝土框架结构。底层层高 3.9m，主要用作前厅、收发室、警察餐厅、接待室、车库等；第 2 层主要为职能科室办公室，第 3 层主要为职能科室办公室及会议室；第 4 层为领导办公室、会议室、档案室等。第 2 ~ 4 层高 3.6m；第五层层高 6.9m，为报告厅和娱乐休息室。

除车库外，各监狱平均每名警察使用面积和建筑面积如表 11-6-1。

警察特殊业务用房指标（车库除外） 表 11-6-1

监狱规模	每名警察使用面积（m^2）	使用面积系数	每名警察建筑面积（m^2）
小型监狱	3.5	0.75	4.66
中型监狱	3.1	0.75	4.11
大型监狱	2.6	0.75	3.48

各监狱规模车库平均每名警察建筑面积见表 11-6-2。

规模车库用房指标 表 11-6-2

监狱规模	车辆数（辆）	建筑面积（m^2）	每名警察建筑面积（m^2）
小型监狱	15	750	2.78
中型监狱	20	1000	2.22
大型监狱	25	1250	3.48

合计平均每名警察建筑面积如下：

小型监狱：4.66m^2+2.78m^2=7.44m^2；

中型监狱：4.11m^2+2.22m^2=6.33m^2；

大型监狱：3.48m^2+1.74m^2=5.22m^2。

实际人数介于表列两规模之间时，可用插入法取值；实际人数小于或大于表中最小或最大规模时，可分别采用最小或最大的定额值。

4. 警察管理用房

每监区按 20 名警察管理 250 名罪犯测算，设值班（监控）室使用面积 24m^2，谈话室使用面积 16m^2，夜间值班休息室使用面积 20m^2，警察卫生

图 11-6-9 辽宁省大连市监狱总监控中心

图 11-6-10 广西壮族自治区南宁监狱心理咨询中心

间使用面积 4m^2，警察管理用房合计每监区使用面积 64m^2。每名警察建筑面积如下：

小型监狱平均（1000+2000）/2/250+2=8 个监区，折合人均使用面积 64×8/270=1.9m^2。

中型监狱平均（2000+3000）/2/250+2=12 个监区，折合人均使用面积 64×12/450=1.7m^2。

大型监狱平均（3000+5000）/2/250+2=18 个监区，折合人均使用面积 64×18/720=1.6m^2。

平均每名警察使用面积（1.9+1.7+1.6）/3=1.73m^2，取 K =0.75，平均每名警察建筑面积 1.73m^2/0.75=2.31m^2。高度戒备监狱警察管理用房面积增加 1 倍，平均每名警察建筑面积 2.31m^2×2=4.62m^2。

5. 备勤用房（图 11-6-11 ~ 图 11-6-13）

依据《宿舍建筑设计规范》（JGJ36—2005），科员以下按三类居室：居室每床使用面积 5m^2；居室内设卫生间使用面积 6m^2，居住 4 人，人均 1.5m^2；

居室内设晒衣阳台使用面积 $8m^2$，居住 4 人，建筑面积按 1/2 测算，人均 $1.0m^2$；每 100 床各设 1 间 $8m^2$ 的管理用房、$12m^2$ 的会客用房，折合人均使用面积 $0.2m^2$；每 100 床设 1 间 $30m^2$ 的活动用房，折合人均使用面积 $0.3m^2$。

每人综合使用面积 $5.0m^2+1.5m^2+1.0m^2+0.2m^2+0.3m^2=8m^2$。

科员以上按二类居室：居室每床使用面积 $8m^2$；居室内设卫生间使用面积 $4m^2$，居住 2 人，人均 $2m^2$；居室内设晒衣阳台使用面积 $6m^2$，居住 2 人，建筑面积按 1/2 测算，人均 $1.5m^2$；每 100 床各设 1 间 $8m^2$ 的管理用房、$12m^2$ 的会客用房，折合人均使用面积 $0.2m^2$；每 100 床设 1 间 $30m^2$ 的活动用房，折合人均使用面积 $0.3m^2$。

每人综合使用面积 $8.0m^2+2.0m^2+1.5m^2+0.2m^2+0.3m^2=12.0m^2$。

备勤用房按警察编制人数的 55% 配置，取 K =0.75，平均每名警察建筑面积 $7.76m^2$。一所关押规模 1500 人的小型监狱，警察备勤用房建筑面积约 $1513m^2$；一所关押规模 2500 人的中型监

图 11-6-11　江苏省盐城监狱警察备勤楼

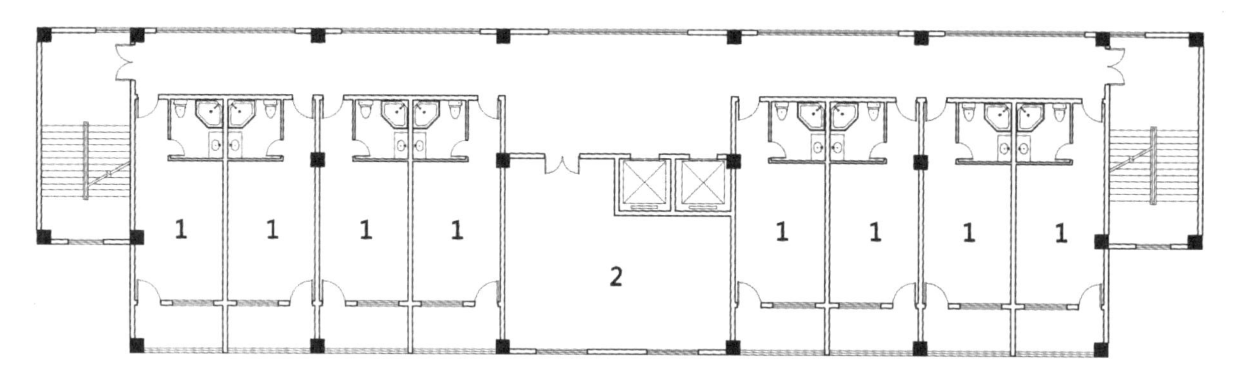

图 11-6-12　江苏省苏州监狱警察备勤楼标准层平面示意图

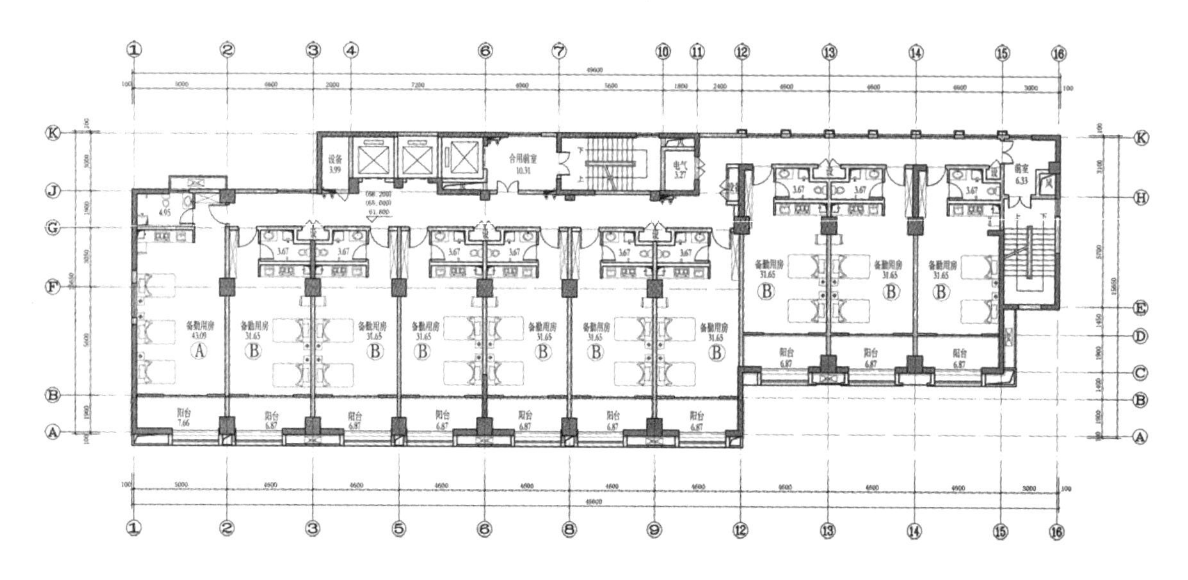

图 11-6-13　山东省未成年犯管教所综合备勤楼标准层平面图

狱，警察备勤用房建筑面积约 2522m²；一所关押规模 4000 人的大型监狱，警察备勤用房建筑面积约 4035m²。广西壮族自治区女子监狱，关押规模 3000 人，警察备勤楼地上 5 层，钢筋混凝土框架结构，建筑面积 4014.50m²；广西壮族自治区未成年犯管教所，关押规模 3000 人，警察备勤楼地上 6 层，钢筋混凝土框架结构，建筑面积 9837.22m²；浙江省临海监狱，关押规模 4000 人，警察备勤楼地上 6 层，钢筋混凝土框架结构，建筑面积 5443m²。

高度戒备监狱备勤用房按警察编制人数 70% 配置，平均每名警察建筑面积 9.8m²。

6. 学习及训练用房（图 11-6-14）

按《普通高等学校规划建筑面积指标》（建标〔1992〕245 号），综合大学教室建筑面积 2.52m²/生。1000 人非体育院校风雨操场建筑面积 1.2m²/生。按警察编制人数的 95% 配置学习和训练用房，平均每名警察建筑面积（2.52m²+1.2m²）×0.95=3.53m²。一所关押规模 1500 人的小型监狱，警察学习及训练用房建筑面积约 688m²；一所关押规模 2500 人的中型监狱，警察学习及训练用房建筑面积约 1147m²；一所关押规模 4000 人的大型监狱，警察学习及训练用房建筑面积约 1835m²。

（二）其他附属用房指标

其他附属用房包括门卫、收发、接待、值班、辅助管理岗位人员用房、仓库、开水间、卫生间、配电房、水泵房、应急物资储备库、污水处理站等。此类指标中的门卫、值班室可用于监狱警察行政办公区大门单体建筑（图 11-6-15、图 11-6-16）；收发、接待、辅助管理岗位人员用房、仓库、开水间、卫生间、应急物资储备库可合理调配用于监狱警察行政、办公及业务用房单体建筑；配电房、水泵房、污水处理站为专业单体建筑和构筑物配套用房。

图 11-6-14 青海省西宁监狱警察培训中心

图 11-6-15 黑龙江省双鸭监狱警察行政办公区大门

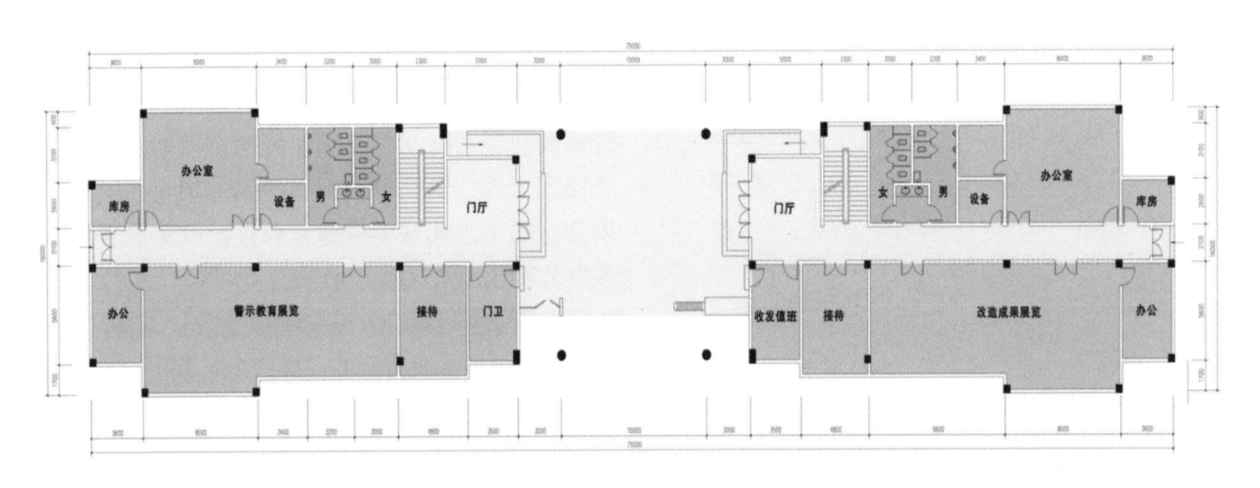

图 11-6-16 江苏省苏州监狱警察行政办公区大门底层平面图

除辅助管理岗位人员用房、应急物资储备库、污水处理站外，各监狱每名警察使用面积和建筑面积如表11-6-3。

监狱附属用房指标（不含辅助管理岗位人员用房、应急物资储备库、污水处理站）　　表11-6-3

监狱规模	每名警察使用面积（m^2）	使用面积系数	每名警察建筑面积（m^2）
小型监狱	2.4	0.75	3.2
中型监狱	2.1	0.75	2.8
大型监狱	1.8	0.75	2.4

辅助管理岗位人员用房，根据司法部、财政部、人事部《关于监狱单位工人岗位分类设置和管理的通知》（司发通〔2004〕29号）的有关规定，辅助管理岗位人员按警察比例的8%～12%，本标准按10%测算。经调研，辅助管理岗位人员用房建筑面积按8.00m^2/人，折合每名警察建筑面积8×10%=0.80m^2。

应急物资储备库，作为监狱特殊部门，应按照《救灾物资储备库建设标准》（建标121—2009）县级标准建设。各监狱每名警察建筑面积如表11-6-4所示。

应急物资储备库指标　　表11-6-4

监狱规模	建筑面积（m^2）	平均警察人数（人）	每名警察建筑面积（m^2）
小型监狱	630	270	2.33
中型监狱	715	450	1.59
大型监狱	800	720	1.11

以上合计平均每名警察建筑面积如下：小型监狱：3.2m^2+0.8m^2+2.33m^2=6.33m^2；中型监狱：2.8m^2+0.8m^2+1.59m^2=5.19m^2；大型监狱：2.4m^2+0.8m^2+1.11m^2=4.31m^2。

（三）警察行政办公及业务用房设计要求

1.基本要求

（1）鉴于约占70%的警察在监区基层一线工作，因此，行政办公楼或监管指挥中心总建筑面积中，不应再包含这部分警察的办公用房建筑面积。

（2）警察公共用房，包括会议室、食堂、浴室、医务室、洗衣房、更衣室、文体活动室及老干部活动室等。在计算这部分警察用房建筑面积时，应按警察编制总数的70%计算。

（3）警察特殊业务用房，包括监管指挥中心及应急处置用房、计算机房、档案室、暗室、器材存放室、电化教育室、警械装备库、检察院驻狱办公室、警察心理咨询室等。在计算这部分警察用房建筑面积时，应按警察编制总数的70%计算。

（4）警察管理用房指标，一般以每监区按20名警察管理250名罪犯测算，设值班（监控）室使用面积24m^2，谈话室使用面积16m^2，夜间值班休息室使用面积20m^2，警察卫生间使用面积4m^2，警察管理用房合计每监区使用面积64m^2。鉴于监区警察管理用房建筑指标中未考虑监区警察办公用房，经实际运作情况调研，也可适当调整监区警察管理用房建筑指标，按一般监狱调整监区警察管理用房为每名警察7m^2；高度戒备监狱调整监区警察管理用房为每名警察9m^2。

（5）警察备勤用房，依据《监狱建设标准》（建标139—2010）相关规定，按警察编制总数的55%配置。

（6）学习及训练用房，依据《监狱建设标准》（建标139—2010）相关规定，按警察编制总数的95%配置。

2.一般性要求

（1）监狱行政办公楼或监管指挥中心（图11-6-17～图11-6-25）：一般包括机关警察（按警察编制总数的30%测算建筑面积）办公用房，警察用大、中、小型会议室、应急处置用房、计算机房、档案室、暗室、器材存放室、驻监检察院（室）、警械装备库、电化教育室（该项也可调到学习及训练用房）等，以此计算项目建筑面积，其中警察用大会议室（大礼堂）可独立设计，或者设在监狱行政办公楼或监管指挥中心内。

（2）警察食堂及餐厅、医务室、警察文体活动及老干部活动室，以及警察洗衣房、更衣室、浴室等，可按一区（即警察生活区）集中建设（图11-6-26）。

（3）警察学习及训练用房，可与警察心理咨询室，或者电化教育室合并成一个单体建筑。

（4）警察备勤用房，也可以与浴室、警察更衣室、警察洗衣房等合并在一个区域内。警察备勤用房宜靠近监管区大门。

各所监狱可根据单位的管理经验和工作需求，在满足与实现各单体建筑既经济、适用，又确保功能完善、方便管理的基础上，进行合理规划设计和开展建设工作。

（四）行政办公楼设计要求

行政办公楼是监狱警察办公的主要场所之一，也是警察用房集中的地方，必须布置在监管区大门外、警察行政办公区内。总体形象力求庄严、朴素、简洁、大方、厚重，在平面上多采用对称的建筑组合方式。建筑平面多为长方形，东西方向。多采用内廊式，里面墙体注重竖向划分，给人稳重之感。立面及造型应端正大方，在细部处理上可引入飘窗、楼梯间凹凸等活泼元素，以打破传统整体单一格调，使得空间丰富活泼。墙体装饰可稍突出于建筑主体，形成视觉明暗对比，凸显力量感。行政办公楼的建筑结构宜采用钢筋混凝土框架结构，标准层层高一般设 3.6m，设有大厅的底层层高一般设 4.2m 或 4.5m（图 11-6-27 ~图 11-6-29）。

图 11-6-17　重庆市渝都监狱行政办公楼

图 11-6-18　四川省嘉陵监狱行政办公楼

图 11-6-20　辽宁省大连市监狱行政办公楼

图 11-6-19　四川省达州监狱行政办公楼

图 11-6-21　天津市李港监狱行政办公楼

图 11-6-22　四川省川东监狱指挥中心大楼

图 11-6-23　青海省建新监狱指挥中心大楼

图 11-6-24　四川省汉王山监狱警察行政办公区一角

图 11-6-25　海南省美兰监狱警察行政办公区回廊

图 11-6-26　上海市南汇监狱警察行政办公区附属楼

第七节　驻监武警营房

驻监武警负责监狱外围武装警戒，协助监狱处置突发事件、战备执勤、长途押解、抢险救灾等。武警是维护监狱安全与稳定的重要力量，为监狱安全稳定和科学发展提供强有力的保障。驻监武警营房规划设计与建设，是监狱建设工程的重要内容之一。进入 21 世纪以来，随着监狱布局调整，驻监武警营房的建设也得到迅猛发展，发生了翻天覆地的变化。

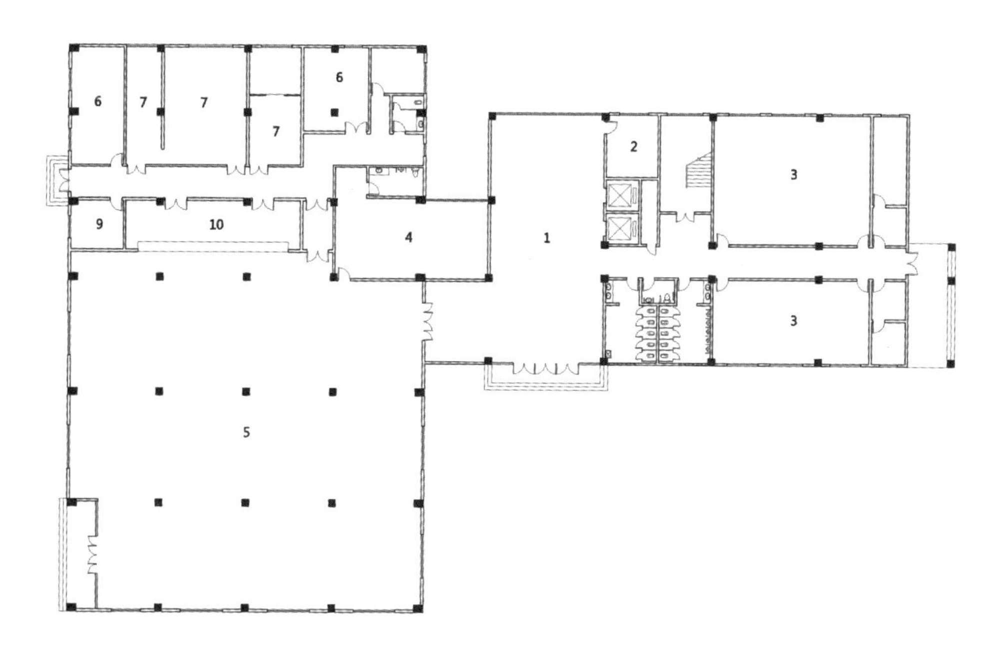

1. 门厅 2. 办公室 3. 报告厅 4. 餐饮包厢 5. 食堂 6. 食库 7. 操作间 8. 休息室 9. 消毒间 .10. 舞台

图 11-6-27　某监狱警察行政办公区公共综合楼平面示意图

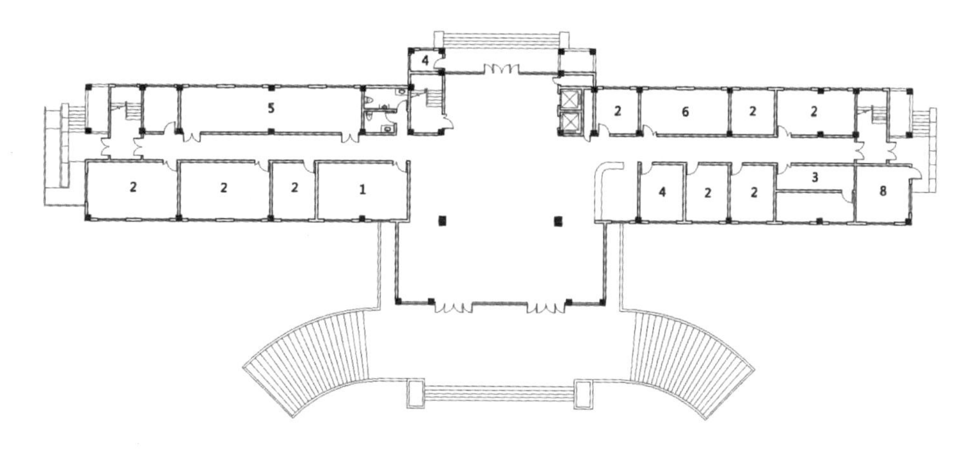

1. 门厅 2. 接待室 3. 办公室 4. 财务室 5. 值班室 6. 陈列室 7. 会议室 8. 消防控制室

图 11-6-28　某监狱行政办公楼平面示意图

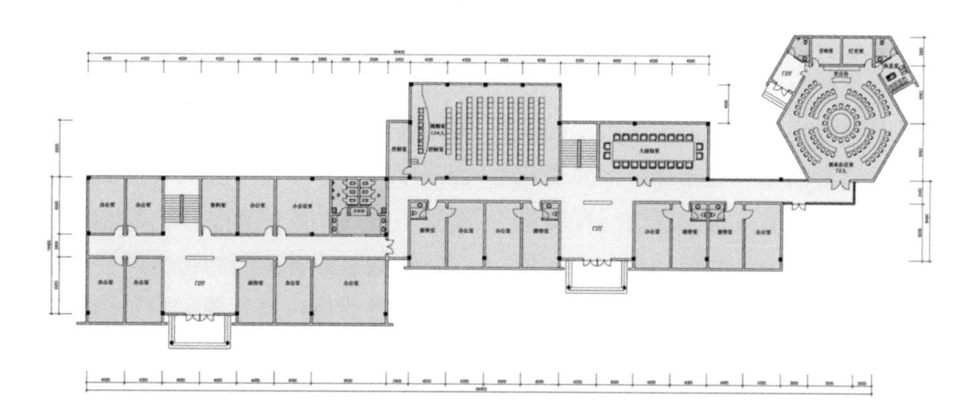

图 11-6-29　江苏省苏州监狱行政办公楼底层平面图

一、驻监武警营房的设计规则

（1）驻监武警营房规划设计与建设应依据《监狱建设标准》（建标 139—2010）、《武警总部、武警内卫执勤部队营房建筑面积标准（试行）》（[2003]武后字第 39 号）、《中国人民武装警察部队后勤规范化建设与管理标准及考评办法》、中央军委印发《中国人民解放军营房建筑面积标准》（[2009]9 号）以及参照《看守所建设标准》（建标 [2013]126）中的驻看守所武警中队营房建筑面积指标、各省出台的《武警营房建设标准图集》等相关标准，规划设计起点要高，要有超前意识和前瞻性，建设要规范化。

（2）在总体规划设计上，既要与监狱总体建筑风格相协调，又要符合武警营房建设特色。

（3）对于迁建、新建的监狱，驻监武警营房要与新监狱同步规划、同步设计、同步建设、同步使用。要配齐驻监武警执勤、生活、训练、学习和办公等各项配套设施，提高武警的看押能力。

（4）本着“实事求是、因地制宜、勤俭节约、有利执勤、方便生活、确保安全”的原则，确保“够用、实用、耐用”，建设好驻监武警营房，以改善武警官兵执勤和生活条件。

（5）驻监武警营房的建设，要注重营房的总体布局合理、营房配套以及基础设施完善、功能区域划分明确、拥有自己特色、环境优美等，其中必须建立在功能齐全、配套设施齐全、方便训练、方便生活、方便管理的基础上，满足基本需求之后，力求做到无烟尘、无明线、园林化等，设计上做到突出时代气息。

二、驻监武警营房的建筑设计要求

1. 驻监武警营房的选址

（1）应符合监狱建设总体规划布局，同时要符合国家或地方规定的相关标准规范，以节能环保为主要基础，充分考虑对节约土地、节约用水、方便官兵生活以及工作、保证环境优美、通行方便等基本需求。

（2）本着既尊重规划，又从实际出发的原则，驻监武警营房，不仅要定位合理，视野开阔，交通方便，且要符合监狱监管安全的要求。

（3）一旦监狱选址确定，驻监武警营房也就基本确定在离监狱不远的地段，或者与监狱相毗邻。驻监武警营房等基础设施建设规划，应独成 1 区，并与监狱警察行政办公区相对隔离。

目前全国驻监武警营房绝大多数是与监狱警察行政办公区位于同一条直线上，且位于办公区的一侧。其优点是监狱发生突发性事件，武警能快速参与处置，如重庆市渝都监狱驻监武警营房，位于警察行政办公区右边，武警通过天桥与监管区围墙相通。但由于武警官兵日常操练，产生一定的噪声，易对监狱警察行政办公区办公造成一定干扰。

（4）若不能与监狱警察行政办公区位于同一条线上时，可以考虑监狱毗邻的地段，宜与一座岗楼相邻。

（5）若受监狱场地的限制，不能位于监狱毗邻的地段，驻监武警营房不能超出距监狱中心区域 1000m 的地段，且应达到环境优美、通行方便等基本需求。

2. 驻监武警编制与武警营房区占地面积

驻监武警编制，一般由监狱关押规模、监狱戒备等级等因素综合确定。例如，对于中度戒备监狱来说，一所小型监狱驻监武警编制 38 ~ 54 人，一所中型监狱驻监武警编制 65 ~ 85 人，一所大型监狱驻监武警编制 105 ~ 128 人。

武警营房的总平面布局应分为宿舍区、生活附属区、训练区。小型监狱驻监武警营房区占地面积不超过 10 亩，中型监狱驻监武警营房区占地面积不超过 15 亩，大型监狱驻监武警营房区占地面积不超过 20 亩。若承担监狱看押任务有 2 个中队及 1 个大队部的武警营房建设，占地面积可选定在 30 亩范围内。

云南省楚雄监狱驻监武警中队营房区占地面积 12.6 亩；江苏省苏州监狱驻监武警中队营房区占地面积约 18.17 亩（含有 1 个大队部）。

3. 驻监武警营房的建筑规模与建筑结构

武警营房建筑规模，主要依据驻监武警编制总人数来确定。一般来说，一所大型监狱按一个加强连兵力测算，建筑面积最大为 27.38m^2/ 人 ×128 人 = 3504.64m^2；一所中型监狱按一个连兵力测算，建筑

面积最大为 $29.15m^2$/ 人 ×105 人 $=3060.75m^2$；一所小型监狱按武警中队编制 65 人测算，建筑面积最大为 $34.77m^2$/ 人 ×65 人 $=2260.05m^2$。

营房一般由武警宿舍、食堂、训练场、哨兵室、围墙等组成。贵州省瓮安监狱、四川省德阳监狱、福建省宁德监狱、安徽省阜阳监狱、广西壮族自治区西江监狱、甘肃省平凉监狱、广东省乐昌监狱、浙江省宁波市望春监狱、福建省永安监狱、河南省焦作监狱、河南省信阳监狱等驻监武警中队营房建筑面积分别为 $2309m^2$、$2337.63m^2$、$2500m^2$、$2520m^2$、$2675m^2$、$2990.73m^2$、$3037.76m^2$、$3317m^2$、$3330m^2$、$3608m^2$、$4262m^2$。广西壮族自治区平南监狱迁建贵港市项目驻监武警中队营区由武警营房和武警文体训练馆组成，总建筑面积 $4727.15m^2$，其中武警营房地上 5 层，建筑面积 $4355.9m^2$，武警文体训练馆地上 1 层，建筑面积 $371.25m^2$；内蒙古自治区第一女子监狱驻监武警中队营房建筑面积 $2100m^2$，武警训练场占地面积 $3110m^2$；新疆维吾尔自治区阿克苏高度戒备监狱驻监武警中队营房建筑面积 $2279.77m^2$，武警中队食堂及车库建筑面积 $442.70m^2$，门卫值班室建筑面积 $191.18m^2$。

驻监武警营房可采用砖混结构，经济允许前提下，宜采用钢筋混凝土框架结构。江苏省苏州监狱、广东省乐昌监狱、甘肃省平凉监狱、浙江省宁波市望春监狱、福建省永安监狱、福建省宁德监狱、安徽省阜阳监狱、河南省信阳监狱、河北省石家庄监狱、贵州省黔东南监狱（东坡监狱）扩建工程、贵州省瓮安监狱、广东省江门监狱等驻监武警营房都采用了钢筋混凝土框架结构。湖南省德山监狱、湖南省湘南监狱、安徽省蚌埠监狱等驻监武警营房采用了砖混结构，江苏省通州监狱驻监武警营房主体采用了钢筋混凝土框架结构，局部采用了砖混结构。

4. 驻监武警营房的层数与层高

驻监武警营房主体建筑以多层为主，一般不超过 6 层。战士床位为双层时，宿舍楼室内净高一般设 4.0m；床位为单层时，室内净高一般设 3.3m。食堂楼层高一般设 4.2m。

安徽省阜阳监狱驻监武警营房，地上 3 层；贵州省黔东南监狱（东坡监狱）扩建工程驻监武警营房，地上 3 层，建筑总高度 11.85m；贵州省瓮安监狱驻监武警营房，地上 4 层，层高 3.6m，建筑总高度 14.85m；湖南省湘南监狱驻监武警营房，地上 4 层，建筑总高度 15.3m，总建筑面积为 $2485.09m^2$；湖北省蔡甸监狱驻监武警营房，地上 5 层，建筑总高度 19.3m，总建筑面积 $3158.8m^2$；安徽省蜀山监狱驻监武警营房，地下 1 层，地上 6 层，建筑总高度 20.2m，总建筑面积为 $2934.88m^2$，其中地下建筑面积 $119.22m^2$，地上建筑面积 $2815.66m^2$，钢筋混凝土框架结构；广东省江门监狱驻监武警一、二、三中队营房，地上 4 层，底层层高 3.5m，建筑总高度 16.23m，建筑面积 $1772.54m^2$；大队部营房，地上 3 层，底层层高 3.5m，建筑总高度 12m，建筑面积 $704.95m^2$；上海市军天湖监狱（位于安徽省宣城市西南 20 公里处）驻监武警六支队营房（含支队办公楼），地上 4 层，建筑总高度 20m，建筑面积约 $19450m^2$，主体结构为钢筋混凝土框架结构。

5. 驻监武警营房的建筑风格

驻监武警营房建筑风格应符合武警特色，与周围环境协调，没有单纯为追求标志性效果的装饰性构件，不宜使用豪华高档材料，符合营房装修标准要求。建筑平面布局要能满足武警使用方便，建筑外立面规整严谨、庄重适用，装饰装修朴素自然、美观大方。营房外墙面为普通面砖或涂料，颜色可以采用淡绿色，屋顶一般采用坡屋面（图 11-7-1 ~图 11-7-5）。

三、驻监武警营房的功能用房

总体规划设计及平面布局完成后，对营房功能进行进一步的深化、细化，满足驻监武警官兵正常的学习、生活、训练的需要。按武警部队的“四配套”要求，力求营房的各项功能用房齐全配套、面积达标，注意最高不能超出标准的 30%，具体驻监武警中队营房建筑面积指标见表 11-7-1 ~表 11-7-4。驻监武警营房一般由以下 2 栋楼宇组成：

（1）综合楼，主要用作驻监武警官兵休息、学习及存放各类器材的场所，以一所大型监狱一个加强连兵力来核算。

综合楼应设：警官办公室，建筑面积 $48m^2$；中队会议室，建筑面积 $135m^2$；中队学习室，建筑面

图 11-7-1 安徽省阜阳监狱驻监武警营房效果图

图 11-7-2 辽宁省大连市监狱驻监武警营房

图 11-7-3 江苏省龙潭监狱驻监武警营房

积 192m²；图书阅览室，建筑面积 64m²；荣誉室，建筑面积 20m²；勤务值班室，建筑面积 40m²，与警官办公室相连，同时可兼作监控值班室；兵器室，建筑面积 40m²；警用器材室，建筑面积 40m²；训练器材室，建筑面积 40m²；体育活动室，建筑面积 80m²；游戏室，建筑面积 40m²；电脑学习室，建筑面积 60m²；警官宿舍，每间建筑面积 40m²；战士宿舍，建筑面积 640m²（每间开间≥ 5.7m，进深≥ 7.2m，室内避免设柱）（图 11-7-6）；班用学习室，

图 11-7-4 重庆市渝都监狱驻监武警营房

图 11-7-5 河南省焦南监狱驻监武警营房

图 11-7-6 山东省枣庄监狱驻监武警营房战士宿舍

建筑面积 260m²；储藏室，建筑面积 40m²；给养库，建筑面积 20m²；个人物品储藏室，建筑面积 40m²；备勤室，建筑面积 20m²；盥洗室卫生间，每层均应设置，建筑面积 160m²；晾衣房，建筑面积 154m²。

驻监武警中队营房建筑面积指标（m^2/人） 表 11-7-1

用房类别	中队编制（人）							
	38	45	54	65	77	85	105	128
公用房	19.08	16.11	17.46	15.88	14.66	14.05	12.90	12.02
生活用房	17.97	17.27	17.44	16.52	15.77	15.51	14.78	14.16
执勤用房	4.05	3.42	2.85	2.37	2.00	1.81	1.47	1.20
合计	41.1	36.8	37.75	34.77	32.43	31.37	29.15	27.38

注：每个中队警官按 4 人测算，每增加 1 人，增加建筑面积 $22m^2$。

驻监武警中队公用房建筑面积指标 表 11-7-2

分类		单位	建筑面积（m^2）	执勤武警中队建筑面积（m^2）								备注
				38	45	54	65	77	85	105	128	
警官办公室		人	12	48	48	48	48	48	48	48	48	编制干部数按 4 人计算（不含排长）
中队会议室		中队	40	47	47	57	68	81	90	111	135	不小于 $40m^2$
中队学习室		人	1.2 ~ 1.5	68	68	81	98	116	128	158	192	
图书阅览室		人	0.5 ~ 0.9	41	41	27	33	39	43	53	64	50 人以下 $0.9m^2$，51 人以上 $0.5m^2$
荣誉室		中队	20	20	20	20	20	20	20	20	20	
勤务值班室		中队	20 ~ 40	36	36	40	40	40	40	40	40	50 人以下 $20m^2$，51 人以上 $40m^2$
兵器室		中队	20 ~ 40	20	20	40	40	40	40	40	40	同上
卫生室		中队	20	20	20	20	20	20	20	20	20	
警用器材室		中队	20 ~ 40	20	20	40	40	40	40	40	40	50 人以下 $20m^2$，51 人以上 $40m^2$
训练器材室		中队	20 ~ 40	20	20	40	40	40	40	40	40	同上
体育活动室		中队	40 ~ 80	40	40	80	80	80	80	80	80	50 人以下 $40m^2$，51 人以上 $80m^2$
游艺室		中队	20 ~ 40	20	20	40	40	40	40	40	40	
电脑学习室		中队	40 ~ 60	40	40	60	60	60	60	60	60	
司务长室		中队	20	20	20	20	20	20	20	20	20	
接待室		中队	40 ~ 60	40	40	60	60	60	60	60	60	边远地区可多设 $20m^2$
车库	机动三轮车	台	12	0	0	0	0	0	0	0	0	
	客货两用车	台	30	0	0	0	0	0	0	0	0	
	供水车	台	20	0	0	0	0	0	0	0	0	
公用面积		人	5	225	225	270	325	385	425	525	640	含走廊、楼梯等
合计				725	725	943	1032	1129	1194	1355	1539	
人均建筑面积指标				19.08	16.11	17.46	15.88	14.66	14.05	12.90	12.02	

驻监武警中队生活用房建筑面积指标 表 11-7-3

分类	单位	面积指标（m^2）	建筑面积（m^2）								备注
			38	45	54	65	77	85	105	128	
理发室	中队	20	20	20	20	20	20	20	20	20	
警官宿舍	人	10	40	40	40	40	40	40	40	40	编制干部数按4人计算（不含排长）
战士宿舍	人	5	190	225	270	325	385	425	525	640	开间7.2m，进深不小于5.7m。室内避免设柱
班用学习室	班	20	80	100	120	140	160	180	220	260	每班按10人编制
储藏室	中队	20 ~ 40	20	20	40	40	40	40	40	40	50人以下20m^2，51人以上40m^2
给养库	中队	20	20	20	20	20	20	20	20	20	
个人物品储藏室	中队	20 ~ 40	20	20	40	40	40	40	40	40	50人以下20m^2，51人以上40m^2
卫生间	中队	80 ~ 160	80	100	110	120	130	140	150	160	含盥洗室、厕所
晾衣房	人	0.6 ~ 1.2	46	54	65	78	92	102	126	154	北方为烘干室
淋浴室	中队	40 ~ 60	40	40	60	60	60	60	60	60	含更衣室、洗衣房
食堂 餐厅	人	1.5	57	68	81	98	116	128	158	192	含主副食库、机械加工间等。需设民族灶的另行报总队审批
食堂 厨房（50人以下）	中队	70	70	70							
食堂 厨房（50人以上）	每增加1人	1.5			76	93	111	123	153	187	
合计			683	777	942	1074	1214	1318	1552	1813	
人均建筑面积指标			17.19	17.27	17.44	16.52	15.77	15.51	14.78	14.16	

驻监武警中队执勤用房建筑面积指标 表 11-7-4

分类	单位	面积指标（m^2）	建筑面积（m^2）								备注
			38	45	54	65	77	85	105	128	
岗楼	座	18 ~ 30	140	140	140	140	140	140	140	140	岗楼按6座计算，每增加1座增加建筑面积25m^2
哨位	个	2.5 ~ 3.5	14	14	14	14	14	14	14	14	哨位按4个计算（监狱和武警营区各2个），每增加1个增加建筑面积2.5m^2
待班间或休息间	间	30	0	0	0	0	0	0	0	0	中队距离哨位超过1.5km以上设休息间
合计			154	154	154	154	154	154	154	154	
人均建筑面积指标			4.05	3.42	2.85	2.37	2.00	1.81	1.47	1.20	

综合楼设计应彰显人性化理念，建议班宿舍、警官宿舍、班用学习室、图书阅览室设在朝阳面，其余的设在阴面。班宿舍，由过去的1班住1间，变为2间加套间，其中套间为班学习室。在班宿舍，战士们应为铁质单人床或木质单人床，现在不再采用高低床，每名战士还应配置个人专用衣柜。学习室应统一配有电脑、会议桌、书柜、报架和学习用品。兵器室应与战斗班或值班室紧密相连。综合楼的内走廊宽度一般不小于1.8m，江苏省苏州监狱驻监武警营房区内的综合楼的内走廊宽度2.4m。综合楼的每间宿舍、办公室、阅览室、学习室等要安装空调，娱乐室要安装有线电视，警官办公室、宿舍、网吧室要考虑网络等布线。综合楼外还应设置全封闭晒衣场1个。

浙江省十里丰监狱塔山监区驻监武警营房区内的综合楼，建筑面积2862.6m^2。

（2）附属楼，主要用作驻监武警官兵食堂、餐厅、浴室及接待的场所。附属楼应设：卫生室，建筑面积20m^2；理发室，建筑面积20m^2；淋浴室，建筑面积60m^2；更衣室，建筑面积20m^2；接待室，按标准间设置，2～3间，总建筑面积60m^2；盥洗室卫生间，建筑面积40m^2；食堂操作间，建筑面积最大约107m^2；分菜间，建筑面积20m^2；主食库，建筑面积30m^2；副食库，建筑面积30m^2；餐厅，建筑面积192m^2；司务长办公室兼宿舍，建筑面积40m^2；杂物仓库，每间建筑面积40m^2。附属楼设计应以“经济、适用、美观”为原则，注重建筑的节能，注重建筑与环境之间的生态协调关系，注重与主体综合楼整体协调。

每栋楼内的盥洗间、卫生间在各层集中设置，尽量远离楼梯口，盥洗间设落地式脸盆架，在适当位置设毛巾杆和洗漱镜。食堂操作间设置符合流水操作要求，避免交叉作业。主、副食库设置科学、存取方便。餐厅宽敞、舒适，具备分菜、洗碗等使用功能，餐厅里不得设置干部餐厅或雅间。各房间内墙面为白色环保涂料，食堂操作间、浴室、盥洗间、卫生间墙面贴白色瓷砖到顶。地面一般为水磨石或玻化抛光地砖，涉水房间可采用防滑地砖，在门厅、走廊、楼梯等部位可铺贴大理石、花岗石。除兵器室、档案室、荣誉室门为防盗门防盗窗外，其余房间的门为实木门，窗为彩铝窗或塑钢窗。所有的照明采用普通节能日光灯，室内线路均穿管入墙敷设。武警部队自备锅炉供暖、洗澡设备（锅炉蒸发量为0.5t/h ～ 1t/h），浴室可采用太阳能热水器。

当然，也有部分驻监武警营房只设1栋综合楼，如贵州省瓮安监狱，底层设训练器材室、警官办公室、接待室、室内训练场、餐厅、厨房等；第2层设值班室、勤务室、军械室、弹药室、宿舍、学习室、警官办公室；第3层设宿舍、学习室、阅览室、会议室；第4层设宿舍、学习室、活动室等。

江苏省苏州监狱驻监武警营房区内的附属楼，为伙房、餐厅、浴室（含接待室），总建筑面积856m^2，浴室（含接待室）为地上2层，层高3.6m，檐口总高度7.2m；伙房、餐厅为单层，檐口高度4.5m。浙江省十里丰监狱塔山监区驻监武警营房区内的伙房、餐厅、浴室，建筑面积462.87m^2。还有部分驻监武警营房区内单独建有伙房，如广东省北江监狱驻监武警伙房，地上2层，建筑面积约643m^2，钢筋混凝土框架结构。

四、驻监武警营房的特殊要求

（1）训练场的特殊要求。为保证驻监武警进行正常训练，营房内应配有完善的训练场，以满足武警官兵各种不同的训练需要，提升监管执勤安全水平，提高驻监武警战术水平。其中应包括：400m障碍场，占地面积需480m^{2}左右；器械训练场，占地面积需200m^{2}左右；擒敌训练场，占地面积需450m^{2}左右；投弹训练场，占地面积需200m^{2}左右；队列训练场，占地面积需800m^{2}左右；勤务训练场，占地面积需800m^{2}左右；战术训练场，占地面积需160m^2；标准篮球场，占地面积需420m^{2}左右。以上所有的训练场建设标准要按武警相关规定执行。

浙江省临海监狱驻监武警营房区内，建有室内训练大棚，单层，建筑面积812.7m^2，钢筋混凝土框架结构。还建有综合训练场，包括投弹训练场、3人攀登场、战术训练场和擒敌训练场等。

（2）在总体规划基础上满足信息化需求。尽力做到驻监武警监控指挥中心与监狱资源共享，报警系统并联，同时要做到先进性与经济性并重，在满足信息化的同时尽可能减少建设投资成本。

营房建设的信息化与营房之间的关系非常密切，必须在充分理解营房建筑功能的基础上，才能进一步进行具体的信息化方案设计，要注意符合国家标准，经得起相关质量监督部门的验收才能达到设计目的。信息化设计初步完成后，进一步做出详细的施工图，就需要相关信息系统供应商的配合，提供优化设计资料以及技术资料，来完成传统意义的详细施工图。信息化的详细施工图需要得到总体设计方案的确认，确认后的详细施工图具备明确的设计责任以及强制性，不能随意进行修改变更。

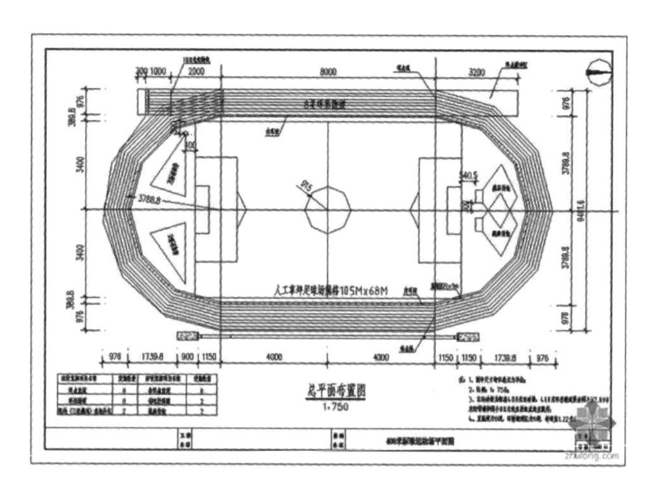

图 11-8-1　某监狱 400 米运动场平面布置图

第八节　其他附属设施与用房

本节主要介绍了监管区内的运动场馆、浴室、垃圾转运站以及锅炉房、变电所等其他附属设施与用房设计。

一、运动场馆

运动场馆作为监狱警察、罪犯进行体育锻炼与活动以及比赛的重要场所，对于增强监狱警察、罪犯的体质、放松身心起到重要作用，在一定程度上代表着一所监狱的外在形象。由于警察行政办公区、警察生活区的运动场馆与社会运动场馆设计差别不大，这里的运动场馆特指位于监狱围墙内的。运动场馆主要分为三大项：一是运动场，二是篮球场，三是体育馆。

（一）运动场

运动场是监狱环境中一个极其重要的组成部分，占地面积大、特征明显。它既是监狱组织罪犯开展体育运动和举办大型文化活动的主要场所，也是罪犯陶冶思想道德情操的重要场所和平台。目前，监狱室外运动场大多为 400m 标准田径运动场，内含 1 个标准足球场（图 11-8-1）。也有少数监狱在田径运动场中央布置几个篮球场，如浙江省临海监狱布置了 6 个标准篮球场。布置有足球场和田径比赛项目运动场的是最受监狱欢迎的综合性场地，这类场地占地面积较大。监狱是否设置运动场应视监狱占地面积而定。

1. 运动场的选址

（1）必须符合监狱总体规划布局。

（2）宜设置在罪犯生活区内，交通方便，便于罪犯使用和观看比赛。

（3）要便于供水和排水。

（4）整体美观，地势开阔，空气新鲜，阳光充足，周围有足够的余地。

（5）可作为罪犯应急疏散场所，宜设在罪犯监舍区中心位置，即运动场四周可设监舍楼。

运动场位置在整体环境中举足轻重，以至于有的监狱建筑专家学者认为科学合理布置好运动场，监管区规划就成功了一半。目前，我国监狱运动场位置，大致有以下六种情况：

（1）布置在教学楼的正前方，处于监管区中心位置，如上海市青浦监狱、浙江省临海监狱、四川省川北监狱、湖北省沙洋监狱管理局广华监狱、陕西省关中监狱、安徽省蚌埠监狱等，运动场方向为南北方向。

（2）布置在教学楼的正后方，处于监管区后侧，如江苏省苏州监狱、云南省西双版纳监狱等，运动场方向为东西方向。其中江苏省苏州监狱运动场位于监狱标志性建筑——教学楼、体育馆的正北面，在运动场中还设有直升机停机坪。

（3）布置在教学楼的西侧，如山西省平遥监狱、山西省太原第一监狱，运动场方向为南北方向，位于 1 栋监舍楼的正北面。

（4）布置在教学楼的东侧，如安徽省马鞍山监狱，运动场方向为南北方向，位于综合楼与罪犯劳动改造厂房之间。

（5）布置在监舍楼的正南面，处于罪犯生活区中心位置，如山东省青岛监狱、山东省泰安监狱，其中泰安监狱运动场方向为南北方向，而青岛监狱运动场方向为东西方向。

（6）布置在罪犯劳动改造区中心位置，如山西省太原第二监狱，运动场方向为东西方向，位于2栋劳务厂房的正南面。

当然，也有不少监狱，没有设置运动场，如江西省赣州监狱、江西省南昌监狱、江苏省南京女子监狱、广西壮族自治区桐林监狱等。

2. 确定运动场的朝向

用中线的方向来代表运动场的朝向，运动项目的所有方向同中线的方向应是一致的，和中线的方向基本是平行的。原则上应以南北方向为好（考虑日照方向），因为监狱罪犯室外运动宜在白天进行，应避免光线刺眼。如不设看台的场地，可在两侧种植低矮树木或花草，这样可在夏天起到遮阳的作用。

3. 运动场结构设计（图 11-8-2 ~图 11-8-7）

监狱室外运动场最外环为400m的塑胶跑道，其结构层：素土夯实、200厚级配砂石、100厚碎石、50厚中粒式沥青混凝土、30厚细粒式沥青混凝土面层、13mm厚透气型塑胶面层。内环设有排水沟，水沟采用M5混合砂浆砌标准砖，水沟两侧砖墙设渗水孔（孔径宽300mm，高60mm，每隔300mm设1个，孔底标高为 - 0.400m）。水沟内均为1 : 3水泥砂浆抹面20厚。水沟板、道牙板均为钢筋混凝土预制板，混凝土采用C20，水沟板面用同标号的水泥砂浆抹平。明沟盖板上与塑胶跑道表面统一铺上塑胶层。内水沟安装1圈DN40镀锌钢管，设10只左右的水阀作为保养场地用水专用水管。若中间为标准足球场时，使用回填土种植天然草坪，也可用人造50厚足球草皮。球门柱基础混凝土标号为C20，球门柱、田赛各项抵脚板均刷白色调和漆两道。福建省漳州监狱运动场，跑道全部为塑胶地面，跑道长215m。山西省太原第一监狱运动场，总占地面积4150m^2，全部为塑胶地面，跑道长210m，设有1个篮球场、2个羽毛球场。

运动场按规范设计应设有主席台和看台，福建省福清监狱、福建省武夷山监狱、陕西省宝鸡监狱等在运动场设置了主席台，四川省崇州监狱、天津市津西监狱等在运动场设置了主席台和看台。由于涉及监狱监管安全，绝大多数监狱没有设置主席台和看台。监狱在运动场举办大型活动时，一般临时性搭建主席台或看台。场地四周设计安装与之相适应的灯光设施，以及进行必要的绿化美化。有的监狱在运动场前端部位设置了旗台，如江苏省浦口监狱、湖北省襄樊监狱、湖北省荆州监狱、福建省漳州监狱等。天津市河西监狱迁建项目警察训练基地

图 11-8-2　安徽省巢湖监狱监管区内的塑胶跑道及篮球场

图 11-8-3　湖北省襄南监狱监管区内的透气型塑胶跑道

图 11-8-4　山西省太原第一监狱监管区内的正心运动场

图 11-8-5　陕西省宝鸡监狱监管区内的运动场

图 11-8-6　四川省崇州监狱监管区内的运动场

图 11-8-7　江苏省浦口监狱监管区内的运动场

中的体育场，占地面积 16000m²，体育场看台建筑面积 3780m²，地上 2 层，建筑总高度 14.25m，最大单跨跨度 12m，室外雨水管，采用了最大管径 DN400。

在运动场中设直升机停机坪，除了要考虑地面的要求外，还要考虑飞机气流的吹袭影响，可能对停放、地面设施和人员造成威胁；还要考虑供飞机停放和进行各种业务活动的场所等。

（二）篮球场

篮球运动是对抗性体育运动，是世界上影响最大、传播最为广泛的运动之一。篮球运动也是监狱内服刑罪犯较为喜爱的一项运动，也非常适合于监狱开展。篮球运动充满活力，不仅能提高罪犯的身体素质，锻炼意志，还能陶冶情操、培养团队精神、增强使命感和荣誉意识，对罪犯矫治起到一定促进作用。

1. 篮球场的选址

（1）必须符合监狱总体规划布局。

（2）宜设置在罪犯生活区内，交通方便，便于罪犯使用和观看比赛。

（3）应临近罪犯生活区道路设置，场地周边可通过设置树木或隔声屏蔽设施减少噪声。

（4）建造篮球场应因地制宜，不过最少要占地面积 28m（长）×15m（宽）=420m²，多片球场相连时，要考虑空地间隔的大小等。

目前，我国监狱篮球场位置，大致有以下三种情况：

（1）设在各监区院落内，这是目前全国大多数监狱的普遍做法，如海南省美兰监狱（图 11-8-8）、重庆市渝都监狱、四川省川北监狱、云南省西双版纳监狱、广西壮族自治区桐林监狱、江西省饶州监狱等。这类设计前提是监狱占地面积允许，优点是各监区相对封闭管理，有利于监狱监管安全。

（2）集中设在室外，如江苏省苏州监狱、山东省鲁西监狱、广东省惠州监狱、安徽省阜阳监狱等，其中江苏省苏州监狱将 4 个标准篮球场连接在一起，设置在监舍楼与会见楼之间；而山东省鲁西监狱、广东省惠州监狱分别将 6 个、5 个标准篮球场连接在一起，设置在教学楼正前方；安徽省阜阳监狱监管区室外大操场总占地面积约 9000m²，四周安装了高 4m 的钢制隔离网，场内建有 2 个标准塑胶地面的篮球场和 2 个羽毛球场、1 个跳远沙坑，并设置了休息区和铺设了大面积草坪，基本满足了罪犯户外活动的需求。这种设计方式宜在罪犯生活区选择一片场地，将几个篮球场相连在一起，优点是节约用地（图 11-8-9 ~图 11-8-11）。

（3）设在体育馆中心位置，如江苏省苏州监狱在体育馆内中心位置设了 1 个标准篮球场。挪威哈尔登监狱室内篮球场的篮球架固定在墙面上，既节省地面空间，又保障了人身安全，值得我们学习和借鉴（图 11-8-12）。

图 11-8-8 海南省美兰监狱监区院落内的篮球场

图 11-8-9 江苏省苏州监狱监管区内的室外篮球场

图 11-8-10 湖南省星城监狱监管区内的室外篮球场

2. 篮球场结构设计

室外塑胶篮球场，国际标准规格为 28m（长）× 15m（宽），再加上周围区域，总占地面积达到 32.1m（长）× 22.1m（宽）=709.41m^2，在篮球场主赛区域之外必须留出至少 2m 的区域，这一区域不可有任何障碍物（图 11-8-13）。

室外塑胶篮球场结构：素土夯实、200 厚级配砂石、250 厚中粒式沥青混凝土 C30 混凝土（内配 ф10 双层钢筋）、面层为 SPU 特邦硅弹性涂层。颜色一般采用草绿、铁红居多。室外塑胶篮球场地要求平整，不要有突起和小坑，日常要维护好，画线要清晰。比赛场地的灯光，至少为 1500lux，这个光度是从球场上方 1m 处测量的。

监狱室外塑胶篮球场，四周应用金属隔离网（一般采用低碳冷拔钢丝或电镀锌丝，热镀锌丝为原料，全体浸塑或外表喷塑处理办法进行防腐处理）全封闭。金属隔离网不仅方便管理，也利于运动，金属隔离网高度通常设 4.0m。

图 11-8-11 荷兰某监狱室外篮球场

图 11-8-12 挪威哈尔登监狱室内篮球场

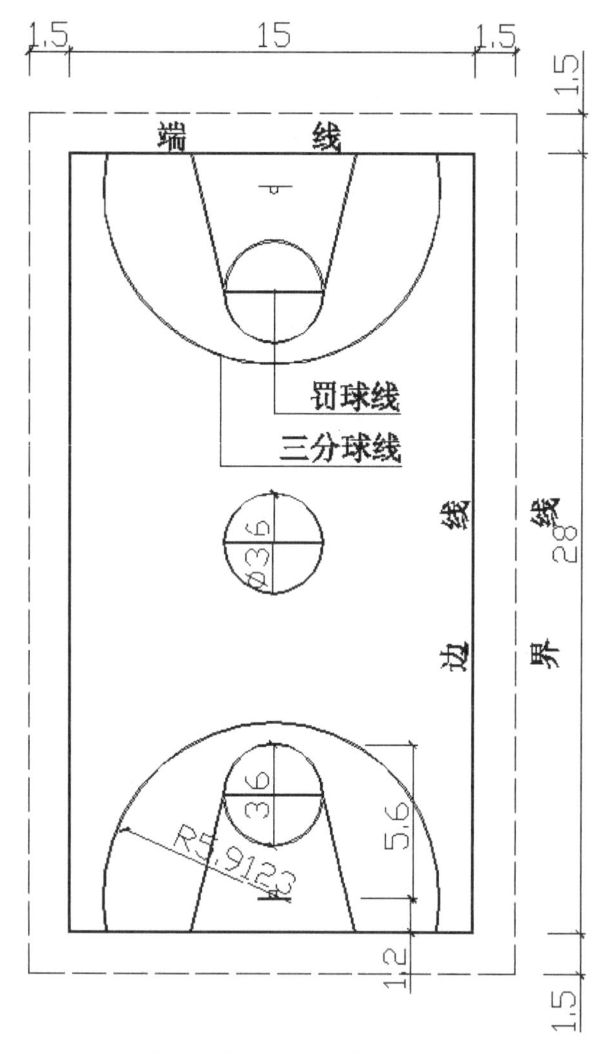

图 11-8-13 标准篮球场示意图

（三）体育馆

体育馆是监狱开展体育活动、文化娱乐、学术交流和对外交往的重要场所，也是展示监狱精神面貌、文化品位、科技水平和文明管理的窗口。监狱体育馆与一般社会上的体育馆相比，既要满足体育训练及比赛的共性，也要满足监狱管理的特殊性。

1. 体育馆的选址

（1）选址必须符合监狱总体规划布局。

（2）应综合考虑监狱体育设施的布局，体育馆应当符合交通便利、安全优先的原则，在基础设施条件较好的地段选址，合理利用自然地形地貌。用地至少应有一面或两面临接监狱主干道，以满足交通、疏散等要求。

（3）要确定体育馆的服务对象和用途，是为警察职工服务还是为罪犯服务，明确了服务对象和用途，才可确定选址。主要服务对象是警察职工的，应设置在警察行政办公区内或警察生活区内；主要服务对象是罪犯的，应设置在监狱围墙内，即监管区内。河北省冀东监狱、浙江省乔司监狱等警体中心或体育馆设置在警察行政办公区或生活内，江苏省苏州监狱、江苏省未成年犯管教所、吉林省女子监狱等体育馆则建在监管区内。

（4）建于监管区外的体育馆，应设有大面积停车场地、疏散广场，并靠近交通干道。

（5）建于监管区内的体育馆，应设有室外疏散广场，宜靠近运动场，运动场可兼作室外疏散场地，要保证体育馆的大量观众在 4 ~ 5 分钟内能全部疏散到室外广场上。

2. 体育馆的设计规则

（1）监狱体育馆应最大限度提高利用率，避免造成资源浪费。功能设计应把握以体育训练、比赛为主，兼顾文艺演出、集会、会展、健身、娱乐等功能。

（2）应满足安全、卫生、消防、环保等要求，并根据当地气候条件，在满足体育竞赛要求的前提下，采取节能、节水措施，科学利用自然通风和天然采光，合理确定规划设计方案。

（3）我国现把观众席超过 8000 个的称“大型体育馆”，少于 3000 个的称“小型体育馆”，介于两者之间的称“中型体育馆”。由于受服务对象以及经济承受能力的限制，监狱体育馆建设规模一般为小型体育馆。监狱体育馆属于二级耐火等级的体育馆，建筑级别为丙级。

3. 体育馆的建设规模、建筑高度及建筑结构

监狱体育馆属于小型体育馆，建筑面积一般不宜超 5000m^2。参照《监狱建设标准》（建标 139—2010）第四章第二十七条相关规定，监管区内体育馆最高不应超过 24m。建筑结构宜采用钢架或框架结构。

江苏省未成年犯管教所体育馆建筑面积 4022.53m^2，建筑总高度 16.5m，建筑层数为地上 3 层，建筑结构为钢筋混凝土框架结构（图 11-8-14）。江苏省苏州监狱体育馆总建筑面积 4806m^2，建筑总高度 20.5m，主体单层，局部地上 3 层，建筑结构为钢筋混凝土框架结构，屋顶采用钢网架结构（图

11-8-15、图 11-8-16）。

4. 体育馆的总平面布置

体育馆功能用房主要布置在底层，平面布置应严格按照各项国际标准，如篮球、排球赛场净高≥ 12m，一般适应国际比赛的体育馆室内高度≥ 15m。英国佛莱克兰监狱设有 1 座设施齐全的体育馆，里面包括 2 张台球桌、1 个游泳池、2 个篮球场。观众席要安排在最佳视觉范围内，主席台位置应按比赛仪式要求选择地位适中、视线最佳的体育馆地段。四侧设置 4 个出入口，分别为运动员入口、贵宾及裁判入口、工作人员入口和辅助入口。运动员入口宜设在主席台对面。场馆外侧设置楼梯引导观众到达第 2 层平台，由第 2 层平台进入场馆。要做到不同人流各有明确的入口，相互不干涉，进出便捷。第 2 层设置管理用房，第 3 层设置灯光控制室。无障碍设计主要集中在入口、公共卫生间等地方。在体育馆的周边设计环形道路，满足消防要求。江苏省苏州监狱体育馆设计观众席位约为 2200 人，属小型体育馆，位于该监狱地标建筑教学楼的正北面，400m 标准运动场的正南面。体育馆平面形状呈长方形，东西长 67.8m，南北宽 49.8m，占地面积约 3400m^2，该馆与正北面的运动场、东面的篮球场共同组成监狱罪犯的运动区。

5. 体育馆的立面造型设计

监狱体育馆整体设计以简洁、轻盈，具备现代气息为原则。场馆立面宜设置大面积的玻璃幕墙或外窗，突出场馆整体形象。外侧的立柱为场馆的骨架，表现场馆的稳重，丰富立面层次。监狱体育馆不单要表现出应有的力量感，也要考虑到应该具有一定的文化气质。监狱体育馆体量的安排、尺度的处理和形象的塑造等，都要使体育馆能融合于整体环境之中，达到高度和谐统一。江苏省苏州监狱体育馆与监内其他建筑有机融为一体，为避免单体建筑由于体量大造成的压抑感，在屋顶和立面形式的处理上力图给人相对轻盈的感觉，同时体育馆的整个馆舍外墙面选用浅灰白色为主色调，淡雅的风格与监内整体建筑色彩相呼应，给人以舒适的视觉享受。浙江省乔司监狱体育馆在外形上结合玻璃幕墙和铝板，出檐深远，潇洒飘逸，新颖独特。立面注重曲线和直线相结合，该馆已成为乔司监狱一道靓丽的风景线。

图 11-8-14 江苏省未成年犯管教所体育馆

图 11-8-15 江苏省苏州监狱体育馆

图 11-8-16 江苏省苏州监狱体育馆室内一角

体育馆跨度大，屋顶结构在整个建筑设计中占重要地位，对建筑造型起决定性的作用。现在国内外体育馆采用的有空间网架结构、悬索结构、充气结构、张力结构等。浙江省乔司监狱、江苏省苏州监狱体育馆的屋顶是空间网架结构。北京工人体育馆的屋顶则是悬索结构，美国密歇根州庞蒂体育馆亚克体育馆的屋顶是充气结构，德国慕尼黑奥运会体育中心体育馆的屋顶是张力结构。江苏省苏州监狱体育馆采用平面弧形网架彩钢夹芯板保温屋盖系统，其轻质的特性使得场馆飘逸、富有动感。

6. 体育馆的建筑功能设计

（1）比赛场地及练习馆

小型体育馆的比赛场地按最小需求能作篮球场比赛，所需最小尺寸为 38m × 20m。江苏省苏州监狱体育馆比赛场地尺寸为 42m × 27m，属多功能Ⅱ型场地，场地净高为 15m，这样的尺寸有较大的适应范围，可开展正式比赛，项目有篮球、排球、羽毛球、乒乓球等。场地可设拉出式活动看台，根据比赛项目增减观众容量，并考虑大型文艺演出、大型集会等多功能的使用（图 11-8-17 ~ 图 11-8-19）。收回活动看台，可供各种球类平时训练及比赛使用，如江苏省苏州监狱体育馆可作 1 个标准篮球场或 2 个标准排球场或 4 个羽毛球场或 6 个乒乓球台等。在该监狱体育馆的东西两侧，设有训练馆、乒乓球馆等。

（2）观众厅

1）观众席规模及布局。按丙级（小型体育馆）规范要求，需设主席台、观众席、残疾观众席。观众看台多设计成阶梯形，坡度 ≤ 30°，台阶高度 ≤ 45cm。江苏省苏州监狱体育馆看台座宽 48cm，排距 85cm，高 43cm。固定观众席位为 2000 座，并在场内设有拉出式活动看台，以增加观众容量，例如篮球赛正式比赛时可增加活动座位 208 个，集会、文艺演出时可增加活动座位 104 个。观众厅固定看台基本采用对称布置方式，主要席位沿比赛场地长轴布置，另有部分席位布置在短轴方向，围合比赛场地，以利于营造比赛气氛。其中南侧席位多于北侧，使得集会或文艺演出时大部分观众处于最佳视觉位置；北侧中央主席台布置活动席位，文艺演出时收起活动座椅，作为演出舞台，满足大型集会与演出的需要。

2）观众用房与服务设施。考虑到监狱体育馆的多功能性和文化性，故在观众休息区设计引入共享空间这一重要概念，分别在入口门厅、南北休息廊及角部设计休闲空间，为监狱开展文化娱乐活动提供了活动空间。贵宾休息室按规范面积无限制，由于监狱体育馆体量相对较小，在设计时面积可控制

图 11-8-17　2011 年 6 月 8 日，浙江省直机关工委在乔司监狱警体中心体育馆举行“颂歌飞扬 90 年”——浙江省直属机关纪念中国共产党成立 90 周年歌舞晚会首次彩排

图 11-8-18　辽宁省大连市监狱警察体育馆

图 11-8-19　湖北省江北监狱室内体育馆

在 50m² 以内，休息室内应设有卫生间。同时还需设残疾观众厕所和急救室（无面积限制）。观众厕位按要求需设男大便器 8 个 /1000 人，小便器 20 个 /1000 人，女厕 30 个 /1000 人。江苏省苏州监狱体育馆位于监管区内，在底层和第 2 层观众席位四角分别设置了警察和罪犯卫生间，男警察厕位共 12 个，女厕位共 4 个，罪犯厕位共 24 个，男小便器共 50 个。

3）运动员、裁判员用房及附属用房

①运动员休息室。在比赛大厅与练习馆之间，看台之下可设置男、女运动员休息室，兼顾运动员比赛热身、比赛中休息及候场的需要，并能够满足各个参赛队伍、不同性别运动员的使用。文艺演出时又可做化妆间和准备间。江苏省苏州监狱体育馆设有 2 间运动员休息室，建筑面积各 50m²，且附设有更衣间和 3 个淋浴位。

②裁判员休息室与办公室。可设在看台之下，比赛时办公室可作为检录室等用房。裁判员休息室按要求需设置 2 间，每间建筑面积 10m² 左右。

③警察值班（监控）室、办公室、会议室。警察值班（监控）室内应设通信、监控、报警装置，设有警察专用卫生间，对外的门窗安装防护隔离设施，建筑面积 16m² 左右。办公室按要求不少于 4 间，每间建筑面积约 16m²，会议室建筑面积 20 ~ 30m²。

④计时分用房。按规范要求可临时设置计时控制室，显示屏幕控制室，控制室建筑面积 50m² 左右。

⑤广播用房。按规范要求需设置广播室、声控室，建筑面积分别 10m²、15m² 左右。

⑥技术设备用房。按规范要求需设置消防控制室，建筑面积 10m² 左右。

7. 体育馆应注意的几个问题

（1）应考虑节能、环保、消防。体育馆内照明宜采用节能光源，气体放电灯镇流器宜采用电子镇流器或节能电感镇流器。公共区域照明应采用智能照明控制系统进行控制，夜间立面照明采用 LED 光源，同样达到节能的目的。体育馆内净空较高、空间大（一般净高大于 12m），按照常规体育馆都设计为上送风，满场温控。复旦大学体育馆设计考虑到上空不是人员活动区域，并不需要温控，因此，场地内的空调采用座位下送风，仅考虑观众席的温度调节，取消屋顶送风。这样不仅使屋顶简洁干净，而且也大大节约了空调运转费用。而江苏省苏州监狱体育馆在设计中强调了节能理念，未设中央空调系统，而是利用看台处独特的自然通风设计和屋顶通风采光系统，有效地解决了日常自然采光和通风，达到了经济、适用、节能的优良效果。

监狱体育馆屋面面积较大，上面的雨水可以进行回收利用，经统一处理后可用于冲厕、浇灌绿地、冲洗道路等。体育馆内的消防设施都必须设置喷淋系统，当屋面结构有一定高度时，喷淋系统还必须采用上、下喷淋。

（2）应注意颜色的搭配、装饰材料的选用。监狱体育馆的装饰不一定选用高档材料，但要体现出监狱建筑的简洁、大方、庄重，搭配得当，突出适用。江苏省苏州监狱体育馆的走道地面采用玻化砖，比赛场采用 PVC 复合塑胶地面，部分走道吊顶采用铝合金网格等，整体效果良好。

（3）应处理好声控。多功能体育馆在集会、文艺演出时场内的声响效果较差，因此，在设计阶段就要重视建声设计，尽可能改善建声条件。屋顶和比赛大厅侧墙是设置吸声的重要部位，在进行弱电设计时要进行模拟分析，如处理得当，可以取得良好效果。深圳世界大学生运动会体育中心主体育馆，比赛大厅屋顶是在外围护结构——聚碳酸酯板下面的 1 层不透明结构，悬吊在主体结构下方。这层不透明结构具有多重功能：吸声、隔声、隔热、防火，同时结构重量轻，这也被全球最大的场馆运营商 AEG 亚洲总裁称为“非常先进的设计理念”。经过精心设计、精心施工，该馆内声响取得了很好的效果。

（4）应选用合适的 LED 显示屏。体育馆的电子显示屏通常可采用平面式和斗式，平面式显示屏靠场地一侧设置，屏幕较大，用得较多；斗式显示屏是四面显示，屏幕略小，悬挂在场地中央，较适用于篮球比赛馆。平面式的 LED 显示屏有全彩屏或双基色与全彩组合屏，经济条件允许时宜考虑采用全彩屏。另外屏的长度和高度的比例应考虑多种显示的要求：比赛记分显示、场内画面显示、电视转播显示和播放 DVD 显示等。显示屏的亮度和环境照度要匹配。当体育馆采光效果较好时，电子显示屏的亮度要较高。

（5）建设一定要量力而行。体育馆建设应与当地经济发展相适宜，特别是中西部地区经济发展相对缓慢，不一定非要建体育馆，否则建成后有可能会成为监狱的负担；体育馆建成后，防止闲置或者纯粹是摆设，甚至沦为仓库。

（6）监管区外的体育馆，可以建成较为适用的警体馆。监狱警体馆（或警体训练中心、警体训练馆）主要是为增强广大监狱警察的体能和实战技能，提高警察的综合素质的场所。我国许多监狱在警察行政办公区、警察生活区建了警体馆，如广西壮族自治区贵港监狱、青海省门源监狱、青海省西宁监狱、广西壮族自治区桂林监狱、云南省临沧监狱、江西省赣州监狱、广东省韶关监狱等。

广西壮族自治区贵港监狱警体训练中心，位于该监狱职工住宅小区内，地上1层，建筑面积1898.56m^2，建筑总高度16.4m，钢筋混凝土框架结构。青海省门源监狱警体训练中心，是集学习、健身、娱乐于一体的综合性场馆，始建于2010年9月，主体3层，钢筋混凝土框架结构，总建筑面积2663.91m^2。底层为室内射击场和培训中心，室内射击场设4个靶位，以手枪射击为主，每个靶位最远射击距离25m，最近射击距离7m；第2层为健身房，有4组健身器械、6台跑步机、哑铃、杠铃等健身器材，为警察职工健身提供了方便；第3层为篮球场和羽毛球场。

江西省赣州监狱警体训练中心，也是集学习、健身、娱乐为一体的综合性场馆，始建于2013年元月，主体2层，钢筋混凝土框架结构，总建筑面积4975.3m^2，底层建筑面积3649.94m^2，左侧为室内篮球场、羽毛球场，右侧为室内射击馆。室内射击馆共设4个靶位，以手枪射击为主，每个靶位最远射击距离25m，最近射击距离7m。同时，在射手位屏显图像信息中设有靶道射击自动统计和分道计时功能，以及完善的集中控制系统，实现了对全靶场的视频、音频、数字信号等所有设备的数字化集中控制，以此充分满足多种形式的射击训练、考核及射击比赛的要求。第2层建筑面积1292.25m^2，主要为健身房，内设有哑铃、杠铃、拉力器等力量型健身器械，还设有跑步机、乒乓球桌等有氧型健身器材，以及专门为女警设置的健美操区域。

随着国家对监狱投入逐年加大，经过这几年的探索与实践，监狱运动场馆建设取得了非常显著的成绩。监狱运动场馆建设，整体规划要科学，要有一定超前意识，要综合考虑地域及民族文化、经济环境和自然、地理资源条件以及社会发展和使用者身心健康的需要。

二、浴室

浴室作为罪犯生活重要的辅助设施，对于保障罪犯合法权益，间接维护监管秩序发挥着积极作用。浴室也是监狱必不可少的单体建筑。

（一）浴室的设计规则

（1）应做到技术先进、经济合理、安全可靠、便于管理和节水节能。

（2）应遵守《建筑给水排水设计规范》（GBJ 15—88）、《监狱建设标准》（建标139—2010）以及相关监狱监管安全要求。

（3）洗浴用水水质应符合现行《生活饮水卫生标准》（GB 5749—2006）的要求。

（4）使用太阳能作为热源时，应根据当地气候条件和使用要求，配置辅助加热装置。新迁建的甘肃省金昌监狱采用了太阳能热水器，罪犯伙房及浴室部分集热器采光面积超出300m^2，集热器日产水量90～120kg/m^2，产水温度40℃～65℃，每天可供360名罪犯洗澡。安徽省潜川监狱，每栋监舍楼（地上5层，居住750名罪犯）平顶屋面上安装了太阳能集热器设备，集热面积300m^2，全天有日照时，日产50℃左右的热水30t。阴雨天，太阳能提供热能不足时，由空气源机组提供热源辅助加热，保证每名罪犯每天15L的50℃洗浴热水（图11-8-20）。

（5）用热水锅炉直接制备热水的供水系统，应设置贮水罐，且冷水给水管应由贮水罐底部接入。采用蒸汽直接加热的加热方式，宜用于开式热水供应系统，蒸汽中应不含油质及有毒物质，并应采取消声措施，控制噪声不高于允许值。在设有高位热水箱的热水供应系统中，应设置冷水补给水箱。

（6）监狱浴室属于公共场所，不宜设置公共浴池。参照《宿舍建筑设计规范》（JGJ36—2005），结合监狱管理的实际需要，按每12人设置1只莲蓬头。高度戒备监狱按每单人间、4 人间、6 ~ 8 人间均设 1 个浴位。所有的管应暗敷于墙内，墙面设双管配水管控制阀。

（7）有老病残犯的监狱应设无阻碍淋浴间、洗浴时使用固定坐台或活动坐板（图 11-8-21）。地面应防渗防滑、耐酸、耐碱，并便于清洗和排除污水。浴室的生活废水与粪便污水分流排出。

（8）宜采用排水明沟排水，沟宽不得小于 150mm，上面设活动铸铁盖子，排水沟末端应设集水坑和活动格网。

（9）浴室应有良好的通风换气设施，采暖地区的浴室应设有暖气设施。浴室电气设备应有防水措施。

（二）浴室的建筑设计要求

1. 浴室的选址

（1）必须符合监狱总体规划布局。

（2）宜设置在罪犯生活区内，单独设置的洗浴楼应靠近提供热源的地方。

（3）给排水方便。

目前，我国监狱罪犯浴室位置，大致有以下三种情况：

（1）设置独立的浴室或洗浴楼，如山西省太原第二监狱、辽宁省凌源第三监狱、江苏省浦口监狱等。这种方式在 20 世纪被监狱普遍采用，由于罪犯流动性大，不利于监狱监管安全，目前不提倡采用。

（2）设置在监舍楼内，如江苏省苏州监狱、广东省英德监狱、上海市未成年犯管教所、贵州省瓮安监狱等。其中江苏省苏州监狱、广东省英德监狱在监舍楼每层设置集中式的淋浴室，设有更衣室、淋浴室；而广东省女子监狱在每间寝室内设有莲蓬头；贵州省瓮安监狱集中设置在监舍楼底层，设有更衣室、警察执勤室、淋浴室，每个浴室设 42 只莲蓬头。目前由于要求减少罪犯的流动性，方便警察的管理，在监舍楼每层设置集中式的淋浴室成为新建监狱普遍采用的方式。

（3）与罪犯伙房、餐厅等单体建筑连为一整体，如江苏省洪泽湖监狱、江苏省彭城监狱、辽宁省康平监狱中心监区等。这种方式的优点是提供热源距离短，减少了能耗。

图 11-8-20 北京市良乡监狱浴室采用大型太阳能集中供热

图 11-8-21 湖南省长沙监狱罪犯浴室老残犯淋浴区

2. 浴室的建设规模与建筑结构

依据《监狱建设标准》（建标 139—2010），以中度戒备监狱为例进行测算，浴室建筑面积指标为 0.33m²/ 罪犯，一所小型监狱，关押规模 1000 ~ 2000 人，浴室总建筑面积 330 ~ 660m²；一所中型监狱，关押规模 2001 ~ 3000 人，浴室总建筑面积 660.33 ~ 990m²；一所大型监狱，关押规模 3001 ~ 5000 人，浴室总建筑面积 990.33 ~ 1650m²。高度戒备监狱的罪犯浴室建筑面积指标为 0.94m²/ 罪犯，以一所关押规模为 1500 人的小型监狱测算，罪犯浴室建筑面积 1410m²。

江苏省浦口监狱罪犯浴室建筑面积约 600m²，每次可容纳 167 名罪犯洗澡；辽宁省凌源第三监狱罪犯浴室建筑面积 664m²，每次可容纳 200 名罪犯洗澡；辽宁省康平监狱中心监区罪犯的伙房与浴室设为 1 栋单体建筑，总建筑面积 1351m²，其中罪犯浴室建筑面积432m²，安装135只白钢莲蓬头，每次可容纳135名罪犯洗澡。江苏省彭城监狱将罪犯伙房、浴室、锅炉房设为1栋单体建筑，建筑面积1731.6m²。

如果浴室放置在监舍楼内，底层设集中浴室，以此栋楼关押规模500人测算，浴室建筑面积165m²；如果浴室设置在监舍楼每层楼面内，以1个监区250人测算，浴室建筑面积82.5m²。

由于罪犯浴室需要一个大的空间，单独设置的罪犯洗浴楼建筑结构宜采用钢筋混凝土框架结构。辽宁省凌源第三监狱、辽宁省康平监狱中心监区、浙江省十里坪监狱龙游关押点、江苏省浦口监狱等罪犯浴室都采用钢筋混凝土框架结构。

3. 浴室的层数与层高

单独设置的罪犯洗浴楼一般为单层，层高应大于2.6m，一般设3.2m左右。

辽宁省凌源第三监狱浴室，单层，层高6.85m；浙江省十里坪监狱龙游关押点浴室（与伙房连为一体），单层，层高设4.5m，建筑总高度5m；山西省太原第二监狱洗浴楼，为地下1层，地上3层，总建筑面积1757.8m²，建筑总高度为12.9m；江苏省苏州监狱将罪犯浴室设在监舍楼的各楼层内，与监舍楼楼层同高。

（三）浴室功能用房

罪犯浴室内应设有警察值班室、罪犯管理室（兼工具房）、更衣室、淋浴室、卫生间、洗衣房等配套房间。

（1）警察值班（监控）室，应设通信、监控、报警装置，设有警察专用卫生间，对外的门窗安装防护隔离设施。警察值班（监控）室建筑面积20m²左右。辽宁省凌源第三监狱罪犯浴室警察执勤监控室设计成“V”字形观察窗口，罪犯洗浴的一举一动一目了然，不存在监管盲点和死角。

（2）罪犯管理室（兼工具房），用于存放一些维护及清洁设备，门窗应为透明式，建筑面积20m²左右。

（3）更衣室，用于罪犯洗澡更换衣服，门窗应为透明式，设有衣柜及长凳（固定于地面），建筑面积50m²左右。更衣室须有保暖换气设备，并要有足够的建筑面积，更衣室每个席位≥1.25m²，走道宽度≥1.5m（图11-8-22、图11-8-23）。

（4）淋浴室，按监狱相关建筑标准设置。暗置莲蓬头墙面暗埋出水口中心距地面应为2.1m，淋浴开关中心距地面最好为1.1m；明装升降杆莲蓬头一般以莲蓬头洒出水面为界定，其高度最好为2m。淋浴室应设有气窗，气窗面积为地面面积的5%，并有良好的通风设施（新风、排风、除湿等）（图11-8-24 ~图11-8-26）。

（5）卫生间。在浴室的同1区域内应配备相应的卫生间。从监狱监管安全角度考虑，应为敞开式，至少设2个蹲位，建筑面积约6m²。

（6）洗衣房，用于洗涤罪犯被套、床单、枕巾等衣物的用房。应配备大型洗衣机（工业水洗）、床单被褥臭氧消毒器和全自动全钢大型工业烘干机等设备。门窗应为透明式。大、中、小型监狱的洗衣房建筑面积分别约150m²、120m²、100m²（此建筑面积不含在浴室建筑面积指标内，另计）。

图11-8-22　湖南省长沙监狱罪犯浴室更衣区

图11-8-23　江苏省浦口监狱罪犯浴室更衣区

图 11-8-24　江苏省浦口监狱罪犯浴室淋浴区

图 11-8-25　江苏省丁山监狱罪犯浴室淋浴区

图 11-8-26　加拿大某监狱囚犯淋浴间

图 11-8-27　江苏省浦口监狱罪犯浴室室外设备

（四）浴室应注意的几个问题

（1）罪犯浴室宜采用燃气式锅炉，有良好的通风设施、排水系统。带抽风机的通风系统可保证浴室内的空气清新，使患有高血压、心脏病的病犯也能没有顾虑地洗浴。江苏省浦口监狱、福建省仓山监狱、福建省莆田监狱、福建省建阳监狱等罪犯浴室热源采用空气能中央热水器（空气源热泵热水器），该设备的效能是普通电热水器的 4 ~ 6 倍，在大幅度提升了能源利用率的同时，也有效避免了电热水器漏电的危险以及燃气热水器排放废气所造成的空气污染（图 11-8-27）。

（2）为了让老病残犯也能安全方便地洗澡，监狱应在离警察监控位最近的区域设置老病残犯洗浴区，安装残疾犯扶手和专用换衣凳。辽宁省凌源第三监狱罪犯浴室设有相互隔离的健康犯洗浴间和残疾犯洗浴间。

（3）为确保浴室管理秩序和罪犯洗浴安全，监狱应制定一系列水暖设备操作规程和浴室管理制度，并配备专职的锅炉房工人师傅和浴室警察管理人员，并对他们进行专门的技术和安全培训。

（五）实例

山东省烟台监狱将罪犯洗浴场与洗衣房合并为1栋单体建筑，地上2层，总建筑面积2289m²，具有洗衣、洗澡两大功能。该洗浴场内部配套设施齐全，功能完善，内设有警察值班室、罪犯管理室、工具房、更衣室、淋浴室、洗手间、洗衣房等配套房间。

洗衣房配备100kg洗脱全自动洗衣机2台、100kg烘干机2台、烫平机1台，设有不锈钢熨烫台，配备了挂烫机、电熨斗等熨衣设备。主要用于罪犯的外衣、床单、被罩等衣物清洗、烘干、消毒、熨烫，每台洗衣机1次最多可洗涤衣服200套，1天可洗涤1500套。

洗浴室包括更衣室和淋浴室两部分。更衣室共有15间，内设不锈钢更衣柜、真皮更衣凳等洗浴设施。淋浴室共有18间，每间淋浴室有莲蓬头27只或29只，合计514只。采用太阳能集中供热方式，每天可供应50° 热水50t，与蒸汽、电力等供热方式相比，每年节约费用50万元，做到了美观、节能、环保、低碳。每次可供700多名罪犯洗澡，每周可保证每名罪犯洗上1 ~ 2次澡。

三、垃圾转运站

以往监狱对垃圾转运站并不太重视，随便找一个角落存放垃圾，垃圾暴露敞开，特别是夏季垃圾场周围蚊蝇滋生严重，数百米内臭气熏天，不但影响了监狱的外观整洁，而且易传染疾病，给监狱生活卫生安全带来隐患。为了保护环境、提高罪犯健康水平，监狱应当建有垃圾转运站。

（一）垃圾转运站的设计规则

（1）应遵守《监狱建设标准》（建标139—2010）以及国家现行有关环境污染控制要求的规定。

（2）选择工艺流程简单、技术先进成熟、系统稳定可靠、运行费用低的产品。

（3）设备基本不占地方，不影响原有设施布局，监狱方不需要增加新的基础设施。

（4）应做到因地制宜、技术先进、经济合理、安全适用，有利于保护环境、改善监狱整体环境。

（二）垃圾转运站的建筑设计要求

1. 垃圾转运站的选址

（1）必须符合监狱总体规划布局和相关企事业单位的环境卫生行业规划的要求。

（2）宜选择在靠近罪犯生活区域的边角或垃圾产量最多的地方，且在下风口。但要离开监舍楼至少50m，且要处于武警岗楼视线范围内。

（3）应设置在交通便利的区域。

2. 垃圾转运站的建筑面积与建筑结构

监狱垃圾转运站的规模，应根据监狱每天垃圾转运量来确定。垃圾转运量，应根据监管区内垃圾高产月份平均日产量实际数据的5倍来确定。主要考虑节假日涉及监狱监管安全，垃圾暂不宜处理或外运。监狱垃圾转运站用地面积可参考《城镇环境卫生设施设置标准》（CJJ27—2005）中第4.1.1条的相关规定。监狱宜采用小型垃圾转运站，用地面积≥100m²，附属用房建筑面积100m²左右，与周围单体建筑的间距≥5m。附属用房主要供监狱职工或罪犯值班、更衣或存放工具、资料等。

广西壮族自治区平南监狱迁建贵港市项目垃圾中转站，地上1层，建筑面积64.48m²；浙江省第四监狱垃圾中转站，地上1层，建筑面积约150m²；江苏省龙潭监狱高度戒备监区垃圾中转站，地上1层，建筑面积约250m²。

垃圾转运站，由于需要一个大的空间，所以建筑结构宜采用钢筋混凝土框架结构或钢结构。广西壮族自治区平南监狱迁建贵港市项目、江苏省龙潭监狱高度戒备监区垃圾中转站建筑结构均采用了钢筋混凝土框架结构。

3. 垃圾转运站的层数与层高

单独设置的垃圾转运站一般为单层，压缩式垃圾转运站层高应不低于5.0m，桶装式垃圾转运站层高应不低于4.0m。

4. 垃圾转运站的建筑风格

监狱垃圾转运站的总平面布置应结合监狱实际情况，做到经济、合理（图11-8-28）。大、中型转运站应按区域布置，作业区宜布置在主导风向的下风向，站前区布置应与监狱干道及周围环境相协调。

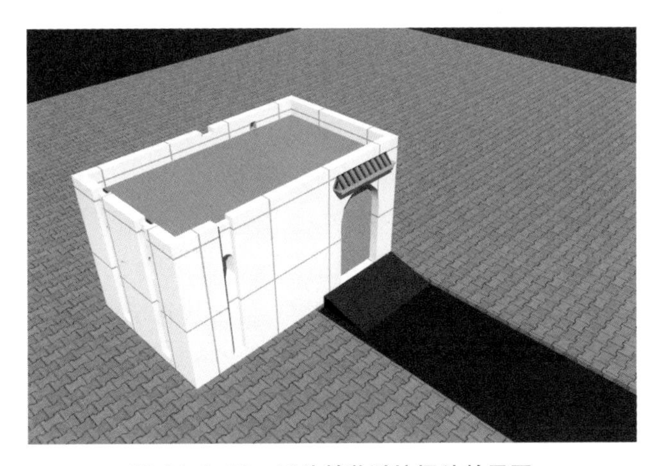

图 11-8-28 国外某监狱垃圾站效果图

转运站内单体建筑、构筑物布置应符合防火、卫生规范及各种安全的要求。站内单体建筑、构筑物的建筑设计和外部装修应与监区内的单体建筑以及环境相协调。转运站内单体建筑室外装修宜采用水刷石、中级涂料、普通贴面材料等。而转运车间室内地面、墙面、顶棚等表面应平整、光滑。地面应贴防滑地砖，墙面贴瓷砖应贴至墙顶。单体建筑窗宜采用钢窗，临路门宜采用卷帘门，宽度与垃圾转运站同宽，门宽≥ 4.0m。转运站内排水系统应采用分流制，有条件的监狱应设污水处理设施。转运站的采暖、通信、噪声、消防和防雷的标准应符合现行标准的有关规定。

（三）垃圾转运站的设备及设施

垃圾转运站应根据不同地区、不同条件，采用不同方式和设备将垃圾装载到运输车辆。转运站的设备数量应根据转运量确定。为调节转运站的工作效率与车辆调用频率之间的关系，应根据需要设置垃圾贮存槽。放置集装箱地坑的深度应保证集装箱上缘与室内地坪齐平或不高于室内地坪 50mm，集装箱外壁与坑壁之间应保持 150 ~ 200mm 的距离，并应设置定位装置。

我国监狱现在逐渐采用较为先进的集装箱压缩式垃圾处理设备，即各种不同类型的垃圾收集车辆到达转运站内，将垃圾卸到垃圾地坑里，地坑内装有推板均匀地将垃圾推到垃圾压缩机内，通过压缩机边压边进入垃圾集装箱内。装满后，此垃圾与专用集装箱及半挂车，由牵引车拉到垃圾处理场去，本身集装箱半挂车带有液压推板装置，由牵引车提供动力源，将垃圾自行卸于处理场。这种新一代的技术特点：一是垃圾随到随压，产生的污水和冲洗的水或者经污水管网排放，或者专门运到污水处理中心，整个处理过程杜绝了污水的污染；二是配置先进的除臭设备，可随时进行喷洒除臭消杀；三能做到日产日清，杜绝裸露垃圾。目前，江苏省苏州监狱、上海市女子监狱、安徽省女子监狱、福建省永安监狱、四川省川西监狱、云南省第三女子监狱、天津市长泰监狱、湖北省襄北监狱、陕西省关中监狱等垃圾处理站采用国内较为先进的新型环保型地下升降式压缩垃圾转运站，经过压缩后再送到监狱外的垃圾填埋场或焚烧厂。要注意集装箱应与垃圾运输车的载重量及车厢相匹配。集装箱的数量，应根据垃圾贮存时间、清运周期及备用量等因素确定。地坑式转运站其集装箱的数量不宜少于地坑数的 2 倍。采用起重设备的转运站，应采用电动起重设备。

江西省女子监狱建立新型箱式垃圾站，垃圾站采用密闭、压缩式储存，自动升降装车，具有消毒、除臭的功能，而且占地面积小，垃圾压缩密度高，保持了监内环境的干净、文明。

湖北省襄北监狱为了改善监管区垃圾处理条件，于 2012 年 6 月投入 37 万元修建了地下升降式压缩垃圾站，其中压缩设备 24.6 万元。该设备是经济环保、安全耐用、操作简便的新型环保设备，系统采用 PLC 程控系统操作，自动化程度高，具有装载容积大、作业效率高、压缩力大、处理能力强、环保性好、可靠性高、易于维护等特点，并设有灭蝇除臭的喷药系统。垃圾从各个监舍、车间、伙房等垃圾筒运至垃圾箱投料口中，经多次压缩后，密封在箱体内，能最大程度地减少对空气的污染，同时也提高了垃圾中转运输效率。监管区内 3000 多人的生活垃圾随时投放，经过压缩，一般情况下，夏季每 3 天，冬季每 7 天，压缩达到 8t 后由地方环卫部门运走。除投放垃圾外，其余功能都由设备完成，降低了工人的劳动强度，改善了工作环境。该监狱还根据夏天和冬天垃圾量的不同与襄阳市环卫处签署了垃圾转运协议，保证垃圾箱及时清理，从而保证了监管区的环境卫生。

设备的布置，应符合下列规定：相邻设备间净距，考虑人行时，其宽度≥ 1.2m；考虑车行时，其宽度应根据运输车通过的实际需要确定。集装箱式垃圾转运站内应留出周转集装箱停放的位置，并应在其周围设置宽度≥ 0.7m 的通道。转运站主要通道的宽度不宜小于 1.2m。

转运站室内高度应不小于设备最大伸展高度。当采用起重设备时，应保持吊起物底部与吊运所越过的物体顶部之间有 0.5m 以上的净距。转运站应设置垃圾称重装置、杀虫灭害装置、除尘除臭装置、排除站内积水的设施、供控制作业用的操作室或操作台。操作室或操作台应设在高处或安全的地方。转运站还应在操作室或操作台内设监控系统。

福建省永安监狱还建起了移动式垃圾压缩转运站，集垃圾收集、密闭压缩处理、垃圾转运为一体的“移动式垃圾中转系统”，同时还具有人工智能和远程监控功能，不仅操作安全省力，而且垃圾不暴露，气味不扩散，作业噪声小，脏水直接引排，运输过程中完全没有垃圾外溢和脏水溢出。另外，与传统垃圾转运站要配备多名环卫人员相比，移动式垃圾转运站操作方便，只需 1 ~ 2 人就可实现正常的垃圾处理，既降低成本又可提高效率。

（四）垃圾转运站的分类及处理

监狱垃圾可分为四类：生活垃圾、食物垃圾、工业生产的工业废料、医疗垃圾。对于生活垃圾，各监区通过密闭式垃圾桶收集，然后运送到监狱垃圾转运站。对于食物垃圾，主要为罪犯的剩饭剩菜，以往绝大多数监狱将这些泔脚水用作猪饲料，专门安排罪犯饲养猪，用以改善罪犯的伙食。由于这些“垃圾猪”易传染疾病，与监狱卫生防疫相关规定不符，因此现在大多监狱将这些餐厨垃圾提供给相关的新型产业公司。这些公司将餐厨垃圾用于发电，发酵后还可提炼用作工业原料。对于工业废料，没有污染性的，可以分类，收集一定的吨位后可以统一对外招标出售。对于医疗垃圾，要用专门的器具进行收集，收集后由专门的回收处理单位统一进行处理或焚烧。对于建筑垃圾，要设置临时专门堆放场地，由当地特种垃圾处理部门集中清运。

（五）垃圾转运站应注意的几个问题

（1）垃圾清运时监控要到位，防止罪犯利用清理之便，将垃圾转运站作为违规或者脱逃的场所。特别注意禁止罪犯靠近外运垃圾车辆，以防止他们自伤、自残、自杀或借机逃跑。

（2）由于现在绝大多数监狱要求各监区在统一时间内清理垃圾，因此，建议垃圾转运站前设一块现浇混凝土或沥青混凝土平整空场地，作为临时垃圾堆放地，此场地最好能有遮阳避雨的顶棚。

（3）农村监狱处理生活垃圾，可采用专用焚烧炉，对部分垃圾进行就地焚烧。如福建省宁德监狱、清流监狱，安徽省白湖监狱管理分局、九成监狱管理分局，广西壮族自治区黎塘监狱等，为了避免车辆的频繁出入监管区而带来安全隐患，而且日垃圾量并不大，建立了垃圾焚烧站，采用了小型往复炉排炉。专用焚烧炉占地面积小，操作简单，维护方便，排放达标。

四、锅炉房

每所监狱几乎都有锅炉房，它是监狱生活设施中必不可少的单体建筑，它能为罪犯伙房、浴室、警察职工食堂、罪犯服装加工车间等提供蒸气，能为罪犯生活区、警察行政办公区、警察生活区等提供暖气。

（一）锅炉房的设计规则

（1）锅炉房设计应由有设计资质的专业设计单位承担，要严格遵守强制性国家标准《锅炉房设计规范》（GB50041—2008）的规定。

（2）锅炉房设计应取得热负荷、燃料和水质资料，并应取得气象、地质、水文、电力和供水等有关资料。锅炉房设计若以煤为燃料，要落实煤的供应。由于煤锅炉易对环境产生污染，现已逐渐被淘汰，而改为优质的清洁性燃气锅炉。如以重油、柴油或天然气、城市煤气为燃料时，应经有关主管部门批准。

（3）锅炉房的设计建造应符合《蒸汽锅炉安全技术监察规程》（劳部发 [1996]276 号）和《热水锅炉安全技术监察规程》（劳锅字 [1991]8 号）的有关规定。锅炉房建造前，监狱必须将锅炉房平面布置图送交所在地锅炉压力容器安全监察机构审查同意，否则属于违规施工。

（4）锅炉宜选用容量和燃烧设备相一致的锅炉。设计容量宜根据热负荷曲线或热平衡系统图，并计入管道热损失、锅炉房自用热量和可供利用的余热进行计算确定。当缺少热负荷曲线或热平衡系统图时，热负荷可根据生产、采暖通风、空调和生活最大耗热量，并分别计入同时使用系数确定。监狱锅炉房的锅炉台数不宜少于2台。江苏省苏州监狱关押规模为4000人，设有3台3T的锅炉（其中1台为备用），分别提供罪犯伙房、警察职工食堂及罪犯劳动改造车间蒸气。甘肃省金昌监狱，设有2台2T燃气锅炉。

（5）锅炉是一种具有高温带压的特种热力设备，存在一定的火灾爆炸危险。监狱锅炉房历来是防爆、防火的要害部位。特别是北方地区的监狱，冬季的供暖依赖于锅炉，对锅炉房的安全检修非常重要。

（6）气体和液体燃料管道应有静电接地装置，当其管道为金属材料时，可与防雷或电气系统接地保护线相连，不另设静电接地装置。油管道宜采用地上敷设。当采用地沟敷设时，地沟与单体建筑外墙连接处应填沙或耐火材料隔断。油泵房和贮油罐之间的管道地沟，应有防止油品流散和火灾蔓延的隔绝措施。

（7）监狱锅炉房设计必须采取有效措施，减轻废气、废水、废渣和噪声对环境的影响，排出的有害物和噪声应符合有关标准、规范的规定。

（8）地震设计烈度为6度至9度时，监狱锅炉房的单体建筑、构筑物，以及对锅炉选择和管道设计，应采取抗震措施。

（9）在燃油、燃气和煤粉锅炉后部的烟道上，均应装设防爆门。防爆门的位置应有利于泄压，当爆炸气体有可能危及操作人员的安全时，防爆门上应装设泄压导向管。

（10）锅炉房的水处理装置、除氧器和给水泵等辅助设备应按锅炉房工艺设计要求选用；与锅炉配套的鼓风机、引风机等辅机和仪表，均应符合工艺设计要求。

（11）热力管道严禁与输送易燃液体、可燃气体、有害、有腐蚀性介质的管道敷设在同一沟内。

（12）锅炉房建筑为一、二级耐火等级时，可不设置室内消防给水设备。灭火器配置数量一般按$50m^2$配置1只，但不得少于2只。对于油锅炉的日用油箱上设排放油至室外的紧急排空管、通气管上，应设有防火器。

（二）锅炉房的建筑设计要求

1. 锅炉房的选址

（1）必须符合监狱总体规划布局。

（2）必须为独立的单体建筑，不得与其他建筑相连。锅炉房与其他单体建筑相邻时，其相邻墙为防火墙。

（3）锅炉房设置在监管区内时，应远离监狱各个主要功能区，尤其不能设在罪犯生活区或者劳动改造区等人员密集的地方。且锅炉房还应进行封闭式管理，不能有闲杂人员，尤其是罪犯自由出入。

（4）锅炉房设置在监狱围墙外时，应远离警察行政办公区、警察生活区，同时要进行封闭式管理，不能让闲杂人员自由出入。

（5）对使用煤或油锅炉的，要考虑燃料贮运、灰渣清运、废气排放，采取措施消除烟尘和噪声对环境的影响。

目前，我国监狱锅炉房选址，大致有以下两种情况：

（1）位于监管区内，如福建省宁德监狱、海南省琼山监狱、辽宁省沈阳第二监狱等，锅炉房与罪犯伙房相邻；河南省周口监狱、江苏省湖泽湖监狱等，锅炉房与罪犯伙房、浴室相邻。由于锅炉房与罪犯伙房、浴室、罪犯劳动改造车间距离相对较近时，能耗小，因而被大多数监狱所采纳。

（2）位于监狱围墙外，如江苏省苏州监狱、江苏省南京监狱、江苏省江宁监狱等，由监狱职工或外聘的专业人员操作，安全隐患小，但能耗大，增加了监狱运行成本。

2. 锅炉房的建设规模及建筑结构

锅炉房必须为独立的单体建筑，南方地区监狱的锅炉房，建筑面积控制在$500m^2$以内，北方地区监狱的锅炉房，建筑面积控制在$1000m^2$以内。锅炉房应设1间值班室兼休息室，建筑面积控制在$30m^2$以内。

锅炉房不得与其他建筑相连或设置在其他建筑的地下、设备层、楼顶。锅炉台数、容量、运行参数、使用燃料等必须符合当地消防、安全管理部门的规定及建筑设计防火规范、锅炉安全技术监察规程的规定。

宁夏回族自治区女子监狱未成年犯监区改扩建二期锅炉房，建筑面积 170m^2；江苏省宜兴监狱锅炉房，建筑面积 285m^2；甘肃省金昌监狱锅炉房，建筑面积 320m^2；河南省周口监狱锅炉房，建筑面积 329.39m^2；新疆生产建设兵团沙河监狱锅炉房，建筑面积 342.3m^2；山西省太原第二监狱锅炉房，建筑面积 521.45m^2，其中，地下室建筑面积 81.25m^2，底层建筑面积 431.2m^2；陕西省榆林监狱锅炉房，建筑面积 530m^2；青海省西宁监狱采暖锅炉房，建筑面积 580m^2；内蒙古自治区扎兰屯监狱锅炉房，建筑面积 595.22m^2；内蒙古自治区包头监狱锅炉房，建筑面积 794m^2；新疆维吾尔自治区喀什监狱锅炉房，建筑面积 886.41m^2。

锅炉房由于需要大的空间，建筑结构一般宜采用钢结构，如山西省太原第二监狱、甘肃省金昌监狱、新疆维吾尔自治区喀什监狱等锅炉房采用了轻钢结构。江苏省苏州监狱、河南省周口监狱、辽宁省沈阳市康家山监狱、陕西省榆林监狱、青海省西宁监狱等锅炉房采用了钢筋混凝土框架结构。由于锅炉的体积庞大，在土建施工期间应将锅炉吊装至房内。

3. 锅炉房的层数与层高

锅炉房一般为单层，地上 1 层，层高一般为 6.0m 左右。

青海省西宁监狱锅炉房，单层，层高 5.4m；甘肃省金昌监狱锅炉房，单层，层高 5.7m；山西省太原第二监狱锅炉房，地下 1 层，地上 1 层，地上部分 AB 跨为低跨，檐口标高 3.7m，BC 跨为高跨，檐口标高 6.0m。

4. 锅炉房的建筑风格

监狱锅炉房虽小但建筑风格要与监狱周围环境相协调。对扩建和改建的锅炉房，应合理利用原有单体建筑、构筑物、设备和管线，并应与原有生产系统、设备布置、单体建筑和构筑物相协调。监狱锅炉房建筑设计和外部装修应与监狱的单体建筑以及环境相协调。单体建筑室外装修宜采用水刷石、防火涂料、普通贴面材料等。而室内地面、墙面、顶棚等防火等级不低于三级。锅炉操作地点和通道的净空高度不应小于 2m，并应满足起吊设备操作高度的要求。锅炉房地面应采用不发火花地坪，地面应平整无台阶，且应防止积水。其门窗应向外开启并不应直接通向锅炉房，窗宜采用泄爆窗。锅炉房的通信、噪声、消防和防雷的标准应符合现行有关规定。建筑造型应美观大方，内部设计应规范合理，运行设备应安全实用，场地应进行绿化，周边环境应优美整洁。

（三）锅炉房的设备

锅炉房主要设备当属锅炉。另外还应有水系统（包括水泵、水处理器、补水定压装置、软化器等）、控制系统等设备。锅炉按压力可以分为低压锅炉、中压锅炉、高压锅炉；按燃料可分为燃煤锅炉、燃油锅炉、燃气锅炉、电锅炉、生物质锅炉等；按照热媒可分为热水锅炉和蒸汽锅炉。由于区域性存在差异，南方监狱锅炉房一般采用蒸汽作为供热介质，同时蒸汽可以用作生产之用。北方监狱由于冬季要采暖，故一般采用热水作为供热介质。监狱应采用节能环保型锅炉。

目前，我国城市监狱或城郊监狱锅炉房大多采用的是燃气锅炉（图 11-8-29），如甘肃省金昌监狱、河南省周口监狱、河南省女子监狱等采用的是 2T 燃气锅炉系统（包括锅炉主机及辅机等），江苏省苏州监狱采用的是 3T 燃气锅炉。而黑龙江省齐齐哈尔监狱、青海省门源监狱等采用的是 10T 燃煤热水锅炉，北京市监狱管理局清河分局柳林监狱采用的是 4T 燃煤热水供暖锅炉，潮白监狱采用的是 6T 燃煤热水锅炉，江苏省高淳监狱采用的是燃生物质蒸汽锅炉，江苏省通州监狱、重庆市永川监狱、浙江省女子监狱采用的是燃油锅炉（燃料为柴油）。

（四）锅炉房应注意的几个问题

（1）使用锅炉的监狱必须按《锅炉使用登记办法》的规定办理登记手续，未取得锅炉使用登记的锅炉不准投入运行。

（2）在用锅炉必须实行定期检验制度。未取得定期检验合格证的锅炉，不准投入运行。

（3）使用锅炉的监狱，必须做好锅炉设备的维修保养工作，保证锅炉本体和安全保护装置等处于完好状态。锅炉设备运行中发现有严重隐患危及安全时，应立即停止运行。

（4）司法部监狱局《关于加强监狱安全生产管理的若干规定》（司狱字〔2014〕59 号文）明确规定：禁止安排罪犯在锅炉房、配电房等关键要害

图 11-8-29　江苏省苏州监狱燃气锅炉

岗位劳动。

使用锅炉的监狱应设专职或兼职管理人员负责锅炉房安全技术管理工作，并报当地劳动部门备案。管理人员应具备锅炉安全技术知识和熟悉国家安全法规中的相关规定。

（5）司炉是特种技术工种，使用锅炉的监狱必须严格按照《锅炉司炉工人安全技术考核管理办法》的规定选调、培训司炉工人。司炉工人须经考试合格取得司炉操作证才可独立操作锅炉。严禁将不符合司炉工人基本条件的人员调入锅炉房从事司炉工作。

五、变电所

变电所是提供监狱电气设备、安全警戒设施的正常电力运行的重要场所。一旦出现暴狱等紧急情况，不法分子要控制和破坏的场所极有可能是变电所，所以变电所历来都是监狱重点安全防范部位。变电所设计不好，易带来一系列连锁反应，如停电、频繁跳闸、负荷不够发生火灾等，它的规划设计有着自身的特点和要求。

（一）变电所的设计规则

（1）应根据工程特点、规模和发展规划，正确处理近期建设和远期发展的关系，做到远、近期结合，以近期为主，适当考虑扩建的可能。

（2）必须从全局出发，统筹兼顾，按照负荷性质、用电容量、工程特点和所在地区供电条件，正确处理供电和用电的关系，合理确定设计方案。

（3）供电容量要综合考虑警察行政办公区、警察生活区、罪犯生活区、罪犯劳动改造区以及武警营房区最高峰期间的用电量，并要有余地。用电量最大的区域一般是罪犯劳动改造区，特别是监狱从事煤矿及机械电子加工行业。然后依据《10kV 及以上变电所设计规范》（GB 50053—94）进行设计。

（4）监狱工业用电、生活用电和安全警戒用电的线路应适当分开，以防止遭到破坏后，引起连锁反应。

（5）供电要科学，能耗要达到最小化。可以实行 2 台变压器调剂供电，在日用电量较小的情况下，启用 1 台，在夏季用电高峰期间 2 台同时启用。江苏省未成年犯管教所采用了 2 台 1000kVA 变压器调剂供电。这样，既能确保全所供电正常，又能节省部分资金。据测算，其中 1 台变压器一年可报停 9 个月左右时间，节省资金 25 万元左右。

（6）可以用不同电压系统供电，一般可实行 3kV、10kV、400V 三种电压系统供电。针对不同的用电需求部门实行不同电压的电力供给，在充分保障用电需求的同时，每年可帮助监狱企业避免因限电造成的经济损失。

（7）运行要确保安全可靠。变电所应更新换代，现在要求全部实行自动化系统管理。在设备的选型上，要优先考虑其安全性和可操作性，实现电脑自动操作和远程监控。各受电点全部采用箱式变压器供电，线损小，运行效率高。

（8）变压器室的耐火等级应为一级。高压配电装置室的耐火等级应不低于二级。低压配电装置室的耐火等级应不低于三级。

（9）变压器室应有良好的自然通风，夏季的排风温度不宜大于 45℃，进风和排风的温度差不宜大于 15℃。当采用机械通风时，变压器的通风管道应采用非燃烧材料，配电装置室一般采用自然通风。

（二）变电所的建筑设计要求

1. 变电所的选址

（1）必须符合监狱总体规划布局。

（2）不应设置在监狱地势低洼的地方或其他经常积水场所的正下方。

（3）除原变电所设置在监管区内，不宜作迁移外，新建的变电所一律应设置在监狱围墙外，如江苏省苏州监狱、江苏省江宁监狱、河南省周口监狱、广西壮族自治区平南监狱迁建贵港市项目等。

（4）设置在监管区内的变电所，要远离罪犯生活区、罪犯劳动改造区，要自成一区，且要有一定的屏障设施，应设置全封闭的围墙，以阻止和延缓不法分子进入，影响或破坏监狱的正常供电系统。

（5）设置在监狱围墙外的变电所，选址应考虑供电线路的最短距离，且要与警察行政办公区、警察生活区有一定的距离，以防电磁波辐射对人体产生危害。同时变电所外围要有一定的物理屏障设施，防止无关人员进入，影响或破坏监狱的正常供电系统。

（6）接近监狱用电负荷中心位置（一般为罪犯劳动改造用房），并结合当地电力电源接口位置，进、出线方便，尽量不设在有剧烈振动的场所或多尘、有腐蚀性气体的场所，如无法远离时，不设在污染源的下风方位。

2. 变电所的建设规模及建筑结构

建设规模要依据所在监狱变电所供电容量、方式，以及供电总控制室的选择。变电所占地面积一般宜在 1500m^2 左右，建筑面积一般控制在 1000m^2 以内。变电所应设 1 间值班室兼休息室，建筑面积控制在 30m^2 以内。

广西壮族自治区柳城监狱变电所，建筑面积约 64m^2；广西壮族自治区平南监狱迁建贵港市项目变电所，建筑面积 97.68m^2；河南省周口监狱变电所，建筑面积 209.5m^2；甘肃省酒泉监狱变电所，建筑面积 293m^2；浙江省第二监狱变电所，建筑面积 300m^2；广西壮族自治区中渡监狱变电所，占地面积 256m^2，建筑面积 512m^2；河北省深州监狱迁建工程 35kV 变电站，建筑面积 800m^2。

变电所由于需要大的空间，建筑结构宜采用抗震性能好的钢筋混凝土框架结构。江苏省苏州监狱、广西壮族自治区平南监狱迁建贵港市项目、河南省焦作监狱（高度戒备监狱）等变电所采用了钢筋混凝土框架结构。河南省周口监狱变电所则采用了砖混结构。

3. 变电所的建筑层数与层高

变电所的建筑层数以 2 层较为合适，不宜超过 3 层。变电所层高没有规范要求，能够满足里面的各种设备安装要求即可，层高一般设在 5.0m 左右。广西壮族自治区平南监狱迁建贵港市项目变电所，地上 1 层；广西壮族自治区柳城监狱变电所，地上 1 层，建筑总高度约 5.8m；河南省周口监狱、广东省阳春监狱变电所，地上 2 层；广西壮族自治区中渡监狱变电所，地上 2 层，建筑总高度 10m。

4. 变电所的建筑风格

监狱变电所总平面布置应结合监狱实际情况，做到经济、合理。变电所建筑风格与监狱周围环境相协调。变电所应符合防火规范及各种安全的要求。建筑设计和外部装修应与监狱的单体建筑以及环境相协调。单体建筑室外装修宜采用水刷石、防火涂料、普通贴面材料等。而室内地面、墙面、顶棚等防火等级不低于三级，地面应贴防滑地砖。变压器室的通风窗应采用非燃烧材料，且应有防止雨、雪和小动物进入的措施，变压器室的门应向外开。变电所的采暖、通信、噪声、消防和防雷的标准应符合现行标准的有关规定。建筑造型应美观大方，内部设计应规范合理，运行设备应安全实用，周边环境应优美整洁。变电所的电缆沟应采取防水、排水措施。

（三）变电所的供电电源

高压电接入监狱变电所，最好应双路双重市电电源接入。变电所高压电进入后，通过总板将所需的电压电力送至各车间。对于机加工车间用电量大的高压电，应送至该车间的高压变压器。对于劳务加工只需要低压电的，要送至该车间的低压动力配电箱。对于警察行政办公区、警察生活区、罪犯生活区以及武警营房区将低压电送到各栋楼的低压配电箱。

监狱还应有应急电源，即柴油发电机组（静音型），遇到停电后 15 分钟内发电，保证监狱运转正常，应急时间至少 4 个小时以上。发电机组功率应维持建筑里的生命安全（如医院中的病犯）和出口照明、火灾警报系统、监控、电网、公共广播系统和其他的基本操作系统等。发电机组，特点是容量较大，发电持续时间较长，但转换慢，需要常维护，还相应带来环保和场地问题。一般大型监狱柴油发电机组功率选在 800kW 左右，中型监狱一般柴油发电机组功率选在500kW左右，小型监狱一般柴油发电机组功率选在300kW左右。所有备用的电力设施始终保持完好状态，备用发电设备能够迅速有效地发挥作用。黑龙江省东风监狱采用1000kW柴油发电机组；福建省厦门监狱同安监区采用800kW柴油发电机组；山东省青岛监狱、江西省洪都监狱北湖综合监区均采用640kW柴油发电机组；安徽省九成监狱管理分局、浙江省杭州东郊监狱均采用400kW柴油发电机组；四川省嘉陵监狱、浙江省十里丰监狱五监区关押点均采用200kW柴油发电机组。发电机房的大小取决于发电机组的大小、风扇/通风设备和储备容器的需求等。辽宁省沈阳市康家山监狱、新疆生产建设兵团一师沙河监狱柴油发电机房，均为1栋独立单体建筑，建筑面积分别为$81m^2$、$111.3m^2$。

此外，监狱还应有蓄电池组，即UPS，遇到停电后，应急时间至少0.5个小时以上。由于现代监狱均设置有完善的智能化系统，故其供电电源系统还需要满足数字化监狱的要求，如监控中心、指挥中心、监区二级分控室、网络中心机房、执法证据保全中心、AB门控制室、财务科等场所。UPS特点是可靠性高，灵活，方便，但容量较小，持续工作时间较短。

（四）变电所的设备（图11-8-30）

各监狱变电所容量，主要根据监狱企业的生产项目以及生活办公因素等综合来确定。四川省女子监狱变电所设备有：10kV独立式变压器、高低压配电装置。其设计容量为800kVA，高压配电室设计10kV计量柜1台、进线保护柜1台、PT柜1台、出线保护柜1台；低压配电室安装低压进线柜1台、出线柜8台、电容补偿柜2台等。

（五）电线敷设

监狱所有的配电线路均采取暗敷为主，采用地下电缆沟布排的方式，墙面凿槽采用PVC或金属管穿管方式。在明线部位应有明显的标志，或者有绝缘设置，如顶面采用金属桥架形式时应有明显的标志。

如果某个走向管线比较多可考虑电缆井的方式，电缆井的盖板要注意选用不易翻盖的类型，防止罪犯藏身于电缆井内。从配电房至各单体建筑的电源线路均采用塑料护套电缆穿DMDP电力电缆保护管方式；路灯线路采用BV线穿DMDP管埋地敷设；围墙照明线路用BV线穿塑料管埋墙暗敷；各建筑物的室内线路均用BV线穿阻燃塑料管埋地、埋墙或在天棚暗敷。

（六）负荷分级

监狱用电负荷包括监狱重要用电负荷、配套用房的一般用电负荷、罪犯劳动改造用房的工艺设备用电负荷、空调用电负荷和消防用电负荷。

根据《监狱建设标准》（建标139—2010）第四章第三十七条规定，中度戒备监狱的供电电力负荷等级宜为一级，高度戒备监狱应为一级，并均应附设备用电源和应急器材。监狱以下重要用电负荷属于一级负荷：高压电网电源，监舍楼寝室、禁闭监室照明用电，通道照明，监管区内的警察用房照明用电，罪犯餐厅照明用电，监狱围墙、周界照明用电，罪犯劳动改造用房照明用电，岗楼照明，监狱AB门出入口用电，安防系统设备电源，网络中心机房设备和照明电源，通信系统设备电源，监控中心弱电设备和照明电源，指挥中心弱电设备和照明用电，罪犯伙房主要烹饪设备和冷藏设备用电，监狱医院照明用电，手术抢救室用电等。为了保证重要弱电设备的正常运行，监狱网络中心机房、监控中心、指挥中心的空调用电需按一级负荷供电。罪犯用房中的教学学习用房、餐厅、文体活动用房、技能培训用房、劳动改造用房及其他服务用房，包括配套警察用房、武警用房、其他附属用房一般照

图11-8-30　江苏省无锡监狱变电所一角

明、空调和工艺用电负荷等级为三级负荷供电。根据 GB 50016—2006《建筑设计防火规范》第 11.1.1 条和 GB 50045—95《高层民用建筑设计防火规范》（2005 年版）第 9.1.1 条的要求，监狱建筑的消防用电设备负荷等级应根据该单体建筑的室外消防用水量和高层建筑类别来确定。

（七）配电系统设计

高压配电系统采用单母线分段接线方式，为了提高供电可靠性和投资性价比，建议设置高压母联柜，高压配电系统一般采用放射式供电方式。

变电所内变压器建议成对布置，低压配电系统采用单母分段运行，中间设置联络柜，单台变压器容量应满足一、二级负荷的用电需求。应急柴油发电机组的投入方式应考虑并列运行的安全措施，建议设置应急母线之间设手、自动双电源切换装置，所有消防设备和监狱重要用电负荷的正常供电电源和备用电源均引自变电所两段不同的低压母线，采用双路电源供电。但考虑到节省投资并满足国家有关规范的供电电源要求，消防负荷及特别重要弱电设备用电负荷应采用末端自动切换，其他重要负荷可采用前端分区域自动切换后采用放射式供电到末端设备。①

① 陈波. 现代监狱电气设计探讨. 建筑电气，2014年07期。

第十二章

特殊类型监狱建筑

分类管理是现代监狱管理中十分重要的一项罪犯管理制度。我国根据分押、分管、分教的需要，监狱大致分为男子监狱、女子监狱、未成年犯管教所，高度戒备、中度戒备、低度戒备监狱（半开放型监狱），出、入监监狱以及病犯监狱等功能性监狱。本章主要介绍了其中的未成年犯管教所、女子监狱、高度戒备监狱以及出监监狱等4种监狱建筑。

第一节 未成年犯管教所

未成年犯管教所，简称“未管所”，《监狱法》实施前，统称“少年犯管教所”，简称“少管所”。西方国家通常将未成年犯监狱称“少年矫正机构”。未成年犯管教所关押的对象是已满14周岁、不满18周岁的已决罪犯和未成年犯在服刑过程中，年满18周岁时，剩余刑期在2年以下的罪犯。我国根据未成年人的特点，对未成年犯坚持以“教育为主，惩罚为辅”的刑事政策，以学习文化和生产技能为主。我国应加强对未成年犯管教所的规划设计与建设，创造良好的矫正环境，使未成年犯得到挽救、矫正，降低重新犯罪率。

一、未成年犯管教所规划设计的特殊性

1. 选址的特殊性

根据《监狱建设标准》（建标139—2010）规定，新建的未成年犯管教所应选择在经济相对发达、交通便利的大、中城市。如青海省未成年犯管教所位于青海省西宁市城中区南山路40号；广东省未成年犯管教所位于广州市白云区石潭路376号；北京市未成年犯管教所位于北京市大兴区沐育街10号；上海市未成年犯管教所位于松江区泗泾镇新南路31号（占地面积96亩），距离上海市区约30km；四川省成都未成年犯管教所位于成都市武侯区簇桥乡（占地面积占地74.81亩），紧邻双流机场，交通便利；福建省未成年犯管教所位于福建省福州市闽侯县南屿镇，距福州市中心约15km，交通便利、经济繁荣、文化发达，素有福州“小中亭”之称；江西省未成年犯管教所位于南昌近郊新建县城内，距南昌市区也非常近，著名的“小平小道”即位于此；海南省琼山监狱（关押对象为未成年犯和女犯）位于海南省海口市美兰区演丰镇美兰墟灵文公路，距离海口市区约25km。

由于历史原因，我国未成年犯管教所大多位于较为偏僻的地区，如贵州省未成年犯管教所位于黔南布依族苗族自治州贵定县城关镇镇北，距州府都匀市86km，距省府贵阳市76km；江苏省未成年犯管教所位于江苏省句容市东门外（图12-1-1）。由于地理位置偏远、交通不便，罪犯家属到所探视困难，法制教育和预防犯罪警示教育的作用得不到全面发挥，未管所开展亲情帮教、社会帮教和预防青少年犯罪教育工作困难重重。对于原设置在较为偏僻地方的，监狱布局调整时，未成年犯管教所选址应按相关规定执行。如辽宁省未成年犯管教所原位于海城市南台镇二道河村，2011年9月搬迁至沈阳市于洪区马三家街道育新路8号（占地面积约204亩）；山东省未成年犯管教所原位于山东省淄博市周村区王村镇王洞，2014年11月搬迁至山东省济南市历下区工业南路96号（原山东省女子监狱旧址，占地面积约40亩）；云南省未成年犯管教所原

图 12-1-1　江苏省未成年犯管教所鸟瞰图

位于安宁市偏僻的八街街道摩梭营烂茨坝，距昆明市区 68km，距安宁市区 28km。2014 年 12 月下旬，整体搬迁到云南省安宁大学城内（也称“安宁职业教育园区”），距昆明市区 48km，距安宁市区 8km，从根本上解决了区位偏远和交通问题。未成年犯管教所多年教育改造成果将得到全面发挥，教育改造水平将全面得到提高。只有交通便利，才能便于其亲属经常探视，家中亲人的亲近、爱抚和规劝，对于未成年犯的个性发展至关重要。

研究资料表明，幼年缺乏家庭特别是父母温暖的人，易形成孤僻的性格。因为是在大、中城市，教育水平相对较高，文化氛围相对浓厚，信息化程度较高，社会各界对未成年犯的帮教较易开展，这些有利于影响和感化未成年犯，促进他们的学习和改造。同时由于位于城市近郊区，环境相对较为安静，空气也较为清新，便于未成年犯的成长与反省。

2. 关押规模的特殊性

未成年犯管教所关押规模不宜过大，关押规模应控制在 2000 人以内。辽宁省未成年犯管教所关押规模 1500 人；山东省、江西省、江苏省等省份未成年犯管教所关押规模 2000 人；福建省未成年犯管教所关押规模 2600 人；云南省未成年犯管教所现关押 3400 人左右。广东省位于经济发达地区，广东省未成年犯管教所关押规模 4000 人。未成年犯管教所的数量相对也比较少，各省（自治区、直辖市）可以根据本地区未成年犯的大体情况和发展趋势、当地经济状况和地理及交通条件，以适当的地域间隔设置 1 ~ 2 所未成年犯管教所，其占监狱总数的比重与女犯监狱占监狱总数的比重相当。

设置规模较小的未成年犯管教所，有助于降低未成年犯的心理紧张感，提高各种矫正措施的针对性和有效性。在省内分区域设置未成年犯管教所，可以方便家长的探视及学校和社会有关机构的帮教，也有助于未成年犯参加社会上的学习和培训。由于国家对青少年犯罪，采取“教育、感化、挽救”的方针，使未成年犯人数逐年减少，部分省份开始关押成年男犯，如 2004 年 4 月开始，河南省郑州未成年犯管教所增押职务犯。2008 年 11 月 6 日，江苏省第二未成年犯管教所整建制撤销，更名为成年犯监狱——江苏省边城监狱。

德国北威州伍珀塔尔监狱是一所未成年犯监狱，设计容量 510 人，其中，设计关押已决犯的监房可容纳罪犯 360 名，设计关押未决犯的监房可容纳犯罪嫌疑人 150 名。目前，监狱共有单人监房 413 间，3 人或 2 人监房 41 间。[①]

3. 总体环境的特殊性

由于未成年犯生理、心理发育发展尚未完全成熟，而且社会阅历较少，心理承受力更显低弱。因此，未成年犯管教所宜按低度戒备监狱来设置，甚至可以采取花园式或学校式的总体建筑格局，减缓监禁环境给未成年犯造成的心理上的压力。好的环境可以影响人、改造人，要充分发挥总体环境效能，对未成年犯潜移默化地影响与教育。未成年犯管教所的总体环境应在保障监狱监管安全的基础上，建设出适合未成年犯改造的良好环境新格局。如未成年犯管教所监区要进行硬化、绿化、美化，栽树养禽，养花种草，搞好生态环境，营造出“外看像监狱，内看像花园学校”的幽雅向上的环境，使未成年犯生活在轻松、愉悦的环境里，充满着生机和活力，用浓厚的文化氛围感染、教化未成年犯养成良好的行为习惯（图 12-1-2）。浙江省未成年犯管教所为开阔未成年犯视野，尽力消释“眺望疲劳”，将所有围墙涂成淡蓝色，起到了良好的视觉效果。北京市未成年犯管教所在监舍中首次采用红色地面，来调节未成年犯的改造心态。监管区广场可以矗立周处、雷锋等人物塑像，使未成年犯学习有榜样；建置国旗台，可以组织未成年犯在重大节日期间举行

① 汪家杰. 中、德监狱管理工作的直观比较. 老警的博客，http://blog.sina.com.cn/xzjywj。

升国旗仪式，进行爱国主义教育；在监区路旁设置图文并茂的灯箱或广告牌，注重运用祖国优秀的传统文化作为思想道德教育的重要内容，如以“孔融让梨”、“精忠报国”、“杀猪教子”等脍炙人口的传统文化精髓感染、熏陶未成年犯；可以兴建音乐广场，使未成年犯如生活在大自然中，既赏心悦目，又能陶冶情操；添置直达监舍的小广播，监舍内应配备液晶电视，丰富他们的业余生活。

4. 监管区内部布局的特殊性

监管区分为罪犯公共区、生活区、劳动习艺区（图 12-1-3 ~ 图 12-1-6）。公共区包括教学楼、体育场、会见楼、医院、禁闭室（或集训中心）。生活区主要包括监舍楼、伙房，而劳动习艺区主要包括厂房、仓储物流中心等。罪犯生活区，一般又分为未成年男犯监区、成年男犯监区（主要为未成年犯服刑期间年满18周岁时，剩余刑期不超过2年的，留在未成年犯管教所执行剩余刑期的罪犯以及一些教员罪犯、医务犯等）、女犯监区。未成年犯管教所设计严格执行《监狱建设标准》（建标 139—2010），监管区内侧围墙应采用钢板网隔离，监区与监区之间采用铁栅栏隔离，监区监舍、厂房独立成院，监区之间互联贯通，即监管区一般宜按“大集中、小分散；大贯通，小独立”的设计理念进行规划布局。

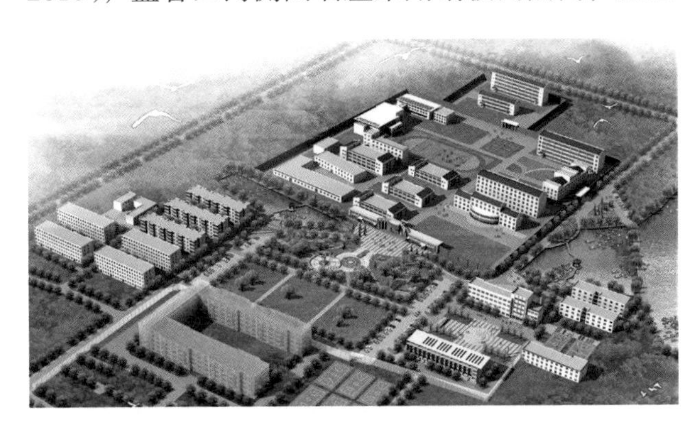

图 12-1-2　安徽省未成年犯管教所鸟瞰图

图 12-1-3　福建省未成年犯管教所新监区一角

图 12-1-4　重庆市未成年犯管教所监管区一角

图 12-1-5　云南省未成年犯管教所罪犯配餐中心一角

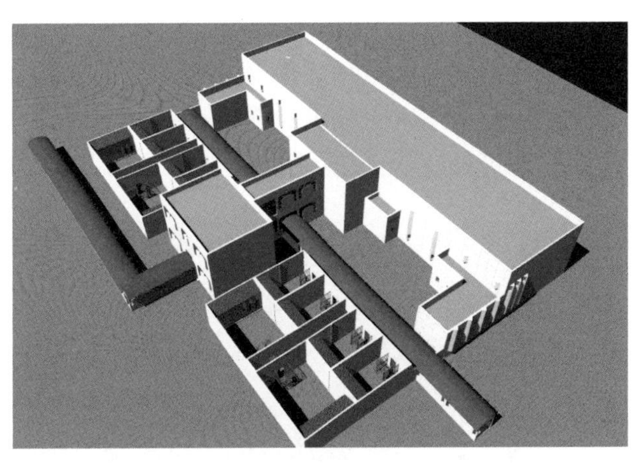

图 12-1-6　国外某监狱未成年犯区效果图

二、未成年犯管教所在建设上与普通监狱的差别

1. 围墙岗楼

司法部早在1986年的《少年管教所管理暂行办法》中就已明确规定，少管所不设岗楼，对未成年犯原则上不使用戒具，不搞武装看押。这充分表明了在未成年犯管教所不宜过分渲染暴力色彩和以武力为后盾的各种监管设施的作用，以免未成年犯产生不必要的心理恐惧。2002年的部颁《监狱建设标准》中明确规定，未成年犯管教所围墙应高出地面4.0 ~ 5.0m，并达到370mm厚砖墙的安全防护要求，不设武装看押岗楼。新修订的《监狱建设标准》（建标139—2010）取消了这一特殊规定，按照中度戒备监狱和高度戒备监狱的不同情况提出了新的要求。如果把未成年犯管教所定位于中度戒备监狱，就应该按照中度戒备监狱的建设标准来设计和建设围墙岗楼。

德国北威州伍珀塔尔监狱，外围防范共有3层。围墙外5 ~ 7m有1道钢板网，钢板网的柱子也是监控镜头、路灯的柱子，柱子上有向下的钢筋防爬网或刺。围墙外围的墙根，有1m的乱石带，为预防他人架梯子劫狱。与国内有的监狱一样，围墙内侧近10m处有1层上面带蛇腹形刀刺网的钢板网，不同的是钢板网的高度和围墙一样，报警系统就装在钢板网上，由此可见，伍珀塔尔监狱防控的重点就在这内侧的钢板网墙上。我国监狱大多设置2层警戒，没有外围警戒设施，多注重内部警戒，不太注重外部警戒（其实，随着各种社会矛盾的出现及国内斗争的需要，围墙外围的警戒应尽快建立）。内部警戒多以围墙为主，钢板网多低于围墙只是一个缓冲设施。伍珀塔尔监狱对首道防线的重视程度、设置外围警戒及乱石层的做法，值得我们借鉴。[①]

2. 监舍楼

监舍要建设得相对宽敞、明亮、向阳、通风、实用、安全、美观、合理，既有益于身体健康，又有利于防范事故的发生。内部设施要简朴、实用、规范、整洁，要有防暑防寒设备，门窗、墙壁、用具的涂色要适宜，既方便生活，又能有益于活跃监室区的气氛。未成年犯以班组为单位住宿，8人较为合适，不得睡通铺，人均居住面积不得少于3m^2。如陕西省西安未成年犯管教所监室，每间住8人，白墙面，褐色地板砖，每间监室都设有电视，过道里有大屏的液晶广告宣传电视。监室环境变了，未成年犯改造的心情也随之改变。这些环境的改变，丰富了未成年犯的改造生活，有效缓和了改造环境给未成年犯造成的心理压力，使他们在温馨的环境中健康成长。

我国目前未成年犯管教所还提倡建立“个性化”监室，更彰显人文化的因素。鼓励他们自己动手进行个性化监室布置，如在监室内悬挂绘有卡通画、风景画图案的窗帘，倡导养花养鱼，允许根据各自的审美情趣、生活习惯摆放自己喜爱的工艺品、影视明星照片、生活照、亲人的照片、生日礼物、学习用品。在女未成年犯监室区可创设美容室、图书室、宣泄室以及健身室（有的还设有瑜伽训练室）等，多给他们“家”的感觉，让其产生归属感，在温馨、愉悦、舒适的环境中改造自己，改变过去监室内铁窗、铁床、铁板凳等简单、呆板、冷酷的布局和沉闷、压抑的氛围（图12-1-7 ~图12-1-9）。

3. 禁闭室

在2002年颁布的《监狱建设标准》中曾提出，未成年犯管教所的禁闭室面积按照成年男犯监狱禁闭室建筑面积的80%设置。在新修订的《监狱建设标准》（建标139—2010）中取消了这一规定，也就是说，未成年犯管教所的禁闭室与成年男犯监狱的禁闭室建筑标准相同。有的监狱禁闭室没有设单独的放风间，而是在禁闭室设1个集体放风场地。对于未成年犯管教所禁闭室，要严格遵守《监狱建设标准》（建标139—2010）中相关规定，要设有单独的放风间，且使用面积≥ 4 m^2。

4. 学习教育用房

由于未成年犯多数未接受完国家规定的义务教育，需要接受司法保护和系统的管理教育。因此，对未成年犯执行刑罚以教育改造为主，实行半日学习、半日劳动制度，贯彻“教育、感化、挽救”的方针，坚持因人施教、以理服人、形式多样的教育

① 汪家杰．中、德监狱管理工作的直观比较．老警的博客，http://blog.sina.com.cn/xzjywj。

方式，形成对未成年犯管教所实施监管行刑的重要特色，充分体现了我国对未成年犯执行刑罚的文明与进步。按照《监狱建设标准》（建标 139—2010）规定，未成年犯管教所由于未成年犯正处于学习阶段，未成年犯管教所学习用房面积在成年犯指标的基础上乘以系数 1.5。我们以一所关押 1500 人的未成年犯管教所测算，教学用房建筑面积：1500 名罪犯 $\times 1.07\text{m}^2$/ 罪犯 $\times 1.5 = 2407.5\text{m}^2$。江苏省未成年犯管教所教学楼，钢筋混凝土框架结构，建筑面积 3974m^2，地上 4 层，建筑总高度 15.9m。

图 12-1-7　江苏省未成年犯管教所监舍楼

图 12-1-8　山东省未成年犯管教所个性化监室

一般来说，未成年犯管教所应按教育部《中小学建筑设计规范》的要求建设教学大楼（图 12-1-10），其主要包括：教室、图书馆、教学实验室、礼堂、体育运动场、游戏室和职业技术教育的实训基地等。结合未成年犯管教所的特点，还应设立网吧室、健身房、心理咨询室、心理治疗室、心声声讯台、警察值班室、编辑室、教研室、未成年犯管教所学员学术刊物编辑部等。教室是对未成年犯进行三课教育的必要物质条件，要从实际出发，按照办好特殊学校的要求，搞好未成年犯教室建设。教室既可以集体设置，建立综合教学楼或综合教学区，也可以建立中心教学楼（区），并在各监舍楼建立一些教室，采用集中与分散相结合的办法，适应不同教学层次的需要。教室建设要参照社会上普通学校的教室设计标准进行新建或改建，使未成年犯获得一个比较宽敞、明亮的学习环境。在教室的建设中，应注意尽可能配备完善各种教学配套设备，配置必要的电化教学设备，以利于进行电化教育。

进入 21 世纪后，社会上中小学的教育手段和方法日新月异，远程教育、网络教育等相继出现，因此，未成年犯管教所应配置必要的闭路电视、网络、激光视盘，提供多种教学手段，提高教学质量。

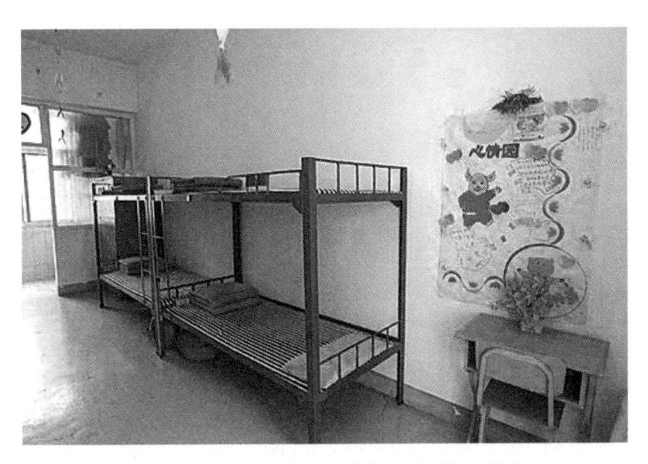

图 12-1-9　重庆市未成年犯管教所监室

图 12-1-10　江西省未成年犯管教所教学楼

未成年犯管教所应建立教学实验室，并配备必要的实验设备。图书馆，也是一种比较重要的教育、文化设施，有的未成年犯管教所还建起了独立的单体建筑——图书馆，而不是设在教学楼内。图书馆应设立阅览室（座位不少于押犯的1/12）、资料室、多媒体教室、多功能展览厅、学术报告厅等。礼堂是组织未成年犯集会、学习、文艺汇演等大型集体活动的主要场地，应根据常年押犯的多少和管理来建设，并配备各种必要的设施。地处一些经济相对发达地区的未成年犯管教所开始兴建体育馆，来承担这一职能。为进一步丰富未成年犯的精神文化生活，开展各种形式的文化娱乐和体育活动，未成年犯管教所要力所能及、因地制宜地搞好未成年犯运动场所、游艺室的建设，并配备一定数量的棋牌、乐器和体育运动器材。运动场地应包括体育课、课间操和课外活动的整片运动场地。运动场占地面积按每名未成年犯不宜小于3.3m^{2}测算。

5. 劳动技能培训

社会竞争激烈，就业压力加大，未成年犯刑释回归社会后重新犯罪的重要原因之一，就是他们没有多少劳动就业技能。为此，针对预防和减少青少年重新犯罪来说，职业技术教育应该成为当今乃至今后未成年犯管教所的重点内容。未成年犯管教所应参照社会中等职业技术学校的办学标准，以服务教育改造为宗旨，以未成年犯刑释后就业为导向，以生产技能训练为核心，开展系统的职业技术教育和技能培训，由当地劳动管理部门统一考核发证，充分体现未成年犯教育改造的特色。未成年犯管教所要经常对社会的新兴产业和特色产业进行充分的市场调研，对未成年犯职业技术教育的实训基地建设要有统筹规划。实训基地设备，应做到先进性、真实性、实用性、经济性相结合，设备配置标准要符合教育部办公厅颁发的《实训基地设备配置标准》的相关规定，主要设备要与本地区或周边地区企业所用的设备在先进性上同步或适当超前。

云南省未成年犯管教所全面突出未成年犯教育改造的亮点和特色，成立了五大中心，即“入所教育中心、刑释人员回归社会模拟中心、罪犯心理健康指导中心、职业培训实训中心、视频网络教育中心”。其中职业技能培训实训中心，结合未成年犯生理、心理特征，专门设计了符合他们年龄特点、容易就业的培训项目，涉及咖啡师、调酒师、保健按摩师、美甲师、西点师等27个工种，并且培训环境与该工种实际社会工作环境完全一致。此举增强了未成年犯的学习兴趣，深受欢迎。

6. 劳动习艺车间

在设计时可参照社会上中等职业技术学校和高等职业技术学院的办学模式，重点以生产技能训练为核心，开展一系列的职业技术教育和技能培训，习艺车间就是实习基地。由于未成年犯只能从事一些轻微性习艺性的体力劳动，因此劳动习艺车间设计时应考虑以下三个因素：一是培养他们养成爱劳动的习惯；二是促使他们掌握劳动技能，回归社会后能有一技之长；三是劳动性质相对较为轻松，全国绝大多数未成年犯管教所从事印刷、服装、机绣、电子元器加工、种植养殖和其他一些纯手工劳动项目，如安徽省未成年犯管教所罪犯从事印刷、天堂伞组装等加工劳动；黑龙江省未成年犯管教所罪犯从事汽车坐垫、眼睫毛、印刷等加工劳动；云南省未成年犯管教所罪犯从事手套、假发等加工劳动。

广西壮族自治区未成年犯管教所罪犯习艺厂房，共2栋，每栋地上4层，建筑结构为钢筋混凝土框架结构，总建筑面积约17623m^2。

江苏省未成年犯管教所罪犯习艺厂房，共3栋，每栋地上4层，建筑总高度18.6m，建筑结构为钢筋混凝土框架结构，总建筑面积约6882m^2 × 3=20646m^2。

7. 女犯监区

由于男性女性在心理和生理上各有特点，在改造的方式方法上，女犯和男犯本应区别对待。将男女未成年罪犯分别关押，应建立有着严格隔离措施的未成年犯管教所女犯监区（图12-1-11 ~ 图12-1-14）。目前全国大多数未成年犯管教所为混合关押模式，设有一个关押女犯的独立监区，即女犯监区单独建院，相对封闭，如云南省未成年犯管教所女犯监区、江苏省未成年犯管教所女犯监区、安徽省未成年犯管教所女犯监区、广东省未成年犯管教所女犯监区、贵州省未成年犯管教所女犯监区等。江苏省未成年犯管教所女犯监区原偏居于离所部数

图 12-1-11　江苏省未成年犯管教所女犯监区

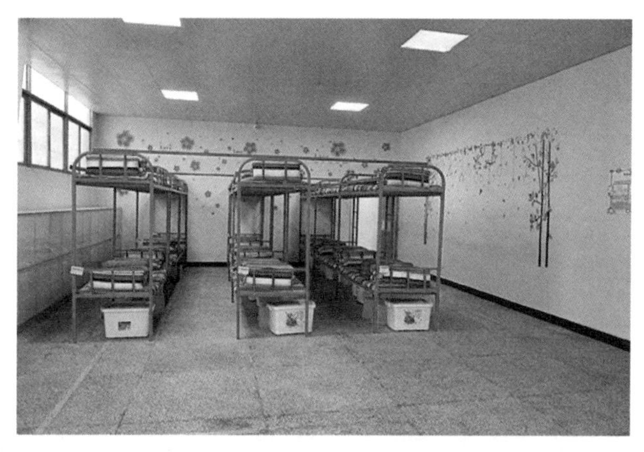

图 12-1-12　贵州省未成年犯管教所女犯监区监室

图 12-1-13　贵州省未成年犯管教所女犯监区餐厅

百米之外的临时关押点（原茶厂监区），存在诸多安全隐患。2006 年 12 月，搬迁至所部主监区大院内。监舍楼由原 1 栋 3 层教学楼改建而成，将原十分监区的车间改造为女犯劳动习艺厂房。改造后的监舍楼，根据女犯的身心特点进行设计和美化，监舍里宽敞明亮，设施齐全，监舍楼前的操场上装有白色

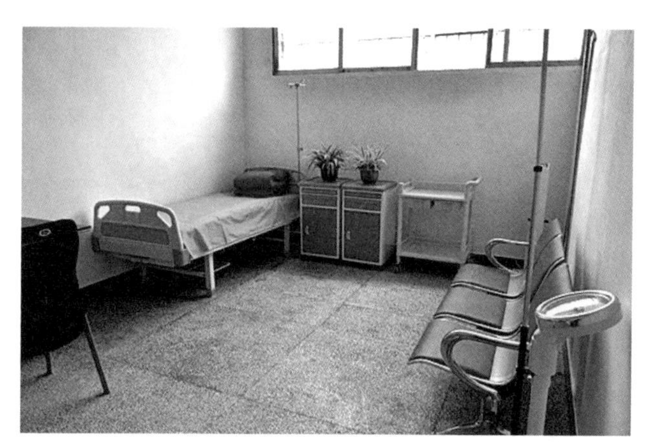

图 12-1-14　贵州省未成年犯管教所女犯监区医务室

欧式护栏，整个布局和谐美观。

目前，我国仍存在着在女子监狱里成年女犯与未成年女犯混合关押的模式，如广西壮族自治区女子监狱、辽宁省女子监狱、湖南省女子监狱、山东省女子监狱等。由于成年女犯与未成年女犯存在着生理、心理上的差异，两者也应该分开关押。2014 年 11 月 20 日，贵州省第一女子监狱将未成年女犯全部移转至贵州省未成年犯管教所，成立了独立女犯监区。

以收押男犯为主的未成年犯管教所，很难做到面面兼顾，场所也限制了对女犯改造进行因材施教，特别是义务教育问题。目前，全国未成年犯管教所对女未成年犯实行义务教育场所有三种处理方式：一是在女子监舍区内设置教室；二是在教学楼内分区隔开，分男女教学区，或分时段交错开；三是男女学员混合上课。第三种方式有利于教学资源充分应用，但也带来了相应问题，男女学员正值青春懵懂期间，易发生男女学员身体接触现象，给未成年犯管教所带来管理难度。

三、未成年犯管教所应注意的几个问题

（1）总建筑面积指标应加大。由于未成年犯管教所是一所特殊的监狱，按《监狱建设标准》（建标 139—2010）来建设，要建有监舍楼、会见室、医院、禁闭室、罪犯伙房、教学楼、劳动习艺厂房等单体建筑。同时未成年犯管教所也是一所特殊的学校，又要按教育部《中小学建筑设计规范》（GB 50099—2011）的要求建设，有条件的监狱可

以建有实训楼、图书馆、实验楼、体育馆等，因此未成年犯管教所的总建筑面积指标应加大，占地面积也应相应扩大。

（2）在建筑布局上宜设置不同戒备等级的监区。根据在押的未成年犯的犯罪类型、刑罚种类、刑期长短、对社会的危害程度、人身危险倾向以及认罪悔罪的态度、积极进取的强度等，设置不同戒备等级的监区，让未成年犯感觉到在不同的戒备等级的监区接受有差异的处遇，如建筑实体、狱政管理和教育改造的差异，这是现代行刑社会化和人文化的体现，也是国际少年司法先进出口行刑模式的发展趋势。从未成年犯监管改造的一般规律出发，未成年犯管教所可以设置新收犯监区或分监区、考察、普管、开放、宽管、严管监区。定期根据未成年犯的改造表现、处遇级别和剩余刑期变化，动态变更服刑监区，并施以不同的处遇和矫正方式。

（3）监狱文化氛围应增强。在未成年管教所环境文化建设中，可以分为内环境文化和外环境文化两部分。内环境文化是建筑内部空间环境内文化内涵与表现的总称，外环境文化是建筑外部的一定环境内的文化内涵与表现，它包括建筑的社会属性、规划原则、设计理念、立体形态、平面布局、地形地貌及建筑与建筑、建筑与景观之间的相互关系。因此从外环境讲，通过单体建筑的造型、立面、空间等营造健康向上、宽松融洽的“教育人、改造人”的文化氛围，实现监狱建筑的功能。从内环境讲，要在传统中挖掘新意，通过新事物来领悟传统文化，用融合的手段为未成年犯改造注入生机和活力，体现未成犯管教所的特色和文化底蕴。比如教室环境布置、监舍环境布置、习艺车间环境布置等要凸显主题，进行个性化、特色化布置。在监舍走廊、教室走廊、习艺车间、楼梯、广场等地方合理规划，开辟书画作品、手工制作、管区活动、领导关怀、所长赠言、名言警句、古典诗词、生活健康等板块，体现未成年犯在“阳光下健康成长”的主导思想，精心为其营造一个属于自己的“温馨”的“家园”。给未成年犯提供良好的文化环境，不仅有助于转移他们的注意力，弱化监狱带来的不利影响，同时可以营造与外界学习更为接近的文化环境，有利于他们成长。

第二节 女子监狱

女子监狱是专门关押被判处监禁刑的成年女性罪犯的监狱（图 12-2-1、图 12-2-2）。在我国，由于女犯人数相对男犯较少，女子监狱作为独立建制较成年男犯监狱相对发展较晚。1993 年司法部作出了对女犯实行单独关押的决定，从此女犯逐步从男子监狱分离开来，组建独立建制的女子监狱。长期以来，由于我国女子监狱附属于男子监狱，其设计理念、设计标准基本与男犯趋于雷同。但女犯的改造需求、心理特点、行为特点与男犯有显著的差异，因而在设计和建设方面具有自身的特点。

一、女子监狱规划设计的特殊性

1. 选址的特殊性

我国原有的女子监狱大多由男子监狱女子监区或关押点分离而来，一般设在原来男子监狱的附近。

图 12-2-1 江苏省南通女子监狱监管区大门

图 12-2-2 黑龙江省女子监狱警察行政办公区大门

如江苏省南京女子监狱、南通女子监狱、浙江省第二女子监狱（正在筹建）原分别为南京监狱女子分监、南通监狱女子分监、浙江省金华监狱女子分监，从各自男犯监狱分离开来，设在男犯监狱附近。也有个别由男子监狱改扩建而成，如云南省第三女子监狱前身是云南省西山监狱，湖北省武汉女子监狱前身是湖北省第二监狱。但大多数随着监狱设置体系的改革——监狱布局调整，从几所或一所男子监狱女子分监组合成新的女子监狱，如原广东省所有的女犯都关押在韶关监狱女子监区。2003 年，位于广州市白云区竹料镇大罗村飞来岭的广东省女子监狱建成，占地 356 亩，女犯全部移送该女子监狱服刑。如果附属于男子监狱，虽然有着严格的物理隔离，但还是存在不少问题和隐患。女性的心理和生理上都有一些独特的地方，体现在女犯改造方式方法上，就会有很多有别于男犯改造的特征。而以收押男犯为主的韶关监狱，显然很难顾此兼彼，场所局限了女性改造的因“材”施教。但广东省女子监狱在选址上，值得商榷，其原因是监狱位于山脚下，为了防止山体滑坡，监狱投入重金建起护坡堤。但是站在山上，可以俯视监狱一览无遗，不利于监狱内部的保密。

根据《监狱建设标准》（建标 139—2010）中规定，女子监狱由于其罪犯的数量和生理等因素，应选择省会城市或经济较为发达、交通便利的其他大中城市。如甘肃省女子监狱位于兰州市城关区九洲大道 416 号；湖北省武汉女子监狱位于武汉市乔口区宝丰一路 97 号；内蒙古自治区女子监狱位于呼和浩特市金桥开发区昭乌达路南口；宁夏回族自治区女子监狱位于银川市兴庆区丽景南街西侧；江苏省南京女子监狱位于古城南京的西南部，安德门外的铁心桥镇，毗邻将军山、南唐二陵旅游风景区；四川省女子监狱位于资阳市养马镇，距成都市区 50km，地处成都资阳现代工业集中发展区的核心区域，紧邻沱江河；上海市女子监狱位于松江区泗泾镇新南路 29 号（占地面积 47 公顷），距上海市中心只有 30km；河南省郑州女子监狱位于郑州市中牟县刘集镇，距郑州市中心只有 27km。由于历史缘故，还有多所女子监狱地处偏僻地区，在监狱布局调整过程中，纷纷进行了迁建。2012 年 11 月，吉林省女子监狱从长春南关区幸福乡搬迁至长春市北郊长江路经济开发区，距长春市政府新址不足 2km；2015 年元月，安徽省女子监狱从宿州市西关大街 214 号搬迁至合肥市长丰县境内，此处是合肥市下一步发展的重要城市组团之一，交通便捷、环境宜人，水、电、气等市政配套设施完善，符合监狱布局调整的“五个有利于”原则。

当然，也有的女子监狱，原先位于城市中心区域，由于空间狭窄，场所拥挤，监狱发展受到制约，监狱监管设施简陋，条件较差，加之城市规划发展需要，迁建至城郊区域。如福建省女子监狱，原位于福州市晋安区连江中路，占地仅 42 亩，2013 年 12 月，搬迁至福州市闽侯县南屿镇桐南村，占地面积 293 亩，建筑面积 108620m^2；山东省女子监狱，原位于济南市历下区工业南路 90 号，占地面积仅 39 亩，后搬迁至济南市高新区孙村，占地面积 420 亩，建筑面积 153817m^2。

因为只有交通便利，才能便于监狱组织实施生产劳动和产业管理，以及便于女犯家属探视。女性罪犯同时还承担着人妻、人母、为人女的多重身份，特别是女犯与其未成年子女的会见，能释缓女犯的心理压力，有助于提高监狱管理和矫正工作的效率；还能有利于社会力量参与帮教，促使她们在监狱中好好改造，早日由“监狱人”转变为“社会人”。

据英国《卫报》2013 年 10 月 25 日消息，在英国服刑的女囚犯将被转移至离家较近的地点服刑。英国司法部部长认为，这一措施可让女囚犯有机会多与家人见面，对减少再次犯罪有所帮助。

2. 关押规模的特殊性

女犯的人数虽然呈现递增的趋势，但由于女性犯罪率相对较低，同时为减轻监禁压力，提高个别矫正措施的有效实施，各省（自治区、直辖市）可以根据本地区女性犯罪的大体情况和发展趋势，当地经济状况和地理及交通条件，选择适当的地域间隔设置 1 ~ 2 所女子监狱，以设置中小型监狱为宜，关押规模控制在 2500 人左右。宁夏回族自治区女子监狱，由于地处经济不发达地区，人口稀少，关押规模 3000 人，是关押女性罪犯和未成年罪犯的场所（女犯监区，关押规模 1500 人，占地面积 126

亩，总建筑面积45359m²；在该女监设有未成年犯监区，关押规模1500人，占地面积49亩）；甘肃省女子监狱、广西壮族自治区女子监狱（占地面积172.67亩，总建筑面积99812.92m²），关押规模都为中型监狱；河南省郑州女子监狱，关押规模3000人。地处经济发达地区的女子监狱，可以设中大型监狱，如山东省女子监狱，关押规模4000人；广东省女子监狱，关押规模5000人；设置规模较小的女子监狱，有助于降低女性罪犯的心理紧张感，提高各种矫正措施的针对性和有效性。在省内分区域设置女子监狱，将方便其亲属的探视，特别是女犯参与社区矫正，也有助于女性罪犯参加社会上的学习与培训。当然现在也有男犯监狱另设女子监区，如江苏省常州监狱设立女子监区、云南省小龙潭监狱女子监区。附属于男子监狱的女子监区关押规模宜控制在1500人以内。

德国柏林利希腾贝格女子监狱，设计关押容量330人，常年关押200多人。①

3. 总体环境的特殊性

从女犯的身心特点及长期的监狱工作实践来看，监禁场所中的女犯较少有严重的暴力行为，因此，关押女犯的场所可以按照中警戒度程度设置，这也是许多国家通行的做法。在监狱内部按照宽严管理的不同程度分设监区，依据分类调查所确定的女罪犯人身危险性程度分别关押其中。

总体环境应道路顺捷便利，多种花草树木，采用园林绿化的一些方法美化环境（图12-2-3～图12-2-9）。还可做一些灯光设计，使夜景也美观漂亮，真正创造出一个整体和谐，有文化个性，又富有审美情趣和艺术感染力的女子监狱环境。如江西省女子监狱监区所有的单体建筑外墙都是浅蓝色，精心修剪的花草树木点缀绿地间；广东省女子监狱监区所有的单体建筑外墙都涂上温暖的粉红色，楼房的前面是青草地，在傍晚的微风吹拂下，斜阳和周围的青山把监区映得格外美丽。甘肃省女子监狱监区满眼是绿树掩映，鸟语花香，干净整洁，犹如一座花园小区。辽宁省女子监狱整个绿地面积占60%以上，营造了良好的改造氛围，特别是监舍外墙涂的都是较为明亮的浅色调。云南省第三女子监狱弧形建筑，线条流畅、风格统一，整个建筑群呈扇形布局，背靠青葱群山，比邻碧绿湖泊，视野开阔，典雅幽静，建筑群以白色和绿色为主，点缀其他暖色调，整体风格柔和、沉稳。

二、女子监狱在建设上与普通监狱的差别

1. 围墙

女子监狱的围墙建设，历史上曾有过不同的要求。1998年7月司法部、国家发展计划委员会颁布的《监狱狱政警戒设施建设标准（试行）》要求：轻刑犯、女犯监狱及少管所围墙应高出地面4～5m，墙厚380mm，顶端呈圆弧形，围墙转角处呈半圆弧形，表面光滑，无任何可供攀登之处。2002年颁布的《监狱建设标准》第三十九条规定："新建监狱围墙上部宜设置武装巡逻道。监狱围墙一般应高出地面5.5m，并达到490mm厚砖墙的安全防护要求。女子监狱和未成年犯管教所围墙应高出地面4～5m，并且达到370mm厚砖墙的安全防护要求。"对女子监狱和未成年犯管教所的围墙作出了与其他监狱不同的规定。

新修订的《监狱建设标准》（建标139—2010）取消了这一特殊规定，按照中度戒备监狱和高度戒备监狱的不同情况提出了新的要求。如果把女子监狱定位于中度戒备监狱，就应该按照中度戒备监狱的建设标准来设计和建设围墙。建于1999年的北京女子监狱在围墙建设上别具一格，采用清一色的铁艺作为围墙，通透式的围墙打开了监狱内外的视觉屏障，这在全国乃至亚洲都属于首例。完全通透式的金属结构围墙无论在高度、厚度以及安全性能上都能够达到安全防范的要求，而且造价比全封闭的实体围墙还要低。

2. 岗楼

女子监狱岗楼建设，无论是2002年颁布的《监狱建设标准》，还是新修订的《监狱建设标准》（建标139—2010）都没有提及女子监狱是否建设岗楼问题，如果仅从标准的字面意义来理解，女子监狱与成年男犯监狱一样，建设标准岗楼，实施武装看

① 李越. 女犯人首先是女人——访柏林女子监狱. 人民网，http://acwf.people.com.cn/n/2015/0527/c99060—27063589.html。

押。例如迁建后的广西壮族自治区女子监狱、山东省女子监狱、吉林省女子监狱、福建省女子监狱、内蒙古自治区第一女子监狱、新疆维吾尔自治区喀什女子监狱等都已建岗楼，由武警实施武装看押。2015 年 7 月 7 日，江苏省常州监狱女子分监狱武警监墙哨也正式上哨。

实际上，女子监狱是否需要武装看押一直存在争论。从历史来看，1988 年司法部劳改局印发的《全国女犯工作座谈会纪要》曾提出："女监或女分监的武装看押部队，可由女看守替代。原有武警部队需要保留的，只限于外围警戒和门卫，不得在女犯监舍区设居高临下的哨位。"由于大多数女子监狱是附属于男犯监狱的，历史上就存在武装看押问题，这是不争的事实，而且将男犯监狱改建成女子监狱后，武警也没有调出，继续实施武装看押的女子监狱也存在。

也有专家学者认为女子监狱不宜设武装看押，其理由：一是可以节约武警人力资源。女犯与男犯相比，暴狱、脱逃、凶杀等恶性事故发生较少。历史经验也表明，女子监狱很少发生暴力行为。二是用男性武警实施武装看押，对女犯心理会产生不良影响。女性罪犯一般心理承受能力较差，如果设有岗楼，会使她们心理产生一种恐惧感，易在她们心理上留下阴影，致使其拘禁反应突出，抑制她们健康人格的形成。三是有可能侵犯女犯的隐私权。如果在女子监狱的围墙上设立居高临下的哨位，可以观察到女子监舍里的生活场景，尤其是夏天，女犯衣着较少，隐私权可能受到侵犯。另一方面，极少数女犯也有可能故意不穿衣服，挑逗武警，影响和破坏监管秩序，处理起来也比较棘手。历史上就发生过类似事件。

因此，女子监狱在建设过程中可以考虑不设置岗楼，这既是女犯改造的特殊要求，也可以节省建设成本。若一定要设置岗楼，实施武装看押，那么就宜使用女性武警看押，这与女犯由女警察直接管理相适应（图 12-2-10）。

3. 监舍楼

监舍是罪犯居住的地方，也是罪犯生活的主要场所，换句话说，监舍就是罪犯服刑期间的"家"。监舍设计是否科学合理，对罪犯改造有着深刻的影响。女子监狱普遍都很重视监舍楼的布置，云南省第一女子监狱，在监管区内以中轴线将 8 栋

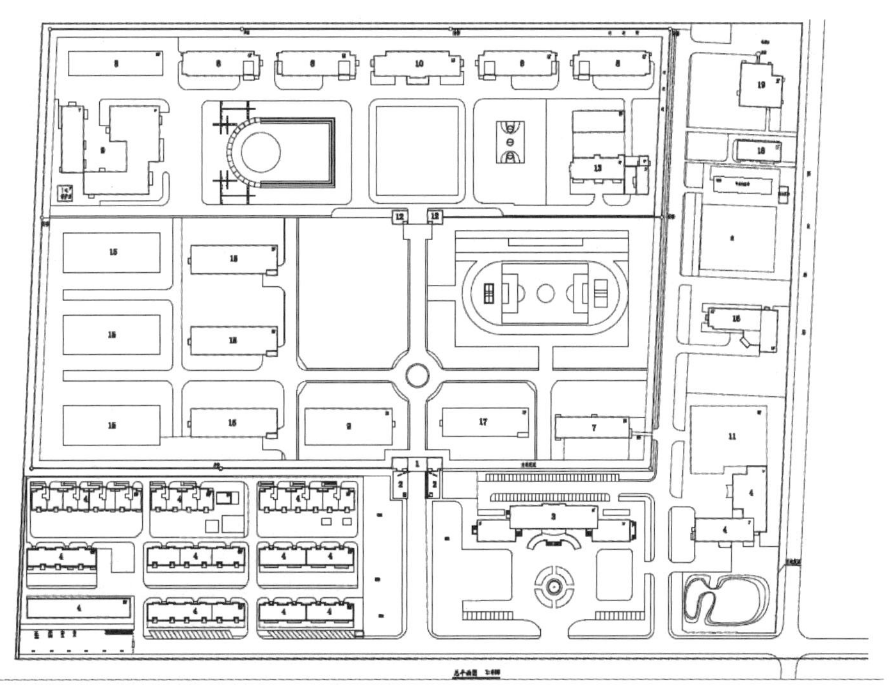

1- 监管区大门；2- 广场；3- 行政办公楼；4- 警察备勤用房；7- 会见楼；8- 监舍楼；9- 犯人大伙房；10- 教学楼；11- 警察娱乐用房；12- 出监队；13- 医院；15- 劳务车间；16- 武警用房；17- 库房；18- 配电房；19- 锅炉房

图 12-2-3　某女子监狱总平面图

图 12-2-4　江苏省南通女子监狱鸟瞰图

图 12-2-5　江苏省南通女子监狱监管区一角

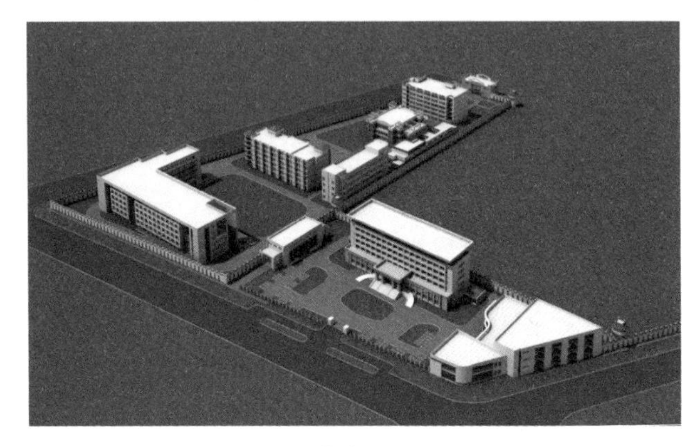

图 12-2-6　江苏省南京女子监狱模型

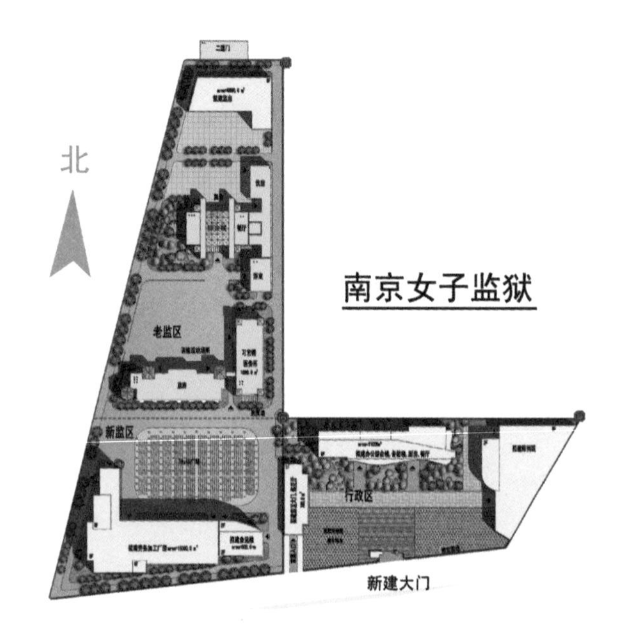

图 12-2-7　江苏省南京女子监狱平面图

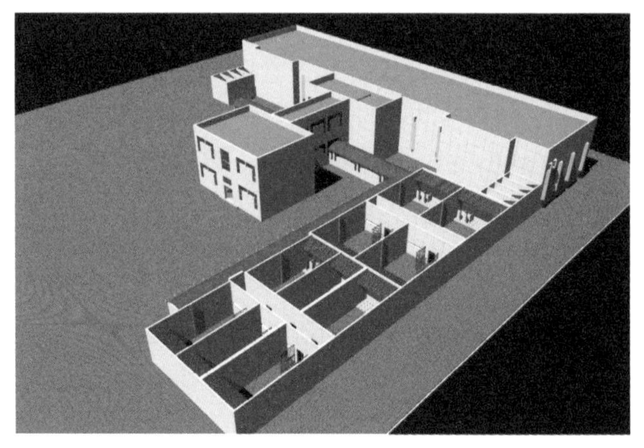

图 12-2-8　国外某监狱普通女囚犯区效果图

图 12-2-9　美国某女子监狱鸟瞰图

监舍楼分左右两边对称分布，每 1 个监区独立成院落，每层是 1 个分监区，院内有晾晒房、篮球场，晾晒房的一面迎门的墙壁做成装饰照壁，也是文化墙。

《监狱建设标准》（建标 139—2010）明确规定：每间寝室关押男性罪犯时不应超过 20 人，关押女性罪犯和未成年罪犯时不超过 12 人。这一规定体现了对女性罪犯的特别关爱。这一标准是按照中度戒备监狱标准设计的。应该看到，女子监狱中也有少数危险分子，建设女子监狱时，也要考虑建设

1 ~ 2 个高度戒备监区，这样就要考虑设计一部分单人间、4 人间等特殊类型的监室。《监狱建设标准》（建标 139—2010）第二十八条规定：高度戒备监狱每间寝室关押罪犯不超过 8 人，寝室宜按 5% 单人间、30%4 人间、65%6 ~ 8 人间设置，其中单人间应该设独立放风间。此外，由于女性的特点，居住在一起的女犯如果过多，会造成人际关系复杂，影响监管改造秩序。因此，可以针对女性罪犯的心理和生理特点，多设一些 3 人间、6 人间或者 9 人间（还要考虑到落实三联号制度）（图 12-2-11、图 12-2-12）。

我国香港罗湖惩教所整个监舍区包括主翼、东翼及西翼 3 个监区，合共设有 104 个监仓，收留监禁年期 12 年以下的 21 岁以上成年女囚。东翼及西翼中度设防，各有 28 个监仓和 30 间独立囚室，最多可以收容 800 人。而主翼则为低度设防监区，呈圆形设计，有 48 个囚仓，每仓可容 12 至 14 人，共可收容 600 人，也设有医院、厨房、课室、工场及其他更生服务设施等（图 12-2-13）。

其实在国外，女犯居住的监室很多都是单人间（图 12-2-14、图 12-2-15）。如在所有澳大利亚女犯监狱的床位数量中，单人监室的床位 634 个，

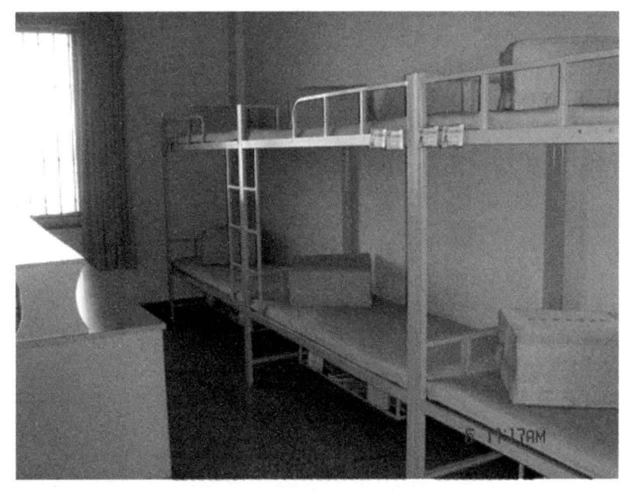

图 12-2-12　北京市女子监狱监室

图 12-2-10　美国某女子监狱围墙岗楼

图 12-2-13　香港罗湖惩教所警察办公区入口

图 12-2-11　河南省郑州女子监狱监室

图 12-2-14　美国某女子监狱监舍一角

图 12-2-15 美国某女子监狱监舍门

占女犯床位总数（833）的 76.11%，2 ~ 4 人合住监室的床位数 145 个，占女犯床位总数（833）的 17.40%，5 人以上监室的床位数 54 个，占女犯床位总数的 6.48%。德国柏林利希腾贝格女子监狱，女犯住的都是单间，监室内设有单人床、写字桌、椅、台式电脑，有单独卫生间，内有抽水马桶、洗脸池和淋浴设施。如果女犯不愿吃监狱统一提供的饮食，她们也被允许购买食材，可以在 1 间公用厨房自己做饭。[①]

卫生间是监室设计另一个重要的内容。每个监室可以设计 2 个大便蹲坑，同时考虑到女犯的生理特点，在每楼层还要设立 1 个女厕所，每 10 人设大便器 1 个，洗手盆和污水池各设 1 个，女厕比男厕每名罪犯建筑面积增加 $0.04m^2$。

从目前我国女子监狱工作实践来看，普遍重视监室建设，基本上都能达到宽敞、明亮、向阳、通风、实用、安全、美观，既有利于女犯身心健康，也有利于防范监管事故的发生。如北京市女子监狱每间监室居住 8 人，房间内都有单独的卫生间和热水器。广东省女子监狱每间监室居住 12 人，内部有阳台，可以晾晒衣被，每层楼都安装冷、热自饮水系统，每间监室都有 2 台太阳能热水器，女犯每天都可以洗热水澡，满足女犯爱卫生的需要。河北省女子监狱每间监室居住 10 人，每层设有晾衣房、活动室、储藏室、警察值班室等。

4. 教育学习用房

《监狱建设标准》（建标 139—2010）按照中度戒备监狱和高度戒备监狱的不同，确定了教育学习用房的不同建筑面积指标。中度戒备监狱按照小型监狱、中型监狱和大型监狱的不同，建筑面积指标分别 $1.17m^2$/ 罪犯、$1.07m^2$/ 罪犯和 $0.96m^2$/ 罪犯。高度戒备监狱按照小型监狱和中型监狱的不同，建筑面积指标分别 $1.72m^2$/ 罪犯和 $1.59m^2$/ 罪犯。女子监狱按照上述标准，教育学习用房面积乘以系数 1.5。一方面体现了监狱机关对女犯教育改造工作的重视，另一方面女犯的教育改造场所也是女子监狱对外展示的窗口，需要有一定的场地和场所从事教育工作。绝大多数女子监狱将教学楼建设成为标志性单体建筑，在教学楼内，一般设有教室、心理咨询室、图书室、阅览室、电教室、广播室、陈列室、社会帮教室等（图 12-2-16 ~ 图 12-2-21）。湖南省女子监狱教育中心，是该监狱标志性建筑，该单体建筑内设有大礼堂、罪犯教育综合展示厅、罪犯手工艺品展示厅、普通教室、画室、预约等候区、个体咨询室、团体辅导室、心理测评与档案室、心理宣泄室、心理治疗室和中央控制室等。云南省第一女子监狱教育中心，也是该监狱标志性建筑，位于监管区中轴线上，有 4 个中心组成：心理矫治中心、文化教育中心、就业实用技术培训中心、回归社会模拟实训中心。就业实用技术培训中心开设茶艺、调酒、咖啡、面点制作、美容美发、酒店管理、育婴、家政、按摩、服装设计制作等课程，外聘老师教授理论和实践课，成绩合格，发社会承认的职业等级证书。

广西壮族自治区女子监狱还建有大礼堂，单层，总建筑面积 $2266.28m^2$。该大礼堂是监狱召开罪犯参加的集体大会及进行文艺演出的主要场所。

5. 禁闭室

在 2002 年颁布的《监狱建设标准》中规定，由于女犯监管的特殊性，女子监狱的禁闭室面积按照男犯监狱禁闭室面积的 80% 设置。在新修订的《监狱建设标准》（建标 139—2010）中取消了这一规定，也就是说，女子监狱的禁闭室与男犯监狱的禁闭室建筑标准相同（图 12-2-22）。具体要求是：禁闭室应集中设置于监狱围墙内，自成一区，离其他单体

① 李越. 女犯人首先是女人——访柏林女子监狱. 人民网，http://acwf.people.com.cn/n/2015/0527/c99060—27063589.html。

图 12-2-16　某女子监狱教学楼效果图

图 12-2-17　河南省郑州女子监狱宣泄室

图 12-2-18　江苏省南通女子监狱教室

建筑距离宜大于 20m，并设禁闭监室、值班室、预审室、监控室及警察巡视专用通道，禁闭室室内净高不应低于 3m，单间使用面积不应小于 $6m^2$。每间禁闭监室内应有蹲便器和小水池各 1 个。在具体建设中，单间禁闭室 2.5m × 3.6m，墙厚 0.24m，每间使用面积 $7.59m^2$。禁闭监室的数量，小型监狱按照每 250 人设 1 间，中型监狱按照每增 350 人增设 1 间，大型监狱按照每增 500 人增设 1 间的标准建设。

图 12-2-19　江苏省南通女子监狱演播室

图 12-2-20　江苏省南通女子监狱启航广播站

图 12-2-21　湖南省女子监狱教育中心

德国柏林利希腾贝格女子监狱，有 2 间专门关押重犯的监禁室，里边除了 1 张单人床，其他设施只有金属的抽水马桶和金属洗脸池，监禁室 24 小时被监控。①

① 李越. 女犯人首先是女人——访柏林女子监狱. 人民网，http://acwf.people.com.cn/n/2015/0527/c99060—27063589.html。

禁闭室内不应设电器开关及插座，应采用低压照明（宜采用24V电压），并设置安全防护罩。照明控制应由警察值班室统一管理。从女犯改造工作的实践来看，女犯被关禁闭的数量较少。1988年司法部劳改局印发的《全国女犯工作座谈会纪要》中曾提出："女监的禁闭室，用于审查重新犯罪分子；对一般违纪行为，可设反省室。反省期限一般为3～5天，最长不超过10天。反省期间可酌情准予接见家属。"

6. 会见楼

新修订的《监狱建设标准》（建标139—2010）第三十一条规定：监狱的家属会见室应设于监狱围墙内、监狱大门附近，并分别设置家属和罪犯专用通道。会见室中应分别设置从严、一般和从宽会见的区域及设施，其窗地比不应小于1/7，室内净高不应小于3m。在条文说明中也提出"按每50名罪犯设1个会见位"、"按每100名罪犯设1间同居室"，同时在亲属会见室内应设置会见登记、家属等候、警察值班（监控）及小卖部等服务用房。可见，并没有对女子监狱提出特别的要求。而且标准中所说的从严、一般和从宽并没有说明其含义，给设计带来一定的不确定因素，比如会见楼平均每名罪犯建筑面积0.81m²，包括会见位、使用面积、同居室使用面积以及会见登记、家属等候等区域面积，而不包括律师会见室、科技法庭（也称"数字化法庭"）开庭使用的房间（如审理离婚案件）、储藏间（会见亲属不宜带入会见区域需要存放物品的场所，如手机及其他违禁物品）（图12-2-23～图12-2-27）。

广东省女子监狱会见楼，地上4层，底层为家属等候区，第2层为宽见大厅，每1会见区采用半墙半工艺玻璃相对隔离，第3层为普见大厅，第4层为特优会见区，房间设施按宾馆标准房配置。

对女子监狱而言，需要探讨的是，需要设计供女犯与未成年子女会见的专门场所或者区域。在押女犯中，相当一部分女犯有未成年子女，女犯与未成年子女的会见应该采用宽见的方式，允许女犯拥抱、亲昵自己的孩子，这是女性天生的本能行为，对于稳定女犯思念孩子情绪，调动女犯改造积极性具有不可低估的作用。德国柏林利希腾贝格女子监狱规定每人每月有4小时探视时间，但女犯中一半有子女，这些母亲允许每周有2小时与来探视的孩子一起玩耍游戏，使母亲和孩子在心理上都得到莫大安慰，这种管理条例，无一不体现着对女性的特殊关照。①

图12-2-22　河南省郑州女子监狱禁闭室

图12-2-23　江苏省南通女子监狱综合楼

图12-2-24　江苏省南通女子监狱会见楼监听室

① 李越. 女犯人首先是女人——访柏林女子监狱. 人民网，http://acwf.people.com.cn/n/2015/0527/c99060—27063589.html。

图 12-2-25　湖南省女子监狱会见大厅

图 12-2-26　河南省郑州女子监狱春育超市

图 12-2-27　江苏省南京女子监狱科技法庭

目前大多数女子监狱的会见室设计，参照男子监狱的设计，与男子监狱会见室相差不大。女犯在会见未成年子女时，只能隔着玻璃，通过电话与自己的孩子说话，渴望与孩子进行肌肤接触成为奢望。因此，女子监狱在会见室设计时，应充分考虑女犯改造的实际需要，扩大宽见区域的设计面积，在宽见区域还可以放置一些儿童玩具，让女犯和未成年子女做游戏，交流情感，辅导功课等，这样的人性化设计无疑会促进女犯良知的复苏，加速改造步伐。如吉林省女子监狱，2012 年在全国首创了母童会见室，凡是 14 岁以下的儿童想探望服刑的母亲，都可以零距离见到母亲。

福建省女子监狱还将会见室的门楼作为监管区入口，即监管区大门与会见室合并为 1 个单体建筑。

7. 劳动改造车间

针对女犯的耐心细心特点和考虑女犯身体等因素，她们主要在室内从事劳动强度低、风险小、环保性强的服装、毛衣、刺绣、编织、玩具、艺术雕刻等手工项目的习艺性劳动（图 12-2-28）。同时应开展电脑、插花、烹饪、美容美发等针对性培训，使女犯养成劳动习惯，掌握一技之能，为回归社会、自食其力打下基础。我国香港罗湖惩教所设有 1 个口罩工场、6 个制衣工场，口罩工场生产的口罩全部提供给政府部门和医管局使用，制衣工场为香港纪律部队生产制服，包括惩教署职员的衬衣。德国柏林利希腾贝格女子监狱设有缝纫车间，有花卉苗圃，每个适合于劳动的女犯都须选择一项工作。[①]

8. 警察行政和办公用房

新修订的《监狱建设标准》（建标 139—2010）按照警戒等级和关押规模确定不同类型监狱警察用房建筑面积指标，设计时按照警察编制数确定实际建筑面积。警察编制数是按照中共中央办公厅、国务院办公厅转发《第八次全国劳改工作会议纪要》（中办发 [1981]44 号）规定的“劳改单位的干部编制，工业按照罪犯人数的 12%，农业按 16% 配备”折算成 18% 的比例设置的。这一编制标准已经使用了 30 多年，目前监狱押犯结构发生了很大变化，

① 李越. 女犯人首先是女人——访柏林女子监狱. 人民网，http://acwf.people.com.cn/n/2015/0527/c99060—27063589.html。

监狱工作的要求也呈现新的特点，警察的编制标准远远不能适应新时期监狱工作的要求，亟待调整。

就女子监狱而言，警察编制根本不能适用18%的编制标准，因为很多女警察要结婚生孩子，存在孕期和哺乳期等特殊时期，加上女警察退休年龄比男警察提前五年，18%的编制标准，使女子监狱运转非常困难，大多数女子监狱警力非常紧张。女子监狱的警察编制数确定在25%较为合理。如果按照18%的编制标准来设计警察行政和办公用房，会出现办公场所非常拥挤。因此，从女子监狱的实际情况出发，在设计警察行政用房和办公用房以及备勤用房时，必须调整建筑面积标准（图12-2-29）。

图 12-2-28　江苏省南通女子监狱习艺楼效果图

图 12-2-29　湖南省女子监狱行政办公楼

三、女子监狱应注意的几个问题

（1）应展现色彩的表现力。女子监狱中应使用合理的色彩，运用得当，可以减缓整个改造环境的紧张气氛，减轻女犯的压抑感和烦躁感（图12-2-30）。如河北省女子监狱对围墙以内的单体建筑及围墙内面用浅粉、浅蓝等柔和色，以缓解罪犯的压抑感，而监狱大门用银灰色，围墙外为深紫色，体现庄重威严。湖南省女子监狱围墙采用天蓝色，用紫色的线条勾勒出来；江苏省南通女子监狱室外采用青灰作为主色调，绛红的线条，纯白的窗台和露天阳台，室内则采用了高明度、低彩度、偏暖的色调，白色墙面、绛红点缀镶嵌铜条的淡黄色水磨石地面，深草绿色门窗，蓝绿色床铺给女犯带来温暖、明亮、轻松和愉悦的视觉心理感受；[①] 福建省女子监狱整个建筑群外墙采用绛红色面砖加局部的白墙，营造温和舒适的建筑环境空间，体现女监特色，以利于女犯的教育改造。据悉，目前关押着3440名女囚犯的日本松山监狱，为了缓解女囚犯的精神压力，将监狱装饰成粉色格调，如监狱的门、窗及家具都被漆成粉色，十分温馨、人性化。[②]

图 12-2-30　美国格兰德瓦利女子监狱整体以粉红色为主色调

（2）应注重环境文化对人的心理行为的影响。从女性视角入手，针对女犯这一特殊群体的心理特征，应把教化育人的理念，融入到景观设计中来，发挥环境文化对她们的教育感化作用。大到花草绿荫的格局，小到零碎饰品、格言警句的张贴，盆景、雕塑、建筑小品及宣传栏的合理设置，让女犯们举步移目，都能受到正能量文化的熏陶。比如北京市女子监狱根据女犯的生理、心理特点，对监舍外墙大胆采用明快的浅黄色，并在大门的两个门柱上用

① 顾国才. 现代监狱视域下我国监狱建筑的规划与设计. 江苏警视，2015年第3期。

② 日女子监狱为缓解囚犯压力将牢房涂成粉色. 环球网，http://look.huanqiu.com/article/2014—09/5129822.html。

不锈钢设置了颇具象征意义的雕塑——线团和经梳理后笔直的毛线，隐含着女性罪犯经过监狱的教育、改造和挽救后，变成对社会有用的人，寓意深刻。有的监狱根据女性爱美的心理，在监室内安装不锈钢镜子，不仅监狱监管安全得到了保证，还有“整衣冠，正内心”的用意。江苏省南通女子监狱监管区内的建筑物的最高处，有一座颇具南通近代第一城风格的钟楼，浑厚的钟声提醒女犯光阴似箭，要珍惜生命，加快回归社会的步伐，同时也蕴含着“安全为天，警钟长鸣”的深刻寓意。在教学楼前矗立着一块巨石，镌刻着醒目的红色大字——清扬，寓意激浊扬清，诫勉女犯要用坚如磐石的意志修正思想、摒弃恶习。教学楼大厅内象征规则与自由的大型浮雕，告诫女犯遵守规则的世界才是生命自由的圣洁花园。监舍楼前有一尊名为“母子乐”的母子梅花鹿石雕像，展示了母亲的伟大情怀和对子女的无限关爱，勉励女犯要感恩亲情、关爱家人。在综合楼教学区、每个监区监舍的公共活动区域，均设置了长约50m的文化长廊，展示的书画、工艺品等所有作品都由女犯自己创作，并采用了古色古香的园林装饰手法，对女犯来说，是一种非常好的文化体验和教育感悟。①

四川省女子监狱监管区内的文化石、宣传墙契合女犯改造新生之路。2014年1月竣工的新绿广场，总占地面积达6000多平方米，主体景观由“放飞希望”、“历练之路”、“新生”及“叠泉池”四大部分组成。其中的“历练之路”真实而生动地呈现了女犯在狱中经历四个重要阶段，即“禁锢”、“深省”、“蜕变”和“重塑”。使有限的公共空间得到放大，减少了监狱封闭性对女犯情绪造成的压抑，激起她们对美好生活的向往，从而起到润物细无声的教育改造效果。

（3）应体现人性化的设计（图12-2-31、图12-2-32）。对女犯使用的卫生间、浴室等监内特殊场所的门窗应采取特殊处理，如门窗磨砂处理，监控中呈现出动画式、剪影式影像，既要保证监狱监管安全，又要保护她们的隐私权，充分体现人性化和人情味，这些在一定程度上起到减轻罪犯心理压

图12-2-31　山东省女子监狱文体馆

图12-2-32　江苏省南通女子监狱罪犯伙房

力的作用。女性有喜爱洗涮的本性，在每间监室内不妨设1洗涮台。广东省女子监狱特别是监舍楼每层的大阳台随楼层变化成呈阶梯式向上，其设计之巧妙并非为了美观，而是对女犯以人为本的关怀。因为女性的生理特点特别需要讲究卫生，这样设计可让女犯们统一晾晒的衣服能充分接触阳光，接受紫外线杀菌，大大减少感染病菌的机会。罪犯伙房针对女犯力气相对弱，抬米费力气，监狱购置了专门的半自动化洗米装置，一摁按钮，大米即从米仓自动倒入容器直接清洗，清洗干净后又自动投到锅里。该监狱还设置亲情餐厅，为女犯和其家人营造一个优美、和谐的就餐环境，展示现代监狱文明形象。我国香港罗湖惩教所考虑到部分女囚犯入监时可能怀孕，并在监内生育；或者其幼儿在社会上无人照料，而被法院裁定送入监狱由在囚母亲照顾，首次在香港监狱的医院内开设两间育婴室，共提供20个床位，供囚犯与3岁以下子女入住。同时设有亲子中心，提供空间给予囚犯与子女相处，每次2小时。

① 顾国才.现代监狱视域下我国监狱建筑的规划与设计.江苏警视，2015年第3期。

（4）应明确戒备等级。目前女子监狱收押余刑一年以上的有期徒刑、无期徒刑和死缓的女犯，刑期长短不一，危险程度各不相同，确定女犯的危险等级相对较难。从多年来女犯改造工作的实践来看，女犯危险程度相对较小，女子监狱发生脱逃、凶杀、暴狱等监狱监管安全事故也较少。因此，将女子监狱定位在中度戒备等级比较合适。但考虑到女犯中也具有一定危险性和难控制性，管理和改造难度较大，可以考虑在新建女子监狱时，建1～2个高度戒备监区，以满足女犯改造工作的实际需要。①

第三节 高度戒备监狱

高度戒备监狱是指采取最严格的安全警戒措施和管理制度的监狱。在监狱布局调整中，各省（自治区、直辖市）都正在规划或建设一二所高度戒备监狱，这是我国现行监狱设置体系深刻的变革，是分类关押的具体体现，符合当前国际上监狱关押的先进做法和行刑发展趋势。虽然新修订的《监狱建设标准》（建标139—2010）对高度戒备监狱作了一定的说明，但高度戒备监狱建设在我国目前还处于探索阶段。

一、高度戒备监狱规划设计的特殊性

1.指导思想的特殊性

（1）有利于监狱资源的优化配置，降低行刑成本。

（2）有利于罪犯分类管理、分类矫治，更好地实施个别化教育，以提高罪犯改造质量。

（3）有利于防罪犯脱逃、行凶、自杀，以维护监狱的安全与稳定。

（4）有利于罪犯顺利回归社会，降低罪犯重新犯罪率。

2.建设的特殊性

（1）高度戒备监狱适应于未来行刑发展趋势，如将来罪犯刑期的变长，设有终身监禁等。

（2）高度戒备监狱要达到安全、坚固、适用、庄重的要求，并且应适当超前。

（3）高度戒备监狱安全系数等级要高于中度戒备监狱和低度戒备监狱，主要应体现在监狱围墙、内部物理隔离设施、监舍楼、禁闭室、信息化等方面。

3.关押对象的特殊性

高度戒备监狱主要关押被判处15年以上有期徒刑、无期徒刑或死刑缓期2年执行的罪犯以及累犯惯犯，判刑2次以上的罪犯或者其他有暴力、脱逃倾向等明显人身危险性的罪犯。在其他戒备等级监狱服刑的罪犯，如果经过服刑期间科学甄别，认为该犯具有明显的人身危险倾向，也应到高度戒备监狱服刑。在结构层次构成中，经鉴定改造表现一贯较好的、属于过失性或经济性等类型罪犯，至少应占总押犯人数的30%左右。为何要有这些人群，其原因：一是对这些人群的管理，等级处遇相对宽松，反而会促使影响其他罪犯更好地服从管理，积极投入改造；二是为一些相对重要的辅助性岗位，如为罪犯伙房、教育、医院、室外的绿化保洁等提供服务。

4.选址的特殊性

国外高度戒备监狱一般建在偏僻山区或人迹罕至的孤岛，如美国关塔那摩监狱，三面临海，一面有重兵把守，并且有仙人掌和灌木形成的天然屏障，罪犯逃脱和外来者闯入几乎不可能。俄罗斯某高度戒备监狱甚至建于海底下，自建立后，从未发生过罪犯逃脱现象。我国民国时期的白公馆、渣滓洞监狱，均设在一个三面环山、松林蔽日的山谷里，地形险峻且隐蔽。我们暂不谈它的反动性，但它自成立后，所关押的人员没有一个能成功越狱，飞机在此地域的上空很难飞行。而现在许多监狱都建在一马平川的平原区域，无任何障碍。随着我国经济发展，空中飞行器越来越多成为私人或黑社会所拥有的交通工具，不能不引起高度重视。各省（自治区、直辖市）高度戒备监狱在选址上应该慎重，进行缜密的调研、论证。建议选址原则上应选择在地理位置相对较为偏僻的地带，应尽量置于空旷地，以保证足够开阔的视野；同时应预留下确保支援警力、应急指导中心和大型警械装备能迅速到达的应急路

② 杨木高著.中国女犯矫正制度研究.南京大学出版社，2012年10月，第37页。

线。如北京市垦华监狱设在清河监狱管理分局区域内；四川省大英监狱设在四川省大英县蓬莱镇太吉村；河南省许昌监狱设在许昌市东城区新外环；青海省首座高度戒备监狱——青海省大通监狱设在西宁市大通回族土族自治县长宁镇，距西宁市 24km；江苏省龙潭监狱高度戒备监区设在镇江市句容的西北与南京接壤的宝华山，距南京、镇江、句容三个市区各约 30km。

5. 总体规划布局的特殊性

由于高度戒备监狱监舍区、生产劳作区相对封闭，建议改变传统功能分区进行规划的模式，改用组团式规划，减少罪犯集中在监管区内流动的概率。通过组团设计的不同来划分不同管理戒备等级，分为高、中、低三级管理。通过对不同组团功能及布局设计的差异，对应相应戒备管理等级，提供不同罪犯的活动空间。各组团由里及外，首先是利用单体建筑自身的围合、封闭，其次是组团单体建筑外围蛇腹形隔离网的围合、隔离，形成多层次、不同类型的防护屏障。高度戒备监狱监管区所有单体建筑应低层化，以 2 ~ 3 层为宜，最高层数不超过 4 层，且建筑密度要低，要达到视野开阔，无死角。高度戒备监狱单体建筑外立面应大气沉稳、庄重、严谨，要体现监狱的惩罚性质，突出监狱的“三大”功能和“三防”要求，建筑要具有坚固、封闭、森严等特点。从空中、地面、地下等全方位立体考虑监狱的“三防”要求（图 12-3-1 ~图 12-3-3）。

四川省大英监狱，作为该省第一所高度戒备监狱，高度戒备监区呈“回字形”布局，中间是监舍、学习和劳动改造的地方，四周为走廊。其中的三面走廊供警察使用，另一面走廊罪犯和警察共用。在允许罪犯通过的这条走廊两端都设有门，这样不仅可以方便警察平时巡逻，遇到突发情况时也能及时到场处置。

6. 关押规模的特殊性

国外高度戒备监狱平均关押人数，一般都在 500 人左右，罪犯与工作人员的比例 1:1.3 至 1:1。例如美国马里恩高警戒度监狱，2000 年关押人数为 336 人，平均关押人数为 313 人，工作人员为 360 人。高度戒备监狱若关押规模过大，易发生罪犯的哄监、越狱、暴狱等突发事件，不利于监狱的安全与稳定，

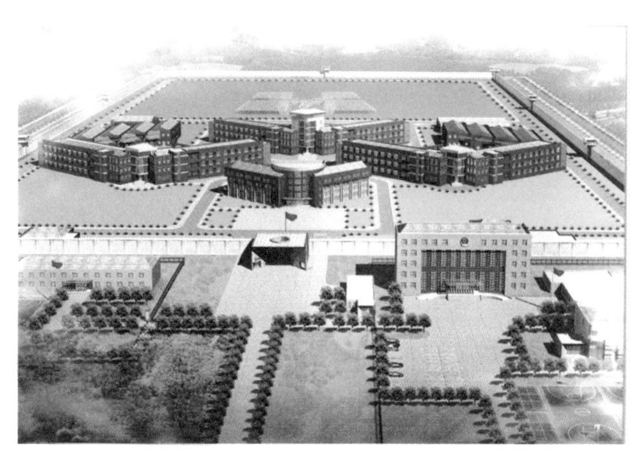

图 12-3-1 北京市垦华监狱鸟瞰图

图 12-3-2 北京市垦华监狱监管区大门效果图

图 12-3-3 江苏省龙潭监狱高度戒备监区模型

不利于推行对罪犯的个别化教育，不利于及时处置地震、水灾等自然灾害或其他突发事件的发生，同时易造成不同监狱警察人数比例失衡，加大其他中低级戒备监狱警察工作压力。高度戒备监狱若关押规模过小，监狱运行成本则加大。高度戒备监狱关押规模要综合考虑各省的实际情况，一般不宜超过 3500 人，以 2500 人左右较为适宜。警察人数设为

罪犯的25%左右较为科学、合理（司法部规定监狱警察人数为罪犯的13%）。北京市垦华监狱，关押规模2000人；正在建设中的四川省大英监狱作为该省第一所示范性的高度戒备监狱，设计关押规模2500人；河南省许昌监狱设计关押规模3000人；湖南省茶陵监狱作为该省唯一一所高度戒备监狱，设计关押规模3000人；江苏省龙潭监狱高度戒备监区作为该省唯一高度戒备监区，也是龙潭监狱北关押点，是在拆除北监区的基础上进行原址新建，设计关押规模3500人，其中高危犯1500人。

7. 占地面积与建筑面积特殊性

依《监狱建设标准》（建标139—2010）规定，新建监狱建设用地标准宜按每罪犯70m²测算。高度戒备监狱，由于关押对象特殊，每间监室关押人数相对少，建筑容积率、建筑密度、建筑层数均低，同时还要考虑今后监狱发展要留有余地，因此建议监狱建设用地标准宜按每罪犯100m²测算。以一所关押2500人的高度戒备监狱为例，罪犯总用地面积25000m²，即约375亩。中型高度戒备监狱综合建筑面积指标：罪犯用房26.8m²/罪犯，警察用房41.36m²/警察，其他附属用房5.19m²/警察。以一所关押2500人的高度戒备监狱为例，罪犯用房67000m²，警察（按16%来配备警察）用房16544m²，其他附属用房2076m²，合计85620m²。

青海省大通监狱，设计关押规模1500人，属小型监狱，占地面积约300亩（南北长，东西窄），总建筑面积约66000m²；四川省大英监狱，设计关押规模2500人，属中型监狱，占地面积274.81亩，总建筑面积93766m²，其中：罪犯用房67000m²，警察用房23782m²，警察附属用房2984m²；河南省许昌监狱，设计关押规模3000人，属中型监狱，占地面积149亩，总建筑面积110529m²，其中：罪犯用房85789m²，警察用房18435m²，警察附属用房2802m²，武警用房3592m²；湖南省茶陵监狱，设计关押规模3000人，属中型监狱，占地面积315.06亩，其中，监管区占地面积202.2亩，监狱行政办公区及其他占地面积72.7亩，总建筑面积101254.4m²；江苏省龙潭监狱高度戒备监区，设计关押规模3500人，属大型监狱，占地面积540亩，其中，监管区占地面积约330亩，警察行政办公区及武警营房占地面积约95亩，围墙周界占地面积约62亩；总建筑面积112900m²，其中，监管区大门建筑面积2460m²，会见楼建筑面积4600m²，禁闭室建筑面积2388m²，警务楼建筑面积8900m²。

二、高度戒备监狱在建设上与普通监狱的差别

1. 围墙

高度戒备监狱的屏障，也是高度戒备监狱监管安全的基石。《监狱建设标准》（建标139—2010）第五章第三十九条规定：高度戒备监狱围墙应高出地面7m，墙体应达到0.3m厚钢筋混凝土的安全防护要求，上部应设置武装巡逻道。围墙地基必须坚固，围墙下部必须设钢筋混凝土挡板。围墙内侧10m、外侧12m为警戒隔离带，隔离带内应无障碍。围墙内侧5m及10m处、围墙外侧5m及12m处均应各设1道不低于4m高的防攀爬金属隔离网，网上均应设监控、报警装置。围墙外侧的两道隔离网之间应设置防冲撞设施，如三角锥、堑壕、防撞墙（桩）等，其高度应超过轮式运载工具车轮半径或超过履带运载工具的诱导轮高度。岗楼四周挑出的平台，应高于围墙2.0m以上，并设1.5m高栏杆（图12-3-4）。

北京市垦华监狱作为我国第一所高度戒备监狱，围墙采用了现浇钢筋混凝土结构，强度等级达到C30，立面均为清水混凝土。为了保护混凝土表面不受日照及雨水的酸碱侵蚀，采用SurfaPoreC产品对混凝土表面增加保护涂膜，以确保混凝土保持清水混凝土本色，并具有防水防潮功效。围墙墙体垂直总高度为6m（包括地梁），周长约1830m，墙厚为150mm，其中间有菱形附墙柱及变形缝，共设9个岗楼。岗楼与围墙间设有沉降缝，岗楼总高度为11.5m，墙厚为200mm，呈八角形。由于该监狱始建于2007年，修订后的《监狱建筑标准》（建标139—2010）还未正式颁布，故围墙的高度、厚度均未达到标准（图12-3-5）。而四川省大英监狱、河南省许昌监狱都是在2010年后建设的，围墙完全是按修订后的建设标准建造的。

目前国外高度戒备监狱大多建有高大的围墙，

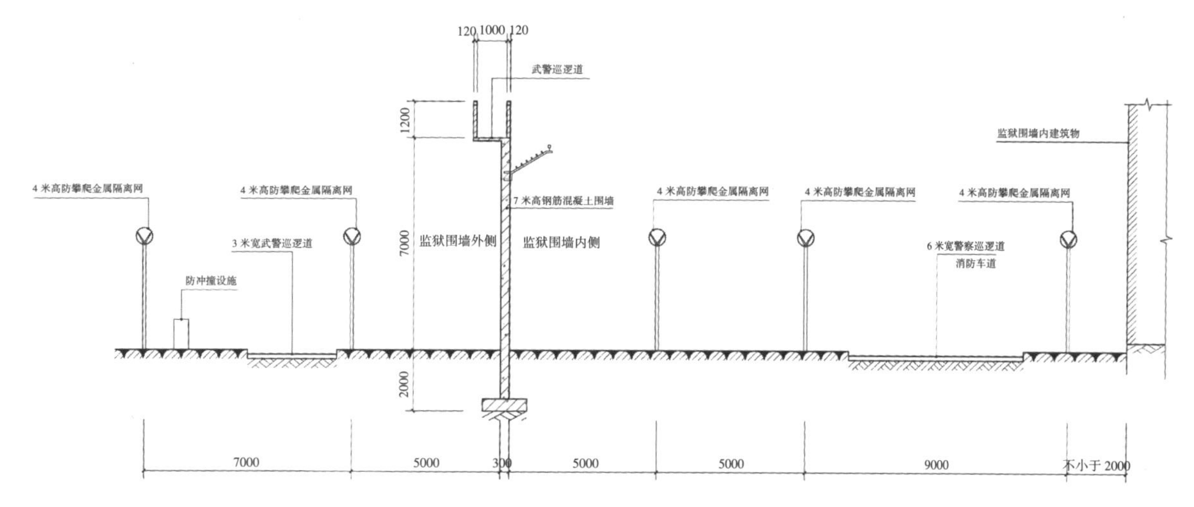

图 12-3-4　高度戒备监狱围墙设计

图 12-3-5　北京市垦华监狱围墙

通常是钢筋混凝土围墙，有的围墙高达 30 英尺（约合 9.144m），或者是双层的带刺铁栅栏，铁栅栏往往带电的。钢筋混凝土围墙厚度有的达到 3 英尺（约合 0.9144m），围墙的地基深入地下 30 英尺。美国的格林海文矫正所就是一所典型的最高警戒度监狱，其岗楼距离地面 40 英尺（约合 12.198m）。英国福尔萨顿监狱坐落在约克市南部，是一所全封闭的高度戒备监狱。监区外围设有两道围墙，外墙是钢筋混凝土结构的实体墙，高 7m，墙内侧安装钢丝滚网；内墙是通透式钢筋围栏，高 5 ~ 6m，顶端装有钢丝滚网。两道围墙上都建有枪塔，供应急之用。两道围墙中间是 20m 宽的草坪，沿围墙在不同监控点建有高达 80m 的电杆，顶部装有汽光灯和摄像机。[①]

我国高度戒备监狱的围墙应提高抗撞强度，防止从监内监外撞击围墙。高度戒备监狱围墙必须采用现浇式的钢筋混凝土墙，围墙高度至少 7m，厚度至少 0.3m，围墙的地基深入地下至少 3.5m（在南方地区挖掘地道，黄海标高 −3.5m 地下，一般就会渗出地下水）。江苏省龙潭监狱高度戒备监区围墙高度为 8m。

2. 监舍楼

高度戒备监狱中的单体建筑，国外高度戒备监狱对它的设计格外重视（图 12-3-6、图 12-3-7）。美国科罗拉多州弗罗伦期的感化院是一所联邦现代版的“最高戒备监狱”，每间寝室只关押 1 名罪犯，里面安装了淋浴头、喷式便器、洗手盆、有线电视、混凝土床及混凝土凳，在每间寝室建有 1 个金属护栅搭建的小院供其放风。罪犯每天只允许使用小院很短时间。监舍门均为滑动门，在监控中心机械控制滑动门开启关闭。除了按照计划进行的放风和约见，罪犯永远不可能离开其监舍。寝室内床、桌是与墙筑成一体的，不锈钢的马桶和圆凳固定在地板上，墙上的挂钩也是插座型的，由于插头很短，只能负重 3 ~ 5 kg。意大利高度戒备监狱，高度危险罪犯的监舍为单人间，监舍为双重门。英国高度戒备监狱，高度危险罪犯的监舍，设加厚墙和门栓，

① 邵雷. 英国监狱分类、罪犯风险评估和高度戒备监狱的管理. 中国监狱，2013年第5期。

配有磁性钥匙和锁。英国福尔萨顿监狱共建有6个监区，其中4个监区为“回”字形建筑，四边为3层楼房，中间是放风区和监管人员巡查区，顶部装有防直升机劫持的钢网，楼层中间装有防罪犯跳楼自杀的钢网。另外2个监区为平行排列的3层楼房，中间是活动场地，防范相对宽松。罪犯监舍全是5～6m^2的单人间，门、窗、锁是精心设计的标准化钢结构产品。每个监区都设有防罪犯自杀的监房，四周覆以橡皮，内有1张宽约1m的水泥床。[①]

图12-3-6　美国洛杉矶监狱。这所监狱建筑从外观上看更像一座豪华酒店，无论从颜色上看，还是从高度上看，很难将它与监狱联系起来。只有看见高高的墙上开着只有4英寸（1英寸=2.54厘米）宽而又打不开的狭长窗户，还有横跨两座楼之间的巡视走廊，才能与监狱联系起来

图12-3-7　英国A类监狱（警戒级别最高）监舍楼一角

我国高度戒备监狱宜设计成组团庭院式的监舍楼，分为高、中、低三个等级戒备的监区，分别能容纳监狱总人数的70%、20%、10%。北京市垦华监狱，结合北京市的押犯特点，确定一级、二级、三级（分别对应高、中、低级）戒备区分类押犯规模按总押犯规模的2∶3∶5配备。按照关押罪犯2000名测算，一级戒备区关押罪犯400名左右，分押在5个监区；二级戒备区关押罪犯700名左右，分押在6个监区；三级戒备区关押罪犯900名左右，分押在6个监区。其中一级戒备区首层设置单独关押区，依据其特点，在关押区室外两端设置了轮流单独放风区。

（1）高度戒备监区，平面布置为封闭独立单元，层数不宜超过3层，以2～3层较为合适，全部采用钢筋混凝土浇筑而成，即墙体为剪力墙。高度戒备监区分为警察管理区、罪犯活动休息区、罪犯劳动习艺区。可以将罪犯劳动习艺用房设在底层，第2、3层为罪犯寝室及附属用房，南为寝室，北为罪犯辅助用房。每层可分别设单人间、2人间、5人间3种寝室，设置的间数分别为总间数的20%、30%、50%。

对于高度戒备监区，若每间寝室只关押1名罪犯，成本过大，在我国还不太现实。每间寝室的设计要同时考虑安全、整洁和人道等方面的要求。建议高度戒备监狱5人间寝室人均在6.0m^2左右，室内应配有洗脸池、厕所、床、桌子、椅子、书架和衣橱。高度戒备监狱寝室内的床应设为低床，所有的家具都要固定起来，如床、书架和衣橱固定于墙面、地面，桌子、椅子固定于地面。家具所选用的材料最好采用塑料制品。卫生间宜采用压式阀门。寝室内照明光源全部嵌入墙体并安装保护装置，以防罪犯故意破坏。江苏省龙潭监狱高度戒备监区A1组团单间里，一部分单人间的墙面采用软包，所有的床、凳子与地需固定，座便器采用不锈

① 邵雷.英国监狱分类、罪犯风险评估和高度戒备监狱的管理.中国监狱，2013年第5期。

钢，院落设防劫持网。寝室及通道上的窗可以借鉴上海市提篮桥监狱、青浦监狱的窗做法，采用一次浇铸成型金属窗，窗网格间距 100mm 左右，罪犯想要通过破坏窗户脱逃是较困难的，窗户上的玻璃采用防撞击玻璃。而北京市垦华监狱监室窗户护栏采用钢筋混凝土柱与剪力墙一体浇筑而成，增强了警戒级别。地坪混凝土的厚度至少 160mm，以防挖掘地道逃跑。单层床的监舍楼的每层净高 ≥ 3.3m（建设标准是 2.8m），使罪犯无法触及主屋顶。对于相应宽松的监区，上下床的监舍楼的每层净高 ≥ 3.8m（建设标准是 3.3m）。走廊的宽度设置为 2.8m，视线开阔，不压抑。出入监舍楼的大门，应设计成 AB 门。江西省赣州监狱高度戒备监区外围单独加设隔离围合栏，顶部设防航空索（图 12-3-8），内部警察管理区域设置专门的垂直交通系统与罪犯完全隔离，“回字形”警察专用巡逻通道按错层设计在罪犯通道的上方，既确保了警察巡逻时的安全，又可以增大巡逻的视野范围。警察办公区、监控室分设在建筑的西南角和东北角，呈对角设置，满足对整个建筑内院的视线要求及应急处突的快速通达。

（2）中度戒备监区，平面布置为封闭独立单元，层数不宜超过 4 层，以 3 ~ 4 层较为合适。中度戒备监区分为警察管理区、罪犯活动休息区、罪犯教学学习区、罪犯劳动改造区。可以将罪犯劳动改造用房设在与监舍楼相连的单体建筑中。第 2、3、4 层为罪犯寝室及附属用房，南为寝室，北为罪犯辅助用房，每层只设 12 人间的寝室。在中度戒备监区庭院内设 1 个篮球场，同时兼作放风场。这样篮球场与监舍楼形成一个相对封闭、独立的空间，一是有利于警察对每栋监舍楼内的罪犯实行固定区域管理；二是防止罪犯与其他监舍楼内的罪犯接触，减少罪犯的流动性。其中高、中度戒备监区的室外活动区域，要设置必要的防空网、防空索等防航空器劫持的设施，防止罪犯通过直升机或其他飞行器逃跑。防空网或防空索通常采用钢塑网，网格规模小于 1.8m × 1.8m。

（3）低级戒备监区，平面布置为半封闭式，层数不宜超过 4 层，以 3 ~ 4 层较为合适。低度戒备监区分为警察管理区、罪犯活动休息区。此区中不设罪犯教学及改造用房，罪犯可进入公共教学楼进行有关学习改造教育培训。建筑平面布置形成较大的封闭庭院空间，可供罪犯室外活动。南为寝室，北为罪犯辅助用房，每层设 12 人间的监舍。

3. 禁闭室

高度戒备监狱重中之重要加强监管的场所。设置禁闭室本身对关押的罪犯来说也是一种震慑。按《监狱建设标准》（建标 139—2010），中型监狱禁闭室建筑面积人均 $0.11m^2$，以关押 3000 名罪犯测算，高度戒备监狱禁闭室建筑面积约 $330m^2$，体量过小，可采取将禁闭室放在高度戒备等级监区内。因为在高度戒备等级监区内还设置了单人间，可兼作禁闭室，开间 2.2m，进深 2.9m，使用面积 $6.38m^2$，符合《监狱建设标准》（建标 139—2010）规定的单间使用面积 ≥ $6m^2$ 的要求。为了使禁闭室更具有威慑作用，还可以设置成半地下式或地下式，用于关押特别危

图 12-3-8　江西省赣州监狱高度戒备监区防航空钢索

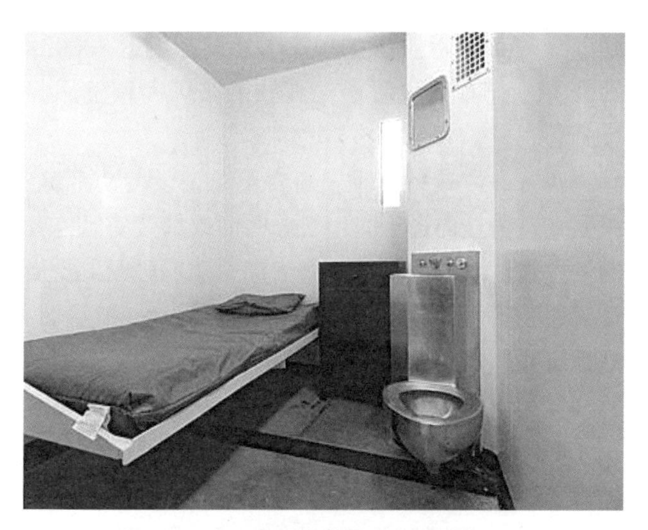

图 12-3-9　美国关塔那摩监狱监舍一角

险的涉黑或暴乱罪犯，如北京市垦华监狱，在一级戒备监区建了 3 间下沉式禁闭室。

禁闭室和高度戒备等级监区的单人间所有的墙体均采用剪力墙，钢筋混凝土浇制，厚度不宜小于 200mm。每间禁闭室设置的窗高度以见不到附近的罪犯或罪犯的活动为宜，里面设有厕所、地板床、照明（图 12-3-9）。荷兰重刑犯监狱禁闭室内只设有厕所、床垫和橡胶坐垫。

4. 罪犯劳动改造车间

高度戒备监狱改造罪犯重要的场所。在狱政设施和安全警戒设施上要充分体现前瞻性、严密性，确保万无一失。高度戒备监狱关押的罪犯，危险倾向较大，不适合于密集型劳动方式，同时罪犯的人数也不宜过多，一般按容纳 120 人的生产车间计算。或将他们分散于监舍楼中，把劳动习艺用房设在监舍楼中，这也是目前国外高度戒备监狱普遍采用的方式。车间内的警察执勤台要高出地坪面 50cm，沿车间四边一周，既有利于警察现场监督巡视，也可以保护警察的人身安全。

北京市垦华监狱的每个戒备区都有与之有机联系的生产车间和技能培训用房，不同戒备等级功能区其生产和技能培训用房的设计也有区别。三个戒备区域之间既有机联系，又不互相影响。一级戒备区劳动技能培训用房，在功能用房的配备上，以简单、重复手加工生产和技能培训教育为主；二级戒备区体现教育改造与劳动改造相结合，以习艺、培养一技之长为主；三级戒备区体现寓教于乐、寓教于劳，以习艺、调整回归社会心态为主。考虑到三级戒备区特点，在戒备区外设计了近 8000m² 的农业生产车间，便于对其技能培训和调整回归社会心态。

西方高度戒备监狱，通常不单独设劳动厂房，只是在监舍楼内设 1 间用于一些简单的劳动。也有的一些高度戒备监狱，设有 1 栋劳动厂房，主要是针对罪犯确无危险倾向，对他们进行劳动技能培训。通常有报酬，用于他们在监狱里自费的项目，如支付在监舍里看有线电视、洗衣服、玩游戏等。英国福尔萨顿监狱罪犯劳动厂房、教育、医院、食堂、体育场所等配套设施一应齐全，监狱各功能区全部用封闭式走廊连接。

我国高度戒备监狱的劳动习艺厂房，对象针对低度戒备等级监区组团和即将出监（这里的出监仅指通过高度戒备监狱或监区的改造后，经鉴定，确认为不再有暴力、脱逃倾向，表现较好、余刑较短，可以移押至中、低度戒备监狱或监区中继续服刑）的罪犯，对他们进行劳动技能培训。

高度戒备监狱高、中度戒备等级监区组团里所设的劳动改造车间，这里的罪犯只能从事一些简单的、纯手工或半手工的室内劳务加工作业项目，不宜从事机械化大生产和需要刀具、钝器、绳索等工具的劳务加工。

三、实例：河南省许昌监狱（图 12-3-10、图 12-3-11）

河南省许昌监狱是该省第一所高度戒备监狱，项目规划用地面积 369 亩，其中监管区占地面积 149 亩，总建筑面积 110529m²，总投资 3.69 亿元，

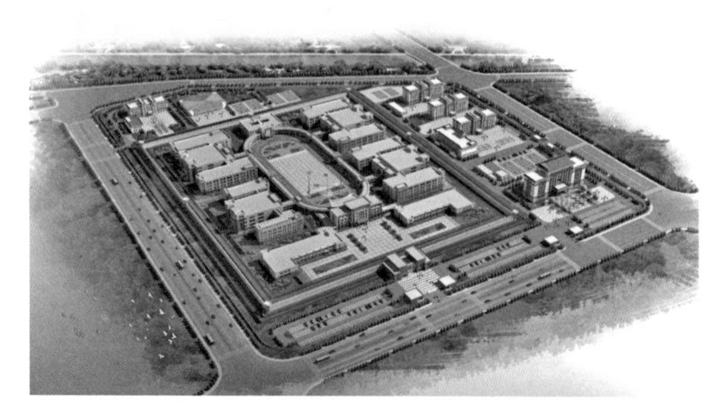

图 12-3-10　河南省许昌监狱鸟瞰图

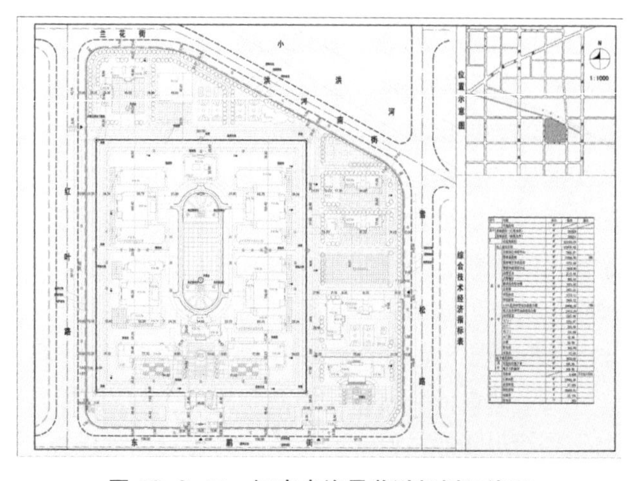

图 12-3-11　河南省许昌监狱规划红线图

设计关押能力为中型监狱。在关押结构上，以单间牢房关押A级严管罪犯，依次递减为4至8人间关押B级严管罪犯和C级普通罪犯；三类罪犯比例大致为5∶55∶40。C级普通罪犯主要作用是与B级严管罪犯搭配关押，起耳目、包夹作用；为A级严管罪犯提供监仓外的杂务服务；为监狱伙房、医院、教育等提供服务。高度戒备监狱的规划布局，以关押管理模式为依据，根据关押对象的特殊性，其关押模式主要体现在分级关押、动态管理、封闭组团、相互隔离等几个方面，将所有罪犯的生活、劳动改造、教育改造等活动设置在四个独立封闭的关押区域内，通过环形连廊将4个关押区域与医院、会见室、伙房相连，连廊入口处设置罪犯收押中心和警察指挥中心。每个关押组团由2栋4层监舍楼和1栋4层习艺楼南北并列排列组合而成。每层为1个监区，分设警察通道和罪犯通道，罪犯通过同层连廊隔离通道进入同层习艺车间内劳动改造。单间牢房设室内放风间和同层集中放风厅；其他罪犯放风主要采取室外放风，通过习艺楼垂直楼梯到达庭院放风区，不同楼层罪犯分时放风，互不交叉，有效防止罪犯之间直接接触，管理规模最小。按照关押罪犯管理等级，4个组团分为1个关押A级严管罪犯组团，3个关押B级严管罪犯和C级普通罪犯组团。关押A级严管罪犯组团1至3层设置154个单人寝室，4层设置禁闭室12间，每层设有心理咨询室、谈话室、图书阅览室、储藏室、淋浴间、晾衣房等。高危罪犯实行视频会见和巡诊医疗，有效控制了罪犯的活动区域。其他3个组团关押的罪犯，可由警察押解通过连廊的罪犯通道前往医院和会见楼。C级罪犯通过挑选、批准可以在警察的押解下通过专用通道到各个区域提供送餐、保洁等服务。

四、高度戒备监狱应注意的几个问题

（1）监管改造综合楼宜设在监管区内。高度戒备监狱监管改造职能科室，应建立起贴近式、零距离管理模式，监管改造综合楼宜设置在监管区内。江苏省龙潭监狱高度戒备监区警务楼设在监管区内，位于高度戒备监区主入口中心广场西侧，与监管区大门相对，为警察办公主要场所，设有监管改造业务科室用房、监狱二级监控中心、监狱防暴队等功能用房，建筑结构为钢筋混凝土框架结构，建筑面积8900m^2，主体4层，塔楼10层。

（2）宜设置制高点或中心塔楼。在监管区内设置制高点或中心塔楼，供瞭望全监区动态及为处理突发事件时提供信息从而正确作出决策。塔楼外形有圆形、方形、多角形，由于圆形无死角，最为常用，但易浪费面积，使用率低。如已局部投入使用的江苏省龙潭监狱高度戒备监区，在警务楼内设有正方形的中心塔楼。监管区大门同应急指挥塔楼之间设置地下快速通道，处置突发事件车辆可直接进入应急指挥塔楼底层。地下快速通道距离较长，由于必须考虑通风系统，带来造价提高。同时通风口在监管区内，特别要注意通风口的安全防护措施。塔楼内应设置电梯和楼梯，电梯能快速到达最高点，楼梯用于防停电情况下备用。北京市垦华监狱针对一级戒备区的建筑特点，在监管区内设置了制高点，可以俯视监内全貌，尤其可以全方位监控3个戒备区室外场地，保证罪犯活动区域均在有效监控范围内，便于处置突发事件。

塔楼的高度不宜超出监管区最高单体建筑高度的2倍，如监管区最高是4层，则塔楼的高度控制在35m左右为宜。过高造成俯视下面模糊不清、造价相应加大以及与四周的单体建筑不协调等问题。过低引起视野不开阔的问题。中心塔楼应与监狱应急指挥中心连为一体，在中心塔楼可鸟瞰监狱全局，遇到突发事件，为监狱应急指挥中心及时提供各类信息，供他们有效处置监狱突发事件。江苏省龙潭监狱高度戒备监区建有地下通道深4.8m、宽2.6m、长280m，建筑面积728m^2。而四川省大英监狱警察备勤楼也设有地下通道，发生紧急情况时，警察可以通过地下通道迅速到达监管区。

（3）考虑罪犯伙房运作新模式。伙房是高度戒备监狱监管安全重点设防区域之一，宜将罪犯伙房的食用原料在围墙外全部加工成半成品后，再送至罪犯伙房。高度戒备监狱罪犯餐厅必须分散设置于监舍楼内，餐桌椅宜为塑料制品（西方国家监狱大多使用不锈钢制品），且连为一体。单人间或禁闭监室，就餐就设在监室中。

（4）设置监狱收押中心。可以借鉴西方国家监狱一些好的做法，罪犯投入监狱服刑后，首先进入收押中心的收押室，收押室可以设单人间5间，每间建筑面积6m^{2}左右，多人间3间，每间建筑面积15m^{2}左右。罪犯通过直接收押室的走廊，进入1个处理区域。这个区域约40m^{2}的空间，这个区域包括1个工作室，由监狱警察处理必要的表格、按罪犯的指纹、给罪犯拍照和体检。监狱警察值班室能够看见入口走廊里的罪犯，也能够看到对罪犯进行搜查和让罪犯淋浴的区域。淋浴区域通常是1个半封闭房间，建筑面积为60m^{2}左右，其中包括穿衣区、淋浴区和卫生间。

从维护罪犯的合法权利、减少病犯外诊以及监狱监管安全等角度考虑，高度戒备监狱应设置罪犯医院。根据《监狱建设标准》（建标139—2010），应按一甲标准设置。若按标准建设，体量显然过小，可以与收押中心合并，成立1栋新的医院综合楼。

（5）设置标志性单体建筑。我国绝大多监狱均设有标志性单体建筑，且多数选择将教学楼列为监狱标志性单体建筑，将它设置于监管区中心区域。高度戒备监狱，对罪犯群体应充分展现国家意志的威慑力，调节社会危险群体的行为规范，同时也对社会群体进行警示，建议将高度戒备监区组团或禁闭室列为标志性单体建筑。

（6）其他一些特殊要求。除了要遵守中度戒备监狱的安防要求外，高度戒备监狱还有一些特殊要求，如警戒隔离带可考虑安装压地触发式报警装置及生命探测仪；除满足罪犯必要的生活、学习外，监舍内部的物品设施应尽量减少。设施应做到固定化、钝头化（对一些尖利锐角处，要进行弧度处理）、去金属化；监管区内的照明、摄像头应做成嵌入式；门、窗、锁均应达到安全、坚固的要求，并设置防护设施；监管区内的玻璃达到强化标准，具有安全性能；监管区内的立杆、树木均应设置防攀爬的隔离防护网罩；谈话室分为特殊和普通两种，内部为不可移动式桌椅以及录音设备，特殊谈话室内在警察和罪犯之间设强化玻璃隔开，确保绝对安全；罪犯使用的浴室应采用敞开式，并根据空间模块制作，整体浇注，采用不锈钢或铝合金材质，使地板、墙面、天花板一体化；监管区内应设置全覆盖的无线电信号屏蔽装置等。

第四节　出监监狱

出监监狱关押对象绝大多数为即将刑满的罪犯，安全警戒措施和管理制度相对宽松。出监监狱作为一所功能特殊的监狱，它的设立是适应社会发展的需要，有利于提高罪犯改造质量、促进罪犯再社会化、减少重复犯罪和维护社会稳定。由于出监监狱的低戒备性、过渡性、社会性、宽松性、开放性、公益性等特点，出监监狱建筑具有自身的特殊性。虽然出监监狱在我国已有十几年的探索经验，但新修订的《监狱建设标准》（建标139—2010）没有对出监监狱作出任何说明，出监监狱建设在我国目前仍处于探索阶段。

一、出监监狱规划设计的特殊性

1. 选址的特殊性

出监监狱应选择在经济相对发达、交通便利的大、中城市，宜靠近高等职业技术院校。其原因：一是可以更好利用大中城市社会资源，实施社会帮教，体现社会关爱；二是可以利用高等职业技术院校的雄厚师资力量，采用多种形式，可以与监狱联合办学，也可以单独对刑满的罪犯进行职业技能培训。福建省翔安监狱位于厦门市翔安区新圩镇桂林村的东侧，距翔安区中心仅8km左右（图12-4-1）。天津市长泰监狱位于天津市市区南侧——西青区梨园头，靠近主要交通沿线。河北省石家庄出监监狱位于鹿泉监狱的附近，距石家庄火车站也只有10km左右。四川省锦江监狱位于四川省成都高新区中和街道，紧邻新会展中心。新疆乌鲁木齐出监监狱位于乌鲁木齐市文光路西侧。甘肃省出监监狱位于天水市秦州区皂郊镇董家坪村，距天水市市中心也只有15km左右，交通十分便利。湖南省星城监狱成立于2002年10月，是全国第一所特色型、专门化出监监狱，

图 12-4-1 福建省翔安监狱鸟瞰图

位于长沙市香樟路 528 号，与中南林业科技大学、长沙民族艺术学院等两所院校毗邻，距长沙火车南站、汽车南站也仅 10 分钟车程，交通十分便利。

2. 关押规模的特殊性

出监监狱关押规模宜控制在 3000 人以内，否则罪犯职业技能培训效果有可能受到影响。目前，我国出监监狱关押规模各不一样，如四川省锦江监狱，是由原普通监狱改为出监监狱，关押规模 1500 人；湖南省星城监狱，关押规模 1500 人；甘肃省出监监狱（正在建设中），设计关押规模 1500 人；新疆维吾尔自治区乌鲁木齐出监监狱，关押规模 2500 人；天津市长泰监狱，关押规模为 3000 人；福建省翔安监狱（正在建设中），设计关押规模 3500 人。出监监狱关押规模还应该根据各省实际情况而定。

3. 占地面积与建筑面积的特殊性

出监监狱的低戒备性、过渡性、社会性、宽松性、开放性、公益性等特点，就决定了出监监狱建筑容积率小，自由空间相对宽松，用地面积与建筑面积指标相对于普通类型的监狱要高些，建议新建出监监狱建设用地标准按每罪犯 90m^2 测算。

小型监狱，关押规模 1000 ~ 2000 人。一所 1000 人的出监监狱，按照建设标准监狱总用地面积 1000 罪犯 ×90m^2/ 罪犯 =90000m^2（约 135 亩）；一所 2000 人的出监监狱，按照建设标准监狱总用地面积 2000 罪犯 ×90m^2/ 罪犯 =180000m^2（约 270 亩），则小型出监监狱总占地面积约 135 ~ 270 亩。

中型监狱，关押规模 2001 ~ 3000 人。一所 2001 人的出监监狱，按照建设标准监狱总用地面积 2001 罪犯 ×90m^2/ 罪犯 =180090m^2（约 270.14 亩）；一所 3000 人的出监监狱，按照建设标准监狱总用地面积 3000 罪犯 ×90m^2/ 罪犯 =270000m^2（约 405 亩），则中型出监监狱总占地面积约 270.14 ~ 405 亩。

出监监狱选址标准相对要求较高，现在土地普遍较为紧张，新建的出监监狱占地面积大多都达不到此标准。新建出监监狱建筑面积标准：罪犯用房 35m^2/ 罪犯，警察用房 42m^2/ 警察，其他附属用房 8m^2/ 警察。一所关押 1500 人的出监监狱，罪犯用房建筑面积 52500m^2，警察（按 16% 来配备警察）用房建筑面积 10080m^2，其他附属用房建筑面积 1920m^2，合计建筑面积 64500m^2。

我国现有的出监监狱，由于修建时没有可依据的相关建设标准，所以占地面积与总建筑面积各不一样，如湖南省星城监狱，关押规模 1500 人，属小型监狱，占地面积 40.8 亩，总建筑面积约 27000m^2；四川省锦江监狱，关押规模 1500 人，占地面积占地 100 余亩，总建筑面积约 34000m^2；甘肃省出监监狱，关押规模 1500 人，属小型监狱，占地面积约 158 亩，总建筑面积 46890m^2（其中：新建监舍楼、罪犯技能培训用房、会见楼、监管区大门、罪犯伙房及浴室、医务教学楼、禁闭室等罪犯用房 32570m^2；业务用房、备勤楼等警察用房 11070m^2；锅炉房、警察行政办公区大门、变电所、消防泵房等附属用房 1350m^2；武警营房 1900m^2）；新疆维吾尔自治区乌鲁木齐出监监狱，关押规模 2500 人，属中型监狱，总建筑面积 74105.41m^2；天津市长泰监狱，关押规模 3000 人，属中型监狱，占地面积约 150 亩，总建筑面积 87122m^2（其中：行政办公楼 9850m^2，监狱大门 1410m^2，1 ~ 4 号监舍楼 27652m^2，5 号监舍楼 1430m^2，4 栋罪犯劳动改造用房 32828m^2，教学楼 4000m^2，伙房 1800m^2，禁闭室 920m^2，医务室 2150m^2，会见楼 2340m^2，附属用房 1120m^2，值班室 180m^2，武警岗楼 1680m^2，室外连廊 1900m^2）；福建省翔安监狱，关押规模 3500 人，属大型监狱，总占地面积约 299.15 亩，总建筑面积约 107000m^2，其中：罪犯用房 75948m^2，警察用房 24569m^2，武警用房 3110m^2，人防地下室 3449m^2。

4. 总体环境的特殊性

出监监狱的功能，决定了总体环境。由于出监监狱的特点，与传统监狱最大的不同在于，监狱文化及氛围大部分时间更接近于一所职业技能培训学校，因此，监狱总体环境体现出校园式、园林式，尽量接近“社会化”，淡化监狱氛围。改变过去监狱“高大的城墙、紧闭的铁门、森严的戒备、醒目的警示”这一传统形象，处处注重以人为本，应引入“建筑为改造罪犯服务”理念，为来监学习改造的罪犯提供良好的住宿、学习、生活、娱乐条件，缩小监狱环境和外界社会的差别，以期减少罪犯出监后对社会环境的陌生感，监狱整体形象应庄重而不失典雅。坚持宽而有束的原则，更加注重时间和空间距离感受，使罪犯心理自由寓于环境之中（图12-4-2、图12-4-3）。

5. 功能分区的特殊性

目前，我国出监监狱的总平面布局一般分为罪犯监舍区、文体活动区、实训教学区、社会恢复适应区、创业回归区、警察行政办公区、警察生活区等七大功能区，各区分区布局，应相对独立，互不交叉，功能上要有监狱特色，又要凸显学校职能，充分展示监校合一的模式。

图 12-4-2　湖南省星城监狱花园式监管区

图 12-4-3　四川省锦江监狱省法纪教育基地

二、出监监狱在建设上与普通监狱的差别

（1）监舍楼。为了使犯人尽快融入社会，寝室内宜设单层床，可设6人间或8人间，建筑面积≥ 35m^2（图12-4-4）。寝室应配备有床、书架、衣橱、电视机、桌子、椅子、蹲便器、洗脸池等。监舍门上部宜设栅栏，便于巡视。

（2）会见楼。在亲情接见、亲情电话、亲情会餐等方面原则上不予限制，为罪犯从“监狱人”向“社会人”过渡提供了一个“缓冲区”。会见楼宜采用面对面会见、团聚，即宽见。底层可设超市（罪犯可以自由购物）、候见大厅，第2层可设宽见大厅（图12-4-5、图12-4-6）。

（3）出监技能培训楼。为了能使即将刑满的罪犯出监后，有一技之长，提高社会就业谋生能力，应设置相应的技能培训用房，为开展罪犯职业技能培训工作提供强有力的物质和场所保障。出监监狱的罪犯没有生产任务，重点学习内容是职业技能培训，包括烹饪、电焊工、水暖、家电、制衣、汽修、计算机等等。湖南省星城监狱设有汽车维修、电工、焊工、烹调、计算机组装等操作间和实训室（图12-4-7 ~图12-4-9）。

（4）出监教育楼。出监教育重点之一是罪犯改造质量评估、社会适应性教育培训等工作上。让罪犯亲身体验各项社会生活，帮助罪犯学习在社会立足和谋生的基本知识和技能，可以设置模拟社会实训基地、心理健康指导中心、电子阅览室、理论培训室等功能用房。天津市长泰监狱实训基地设有7个模拟机构仿真社会场景，即模拟交通服务站、模拟银行、模拟派出所、模拟司法所、模拟行政中心、模拟人才市场、模拟社区服务等，使即将刑满释放的罪犯在服刑期间所掌握的技能与社会的真实需求相结合，让罪犯仿佛置身于真实的社会场

图 12-4-4 四川省锦江监狱监室内的床与地面固定

图 12-4-7 四川省锦江监狱实训基地

图 12-4-5 湖南省星城监狱罪犯伙房、家属会见楼

图 12-4-8 宁夏回族自治区银川监狱出监监区培训室

图 12-4-6 湖南省星城监狱会见楼会见大厅

图 12-4-9 福建省武夷山监狱乌龙茶制作实训室

景中，对他们刑释后适应社会、融入社会起到过渡性适应作用，不再担心回归社会后与社会脱节（图 12-4-10 ~ 图 12-4-14）。

（5）回归服务设施楼。按照“面向社会，立足回归，化解矛盾，贴近实际，注重实效”的原则，出监监狱可以建立回归中心，内设罪犯新生更衣室、淋浴间、新生宣誓室、警察谈话室、检察官谈话室、监狱领导预约谈话室和社会帮教室、罪犯家属休息室、候见室等功能区，为与社会司法机关对接提供场所，为各类矛盾化解搭建平台（图 12-4-15、图 12-4-16）。

（6）文体活动区。它是罪犯文体活动的场所，在这里让他们放松紧张的改造氛围，舒缓各种压力，

图 12-4-10　湖南省星城监狱综合教学楼

图 12-4-11　四川省锦江监狱教学楼

图 12-4-12　江苏省苏州监狱出监监区阅览室一角

有助于培养健康人格。坚持舒而有度的原则，注重集体监督效应，自我约束贯穿其中。出监监狱应适度扩大罪犯活动范围及形式。罪犯集体活动的多功能大厅、运动场、监区院落、活动场地建设要相对丰富一些（图 12-4-17、图 12-4-18）。

图 12-4-13　北京某监狱出监监区虚拟的地铁站

图 12-4-14　四川省锦江监狱指路岛

图 12-4-15　四川省锦江监狱回归指导中心

三、出监监狱应注意的几个问题

（1）装备适度安防系统。出监监狱的围墙周界设施应与中度戒备监狱基本相同，内部各监区不设金属隔离设施。可以考虑围墙适当降低高度，围墙顶部还应设电网，可不设岗楼，仅在重点部位设监

图 12-4-16 四川省锦江监狱更生馆

图 12-4-17 湖南省星城监狱室外羽毛球场

图 12-4-18 湖南省星城监狱室外篮球场

控系统。出监监狱罪犯通信不受限制，原则上拨打亲情电话也不受限制，可根据实际条件安排外出参观学习活动。

（2）注重监管区绿化。在保证监狱监管安全的前提下，要充分利用自然和人为景观来塑造环境氛围，使之引起罪犯的共鸣。栽植观赏性较强的低矮树木，其树种选择宜为常青与落叶相结合，不种植高大树木。通过场地绿化、景观布置、多种服务设施的设置，提供舒适宜人的外部空间，形成新型的监狱综合环境。将罪犯融于自然环境中去，从心理上给他们以抚慰，从而达到出监前的预期目标（图 12-4-19 ~图 12-4-21）。

图 12-4-19 湖南省星城监狱监管区一角

图 12-4-20 湖南省星城监狱休闲步道

图 12-4-21 四川省锦江监狱洗心广场雕塑

（3）实训的项目应与监狱所处的区域或经济相符合。南方地区的出监监狱，可以设置服装、电子、轻工业等实训项目。而地处农村的出监监狱，可以在养殖业、种植业下功夫，如四川省锦江监狱，种植业与成都农业科技职业学院联办，理论知识的传授与温室实训相结合。养殖业主要是鸡兔的养殖和牧草种植培训。建立小型饲养场所和小型牧草种植场，传授罪犯家禽家畜养殖基础知识、生物技术、田间治理、农机使用等常识，提高农村籍罪犯回归社会后的社会适应能力和创业能力。

（4）模拟社会化管理和就业环境。把监区模拟成社区，成立面向监狱内部的模拟物业公司、劳务输出公司、模拟工厂，实行罪犯自我管理。可竞聘职务，实行低酬薪制下的按劳取酬。并建立监外实训基地，可以让罪犯在实训中练适应、练处事、练生存。模拟物业公司，模拟工厂的创建，可以拉近罪犯与外界的距离，架设罪犯回归社会的桥梁。模拟工厂的架构，由罪犯来担任各级主管、经理以及质监、库管、统计、人力资源等职务，实行角色扮演，在里面体验式地来学习基本的职业道德、职业技能和素养。

附 录

附 1：拟定监狱图式通令（北洋政府司法部于 1913 年 1 月发布）

一、图式（附图 1-1 ～附图 1-3）

二、图式说明

（一）面积及围墙。监狱面积须三十六万方尺，为四方形，每边六百尺，四周围墙高二十尺。

（二）监房配置。监狱内昼夜分房八十四间，夜间分房二百八十八间，三人杂居房四十八间，共容五百一十六人。

（三）监狱大门。大门宽十尺，高十四尺，门

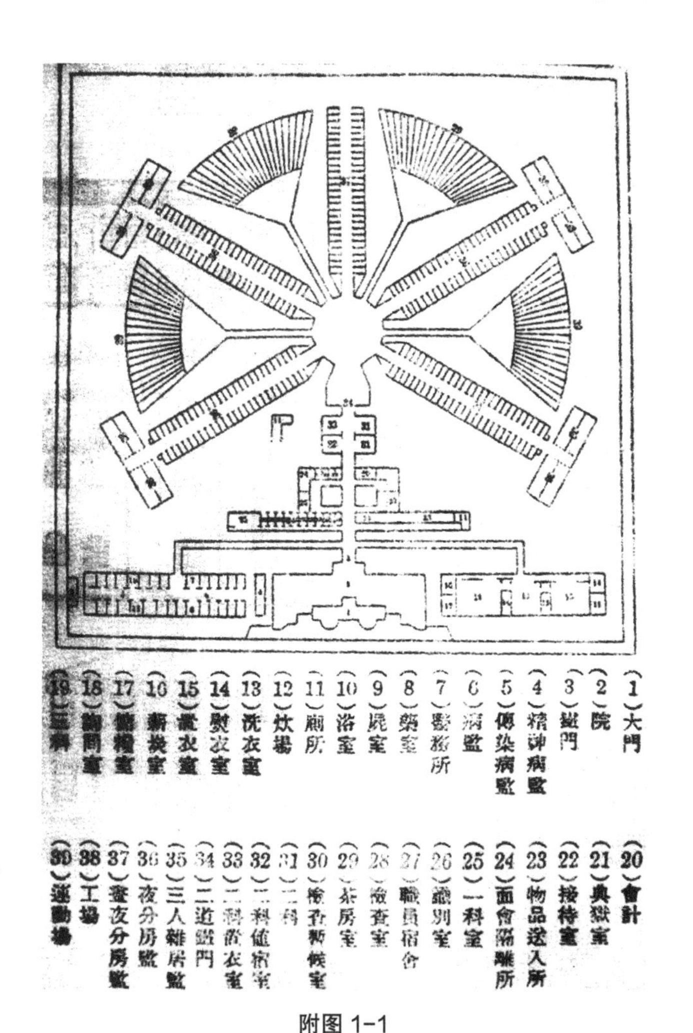

附图 1-1

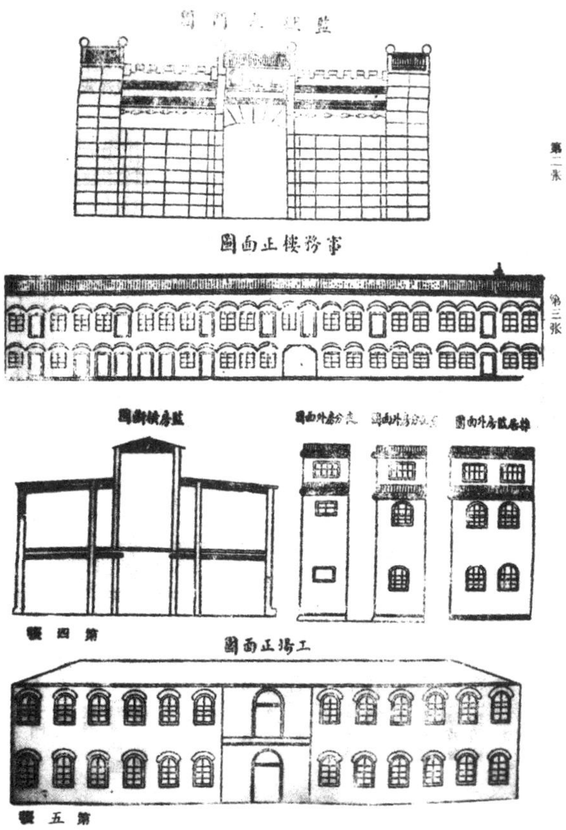

附图 1-2

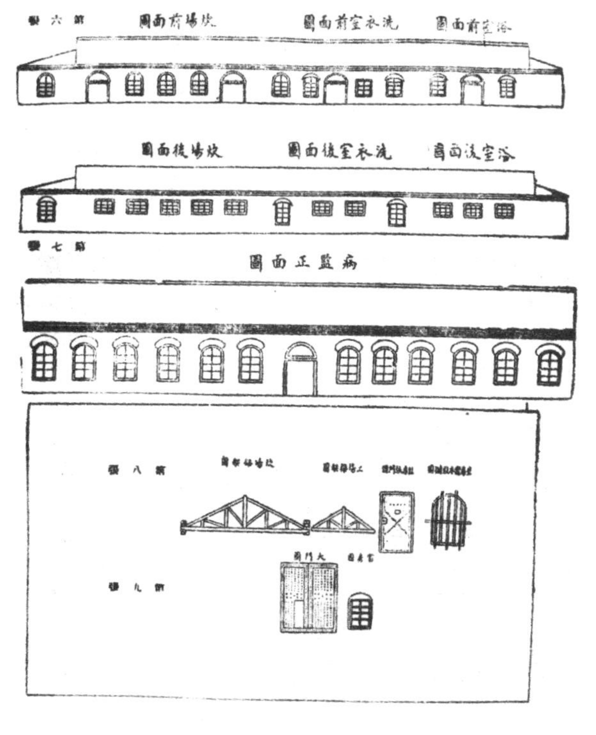

附图 1-3

旁凸出七尺半，作半圆柱形，门楼共宽五十七尺，高二十八尺，进深十五尺。门楼上有花栏圆柱凸出处，上有墙垛，大门、旁门、房门、卫房各一间，大门内小院一座，宽一百三十五尺，深六十五尺。

（四）事务楼。事务楼前面及后院，内有五尺宽游廊，楼上游廊有铁栏。典狱室宽四十尺，深五十尺，高一十二尺；接待室同上；讯问室宽七尺半，深十五尺；三科办公室宽十三尺半，深十五尺；会计室宽二十尺，深十五尺；面会离隔所八间，各宽五尺，中央留五尺，用木板隔开，二面木板上开一方孔，二尺见方，上蒙铁丝网；物品送入所宽二十尺，深十五尺；一科办公室宽十五尺，深十五尺；一科左首设楼梯，以通楼上，检查暂候室及浴室，宽五尺，深十尺；检查室及识别室宽十尺，深二十尺；职员宿室右首设楼梯一座，茶房宽二十尺，深十尺；二科各室宽二十尺，深二十尺。

（五）中央看守楼。看守楼乃十二方形，各方宽十八尺，高十二尺，楼上为教诲室。

（六）监房。分三种：昼夜分房、夜间分房及杂居房。昼夜分房宽八尺，深十二尺，高十二尺，气积约九百余立方尺，窗三尺半宽，四尺高，光积约十六方尺，上扇窗能撑开，窗外有铁栏。铁门宽四尺，高七尺，门上有方孔，上镶玻璃，以便查看。夜间分房宽七尺，深十二尺，高十二尺，气积约八百余立方尺，窗宽三尺半，高二尺半，光积约六万尺。三人杂居房宽十四，深十二，高十二尺，每人气积约五百余立方尺，窗二个，三尺半宽，四尺高，光积约二十方尺。

（七）工厂。除昼夜分房监，在房内作业外，其余各冀后设一工场，划分四间，每间宽十八尺，深四十二尺，容三十余人，每人气积约三百立尺。每工场正面六窗，旁面二窗，每窗宽四尺，高六尺，工场楼上存放物件。

（八）运动场。由看守楼至运动场，约一百二十余尺，运动场作扇面形，每扇设运动场十六个，每场长七十尺，进处宽四尺，深处宽八尺，深处设小顶盖一个，以备风雨。各运动场用八尺高木板隔开，每场中开设花池一个。

（九）病监。病监内设医务所、药室、看守室各一，独居病房十一间，宽九尺，长十五尺；杂居病房五间，宽十八尺，深十五尺。左首便门，通精神病监，右首便门，通传染病监，外附尸室二间。

（十）炊场。炊场宽十六尺，深三十五尺。左首附薪炭室一，宽二十尺，深十五尺。储粮室一，宽二十尺，深十五尺。

（十一）洗衣室。洗衣室宽二十五尺，深三十五尺，两旁附置衣室、熨衣室，各一间，宽十尺，深二十尺。

（十二）浴室。浴室宽三十六尺，深三十五尺，中间用板壁隔开，里间设浴池。

三、建筑法说明书

（一）办法。监狱全部工程，须按图样说贴建筑，包工人不得稍有违背之处。

（二）地基。监狱须背北面南，包工人按照指定之地，定准方向，照地盘图所注明之尺，用灰线铺设地基，经监工人复勘无讹，方定期开挖。至应挖地基之尺寸，因各处地质不同，难以臆断，未能于图中注明，各处须有包工人按地质勘定，最少须宽三尺，深四尺，挖槽须直四角见方，深须挖至勘定之尺寸，槽底须于铺置三和土之前，用适量之石夯或铁夯，打平地基，用洋灰三和土或石灰三和土，由监工人按地质妥定。三和土做法，详见后条。

（三）洋灰三和土做法。洋灰三和土，须用一成洋灰、二成净锐沙、六成碎石，用适量之水在木板上拌匀，如用搅三和土之机器最好。如用人工，务须多翻数次，至颜色均匀为止。再行铺入槽内，洋灰须用缓性洋灰，砂中不得搀土，碎石须坚硬者，其大小以能透过二吋（英寸的简写，中国大陆地区已停用此字）方孔之洗筛者为度，不得再大。

（四）石灰三和土做法。石灰三和土，须用一成石灰、二成黄砂或素土、四成碎砖，三样拌匀，乘热下槽夯筑，随用随搀。凡碎砖块之大小，至大不得过二吋，洗筛，每层三和土均下十二吋，打实吋八吋，先用木夯，再用石夯打平。

（五）隔潮油毡。随房内之地平线，铺油毡一层，以御潮气，其宽窄与墙相同，每接头搭三吋，接头愈少愈妙，油毡铺定，再于油毡上刷黑臭油一次，更撒一薄层干砂，再砌墙（毡用黑臭油制透，即为油毡）。

（六）砖件。全部用砖，均须一律能用机器压制之砖最妙，或土制坚硬之砖。

（七）洋灰浆做法。洋灰浆，须用洋灰一成、砂子三成，务须拌匀。随拌随用，隔夜者则须抛弃，不准再用。

（八）白灰做浆法。白灰浆须用白灰一成、砂子二成，砌墙灰缝厚不过二分。

（九）墙内砌铁腰子做法。每墙身在架地板，龙骨木，下用大洋铁腰力铺两层，接连四周围墙身，此洋铁腰，先用黑臭油刷好，砌在墙里，铺铁腰两层，每一层隔砖两层，砌铁腰子处，必须用洋灰坐砖，仔细砌好一尺高，每拔旋处，用洋灰灌浆，砌完后，交手眼必须用洋灰坐砖，堵成一样。

（十）洋灰窗户台过木做法。所有窗户台及窗过木，全用洋灰料，内加铁棍，用木模子做成，再上光面。

（十一）木料。所有木料，用最坚固木料，成色须好，凡有节裂等料，概不准用，合同批后，即行定买，所有门窗，急须开工，做成备用。

（十二）屋内门口过木做法。门口过木，每门口如三尺者，三吋，四尺者，四吋，此为每“一尺一吋”，此过木两头，用臭油刷好，再用。

（十三）地板做法。所有一切地板，须用一吋厚，四吋宽，龙凤榫，用暗钉钉好，地板上之缝子接头，必须刨平，以备上油。

（十四）龙骨木（地板横架）做法。所有龙骨木料，概用最好木料，十二吋，宽二吋厚，摆龙骨木每当十五吋见中。每顺龙骨木过六吋处，用二吋方十字架小枝棍一樘，用大钉钉好。

（十五）楼梯。楼梯由低层至上层，用好木料做成，扶手五吋宽，二吋半厚，楼梯大柱七吋见方，小栏杆五吋宽，二吋半厚，踏板一吋半厚，立板一吋厚，俱安成一块，务极坚固。

（十六）围墙板做法。事务室楼各房四围墙板，全须十吋高，一吋厚，做成洋式，起线精美。

（十七）各门做法。各门用二吋厚料，镶心四块，二面镶线，门上亮窗，须用三吋五吋料起线。

（十八）窗户框做法。所有窗户框大小，全用三吋五吋料起线，方板做完，临安时须着抗水板一个。

（十九）窗户插销做法。监房窗户上扇窗，均要能撑开，活插销俱要上等西洋铜货，各窗户大小插销，并通天插销，俱用上等铁货。

（二十）房顶梁做法。房顶梁架大小尺码，必须照图样做好，用最好木料，两边有插铁，用螺丝上紧。事务楼料与工场架梁料同。

（二十一）房顶做法。房顶须用木板钉成，再铺粗油毡一层，上盖二十四号瓦楞，白铁上下搭头，须搭六吋，两旁须搭两楞白铁，螺丝钉须旋入铁盘下，须垫麻，并浸以白铅油。

（二十二）水沟做法。水沟须用二十四号白铅铁造成，三吋四吋见方，淌沟八吋五吋见方，接头接好，不得渗漏。

（二十三）板隔墙做法。所有一切板隔墙，须用三吋四吋见方木料，立柱支棍要房架子式，立柱每十五吋一根，用大钉子钉好，两边再用小板条，二分厚，一吋半宽，四吋长，钉好，上抹麻刀灰。

（二十四）墙土粉白灰做法。各屋内墙上，必须上麻刀灰一道，再上石灰浆一道。

（二十五）大门抹洋灰做法。大门正面抹唐山洋灰，所有全部起线砖垛等处，须抹洋灰，厚一吋，或一吋有余，至薄六分，墙身均抹洋灰，至于抹洋灰处，所有一切楞角檐子柱子大小花棱，必用头等匠人，小心作成，大门内修门房门卫房各一间，四周围墙，高二十吋。

（二十六）事务楼做法。事务楼正面及院内留五尺游廊，楼上游廊，有四尺高铁栏，房深十五尺，职员宿舍及一科屋内楼梯各一架，通楼上，用板墙隔开。事务楼正面，共梁十九架，左九右十，余类推，梁设扇墙中间，或门窗中间。

（二十七）中央看守楼做法。中央看守楼，高两层，中门两旁，楼梯各一架，通楼上。楼底有横架大柁二，宽八吋，厚十二吋，楼下两窗，楼上七窗。

（二十八）监房做法。监内楼上游廊架柱，夜分房七吋见中，昼夜分房八尺见中，杂居房七尺见中，游廊宽四尺半，相隔处，用二吋宽三分厚铁条做成，架子每档一吋五分，夜分房及昼夜分房，门居中，杂居房门居旁。

（二十九）工场做法。工场后面旁面之窗户之离隔，一如正面，各场内有一楼梯，上工场梁架十尺半见中，过堂梁架九尺见中。

（三十）运动场做法。运动场，用吋板做成，高八尺，各场最深处，设一小顶盖，以蔽风雨。

（三十一）炊场洗衣室及浴室做法。以上各屋内，共梁十四架，浴室内设浴池一个，用唐山洋灰做成。

（三十二）炊场洗衣室浴室及厕所地板做法。先下碎砖六吋，用木夯打平，再下三和土六吋。用铁夯打平，后用唐山洋灰砂子抹一吋厚，上有花纹用法一成洋灰三成砂子，砂子洗净再用。

附 2：监狱建设标准（建标 139—2010）

第一章 总则

第一条 为了正确执行刑罚，惩罚和改造罪犯，预防和减少犯罪，使监狱建设科学化、规范化、标准化，根据《中华人民共和国监狱法》等法律法规，制定本标准。

第二条 本标准是监狱建设项目决策及合理确定监狱建设水平的全国统一标准，是编制、评估和审批监狱建设项目建议书、可行性研究报告的重要依据；是有关部门审查项目初步设计和监督、检查项目建设全过程的尺度。

第三条 本标准适用于新建、扩建和改建的中度戒备和高度戒备监狱建设。本标准规定的建筑面积指标为控制指标。

第四条 监狱建设必须遵守国家有关的法律、法规、规章，必须符合监管安全、改造罪犯和应对突发事件的需要，应从监狱当地的实际情况出发，与经济、社会发展相适应，达到安全、坚固、适用、经济、庄重。

第五条 监狱建设应统一规划、合理布局，并纳入当地城市和地区的总体规划，各项公用设施应尽可能利用当地提供的社会协作条件。

第六条 新监狱建设项目应一次规划，并适当预留发展用地；扩建和改建的监狱建设项目应充分利用原有可用设施，做到合理规划、设计和建造，按本标准测算的总建筑面积应含可利用的原房屋建筑面积。有特殊要求的监狱建设项目，须单独报政府投资主管部门审批。

第七条 监狱建设除应执行本标准的规定外，还应符合国家现行的有关规范、标准的要求。

第二章 建设规模与项目构成

第八条 监狱建设规模按关押罪犯人数，划分为大、中、小三种类型。

第九条 监狱建设规模应以关押罪犯人数在1000 ~ 5000人为宜，高度戒备监狱建设规模应以关押罪犯人数在1000 ~ 3000人为宜。

不同建设规模监狱关押罪犯人数应符合下列规定：

1. 小型监狱1000 ~ 2000人；
2. 中型监狱2001 ~ 3000人；
3. 大型监狱3001 ~ 5000人。

第十条 监狱建设项目由房屋建筑、安全警戒设施、场地及其配套设施构成。

第十一条 监狱房屋建筑包括：罪犯用房、警察用房、武警用房及其他附属用房。

1. 罪犯用房包括：监舍楼、教育学习用房、禁闭室、会见楼、伙房和餐厅、医院、文体活动用房、技能培训用房、劳动改造用房及其他服务用房等。
2. 警察用房包括：办公用房、公共用房、特殊业务用房、管理用房、备勤用房、学习及训练用房等。
3. 武警用房建设项目及标准应按有关规定执行。
4. 其他附属用房包括：收发值班室、门卫接待室、辅助管理岗位人员用房、车库、仓库、配电室、锅炉房、水泵房、应急物资储备库、污水处理站等。

第十二条 监狱安全警戒设施包括：围墙、岗楼、电网、照明、大门及值班室、大门武警哨位、隔离和防护设施以及通讯、监控、门禁、报警、无线信号屏蔽、目标跟踪、周界防范、应急指挥等技术防范设施。

第十三条 监狱的场地主要包括警察及武警训练场、罪犯体训场及监狱停车场。

第十四条 配套设施主要包括消防、给排水、暖通、供配电、燃气、通信与计算机网络、有线电视、环保、节能、道路、绿化以及警察行政办公、罪犯生活、教育、医疗、劳动改造设施设备等。

第三章 选址与规划布局

第十五条 新建监狱的选址应符合下列规定：

1. 新建监狱应选择在邻近经济相对发达、交通便利的城市或地区。未成年犯管教所和女子监狱应选择在经济相对发达、交通便利的大、中城市。

2. 新建监狱应选择在地质条件较好、地势较高的地段；新建监狱严禁选在可能发生自然灾害且足以危及监狱安全的地区。

3. 新建监狱应选择在给排水、供电、通讯、电视接收等条件较好的地区。

4. 新建监狱与各种污染源、易燃易爆危险品、高噪声、高压线走廊、无线电干扰、光缆、石油管线、水利设施的距离应符合国家有关规定。

第十六条　监狱建设用地应根据批准的建设计划，坚持科学、合理、节约用地的原则，统一规划，合理布局。新建监狱建设项目用地标准宜按每罪犯 70m² 测算，有特殊生产要求的劳动改造项目的监狱用地标准可根据实际需要报有关部门批准后确定。

第十七条　监狱的总平面布局应分为罪犯生活区、罪犯劳动改造区、警察行政办公区、警察生活区、武警营房区；各区域之让彼此相邻，以通道相连，并有相应的隔离设施。

第十八条　监狱的总平面布置应符合下列要求：

1. 监狱大门内外应用留有一定的缓冲区域。

2. 在平面布置中，应按功能要求合理确定各种功能分区的位置和间距。

3. 在各功能分区中，应按功能要求合理确定各种用房的位置；用房的布置应符合联系方便、互不干扰和保障安全的原则。中度戒备监狱围墙内单体建筑距围墙距离不应小于 10m，高度戒备监狱围墙内单体建筑距围墙距离不应小于 15m。

4. 中度戒备监狱罪犯的学习、劳动、生活等区域应当有明确的功能划分，主要单体建筑之间应当以不低于 3m 高的防攀爬金属隔离网进行隔离并应有通道相连。

5. 高度戒备监狱应分设若干监区，每个监区封闭独立，应包括罪犯监舍、教育学习、劳动改造、文体活动和警察管理等功能用房，并设警察巡视专用通道；各功能用房之间应设置必要的隔离防护设施。

6. 高度戒备监狱内各监区、会见楼、罪犯伙房、罪犯医院、禁闭室等区域之间均应以不低于 4m 高的防攀爬金属隔离网进行隔离，并用封闭通道相连；封闭通道与各区域的连通处应设置牢固的金属防护门；封闭通道内应根据监管安全的实际需要分段设置牢固的金属防护门。

7. 中度戒备监狱内的高度戒备监区应自成 1 区，封闭独立，且应布置在武警岗哨观察视线范围内，与其他监区、单体建筑的距离不宜小于 20m，并应以不低于 4m 高的防攀爬金属隔离网进行封闭隔离。

第十九条　监狱内各建筑之间及狱内建筑与狱外建筑之间的距离应符合国家现行的安全、消防、日照、通风、防噪声和卫生防护等有关标准的规定。

第二十条　监狱的标志应醒目、统一，标志上宜有警徽及监狱名称的中文字样；在有少数民族文字规定的地区应按当地规定执行。

第二十一条　监狱内的道路应使各功能分区联系畅通、安全；应有利于各功能分区用地的划分和有机联系；应根据地形、气候、用地规模和用地四周的环境条件，结合监狱的特点，选择安全、便捷、经济的道路系统和道路断面形式。

第二十二条　新建监狱绿地率宜为 25%，扩建和改建监狱绿地率宜为 20%。

第四章　建筑标准

第二十三条　监狱的建筑标准，应根据监狱建设规模、使用功能及城市规划的要求合理确定。

第二十四条　监狱综合建筑面积指标（不含武警用房），应不超过表 1 规定的控制指标。

监狱综合建筑面积控制指标　　表 1

用房类别	中度戒备监狱			高度戒备监狱	
	小型	中型	大型	小型	中型
罪犯用房（m²/ 罪犯）	21.41	21.16	20.96	27.09	26.80
警察用房（m²/ 警察）	36.92	35.71	34.50	42.57	41.36
其他附属用房（m²/ 警察）	6.33	5.19	4.31	6.33	5.19

注：本条规定的人均建筑面积指标为控制指标，在保证正常使用的前提下，可视地方财力可能适当降低。

第二十五条　监狱各种用房的建筑面积应参照表 2、表 3、表 4 确定。

第二十六条　监狱房屋的建筑结构形式应根据建设条件、建筑层数和单体建筑使用功能综合考虑。

第二十七条　监狱围墙内单体建筑高度应符合

当地规划要求，且不应超过24m。

监狱罪犯用房建筑面积指标（m^2/罪犯）　表2

用房名称	中度戒备监狱			高度戒备监狱	
	小型	中型	大型	小型	中型
监舍楼	4.66	4.66	4.66	9.47	9.47
教育学习用房	1.17	1.07	0.96	1.72	1.59
禁闭室	0.12	0.11	0.10	0.12	0.11
家属会见室	0.81	0.81	0.81	0.59	0.59
伙房和餐厅	1.14	1.08	1.03	1.14	1.08
医院	0.65	0.60	0.60	1.00	0.94
文体活动用房	1.55	1.55	1.55	0.90	0.90
技能培训用房	2.30	2.30	2.30	2.30	2.30
劳动改造用房	7.60	7.60	7.60	7.60	7.60
其他服务用房	1.41	1.38	1.35	2.25	2.22
男监合计	21.41	21.16	20.99	27.09	26.80

注：1. 女子监狱厕所增加0.04m^2/罪犯；女子监狱和未成年犯管教所教育学习用房面积乘以1.5系数；在冬季需要储菜地区伙房和餐厅增加0.5m^2/罪犯储菜用房面积。

2. 关押老病残罪犯的监狱可根据实际需要，合理调剂各功能用房面积。

3. 本表未含罪犯锅炉房的面积，如需要设置应根据具体情况另行确定。

监狱警察用房建筑面积指标（m^2/警察）　表3

用房名称	中度戒备监狱			高度戒备监狱	
	小型	中型	大型	小型	中型
警察办公用房	5.83	5.83	5.83	5.83	5.83
公共用房	8.75	8.65	8.55	8.75	8.65
特殊业务用房	7.44	6.33	5.22	7.44	6.33
警察管理用房	3.61	3.61	3.61	7.22	7.22
警察备勤用房	7.76	7.76	7.76	9.80	9.80
学习及训练用房	3.53	3.53	3.53	3.53	3.53
合计	36.92	35.71	34.50	42.57	41.36

其他附属用房建筑面积指标（m^2/警察）　表4

用房名称	中度戒备监狱			高度戒备监狱	
	小型	中型	大型	小型	中型
其他附属用房	6.33	5.19	4.31	6.33	5.19

注：本表未含污水处理站的面积，如需要设置应根据具体情况另行确定。

第二十八条　监狱监舍楼设计应符合下列要求：

1. 每间寝室关押男性罪犯时不应超过20人，关押女罪犯和未成年罪犯时不应超过12人，关押老病残罪犯时不应超过8人。

高度戒备监狱每间寝室关押罪犯不应超过8人，寝室宜按5%单人间、30%四人间、65%六～八人间设置，其中单人间应设独立放风间。

2. 寝室内床位不应小于0.8m；床位为双层时，室内净高不应低于3.4m，床位为单层时，室内净高不应低于2.8m。监舍楼内走廊若双面布置房间，其净宽不应低于2.4m；若单面布置房间，其净宽不应低于2m。寝室窗地比不应小于1/7。

3. 采暖地区监舍楼建设，应加设机械通风系统，换气次数按有关规范计算确定；风口应采用扁长型风口，以防罪犯爬入；采暖负荷计算时应考虑通风所损失的热量。

4. 盥洗室排水立管及地漏应在设计确定的基础上加大1号管径。

5. 监舍楼内应根据实际需要设置夜间照明用灯具，各房间及走廊的照明均应在警察值班室的控制之下，监舍楼内配电箱应设在每层的警察值班室内。

第二十九条　禁闭室应集中设置于监狱围墙区内，自成一区，离其他单体建筑距离宜大于20m，并设禁闭监室、值班室、预审室、监控室及警察巡视专用通道，禁闭监室室内净高不应低于3m，单间使用面积不应小于6m^2。

第三十条　监狱内医疗用房、教学用房、伙房等应根据建设规模和监管工作需要，参照国家现行有关规范、标准，按实际需求设置。

第三十一条　监狱的家属会见室应设于监狱围墙内、监狱大门附近，并分别设置家属和罪犯专用通道。会见室中应分别设置从严、一般和从宽会见的区域及设施；其窗地比不应小于1/7，室内净高不应低于3m。

第三十二条　监狱围墙内警察用房应符合下列要求：

1. 监舍楼内应设警察值班室、谈话室，且应位于楼层出入口附近，并应设置牢固的隔离防护设施，内设警察专用通道及专用卫生间。警察值班室内应设通讯和报警装置。

2. 劳动改造用房、技能培训用房应设警察值班室、警察专用卫生间，警察值班室的门窗应有牢固的隔离防护设施，并应设通讯和报警装置。

第三十三条　监狱单体建筑的耐火等级不应低于二级。劳动改造用房、仓库等耐火等级应按国家标准《建筑设计防火规范》（GB50016）的有关规定确定。监狱单体建筑设计使用年限不应少于50年。监狱建筑应按国家现行的有关抗震设计规范、规程进行设计；监狱围墙、岗楼、大门抗震设防的基本烈度，应按本地区基本烈度提高一度，并不应小于七度（含七度）；抗震设防烈度为九度（不含九度）以上地区，严禁建监狱。

第三十四条 监狱建筑的装修，应遵循简朴庄重、经济适用的原则，结合监管工作实际，合理确定装修标准。各类用房原则上应采用普通装修，严禁豪华装修。微机室、会议室、监控室及气候炎热地区监狱的行政用房应设局部空调。采暖地区的监狱建筑应按国家现行的有关规定设置采暖设施。

第三十五条 监狱建筑应与周边环境相协调，并体现监狱建筑的特殊性、统一性。

第三十六条 监狱建筑应设置完备的给水、排水系统。

第三十七条 中度戒备监狱的供电电力负荷等级宜为一级，高度戒备监狱应为一级，并均应附设备用电源和应急照明器材。

第三十八条 监狱的节能、环保、卫生等各项内容应符合国家有关法规、规范、标准的规定。

第五章 安全警戒设施

第三十九条 监狱的围墙、岗楼、大门等安全警戒设施应符合下列要求：

1. 中度戒备监狱围墙一般应高出地面5.5m，墙体应达到0.49m厚实心砖墙的安全防护要求，围墙上部宜设置武装巡逻道。围墙地基必须坚固，围墙下部必须设挡板，且深度不应小于2m，当围墙基础埋深超过2m时，可用围墙基础代替挡板。围墙转角应呈圆弧形，表面应光滑，无任何可攀登处。围墙内侧5m，外侧10m为警戒隔离带，隔离带内应无障碍。围墙内侧5m，外侧10m处均应设一道不低于4m高的防攀爬金属隔离网，网上均应设监控、报警装置。

高度戒备监狱围墙应高出地面7m，墙体应达到0.3m厚钢筋混凝土的安全防护要求，上部应设置武装巡逻道。围墙地基必须坚固，围墙下部必须设钢筋混凝土挡板，且深度不应小于2m，当围墙基础埋深超过2m时，可用围墙基础代替挡板，如遇软土等特殊地基时，围墙基础埋深应适当加深。围墙内侧10m、外侧12m为警戒隔离带，隔离带内应无障碍。围墙内侧5m及10m处、围墙外侧5m及12m处均应各设一道不低于4m高的防攀爬金属隔离网，网上均应设监控、报警装置。围墙外侧的两道隔离网之间应设置防冲撞设施。

2. 监狱围墙应设置照明装置；照明灯具的位置、距离应适当，照明灯具应配有防护罩。监狱围墙内、外侧警戒线内照明效果应良好。

3. 监狱围墙上部应设电网，其高度、电压等应按照有关标准执行。

4. 岗楼宜为封闭单体建筑，四周应挑平台，平台应高出围墙1.5m以上，并设1.2m高栏杆。岗楼一般应设于围墙转折点处，视野、射界良好，无观察死角，岗楼之间视界、射界应重叠，且岗楼间距不应大于150m。岗楼应设置金属防护门及通讯报警装置。

5. 监狱大门应分设通车辆、警察专用通道和家属会见专用通道，均应设二道门，且电动AB开闭，并应设带封顶的护栏。其中，警察专用通道和家属会见通道应设门禁、安检系统；车辆通道宜宽6m、高5m，车辆通道进深（AB门之间的距离）不宜小于15m，通道两端应设防冲撞装置，通道顶部和地面应设监控、探测等安检装置。

监狱大门处应设门卫值班室、武警哨位，并应设置防护装置，外门应为金属门。室内应设通讯、监控和报警装置，并设有可在室内控制大门开闭的装置。

6. 高度戒备监狱罪犯室外活动区域宜设置必要的防航空器劫持的设施。

第四十条 监狱的安全防护还应符合下列要求：

1. 室外疏散楼梯周围应设金属防护栅栏；通向屋顶的消防爬梯离地面高度不应小于3m，且3m水平距离内不应开设门窗洞口。罪犯用房楼梯的临空部位用用金属栅栏封闭。

2. 围墙内所有单体建筑外窗应设金属防护栅栏，内窗宜设置防护设施。围墙内所有单体建筑的门应安全、坚固。

3. 监狱围墙内所有的水、电、暖气检查口、检查井及穿越围墙的各种管道口、检查井口等处应设牢固的防护装置。

4. 监舍楼管道、电线均应暗装，出口及插座均应设带锁的金属箱；监舍楼内灯控开关应设在警察值班室内。

5. 禁闭室内不应设电器开关及插座，应采用低压照明（宜采用24V电压），并设置安全防护罩。照明控制应由警察值班室统一管理。

6. 高度戒备监狱围墙内单体建筑使用的玻璃，应根据监管安全的实际需要，具备相应的安全性能。

第四十一条 监狱应按照有关规定，加强监狱信息化基础设施建设，按照一个平台、一个标准体系、三个信息资源库、十个应用系统的监狱信息化框架体系，完善部、省、监狱三级网络建设，建立和完善通讯、监控、门禁、报警、无线信号屏蔽、目标跟踪、周界防范、应急指挥等技术防范设施，并应与监狱同步规划、同步设计、同步建设、同步投入使用。

第六章 场地及配套设施

第四十二条 警察训练场按每人3.2m^2计算，罪犯体训场按每人2.9m^2计算。

第四十三条 监狱停车场应根据监狱业务工作的实际需要设置。

第四十四条 监狱建设所需配套设施设备参照有关规定和标准执行。

本建设标准用词和用语说明

为便于在执行本建设标准条文时区别对待，对要求严格程度不同的用词说明如下：

1. 表示很严格，非这样做不可的用词：

正面词采用:“必须”，反面词采用“严禁”。

2. 表示严格，在正常情况下均应这样做的用词：

正面词采用“应”,反面词采用“不应”或“不得”。

3. 表示允许稍有选择，在条件许可时首先应这样做的用词：

正面词采用“宜”，反面词采用“不宜”；

表示有选择，在一定条件下可以这样做的，采用“可”。

附件：

监狱建设标准条文说明

第一章　总则

第一条　本条阐述编制本标准的目的和依据。

监狱是国家的刑罚执行机关，对罪犯实行惩罚和改造相结合、教育和劳动相结合的原则，将罪犯改造成为守法公民。随着我国经济社会步入新的发展阶段，刑事犯罪总量仍在高位运行，监狱押犯不断增加，构成日趋复杂，罪犯的智能化、暴力化、组织化特征日益突出，重大刑事犯、暴力犯、涉毒犯及二次判刑以上罪犯数量不断增多，狱内改造与反改造斗争更加尖锐，监狱关押改造罪犯的难度进一步增大。为正确执行刑罚，惩罚和改造罪犯，确保监狱安全稳定，贯彻监管工作“首要标准”，不断提高罪犯教育改造质量，预防和减少犯罪，需要正确地掌握监狱建设项目的建设标准，不断提高监狱建设项目科学决策和建设管理的水平，充分发挥投资效益。根据《中华人民共和国监狱法》等法律法规，特制定本《监狱建设标准》（以下简称本标准）。

第二条　本条阐述本标准的作用和权威性。

本标准是作为监狱建设项目决策及合理确定监狱建设水平的全国统一标准，是监狱建设项目决策在政策、技术、经济等方面的指导性文件。本标准对监狱建设项目在技术、经济、管理上起到宏观调控作用，具有较强的政策性和实用性。本标准为监狱建设项目论证、决策、实施等提供重要的依据，为监狱建设提供监督检查的尺度。

第三条　本条规定了本标准的适用范围。

在建设高度戒备监狱难度大，但又有实际需求的地区，可在中度戒备监狱内设置高度戒备监区，每个高度戒备监区关押罪犯人数不宜超过300人，其建设标准参照高度戒备监狱标准执行。

第四条　本条规定了监狱建设应遵循的原则及总体要求。

监狱建设必须遵守国家有关的法律、法规、规章，必须满足正确履行监狱职能的需要，并应依据《中华人民共和国突发事件应对法》、《国家突发事件总体应急预案》、《国家自然灾害救助应急预案》等法律、法规以及《救灾物资储备库建设标准》（建标121—2009），从我国监狱应对突发事件的实际情况出发，建立和完善应急保障体系，提高应对突发事件的能力。在监狱建设中应坚持艰苦奋斗、厉行节约的方针，监狱建设水平要符合我国国情，与当地的经济社会发展相适应。达到安全、坚固、适用、经济、庄重的要求。

第五条　本条规定了监狱建设与城乡总体规划的关系。

监狱建设应符合惩罚改造罪犯和国家经济社会发展的需要。因此，监狱建设应统一规划、合理布局，必须与城市和地区建设的发展相适应，必须纳入城市和地区建设的总体规划，为了减少重复投资和建设，监狱建设应尽可能充分利用社会各项公共服务和附属设施，最大限度地节约投资和土地。

第六条　本条规定了监狱建设项目的基本做法。

为了避免建设项目二次施工和反复投资，降低监狱建设成本，提高监狱建设的科学管理水平，本条特别指出，新建监狱项目应一次规划到位，并考虑监狱长远发展，适当预留发展用地；同时，改扩建监狱项目应充分利用原有可用设施，防止浪费，提高投资效益。

因监狱关押罪犯类型和从事劳动改造项目的特殊性以及各地经济技术发展的差异性，有特殊要求、需要适当提高标准的监狱建设项目，须单独报政府投资主管部门审批，且幅度不宜超过30%。

第七条　本条规定了本标准与国家现行有关标准、规范之间的关系。

在监狱建设过程中，既要严格执行本建设标准的规定，还应符合国家现行的有关标准、规范的规定。

第二章　建设规模与项目构成

第八条　本条规定了监狱建设规模的划分依据及类型。

监狱以关押罪犯人数确定建设规模，监狱的建设规模划分为大、中、小三种类型。

第九条 本条规定了监狱建设规模及其划分标准。

经调研，目前全国有监狱 680 所左右，关押罪犯约 165 万人，平均每所监狱关押罪犯 2000 人左右。关押罪犯人数是监狱建设规模的确定依据（监狱警察及武警人数依据罪犯人数确定）。本条按照监狱建设和布局调整的总体要求，结合监管改造工作实际和控制管理成本的需要，确定了监狱建设规模以关押罪犯人数在 1000 ～ 5000 人为宜。

高度戒备监狱关押的罪犯具有高度危险性和难控制性，管理和改造难度较大，不宜将此类罪犯过多的集中关押在一起。但关押规模过小将大大提高刑罚成本，从我国国情和监管安全需要出发，结合调研综合分析，确定了高度戒备监狱建设规模以关押罪犯人数在 1000 ～ 3000 人为宜。

不同建设规模监狱罪犯人数规定如下：

1. 小型监狱罪犯人数为：1000 ～ 2000 人。
2. 中型监狱罪犯人数为：2001 ～ 3000 人。
3. 大型监狱罪犯人数为：3001 ～ 5000 人。

第十条 本条明确了监狱建设项目的主要构成。

第十一条 本条明确了监狱房屋建筑的组成部分，包括罪犯用房、警察用房、武警用房、其他附属用房。

1. 罪犯用房包括：监舍楼、教育学习用房、禁闭室、家属会见室、伙房和餐厅、医院、文体活动用房、技能培训用房、劳动改造用房及其他服务用房等。

监舍楼包括寝室、盥洗室、厕所、物品储藏室、心理咨询用房、亲情电话等；教育学习用房包括图书阅览室、教学用房等；文体活动用房包括文体活动室、礼堂等；技能培训用房和劳动改造用房包括培训车间、生产车间、技术辅导岗位及生产关键要害岗位人员用房等；其他服务用房包括理发室、浴室、晾衣房、被服仓库、日用品供应站、社会帮教室、法律咨询室等。

2. 警察用房包括：办公用房、公共用房、特殊业务用房、管理用房、备勤用房、学习及训练用房等。

警察办公用房包括监狱领导人员、职能部门及监区警察办公室；公共用房包括会议室、食堂、浴室、医务所、洗衣房、更衣室、文体活动室及老干部活动室等；特殊业务用房包括监控指挥中心及应急处置用房、计算机房、档案室、暗室、器材存放室、电化教育室、警械装备库、检察院驻狱办公室、警察心理咨询室等；警察管理用房包括监区、分监区警察值班（监控）室、分监区教育谈话室及警察卫生间等。

3. 武警用房建设项目及标准应按有关规定执行。

4. 其他附属用房包括：收发值班室、门卫接待室、辅助管理岗位人员用房、车库、仓库、配电室、锅炉房、水泵房、应急物资储备库、污水处理站等。

第十二条 本条明确了监狱安全警戒设施的组成。

安全警戒设施是确保监狱安全稳定，有效实施对罪犯的监管改造，防止越狱、暴狱、劫狱以及罪犯自残、自杀的必要措施。安全警戒设施建设应推广应用先进的科技成果，不断提高其现代化、智能化程度。

第十三条 本条规定了监狱场地的主要组成部分。

第十四条 本条规定了监狱配套设施的组成。

第三章 选址与规划布局

第十五条 本条规定了新建监狱项目的选址要求。

监狱作为国家的刑罚执行机关，承担着惩罚和改造罪犯、预防和减少犯罪的神圣职责，监狱建设选在邻近经济相对发达、交通便利的城市或地区，有利于维护监狱安全稳定，有利于综合利用社会资源对罪犯实施教育改造和劳动改造，也有利于监狱生活保障和警察队伍的稳定。由于未成年犯管教所和女子监狱关押对象是未成年罪犯和女性罪犯，其在年龄、生理、心理等方面具有特殊性，因此，选址在经济发达、交通便利的大中城市，可以更好地利用社会资源，实施社会帮教，体现社会关爱。

同时，监狱用地又必须选择在工程地质、水文地质、供水、供电等条件较好，交通便利，远离各种污染源、易燃易爆危险品、高噪声的地段，以确保监狱的安全稳定和长远发展；严禁选择在有滑坡、洪水淹没、海潮侵袭等可能发生自然灾害危及监狱安全的地段建设。

第十六条 本条规定了监狱建设用地的标准和规划布局要求。

鉴于我国土地资源有限，特别是城市用地紧缺的状况，监狱规划建设必须按照节约用地、科学布局的原则，因地制宜，科学、合理、有效地使用土地。调查表明，全国监狱建设用地情况差别较大，这与各省（自治区、直辖市）人均占有土地指标以及监狱所从事的劳动改造项目有关。总体来说，西部地区和从事农业劳动、机械加工、水泥生产等行业的监狱建设用地指标较高。本条参照《城市用地分类与规划建设用地标准》（GBJ 137）的有关规定，结合调研情况，从全国监狱现状及长远发展出发，明确了监狱建设用地的参考标准和有关规划布局的要求。同时，考虑到部分监狱的劳动改造项目（机械加工制造、水泥生产、狱内农业、养殖等）有特殊的生产工艺要求，需要适当增加建设用地的特殊情况，本条明确对此类项目的用地标准可根据实际需要另行报批。

第十七条 本条明确了监狱建设用地划分的功能区域及各区域之间的相互关系。

第十八条 本条规定了监狱总平面布置应符合的要求。

根据司法部《关于加强监狱安全管理工作的若干规定》，对中度戒备监狱罪犯的学习、劳动、生活等区域进行明确的功能划分，且主要单体建筑之间用防攀爬金属隔离网进行物理隔离。

高度戒备监狱关押的罪犯具有高度危险性和难控制性，需要特殊管理和控制，高度戒备监狱分设若干封闭独立的监区，每个监区具备罪犯生活、教育学习、劳动改造、文体活动等功能用房，可以将罪犯日常活动范围限制在一定的区域内；警察巡视专用通道的设置能够有效保障执勤警察的安全；各功能用房之间设置必要的隔离防护设施，便于对此类罪犯的有效管理和控制，充分降低监管的安全风险。

明确对高度戒备监狱内各监区、会见楼、罪犯伙房、罪犯医院、禁闭室等区域之间应由防攀爬金属隔离网进行分隔，使之保持相对封闭，并由封闭通道相连，封闭通道内也应分段设置金属防护门；目的是为了有效控制罪犯活动的路径，层层设防，增加可控性，提高防越狱、防暴狱和处置突发事件的能力，最大限度地保障监管安全。

中度戒备监狱内的高度戒备监区作为关押高度危险罪犯的专场所，要求该区域必须远离其他区域或建筑，自成一个分区，且应布置在武警岗哨观察视线范围内，其他用房之间的联系也不应穿越本区域。为确保监管安全，这类监区应由防攀爬金属隔离网进行封闭隔离。

第十九条 本条规定了监狱内单体建筑之间及监狱内、外单体建筑之间距离的基本原则和要求。

监狱建筑虽然有其特殊性，但其在设计和建设上也必须遵守国家有关建筑安全、消防、卫生、日照等方面的规定。主要有：《城市居住区规划设计规范》（GB 50180）、《建筑设计防火规范》（GB 50016）、《民用建筑设计通则》（GB 50352）等。

第二十条 本条规定了监狱标志的设置要求。

第二十一条 本条确定了监狱用地内道路的设置要求。

第二十二条 本条规定了监狱用地内绿化的设置要求。

本条参照《城市居住区规划设计规范》（GB 50180），并结合监狱监管安全的要求，从有利于罪犯的教育改造和身心健康出发，对监狱的绿地率作出规定。

第四章　建筑标准

第二十三条 本条规定了监狱建筑标准的确定原则。

第二十四条 本条是对监狱综合建筑面积指标所作的规定，也是控制监狱建筑标准的主要参数。寒冷地区综合建筑面积指标宜在本标准基础上增加4%，严寒地区宜增加6%。

第二十五条 本条规定了监狱各类用房建筑面积的指标要求。具体数据的测算依据及有关要求如下：

一、罪犯用房

（一）监舍楼

1. 监舍楼寝室

寝室宜设在监舍楼较好的朝向，有条件地区在寝室内设卫生间，以有利于对罪犯夜间监管。其标准数据依据如下：

（1）每床床长1.9m，床宽1.0m，每床面积1.9m^2；床间距及过道按每床面积计算1.9m^2，双层铺减半（1.9 + 1.9）/ 2 = 1.9m^2。

学习桌桌长0.6m，桌0.45m，座位空间长0.6m，宽0.7m，所占面积0.6×（0.45 + 0.7）= 0.69m^2。

每名罪犯所占使用面积1.9 + 0.69 = 2.59m^2。

（2）房间布置示例：

A：5.4m×6.3m，墙厚240mm，使用面积为5.16×6.06 = 31.27m^2，按住12人计算，使用面积为31.27 / 12 = 2.61m^2/人；

B：3.9m×5.4m，墙厚240mm，使用面积3.66×5.16 = 18.89m^2，按住8人计算，使用面积为18.89 / 8 = 2.36m^2/人。

（3）《宿舍建筑设计规范》（JGJ 36）4类居室双层床8人，使用面积3m^2/人。

（4）综合以上数据，取每人使用面积2.55m^2。取使用面积系数K=0.75，平均每名罪犯建筑面积2.55 / 0.75 = 3.40m^2。

高度戒备监狱寝室宜按5%为单人间，30%为四人间，65%为六～八人间设置。参照《宿舍建筑设计规范》（JGJ36）单人间寝室使用面积16m^2/人、四人间寝室使用面积5m^2/人、六～八人间寝室使用面积3.5m^2/人。人均使用面积16×5% + 5×30% + 3.5×65%=4.58m^2，取K=0.7，平均每名罪犯建筑面积4.58/0.7=6.54m^2。

2. 盥洗室

监舍楼盥洗室标准数据依据如下：

（1）参照《宿舍建筑设计规范》（JGJ36），结合监狱管理的实际需要，洗脸盆或盥洗龙头按每8人设一个；

（2）每个洗脸盆或盥洗龙头按1.7m^{2}计算，取K=0.75，平均每罪犯建筑面积为1.7 / 8/0.75 = 0.28m^2；

高度戒备监狱盥洗室应位于寝室内，单人间、四人间设一个盥洗龙头，六～八人间设两个盥洗龙头，每个盥洗龙头按1.7m^{2}计算，折合每人使用面积1.7×5% + 1.7/4×30% + 1.7×2/7×65%=0.53m^2/人，取K=0.7，平均每名罪犯建筑面积0.53/0.7=0.76m^2。

3. 厕所

监舍楼厕所标准数据依据如下：

（1）参照《宿舍建筑设计规范》（JGJ 36），结合监狱管理的实际需要，男厕所大便器、小便器或槽位每16人设一个，女厕所中大便器每10人设一个，洗手盆和污水池各设一个。

（2）大便器单间尺寸0.9×1.2 = 1.08m^2，小便器尺寸0.6×0.7 = 0.42m^2；

（3）厕位占厕所面积的1/3；

（4）男厕每人使用面积为:（1.08 + 0.42）×3/16 = 0.281m^2，取K=0.75，男厕平均每罪犯建筑面积为0.281 / 0.75 = 0.38m^2；

（5）女厕每人使用面积为:1.08×3/10 = 0.32m^2，取K=0.75，女厕平均每罪犯建筑面积为0.32/0.75 = 0.42m^2；

（6）综上，女厕比男厕每名罪犯建筑面积增加0.04m^2。

高度戒备监狱厕所应位于寝室内，单人间、四人间设一个大便器，六～八人间设一个大便器、一个小便器，折合每人使用面积1.08×3×5% + 1.08×3/4×30% +（1.08×3 + 0.42×3）/7×65% = 0.82m^2，取K=0.7，平均每名罪犯建筑面积0.82/0.7=1.17m^2。

4. 物品储藏室

（1）每人物品藏物空间0.5×0.6×0.45 = 0.135m^3；

（2）每个藏柜平面0.5×0.6 = 0.3m^2，分4层；

（3）藏柜占储藏室面积1 / 3；

（4）每人物品储藏使用面积为0.5×0.6×3 / 4 = 0.225m^2，取K=0.75，平均每名罪犯建筑面积0.225/0.75=0.3m^2。

高度戒备监狱取K=0.7，平均每名罪犯建筑面积0.225/0.7=0.32m^2。

5. 心理咨询室

按每分监区（管理150名罪犯）设28m^{2}心

理咨询室，取 K=0.75，平均每罪犯建筑面积为 $28/150/0.75=0.25m^2$。

高度戒备监狱按每分监区（管理 75 名罪犯）设 $30m^2$ 的心理咨询用房，取 K=0.7，平均每名罪犯建筑面积 $30/75/0.7=0.57m^2$。

心理咨询用房应根据《监狱教育改造工作规定》、《教育改造罪犯纲要》、《关于进一步加强服刑人员心理健康指导中心规范化建设工作的通知》的有关规定，结合教育改造工作实际，配置相应的功能。

6. 亲情电话室

按每分监区（管理 150 名罪犯）设 $6m^2$ 的亲情电话室，取 K=0.75，平均每罪犯建筑面积为 $6/150/0.75=0.05m^2$。

高度戒备监狱按每分监区（管理 75 名罪犯）设 $6m^2$ 的亲情电话室，取 K=0.7，平均每名罪犯建筑面积 $6/75/0.7=0.11m^2$。

（二）教育学习用房

1. 图书阅览室

（1）按每 100 人设 10 个阅览座位，每座位使用面积 $1.5m^2$；人均阅览使用面积为 $1.5\times10/100=0.15m^2$；

（2）人均图书按 20 册，藏书 400 册 $/m^2$，人均图书使用面积 $20/400=0.05m^2$；

（3）辅助办公部分人均使用面积 $0.05m^2$；

（4）合计人均使用面积 $0.15+0.05+0.05=0.25m^2$，取 K=0.75，平均每名罪犯建筑面积 $0.25/0.75=0.33m^2$。

高度戒备监狱取 K=0.7，平均每名罪犯建筑面积 $0.25/0.7=0.36m^2$。

2. 教学用房

（1）参照《中小学校建筑设计规范》，每座使用面积按 $1.37m^2$ 计算；

（2）根据《监狱服刑人员行为规范》（司法部第八十八号令）的规定，结合教育改造工作的实际需要，教室配置按如下比例测算：

A. 小型监狱按关押罪犯人数的 46% 配置教室；

B. 中型监狱按关押罪犯人数的 41% 配置教室；

C. 大型监狱按关押罪犯人数的 35% 配置教室。

（3）取 K=0.75，各规模监狱平均每名罪犯建筑面积如下：

小型监狱：$1.37\times46\%/0.75=0.84m^2$；

中型监狱：$1.37\times41\%/0.75=0.74m^2$；

大型监狱：$1.37\times35\%/0.75=0.63m^2$。

高度戒备监狱教学用房每座使用面积乘以 1.5 系数，取 K=0.7，平均每名罪犯建筑面积：小型监狱 $1.36m^2$，中型监狱 $1.23m^2$。

未成年犯管教所和女子监狱教育学习用房面积乘以 1.5 系数。

（三）禁闭室

禁闭室应集中布置，自成一区，其他用房之间的联系也不应穿越该区，每间禁闭监室内应有蹲便器和小水池一个。

1. 单间禁闭监室 $2.5m\times3.6m$，墙厚 0.24m，每间使用面积 $2.26\times3.36=7.59m^2$；放风间 $2.5m\times3.3m$，墙厚 0.24m，面积减半，每间使用面积 $2.26\times3.06/2=3.46m^2$；顶部两侧巡逻道各宽 1.5m，使用面积 $2.26\times1.26\times2=5.70m^2$；合计每间使用面积 $7.59+3.46+5.70=16.75m^2$；

2. 小型监狱按 250 人设一间，共设 4 ~ 8 间，取 K=0.7，平均每名罪犯建筑面积：$16.75\times(4+8)/2/1500/0.7=0.10m^2$；

3. 中型监狱每增 350 人增设一间，共设 8 ~ 11 间，取 K=0.7，平均每名罪犯建筑面积：$16.75\times(8+11)/2/2500/0.7=0.09m^2$；

4. 大型监狱每增 500 人增设一间，共设 11 ~ 15 间，取 K=0.7，平均每名罪犯建筑面积：$16.75\times(11+15)/2/4000/0.7=0.08m^2$。

各监狱规模每名罪犯使用面积和建筑面积如附表 1：

附表 1

监狱规模	每名罪犯使用面积（m^2）	使用面积系数 K	每名罪犯建筑面积（m^2）
小型监狱	0.07	0.7	0.1
中型监狱	0.063	0.7	0.09
大型监狱	0.056	0.7	0.08

以上面积不包括警察值班室（监控室）和预审室，警察值班室（监控室）和预审室按每名罪犯建筑面积 $0.02m^2$ 计算。

实际人数介于表列两规模之间时，可用插入法取值；实际人数小于或大于表中最小或最大规模时，可分别采用最小或最大的定额值。

（四）家属会见室

1. 按每 50 名罪犯设一个会见位，每个会见位使用面积 $1.8 \times 2.5 \times 2 = 9.0m^2$，人均 $9/50=0.18m^2$；取 K=0.75，平均每名罪犯建筑面积 $0.18/0.75=0.24m^2$；

2. 按每 100 名罪犯设一个同居室，每间使用面积 $14m^2$，人均 $14/100=0.14m^2$；取 K=0.75，平均每名罪犯建筑面积 $0.14/0.75=0.19m^2$；

3. 家属会见室内应设置会见登记、家属等候、警察值班（监控）及小卖部等服务用房，按每名罪犯建筑面积 $0.38m^2$ 计算。

4. 合计平均每名罪犯建筑面积 $0.24 + 0.19 + 0.38 = 0.81m^2$。

高度戒备监狱不设置同居室，平均每名罪犯建筑面积 $0.59m^2$。

（五）伙房和餐厅

伙房宜集中设置，自成一区，伙房内应根据实际情况设置少数民族灶台；为防止罪犯过于集中，给管理带来不便，餐厅宜分散设置。

按照《饮食建筑设计规范》（JGJ 64）二级食堂餐厅每座使用面积 $0.85m^2$，餐厨比 1：1，考虑到监狱的特殊性，指标缩减为 50%；中型监狱和大型监狱逐级递减 5%，取 K=0.75。

各监狱规模平均每名罪犯使用面积和建筑面积如附表 2：

附表 2

监狱规模	每名罪犯使用面积（m^2）	使用面积系数 K	每名罪犯建筑面积（m^2）
小型监狱	0.85	0.75	1.14
中型监狱	0.81	0.75	1.08
大型监狱	0.77	0.75	1.03

在冬季需要储存蔬菜的地区，伙房和餐厅的面积在此基础上增加 $0.5m^2$/ 罪犯的储菜用房。

实际人数介于表列两规模之间时，可用插入法取值；实际人数小于或大于表中最小或最大规模时，可分别采用最小或最大的定额值。

（六）医院或医务所

监狱医院宜按一甲标准设置，应设置手术室、X 光室、检验室等。小型监狱按建筑面积每 100 人 $65m^2$ 计算，平均每名罪犯建筑面积 $0.65m^2$；中型监狱和大型监狱按建筑面积每 100 人 $60m^2$ 计算，平均每名罪犯建筑面积 $0.60m^2$。

关押传染病和精神病罪犯的监狱，按《综合医院建筑设计规范》（JGJ 49）中的有关要求和主管部门的有关规定执行。

高度戒备监狱医院或医务所平均每名罪犯建筑面积：小型监狱 $1.0m^2$，中型监狱 $0.94m^2$。

（七）文体活动用房

1. 文体活动室

按每名罪犯使用空间 $0.7m \times 0.9m$，每名罪犯使用面积 $0.7 \times 0.9=0.63m^2$，取 K=0.75，平均每名罪犯建筑面积 $0.63/0.75=0.84m^2$。

高度戒备监狱取 K=0.7，文体活动室平均每名罪犯建筑面积 $0.63/0.7=0.9m^2$。

2. 礼堂

按每名罪犯使用空间 $0.6m \times 0.9m$，每名罪犯使用面积 $0.6 \times 0.9=0.54m^2$，取 K=0.75，则平均每名罪犯建筑面积 $0.54/0.75=0.72m^2$。

高度戒备监狱由于其罪犯的特殊性，不便于大规模集中，不设置礼堂。

（八）其他服务用房

1. 理发室

按每分监区（管理 150 名罪犯）设一间 $10m^2$ 理发室，取 K=0.75，平均每名罪犯建筑面积 $10/150/0.75=0.09m^2$。

高度戒备监狱按每 75 人设一间 $10m^2$ 理发室，取 K=0.7，平均每名罪犯建筑面积为 $10/75/0.7=0.19m^2$。

2. 浴室

参照《宿舍建筑设计规范》（JGJ 36），结合监狱管理的实际需要，按每 12 人设置一个淋浴喷头，每个淋浴喷头（含更衣）使用面积 $3m^2$；取 K=0.75，则平均每名罪犯建筑面积为 $3/12/0.75 = 0.33m^2$；

高度戒备监狱按每单人间、四人间、六～八人间均设一个浴位测算，每一个淋浴喷头（含更衣）使用面积 $3m^2$，折合平均每名罪犯使用面积 $3 \times 5\% + 3/4 \times 30\% + 3/7 \times 65\%=0.66m^2$/ 人，取 K=0.7，平均每名罪犯建筑面积 $0.66/0.7=0.94m^2$。

3. 晾衣房

按每150名罪犯使用面积60m^{2}计算，取K=0.75，则平均每罪犯建筑面积60/150/0.75=0.53m^2。

高度戒备监狱，取K=0.75，则平均每名罪犯建筑面积为60/150/0.7=0.57m^2。

4. 被服仓库

按每名罪犯一套换季被服，一套备用被服测算，其占用平面0.6m×0.6m，高度1.2m，堆放高度2.4m，人均占用面积0.36/2=0.18m^2，通道按20%考虑，取K=0.75，则平均每名罪犯建筑面积为0.18×1.2/0.75=0.29m^2。

高度戒备监狱，取K=0.7，则平均每罪犯建筑面积0.18/12/0.7=0.31m^2。

5. 日用品供应站

按照有关规定，监狱不允许家属直接为罪犯提供生活日用品，需在监狱内设置生活日用品供应站，供罪犯定期采购。经调研和测算，平均每名罪犯建筑面积为：小型监狱0.12m^2，中型监狱0.10m^2，大型监狱0.08m^2。

6. 社会帮教室

为贯彻落实中央提出的把刑释解教人员的重新违法犯罪率作为衡量监管工作的首要标准的重要精神，为充分利用社会各界人士的力量对罪犯进行帮扶教育，需提供必要的帮教场所。经调研和测算，使用面积按小型监狱30m^2、中型监狱40m^2、大型监狱50m^{2}设置社会帮教室。取K=0.75，则平均每名罪犯建筑面积为：小型监狱30/1500/0.75=0.03m^2，中型监狱40/2500/0.75=0.2m^2，大型监狱50/4000/0.75=0.02m^2。

高度戒备监狱面积增加1倍，取K=0.7，则平均每名罪犯建筑面积为：

小型监狱：30×2/1500/0.7=0.06m^2；

中型监狱：40×2/2500/0.7=0.05m^2。

7. 法律咨询室

为贯彻落实中央提出的把刑释解教人员的重新违法犯罪率作为衡量监管工作的首要标准的重要精神，为充分利用社会法律工作者的力量对罪犯提供法律咨询服务，增强罪犯法律意识，需提供必要的工作场所。经调研和测算按小型监狱使用面积30m^2，中型监狱40m^2，大型监狱50m^{2}设置法律咨询室。取K=0.75，则平均每名罪犯建筑面积为：小型监狱30/1500/0.75=0.03m^2，中型监狱40/2500/0.75=0.02m^2，大型监狱50/4000/0.75=0.02m^2。

高度戒备监狱面积增加1倍，取K=0.7，则平均每名罪犯建筑面积为：

小型监狱：30×2/1500/0.7=0.06m^2；

中型监狱：40×2/2500/0.7=0.05m^2。

（九）技能培训用房

技能培训用房是根据监狱监管改造工作的有关规定，对罪犯进行职业技能培训的场所。技能培训用房按每名罪犯建筑面积2.30m^{2}设置，其中包括培训车间、技术辅导岗位人员用房等。

（十）劳动改造用房

劳动改造用房是根据《监狱法》和监狱监管改造工作的有关规定，依法组织罪犯生产，进行劳动改造的场所。劳动改造用房按每名罪犯建筑面积7.6m^{2}设置，其中包括生产车间、生产关键要害岗位人员用房等。从事特殊劳动改造项目的监狱，可根据其工艺流程确定劳动改造用房的建筑面积。

二、警察行政、办公及业务用房

根据中办发〔1981〕44号文规定，劳改单位警察编制：工业按罪犯人数的20%配备，农业按罪犯人数的16%配备；本标准按18%计算。

（一）警察办公用房：

按《办公建筑设计规范》（JGJ 67），每人使用面积不应小于4m^2，考虑到监狱职能的特殊性和监狱警察工作的特殊需要，并结合《党政机关办公用房建设标准》（计投资[1999]2250号）有关规定，每名警察建筑面积5.83m^2。

（二）公共用房

1. 会议室

（1）大会议室按《办公建筑设计规范》（JGJ 67）无会议桌考虑，每人使用面积0.8m^2；

（2）中小会议室：根据刑罚执行、狱政管理、教育改造及劳动改造等监狱业务工作实际，中型会议室按设置四间、每间容纳40人计算。根据《办公建筑设计规范》(JGJ67)，有会议桌的会议室每人使用面积1.8m^2，合计使用面积为40×1.8×4=2.88m^2，折算后每名警察使用面积如下：

小型监狱：288/[(180 + 360)/2]=1.06m^2；

中型监狱：288/[(360 + 540)/2]=0.64m^2；

大型监狱：288/[(540 + 900)/2]=0.40m^2。

(3)小会议室：由于监区需要定期召开狱情分析会、罪犯考核评定会等，按每分监区设置一间小型会议室、每间容纳18人计算。根据《办公建筑设计规范》(JGJ67)有会议桌考虑，每人使用面积1.8m^2。单间会议室使用面积为18×1.8=32.4m^2。

小型监狱平均(1000 + 2000)/2/150 + 2=12分监区，折合人均使用面积32.4×12/270=1.44m^2；

中型监狱平均(2000 + 3000)/2/150 + 2=19分监区，折合人均使用面积32.4×19/450=1.37m^2；

大型监狱平均(3000 + 5000)/2/150 + 2=29分监区，折合人均使用面积32.4×29/720=1.31m^2。

(4)三项合计

小型监狱：每名警察使用面积0.8 + 1.06 + 1.44=3.3m^2；

中型监狱：每名警察使用面积0.8 + 0.64 + 1.37=2.81m^2；

大型监狱：每名警察使用面积0.8 + 0.40 + 1.31=2.51m^2；

平均每名警察使用面积：(3.3 + 2.81 + 2.51)/3=2.87m^2，取K=0.75，平均每名警察建筑面积为2.87/0.75=3.83m^2。

2. 警察食堂

按《饮食建筑设计规范》(JGJ64)规定，二级食堂每座使用面积0.85m^2，食堂餐厨比为1:1，即每座使用面积0.85×2 = 1.7m^2，按警察编制人数的75%同时就餐，取K=0.75，平均每名警察建筑面积为1.7×0.75 / 0.75 = 1.7m^2。

3. 警察浴室

平均每6人设一个淋浴喷头，每一淋浴喷头(含更衣)使用面积3m^2，取K=0.75，则平均每名警察使用面积为3 / 6/0.75 = 0.67m^2。

4. 警察医务所

按人均使用面积0.5m^{2}计算，取K=0.75，则平均每名警察建筑面积为0.5/0.75=0.67m^2。

5. 警察洗衣房

为了维护警察形象，严肃警容风纪，有必要对警察服装统一熨洗。经调研和测算，使用面积按小型监狱100m^2、中型监狱130m^2、大型监狱160m^{2}设置。取K=0.75，则平均每名警察建筑面积为：小型监狱100/270/0.75=0.49m^2，中型监狱130/450/0.75=0.39m^2，大型监狱160/720/0.75=0.29m^2。

6. 警察更衣室

为了体现从严治警、从优待警，有必要设置警察上下班时更换警服和便装的更衣室，每个衣柜0.6m×0.6m×1.2m，放置两层，人均使用面积为0.6×0.6/2=0.18m^2，衣柜占更衣室使用面积的1/3，取K=0.75，则平均每名警察建筑面积为0.18×3/0.75=0.72m^2。

7. 警察文体活动室及老干部活动室

按人均使用面积0.5m^{2}计算，取K=0.75，平均每名警察建筑面积0.8/0.75=0.67m^2。

(三)特殊业务用房

1. 特殊业务用房包括监控指挥中心及应急处置用房、计算机房、档案室、暗室、器材存放室、电化教育室、警械装备库、检察院驻狱办公室、警察心理咨询室等。

2. 除车库外各监狱建设规模平均每名警察使用面积和建筑面积如附表3：

附表3

监狱规模	每名警察使用面积(m^2)	建筑系数	每名警察建筑面积(m^2)
小型监狱	3.5	0.75	4.66
中型监狱	3.1	0.75	4.11
大型监狱	2.6	0.75	3.48

3. 各监狱规模车库平均每名警察使用面积和建筑面积附表4：

附表4

监狱规模	车辆数	建筑面积(m^2)	每名警察建筑面积(m^2)
小型监狱	15	750	2.78
中型监狱	20	1000	2.22
大型监狱	25	1250	1.74

4. 合计平均每名警察建筑面积如下：

小型监狱：4.46 ＋ 2.78=7.44m^2；

中型监狱：4.11 ＋ 2.22=6.33m^2；

大型监狱；3.48 ＋ 1.74=5.22m^2。

实际人数介于表列两规模之间时，可用插入法取值；实际人数小于或大于表中最小或最大规模时，可分别采用最小或最大的定额值。

（四）警察管理用房

每个分监区按 12 名警察管理 150 名罪犯计算，设值班（监控）室 24m^2，谈话室 16m^2，夜间值班休息室 20m^2，警察卫生间 4m^2，警察管理用房合计每分监区使用面积 64m^2。每名警察建筑面积如下：

小型监狱平均（1000 ＋ 2000）/2/150 ＋ 2=12 分监区，折合人均使用面积 64×12/270=2.84m^2；

中型监狱平均（2000 ＋ 3000）/2/150 ＋ 2=19 分监区，折合人均使用面积 64×19/450=2.70m^2；

大型监狱平均（3000 ＋ 5000）/2/150 ＋ 2=29 分监区，折合人均使用面积 64×29/720=2.58m^2。

平均每名警察使用面积（2.84 ＋ 2.70 ＋ 2.58）/3=2.71m^2，取 K=0.75，平均每名警察建筑面积为 2.71/0.75=3.61m^2。

高度戒备监狱警察管理用房面积增加 1 倍。平均每名警察建筑面积为 3.61×2=7.22m^2。

（五）备勤用房

根据《宿舍建筑设计规范》(JGJ36)，科员以下按三类居室：居室每床使用面积 5m^2；居室内设卫生间使用面积 6m^2，居住 4 人，人均 1.5m^2；居室内设晒衣阳台使用面积 8m^2，居住 4 人，建筑面积按一半计算，人均 1.0m^2；每 100 床各设一间 8m^2 的管理用房、12m^2 的会客用房，折合人均使用面积 0.2m^2；每 100 床设一间 30m^2 的活动用房，折合人均使用面积 0.3m^2。

每人综合使用面积 5.0 ＋ 1.5 ＋ 1.0 ＋ 0.2 ＋ 0.3=8m^2。

科员以上按二类居室：居室每床使用面积 8m^2；居室内设卫生间使用面积 4m^2，居住 2 人，人均 2m^2；居室内设晒衣阳台使用面积 6m^2，居住 2 人，建筑面积按一半计算，人均 1.5m^2；每 100 床各设一间 8m^2 的管理用房、12m^2 的会客用房，折合人均使用面积 0.2m^2；每 100 床设一间 30m^2 的活动用房，折合人均使用面积 0.3m^2。

每人综合使用面积 8.0 ＋ 2.0 ＋ 1.5 ＋ 0.2 ＋ 0.3=12m^2。

经调研，全国现有监狱警察中科员以下约占 35%，科员以上约占 65%，综合人均使用面积 8.0×0.35 ＋ 12.0×0.65=10.6m^2。备勤用房按警察编制人数的 55% 配置，取 K=0.75，平均每名警察建筑面积 7.76m^2。

高度戒备监狱备勤用房按警察编制人数的 70% 配置，平均每名警察建筑面积为 9.8m^2。

（六）学习及训练用房

按《普通高等学校规划建筑面积指标》（建标[1992]245 号）综合大学教室建筑面积 2.52m^2/ 生、1000 人非体育院校风雨操场建筑面积 1.2m^2/ 生，按警察编制人数的 95% 配置学习和训练用房，平均每名警察建筑面积（2.52 ＋ 1.2）×0.95=3.53m^2。

三、其他附属用房

其他附属用房包括门卫、收发、接待、值班、辅助管理岗位人员用房、仓库、开水间、卫生间、配电房、水泵房、应急物资储备库、污水处理站等。

1. 除辅助管理岗位人员用房、应急物资储备库、污水处理站外，各监狱规模每名警察使用面积和建筑面积如附表 5：

附表 5

监狱规模	每名警察使用面积（m^2）	使用面积系数 K	每名警察建筑面积（m^2）
小型监狱	2.4	0.75	3.2
中型监狱	2.1	0.75	2.8
大型监狱	1.8	0.75	2.4

2. 辅助管理岗位人员用房：根据司法部、财政部、人事部《关于监狱单位工人岗位分类设置和管理的通知》（司发通 [2004]29 号）的有关规定，辅助管理岗位人员按警察比例的 8% ～ 12%，本标准按 10% 计算。经调研，辅助管理岗位人员用房建筑面积按 8.0m^2/ 人，折合每名警察建筑面积 8×10%=0.8m^2。

3. 应急物资储备库：监狱作为特殊部门，应按照《救灾物资储备库建设标准》(建标 121—2009)县级标准建设应急物资储备库。各监狱规模每名警察建筑面积如附表 6:

附表 6

监狱规模	建筑面积(m^2)	平均警察人数	每名警察建筑面积(m^2)
小型监狱	630	270	2.33
中型监狱	715	450	1.59
大型监狱	800	720	1.11

以上合计平均每名警察建筑面积如下:

小型监狱:3.2 + 0.8 + 2.33=6.33m^2;

中型监狱:2.8 + 0.8 + 1.59=5.19m^2;

大型监狱:2.4 + 0.8 + 1.11=4.31m^2。

以上建筑面积未包括污水处理站面积,如需设置可根据实际情况确定。

第二十六条 鉴于我国地域辽阔、自然条件和建筑材料各有不同,对监狱房屋建筑结构形式不宜作统一规定,监狱房屋建筑结构形式应根据建设条件、建筑层数和单体建筑使用功能综合确定。

第二十七条 本条规定了监狱房屋建筑高度的要求。

监狱围墙内建筑层数的确定应符合当地规划要求,同时考虑到监狱是高危人群密集的场所,参照《建筑防火设计规范》(GB50016),监狱围墙内建筑高度不应超过 24 m。

第二十八条 本条规定了监狱监舍楼的设计要求。

根据监狱关押对象的不同,对监舍楼每间寝室的关押人数作出了不同规定,其中关押老病残罪犯时,每间寝室的关押人数不应超过 8 人,且床位宜为单层。同时由于高度戒备监狱关押对象管理改造难度大、危险性强,每间寝室关押罪犯不应超过 8 人,其中,最危险、最需要特殊管理和控制的罪犯应单独关押,严格控制其活动范围。

第二十九条 本条规定了监狱禁闭室的建设要求。

禁闭室应自成一个分区,与其他功能用房保持一定距离,其他用房之间的联系也不应穿越该区;禁闭室内预审室应隔音、通风。禁闭监室内应设大便器,考虑到罪犯的起居及防止脱逃,单间禁闭监室使用面积不应小于 6m^2,禁闭监室内的设施应具备防止罪犯自残、自杀的功能。

第三十条 本条规定了监狱医疗、教学、伙房等用房的建设要求。

监狱可根据关押罪犯人数确定设置医院。医院宜单独建房,应建在罪犯生活区的下风向,要求阳光充足、空气流通、场地干燥。关押传染病和精神病罪犯的监狱,按《综合医院建筑设计规范》(JGJ49)中的有关要求和主管部门的有关规定执行。

教学用房可根据关押罪犯人数单独建设,也可与其他建筑合并建设。

监狱伙房应设在罪犯生活区的下风向,炊具宜机械化、现代化;应分别设立主、副食加工间,少数民族餐加工间,病号餐加工间,并配置相应的库房、烧火间、配餐间,寒冷地区应设置储藏用房。

第三十一条 本条规定了监狱家属会见室的建设要求。

为了确保监管安全,家属会见室的罪犯会见活动区域应严格限制在监狱围墙内。同时,为便于会见人员进出,会见楼应设在监狱大门附近区域。

家属会见室作为罪犯与其亲属见面的场所,从安全防范考虑,罪犯和家属应各行其道,各走其门。会见室内应设置从严、一般和从宽会见的区域及设施,以适应分级处遇的需要。会见室宜设一高 0.8m,宽 1m 平台,上设对讲装置以方便双方沟通,平台中线处设置高达棚顶的安全防护设施。

第三十二条 本条规定了监狱围墙内警察用房的建设要求。

第三十三条 本条从确保监狱安全的角度出发,规定了监狱单体建筑耐火等级、设计使用年限和抗震方面的建筑要求。

监狱是关押改造罪犯的场所,其建筑具有特殊性,因此对监狱建筑在耐火等级、设计使用年限和抗震方面的要求应较一般建筑严格,尤其是监狱的围墙、岗楼、大门具有安全警戒、防止罪犯脱逃的功能,所以其抗震要求应比当地抗震烈度提高一度,且不应小于七度(含七度)。

第三十四条 本条规定了监狱建筑的装修和采暖方面的建设要求。

第三十五条 本条规定了监狱建筑风格的要求。

第三十六条 本条规定了监狱场地及建筑内给水、排水的建设要求。

第三十七条 本条规定了监狱电力负荷的有关要求。

第三十八条 本条规定了监狱的节能、环保、卫生等方面的要求。

第五章 安全警戒设施

第三十九条 本条规定了监狱围墙、岗楼、大门等安全警戒设施的建设要求。

监狱大门分设车辆通道、警察专用通道和家属会见专用通道，均设二道门，且电动AB开闭，可实现人车分流、警察和罪犯家属分流，有效控制车辆和人员的进出，便于管理和监控；在车辆通道的两端设置防冲撞装置（如防撞桩、破胎阻车器等），可有效拦截内外车辆对监狱大门的冲击。通道顶部和地面设监控、探测等安检装置，可监控车辆的顶部和底部，并对车辆内部进行监控和探测，有利于监管安全。根据司法部和武警总部的规定，监狱大门增设武警哨位，加强对监狱大门的管理，增强监狱大门的武装警戒力量，提高震慑力。

由于高度戒备监狱关押罪犯的高度危险性和难控制性，应重点加强其防越狱、防暴狱、防劫狱、防冲击的功能。因此，本条对高度戒备监狱的安全警戒设施作出了特殊的规定和要求。其围墙高度、墙体的安全防护要求、围墙内外警戒隔离带宽度，都较中度戒备监狱有所增加，并且在围墙内外警戒隔离带内各增设一道防攀爬金属隔离网，加大了罪犯从监狱围墙越狱和外来人员冲击监狱的难度，增加了预警和处置越狱、暴狱、劫狱等突发事件的时间，进一步提高了安全防范能力。围墙外侧两道隔离网之间设置防冲撞设施（如防撞桩、隔离壕沟等），主要是为了有效阻止外来车辆对监狱围墙的冲击。同时，为了防止通过直升机等航空器劫持罪犯，高度戒备监狱罪犯室外活动区域宜设置必要的防空网、防空索等防航空器劫持的设施。

第四十条 本条规定了监狱安全防护方面的建设要求，主要是防止罪犯藏匿、脱逃、自残、自杀等。

第四十一条 本条规定了监狱技术防范设施的建设要求。

根据司法部《全国监狱信息化建设规划》、《国家发展改革委员会关于全国监狱信息化一期工程项目建议书的批复》、公安部《安全防范工程技术规范》等有关规定，应加强监狱信息化基础设施建设，按照一个平台、一个标准体系、三个信息资源库、十个应用系统的监狱信息化框架体系，完善部、省、监狱三级网络建设，建立和完善通讯、监控、门禁、报警、无线信号屏蔽、目标跟踪、周界防范、应急指挥等技术防范设施，并应与监狱同步规划、同步设计、同步建设、同步投入使用。

第六章 场地和配套设施

第四十二条 本条规定了警察训练场和罪犯体训场的建设要求。

根据我国人体基本动作尺度指标，按每名警察2m×2m空间、监狱80%警察在室外集中进行警体训练计算，人均为$3.2m^2$；罪犯在室外集中进行体能训练时，按每名罪犯1.7m×1.7m空间计算，人均为$2.9m^2$。

第四十三条 本条规定了监狱停车场的设置要求。

第四十四条 本条规定了监狱建设配套设施设备的配备要求。

监狱的消防、给排水、暖通、供配电、燃气、通讯、有线电视、环保、节能、道路等设施应与市政衔接；若无相应市政，监狱自身应自成体系。监狱警察行政办公、罪犯生活、教育、医疗、劳动改造设施设备等按国家有关规定和标准执行。

参考文献

[1] 吴宗宪著 . 西方监狱学 . 法律出版社,2005 年 4 月。

[2] 菲利普斯、格里贝尔著，杨光宇、王正武译 . 司法建筑 . 中国建筑工业出版社，2009 年 4 月。

[3] 马卫国著 . 中国古代监狱文化 . 浙江大学出版社，2013 年 8 月。

[4] 杜中兴主编 . 现代科学技术在监狱管理中的应用 . 法律出版社，2001 年 3 月。

[5] 王戌生主编 . 罪犯劳动概论 . 法律出版社，2001 年 3 月。

[6] 杨木高著 . 中国女犯矫正制度研究 . 南京大学出版社，2012 年 10 月。

[7] 叶雁冰、刘克难主编 . 房屋建筑学 . 机械工业出版社，2012 年 9 月。

[8] 郝峻弘主编 . 房屋建筑学 . 清华大学出版社、北京交通大学出版社，2013 年 1 月。

[9] 晓山著 . 图说中国监狱建筑 . 法律出版社，2008 年 9 月。

[10] 王晓山著 . 当代监狱规划设计与建设 . 法律出版社，2010 年 9 月。

[11] 李春青 . 监狱形态中管理理念的向度阐释——以《监狱设计标准》的修订为视角 .《河南财经政法大学学报》2013 年第 4 期。

[12] 张驭寰著 . 中国古建筑散记 . 人民邮电出版社，2009 年 2 月。

[13] 曹长礼、孙晓丽主编 . 房屋建筑学 . 西安交通大学出版社，2014 年 9 月。

[14] 陆可人、欧晓星、文怡编著 . 房屋建筑学 . 东南大学出版社，2013 年 1 月。

[15] 四川省监狱管理局规划处 . 监狱警察用房建筑规划设计 .《监狱投资与建设》2013 年第 3 期，总第 66 期。

[16] 宋洪兴、张庆斌著 . 监狱安全总论 . 法律出版社，2013 年 3 月。

[17] 郑霞泽主编 . 监狱整体建设问题研究 . 法律出版社，2008 年 12 月。

[18] 王传敏、李宁 . 一所监狱 一座建筑 一位大师——记贝寿同与“司前街监狱”.《监狱投资与建设》2015 年第 1 期，总第 72 期。

[19] 司法部监狱管理局编 . 监狱建设工作手册（内部资料）.

[20] 黄伟 . 垦华监狱迁建工程清水混凝土围墙模板的设计及应用 .http: //www.doc88.com/p—584672113750.html。

[21] 邵雷主编 . 中英监狱管理交流手册（内部发行）. 吉林人民出版社，2014 年 5 月。

[22] 任希全、刘亚军、栗志杰 . 论新时期我国监狱类型的设置 .《河南司法警官职业学院学报》2011 年第 2 期。

[23] 杨龙、孙守东 . 浅谈现代监狱建筑的地域性特征 .《科学与财富》2014 年第 4 期。

[24] 姜中光 . 中国第一座新式监狱建筑——京师模范监狱评析 .《北京建筑工程学院学报》1998 年第 1 期。

[25] 嵇为俊 . 关于建立监狱工程学的思考 .《中国监狱学刊》1998 年第 2 期。

[26] 方昌顺、周荣瑾 . 从责任关怀视角对现代监狱建筑谱系之探究 .《中国监狱学刊》2009 年第 1 期。

[27] 美国一私人经营监狱屋顶坍塌 19 名囚犯受伤送医 . 中国新闻网，2014 年 7 月 21 日，http: //www.chinanews.com/gj/2014/07—21/6408063.shtml。

[28] 宋立军主编 . 科学认知监狱 . 江苏人民出版社，2014 年 8 月。

[29] 郑树景、刘砚璞、张文杰 . 河南省女子监狱规矩广场景观设计分析 .《中国园艺文摘》2010 年 12 期。

[30] 雷霆、罗锐、曹小畅、向莹琨 . 初探中国监狱

建筑古今设计演变.《四川建筑》2011年第2期。
[31] 中国政法大学监狱史学研究中心、天津市监狱管理局编.中国监狱文化的传统与现代文明.法律出版社，2006年5月。
[32] 肖立.执行《监狱建设标准》过程中存在的问题及解决办法之思考.http://www.doc88.com/p—9065770607363.html。
[33] 李越.女犯人首先是女人——访柏林女子监狱.人民网，http://acwf.people.com.cn/n/2015/0527/c99060—27063589.html。
[34] 日女子监狱为缓解囚犯压力将牢房涂成粉色.环球网，http://look.huanqiu.com/article/2014—09/5129822.html。
[35] 且末监狱建成监狱系统最大功能的太阳能发电站.兵团新闻网，http://www.bt.chinanews.com/news/shehui/201003/5558.html。
[36] 姚学强、于福灵.女犯分类及管理模式相关问题研究.《犯罪与改造研究》2015年第7期。
[37] 黎赵雄著.文化与监狱佛山样本.法律出版社，2012年3月。
[38] 武延平著.中外监狱法比较研究.中国政法大学出版社，1999年5月。
[39] 邵名正著.监狱学.法律出版社，1996年6月。
[40] 汪家杰.中、德监狱管理工作的直观比较.老警的博客 http://blog.sina.com.cn/xzjywj。
[41] 莫勒建筑事务所赢得丹麦监狱项目竞争.http://www.shejiqun.com/Article—detail—id—913.html。
[42] 河南省劳改局编.民国监狱资料选(上下册).1986年12月。
[43] 薛梅卿主编.中国监狱史.群众出版社,1986年。
[44] 于爱荣主编.意大利瑞士监狱一瞥.《监狱理论与实践》增刊，2001年10月。
[45] 顾国才.现代监狱视域下我国监狱建筑的规划与设计.《江苏警视》2015年第3期。
[46] 罗明强.江苏监狱赴巴西、阿根廷访问团考虑报告.《江苏警视》2015年第9期。
[47] 宋义坤.关于高度戒备监狱建筑设计理念及设计要求的研究.《建筑工程技术与设计》2014年第32期。
[48] 贾晓文.论国外监狱设计和建设对我国的启示.《广西政法管理干部学院学报》2012年第3期。
[49] 吴家东、朱文一.美国监狱建筑初探.《世界建筑》2014年第4期。
[50] 左登豪.英国监狱基本状况的考察及其启示.http://blog.sina.com.cn/s/blog—700110610100xdnj.html。
[51] 何健.浅谈监狱建筑设计——以福建省宁德监狱为例《福建建筑》2014年第3期,总第189期。
[52] 陈波.现代监狱电气设计探讨.《建筑电气》2014年第7期。
[53] 刘国玉.台湾矫正工作及启示.《中国监狱》2014年第1期。
[54] 邵雷.英国监狱分类、罪犯风险评估和高度戒备监狱的管理.《中国监狱》2013年第5期。
[55] 万安中.论英国的监狱管理及其启示.《广西政法管理干部学院学报》2013年第1期。
[56] 陈晖、徐衍合.中外监狱建设比较.《中共郑州市委党校学报》2013年第1期，总第121期。

后　记

近几年来，我国大陆监狱理论界对于监狱循证矫正、行刑机制、监狱文化、监狱史学等方向研究较多，同时，对监狱建筑的研究与关注的氛围越来越浓。随着监狱体制改革的不断深入和监狱布局调整的加快，得益于为监狱人民警察理论研究提供的动力支持和人才保障，本人也是其中受益者之一。作为一名长期在监狱系统基层一线工作的监狱人民警察，我一直致力于监狱建筑学的研究，取得了不小的成绩，被誉为“当代中国监狱建筑研究第一人”。我有一夙愿，将自己和别人对监狱建筑的研究成果进行归纳与总结，建立一门监狱建筑学学科。

在这近五年多的时间内，我痴迷于本书的编写，历经艰苦，业余时间几乎都是在查阅相关资料和敲击键盘中度过的，双休日也都泡在苏州各大图书馆。为了保证本书内容的丰富，需要列举大量实例。由于监狱建筑还涉及保密的问题，资料提供都十分艰难，为了获得更多单体建筑图纸或照片，几乎动用了本人监狱理论学术界所有的领导恩师朋友关系，过程饱含着艰辛，只有自己经历才能真正体会。

本书在编写过程中，得到了司法部监狱管理局原局长王明迪、邵雷，司法部监狱管理局规划处处长郑文彪，中国兴华企业协会投资管理分会秘书长兰江汉，司法部监狱管理局主管刊物《监狱投资与建设》执行主编陈光运先生，中国政法大学监狱史学研究中心主任马志冰教授，中国监狱工作协会监狱史学专业委员会主任委员、上海市司法局原党委副书记、监狱管理局局长桂晓民，中国监狱工作协会监狱建设与保障专业委员会主任委员、湖北省司法厅原党委副书记、副厅长、监狱管理局党委书记、局长程颖，江苏省司法厅党委委员、厅直属机关党委书记魏钟林，中国监狱工作协会监狱建设与保障专业委员会委员、博士后、正高级经济师、研究员、江苏省监狱管理局副巡视员吴旭，江苏方源集团有限公司副总经理、省监狱管理局规划处处长张如强，狱情信息总站主任张建秋，江苏省监狱管理局编志办常务副主任张云飞，宣教处调研员李三中，教改处副处长杨木高，江苏省司法警官高等职业学校党委书记、校长张晶，党委副书记、政委王传敏，副校长胡配军，宋行教授，宋立军副教授，江苏省常州监狱党委书记、监狱长稽为俊，江苏省苏州监狱党委书记、监狱长沈德明，党委副书记、政委赵友鹏，党委委员、副监狱长孙兴中，江苏新华伟业有限公司副总经理张文，江苏省洪泽湖监狱党委副书记、政委周高逊，江苏省南通女子监狱党委委员、江苏依海服饰有限公司总经理顾国才，江苏省无锡监狱党委委员、副监狱长薛全虎，以及清华大学建筑学院学术委员会主任、博士生导师、我国当代著名建筑师朱文一教授，苏州科技大学建筑与城市规划学院副院长邱德华副教授，苏州大学金螳螂建筑与城市环境学院院长助理、硕士生导师王波教授，上海政法学院刑事司法学院王志亮教授，浙江警官职业学院科研处处长邵晓顺教授，陈忠鹏副教授，上海市监狱管理局原史志办主任、中国监狱工作协会监狱史学专业委员会秘书长徐家俊，浙江省监狱工作研究所原所长马卫国，上海市南汇监狱党委书记、政委王毅，山西省戒毒管理局党委委员、纪委书记焦亚宁，山东省监狱管理局规划建设处处长刘玉国，副处长李传新，湖北省监狱管理局办公室副主任黄勇峰，宣教处副处长曹强新，云南省监狱管理局规划处副处长王晓，陕西省监狱管理局规划处副处长王文华，浙江省长湖监狱副研究员陈光明等众多领导专家在百忙之中对书稿进行了认真审阅，提出了很好的修改意见，使我倍感荣幸，倍受激励。特别感谢江苏省司法警官高等职业学校党委书记、校长张晶，山西省戒毒管理局党委委员、纪委书记焦亚宁，广东省佛山监狱原党委书记、监狱长黎赵雄，上海市南汇监狱党委书记、政委王毅，河南司法警官职业学院监所管理系孙宏艳副教授，福建省监狱管理局规划处副处长郑伟灵，河南省监狱管理局规划处副处长黄华，江苏中宁建筑设计研究院总工万鸿举，河南省焦南监狱国资科科长丁在青，安徽省监狱管理局规划建设处科长刘川永，青海省监狱管理局资产管理处科长梅成，黑龙江省监狱管理局规划处科长吕秀焱，江西省赣州监狱文化工作室主任黄新明，山东省监狱工作协会未成年犯管教所分会副秘书长郝文体，山东省泰安监狱教改科副科长魏霞，江苏省浦口监狱办公室主任王东亚、江苏省溧阳监狱教改科副科长崔梅，上海市监狱工作协会青浦监狱分会副秘书长王枫等，还提供了相关资料或图片。还要感谢我的两位恩师——吴旭副巡视员、张晶校长，一直频繁与他们信息交流，且每次见面，都询问书稿进展的情况，多次对书稿提出修改建议并给予了热忱指导。

本书的顺利出版，还得到了广东省监狱管理局规划财务处处长黄辉锋，陕西省监狱管理局规划处处长薛小平，安徽省监狱管理局规划建设处副处长岳小龙，江西省吉安监狱党委委员、公司总经理彭稚，北京市监狱党委委员、副监狱长欧阳志工，广东省阳江监狱党委委员、副监狱长郑道倩，甘肃省监狱管理局规划基建处科长洪武杰，宁夏回族自治区监狱管理局计财处主任科员陈武，西藏自治区曲水监狱科长宋宜峰以及江苏省监狱管理局党委书记、局长兼省司法厅副厅长姜金兵，江苏省监狱管理局狱内侦查总队总队长李森，江苏省无锡监狱党委书记、监狱长戴国牛，党委委员、江苏无锡建华机床附件集团有限公司总经理潘伟明，江苏省浦口监狱党委书记、监狱长王洪生，江苏省未成年犯管教所党委书记、所长管荣赋，江苏省南通女子监狱党委书记、监狱长顾剑梅，江苏省苏州监狱党委委员、副监狱长田巍，江苏省太湖戒毒所党委书记、所长蒋银华，江苏省彭城监狱党委副书记、纪委书记周忠良，江苏省通州监狱党委副书记、纪委书记陈学明，江苏省高淳监狱党委委员、副监狱长乔成杰，江苏方源集团有限公司工程部主任包越海，江苏省南京女子监狱项目办主任祁海峰，江苏省丁山监狱基建科科长梁国荣、江苏省司法警官高等职业学校科研处副处长马臣文等诸多领导关心与支持，在此深表感谢！

恩师吴旭副巡视员以及浙江警官职业学院刑事司法系主任、刑事司法研究中心主任、中国监狱工作协会理事、浙江省监狱工作协会学术委员会副主任、法学博士郭明教授拨冗作序，著名书法家、画家谷洪大师欣然题写书名。在此谨向关心本书写作并给予指导的各位领导和同仁表示衷心的谢意。江苏省司法警官高等职业学校、江苏省苏州监狱还为本书出版给予了部分资助。

本书能顺利出版，还要感谢中国建筑工业出版社建筑与城乡规划设计中心陆新之主任的大力支持。

由于时间紧，可供参考的资料少，加之本人才疏学浅，虽然倍加努力，但书中恐仍有不妥甚至错误之处，祈盼专家学者和同仁批评指教！

王晓山

2017年3月8日于清香书斋